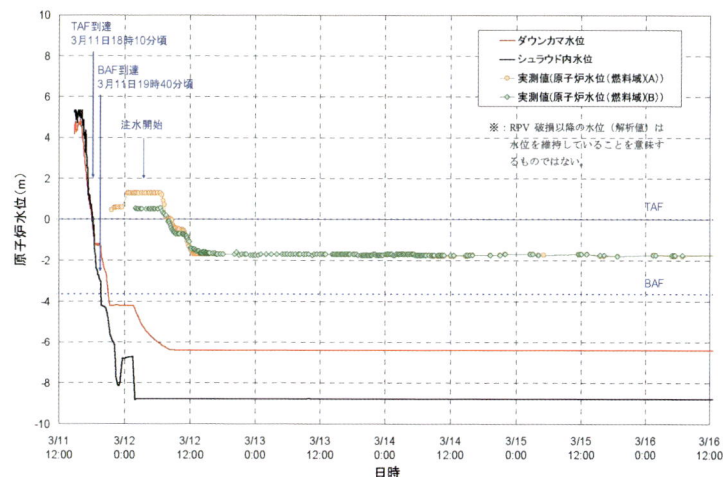

口絵 1　原子炉水位（1号機）（本文17ページ）

［東京電力，福島原子力事故調査報告書］

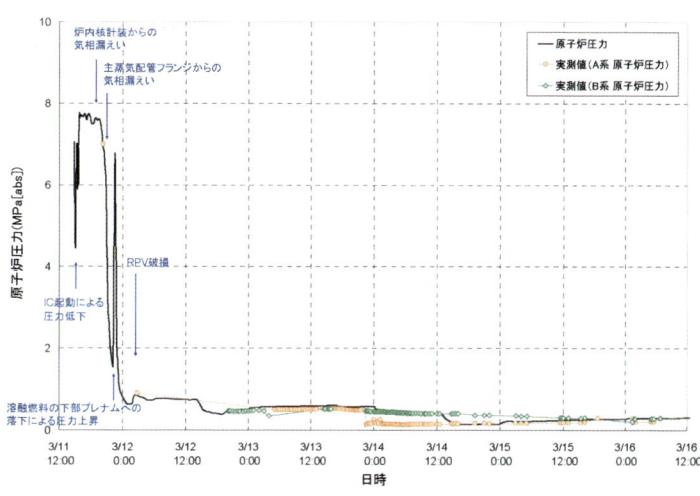

口絵 2　原子炉圧力（1号機）（本文18ページ）

［東京電力，福島原子力事故調査報告書］

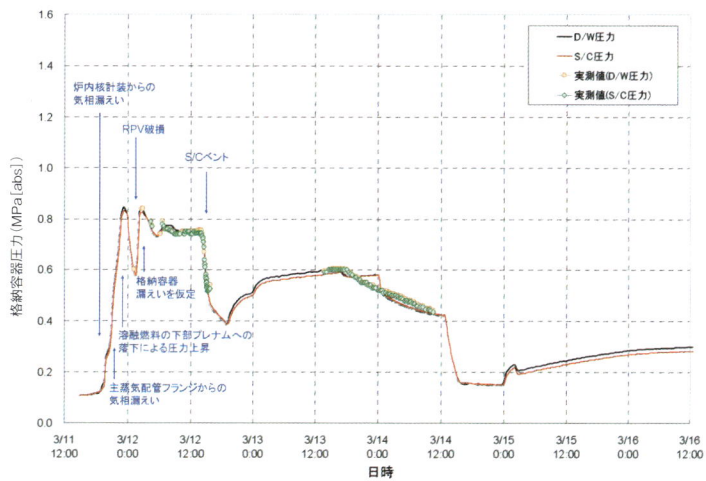

口絵 3　格納容器圧力（1号機）（本文18ページ）

［東京電力，福島原子力事故調査報告書］

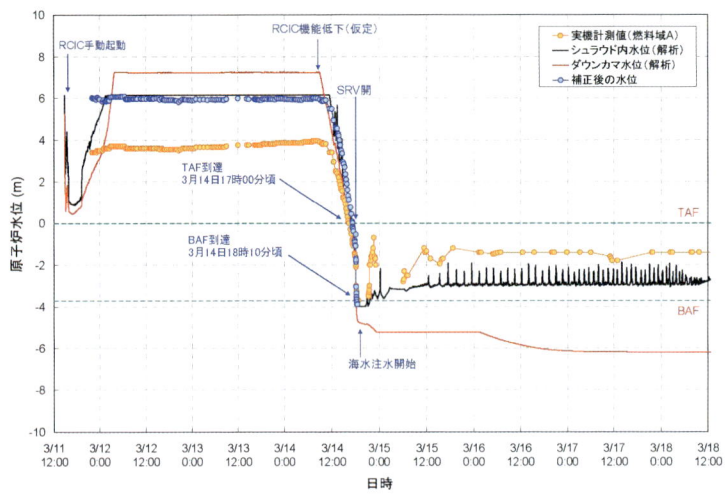

口絵 4　原子炉水位（2号機）（本文22ページ）
［東京電力，福島原子力事故調査報告書］

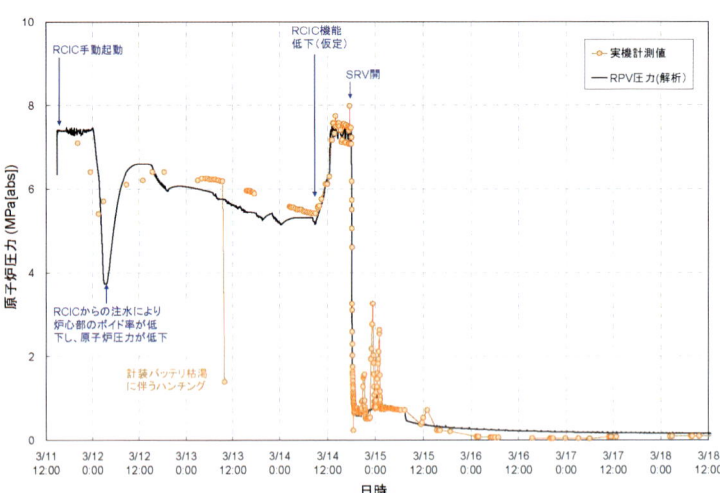

口絵 5　原子炉圧力（2号機）（本文22ページ）
［東京電力，福島原子力事故調査報告書］

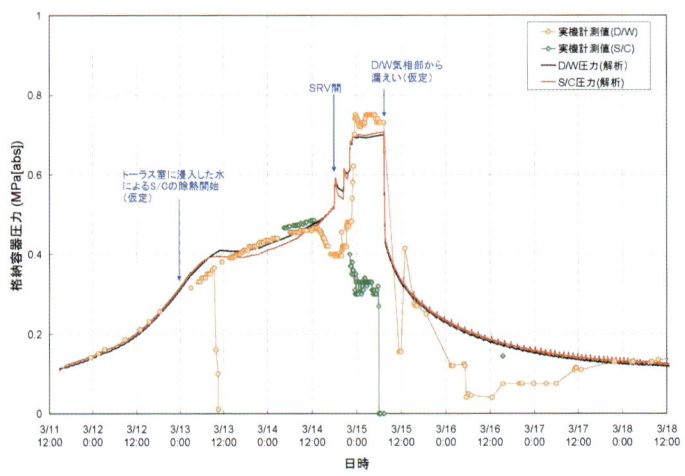

口絵 6　格納容器圧力（2号機）（本文23ページ）
［東京電力，福島原子力事故調査報告書］

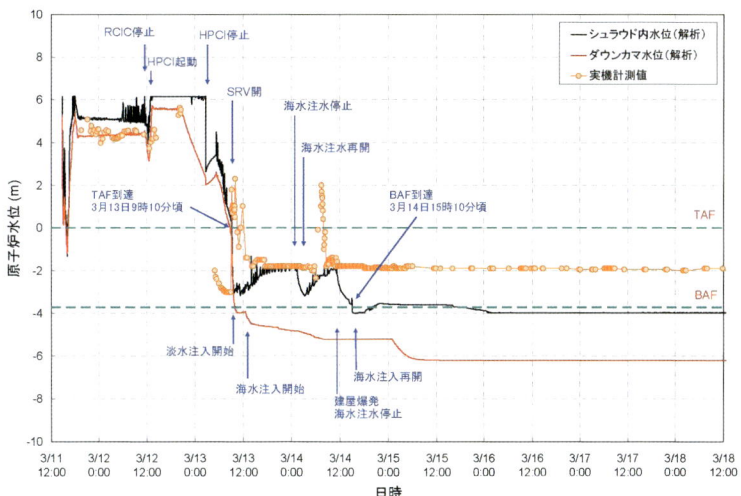

口絵 7　原子炉水位（3 号機）（本文 26 ページ）

［東京電力，福島原子力事故調査報告書］

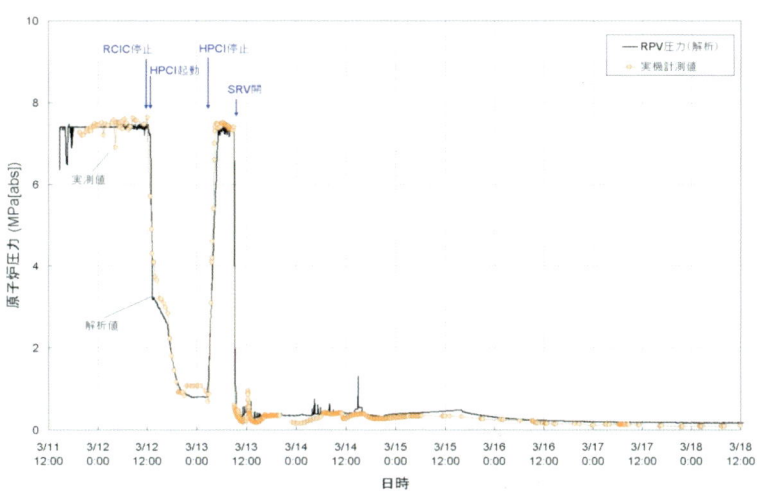

口絵 8　原子炉圧力（3 号機）（本文 27 ページ）

［東京電力，福島原子力事故調査報告書］

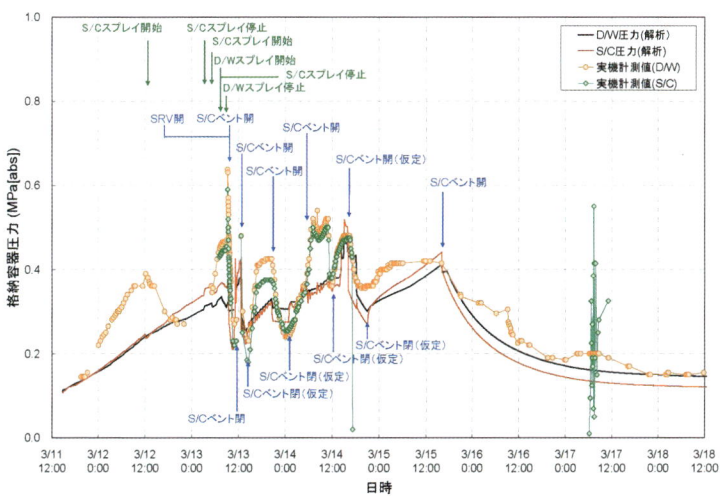

口絵 9　格納容器圧力（3 号機）（本文 27 ページ）

［東京電力，福島原子力事故調査報告書］

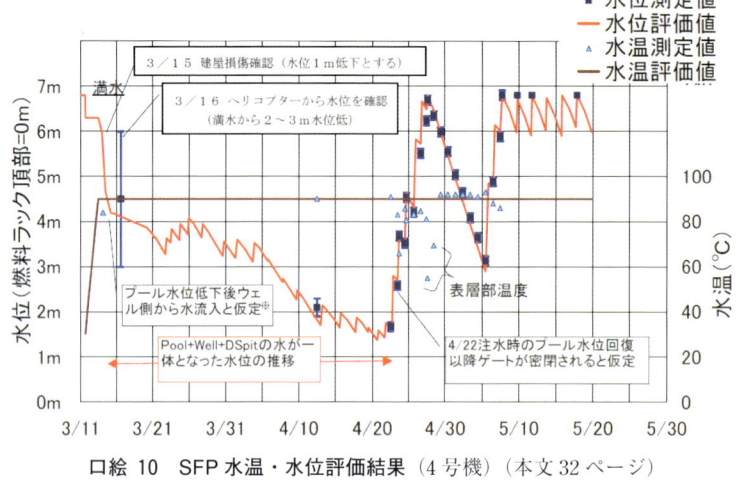

口絵 10 SFP水温・水位評価結果（4号機）（本文32ページ）

[東京電力，福島原子力事故調査報告書]

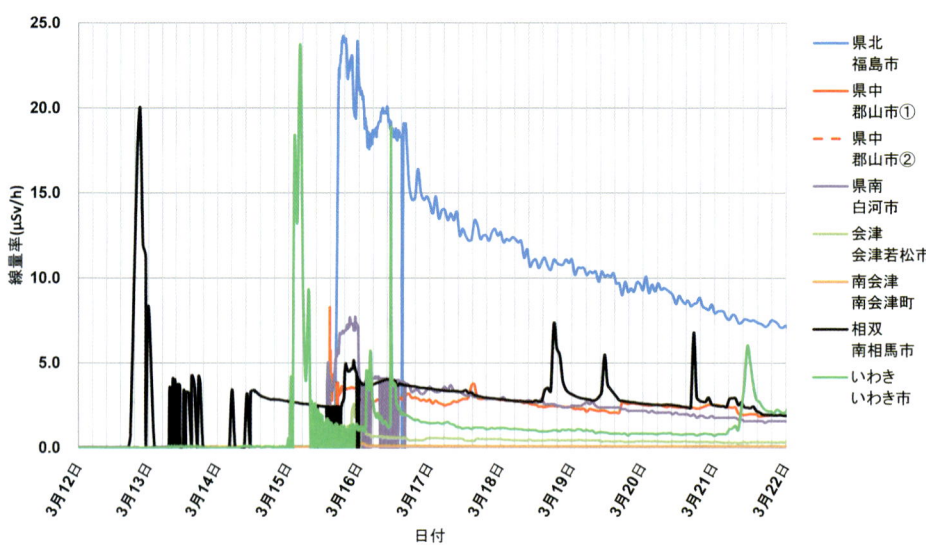

口絵 11 県7方部における空間線量率の時間変化（本文56ページ）

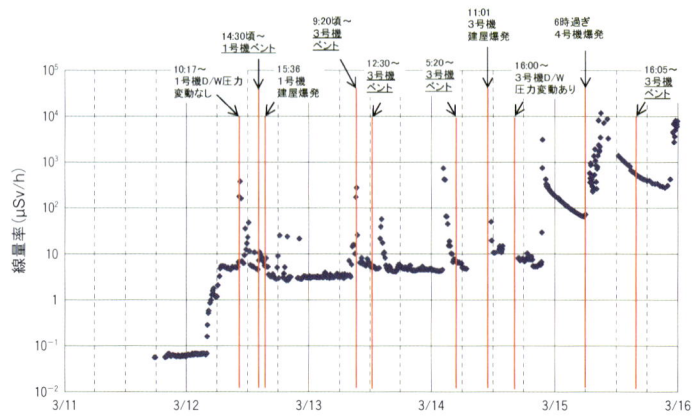

口絵 12 福島第一原子力発電所正門付近の空間線量率（本文65ページ）

[東京電力、福島原子力事故調査報告書]

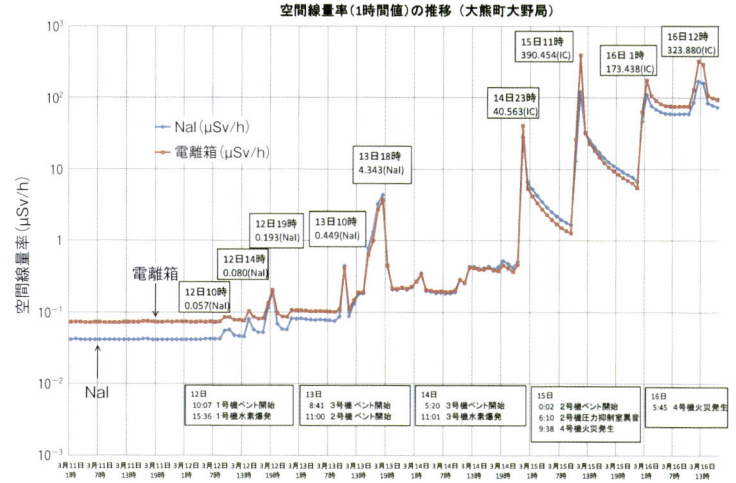

口絵 13　福島県のモニタリングポスト（大野局）における空間線量率
（本文 65 ページ）

［福島県による］

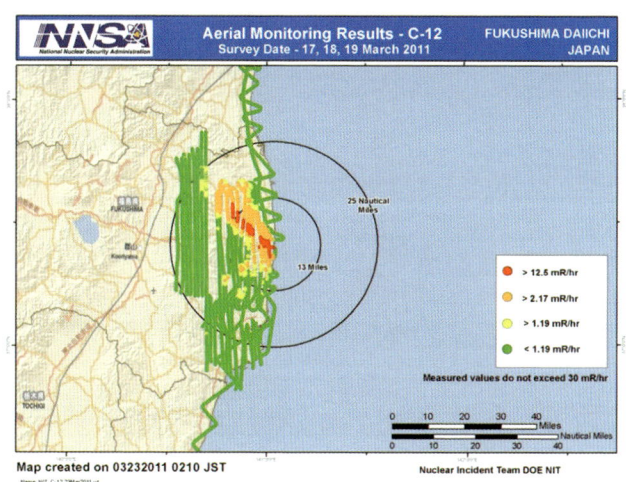

口絵 14　米国 DOE による航空機モニタリングの結果（本文 67 ページ）

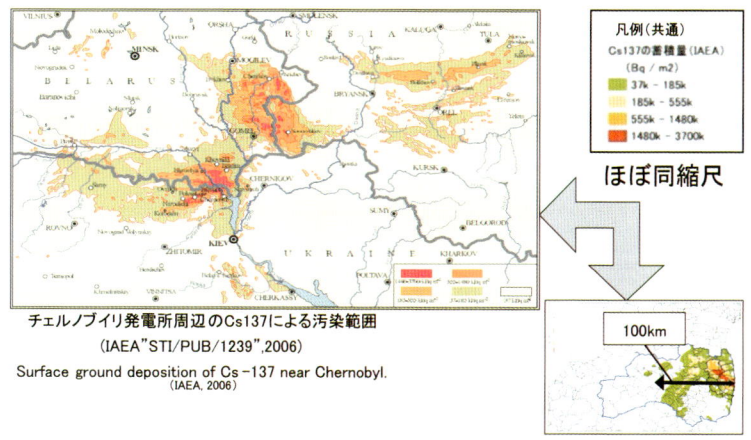

口絵 15　チェルノブイリ発電所事故と福島第一原子力発電所事故による
　　　　汚染地域の比較（本文 74 ページ）

［文科省データから編集］

口絵 16 モニタリングの位置（本文 78 ページ）
［東京電力，福島原子力事故調査報告書］

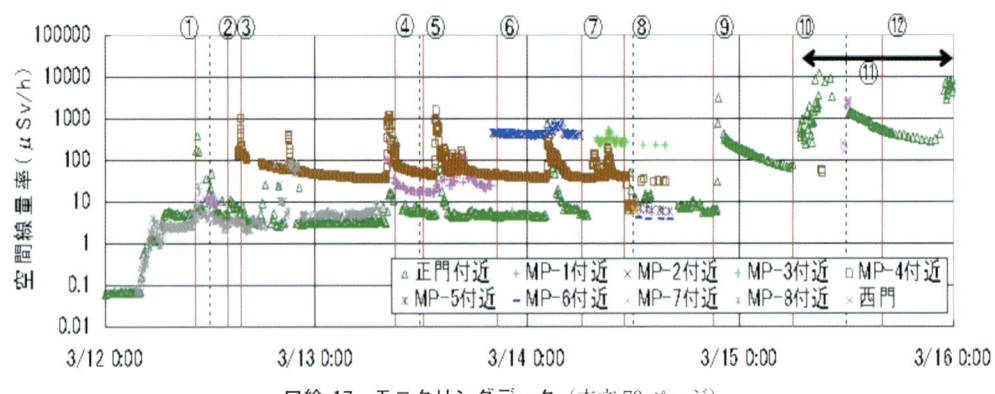

口絵 17 モニタリングデータ（本文 79 ページ）
［東京電力，福島原子力事故調査報告書］

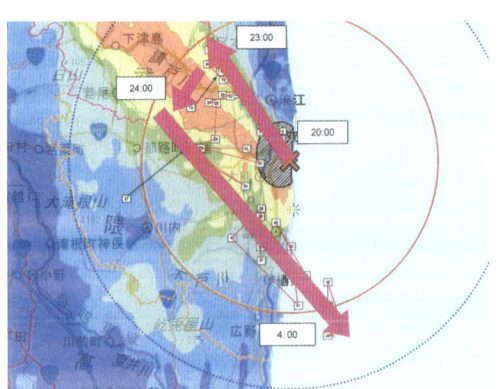

口絵 18 3 月 15 日 20 時に放出されたプルームの軌跡
（本文 80 ページ）
［東京電力，福島原子力事故調査報告書］

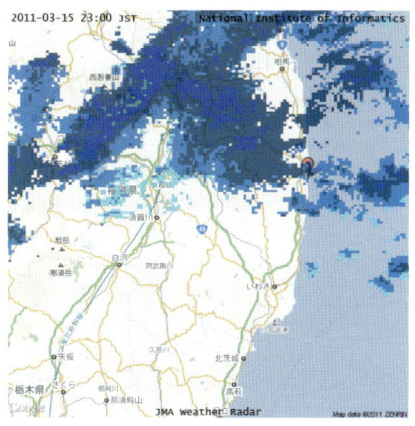

口絵 19　3月15日23時の雨雲レーダー図
（本文80ページ）
［東京電力、福島原子力事故調査報告書］

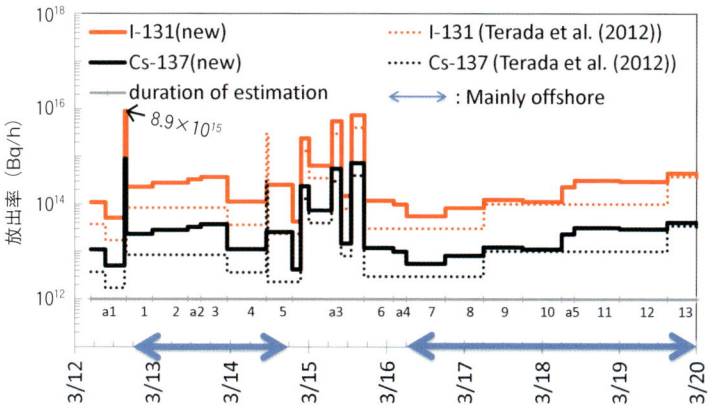

口絵 20　表層海水Cs-134濃度から推定した大気放出量（JAEA）（本文114ページ）
［茅野，第18回原子力委員会臨時会議資料］

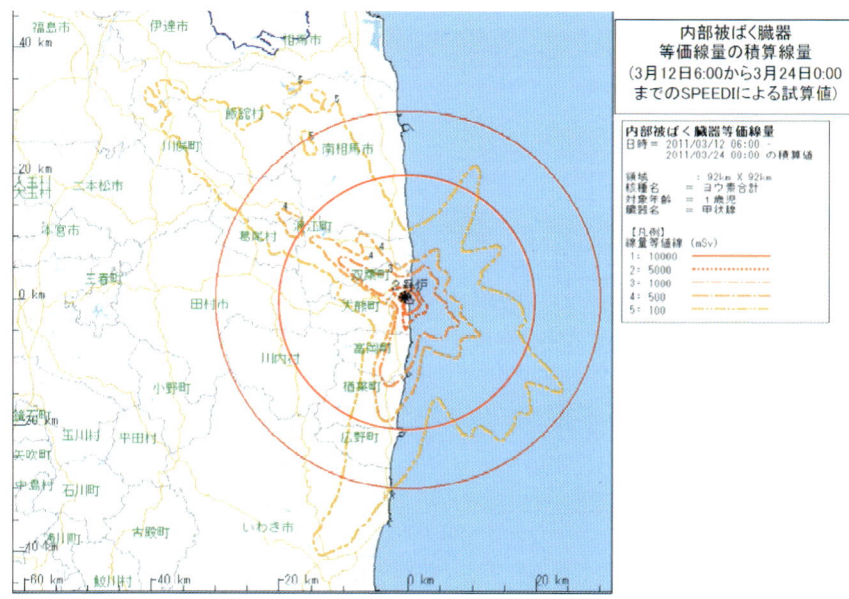

口絵 21　SPEEDI計算結果（原子力安全委員会が3月23日公開）（本文239ページ）
［旧原子力安全委員会 HP　http://www.nsr.go.jp/archive/nsc/mext_sppeedi/0312-0324_in.pdf］

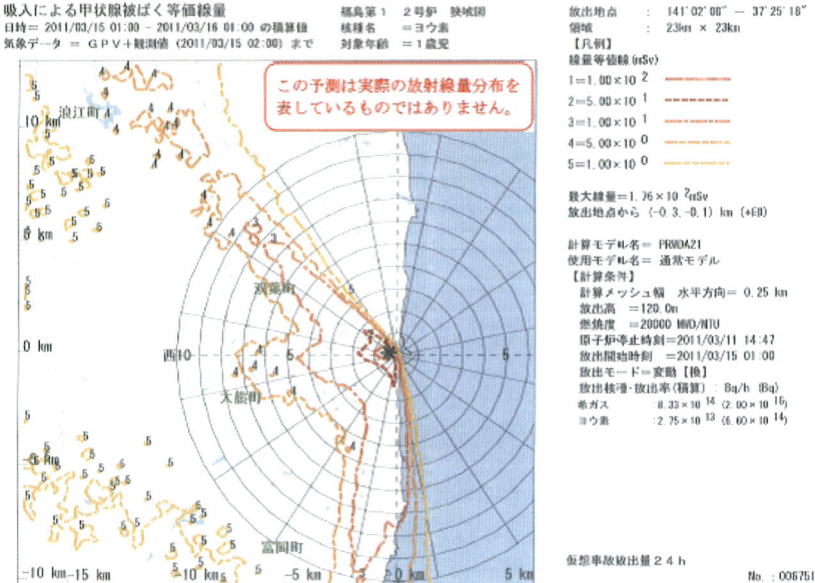

口絵 22　SPEEDI 計算結果（3月15日に現地対策本部による）（本文 241 ページ）

[原子力安全・保安院 HP　http://www.nsr.go.jp/archive/nisa/earthquake/speedi/ofc/003-1103150100-006751.pdf]

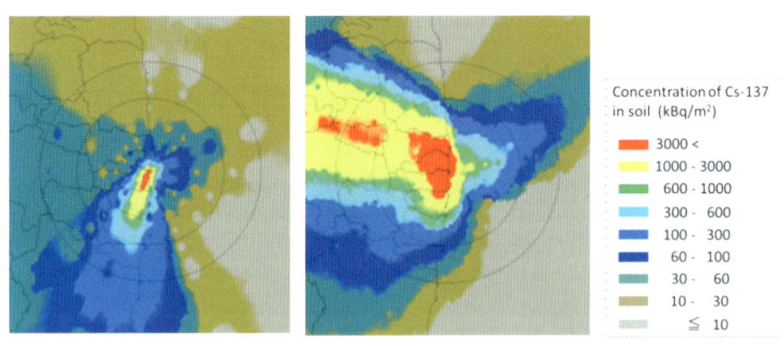

口絵 23　Cs-137 汚染分布の OSCAAR コードによる再現計算（本文 251 ページ）

[左図は平成 23 年（2011 年）6月の IAEA 閣僚会合に提出した政府報告書に記載された
ソースターム解析情報を，右図は平成 24 年（2012 年）12 月に開催された「原子力安全に
関する福島閣僚会議」のサイドイベントで報告されたソースターム情報を基に計算。]

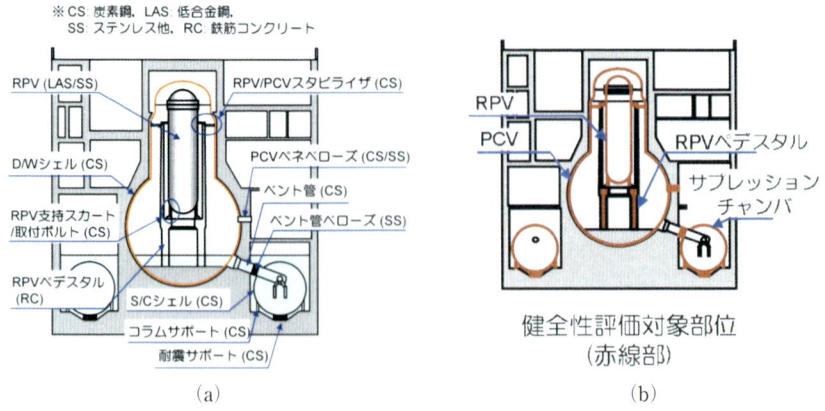

口絵 24　原子炉の構造と材質（a）および健全性評価対象部位（b）（本文 400 ページ）

(a)：[深谷祐一，腐食防食学会，第 60 回材料と環境討論会 A-101，平成 25 年 9 月]
(b)：[東京電力福島第一原子力発電所廃炉対策推進会議，「研究開発プロジェクトの H24 実績評価及び
　　H25 見直しの方向性」，平成 25 年 4 月 12 日]

福島第一原子力発電所事故
その全貌と明日に向けた提言
―学会事故調 最終報告書―

 一般社団法人 日本原子力学会
東京電力福島第一原子力発電所事故に関する調査委員会 著

丸善出版

最終報告書の発刊にあたって

　平成23年（2011年）3月11日，東日本大震災に伴い発生した東京電力株式会社福島第一原子力発電所事故は，放射性物質の大量放出という最悪の事態を引き起こし，原子力災害の影響の甚大さを世界に知らしめるものとなりました。事故が発生してから約3年が経過した現在においても，多くの周辺地域の方々が避難を余儀なくされているなど，依然，事故は深い爪痕を残したままです。また，事故を起こした原子炉の廃炉は，汚染水の処理や溶融燃料の取出しなど，多くの困難な課題を抱えています。

　日本原子力学会は，原子力分野の専門家の集団として，このような原子力災害に対する責任を痛感し，事故の発生以来，事故の収束および環境修復に積極的に関与し，その責務を果たすべく活動に取り組んできております。

　その一環として，平成24年（2012年）6月22日，学会の総会において，「東京電力福島第一原子力発電所事故に関する調査委員会」（学会事故調）を発足させました。過去，JCO臨界事故の後，学会の総力を挙げた調査活動を行うため，「日本原子力学会JCO事故調査委員会」を発足させ，徹底した調査を実施した例に倣い，学会を構成する部会や連絡会・委員会等から委員を集め，活動を進めてきました。

　第一回調査委員会を平成24年（2012年）8月21日に開催して以来，各部会等での審議結果を基に平成25年（2013年）末までに17回の調査委員会を開催して審議を重ね，その審議結果を最終報告書として取りまとめました。この報告書が，丸善出版株式会社の尽力を得て，ここに出版されました。今後，関係の専門家のみならず広く国民の皆さんに活用され原子力安全に貢献することを願っております。

平成26年3月

一般社団法人　日本原子力学会
東京電力福島第一原子力発電所事故に関する調査委員会
委員長　田　中　　知

目　次

1 はじめに　　1
　1.1 「東京電力福島第一原子力発電所事故に関する調査委員会」の設置経緯 …………1
　1.2 「学会事故調」の活動状況 ……………2
　1.3 報告書の構成 ……………4

2 原子力発電所の概要　　7
　2.1 福島第一原子力発電所の設備の概要 ……………7
　　　2.1.1 安全設備など主要設備（7）
　　　2.1.2 アクシデントマネジメント対策設備（12）
　　　2.1.3 設備の耐震設計および耐津波設計（13）
　2.2 福島第一以外の原子力発電所の設備の概要 ……………14
　　　2.2.1 福島第二原子力発電所 ……………14
　　　2.2.2 女川原子力発電所 ……………14
　　　2.2.3 東海第二発電所 ……………14

3 福島第一原子力発電所における事故の概要　　15
　3.1 地震と津波による被害 ……………15
　3.2 1号機 ……………16
　3.3 2号機 ……………21
　3.4 3号機 ……………25
　3.5 4号機ほか使用済燃料プール ……………29
　3.6 5, 6号機 ……………32

4 福島第一以外の原子力発電所で起きた事象の概要　　35
　4.1 福島第二原子力発電所 ……………35
　　　4.1.1 福島第二原子力発電所の概要（35）
　　　4.1.2 地震および津波の概要（35）
　　　4.1.3 地震動および津波の影響（36）
　　　4.1.4 津波到達までの対応（37）
　　　4.1.5 津波到達後の対応（38）

iv　目次

4.2　女川原子力発電所 … 40
- 4.2.1　女川原子力発電所の概要（40）
- 4.2.2　地震および津波とその概要（40）
- 4.2.3　地震動および津波の影響（41）
- 4.2.4　津波到達までの対応（43）
- 4.2.5　津波到達後の対応（43）
- 4.2.6　従前の津波対策（43）

4.3　東海第二発電所 … 45
- 4.3.1　東海第二発電所の概要（45）
- 4.3.2　地震および津波とその概要（45）
- 4.3.3　地震動および津波の影響（45）
- 4.3.4　津波到達までの対応（46）
- 4.3.5　津波到達後の対応（47）
- 4.3.6　従前の津波対策（48）

4.4　福島第一原子力発電所事故との比較 … 48

5　発電所外でなされた事故対応　53

5.1　事故前に準備されていた緊急時対応計画 … 54
5.2　事故時に実行された緊急時活動の総括 … 54
- 5.2.1　緊急時の初動活動（54）
- 5.2.2　周辺住民に対する緊急防護措置（避難など）（55）
- 5.2.3　追加的早期防護措置（58）
- 5.2.4　長期的防護措置への移行（59）

5.3　緊急時活動の個別課題 … 59
- 5.3.1　住民の避難など（59）
- 5.3.2　食品，飲料水の出荷・摂取制限など（61）
- 5.3.3　放射線計測と被ばく線量測定（64）
- 5.3.4　放射性物質による環境汚染とその除染（74）

5.4　放射性物質の放出とINES評価 … 78
- 5.4.1　放射性物質放出量の推定（78）
- 5.4.2　INES評価（81）

5.5　事故後のコミュニケーション … 84
5.6　発電所敷地外からの支援活動 … 87

6　事故の分析評価と課題　91

6.1　事故の分析評価概観 … 91

6.1.1　分析評価項目（92）
　　　6.1.2　事故進展挙動の評価（97）
　　　6.1.3　放射性物質放出の評価（110）
　6.2　原子力安全の考え方 ·· 116
　　　6.2.1　原子力安全の基本原則とその考え方（117）
　　　6.2.2　リスク評価とリスク情報活用（119）
　　　6.2.3　安全目標とリスクの抑制（123）
　　　6.2.4　原子力発電の安全と安全確保の仕組み（126）
　　　6.2.5　原子力安全と核セキュリティの関係（129）
　6.3　深層防護 ··· 131
　　　6.3.1　わが国の深層防護の受け止め方（132）
　　　6.3.2　福島第一事故を踏まえた深層防護の分析（134）
　　　6.3.3　深層防護の概念の深化と今後の取組み（138）
　6.4　プラント設計 ··· 143
　　　6.4.1　設計における分析（143）
　　　6.4.2　プラント設計におけるシステム安全（146）
　　　6.4.3　非常用復水器（IC）に係る課題と対応（153）
　　　6.4.4　材料および構造健全性（159）
　　　6.4.5　高経年化対応（165）
　6.5　アクシデントマネジメント ·· 167
　　　6.5.1　格納容器の放射性物質閉じ込め機能（168）
　　　6.5.2　原子炉の計装系（原子炉水位計装）（170）
　　　6.5.3　冷却水の注入系と除熱系（173）
　　　6.5.4　マネジメントの重要性（175）
　　　6.5.5　複数基立地（181）
　6.6　外的事象 ··· 184
　　　6.6.1　地震による被害と対策（184）
　　　6.6.2　津波による被害と対策（193）
　　　6.6.3　自然災害を含む外的事象への対応（196）
　6.7　放射線モニタリングと環境修復活動 ··· 199
　　　6.7.1　環境修復時の初期対応としての環境放射線モニタリング（199）
　　　6.7.2　放射線影響（202）
　　　6.7.3　汚染された地域の除染対策――法体系とガイドライン（206）
　　　6.7.4　除染の対象とする地域の設定（209）
　　　6.7.5　政府，自治体の除染体制（211）
　　　6.7.6　除染技術（213）

　　　　　6.7.7　減　容（218）
　　　　　6.7.8　除染廃棄物などの仮置場・中間貯蔵施設・最終処分（220）
　　　　　6.7.9　日本原子力学会による環境修復への対応（225）
　　6.8　解析シミュレーション……………………………………………………228
　　　　　6.8.1　計算科学技術の視点からの分析（228）
　　　　　6.8.2　SPEEDI 予測の状況（237）
　　　　　6.8.3　事象進展解析とソースターム評価（242）
　　6.9　緊急事態への準備と対応………………………………………………248
　　　　　6.9.1　緊急防護措置（249）
　　　　　6.9.2　緊急事態管理と運営（258）
　　　　　6.9.3　サイト外における防災対策以外の緊急時対応（260）
　　6.10　核セキュリティと核物質防護・保障措置……………………………262
　　　　　6.10.1　核セキュリティと核物質防護（262）
　　　　　6.10.2　保障措置と核物質計量管理（270）
　　6.11　人材・ヒューマンファクター…………………………………………274
　　　　　6.11.1　ヒューマンファクター（275）
　　　　　6.11.2　原子力人材（289）
　　　　　6.11.3　原子炉主任技術者（296）
　　6.12　国際社会との関係………………………………………………………298
　　6.13　情報発信…………………………………………………………………304
　　付録　事故進展に関し今後より詳細な調査と検討を要する事項……………308

7　原子力安全体制の分析評価と課題　　　　　　　　　　　　　　　　317

　　7.1　安全規制体制……………………………………………………………318
　　　　　7.1.1　安全規制の分析（320）
　　　　　7.1.2　規制のあり方（326）
　　　　　7.1.3　安全確保のための規制基準の体系（330）
　　7.2　産業界の体制……………………………………………………………334
　　　　　7.2.1　事業者の役割（334）
　　　　　7.2.2　事業者の原子力事故への対応（334）
　　　　　7.2.3　福島第一事故からの反省と教訓（336）
　　　　　7.2.4　原子力産業界の今後の課題（339）
　　7.3　研究開発・安全研究体制………………………………………………341
　　7.4　国際的な体制……………………………………………………………344
　　7.5　日本原子力学会の役割…………………………………………………348

8 事故の根本原因と提言　353

- 8.1 根本原因分析 …………………………………………………………………… 353
- 8.2 提　言 …………………………………………………………………………… 356
    - 8.2.1 提言Ⅰ（原子力安全の基本的な事項）（358）
    - 8.2.2 提言Ⅱ（直接要因に関する事項）（360）
    - 8.2.3 提言Ⅲ（背後要因のうち組織的なものに関する事項）（364）
    - 8.2.4 提言Ⅳ（共通的な事項）（367）
    - 8.2.5 提言Ⅴ（今後の復興に関する事項）（370）
    - 8.2.6 まとめ（371）

9 現在進行している事故後の対応　373

- 9.1 汚染水の浄化処理 ……………………………………………………………… 373
- 9.2 燃料の取扱い …………………………………………………………………… 381
    - 9.2.1 使用済燃料プールからの燃料集合体の取出しと保管（381）
    - 9.2.2 燃料デブリの取出しと保管（383）
    - 9.2.3 燃料インベントリと再臨界の可能性（387）
- 9.3 廃止措置と放射性廃棄物の処理・処分 ……………………………………… 390
- 9.4 長期安定保管 …………………………………………………………………… 395
    - 9.4.1 分析と対応策（396）
    - 9.4.2 原子炉圧力容器と格納容器（398）
- 9.5 住民と作業者の長期的健康管理 ……………………………………………… 402

10 おわりに　405

付録1　日本原子力学会「東京電力福島第一原子力発電所事故に関する調査委員会」
　　　　委員リスト ……………………………………………………………………… 407
付録2　調査委員会の活動実績 ……………………………………………………………… 410
付録3　英語略語表 …………………………………………………………………………… 414

索　引 …………………………………………………………………………………………… 419

はじめに

冒頭にあたり，本報告書のとりまとめを行った日本原子力学会「東京電力福島第一原子力発電所事故に関する調査委員会」（学会事故調）の概要と，報告書の全体構成を説明する。

1.1 「東京電力福島第一原子力発電所事故に関する調査委員会」の設置経緯

(1) 事故発生直後の日本原子力学会の対応

日本原子力学会（以下「学会」）は福島第一事故の発生直後から，事故の重大性を認識し，専門家で構成したチーム110を立ち上げ，問合せなどに応える体制を整えるとともに，事故の経緯や原因などに関して，「原子力安全」調査専門委員会（主査：澤田隆）における調査検討を開始した。その後，事故による環境の放射性物質による汚染という原子力災害の深刻な被害の実態を踏まえ，技術分析分科会，クリーンアップ分科会，放射線影響分科会を設け，さまざまな課題に対する対応策などの検討を行ってきた。

(2) 学会事故調の設立

事故の原因調査については，これまで政府や民間において実施され報告書が取りまとめられてきている。特に国レベルでの調査は，有識者を委員とする第三者的な調査委員会が政府内と国会内にそれぞれ設けられ進められた。二つの調査委員会の報告書は，いずれも人的・資金的リソースを大規模に投入し，収集した膨大なデータに基づき分析された貴重なものであるが，原子力分野の専門家の関与が限られた範囲にとどまったものとなっている。

このようななか，学会は次のような認識に基づき，平成24年（2012年）6月22日の総会および理事会において，独自の事故調査委員会の設立を決定した。

- 原子力分野の専門家の学術的な集団としてこの事故を防ぎ得なかった反省に立ち，上記のさまざまな事故調査とは別に，専門的な視点から事故事象とその影響などについて深い分析調査を行うとともに，原子力界の問題点についても真剣に向き合い，二度とこのような原子力災害を起こさないための対策を打ち出すことが自らの責務と考えた。
- 特に事故による放射性物質の放出が引き起こす環境汚染と，その結果としてもたらされる地域コミュニティとそこに暮らす方々の生活基盤の破壊を目の当たりにし，事故の分析のみなら

ず，現在も進められている環境修復などの活動についても検討の対象とし，事態の一刻も早い改善につなげたいと考えた。

(3) 過去の学会による事故調査の例

平成11年（1999年）9月30日に発生したJCO事故の際，学会は事故調査委員会を設置している。今回の事故調査委員会の発足にあたっては，この際の対応を参考とした。

JCO事故の際は，事故後約1年間「原子力安全」調査専門委員会（主査：関本博）が調査活動を行い，有識者による講演と原子力学会員に対するアンケート調査を踏まえ，調査専門委員会としての報告書「JCOウラン加工工場における臨界事故の調査報告」を平成12年（2000年）9月に取りまとめ公表した。

その活動を引き継ぐとともに，より本格的な調査体制をとるため，学会内に専門分野ごとに設けられている各部会からの選出委員で構成した「日本原子力学会JCO事故調査委員会」（委員長：成合英樹，幹事：久木田豊，事務局：森聡）を平成12年（2000年）12月に設立し，学会の総力をあげた調査活動を進めた。4年以上をかけ，30回以上の委員会審議を経て報告書「JCO臨界事故 その全貌の解明 事実・要因・対応」（発行：東海大学出版会）が取りまとめられ出版された。

1.2 「学会事故調」の活動

(1) 目 的

学会事故調は，設置の目的を次のように明確に設定しており，各部会などにおける調査検討結果を基にして学会事故調として集約，レビュー，審議を行い，最終報告に取りまとめることとした。

- 学会は原子力の専門家で構成される学術的な組織の責務として，東京電力福島第一原子力発電所事故とそれに伴う原子力災害の実態を科学的・専門的視点から分析し，その背景と根本原因を明らかにするとともに，原子力安全の確保と継続的な安全性の向上を達成するための方策，および基本となる安全の考え方を提言することを目的として，学会事故調を発足させる。
- 同時に，学会自らの組織的・社会的な問題点とも向き合い，原子力災害を防げなかった要因を明らかにして，必要な改革を提言することも重要な目的である。
- 学会事故調の提言に基づき，学会は原子力界の組織・運営の改革や原子力安全研究をはじめとするさまざまな活動に反映させるべく働きかける。

(2) 委員構成

学会はJCO事故後の対応も踏まえ，学会の総体をあげて調査検討を進めるため，学会事故調を理事会に直結する組織とし，各分野の専門家による組織的な取り組み体制を構築するため，すべての部会をはじめ関連する連絡会や委員会などを代表する委員によって構成することとした（委員リストは巻末付録1を参照）。

(3) 調査方法

上記の委員構成に基づき，福島第一原子力発電所事故に関連する課題を調査対象として幅広くカバーし，専門的視点からの深い分析を行うため，基本となる調査は専門分野に応じて設置され活動

を行っている学会内の部会や委員会，連絡会において進めた。学会事故調において，その調査結果のレビュー，全体調整などを行うとともに，必要な分析や検討を進め報告書として取りまとめた。また，学会の大会や年会において学会の会員との意見交換を積極的に行い，学会事故調の審議に反映させた。さらに，海外の原子力学会など国際的な専門家の視点・知見などの取入れも図った。

なお，調査の基となるデータなどについては，政府や東京電力の発表情報を活用するとともに，各種の事故調査委員会において明らかとなった情報を最大限活用することとした。

(4) 調査検討に当たっての視点

原子力施設の安全確保の目的は，潜在的にもつ放射線の被害のリスクから「人と環境を守る」ことである。このため，原子力施設から放射性物質の放出に至った原因の調査検討とともに，放射性物質による住民の被ばくを防止する観点から，防災対策の問題点などについて調査検討を行った。また，原因については根本原因に迫るため，より深い分析に努めた。

なお，原子力技術は複雑巨大人工物システムを対象としていることもあり，全体を見通す俯瞰的対応が必要である。それには，外的・内的事象への対応，深層防護といわれる多層の防護策，人・ソフト・技術など多くの視点が含まれている。事故の分析や安全確保策を検討するにあたっても，原子力が多分野の技術を集めた総合的なものであり，分野間の連携とともに，俯瞰的な視点を加えるように努めた。

このような技術的・専門的視点に加え，学会自らの組織的・社会的な問題点とも向き合い，原子力災害を防げなかった要因を明らかにして，必要な改革を提言することも重要な目的である。このため，学会の役員経験者などに対して行ったアンケート結果の分析や会員の意見聴取なども行い，学会組織の改革についても検討を行った。

原子力施設の安全確保は事業者，規制当局，メーカ，学会などの共通の目標であり，それぞれの努力と協力の下で実現されるものである。学会はさまざまな組織に所属する専門家が個人として参加する学術団体であり，本報告書はそのような幅広い関係者間の協力の下，取りまとめられたことを付言しておきたい。

(5) 活動状況

学会事故調は第一回調査委員会を平成24年（2012年）8月21日に開催して以来，各部会などでの審議結果を基に平成25年（2013年）末までに17回の調査委員会を開催して審議を重ねた。またその間，調査委員会の準備会としてのコアグループによる打合せの開催は40回に及んだ（巻末付録2参照）。

学会の大会や年会において検討状況を報告し，会員などの意見の反映を図った。平成25年（2013年）3月の学会春の年会（於：近畿大学）においては公開セッションで中間報告を，また9月4日の学会の秋の大会（於：八戸工業大学）においては最終報告書のドラフトを発表し意見交換を行った。最終報告書のドラフトについては，平成25年（2013年）9月2日，東京でシンポジウムを開催し，学会の会員をはじめ一般の方々との意見交換の場を設けた。また，この最終報告書のドラフトは英訳し，海外の原子力学会などに送付して意見を求めるなど，海外との意見交換も図った。

1.3 報告書の構成

報告書の前半，第2章〜第5章では，事故に関連する事実関係の整理を行っている。

第2章では，福島第一原子力発電所の施設や設備について，号機ごとの違いを含めて安全上の役割など，その概要を説明している。また，第3章以降に記載される事故の事象進展などの理解を助けるため，シビアアクシデント対策や耐震・耐津波設計の説明も行っている。さらに，津波の被害を受けた他の発電所の設備の概要にも触れている。

第3章では，福島第一原子力発電における事故の概要について，地震，津波の影響から始まり，1〜4号機原子炉について，それぞれの事故の進捗を測定データなどに基づき説明している。なお，併せて5,6号機の状況についても触れている。

第4章では，福島第一以外の原子力発電所として，福島第二原子力発電所，女川原子力発電所，東海第二発電所を取り上げ，地震・津波の影響とそこでの事象の概要について事実関係に着目して説明している。

第5章では，原子力災害の実態を主として発電所外で行われた事故対応として記載している。具体的には，事故前に準備されていた緊急時対応計画，事故時に実行された緊急時活動の全体統括と住民避難や放射線計測・被ばく線量測定などの個別課題，放射性物質の放出量の推定に関する活動，事故後のコミュニケーション，および外部からの資機材支援などに関して実際にとられた行動を述べた。

第6章では，第2章〜第5章までの事実関係の整理に基づき，事故への進展を防ぐことができなかった問題点について分析・評価を行った。事故事象の進展に沿って問題点を抽出するとともに，原子力安全の観点から押えるべき論点を体系的に整理し，両面から検討すべき項目の漏れがないように努めた。また，事故進展に基づく原子炉内部のシミュレーション解析の結果と放射性物質の放出との関連性についても分析を行い，事故進展シナリオの検証を行った。これらの結果に基づき，次の項目について詳細な分析・評価を行った。

① 原子力安全の考え方，② 深層防護，③ プラント設計，④ アクシデントマネジメント，⑤ 外的事象，⑥ 放射線モニタリングと環境修復活動，⑦ 解析シミュレーション，⑧ 緊急事態への準備と対応，⑨ 核セキュリティと核物質防護・保障措置，⑩ 人材・ヒューマンファクター，⑪ 国際社会との関係，⑫ 情報発信，である。なお今後，事故進展に関しより詳細な調査と検討を要する事項も記載している。

第7章では，事故の背景となった原子力安全体制として安全規制体制，産業界の体制，研究開発・安全研究体制，国際的な体制の分析に加え，学会自体の役割についても分析を行った。

第8章では，第7章までの分析を基に，事故の直接要因とそれをもたらした組織的な背後要因を示し，それらを根本原因とした。それを踏まえて提言を行っている。

第9章では，現在も進行している福島第一原子力発電所の廃炉の現状とそれに関連するさまざまな課題を分析評価しているが，状況がつねに変化していること，また，長期にわたる事業であるこ

とから，8 章までの事故に直接関連する分析とは異なる視点でまとめている。

　なお，本報告書に用いられている英語の略語表は巻末に掲載している（付録 3 参照）。また，国際的な安全基準などに用いられる英語は，いわゆるイギリス英語が用いられており，アメリカ英語と異なる場合があるので注意してほしい。

　参考となる用語集や，さらに詳細な説明に興味がある読者のための関連資料をウェブ上に整備した。日本原子力学会のホームページ（http://www.aesj.or.jp）にアクセスすれば，資料へのリンクが設けられている。

原子力発電所の概要

2.1 福島第一原子力発電所の設備の概要

2.1.1 安全設備など主要設備

(1) 発電所の概要

福島第一原子力発電所（以下「福島第一」という）には，6基の沸騰水型原子力発電所（BWR）が設置されている。1～4号機は福島県双葉郡大熊町に，5号機および6号機は同郡双葉町に設置され，敷地は半長円状の形状で東は太平洋に面し，敷地面積は約350万 m^2 である。

福島第一は東京電力株式会社（以下「東京電力」という）の初めての原子力発電所であり，1号機が昭和46年（1971年）3月に運転を開始して以来順次運転を始め，6号機が運転を開始したのは昭和54年（1979年）10月である。総発電設備容量は469.6万kWとなっている。

(2) 安全設備などの概要

東京電力にはBWR-3，BWR-4，BWR-5，ABWR（改良型BWR）と呼ばれる形式のBWRが採用されている。この順に古い形式から新しい形式になっており，1号機はBWR-3，2～5号機はBWR-4，6号機はBWR-5であり，ABWRは福島第一の建設終了後，開発されたものである。

格納容器もBWR-3からABWRの形式に応じて開発されてきており，通常BWR-3, -4ではドーナツ状の圧力抑制プール（サプレッションチェンバ，S/C）を有するMark I型，BWR-5にはドーナツ状を廃したMark II型が適用されている。なお，わが国ではBWR-5にも電力会社の選択でMark I型が採用できるようにしている（表2.1参照）。

以下に，各号機ごとの安全設備などの概要を説明する。

① **1号機** 原子炉冷却材喪失事故時に原子炉に冷却水を緊急注入する非常用炉心冷却系（ECCS）は，炉心スプレイ系（CS系）2系統，高圧注水系（HPCI系）1系統および自動減圧系（ADS）から構成されている。また，冷却材喪失事故時には燃料の崩壊熱がS/Pに移送されるので，S/P水の除熱と格納容器の冷却のため，格納容器冷却系（CCS）が2系統設置されている。原子炉がタービン系から隔離されたときの原子炉の除熱のために，非常用復水器（IC）が2系統設置されている。さらに，原子炉を定期検査時の燃料交換の際に冷温停止するために，原子炉停止時冷却系（SHC系）が設置されている（図2.1参照）。

② **2号機から5号機** BWR-3からBWR-4のシステムへの最も大きな変更は，残留熱除去系

表 2.1 福島第一1〜6号機のおもな設計仕様

	1号機	2号機	3号機	4号機	5号機	6号機
定格出力（MWe）	460	784	784	784	784	1,100
熱出力（MWt）	1,380	2,381	2,381	2,381	2,381	3,293
営業運転開始	1971/3	1974/7	1976/3	1978/10	1978/4	1979/10
原子炉形式	BWR-3	BWR-4	BWR-4	BWR-4	BWR-4	BWR-5
原子炉圧力容器 設計圧力（kg/cm^2(gage)）*	87.9	87.9	87.9	87.9	87.9	87.9
原子炉圧力容器 設計温度（℃）	302	302	302	302	302	302
燃料集合体数	400	548	548	548	548	764
制御棒本数	97	137	137	137	137	185
格納容器	Mark I	Mark I	Mark I	Mark I	Mark I	Mark II
格納容器 設計圧力（kg/cm^2(gage)）*	4.35	3.92	3.92	3.92	3.92	2.85
格納容器 設計温度（℃）	138（D/W） 138（S/C）	138（D/W） 138（S/C）	138（D/W） 138（S/C）	138（D/W） 138（S/C）	138（D/W） 138（S/C）	171（D/W） 105（S/C）
ECCS構成	HPCI CS ADS	HPCI CS LPCI ADS	HPCI CS LPCI ADS	HPCI CS LPCI ADS	HPCI CS LPCI ADS	HPCS LPCS LPCI ADS
原子炉隔離時冷却系	IC	RCIC	RCIC	RCIC	RCIC	RCIC

＊ 設置許可申請書の単位で記載。

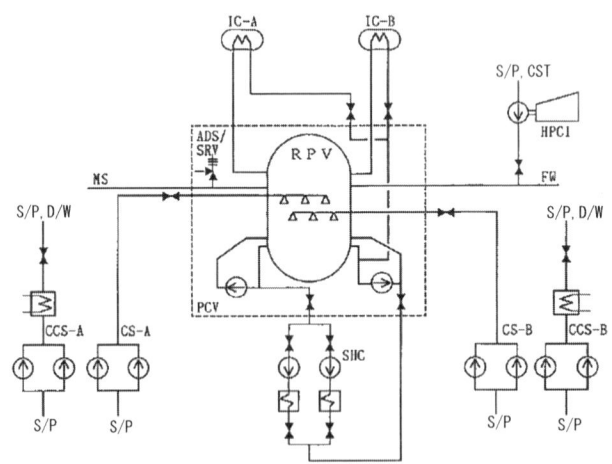

略語は巻末英語略語表を参照

図 2.1 1号機の安全設備などの概要

（RHR系）を設けたことである。RHR系はBWR-3のCCSとSHC系の機能を持ち、さらにECCSとして低圧注水系（LPCI系）の機能をも有している。

2〜5号機のECCSは、炉心スプレイ系（CS系）2系統、高圧注水系（HPCI系）1系統、低圧注水系（LPCI系（RHR系のLPCIモード））1系統（4ポンプ）および自動減圧系（ADS）から構成されている。また、事故後の格納容器の除熱用にはRHR系の格納容器冷却モードを用いる。原

子炉隔離時の冷却水注入用に原子炉隔離時冷却系（RCIC系）を，BWR-3のICから変更して設置している。定期検査時の原子炉の除熱には，RHR系の停止時冷却モードを用いる（図2.2参照）。

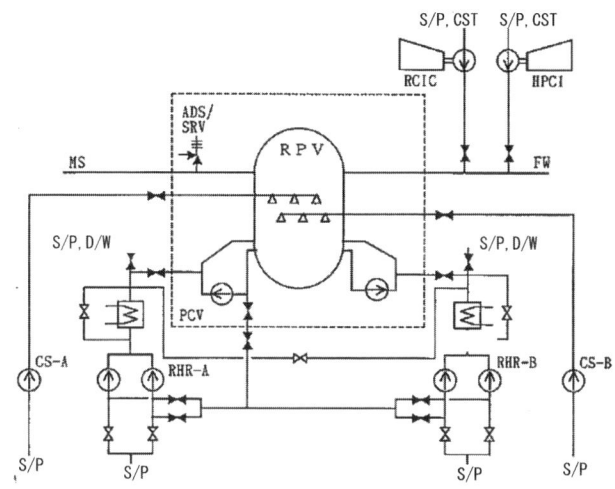

略語は巻末英語略語表を参照
図2.2　2～5号機の安全設備などの概要

③　**6号機**　BWR-4からBWR-5への最も大きな変更は，原子炉内に設置されているジェットポンプの効率を上げたことで，これにより，少ない原子炉再循環ポンプ（PLRポンプ）容量で大きな炉心流量を得ることが可能となった。

ECCSの統合化を進め，高圧炉心スプレイ系（HPCS系）1系統，低圧炉心スプレイ系（LPCS系）1系統，低圧注水系（RHR系のLPCIモード）3系統，および自動減圧系（ADS）の構成としている。

原子炉隔離時のRCIC系，定期検査時のRHR系停止時冷却モードは，BWR-4と考え方は同一である。

(3)　非常用電源設備

ECCSなどの安全上重要な設備は，基本的に非常用電源で運転される設計となっている。非常用電源は非常用ディーゼル発電機（D/G）から供給され，発電所の設備の構成から1～5号機は各2台のD/Gが，また6号機には3台のD/Gが必要である。当初設計では1/2号機，3/4号機，5/6号機でそれぞれ1台のD/Gを共用としていた。いずれのD/Gも海水冷却である。

その後，東京電力はアクシデントマネジメント（AM）策の一環として，平成11年（1999年）3月までに共用のD/Gをなくし各号機専用のD/Gの構成とした。このため，3台のD/G（2号機用に1台，4号機用に1台，6号機用に1台）が新たに設置され，これらについてはすべて空冷式のD/Gが採用された。

(4)　原子炉隔離時の冷却系

原子炉がタービン系から隔離されたときの原子炉の冷却系について以下に記す。本系は非常用炉心冷却系（ECCS）ではなく，通常系の扱いの設備であるが，設計的にはECCS並みの安全系とし

て設計されている。電源は基本的に直流電源を使用し，高温待機の時間としては 8 時間が可能なように電源容量および水源容量が定められている。

① **非常用復水器**（IC）　1 号機に設置されている IC は，炉心で生じた蒸気を復水器で除熱して凝縮し原子炉に戻すシステムである（図 2.3 参照）。したがって，IC には冷却水の補給能力がないため，主蒸気逃がし安全弁（SR 弁）の設定圧力より低い原子炉圧力で自動起動し，SR 弁作動による原子炉水量の減少を回避できるように設計されている。

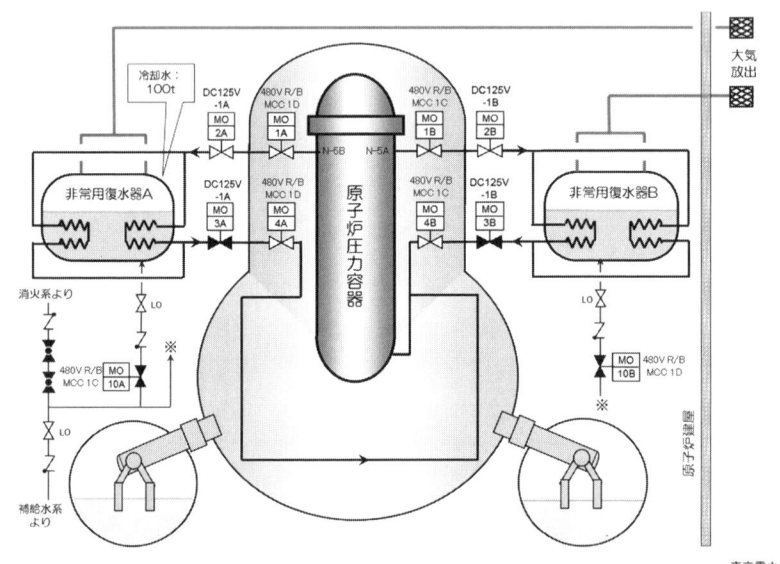

図 2.3　1 号機非常用復水器（IC）
[政府事故調，「中間報告（資料編）」，p.72（平成 23 年 12 月 26 日）]

設計上は炉停止直後の崩壊熱（定格熱出力の 3％）を除去できるように設計され，100％容量の設備が 2 系統設置されている。このため，2 系統とも故障なく自動起動した場合には，原子炉圧力は急速に低下を始めることから，運転員は IC の作動後に 2 系統のうち 1 系統の弁を閉じ，1 系統だけの運転に切り替える操作になっている。

IC の蒸気配管および復水戻り配管には，格納容器内側にエルボ流量計が設置され，流量高により隔離弁を閉止するインターロックが設けられている。IC の配管破断を検出して IC を隔離するものである。なお，破断検出制御回路の制御電源喪失によっても，隔離弁を閉止する信号が発生するインターロックになっている。

② **原子炉隔離時冷却系**（RCIC 系）　2 号機以降の BWR プラントには，高温待機の原子炉冷却用に RCIC 系が設置されている。RCIC 系は原子炉蒸気を用いたタービン駆動のポンプにより，おもに復水貯蔵タンク水を原子炉に供給する。SR 弁が作動する圧力においても冷却水を注入することが可能である。

(5)　**次章以降で議論のある設備などについて**

今回の福島第一事故の分析・評価において，次章以降で特に議論される系統・設備などについ

て，以下に解説する。

① **全交流電源喪失時の対応**　全交流電源喪失とは，すべての外部交流電源および所内非常用交流電源からの電力の供給が喪失した状態をいう。電源確保に関しては，昭和52年（1977年）6月，原子力委員会（当時）が安全設計審査指針を見直し，指針9「電源喪失に対する設計上の考慮」において，「原子力発電所は，短時間の全動力電源喪失に対して，原子炉を安全に停止し，かつ，停止後の冷却を確保できる設計であること」との要求が初めてなされた。原子力安全委員会によると，昭和52年（1977年）以後，「短時間の全動力電源喪失」の短時間とは，30分間以下のことであると解釈する慣行がとられてきたため，全動力電源喪失への要求は，30分間の全動力電源喪失時に冷却機能を維持するために十分な蓄電池容量，水源容量などがあることと解釈されてきた。

1～6号機においては，1号機はIC，2～6号機はRCIC系およびSR弁により，それぞれ交流電源がなくとも十分に30分以上の冷却能力を有しており，安全設計審査指針を満足していると解釈されてきた。

② **格納容器隔離弁**　原子炉格納容器は事故の際に系外に放射性物質を出さないようにするバウンダリであるため，原子炉格納容器を貫通している配管系には，基本的に内側と外側に隔離弁を設けている。主要な系統の隔離弁は基本的に電動弁または逆止弁であり，事故信号である原子炉水位低，ドライウェル（D/W）圧力高などにより自動的に閉止するか，遠隔手動により閉止するか，逆止弁動作により閉止するか，または通常時閉止している閉止弁である。また，フェイルクローズとなる空気作動弁を用いた隔離弁もある。なお，事故時に使用するECCSや，原子炉への給水能力を有する系の隔離弁は，隔離信号により自動的に閉止しない設計としている。

③ **原子炉水位計**　原子炉水位計の原理は，基準面器側の水頭圧と，炉側配管の水頭圧の圧力差で計測するものである。すなわち，原子炉水位は，原子炉圧力容器の気相部につながる蒸気の凝縮槽で形成される一定の水位による水頭圧と，原子炉水位に応じて変動する水頭圧の差圧を検出することで測定している（図2.4参照）。このため，原子炉の圧力変化などにより冷却水の密度が変化した場合は，計測水位を補正する必要がある。

④ **配　置**　安全設備の各機器・系統は，可能な限り分散・独立するように配置されている。

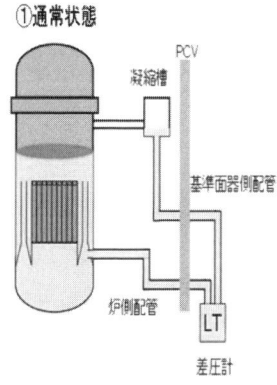

図 2.4　原子炉水位計の原理

非常用ディーゼル発電機（D/G）は設備自体が重いものであり，通例地下もしくは1階に設置されている。

2.1.2 アクシデントマネジメント対策設備

(1) シビアアクシデントとは

原子力発電所に起こり得ると考えられる異常や事故に対応するため，「設計基準事象」という大きな影響が生じる代表的な厳しい事象を考慮して安全評価を行い，それを基に安全設備の設計を行っている。

この設計基準事象を大幅に超える事象が発生すると，設計の評価上想定された手段では適切な炉心の冷却や炉心反応度の制御ができない状態となり，その結果，炉心の重大な損傷に至ることになる。このような事象をシビアアクシデント（過酷事故，SA）とよんでいる。

また，設計基準事象を超えた事象に対し，設計に含まれる安全余裕やその事象発生時にたまたま使用可能であった設備，またSAに備えて新たに設置されていた設備などを有効に活用して，SAへの拡大を防止する措置，またSAに拡大した場合の影響を緩和する措置などをアクシデントマネジメント（AM）とよんでいる。

(2) シビアアクシデント対策の整備

原子力安全委員会（当時）は米国TMI事故，旧ソビエト連邦チェルノブイリ原子力発電所事故を受けてシビアアクシデント対策検討を進め，一方，通商産業省（当時）も平成4年（1992年）7月に「原子力発電所におけるアクシデントマネジメントの整備について」を発出し，事業者の自主的取り組みとしてAMの整備が行われることになった。事業者は平成12年（2000年）を目処にAMの整備を進めることになり，東京電力については，福島第一と福島第二の各種AM策の整備は平成14年（2002年）5月に終了した。

なお，以上のAM策の原因事象は発電所の内的事象に限られ，自然現象などの外的事象は原因事象の対象外になっていた。

(3) 福島第一のシビアアクシデント対策

東京電力が整備したAM策は，設備上のもの，実施体制に関するもの，手順書類に関するもの，教育等の整備に関するものに分かれるが，ここでは設備上のものについて記す。

① **原子炉停止機能**　原子炉に異常が生じた際には，炉心の反応を急速に停止する自動スクラム機能が働き炉心を未臨界にするが，この機能が働かない場合の対策として，代替制御棒挿入（ARI）と代替再循環ポンプトリップ（RPT）の機能が追加された。

② **原子炉および格納容器への注水機能**　原子炉への注水が失敗したときのAM策として，代替注水設備と原子炉減圧の自動化が追加された。

③ **格納容器からの除熱機能**　格納容器からの除熱機能として格納容器ベントが追加された。これは格納容器の過圧を防止するため，耐圧性を強化したベントラインを設けたものである。

④ **電源供給機能**　発電所の外部電源喪失時のAM策として，隣接プラントからの動力用高圧／低圧交流電源の融通，直流電源の融通が手順書化された。

2.1.3 設備の耐震設計および耐津波設計

福島第一の耐震設計および耐津波設計が当初どのように行われていたかについて以下に記す。

(1) 安全設計審査指針

地震，津波に関する規制要求としての安全設計審査指針の記載を以下にまとめる。

- 昭和45年（1970年）に制定された安全設計審査指針では，自然条件に対する配慮として最も苛酷と思われる自然力を考慮するよう求めている。
- また，耐震設計において原子炉施設は，その系および機器が地震により機能の喪失や破損を起こした場合の安全上の影響を考慮して，重要度により適切に耐震設計上の区分がなされ，それぞれの重要度に応じた適切な設計であることを求めている。

(2) 耐震設計

福島第一について原子炉設置許可申請がなされた昭和41年（1966年）～昭和46年（1971年）には，安全規制のための耐震設計基準がなく，安全機能を確認するための地震動は東京電力が設定した。

その後，原子炉の設置許可申請に係る安全審査のうち，耐震安全性の確保の観点から耐震設計方針の妥当性について判断する際の基礎を示すことを目的として，「発電用原子炉施設に関する耐震設計審査指針（旧指針）」について，昭和53年（1978年）9月に当時の原子力委員会が定めたものに基づき，昭和56年（1981年）7月に原子力安全委員会が見直して改訂した。この審査指針に福島第一も適合しているかどうかのチェックが行われた。

さらに，平成18年（2006年）9月に地震学および地震工学の新たな知見の蓄積ならびに耐震設計技術の著しい改良を反映し，審査指針が全面的に改訂された。

以上の3段階の経緯により，耐震設計の基準とする地震動の最大加速度が，福島第一においては，建設時の265 Gal から 370 Gal，600 Gal へと高められた。福島第一についても本審査指針への適合性チェックが進みつつある状況において，今回の事故が発生した。

(3) 耐津波設計

原子力安全委員会の策定した指針類において，原子力発電所で考慮すべき津波対策を最も明示的に規定しているのは耐震設計審査指針で，平成18年（2006年）9月の改訂版では，地震随伴事象として「施設の供用期間中に極めてまれではあるが発生する可能性があると想定することが適切な津波によっても，施設の安全機能が重大な影響を受けるおそれがないこと」を「十分考慮したうえで設計されなければならない」としている。

福島第一の各号機が基本設計された時点では，津波対策が必要な波高について，昭和35年（1960年）のチリ地震津波のときに小名浜港で観測された最高潮位である小名浜港工事基準面（O.P.と表示される）+3.122 m として設置許可がなされ，敷地の最も海側の部分については O.P. +4 m の高さに整地されて，非常用海水ポンプはこの場所に設置された。その後，津波想定技術の進化とともに，平成14年（2002年），平成21年（2009年）に想定津波高さもそれぞれ O.P. +5.7 m，O.P. +6.1 m に引き上げられ，海水ポンプのかさ上げなどの対策が実施された。さらに，平成20年

(2008年)に津波対策を見直す契機はあったが，その見直しがなされない状況において今回の事故が発生した。

2.2 福島第一以外の原子力発電所の設備の概要

東日本大震災において津波の被害を受けた原子力発電所のうち福島第一以外の原子力発電所の設備の概要を以下に記す。

2.2.1 福島第二原子力発電所

東京電力福島第二原子力発電所（以下，「福島第二」）は福島県双葉郡楢葉町と富岡町に立地し，定格電気出力110万kWのBWRプラントが4基設置されている。これらのプラントは昭和57年（1982年）から昭和62年（1987年）にかけて運転が開始され，原子炉型式・格納容器型式は，1号機がBWR-5 Mark-II型，2～4号機がBWR-5 Mark-II改良型である。安全系の構成はBWR-5として，福島第一の6号機と基本的に同一である（2.1.1項参照）。

2.2.2 女川原子力発電所

東北電力女川原子力発電所（以下，「女川」）は，宮城県牡鹿郡女川町と石巻市に立地し，BWRプラントが3基設置されている。1号機はBWR-4 Mark-I型，定格電気出力52.4万kW，2号機および3号機はBWR-5 Mark-I改良型，定格電気出力82.5万kWであり，これらのプラントは昭和59年（1984年）から平成14年（2002年）にかけて運転が開始されている。安全系の構成は，1号機はBWR-4であり，福島第一の2～5号機と基本的に同一である。また2,3号機はBWR-5であり，福島第一の6号機と基本的に同一である（2.1.1項参照）。

2.2.3 東海第二発電所

日本原子力発電（以下，「日本原電」）東海第二発電所（以下，「東海第二」）は，茨城県東海村に立地し，BWR-5 Mark-II型，定格電気出力110万kWのBWRプラントで，昭和53年（1978年）に運転が開始されている。安全系の構成はBWR-5として，福島第一の6号機と基本的に同一である（2.1.1項参照）。

参考文献（2章）
1) 原子力安全研究協会，「軽水炉発電所のあらまし」（平成4年10月）．

3

福島第一原子力発電所における事故の概要

3.1 地震と津波による被害

　平成23年（2011年）3月11日14時46分頃，世界の観測史上4番目の大きさ（M 9.0）の東北地方太平洋沖地震が発生し，福島第一原子力発電所の立地する大熊町，双葉町では，震度6強の揺れを観測した。この地震は「宮城県沖」，「三陸沖南部海溝寄り」，「福島県沖」，「茨城県沖」などの複数領域が連動して発生したものであった。福島第一の各号機の原子炉建屋最地下階に設置された地震計の記録によれば，その揺れは基準地震動 Ss によってもたらされる揺れの大きさに匹敵あるいは若干上回る大きさであった。

　その結果，送電鉄塔の倒壊や遮断器の損傷など様々な箇所で故障が生じ，発電所全体で外部電源が喪失する事態が発生し，運転中の原子炉はすべて自動停止（スクラム）した。外部電源の喪失に伴い，点検中であった4号機の1機を除き，全12機の非常用ディーゼル発電機（D/G）はすべて自動起動し電源が確保された。この段階では，プラントパラメータの記録が残されており，原子炉水位や圧力，格納容器温度などからは，原子炉冷却材圧力バウンダリの損傷が疑われるような状況ではなかった。また，目視可能な範囲でのウォークダウン（現場確認）の結果からは，耐震クラスの低い設備のごく一部に損傷が見られているが，これらは原子炉安全に影響するようなものではなかった。なお，今後の詳細な調査検討により，主要な安全設備の健全性に対する地震の影響に関する評価がなされる必要がある。

　地震後1時間弱経過した15時30分頃に，大きな津波が襲来した。この津波の検潮所設置位置付近での高さ（設計時における津波評価で考える高さ）は，東京電力による再現計算結果では約13mとされている（津波の直後には東京電力から「15mを超す津波」との説明がなされたが，これは「浸水高さ」である）。

　なお，地震発生直後に津波に関する情報が気象庁より出されており，当初は3mの大津波警報であったが，2回更新された後，10m以上の大津波警報に変わったのは15時30分であった。

　この津波により福島第一の広範な範囲が浸水し，多くの海水冷却系機器が損傷した。建屋への浸水では各号機の電源盤の機能が広く失われ，1～5号機で全交流電源が喪失し，さらに1, 2, 4号機では直流電源も喪失する事態となった。

福島第一では，全交流電源喪失事象（SBO）への対策として，直流電源を必要とする非常用復水器（IC），原子炉隔離時冷却系（RCIC系），高圧注水系（HPCI系）による原子炉冷却や，隣接号機からの高圧電源の融通が整備されていた。さらに，直流電源をも喪失した場合に備えて，隣接号機からの低圧電源の融通が整備されていた。しかし，隣接プラントも含めて電源が喪失する事態となり，きわめて厳しい事故対応の初期条件が課された状態となった。さらに，大きな余震が続く，また，大津波警報が解除されないなかであり，現場も津波によるがれきが散乱しているような状況であったことも，事故対応を困難なものとした。

3.2　1号機

地震により原子炉は自動停止し，また外部電源が喪失したため，非常用ディーゼル発電機（D/G）が2台とも自動起動するとともに，主蒸気隔離弁（MSIV）が閉止した。その結果，原子炉圧力が上昇し，非常用復水器（IC）が自動起動して原子炉水位は維持された。

ICの作動で設計での想定どおりに原子炉圧力・温度が低下したことから，機器への影響を懸念した運転員は，保安規定の制限値を守るようにICを間欠的に運転し，急激な温度低下を回避した。

地震後，津波が襲来するまでの間は，外部電源が喪失した状態ではあったが，必要な安全機能は設計通り確保され原子炉は安定的に維持されていた。

津波が襲来し，その影響で海水冷却系が機能を失ったのみならず，敷地高さ10mにある建屋への浸水があり，1号機ではほとんどすべての電源盤の機能が失われた。この結果，中央制御室においては非常用照明のみになり，設備の状態を把握するための計装や警報灯を含めてほとんどが使用できなくなった。

後日の東京電力の調査により，津波による直流電源喪失の結果，ICの隔離インターロックが作動して隔離弁が閉止したことが分かっている。すなわち，閉じ込め機能に対する「フェールセーフ設計」の影響でICの冷却機能は喪失したことになる。

なお，津波直後はICの弁の状態は把握されなかったが，11日18時18分頃に1系統に2個設置されている外側隔離弁の閉止ランプ（緑ランプ）が2個とも点灯していることを運転員が確認し，開操作を実施している。ICの通常の操作では，外側隔離弁の1個をつねに開とし，もう1個の外側隔離弁で開閉を操作するので，2個の外側隔離弁のどちらもが閉であったことから，中央制御室ではICの隔離インターロックが作動した可能性が認識された。その場合は2個の内側隔離弁も閉となっている可能性が高く，外側隔離弁を開としてもICは機能しないと考えられた。その後，運転員は復水器胴側の水位低下を懸念してICの外側隔離弁の一つを18時25分頃に閉操作している。さらに，21時30分頃に再び開操作をしている。しかしながら，こうした一連の操作は正確に発電所対策本部に伝達されず，発電所対策本部および本店対策本部はICが正常に機能しているものと思い込んでいた。

一方，16時42分頃に一時的に原子炉圧力容器内の水位計が表示され，水位の低下が測定された。これに基づいて17時15分頃には約1時間後に有効燃料頂部（TAF）到達と予測された。そこで，

発電所長よりディーゼル駆動消火系ポンプ (D/D FP) および消防車を用いた注水方法の検討指示が出されている。しかしながら政府事故調中間報告によれば，消防車注水については役割や責任が不明確であり，3月12日未明まで送水口の確認などの具体的な準備はなされなかった。

津波によりICが機能を喪失したことから原子炉圧力が上昇して，主蒸気逃し安全弁 (SRV) の安全弁機能が働き，蒸気が圧力抑制室 (S/C) に導かれて凝縮された。この結果として原子炉水位が低下していった。なお，1号機においては直流電源の喪失で津波直後はプラントパラメータが得られていない。バッテリをつなぐことで水位が計測できるようになったのは，3月11日21時19分である。図3.1～図3.3に，得られたプラント状態や運転員操作の情報を参考にして，シビアアクシデント解析コード (MAAP) で推定された水位，圧力などを示す。

解析の結果からは，3月11日18時過ぎには原子炉水位がTAFを下回り，19時前に炉心損傷が始まったことが推定されている。一方，20時頃に現場指示計にて原子炉圧力が7.0 MPa [abs (絶対圧)] と確認されたことから，この段階では，原子炉冷却材圧力バウンダリは健全であり，原子炉圧力はSRVの安全弁機能により7.0 MPa [abs] 近傍に維持されていたと推定される。

21時過ぎにTAFより高い原子炉水位が測定されているが，解析による推定とは大きな乖離がある。後日の東京電力による検討によれば，炉心が露出した後では凝縮槽の基準面器側の水が蒸発してしまうことにより，水位計が誤指示を示すことが判明している（図2.4(11ページ)参照）。原子炉の実水位がさらに低下していくと，水位計装の炉側配管の水も蒸発し始めることから，その様子が水位計の指示値に現れているものと考えられている。解析では，21時の時点ではすでに炉心が露出，損傷を開始しており，その影響で測定水位が実際より高い値となったものと考えられる。

3月12日0時頃には，中央制御室においてドライウェル (D/W) の圧力が，最高使用圧力 (0.531 MPa [abs]) を超える0.6 MPa [abs] であることが計測された。事故当時は，たとえば原子炉冷却材喪失事故 (LOCA) では最大でも0.401 MPa [abs] であると評価されることから，原子炉が異常な状態にあることが推定された。これを受けて，発電所では格納容器ベントの準備に入る

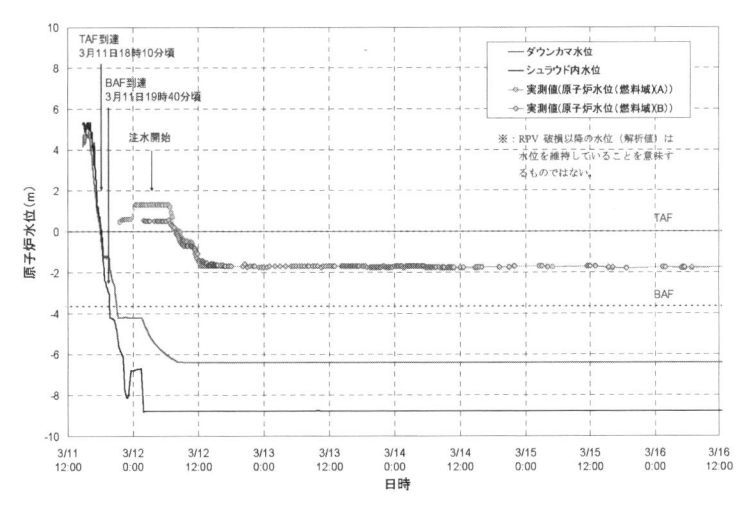

図 3.1 原子炉水位（1号機）（口絵1参照）

[東京電力，福島原子力事故調査報告書]

よう指示が出されている．2時30分にはD/W圧力の計測値が0.84 MPa［abs］にまで上昇し，一方，原子炉圧力はほぼそれと同じ0.8 MPa［gage（ゲージ圧）］に低下した．このような1号機の原子炉および格納容器の圧力挙動や運転員が減圧操作をしていないことから，この時点ではすでに原子炉冷却材圧力バウンダリが破損したと考えられる．また，この時刻までにはすでに炉心損傷が進み，原子炉内の温度が高くなっていたと推測される．

これらを前提とし，東京電力が核計装配管（ドライチューブ）とSRV管台ガスケットのシール部の損傷を仮定してMAAPコードを用いて実施した解析によれば，図3.2および図3.3に示すように，原子炉圧力と格納容器圧力とが均圧していく．この解析結果では，3月12日2時頃に原子炉圧力容器が溶融燃料の影響で損傷したとされている．

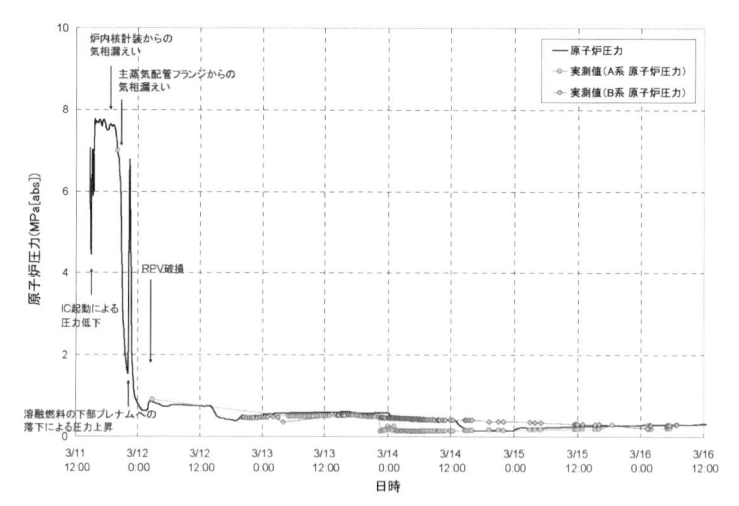

図 3.2 原子炉圧力（1号機）（口絵2参照）
［東京電力，福島原子力事故調査報告書］

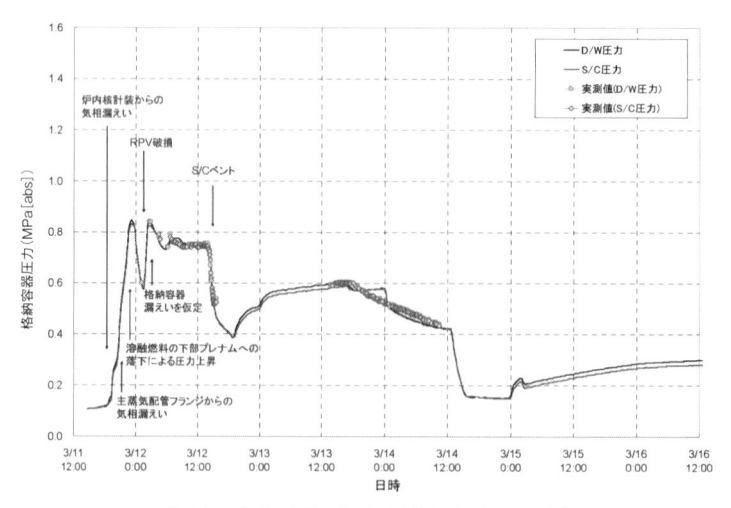

図 3.3 格納容器圧力（1号機）（口絵3参照）
［東京電力，福島原子力事故調査報告書］

一方，格納容器圧力の測定値は 0.75 MPa［abs］程度で維持されており，格納容器からの放射性物質の漏えいが生じていたものと考えられる。実際，正門付近に配置したモニタリングカーでは，3月12日の明け方に，線量率の上昇が見られ，1号機からの放射性物質の放出があったことは明らかである。

3月12日4時頃から，代替注水ラインにつながる連結送水口に消防車が接続され，注水が開始された。注水源は当初，防火水槽の淡水が使用されたが，程なく枯渇したため，引き続き海水が注水された。なお，代替注水ライン（消火系（FP）→復水補給水系（MUWC）→炉心スプレイ系（CS））は，アクシデントマネジメント（AM）としてディーゼル駆動消火系ポンプ（D/D FP）で水を送るとの想定で整備されていたものであり，一方，消防車は中越沖地震後の対策で用意されていたものであった。福島第一事故時には D/D FP は使えなかったが，AM で整備した注水ラインと消防車のポンプとを組み合わせて炉心注水がなされた。しかしながら，がれきが散乱した状態で消防車のホースをつなぎこむべき送水口がなかなか発見できないなど，消防車による注水には時間がかかった。

MAAP コードの解析結果からは，この注水は炉心損傷の防止には間に合わなかったが，すでに格納容器のペデスタル部に移行していた溶融燃料に達したと推定されている。その結果，溶融炉心-コンクリート反応（MCCI）が抑制され，溶融燃料はペデスタル床を約 70 cm 程度浸食したところで留まっていると推定されている（図3.4）。

注水の対応と並行して格納容器ベントが図られたが，交流電源および圧縮空気が失われていたことから，現場にて二つの弁を手動で開放する必要があった（図3.5）。

原子炉建屋2階にある電動弁は手動で操作することによって開操作できたが，空気作動弁の開操作のためには，地下のトーラス室にアクセスする必要があった。9時過ぎに運転員がトーラス室に入り，空気作動弁に向けてキャットウォークを歩いていったが，炉心損傷により S/C に移行してきた大量の放射性物質によって線量が高く，作業を断念せざるをえなかった。結果として，運転員のうち1名は 100 mSv を超える被ばくをしている。空気作動弁を遠隔で操作するためには，駆動用の圧縮空気と電磁弁作動用の電源が必要である。しかし，圧縮空気の準備ができていなかったた

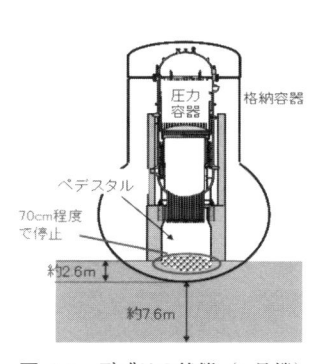

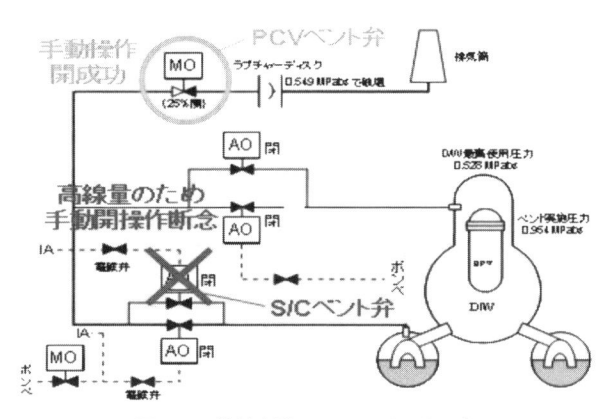

図 3.4　デブリの状態（1号機）　　　　　図 3.5　格納容器ベントライン上の弁

め，残圧があることを期待して，仮設照明用小型発電機により小弁の開操作を 10 時過ぎに実施した。この操作後に正門付近のモニタリングカーの線量率が一時的に上昇したが，格納容器の圧力が低下していないことから，十分なベントができておらず，このときベントラインにあるラプチャディスクが開いたかどうかは不明である。

さらに，仮設コンプレッサを利用して，原子炉建屋大物搬入口の外から圧縮空気を供給し得ることがわかり，14 時過ぎに仮設コンプレッサを起動したところ，格納容器の圧力が低下し，排気塔から蒸気の放出が確認されている。格納容器ベントができたと判断し得るが，この時点では，モニタリングカーによる放射線指示値は上昇していない。

3 月 12 日 15 時 36 分，1 号機の原子炉建屋が爆発した。また爆発後にモニタリングカーの指示値は一時的に上昇した。

従来から，格納容器内で起き得る爆発的な現象としては，反応度事故，炉内・炉外の水蒸気爆発，格納容器直接加熱などが考えられていたが，この爆発のあとも格納容器圧力はある程度正圧を保っていたことから，これらの現象が発生したとは考えられない。

一方，炉心損傷に伴いジルコニウム-水反応によって水素が発生することから，この爆発の原因は，格納容器内に蓄積した水素が何らかの経路で原子炉建屋に移行し，最上階にて爆発したものと推定される。また，格納容器は最高使用圧力を大幅に超えていた時期があり，格納容器から原子炉

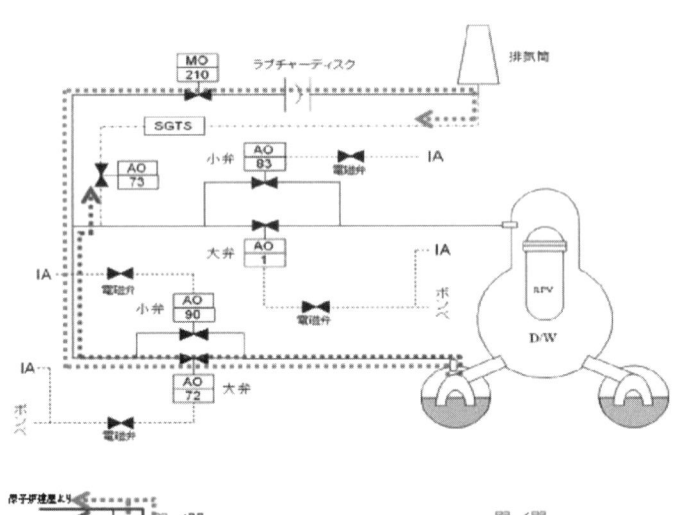

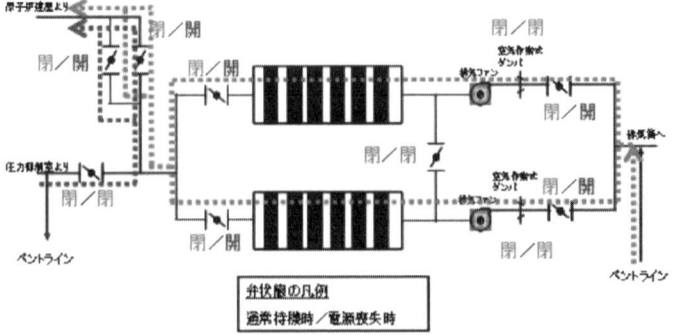

図 3.6 SGTS 逆流の可能性（1 号機）

建屋への気体の漏えい経路については、いくつかの可能性があるが、現時点で特定することは困難である。

一方、格納容器ベント操作から1時間程度経過して爆発が発生したことから、このベント操作と水素ガスの原子炉建屋への放出との関係を明らかにする必要がある。ベント配管は非常用ガス処理系（SGTS）と接続され、SGTS入口側は隔離弁により隔離されるが、SGTSの系統全体では、通常時閉・電源喪失時開の弁が多く配置されている（図3.6）。ベント配管からの逆流経路上には、電源喪失時閉の流量調整ダンパがあり、このダンパにより逆流は制限される。ダンパには完全な気密性はないが、大流量が流れることは阻止できるものと考えられる。また、仮にSGTSのフィルタトレインを逆流したのであれば、粒子状の核分裂生成物（FP）の大部分は捕捉されるため、原子炉建屋内が広く汚染されていることと矛盾する。したがって、SGTSからの逆流を完全に否定することは困難であるが、SGTSが原子炉建屋内への水素流入の主たる経路とはなっていなかったと推定できる。

3.3　2号機

地震により原子炉は自動停止し、また外部電源が喪失したため、D/Gが2台とも自動起動するとともにMSIVが閉止した。原子炉圧力はSRVにて制御された。原子炉水位については、原子炉隔離時冷却系（RCIC系）は水位低（L2）で自動起動することになっているが、水位がL2まで低下するより前に運転員が手動起動し、津波により直流電源が喪失するまでの間は、RCICの水位高（L8）トリップと手動起動を繰り返すことで水位制御がなされた。

津波が襲来し、その影響で海水冷却系のみならず、敷地高さ10mにある建屋への浸水もあり、2号機ではほとんどすべての電源盤の機能が失われて、中央制御室は真っ暗になり、設備の状態を把握するための計装や警報灯を含めほとんど使用できなくなった。

津波が襲来した頃、運転員はRCICを手動で起動していたが、その後の運転状態を把握することができなかった。原子炉水位も把握できなかったことから、11日の21時頃からAMによる注水の準備に取り掛かり、11日中に代替注水のラインが準備されている。一方で、RCICの運転状態を確認するために12日1時頃現場に向かった運転員が、RCIC室の扉を開けた際に水が流れ出てきたことから、いったん中央制御室に戻っている。2時過ぎに再度現場に向かい、原子炉圧力5.6 MPaに対し、RCIC吐出圧力が6.0 MPaと上回っていることから、RCICは運転状態にあることが確認されている。

11日22時頃に、2号機でも1号機同様バッテリをつなぐことによって原子炉水位が測定されるようになり、TAFよりも高いことが確認された。それ以降は、水位はTAF+3.4～3.9 mに保たれた。原子炉水位の測定値をMAAPコードによる解析結果とともに図3.7に示す。図に示すように、原子炉水位は3月14日の昼近くまで高い位置に保たれ続けている。一方、原子炉の圧力はSRVの逃し弁機能が働かない状態であるにもかかわらず、6 MPa［gage］前後の低い値となっている（図3.8）。直流電源が喪失して、RCICの制御ができなかったにもかかわらず、このようにプラントパ

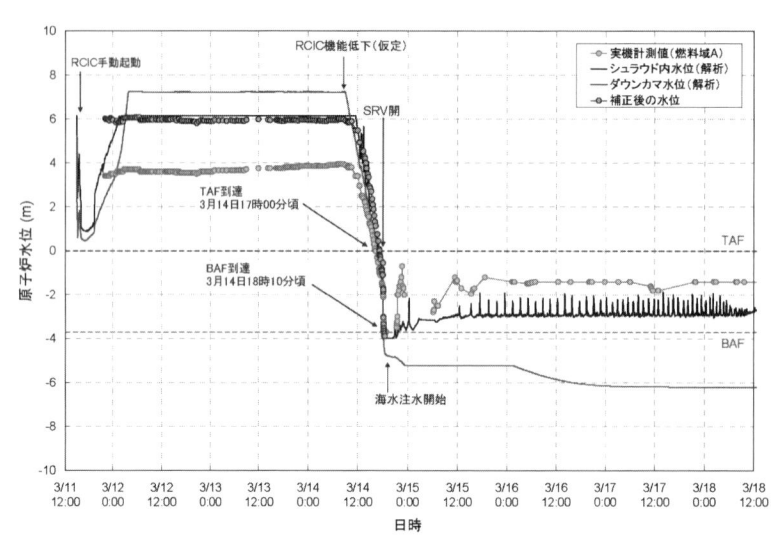

22　3　福島第一原子力発電所における事故の概要

図 3.7　原子炉水位（2 号機）（口絵 4 参照）
［東京電力，福島原子力事故調査報告書］

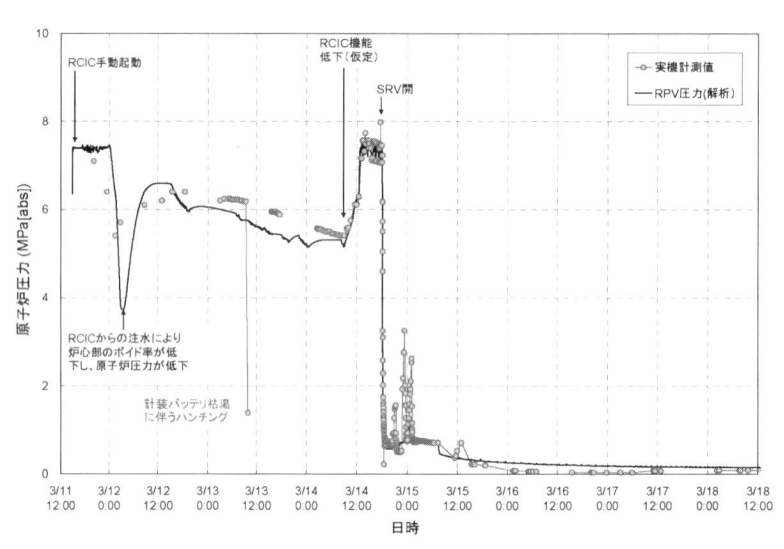

図 3.8　原子炉圧力（2 号機）（口絵 5 参照）
［東京電力，福島原子力事故調査報告書］

ラメータが安定していた理由は，後日の東京電力の分析により，次に述べるような RCIC の特殊な運転状態によるものと推定されている．

　まず，原子炉水位は燃料域の水位計にて計測されている．燃料域水位計は停止時などの原子炉減圧時（大気圧）で校正されていることから，6 MPa［gage］の高圧状態の指示を実水位に直す補正が必要である．こうして補正した後の水位は，水位計凝縮槽ノズル位置に相当する．実水位がこのノズルより高い位置にあると，差圧検出をする水位計の原理上，実水位にかかわらず計測される水位はノズル位置レベルに留まることから，この間の実水位は水位計凝縮槽ノズル位置より上であっ

たと推定されている．水位がこのようなレベルになると，主蒸気管から二相流が流出し，RCIC タービンが二相流で駆動されることとなる．RCIC から見れば効率の悪い運転状態となり，注水流量が定格流量より小さくなり，二相流の流出と RCIC による注水がバランスしていたものと考えられている．一方，原子炉から見た場合，蒸気に比べて単位体積当たりのエンタルピーの大きい二相流が主蒸気管から流出するため，原子炉の圧力は SRV 作動レベルより低い 6 MPa［gage］前後でバランスしていたものと考えられている．

計測された格納容器の圧力トレンドを見ると，除熱喪失状態で期待されるトレンドよりも緩やかな上昇となっている（図 3.9）．これは，なんらかの除熱メカニズムがある可能性を示唆している．炉心が損傷した 1～3 号機では，継続的に原子炉への注水を実施していたが，格納容器内の水位の上昇は確認されず，格納容器から汚染した冷却水がトーラス室に漏えいし，さらにタービン建屋に移行していったことが確認されている．一方で，原子炉への注水を実施していない（必要のない）4 号機では，1～3 号機のようなメカニズムでトーラス室に水が溜まることはないが，実際には 4 号機トーラス室に水が溜まっていたことが確認されている．すなわち，少なくとも 4 号機では，津波の影響によりタービン側からトーラス室に水が流入した可能性があり，これと同じことが 2 号機で起きていれば，トーラスを外部から冷却するメカニズムとなる．このような仮定をおいての MAAP コードによる解析結果は，測定値をほぼ再現できている．ただし，2 号機の格納容器が早期に漏えいしていた可能性も否定できない．

格納容器の計測圧力はベントラインのラプチャディスク開放設定値である最高使用圧力（0.531 MPa［abs］）より低かったが，ベントの準備が進められていた．ベントライン上の二つの弁が 13 日 11 時までに開状態とされ，それ以降，空気作動弁の開状態が維持されていたものの，14 日の 3 号機の爆発の影響で，空気作動弁の電磁弁励磁用回路が外れて空気作動弁が閉止した．

RCIC の運転が停止してしまう事態に備えるため，13 日 12 時頃には代替注水の構成を完了する

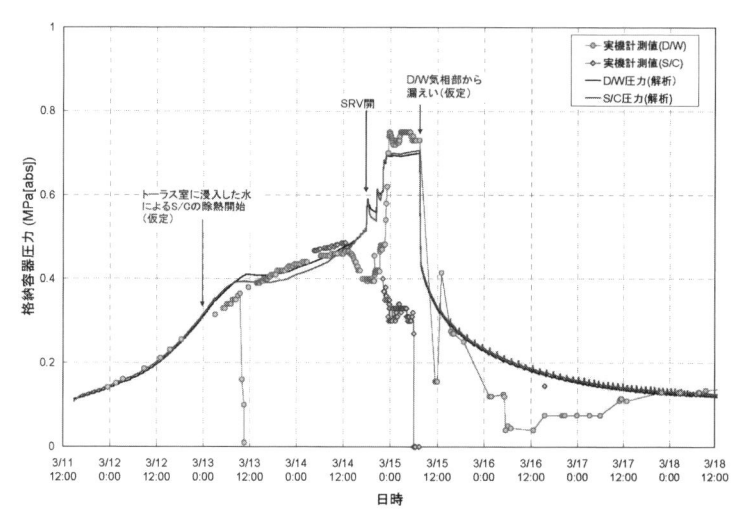

図 3.9 格納容器圧力（2 号機）（口絵 6 参照）
［東京電力，福島原子力事故調査報告書］

とともに，13日13時頃にはバッテリを中央制御室のSRV制御盤につなぎ込んでおり，減圧・注水ができる状態とされていた。しかしながら，同じく3号機の爆発の影響で，準備していた消防車・ホースが破損してしまった。なお，1号機同様，代替注水ライン（消火系（FP）→復水補給水系（MUWC）→低圧注水系（LPCI））はAMで整備されていたものであり，消防車は中越沖地震後の対策で準備していたものであった。

14日昼頃から原子炉水位が下がり始め，RCICの機能が低下していると判断され，代替注水の再構成とベントの復旧の取り組みがなされた。当初，S/Cベント弁大弁の復旧活動がなされたが，時間がかかる見込みとなり，SRVによる減圧と消防車の注水が優先された。減圧のため複数のSRV制御盤にバッテリをつなぐ操作がなされたが，なかなかSRVが作動せず18時過ぎになって減圧に成功した。消防車については，現場放射線量が高いため交代で運転状態が確認されていたが，19時20分に当該消防車が燃料切れで停止していることが分かり，給油の後，20時前に2台の消防車で原子炉への注水が開始された。その後，原子炉圧力が上昇してくるとSRVを開とする操作を繰り返すこととなり，2号機は不安定な状態となっていた。

東京電力がMAAPコードを用いて解析した結果では，減圧操作に注力していた14日17時頃に原子炉水位がTAFを下回り，19時20分頃に炉心損傷を開始したとなっている。これ以降，原子炉水位の計測値が一時的に回復している時期があるが，炉心損傷後は1号機と同様，原子炉水位の指示値の信頼性は低いものと考えられる。解析では，炉心損傷以降の計測水位を信用できないものとして，消防車で注水した流量の一部のみが原子炉に注水されたとの仮定が置かれている。なお，1号機に比べて原子炉水位の低下開始から原子炉への注水開始までの時間が相対的に短いことから，解析上は圧力容器の損傷には至っていない。プラントパラメータなどからの検討の結果，圧力容器に損傷があり，溶融燃料が一部ペデスタル部に落下して冷却されている状態にあると推定されている。

S/Cベント弁大弁は電磁弁の不具合（地絡）により開不能と推定されたことから，同小弁が14日21時頃に微開とされた。この段階では，計測されたD/W圧力が最高使用圧力より低く，ベントされない状態であったが，21時20分に原子炉減圧のため追加でSRVが開状態とされた後に，正門付近の線量率が一時的に上昇したことから，何らかのFP放出があったことは間違いない。しかしながら，2号機のベントラインのラプチャディスクが開放したかどうかは不明である。この後，D/Wの圧力が急激に上昇し，翌15日7時20分まで700kPa [abs] 以上の高い圧力が計測されており，炉心損傷に伴う水素発生の影響と推定されている。15日0時過ぎに，D/Wベント小弁の開操作がなされているが，数分後に閉状態であることが確認されており，D/W圧力も変化がなく，また，このタイミングでは，モニタリングカーの線量率に変動が見られていないことから，D/Wベントによる蒸気の放出はなされていないものと考えられる。なお，D/W圧力が急激に上昇した14日22時以降，格納容器雰囲気モニタ（CAMS）のγ線線量率が得られるようになり，炉心損傷の進展と同調してγ線線量率が上昇していく様子が捉えられている。

15日6時過ぎに大きな衝撃音と振動があり，ほぼ同じときにS/C圧力計測値が0 kPa [abs] になったと報告された（中央制御室での計測はダウンスケール）。この時点では，2号機のS/Cが損

傷した可能性が考えられたことから，必要な要員を除き免震重要棟に詰めていた要員らは一時的に福島第二原子力発電所に待避した．

後日，中央制御室での S/C 圧力の計測値は計測器の故障を意味するダウンスケールであったにもかかわらず，発電所対策本部には真空を意味する 0 kPa［abs］と誤って伝わったことが判明している．また衝撃音に関しては，発電所内に複数設置されていた地震計の記録を用いて，P 波，S 波の到達時刻と対象号機との距離の比例関係の確認がなされたところ，4 号機の爆発に伴う衝撃音であると結論付けられている．後日，東京電力により実施されたロボットを用いた 2 号機のトーラス室調査の映像からも，爆発をしたような形跡は確認されていない．

D/W 圧力は 15 日 7 時 20 分の段階で 730 kPa［abs］と計測され，次に指示が得られた 11 時 25 分には 155 kPa［abs］に低下していた．福島第一に設置されたライブカメラの 15 日 10 時の写真では，2 号機付近から白い煙が放出されている様子が見られる．また，この時間帯で正門付近の線量率が急上昇していることから，この時期に 2 号機から大量の放射性物質が放出されたものと推定されている．後日の東京電力による調査で，オペレーティングフロアのシールドプラグ近傍で高い線量率が観測されていることや，過去の試験結果などから考えられている漏えいポテンシャルの高い箇所を踏まえ，FP の主たる放出経路は D/W ヘッドフランジのシール部と推定されている．

なお，2 号機は炉心損傷したが，1 号機，3 号機と異なり原子炉建屋で水素爆発が発生していない．これは，1 号機の爆発の影響で開放したブローアウトパネル（4 m × 6 m）から水素を含むガスが放出され，原子炉建屋内で高い濃度の水素が長時間蓄積することがなかったためと推定されている．

3.4　3 号機

地震により原子炉は自動停止し，また外部電源が喪失したため，D/G が 2 台とも自動起動するとともに MSIV が閉止した．原子炉圧力は SRV にて制御されており，RCIC は水位低（L2）で自動起動するが，水位が低下する前に運転員が手動起動した．

津波が襲来し，その影響で海水冷却系のみならず敷地高さ 10 m にある建屋への浸水もあり，3 号機では多くの電源盤の機能が失われたものの，1，2 号機とは異なり直流電源は残っていた．このため，原子炉水位などの監視や RCIC や高圧注水系（HPCI 系）といった，タービン駆動であって直流電源で制御できる設備は使用可能な状態にあった．運転員は津波の影響で D/G が 2 台ともトリップし SBO となった後，RCIC により水位を制御した．この際，RCIC ポンプ吐出ラインから水源である復水貯蔵タンク（CST）に戻すラインの弁も開け，直流電源を節約する運転操作がなされた．

3 月 12 日 11 時 36 分に RCIC が自動停止し原子炉水位が低下，水位低（L2）で HPCI が自動起動した．HPCI の運転も RCIC と同様，直流電源を節約するよう，CST へのテストラインを開放し，HPCI を連続的に運転することで原子炉水位が維持された（図 3.10）．

原子炉水位の測定値を MAAP コードによる解析結果とともに図 3.11 に示す．HPCI の連続運転

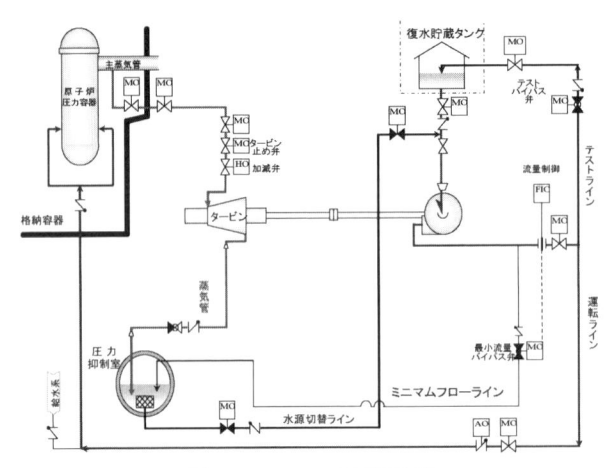

26   3 福島第一原子力発電所における事故の概要

図 3.10 HPCI の運転状態

のため，原子炉の崩壊熱で発生する蒸気が継続的かつ大量に HPCI タービンに排出されるので，HPCI の運転中は原子炉圧力が低い状態となった（図 3.12）。この間，D/W 圧力が解析結果よりも高めに推移し（図 3.13），ディーゼル駆動の消火系ポンプ（D/D FP）で 12 日 12 時過ぎに S/C スプレイを実施すると，解析結果と同レベルになっているが，これらの挙動の原因については不明である。

13 日 2 時過ぎに原子炉圧力計測値が 1 MPa 未満に低下したため，運転員が HPCI 設備の損傷を懸念し，D/D FP を原子炉格納容器のスプレイから原子炉への注水に切り替えるよう人員を原子炉建屋に向かわせた後に，2 時 42 分に HPCI を手動で停止した。そして，2 時 45 分に SRV を開放しようとしたが開作動せず，原子炉圧力が上昇し，D/D FP による注水ができない状態となった。なお，D/D FP の切り替えは 3 時 5 分頃に中央制御室に戻ってきた人員により報告された。こうした

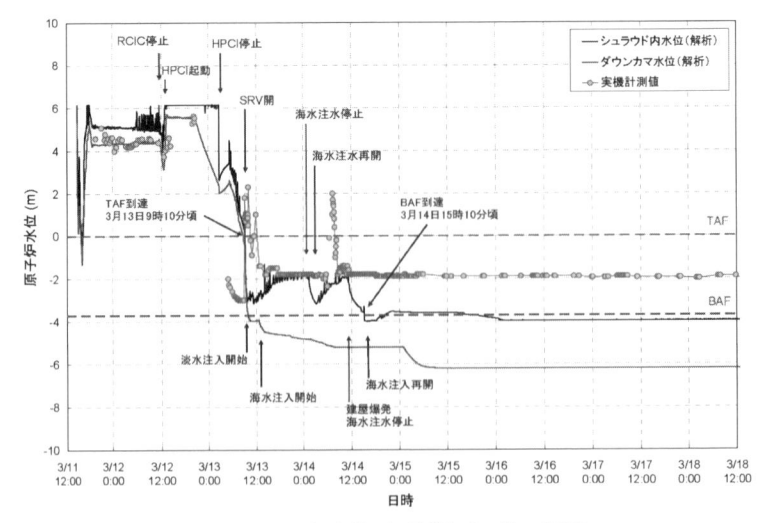

図 3.11 原子炉水位（3 号機）（口絵 7 参照）
[東京電力，福島原子力事故調査報告書]

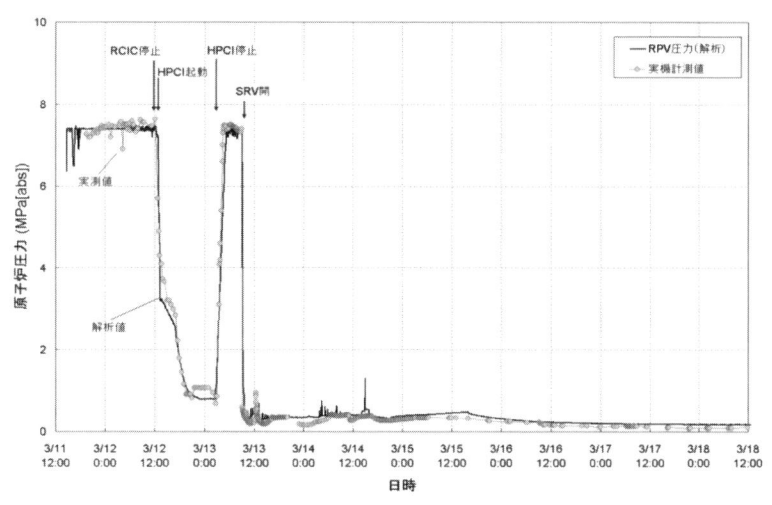

図 3.12　原子炉圧力（3 号機）（口絵 8 参照）
［東京電力，福島原子力事故調査報告書］

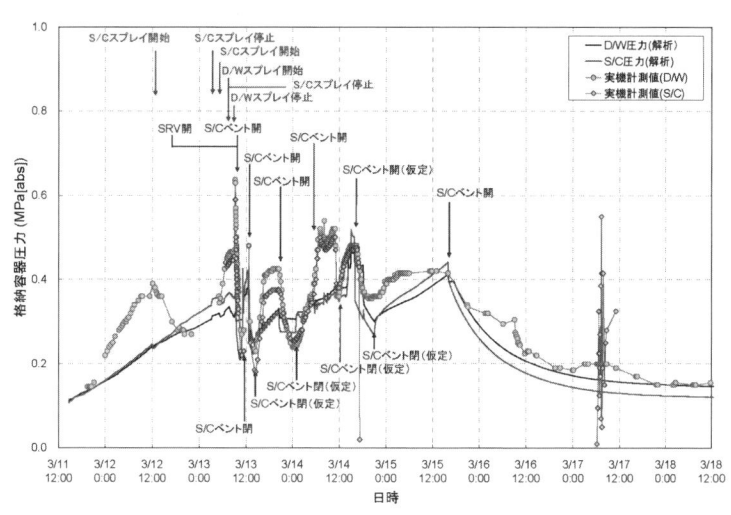

図 3.13　格納容器圧力（3 号機）（口絵 9 参照）
［東京電力，福島原子力事故調査報告書］

一連の手順は発電所対策本部の主要メンバーとは情報共有がなされていなかった。

　SRV の電磁弁を駆動するため車のバッテリを用い，電源復旧の作業中であったところ，SRV の開操作をしていないにもかかわらず，9 時頃に原子炉の圧力が急激に低下した。チャートの記録によれば，圧力の一時的な急上昇後に原子炉圧力の急低下が記録されている（図 3.14）。原子炉圧力の急低下の原因としては，複数の SRV が開となった可能性が高い。これにより D/D FP と消防車による注水が開始された。解析では，HPCI が手動停止した時刻に注水が停止したと仮定しており，その結果，9 時過ぎに原子炉水位が TAF を下回り，10 時 40 分頃に炉心損傷という結果になっている。HPCI 停止以降の計測された原子炉水位は，MAAP 解析結果より低く推移している時間があり，実際の水位は解析より早い段階で TAF を割込み，炉心損傷も解析より実際の方が早かった可能性

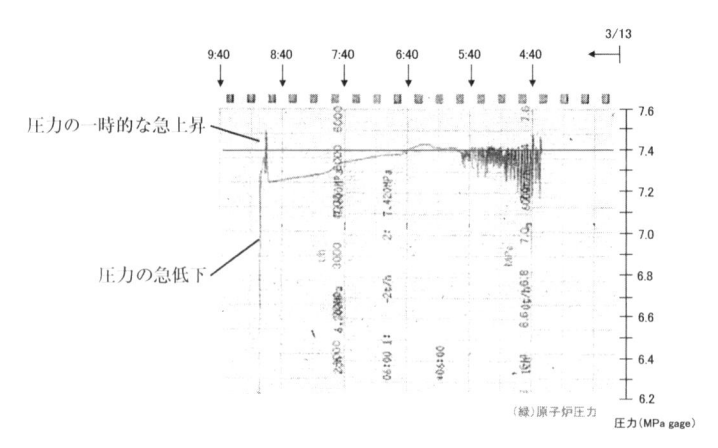

図 3.14 原子炉圧力（3号機，3月13日の4：40〜9：40の拡大表示）
［東京電力，「記録計チャート」（平成23年5月）］

がある．これ以降，原子炉の水位の計測値が一時的に回復している時期があるが，炉心損傷後は1号機と同様，原子炉水位の指示値の信頼性は低いものと考えられる．解析では，炉心損傷以降の計測水位を信用できないものとして，消防車で注水した流量の一部のみが原子炉に注水されたとの仮定が置かれている．

HPCIによる原子炉注水をしている間，D/W圧力計測値はラプチャディスク設定値よりも低かったが，格納容器ベントの準備を進め，13日8時41分にベントラインを構成し，ラプチャディスクが開放すればベントが開始される状態とされていた．9時20分頃D/W圧力が低下しており，格納容器ベントが機能したと考えられる．この最初のベント直後に，正門付近の線量率が300 μSv/h程度まで一時的に上昇しているが，その後のベントでは，このような線量率の増加が見られていない．風向きによりモニタリングカーの配置位置で線量率の上昇が見られないことも考えられるが，ベントにより排気筒上部に大量のFPが放出されると，風向きとは関係なく直接線で線量が検知されうることを考慮すると，2回目以降では，FP放出量は限定的であったと推定されている．なお，1回目ベントの直前の8時頃にモニタリングポスト（MP-4）での線量率の上昇が見られたが，この時点では3号機のD/W圧力は最高使用圧力以下であり，すでに炉心が損傷している1号機からのFP放出があったものと推定されている．

1号機の爆発があって以降，同様の爆発が3号機でも予見されていたため，原子炉建屋の換気をすべく，ブローアウトパネルの開放や原子炉建屋天井の穴開けなどの方法が検討されていた．そのなかで，原子炉建屋壁への穴開け時に爆発を誘発する危険性が少ないウォータージェットの手配がなされていたが，機器が発電所に届く前の3月14日11時01分，原子炉建屋が爆発した．3号機の爆発は1号機に比べて激しく，また，発生した煙の色が水素爆発に特徴的な白であった1号機に対し3号機では黒かった．原子炉建屋最上階の壁の構造が1号機では鉄骨造であり，3号機は鉄筋コンクリートであるという違いがあり，黒い煙はこのコンクリートが粉砕されたものが観測されたと推測されている．また，3号機のほうが爆発性の物質量が多いことに加え，より強度が高い鉄筋コンクリートであったことが，より激しい爆発に寄与したものと推定されている．爆発の原因は，

1号機と同様，炉心損傷に伴い発生した水素が何らかの経路で原子炉建屋に移行し，最上階であるオペレーションフロアにて爆発が発生したものと推定しうる。3号機では，炉心損傷から原子炉建屋爆発までの間4回の格納容器ベントを実施しており，初回のベントから爆発までは約1日経過し，4回目のベントから爆発までは4時間程度経過している。また，ベント配管からSGTSへの逆流経路上にはグラビティダンパ（GD）があり（図3.15），このダンパにより逆流は制限されるものとなっているので，完全な気密性はないが，大流量が流れることは阻止できるものと考えうる。また，平成23年（2011年）12月22日に東京電力によりSGTSのフィルタトレインの線量率調査が実施されている。計測された線量率が高々数mSv/hであり，仮に水素・FPを含むガスが大量に逆流したのであれば，粒子状のFPの大部分は捕捉されるため，原子炉建屋内が広く汚染されていることと矛盾する。したがって，SGTSからの逆流を完全に否定することは困難であるが，SGTSが原子炉建屋内への水素流入の主たる経路とはなっていなかったと推定できる。

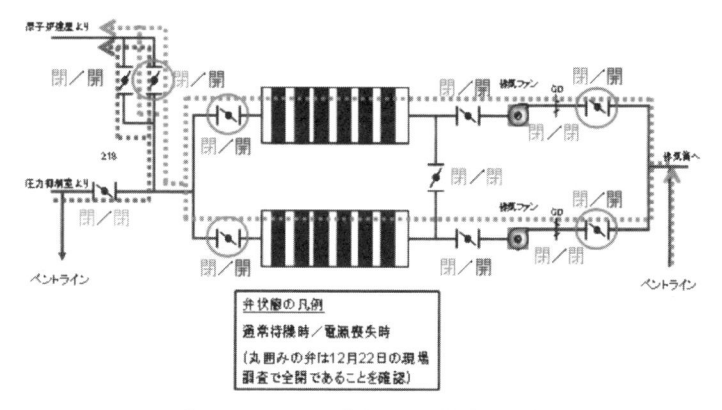

図 3.15 SGTS 逆流の可能性（3号機）

3.5 4号機ほか使用済燃料プール

4号機は定期検査停止中で，使用済燃料はすべて使用済燃料プール（SFP）にあった。このため，他号機や共用プールに比べると，崩壊熱による総発熱量が最も高い状態であった（表3.1）。

地震により外部電源が喪失して使用済燃料プール冷却系が停止し，非常用ディーゼル発電機（B系）が自動起動した（A系は点検中）。

津波が襲来し，その影響で海水冷却系のみならず直流電源および交流電源がすべて喪失したことから，SFPの冷却機能および補給水機能が喪失した。この段階では，他のプールに比べて相対的に厳しいと認識されていたが，崩壊熱で水が蒸発し，燃料が露出するのは3月下旬頃と推定されていたことから，より深刻な状態であった1〜3号機の炉心冷却などの対応が優先されていた。3月14日4時頃SFP水温が推定されていた値に近い84℃であることが確認された。

3月15日6時12分大きな衝撃音と振動が発生し，原子炉建屋5階屋根付近に損傷が確認された。4号機は停止中で，かつ燃料はすべてSFPにあり，前日には水温が確認されていることから，燃料

表 3.1 使用済燃料の貯蔵状況

号機	使用済燃料体数 （新燃料体数）	崩壊熱（MW） 3/11 時点	プール水量 (m³)
1号機	292（100）	0.18	990
2号機	587（28）	0.62	1,390
3号機	514（52）	0.54	1,390
4号機	1,331（204）	2.26	1,390
5号機	946（48）	1.01	1,390
6号機	876（64）	0.87	約1,450
共用プール	6,375（−）	1.13	約4,000
キャスク保管庫	408（−）	−	−

被覆管の露出に伴う水−金属反応による水素の発生は考えにくく，爆発の原因が特定できなかった。また，爆発によるプールや燃料への影響の程度もわからず，SFPには水位計がないことから水位が確保されているか否かも不明であった。このようななかで喫緊の課題として，代替の冷却手段が模索されていた。一方，SFPに水がなければ燃料からのスカイシャイン線で4号機周辺の放射線量率が高くなると想定されるが，実際には作業が可能な程度の線量であったことから，燃料は露出してはいないであろうと考えられていた。

3月16日にはヘリコプターから4号機のSFPに水位があることが確認され，20日から放水車による淡水放水，22日からコンクリートポンプ車による海水放水が開始され，30日からは淡水に切り替えられ，7月30日には新たに設置された代替冷却系により冷却が開始された。

爆発の原因については，a. 使用済燃料の過熱に伴う水素，b. 気化した油，c. 持ち込み可燃性ガス，d. 水の放射線分解による水素が想定される。a. は水位が確保されていたこと，b. は建屋内の温度が油が気化するほどの温度にはならないと考えられること，c. はボンベなどでは可燃性ガスの量が少なく大規模爆発しないこと，d. は爆発に至るほどの量は発生しないことからいずれも否定される。大規模損傷の原因となる可燃性ガスの発生は，炉心損傷時の水素発生が最も可能性が高く，隣接する3号機からの流入経路が検討され，3，4号機で共用されている格納容器ベント配管からの流入が有力視された（図3.16）。4号機建屋への流入経路にはSGTSがあり，設計情報から1号機や3号機にある逆流を抑制するダンパがないことがわかった。この逆流を裏付けるため，平成23年（2011年）8月25日に，SGTSフィルタートレインの線量率測定が実施され，出口側（3号機側）の線量が高く（図3.17），3号機からの逆流が裏付けられた。

原子炉建屋4，5階の現場調査により，5階の床面が上方に向かって変形している一方で，4階の床面は下方に向かって変形し，4階の空調ダクトが元の位置にはなく，がれき状になって床に散乱していたことがわかっている。これらのことから，爆発は4階の空調ダクトから発生し，これが階段室などを経由して建屋全体に伝搬したものと考えられている。

SFPの下部の2階エリアには漏水の痕跡は見られず，またSFPを支持する構造物に損傷は見られていないことから，構造上の健全性は確保されていると考えられる。事故後の状態で，東北地方太平洋沖地震による揺れと同程度の地震動（基準地震動Ss）に再度襲われても，SFPを含め原子炉建屋が壊れないことが解析により確認されている。さらに耐震余裕度を高めるため，SFP底部を

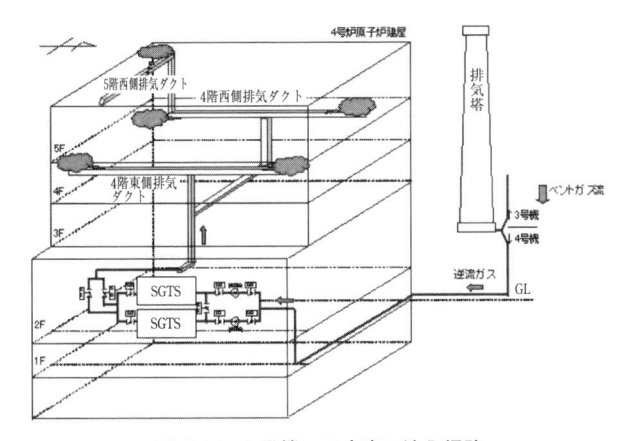

図 3.16 4号機への水素の流入経路
［東京電力，福島原子力事故調査報告書］

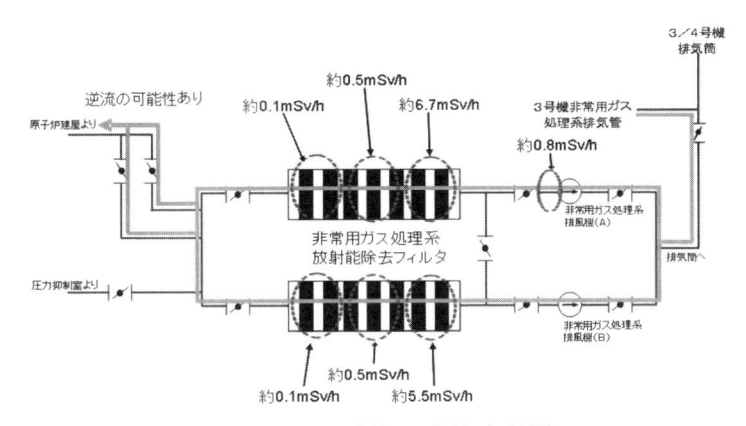

図 3.17 SGTS 逆流の可能性（4号機）

補強して20%以上向上させている。また，原子炉建屋の傾きについては，プール水面と建屋床との距離測定，建屋壁面の光学機器による傾き調査が継続的に実施されており，有意な傾きがないことが確認されている。

SFP内の写真などからは，これまでのところ使用済燃料ラックに異常は見られておらず，取り出された新燃料の検査でも燃料は健全であることが確認されている。また，プール水の核種分析の結果，ヨウ素，セシウムが検出されているものの，1～3号機よりも2桁以上低い濃度となっている。事故発生前よりも濃度は高いが，絶対値として小さいことから系統的な大量破損は発生しておらず，確認されたFPは1～3号機の炉心由来の可能性が高いと推定されている。

3月16日にヘリコプターから水面を確認して以降，放水車やコンクリートポンプ車からの放水が実施され，4月12日からコンクリートポンプ車を用いて水位測定ができるようになった。この水位測定実績と放水の実績に，地震時のスロッシングや爆発の影響による水位低下，放水の歩留まり（SFPに注入された割合）を仮定し，SFPの水位・温度が評価されている（図3.18）。水位が最も低くなった（燃料ラック頂部＋1.5m）4月20日頃までは放水量が十分ではなかった。4月22日

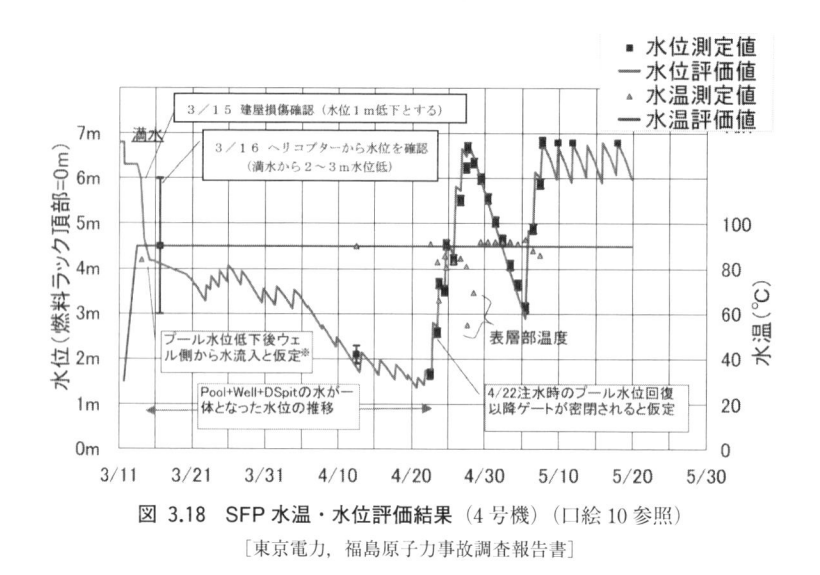

図 3.18 SFP 水温・水位評価結果（4 号機）（口絵 10 参照）
［東京電力，福島原子力事故調査報告書］

の注水でプールゲートが閉じたと推定され，この時期を境に水位が上昇し，4月27日にはスキマーサージタンクの大幅な水位上昇が見られ，満水となったことが確認されている。

1〜3号機の SFP でも同様の評価が実施されており，いずれも4号機に比べて崩壊熱が小さく，温度は70℃程度で推移し，蒸発に伴う水位低下はあるが，水位は十分に確保されていたとの結果となっている。1, 3号機は原子炉建屋が爆発しているが，SFP の水位維持機能は保たれていると考えられる。5, 6号機の SFP および共用プールは4号機に比べて崩壊熱が小さく，水温が一時的に70℃程度まで上昇しているが，代替の冷却設備の導入により安定した冷却状態が維持された。また，1〜3号機の SFP 水のサンプリング結果によると，いずれも原子炉停止後7ヵ月以上経過しているにもかかわらず，事故初期に短半減期核種が検出されていること，核種組成がタービン建屋のたまり水の核種組成と類似していることから，SFP 水の汚染は損傷した原子炉由来と推定されている。

乾式貯蔵キャスクが保管されている建屋には，津波により大量の海水，砂，がれきなどが流入し，床面浸水，ルーバや扉などの損壊が見られる。しかしながら，放射線量はバックグラウンド程度であり，乾式貯蔵キャスクは空冷され，密封性能は維持されているものと考えられている。

3.6　5, 6号機

5, 6号機は定期検査停止中（冷温停止）であり，5号機は原子炉圧力容器（RPV）の耐圧漏えい試験中で原子炉圧力が 7 MPa［gage］程度に維持され，6号機は RPV の蓋が閉じられた状態であった。地震動は1〜4号機と同様，基準地震動と同程度もしくは若干上回るものであったが，津波高さは設置許可時の設計基準値のみならず，最新の評価値をも大幅に上回るものであった。ただし，5, 6号機側は主要建屋が設置されている敷地高さが O.P. +13 m であり，1〜4号機側（O.P. +10 m）より高く，津波の被害は甚大ではあったが相対的には小さいものであった。

5号機は地震により外部電源が喪失しD/G 2台が自動起動した．外部電源喪失により加圧に使用していた制御棒駆動水ポンプが停止し，原子炉圧力が一時的に5 MPa［gage］程度まで低下した．津波の影響で高圧の電源盤，非常用の低圧電源盤のすべてが機能喪失しSBOとなった．常用の低圧電源盤の一部は使用可能で，直流電源も使用できる状態であり，プラントパラメータは確認できた．原子炉は起動前で，新燃料も装荷されていたことから崩壊熱レベルは小さく，原子炉圧力の上昇は緩慢であった．11日夜から電源系の点検・復旧作業が開始された．12日に入ってからは，耐圧漏えい試験のためにSRVを遠隔で操作することができない状態にしてあったため，RPV頂部ベントによる原子炉減圧がなされた．しかしながら，RPV頂部ベントでは低圧注水ができる程度までの十分な減圧が行えず，14日になって格納容器内に人員が立ち入ってSRVの窒素ガス供給ラインを復旧し，断続的に原子炉の減圧操作がなされるようになった．また，復水補給水系（MUWC）への電源が復旧し，14日には原子炉注水が開始され原子炉水位が維持された．19日には仮設水中ポンプが起動し，RHR（C）によるSFP冷却が開始され，20日にはRHR（C）により原子炉冷却が実施され冷温停止となった．以降，SFPと原子炉を交互に冷却する運用がなされた．

6号機は地震により外部電源が喪失しD/G 3台が自動起動した．津波の影響で一部の高圧電源盤が使用不能となったが，直流電源は被水を逃れ使用可能であった．D/G 1台（6B）はその冷却系が海水冷却系に依存しない空冷であったこと，およびD/Gを設置している建屋が原子炉建屋とは異なっていて電源盤が浸水を免れたため，機能を維持することができSBOには至らなかった．13日からMUWCによる原子炉への代替注水が開始され，一方，崩壊熱の影響により原子炉圧力が徐々に上昇したことから，14日からはSRVによる原子炉減圧がなされ，MUWCによる注水が可能な原子炉圧力レベルが維持された．19日には仮設水中ポンプが起動し，RHR（B）によるSFP冷却が開始され，20日にはRHR（B）による原子炉冷却がなされ冷温停止となった．以降，SFPと原子炉を交互に冷却する運用がなされた．

4

福島第一以外の原子力発電所で起きた事象の概要

4章では，福島第二原子力発電所，女川原子力発電所，東海第二発電所における事象の概要について事実関係に着目してとりまとめる。

4.1 福島第二原子力発電所

4.1.1 福島第二原子力発電所の概要

東京電力福島第二原子力発電所（以下，「福島第二」）は福島県双葉郡楢葉町と富岡町に立地し，出力110万kWのBWRプラントが4基設置されている。これらのプラントは昭和57年（1982年）から昭和62年（1987年）にかけて運転が開始され，原子炉型式・格納容器型式は，1号機がBWR-5 Mark-II型，2～4号機がBWR-5 Mark-II改良型である。

4.1.2 地震および津波の概要

平成23年（2011年）3月11日午後2時46分頃に発生した世界の観測史上4番目の規模（マグニチュード9.0）の東北地方太平洋沖地震においては，福島県楢葉町と富岡町においても震度6強を記録し，各プラントの基礎版上で観測された最大加速度は，水平方向が3号機の277 Gal，鉛直方向が1号機での305 Galであった。観測された最大加速度は，いずれも平成18年（2006年）に改定された「耐震設計審査指針」における設計基準地震動Ssに対する最大応答加速度より小さかった。

地震発生後，15時30分頃に福島第二に津波が来襲した。後の解析により，福島第二の沖合で津波高さは約9 mと推定された。福島第二の津波の痕跡高調査の結果では，小名浜港工事用基準面（O.P.）+4 mの敷地高さである海側エリアでは浸水（浸水高O.P. 約+7 m）が全域に及んだ（図4.1）。

また，主要建屋敷地エリア南東側では海側から免震重要棟へ向かう道路に沿って，O.P. +12 mの敷地まで津波が遡上し，1～4号機の方向へと流れた。この結果，1号機南側は浸水深が深く，とくに免震重要棟付近では遡上高さが約15 mに達した。一方，2号機および3号機は1号機側か

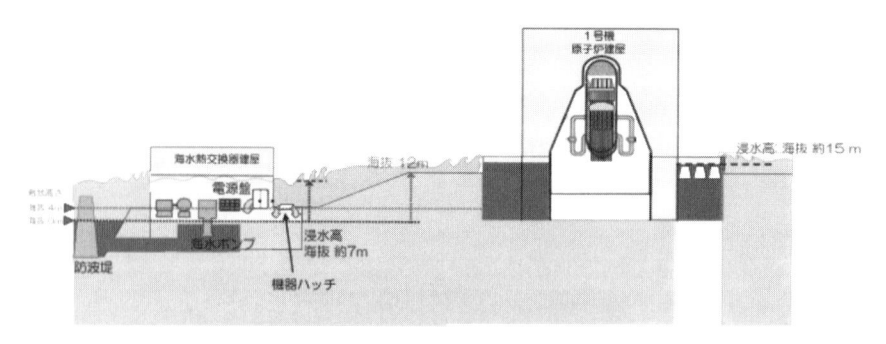

図 4.1 福島第二原子力発電所の配置と津波

らの回り込みが見られるものの，建屋周囲の浸水深はわずかであり，4号機建屋周囲においては浸水が認められていない。

4.1.3 地震動および津波の影響

(1) 地震による発電所への影響

地震による影響を調査するため，地震直後にウォークダウン（現場確認）が実施された。東京電力による調査では，耐震安全上重要な施設には外観上の異常は認められず，淡水タンクなどの耐震B，Cクラスの機器の一部に損傷が認められた。また，代表的な設備に対して，実測地震動を基にして地震応答解析が実施され，各部位に作用する地震荷重が基準地震動 Ss による荷重を下回る，ないしは配管系においては発生応力が評価基準値を下回ることが確認された。

一方，新福島変電所では地震後に断路器の損傷が発生したため，500 kV 富岡線2号が使用不能となった。また，66 kV 岩井戸線2号では避雷器の損傷が確認されたため受電を停止した。地震発生前から 66 kV 岩井戸線1号が点検停止していたため，4回線の外部電源のうち 500 kV 富岡線1号の1回線のみから受電する状態となった。なお，現行の原子力発電所の耐震設計においては，基準地震動発生時には非常用ディーゼル発電機（D/G）からの受電を想定しているが，福島第一と異なり電源盤の浸水が限定的であったことに加えて外部電源が1回線のみではあるものの残ったことが，その後の復旧活動を容易にする一つの要因となった。なお，3月12日13時38分頃には岩井戸線2号線，3月13日5時15分頃には岩井戸線1号が復旧し，合計3回線からの受電構成となっている。

(2) 津波による発電所への影響

発電所海側の海水熱交換器建屋では3号機南側建屋を除いて，津波によって大物搬入口が破られ建屋内部へ海水が浸水した。大物搬入口の扉は本来外開きであったが，津波の波力によって内向きに破られており，1階の残留熱除去冷却水系（RHRC）ポンプ，非常用ディーゼル発電設備冷却系（EECW）ポンプ，残留熱除去海水系（RHRS）ポンプおよび各機器の電源盤が被水した。この際，横形ポンプである RHRC ポンプおよび EECW ポンプでは縦形ポンプである RHRS ポンプに比べて電動機の設置高さが低いため，電動機も被水して機能を喪失した。さらに，機器ハッチや建屋内の空調ダクトを通じて，海水熱交換器建屋の地下階に浸水した。この際，1号機および3号機では海

水熱交換器建屋内に侵入した海水がコンクリートトレンチを介して3号機のタービン建屋まで到達し，タービン建屋の地下階を浸水した。

また，主要建屋敷地エリア南東側から道路に沿って遡上した津波は廃棄物処理建屋，免震重要棟および1号機原子炉建屋にまで到達した。廃棄物処理建屋，免震重要棟では扉が破られ浸水した。免震重要棟では，外部電源は供給されていたものの，津波の影響で停電が発生した。また，非常用ガスタービン発電機についても津波の影響により起動しなかった。このため，津波到達後，同日の19時頃にケーブルの仮敷設により電源を復旧するまで，免震重要棟の停電が継続した。

1号機原子炉建屋では換気用の給気ルーバ，地上機器ハッチから浸水した。この結果，原子炉建屋付属棟地下2階に設置されていた3台のD/Gが被水により機能喪失した。また，3台ある非常用M/C（高圧電源盤）のうち2台が被水により機能喪失したが，1系統が機能を維持した。

2～4号機については，原子炉建屋付近の浸水が深くなかったことから，地上の開口部から原子炉建屋への浸水は確認されていない。しかしながら，3号機については海水熱交換器建屋からの地下トレンチなどを通じて原子炉建屋への浸水が認められた。2～4号機についてはM/Cは機能喪失していない。1号機についても，前述のようにM/Cが1系統機能喪失しなかったことを考え合わせると，福島第二では，すべての号機について非常用のM/Cが何らかの形で機能を維持していたこととなる。外部電源が維持されていたことに加え，M/Cの機能が維持されていたことが効果的な事故対応ができた要因であると推察される。2～4号機については原子炉建屋付属棟内のD/Gも被水・没水していないが，冷却系の電源盤やモータの機能喪失により，2号機のD/Gについては3台中3台，3号機については3台中1台，4号機については3台中2台が機能喪失に至った。福島第二全体では，合計12台あるD/Gのうち9台が津波に起因する要因によって機能喪失に至ったこととなる。

津波の設備への影響として特筆すべき点は，3号機のB系熱交換器建屋の大物搬入口だけは津波で破られることがなく，建屋内の設備が健全に保たれたことである。このため，3号機のみ「原災法該当事象」を宣言することなく，通常の手順通り早期に冷温停止された。また，2号機および4号機のEECWポンプはA系が1階に，B系が2階に配置され，B系のみが生き残ったのに対し，2号機および4号機のB系RHRSポンプの2台は，隣り合って配置されていたにもかかわらず，一方のみが機能を喪失した。

4.1.4 津波到達までの対応

定格熱出力一定運転中であった1～4号機は，3月11日14時46分に発生した東北地方太平洋沖地震によるスクラム信号で全号機緊急停止した。原子炉出力が低下したため，炉心内のボイドが減少し，その結果として原子炉水位は「原子炉水位低（L3）」まで低下した。低下した原子炉水位は原子炉給水系からの給水により，非常用炉心冷却系（ECCS）もしくは原子炉隔離時冷却系（RCIC）の自動起動レベルまで到達することなく回復した。

4.1.5 津波到達後の対応

(1) 津波到達後の原子炉冷却対応

地震発生後約30分で襲来した津波の影響によって非常用機器冷却系ポンプが起動できなくなり，3号機のB系を除く残留熱除去系（RHR）は原子炉を除熱する機能を喪失した。これにより18時33分に「原災法10条該当事象（原子炉除熱機能喪失）」と判断された。一方，3号機については，浸水を免れたRHRのB系列によって原子炉の除熱を行うことができたため，3月12日12時15分に冷温停止となった。

津波で除熱機能を喪失した1号機，2号機および4号機では，事故時運転操作手順書［徴候ベース］（EOP）に従い，主蒸気隔離弁（MSIV）が手動で全閉とされ，主蒸気逃がし安全弁（SRV）にて減圧操作が開始され，手動起動した原子炉隔離時冷却系（RCIC）の注水によって原子炉の冷却が維持された。その後，原子炉圧力の減少に伴いRCICタービンを駆動する蒸気圧力が低下して自動隔離した以降は，アクシデントマネジメント（AM）策である復水補給水系（MUWC）による代替注水が開始され，原子炉の水位が維持された。これらのEOPに基づく柔軟な対応によって，原子炉の除熱機能が喪失した環境下においても原子炉の冷却が維持された。

(2) 除熱機能復旧までの格納容器冷却対応

原子炉への注水を行っている間，RCIC運転およびSRV開によって圧力抑制室（S/C）の水温は上昇し100℃を超えた。これにより，3月12日6時7分には全号機で「原災法15条該当事象（圧力抑制機能喪失）」が宣言された。S/Cを冷却するため手順書に記載されるMUWCによる格納容器スプレイが実施されたほか，運転員の機転により，通常は用いない可燃性ガス濃度制御系の冷却水排水ラインを利用したS/C注水が実施された。これらの操作により格納容器（PCV）の温度および圧力の上昇を一時的に抑制することができ，原子炉除熱機能の復旧への時間的余裕が得られた。

一方，原子炉除熱機能が長期間にわたって回復しない状況に備え，PCV耐圧ベントのためのライン構成が実施された。MUWCによる代替注水とPCV耐圧ベントによる，いわゆるフィード・アンド・ブリードのラインを完成させておき，S/C側の出口弁開操作のワンアクションを残した状態とされた。なお，S/C圧力がPCV耐圧ベント実施圧力に至る前にRHRによるS/C冷却が開始されたため，実際にはPCVベントは実施されなかった。

(3) ウォークダウン（現場確認）に基づく復旧計画

福島第二では，東北地方太平洋沖地震発生後，発電所長を本部長とする発電所原子力防災組織が免震重要棟に即時に立ち上げられ，情報提供や支援要請，事故収束対応を行う体制が整えられた。運転員による地震および津波後の原子炉冷却維持操作と並行して，発電所原子力防災組織では現場確認によって設備の被害状況を把握し，作業の優先順位付けを行うことを計画した。

しかしながら，現場確認が計画された段階では，余震と大津波警報が継続して発生しており，照明がなく，大量のがれきや開口部が存在する現場は非常に危険な状態であった。津波襲来時の待避連絡手段としてページングシステムが使えないほか，津波により被害を受けた建物の中ではPHS

も使えない状況だったため，現場への復旧班の派遣は直ちには実行されなかった．伝令なども配置する待避連絡手順が定められ，安全装備を調えて復旧班が海に近い海水熱交換器建屋などの被害現場の確認が開始されたのは 3 月 11 日の 22 時頃だった．

　復旧班の報告によって現場状況を把握した発電所原子力防災組織は，短時間で効率的に除熱機能が回復できるよう，海水熱交換器建屋内の非常用機器冷却系ポンプのうち，被水の影響が比較的小さいものを優先的に復旧する方針を決定した．被水したポンプについては点検・補修が実施され，被水したモータについては交換することとされた．また，これらのポンプのモータに電気を供給する電源盤が浸水により機能喪失していたことから，津波の影響を受けなかった廃棄物処理建屋，3 号機海水熱交換器建屋の電源盤や，高圧電源車とモータを直結することにより当該モータに電気を供給することが計画された．

(4)　物資の緊急調達

　福島第二では，ウォークダウンの結果を踏まえて策定された復旧計画に基づき，復旧活動を実施するうえで必要となるモータ，高圧電源車，移動用変圧器，ケーブルについて，東京電力本店の原子力防災組織や同電力柏崎刈羽原子力発電所（以下，「柏崎刈羽」）に緊急調達を依頼した．依頼を受けた本店原子力防災組織や柏崎刈羽では，関係各所に在庫や予備用の資機材がないか確認し，要求仕様が合致した資機材については空輸や陸送など手段を講じて福島第二へ輸送することを計画した．

　これらの資機材は 3 月 13 日 6 時頃までに福島第二へ順次到着した．1 号機 EECW (B)，RHRC (D) のモータは，東芝三重工場より福島空港まで自衛隊機により空輸され，さらに発電所までは自衛隊が陸送を行った．4 号機 RHRC (B) のモータは柏崎刈羽から協力企業のトラックにより輸送された．また，1 号機および 4 号機の EECW (B) などの電源として依頼された高圧電源車は，東京電力の各支店送配電部門所有のものが，各支店の社員によって発電所に持ち込まれた．さらに，東京電力の倉庫や協力企業の倉庫から調達された仮設ケーブルは 4 プラント合計で総延長約 9 km になった．

　今回の陸送に関しては以下の二点において労苦が多く，円滑な輸送が阻害されたと伝えられている．

　第一に，地震後には道路の陥没や段差などにより通行不可能な箇所が多い．したがって，発電所周辺の道路のサーベイにより通行可能ルートを早期に把握することが重要で，この情報を輸送者に伝達する手段の整備も求められる．最も確実なのは，中継点を設けておきそこで輸送者と合流して先導する方法であるが，専門の組織を設けておかないと円滑な実行は困難である．

　第二に，放射能汚染が懸念されるエリア内への輸送に関して，輸送者と事前の合意を得ておくことが必要である．多くの輸送者は警察により封鎖されたエリア内への立ち入りを拒否されたため，大型免許を有する発電所員がトラックを引き継いで発電所まで輸送を行った．これも中継点と専門の組織により輸送者に頼らず搬入できるような対策を講じておく必要がある．

(5)　除熱機能復旧と冷温停止の達成

　海水熱交換器建屋内の非常用機器冷却系ポンプの復旧作業は，まず熱交換器建屋へのアクセス

ルートの整備から始められた。津波漂流物の散乱と道路のアスファルトの流出により，熱交換器建屋へのアクセスが困難な状況であったが，他の作業で使用していた重機を当該作業の作業員が操作し，漂流物の撤去，アスファルト流出地点の砂利による応急復旧などを行い，熱交換器建屋へのアクセスルートが確保された。

続いて，非常用機器冷却系ポンプのモータ取替えとモータへの仮設ケーブル敷設が開始された。とくに総延長約 9 km の仮設ケーブルは，配電部門からの応援者を含む東京電力の社員と協力企業の作業員を合わせた 200 人の手で 3 月 13 日 23 時 30 分頃までに敷設された。また，ケーブル敷設に並行して，ポンプの機械部品の状態確認，モータの据付けが行われ，1 号機を初めとして準備が整ったものから 3 月 13 日 20 時 17 分より順次起動された。その後，3 月 14 日 1 時 24 分の 1 号機を皮切りに RHR ポンプ（B）が順次起動され，15 時 42 分には 4 号機の RHR ポンプ（B）が起動されたことから，発電所長は「原災法第 10 条該当事象（原子炉除熱機能喪失）」の状態から全号機回復したものと判断した。さらに，S/C の冷却に加え原子炉水を早期に冷却するため，RHR ポンプ（B）によって S/C から RHR 熱交換器（B）を介して原子炉へ注水され，SRV を経由して S/C へ原子炉水を戻す循環ラインによる冷却が応急的に実施された。これにより，S/C の水温が最初の 1 号機では 3 月 14 日 17 時 00 分，最終的に 4 号機では 3 月 15 日 7 時 15 分に 100 ℃ 未満となったことから，発電所長は全号機が「原災法第 15 条該当事象（圧力抑制機能喪失）」の状態から回復したものと判断した。

4.2　女川原子力発電所

4.2.1　女川原子力発電所の概要

東北電力女川原子力発電所（以下，「女川」）は，宮城県牡鹿郡女川町と石巻市に立地し，沸騰水型軽水炉（BWR）が 3 基設置されている。1 号機は BWR-4 Mark-I 型，定格電気出力 52.4 万 kW，2 号機および 3 号機は BWR-5 Mark-I 改良型，定格電気出力 82.5 万 kW であり，これらプラントは昭和 59 年（1984 年）から平成 14 年（2002 年）にかけて運転が開始されている。

4.2.2　地震および津波とその概要

(1)　地震・津波の概要

　発電所内観測震度：6 弱
　地　震　加　速　度：567.5 Gal（保安確認用地震計：1 号機原子炉建屋地下 2 階）
　　　　　　　　　　　（過去最大地震加速度：251.2 Gal（平成 17 年（2005 年）8 月 16 日））
　津 波 最 大 波 高 さ：約 13 m（潮位計による観測値）
　津波最大波到達時刻：平成 23 年（2011 年）3 月 11 日 15 時 29 分（地震発生から 43 分後）

(2)　地震観測記録

東北地方太平洋沖地震時に女川 1 号機，2 号機および 3 号機の原子炉建屋各階で観測された最大加速度値は，耐震設計審査指針の改定（平成 18 年（2006 年）9 月）を踏まえて策定した基準地震

動 Ss に対する最大応答加速度値を一部上回っていたものの，ほぼ同等であった．

また，敷地地盤の地震観測記録の応答スペクトルは基準地震動 Ss の応答スペクトルを一部上回った（地震計より上部の地盤の影響を含む）ものの，ほぼ同等であった．

地震観測記録に基づき地震応答解析を実施し，1号機，2号機および3号機原子炉建屋の耐震壁の変形および各階の耐震壁に作用したせん断力を評価した結果，原子炉建屋の機能が維持されていることが確認された．

(3) 津波観測記録

女川の潮位計で観測された津波の高さは，女川原子力発電所工事用基準面（O.P.）+約13mであり，敷地海側の一部において海水の浸入痕が確認されたが，主要な施設が設置されている敷地高さ（O.P.+約13.8m）[*1]を超えていないことが確認された．

4.2.3 地震動および津波の影響

(1) 1号機重油貯蔵タンクの倒壊

地震後のパトロールで，港湾部に設置していた補助ボイラの燃料用の重油貯蔵タンクが倒壊し，1号機取水口（海洋）側に重油が流出していることが確認された．このため吸着マットにより重油の吸着回収がなされるとともに，オイルフェンスによる湾外への重油拡散防止措置が実施された．なおタンク倒壊時，補助ボイラはすでに停止しており重油の供給は行われていなかった．

このタンクは発電所構内の主要設備が設置されている敷地高さ（O.P.+13.8m）より低い，O.P.+2.5mの場所に設置されていたことから，津波の影響により倒壊したものと判断された．

(2) 1号機高圧電源盤（M/C）の火災

地震発生後，中央制御室で火災報知器が発報したため，運転員が現場確認に向い，15時30分タービン建屋地下階からの発煙を確認した．当初は発煙による視界不良により発煙箇所の特定ができなかったが，その後の現場確認でタービン建屋地下1階の常用系 M/C が焼損し発煙していることが確認された．なお，常用系 M/C の耐震クラスは C クラスである．地震および津波の影響により牡鹿半島内の道路が寸断され，消防署員の到着が困難なことから，自衛消防隊による消火活動が行われ，同日22時55分に消火が確認された．

火災の原因は M/C 内で接続位置にて吊り上げられていた遮断器が地震による振動で大きく揺れたため，この遮断器の断路部が破損し，M/C 内で周囲の構造物と接触して短絡などが生じ，これに伴い発生した火花により，M/C 内ケーブルの絶縁被覆などが溶けて発煙したとのシナリオが可能性の一つとして指摘されている．この火災により約10mにわたり隣接して設置されていた10基の常用 M/C が延焼などによりその機能に影響を受けた．なお，火災が発生した M/C は横置き型で固定する機構があり，耐震性の高い構造となっている遮断器への取替えが行われた．

[*1] O.P. とは女川原子力発電所工事用基準面で，O.P.±0m は東京湾平均海面−0.74m の高さである．津波および敷地の高さは，東北地方太平洋沖地震後に公表された国土地理院による女川発電所周辺における地殻変動（−約1m）を考慮した値である．たとえば，地震以前の敷地高さは O.P.+約14.8m であったが，本報告書では地震後の敷地高さである O.P.+約13.8m との記載にしている．

常用系 M/C の機能喪失それ自体は，原子力発電所の安全性を直接脅かすものではない。しかしながら，女川 1 号機の場合には，以下の三点が安全の観点から留意を要するものと考えられる。

① 外部電源そのものは失われていなかったものの，常用系 M/C（1A）の地絡に伴って起動変圧器がトリップし，事実上外部電源喪失になったこと。なお，起動用変圧器に異常がないことを確認し，3 月 12 日 2 時 5 分に起動変圧器を復旧している。

② 火災に伴って発生した煙により，火災発生箇所の特定に時間を要したこと。また，二酸化炭素消火設備を使用したことにより，一時的にタービン建屋からの待避を行う必要が生じたこと。

③ 常用系 M/C（1A）が火災を発生した際，非常用 D/G（A）を接続している同期検出継電器の制御ケーブルが損傷し地絡が発生した。この結果，4 月 1 日に行われた非常用 D/G（A）の手動起動試験の際に同期検定回路に損傷を受け，結果的に非常用 D/G（A）の機能喪失に至ったこと。つまり，常用系のトラブルが間接的な形ではあるが非常用系に波及したこと。なお，女川 1 号機では，地震直後に D/G が自動起動し無負荷で運転中であった。起動用変圧器トリップ後は，負荷運転に移行，非常用電源系に電源を供給している。

(3) 2 号機原子炉補機冷却水 B 系ポンプおよび高圧炉心スプレイ補機冷却水系ポンプの浸水

地震後のパトロールで，原子炉建屋地下 3 階の非管理区域にある補機冷却系熱交換器室に海水が流入しており，原子炉補機冷却水 B 系ポンプおよび高圧炉心スプレイ系（HPCS）補機冷却水系ポンプが浸水していることが確認された。浸水によりこの 2 系統のポンプは機能喪失したが，A 系のポンプは健全であったため，原子炉および燃料プールの冷却は問題なく行われた。

海水が浸水した原因は，津波により潮位が上昇し，海水ポンプ室に設置している潮位計設置箱の上蓋が押し上げられ，そこから流入した海水がケーブルトレイおよび配管の貫通部を通じて配管などの地下通路に流入した後，配管の貫通部を通じて原子炉補機冷却系熱交換器室などに浸水したものと推定されている（図 4.2 参照）。潮位計設置箱はその後取り外され，開口部に閉止板の取り付けが行われた。

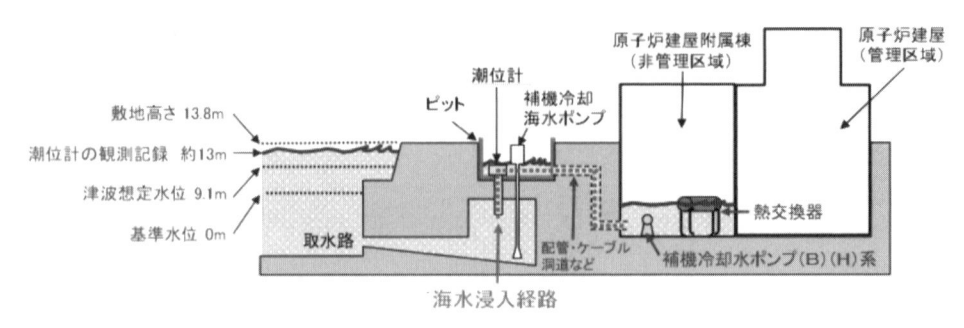

図 4.2 女川 2 号機 原子炉建屋付属棟への海水流入のメカニズム

津波想定水位 9.1 m は設計基準としての想定。平成 14 年（2002 年）土木学会の評価では 13.6 m との評価結果を得ており，敷地高さが 13.6 m より高いため対策の必要なしとの評価

4.2.4 津波到達までの対応

(1) 1号機

14 時 46 分，地震の強い揺れを検知し出力運転中であった原子炉は自動停止した。全制御棒は正常に挿入され，15 時 05 分に未臨界を確認した。地震発生直後は外部電源が確保されていたが，地震により常用系 M/C 内で短絡・地絡が発生し，外部電源を受電する起動用変圧器が停止した。これにより給復水系のポンプが使用できなくなったことから，原子炉への給水は RCIC によりなされた。また，原子炉の圧力制御は SRV によりなされた。

(2) 2号機

11 日の 14 時に原子炉起動を開始したところであり，地震発生直前の状態は原子炉未臨界かつ炉水温度 100 ℃ 未満であったことから，原子炉自動停止後の 3 月 11 日 14 時 49 分，原子炉モードスイッチ「停止」操作により冷温停止となった。

(3) 3号機

1 号機と同様，原子炉自動停止により全制御棒は正常に挿入され，14 時 57 分に未臨界を確認した。原子炉自動停止後の原子炉への給水は給復水系により行われた。

4.2.5 津波到達後の対応

(1) 1号機

原子炉への注水は RCIC によって行い，SRV による減圧後は制御棒駆動水圧系（CRD）によりなされた。CRD による注水により原子炉水位を維持できたことから，MUWC による注水は使用されなかった。また，原子炉の冷却は RHR によりなされ，3 月 12 日 0 時 58 分冷温停止となった。

(2) 2号機

津波の影響により原子炉補機冷却水系（B），原子炉補機冷却海水系（B）および高圧炉心スプレイ補機冷却水系のポンプが被水し機能喪失した。しかしながら（A）系および（C）系の機能が維持されていたことから，引き続き炉心から発生する崩壊熱の除去が可能であった。なお，冷却系の機能喪失により D/G（B）および D/G（H）は機能喪失したが，D/G（A）は機能を維持していた。

(3) 3号機

津波により海水ポンプエリアに侵入した海水の影響でタービン補機冷却水系ポンプが停止したことにより，冷却水の供給がなくなった原子炉給水ポンプが手動停止され，RCIC による給水が実施された。原子炉の圧力制御は SRV によりなされ，原子炉減圧後の注水は MUWC により実施された。原子炉の冷却は RHR により行われ，3 月 12 日 1 時 17 分冷温停止となった。

4.2.6 従前の津波対策

(1) 敷地高さの設定

敷地の高さについては，1 号機の建設にあたり計画当初から津波対策が重要課題であるとの認識から，東北電力内に土木工学，地球物理学の外部専門家を含む社内委員会が設置され議論が重ねら

れた。当時の文献調査や聞き込み調査による評価では，発電所敷地付近における津波高さは3m程度と想定されていたが，社内委員会における議論の結果，「① 敷地の高さをもって津波対策とする。② 敷地の高さは O.P. ＋15m 程度でよい。」と集約され，屋外重要土木構造物と主要建屋1階の高さは O.P. ＋15m，敷地の高さは O.P. ＋14.8m と決定された。1号機設置許可申請以降も，2,3号機設置許可申請時や土木学会による津波評価技術が開発された際に，その時々の最新知見を踏まえて津波評価が実施されており，いずれの場合においても想定される津波高さが敷地高さ以下であることが確認されている。地震に伴う地殻変動により，敷地は1m程度沈下し，O.P. ＋約13.8m となっていたが，津波（観測された高さ13m）は主要構造物が設置されている敷地の高さを越えることはなかった。

(2) 防潮堤の強化

女川2号機の設置許可申請時，津波については数値シミュレーション技術の適用により，想定津波の高さがそれまでの3m程度から9.1mに見直された。これを受け敷地地盤の法面に対し，津波引き波時の安定性などが考慮され，9.7mの高さまでコンクリートブロックによる防護工事が実施された。この工事が事前に実施されていたことにより，津波の第1波だけでなく，第2波以降にも耐え，健全性を維持することができたと考えられる。

女川では海水を汲み上げるポンプを海面に近い港湾部に設置するのではなく，13.8mの高い敷地に深さ約13mのピットと呼ばれる穴を掘って設置しており，津波が敷地高さを乗り越えないと被水しない構造にしている。東日本大震災では高さ13mの津波が襲来したが，敷地高さを超えることはなかったので非常用の海水ポンプは冠水することはなかった。なお，浸水による一部ポンプの機能喪失が生じたことは前述のとおりである。

(3) 引き波対策

海水ポンプ室も一定時間の引き波に対して水源を確保できる設計になっていた。

津波による大きな影響としては，1号機重油タンクの倒壊と，2号機の原子炉建屋付属棟への海水流入にとどまった。ただし，観測された津波高さが事前に想定されていた津波高さを超過しなかったにもかかわらず，津波の溢水によって安全系の機能喪失が生じたことは，海水のリークパスの検討方法に再考の余地があることを示している。特に溢水の経路はトレンチ，ケーブルトレイ貫通部，配管貫通部，サンプ，水密扉，エレベータシャフトなど多様であったことが確認されている。リークパスの同定には，内部溢水 PRA などの手法も有効である。

ところで，2号機と3号機はほとんど同一の設計であるにもかかわらず，また，2号機と3号機のいずれも津波に対してサイトの高さがあったにもかかわらず，何故2号機でだけ浸水事故が起きたのか。2号機では，海水は海水ポンプ室の潮位計の取り付け部より浸水している。この潮位計は，3号機の設置許可申請時に，タービンを潮位でトリップさせることを目的に設置することとし，これを受けて2号機にも同様の潮位計を設置することになったものである。2号機の潮位計は，設置スペースの観点から非常用海水系のエリアに常用系のタービントリップ用に追設したものである。その収納箱が押し波の水圧で押し上げられ，海水が潮位計開口部からの補機冷却系熱交換器室へ浸水したことが，原子炉補機冷却系 B 系ポンプおよび HPCS 補機冷却水系ポンプの喪失と，B 系お

およびH系のD/Gの喪失の原因となってしまった。女川では引き波対策も当初より行っていたが，2号機への潮位計の追設時に，押し波の圧力までの考慮が不足していた。上述したように，2号機では主要敷地高さが津波高さに対して高かったが，結果的に常用系が非常用系に影響を与えることとなった。

結果的にではあるが，設置スペースの観点から高台に追設した福島第一6号機の空冷D/Gは浸水を免れたのに対し，女川2号機の潮位計の場合は設置場所が適切でなくて浸水したことになる。いずれの場合も安全性を向上させるための対応ではあったが，これらの対比的な事例は，安全設計においては機器の配置・位置が重要であり，追設やバックフィットにあたってはその影響をより深く考察することが必要であることを示している。

4.3 東海第二発電所

4.3.1 東海第二発電所の概要

日本原子力発電（以下，「日本原電」）東海第二発電所（以下，「東海第二」）は，茨城県東海村に立地し，Mark-II型を採用した電気出力110万kWの沸騰水型（BWR-5）原子力発電所で，昭和48年（1973年）から建設を開始し，昭和53年（1978年）に運開した。

4.3.2 地震および津波とその概要

東北地方太平洋沖地震における発電所の原子炉建屋の基礎版上で観測された最大加速度は，水平方向（EW）225 Gal，鉛直方向189 Galで基準地震動Ssによる応答値より小さく，また応答スペクトルにおいても概ね基準地震動Ssおよび設計時の応答スペクトルを下回る規模のものであった。

また，この地震により発生した津波については，3月11日16時50分頃に最大水位約日立港工事用基準面（H.P.）＋5.5 m[*1]（標高＋4.6 m）が確認されている。発電所敷地内の痕跡高および浸水域の調査では，水準測量による精度向上およびGPS測量などを踏まえた地殻変動を考慮した結果，H.P.＋5.7 m（標高＋4.8 m）〜H.P.＋6.2 m（標高＋5.3 m）であり，遡上高はH.P.＋6.2 m（標高＋5.3 m）程度であったと評価されている。

4.3.3 地震動および津波の影響

(1) 地震による発電所への影響

今回の地震による被害については，耐震重要度が低い（耐震B，Cクラス）タービン設備などの一部の機器に損傷が認められているが，耐震設計上重要な設備（耐震クラスがAs，A（新耐震指針SクラスSクラス）の設備）の損傷は認められていない。

原子炉建屋で取得された各階の地震観測記録を用いた，耐震設計上重要な設備の耐震安全性への影響について日本原電が検討した結果では，耐震設計上重要な建物である原子炉建屋の地震観測記

[*1] H.P.±0.00 mは日立港工事用基準面で東京湾中等潮位下0.89 m。

録における最大加速度は，建設時の設計用地震波（以下，「工認設計波」という）および基準地震動 Ss による最大応答加速度を下回っていることが確認されている。

また，耐震設計上重要な機器・配管系では，原子炉建屋における地震観測記録の床応答スペクトルは，地下 2 階～6 階において一部の周期帯（約 0.65～0.9 秒）で工認設計波による床応答スペクトルを上回っているが，耐震設計上重要な機器・配管系のうち主要な設備の固有周期では，地震観測記録が工認設計波による床応答スペクトル以下であることが確認されている。なお，耐震設計上重要な機器・配管系は工認設計波に対して弾性状態を確保する許容値を用いて設計していることから，機器・配管系は概ね弾性状態にあったと評価されている。

(2) 津波による発電所への影響

地震発生から約 5 時間後の 19 時 52 分に津波の影響による北側非常用海水ポンプ室の浸水により，D/G 冷却用海水ポンプ 2C が自動停止した。D/G 冷却用海水ポンプおよび RHR 冷却海水ポンプは多重性を有しており，南北の非常用海水ポンプ室に分離して配置されていたため，海水が侵入した北側の非常用海水ポンプ室に設置されていた D/G 冷却海水ポンプ 2C が水没し自動停止したことが確認されている。

非常用海水ポンプ室については，津波対策として側壁のかさ上げ工事（H.P. +5.80 m（標高＋4.91 m）の既設側壁の外側に H.P. +7.00 m（標高＋6.11 m）までの側壁を新たに設置）や，壁の貫通部の封止（浸水を防ぐ）工事が実施されていたが，北側の非常用海水ポンプ室は，地上部に埋設されているケーブルピットの蓋の水密化工事（ケーブルピット蓋の浮き上がりを防止し水密化を図る工事）が施工中であったこと，ケーブルピット周辺が掘削されていたことにより，地盤が浸水しやすい状況になっており，新たに設置した側壁と従来の仕切り壁の間に海水が流入し従来から設置してある仕切り壁を乗り越え，北側非常用海水ポンプエリアへ浸水したものとしている。

なお，浸水した D/G 冷却用海水ポンプ 2C は，被水後 10 日後に復旧されている。

非常用海水ポンプ室への貫通部の封止工事の実施状況を図 4.3 に示す。

4.3.4 津波到達までの対応

東海第二は地震発生直後にタービン軸受け震動大により主発電機が自動停止し，主蒸気止め弁の閉により原子炉が自動停止した。また，発電所停止中に所内に交流電源を供給する 3 系統の外部電

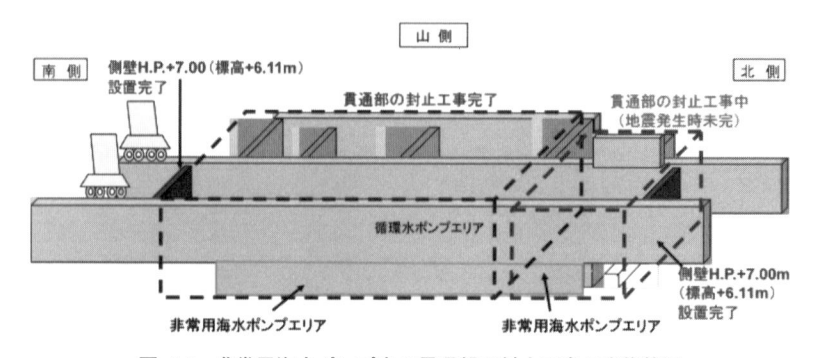

図 4.3 非常用海水ポンプ室の貫通部の封止工事の実施状況

源（275 kV：2 系統，154 kV：1 系統（予備））も同時に喪失したが，3 台の D/G が自動起動し，発電所の安全停止に必要な設備への電源供給に成功している．

原子炉自動停止後の原子炉からの崩壊熱の除熱については，外部電源系が喪失している状態であり，復水器による除熱が期待できないため，主蒸気管に取付けられた SRV から，S/P へ高圧の蒸気を導き，S/P 水を 2 系統の RHR により冷却することにより原子炉からの崩壊熱の除去が実施された．

原子炉への注水については，主発電機のトリップによる主蒸気止め弁の閉止と給水喪失により，原子炉停止直後に原子炉水位が急激に低下し，HPCS および RCIC が自動起動している．その後も原子炉圧力容器（RPV）の水位，圧力の調整を RCIC ポンプおよび SRV により継続し，原子炉の減圧操作が実施された．

4.3.5 津波到達後の対応

その後，3 月 11 日の 19 時 25 分に津波の影響により D/G 冷却海水ポンプ 2C が自動停止したことに伴い，S/P の冷却に用いていた RHR-A 系を停止するとともに，D/G-2C を停止している．D/G-2C が機能喪失したものの，健全な D/G からの電源供給により原子炉からの崩壊熱除去に必要な機器への電源供給が維持され，原子炉の減圧操作は継続された．

地震直後に喪失した外部電源系 3 系統のうち，1 系統（154 kV）については，地震直後の 3 月 12 日から復旧作業が進められ，3 月 13 日 19 時 41 分には発電所への受電が完了し，津波の影響により停止していた残留熱除去系の機能回復を待って，3 月 15 日 0 時 40 分に冷温停止を達成している．

次に，原子炉格納容器（PCV）の冷却については，地震直後に外部電源が喪失したものの，D/G により発電所の安全停止に必要な機器への電源供給が維持されており，2 系統の RHR により S/P の冷却，PCV の圧力，温度の維持が実施されている．また，地震直後の原子炉への注水は HPCS ポンプおよび RCIC ポンプにより実施され，初期段階のポンプ水源を復水貯蔵タンク（CST）としていたため，S/P の水位が地震直後に上昇している．S/P の水位は，RHR ポンプから廃棄物処理系に送水されていたものの，外部電源の喪失により処理機能が喪失していたため，継続的な受け入れ，受け入れ水の処理が課題とされた．また，地震直後に原子炉へ注水したことによる CST の水位回復のためにも廃棄物処理系への電源融通が求められた．廃棄物処理系の電源融通には，地震直後に手配した低圧電源車，東海発電所の廃止措置のための空冷式 D/G および中越沖地震の知見反映として設置した緊急時安全対策建屋（免震）用のガスタービン発電機の利用が考えられたが，設備の配置，電源盤との接続の利便性などを考慮し，緊急時安全対策建屋の屋上に設置されていたガスタービン発電機より供給することにより廃棄物処理系の電源融通が実施された．

東海第二は津波の影響で D/G のうち 1 台を停止したことにより，PCV 除熱機能（RHR）の 1 系統が停止したが，多重性を有する系統でありその安全機能は維持された．原子炉の冷温停止への移行については，外部電源喪失および D/G 1 台停止の状況下において，発電所のパラメータが安定した状態で維持されていたこと，外部電源の復旧の目途が立っていたことを勘案したうえで，原子炉への高圧注水系の確保，健全な D/G から停電した非常用母線に電源融通する場合の二次的トラ

ブルの発生など，早期に冷温停止に移行する場合のリスクを検討し，外部電源復旧後の RHR 停止時冷却モード運転への切替を選択したことにより，3 月 15 日 0 時 40 分に冷温停止となった。

また，D/G 冷却海水ポンプ 1 台が停止したことを受け，大津波警報が発報される中で海水ポンプ室の設備被害の状況を確認し，北側の海水ポンプ室の浸水を確認するとともに，南側の海水ポンプ室への浸水がないことが確認された。そこで，浸水した海水ポンプ室の排水作業を実施し，被害の拡大防止に努めている。

4.3.6 従前の津波対策

東海第二の津波評価とその対策については，原子炉設置許可申請以降，当時の知見，国内の津波評価に関する動向を踏まえ，その都度自主的な評価を行うとともに対策が講じられてきている。東海第二の設置許可申請当時は津波に関する明確な基準がなく，既往の文献，近隣の最高潮位の記録などを基に設計が進められており，想定津波は既往最大として昭和 33 年（1958 年）の狩野川台風による潮位 H.P. +2.35 m であった。

その後，平成 5 年（1993 年）の北海道南西沖地震に伴う津波の発生を契機に，省庁により津波防災に関するガイドラインの検討が進められ，これらの検討状況を踏まえて平成 9 年（1997 年）に日本原電社内の自主的な検討として H.P. +5.3 m の津波評価結果が得られたため，北側の非常用海水ポンプ室に H.P. +5.8 m の防護壁を追加設置している。さらに，平成 14 年（2002 年）には土木学会により『原子力発電所の津波評価技術』が発刊され，これに基づいて津波評価では H.P. +5.75 m の評価結果を得ている。

また，平成 19 年（2007 年）には茨城県が公表した「県沿岸における津波浸水想定区域図等」に用いられた津波規模を耐震安全性評価に反映して津波評価を行い，H.P. +6.61 m の評価結果が得られ，非常用海水ポンプ室の側壁を H.P. +7.00 m までかさ上げする対策が講じられた。この対策が，東北地方太平洋沖地震に伴う津波から安全上重要な機器を守ることができた要因となった。

津波による影響としては，北側海水ポンプ室の浸水により D/G 用海水ポンプ 1 基が自動停止し，D/G-2C を手動停止することとなった。また，RHR も 1 系列が機能停止した。一方で，南側エリアに浸水はなく，結果として外部電源喪失後の自動起動には成功したが，3 台中 1 基の D/G が喪失することになった。このように，北側と南側の非常用海水ポンプ室で異なる結果となったのは，同発電所ではちょうど，上述のように茨城県の津波評価を受けたポンプ室側壁のかさ上げ工事を行っていたのであるが，南側では工事が完了していたのに対し，北側では工事の途中であって，壁貫通部の封水工事が未完了で，そこから浸水したためである。東海第二では，継続的改善による対策が事故を防いだものであり，その重要性が認識される。

4.4 福島第一原子力発電所事故との比較

4 章では，福島第二，女川，東海第二の各原子力発電所における事象の概要を取りまとめた。整理として，表 4.1 に各発電所の設備の被害状況，表 4.2 に津波想定の経緯を取りまとめておく。

福島第二，女川，東海第二の各発電所とも津波や地震動が安全機能に影響を及ぼしているが，その程度は福島第一に比べると少なく，AM 対策を含む回復措置によりいずれのプラントにおいても冷温停止状態となった。これらのプラントにおける回復措置を分析・検討することで，AM 対策などに対する有益な知見が得られる。なお以下，6 章で行う検討のための視点を記載しておく。

まずは，安全確保において外的事象を包絡的に考えることの重要性である。そこでは，様々な外的事象に対する防護設計を行うにあたって，設計基準としてどれほどのハザードを想定するのか，どこまでの防護設計を施すのかという問題がある。そのうち設計基準となる外的事象（自然災害）の問題については 6.6 節で取り上げる。防護設計に関しては，たとえば女川では，中央制御室に手すり棒を取り付け，地震時にも安定した状態で監視・制御ができるようにしていたこと，津波に対しては海水ポンプ室をピット化して大きな引き波があっても取水が可能にしてあったことなどのように，「考え得ることは徹底して考えてきめ細かい対策をする」ことが重要である。

一方，人間の考えることには限界がある。考え得ることについて適切な安全設計をすることは当然の前提として，「考え得ないことも起き得ると考えて柔軟な対策を用意する」，たとえば，可搬式の電源設備を用意しておくことも大事である。こうしたマネジメントに関する問題についても 6.5 節で改めて考察する。

次に，「従来から重要とされてきた安全の原則は，やはり重要であった」ということである。

その第一は「深層防護（defense in depth）」の重要性であろう。これについては，6.3 節でまとめて取り上げて議論する。

福島第一も含め，四つの発電所で起きた事象を俯瞰しての大きな教訓の一つは，「継続的改善」の重要性である。事故の分析では悪かったことばかり取り上げられて，うまくいったことは忘れられがちである。しかし，福島第一 5 号機は交流電源がすべて喪失したが，AM として整備されていた 6 号機からの電源融通があって最悪の事態には至らずにすんでいる。地震・津波がもし 20 年前に襲っていたら，東海第二も福島第一 5 号機も，より厳しい状況に直面していた可能性がある。「継続的改善」が間に合った例である。継続的改善については 6.4 節で考察する。

もう一つの重要な教訓は，「設置者に第一義的責任」という原則と「マネジメントによる事故対応」の重要性である。設置者が安全設計と日常的な安全管理に全責任を負っているのは当然として，重大な事象が発生したときの対応も大事である。たとえば，東海第二では D/G-2C が停止した際に，後から考えれば当たり前であるが，他のポンプなどの状況を津波などに注意しながら最初に確認し，また，被害の拡大防止，リスクを抑制しつつ事象を収束するための手順の検討を行っている。こうした対応は東海第二に限らず行われた。現場のことは現場の人間が一番よく知っており，また，地震や津波に限らず異常な状態に対して現場確認が原則である。異常状態が進展し深層防護の高レベルの対応になればマネジメントの役割が大きくなり，また，マネジメントがより必要かつ期待される。設計を超える範囲においても，現場の状況を正確に把握し適切に対応することが，それ以上の異常状態の拡大防止影響緩和に寄与し，事象の収束につながることを再認識する必要がある。アクシデントマネジメントの問題については，6.5 節で改めて取り上げる。

表 4.1 福島第一、第二、女川、東海第二各サイト・各プラントにおける地震・津波による設備被害状況
(一部被害設備は「健全な数/全数」で表示)

サイト	号機	外部電源*1	D/G	直流電源	電源車	海水冷却系*6	M/C (高圧電源盤) 非常用	M/C (高圧電源盤) 常用	P/C (低圧電源盤) (( )内は工事中系統) 非常用	P/C (低圧電源盤) 常用	炉心損傷
福島第一	1号機	275 kV：× 66 kV：× (全7回線)	×*2	×		×	×	×	×	×	あり
	2号機		×*2	×		×	×	×	2/3	2/4	
	3号機		×*2	○→枯渇	一部活用	×	×	×	×	×	
	4号機		×*2	×		×	×	×	1/2 (1)	1/1 (1)	なし
	5号機		×*2	○		×	×	×	×	2/7	
	6号機		1/3*2	○		×	○	○	○	×	
福島第二	1号機	500 kV：1/2 66 kV：× (全4回線)	×*3	3/4		×	1/3	1/2	1/4	○	なし
	2号機		×*3	○	一部活用 (外電, D/G確保)	D/G (H) 用：1/2 RHR 用：○	○	○	2/4	○	
	3号機		2/3*3	○		D/G (H) 用：○ RHR 用：×	○	○	3/4	○	
	4号機		1/3*3	○		○	○	○	2/4	○	
女川	1号機	275 kV：1/4 66 kV：× (全5回線)	○	○		D/G (H) 用：× RHR 用：1/2	○	1/2	○	○	なし
	2号機		1/3*4	○	(外電, D/G確保)	○	○	○	○	○	
	3号機		○	○		○	○	○	○	○	
東海第二		275 kV：× 154 kV：× (全3回線)	2/3*5	○	予備で確保 (D/G確保)	D/G 用：2/3 RHR 用：○	○	○	○	○	なし

*1 福島第二、女川、東海第二では1日〜数日で外部電源の一部が復旧。福島第二の 66 kV の1回線は点検停止中。

*2 1, 4号機の1/2, 5号機はD/G本体の被水ではない（間接的要因（補機冷却系, M/Cなど関連機器の水没）による失念）。2, 4, 6号機B系は空冷

*3 1号機では原子炉建屋付属棟のD/G送風機給気口などから浸水しD/Gの送風機を通じてD/Gに到達, 2〜4号機では原子炉建屋付属棟への浸水はほとんどなし, 海水ポンプ室内開口部（補機冷却系（潮位計））, M/C等関連機器の水没による失念

*4 A系は健全, 海水ポンプ室への浸水によりD/G用海水ポンプ2Cが自動停止, D/G-2Cを手動停止

*5 海水系統の機能喪失（補機冷却系ポンプ, ケーブル洞道経由で原子炉建屋付属棟（非管理区域）内に浸水）, D/G-2Cを自動停止, D/G-2Cを手動停止を含む

*6 海水ポンプ設置場所：福島第一は海岸線建屋内（大物搬入口など）から浸水（3号機南側建屋を除く）, 女川は敷地高さから掘ってピット化した海水ポンプ室（配管, ケーブル洞道で原子炉建屋付属棟（非管理区域）内に浸水）, 東海第二は湾岸部の側岸壁を津波対策でかさ上げした海水ポンプ室（一部工事未完の壁貫通部より浸水）に設置

4.4 福島第一原子力発電所事故との比較　51

表 4.2 福島第一、第二、女川、東海第二各サイトにおける津波想定の経緯

サイト	主要建屋敷地高さ	設置許可申請	設置許可以降の想定の経緯					
			2002 年 土木学会手法	2007 年 茨城県想定津波	2007 年 福島県想定津波	2009 年 海底地形・潮位 条件の最新化	2011 年 東北地方太平洋沖地震 による津波高観測値
福島第一	(1〜4 号) O.P. +10 m *1 (5, 6 号) O.P. +13 m	O.P. +3.122 m 1966 年 (1 号)	O.P. +5.7 m 福島沖を波源と する津波が最大 海水ポンプのかさ上げなどの対策実施	O.P. +4.7 m 対策不要	O.P. 約 +5 m 対策不要	O.P. +6.1 m 海水ポンプのかさ上げなどの対策実施	津波高：O.P. +13.1 m 浸水高：O.P. +15.5 m
福島第二	O.P. +12 m	O.P. +3.122 m 1972 年 (1 号) O.P. +3.705 m 1978 年 (3/4 号)	O.P. +5.2 m 建屋の水密化な どの対策実施	O.P. +4.7 m 対策不要	O.P. +5 m 対策不要	O.P. +5.0 m 対策実施	津波高：O.P. +7〜8 m 浸水高：O.P. +14.5 m
女 川	O.P. +14.8 m *1 (+13.8 m *2)	O.P. +2〜3 m： 1970 年 (1 号, 文献調査) O.P. +9.1 m 1987 年 (2 号, 数値計算)	O.P. +13.6 m 三陸沖を波源と する津波が最大 対策不要	—	—	—	津波高：O.P. +13.0 m
東海第二	H.P. +8.9 m *3	H.P. +2.35 m 1971 年	H.P. +5.75 m 対策不要	H.P. +6.61 m 海水ポンプ周囲 の壁のかさ上げ などの対策実施	—	—	津波高：H.P. +5.5 m 浸水高：H.P. +6.2 m

*1 O.P. ±0.00 m は女川 (女川原子力発電所工事用基準面) で東京湾平均海面下方 0.74 m、福島 (小名浜港工事用基準面) で東京湾平均海面下方 0.727 m。
*2 地震による地盤の沈下を考慮。
*3 H.P. ±0.00 m は東海第二 (日立港工事用基準面) で東京湾平均海面下方 0.89 m。

参考文献（4章）

1) 東京電力株式会社,「福島原子力事故調査報告書」（平成 24 年 6 月 20 日）.
2) 東北電力株式会社,「東北地方太平洋沖地震およびその後に発生した津波に関する女川原子力発電所の状況について」（平成 23 年 5 月）.
3) 日本原子力学会原子力安全部会,「福島第一原子力発電所事故に関するセミナー　報告書　何が悪かったのか,今後何をなすべきか」（平成 25 年 3 月）.

5

発電所外でなされた事故対応

　サイト外における事故対応は，プラント設計で述べた深層防護の重要な構成要素の一つである。わが国ではサイト外における事故時対応は平成11年（1999年）に起きたJCO事故を想定した防災計画に限定されて，毎年防災訓練が実施されていた。しかし，サイト外からオンサイトで行われる過酷事故対策への支援はまったく想定されていなかった。本来は事故が起きた際，サイト外で編成される緊急時組織は深層防護の第4層「事故の影響緩和」の役割も担わなければならない。すなわち，オンサイトで行われる事故の影響緩和対策に対する人的・物的支援である。そのため，政府の原子力災害対策本部や関係機関によるサイト外の事故時対応は著しく混乱した。それに拍車を掛けたのは，複合災害の影響で情報連絡機能が断絶したことである。初期段階では関係者間のコミュニケーションがまったくとれず，関係者間の調整ができなかった。このため，住民の避難にあたっては要支援者に多数の犠牲者が出るなど多くの問題が生じたが，結果的には避難が放射性物質の大量放出前に行われ，放射線による直接的影響は防ぐことができた。しかし，福島第一原子力発電所の1〜3号機の炉心溶融を防止することはできず，それらの原子炉から放出された放射性物質により環境が汚染され，社会，経済に甚大な影響を及ぼしたことなど，数多くの教訓と課題を残した。

　図5.1に事故時にサイト外で行われる事故時対応の全体像を示す。この図はサイト外で行われる事故時対応が三つの機能に大別されることを示している。すなわち，左側の列は事故時対応の全体

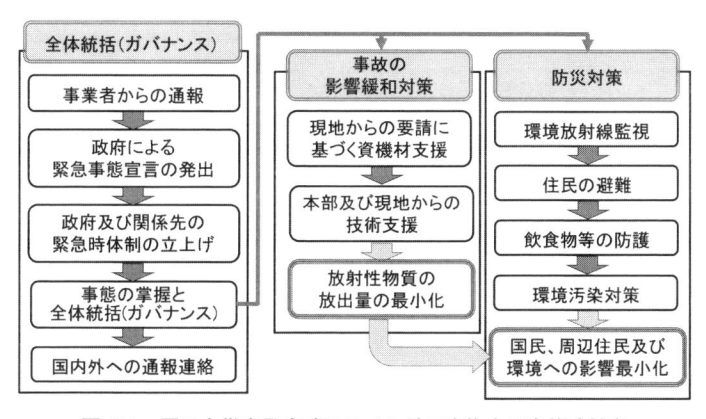

図 5.1　原子力災害発生時にサイト外で実施する事故時対応

統括（ガバナンス）機能，中央の列は上述した深層防護の第4層「事故の影響緩和」の機能，右側の列は深層防護の第5層「防災対策」の機能である．本章ではこれらの機能に対して，実際にどのような行動がとられたのかを述べる．

5.1 事故前に準備されていた緊急時対応計画

わが国の原子力災害に対する緊急時対応計画は，昭和54年（1979年）7月，国の中央防災会議が決定した「原子力発電所等に係わる当面とるべき措置について」に基づいている．原子力発電所などで緊急事態が発生した場合に備えて，国と地方を結ぶ緊急連絡体制の整備，「緊急技術助言組織」などの専門家支援の組織体制の整備，緊急モニタリングや緊急医療派遣体制の整備など，国の役割が具体的に示された．原子力安全委員会（以下「原安委」）はTMI-2事故の翌年，昭和55年（1980年）6月に「原子力発電所等周辺の防災対策について（以下「防災指針」）」を決定した．防災指針は原子力災害特有の事象に着目し，原子力発電所などの周辺における防災活動の円滑な実施が行えるように技術的・専門的事項を検討した結果をとりまとめたものである．

平成7年（1995年）1月の阪神・淡路大震災の後，「災害対策基本法（以下「災対法」）」に基づく防災基本計画に，災害の種類ごとの詳細な対応が定められることとなり，「第10編　原子力災害対策編」が追加され，原子力防災対策に係る各機関の責務および役割がより一層明確化された．平成11年（1999年）の東海村JCOウラン加工工場での臨界事故（以下「JCO事故」）を受け，同年12月に災対法および「核原料物質，核燃料物質および原子炉の規制に関する法律（以下「炉規法」）」の特別法として，新たに「原子力災害対策特別措置法（以下「原災法」）」が制定公布された．原災法が成立した臨時国会では，関係省庁が協力して通信連絡機能の強化，放射線モニタリングの強化，オフサイトセンターの整備，防災資機材の整備，緊急医療体制の整備など，予算措置と必要な施策がまとめられ補正予算によって手当てされた．

以上のように，日本の緊急時対応計画は災対法と原災法を頂点とし，防災基本計画で各関係機関の責務と役割が明確化され法的整備がなされてきたが，原子炉事故を想定したオフサイトからの支援，具体的には，事故が起きた原子炉のベントや海水注入など，深層防護の第4層の「影響緩和対策」に関する各関係機関の責務と役割分担が欠落していた．

福島第一発電所事故の教訓で判明した，事故前に準備されていた緊急時対応計画の問題点については6章で詳述する．

5.2 事故時に実行された緊急時活動の総括

5.2.1 緊急時の初動活動

政府は地震が発生した平成23年（2011年）3月11日14時46分直後に震災対応のため災害対策本部を立ち上げ，引き続いて14時50分には緊急災害対策本部を設置した．3月11日15時42分に福島第一原子力発電所の1〜5号機すべてが全交流電源喪失となったため，事業者は原子力安

全・保安院(以下「保安院」)に「原災法第10条事象」が発生した旨通報した。16時36分, 1号機および2号機の原子炉が冷却できなくなったため, 同45分, 事業者は保安院に「原災法15条事象(冷却機能喪失)」が発生した旨通報した。これを受け, 17時45分, 保安院は15条の上申プロセスに入り, 18時22分, 経済産業省大臣より内閣総理大臣に緊急事態宣言の上申がなされた。19時3分, 内閣総理大臣は原子力緊急事態宣言を発令し, 原子力災害対策本部および同現地対策本部を設置した。表5.1に地震発生から政府の原子力災害対策本部の立ち上げまでの経緯を示す。事故後の解析では3.2節で示したとおり, 最も早かった1号機の炉心損傷が始まったのは3月11日19時前と推定されており, 政府の体制が立ち上がったときにはすでに炉心損傷が始まっていたということになる。

表 5.1 事故直後の防災体制立ち上げに関する経緯

時間	事象	防災体制立ち上げに関連した出来事
3月11日 14:46	地震発生	経済産業省が震災に関する災害対策本部を設置(震災対応)
14:50		政府は災害対策法に基づき, 内閣総理大臣を本部長とする緊急災害対策本部を設置(震災対応)
15:42		東電から官庁に対し, 原災法第10条の規定に基づく特定事象(全交流電源喪失)通報
15:42 後		経産省は同省原子力災害警戒本部および同省原子力災害現地警戒本部を, 同省内の緊急時対応センター(ERC)および大熊町所在の緊急事態応急対策拠点施設(OFC)にそれぞれ設置
16:00		原子力安全委員会が緊急技術助言組織を立ち上げ
16:36		官邸に官邸対策室を設置し, 緊急参集チームを招集
16:45頃		東電から官庁に対し, 原災法第15条第1項の規定に基づく特定事象(非常用炉心冷却装置注水不能)通報
16:55頃		東電から1号機の特定事象発生の報告を解除する旨の通報
17:00～		内閣総理大臣の要請により, 保安院, 緊急参集チーム, 東電から原子炉の状況などについて説明
17:12頃		東電から再度1号機の特定事象発生の通報
17:35頃		経産大臣が原子力緊急事態宣言の発出を了承
17:42頃		経産大臣は総理に報告し, 原子力緊急事態宣言の発出の了承を要請
18:12		総理が与野党党首会談に出席のため中断
19:03		与野党党首会談終了後, 説明を再開し, 総理の了承取得した上で原子力緊急事態宣言を発出。総理を本部長とする原災本部を官邸に, 経産副大臣を本部長とする現地対策本部をオフサイトセンターに, 原災本部事務局をERCにそれぞれ設置。

5.2.2 周辺住民に対する緊急防護措置(避難など)

JCO事故以降, 頻繁に行われていた防災訓練では, ERSS(緊急時対策支援システム)とSPEEDIという緊急時計算予測システムによる線量予測結果を防護対策の判断基準と比較して, 避難や屋内退避の実施範囲を決定するスキームが定着していた。しかし, 福島第一事故では事前のスキームとは違った形で避難および屋内退避の実施および拡大が行われた。防災対策重点地域(EPZ)を超えた広範囲の避難が実施され, 地震, 津波の影響の中で住民への情報伝達や輸送手段の確保に大きな混乱が生じ, 緊急防護措置決定の遅れや避難場所の度重なる変更も行われた。

56   5 発電所外でなされた事故対応

(1)　事故後に行われた**緊急防護措置**

　20時50分，福島県知事は政府の指示に先立って独自に大熊町および双葉町に対し，福島第一原子力発電所から半径2km圏内の居住者の避難を指示した。この2kmの選択は通常の防災訓練で実施されている範囲とした（政府事故調）。政府は21時23分に半径3km圏内の居住者の避難および半径3〜10km圏内の居住者の屋内退避を指示した。この3kmの選択は平成19年（2007年）の防災指針改定の際に有効性があるとされた放出前の予防的防護措置に関連して，国際原子力機関（IAEA）が推奨する予防的措置範囲（PAZ）の3〜5km，およびベントの実施が考慮された。その後，1号機の格納容器圧力の上昇やベント実施の遅れもあり3月12日5時44分には，避難範囲を10kmに拡大した。事態の推移を検討し保守的に防災指針のEPZ範囲を選択した（政府事故調）。12日15時36分に1号機で水素爆発が起きたため，18時25分には避難指示をさらに20km圏内の居住者までに拡大した。20km範囲の選択については明確な根拠は示されていない。

　3月14日11時1分3号機原子炉建屋の爆発，15日6時過ぎには事故当時は2号機付近で生じたとされた爆発的事象や4号機原子炉建屋の損傷や火災発生などの複数号機における事態の発生後，政府は15日11時，福島第一原子力発電所から半径20km以上30km圏内の居住者らの屋内退避を指示した。

(2)　**放射性物質の放出**

　事故発生当時，福島県が県内に設置していた24のモニタリングポストのうち，大野局（サイトから西，約5km）を除くモニタリングポストは，通信回線の断線，電源喪失，津波による流失により使用できなくなった。しかしながら，県7方部，県北（福島市），県中（郡山市），県南（白河市），会津（会津若松市），南会津（南会津町），相双（南相馬市），いわき（いわき市）の可搬型モニタリングポストが当時の周辺環境の放射線状況を記録していた。図5.2に事故初期の県7方部における空間線量率の時間変化を示す。

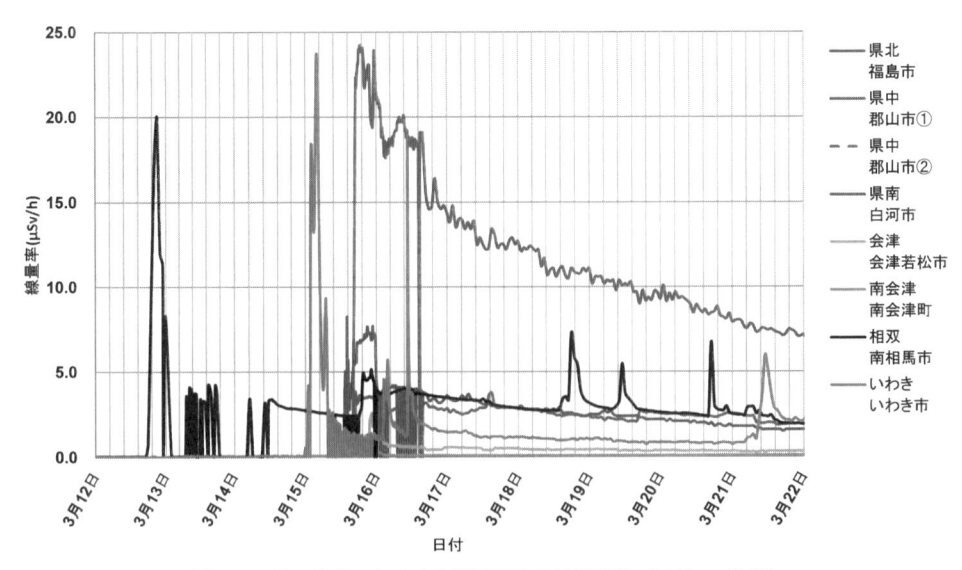

図 5.2　県7方部における空間線量率の時間変化（口絵11参照）

3月12日にサイトの北約24 kmに位置する南相馬市で17時46分に空間線量率の上昇がみられ，21時には20 μSv/hを検出している。これは，1号機のベントおよびその後の建屋における水素爆発によって放出された放射性プルームが，折からの南風によって運ばれ南相馬付近を通過したものと考えられる。プルーム通過後は3時間ほどでレベルは1/2以下に低減し，翌3月13日には地表面に沈着した放射性核種からの寄与と考えられる約4 μSv/hに落ち着く。このときの放射性プルームは北上し，東北電力女川発電所のモニタリングポストで，20時40分，22時20分，翌3月13日1時50分に空間線量の上昇がみられ，3月13日のピークは最大約21 μSv/hになったことから，東北電力は「原子力災害対策特別措置法第10条」に基づく通報を関係機関に行うに至った。

　3.3節に記したように，3月14日の夕刻には2号機で炉心溶融が起こっているが，その後のベント操作は失敗している。この時期，2号機のドライウェル（D/W）圧力は14日夕刻から15日朝まで700 kPa［abs］を超える高圧で，それ程変動していない。これは，原子炉内で発生した蒸気や水素の一部が，D/Wから原子炉建屋を経て環境中に漏えいしたことを示唆している。そして，2号機では，1号機の水素爆発によって原子炉建屋のブローアウトパネルが開いており，格納容器から原子炉建屋に漏えいした水蒸気，水素，放射性物質は，容易に環境中に放出されたと推定される。これにより敷地内の放射線量が上昇し始めた。放出された放射性物質は折からの北風に乗って浜通りを南下し，3月15日0時にはいわき市で空間線量が上昇し（0.57 μSv/h）始め，4時には最大23.72 μSv/hを検出している。その後，放出プルームはさらに南下し，茨城県北茨城市でも0時20分には空間線量が上昇（0.144 μSv/h）して5時50分に最大5.575 μSv/hを検出した。東海村の日本原子力研究開発機構でも15日1時前頃からすべてのモニタリングステーション，モニタリングポストで同時に線量率が上昇し始め，同日7時過ぎにピークとなった。その後，関東各地でモニタリングポストの値が上昇し，静岡県まで到達したと考えられる。また，15日早朝のいくつかの事象により敷地内の南西側では9時に約12 mSv/hの線量率を測定している。

　炉内圧力などの挙動は，15日に格納容器内で生じた気体の相当量が，大気中に放出されたことを示唆している。3.3節に記したように，3月15日10時頃，2号機付近から白い煙が立ち上るのが観測されており，少なくともこの時点で格納容器から大量の放射性物質が放出されたものと推定されている。

　福島県のアメダスデータを見ると15日17時に最初に福島市で0.5 mmの降水を観測しており，福島市の空間線量率のピーク後のゆっくりとした低減は，降雨により地表面に沈着した核種からのガンマ線寄与と考えられる。その後，北部から雨や雪が観測され夜半には全域に及んだため，放出プルームの通過と降雨，降雪の影響による放射性物質の沈着によって，原子力発電所の北西方向の高い汚染分布が形成された。文部科学省が米国エネルギー省の協力を得て実施した福島第一原子力発電所から100 km範囲内の航空機モニタリングによる線量測定マップとCs-134およびCs-137の地表面の蓄積量の分布は，放射性プルーム通過時の降雨の影響を強く受け，非一様な分布を示している。

5.2.3 追加的早期防護措置

(1) 追加的早期防護措置の実施

3月15日に福島県全域，特に福島第一発電所から北西方向で高い空間線量率が測定された。北西約20kmの浪江町周辺では，21時頃200〜300μSv/hであった。3月17日には北西約30kmのポイント32地点において最大170μSv/hを測定した。局所的に比較的高い空間線量率が観測されているポイント31および32地点（浪江町津島地区）と，ポイント33地点（飯舘村蕨平・長泥地区）付近に約200名程度（その後4月6日に住民安全班は津島地区に128名，蕨平・長泥地区に228名程度と修正している）の住民が自宅屋内に残っていた。

その後，IAEAが3月30日にWebのFukushima Update Logで，飯舘村付近について日本政府に注意深い分析評価を推奨した。官邸では文科省のモニタリングデータを基に，避難区域の拡大の可能性および20〜30kmの屋内退避の変更が検討された。

4月22日には原子力災害対策本部長より原災法第20条第3項に基づく正式な指示が出された。この指示では3月15日の福島第一から半径20〜30km圏内の屋内退避指示が一旦解除され，計画的避難区域の居住者らは原則としておおむね1ヵ月程度の間に避難のため立ち退くこと，緊急時避難準備区域の居住者らはつねに緊急時に避難のための立ち退きまたは屋内への退避が可能な準備をすることとされた。また，この区域においては引き続き自主的避難をすることが求められ，子ども，妊婦，要介護者，入院患者らは区域内に入らないようにすることとされた。また当時，伊達市や南相馬市で年間の積算線量が20mSvを超えると推定された一部の地域については，6月以降に住居単位で特定避難勧奨地点として指定され，居住に対する注意喚起，情報提供，避難支援などが行われた。

(2) 事故初期の住民の被ばく線量の推定

原子力安全委員会から3月25日に出された要請により，いわき市，川俣町，飯舘村でNaIシンチレーションサーベイモニタにより，小児1,149人の甲状腺線量の簡易測定が行われた。1,080人の測定結果は安全委員会のスクリーニングレベル毎時0.2μSv（1歳児甲状腺等価線量100mSv相当）以下であった。福島県では5月以降，県民健康管理調査を実施している。基本調査の中でまず先行調査として浪江町，飯舘村および川俣町山木屋地区からの県内避難者に対し，その後全県民に対し3月11日以降の行動記録や食事の状況などを問診票で収集し，その行動記録とモニタリングデータなどを基に平成23年（2011年）3月11日から7月11日までの4ヵ月間の外部被ばく積算実効線量を推計している。問診票の回収率は先行調査で56％，全県22.9％，積算実効線量は放射線作業従事者を除くと対象119,450名で最高25mSv，10mSv以上は117名で，約99％が10mSv未満である（平成24年（2012年）8月31日現在）。また，平成23年（2011年）6月7日から平成24年（2012年）9月30日までに計画的避難区域および双葉郡の住民81,119名を対象にしたホールボディカウンタによる内部被ばくの預託実効線量の推定（平成23年（2011年）3月12日の1回急性摂取を仮定）では，最大3mSvが2名で，81,093名が1mSv以下という結果であった。

5.2.4 長期的防護措置への移行

原災本部は平成23年（2011年）12月26日，原子力発電所から半径20 kmの警戒区域および計画的避難区域の見直しに関する基本的考え方を示した。具体的には現時点から年間積算線量が20 mSv以下となることが確実な「避難指示解除準備区域」，20 mSvを超えるおそれがあり避難を継続することを求める「居住制限区域」，5年を経過してもなお年間20 mSvを下回らないおそれがあり，現時点で50 mSvを超える「帰宅困難区域」の三つの区域を定め各々の対応方針を示した。これに基づき原災本部は福島県や関係市町村および住民と協議・調整を行い，平成24年（2012年）3月30日に区域の見直しを決定した。

5.3 緊急時活動の個別課題

5.3.1 住民の避難など

(1) 住民の避難の指示

原子力災害が発生した場合の住民の避難の勧告または指示は，災対法および原災法に示されている。原災法では，緊急事態応急措置を実施すべき区域の市町村長および都道府県知事に対して，災対法に基づいて市町村長が行うべき住民の避難の勧告または指示を原子力災害対策本部長（内閣総理大臣）が指示することと定められている[*1]が，オフサイトセンターが立ち上がった後は，関係情報が集約される原子力災害現地対策本部長に委任される予定になっていた[*2]。

しかし，今回の事故ではオフサイトセンターが地震により大きな被害を受け，表5.2に示す通り十分な機能が発揮できなかったため，政府の避難指示はすべて東京の原子力災害対策本部（内閣総理大臣）より発出された。本来は，事故の状況や放射性物質の放出予測などの専門的判断に基づいて，可及的速やかに行われるべき最初の避難指示の発出が，結果的に1号機の炉心溶融が始まってから何時間も経ってから発せられたこと，しかも事故状況が把握できていなかったためとはいえ「念のためのものである」と説明したこと，さらには，この避難指示の伝達をテレビなどのマスメディアに頼らざるを得なかったことが，住民への事故発生の情報伝達の遅れ[*3]に現れているが，自治体からの避難指示の伝達は非常に迅速に行われ，地元の住民への避難指示の徹底はきわめて早かった[*4]。

[*1] 原子力災害対策特別措置法第15条第2項及び第3項。
[*2] 原子力災害対策特別措置法第15条第8項及び第9項及び「オフサイトセンターの在り方に関する基本的な考え方について取りまとめ」，原子力安全保安院，2012.8, p.12最下行〜p.13上から2行目，http://www.meti.go.jp/press/2012/08/20120831003/20120831003-3.pdf
[*3] 国会事故調が実施したアンケート調査によれば3月12日の6：00前の避難指示より前に事故の発生を知っていた住民は原発周辺の5町でもわずか20％以下であった（『国会事故調最終報告書』p.356）。
[*4] 国会事故調が実施したアンケート調査によれば3月12日の6：00前に発出された10 km圏の避難指示から3時間後には10 km圏内の双葉町，大熊町，富岡町の90％の住民が避難指示が出されていることを知っていた（『国会事故調最終報告書』p.358）。

表 5.2 オフサイトセンターの状況

月日	オフサイトセンター（OFC）の状況	備考
3/11	14：46 地震発生 停電→D/G 起動→15：23D/G 停止→翌朝 1 時頃復旧 15：37 頃 最大津波到達 現地警戒本部設置（15：30 頃所長以下 3 名が発電所より帰着，15：45 頃 JNES 運営支援会社職員 5 名到着） — 現地対策本部設置（所長が統括） 20：00 頃 双葉警察署員 3 名参集 21：20 頃 隣接の県原子力センターに移動。22：40 県住民安全班 3 名参集 22：10 副大臣以下，大滝根山分屯基地着 23 時頃 副知事，県職員到着 24 時頃 県原子力センター着	— — 経産省警戒本部設置（17 時頃副大臣以下保安院，原安委出発） 17：35 頃 経産大臣「緊急事態宣言」了承 19：03「緊急事態宣言」発出，政府対策本部設置 20：55 副大臣一行 7 名と文科省 2 名が防衛省よりヘリで移動
3/12	OFC の D/G 復旧後，3：17 頃 OFC へ要員移動，5：00 頃検査官 5 名福島第一から OFC へ帰還。11 日夜から 12 日にかけて警察，自衛隊，JAEA，放医研，原安技センター，分析センターなどが参集。東電副社長は未明に到着 06：50〜08：00 現地本部長以下 3 名，総理視察に随行 10：30 第 1 回合同対策協議会（避難状況把握など活動方針決定） 18：34 第 2 回合同協議会（20 km 避難拡大対応として指示避難状況の各町確認）	
3/13	13：30 第 3 回合同協議会（除染スクリーニング基準の決定）	
3/14	14：40 第 4 回合同協議会（大熊町 OFC 最終）住民避難完了状況など 20：40 頃 現地本部の移転検討状況について全体会議 22：00 頃 県庁への移転準備，屋外 1,800 μSv/h 程度	
3/15	0：10 OFC 屋内線量 100 μSv/h 程度，断続的アラーム 09：26 OFC 県庁移転伺いを経産大臣へ提出 11：00 頃 OFC 県庁移転開始	

(2) 避難者の数

福島第一における事故を受け，表 5.3 に示す通り平成 23 年（2011 年）4 月 21 日，22 日に国の原子力災害対策本部から以下の避難区分が設定され，避難者数（概略）が示されている。福島第一から半径 20 km 圏内が警戒区域，事故発生から 1 年間の積算線量が 20 mSv に達するおそれのある

表 5.3 警戒区域，計画的避難区域，緊急時避難準備区域の避難者数

	警戒区域	計画的避難区域	緊急時避難準備区域	合計	おもな避難先
大熊町	11,500	—	—	11,500	田村市，会津若松市など
双葉町	6,900	—	—	6,900	川俣町，埼玉県加須市など
富岡町	16,000	—	—	16,000	郡山市など
浪江町	19,600	1,300	—	20,900	二本松市など
飯舘村	—	6,200	—	6,200	福島市など
葛尾村	300	1,300	—	1,600	福島市，会津坂下町，三春町など
川内村	400	—	2,500	2,900	郡山市など
川俣町	—	1,300	—	1,300	川俣町，福島市など
田村市	400	—	2,100	2,500	田村市，郡山市など
楢葉町	7,700	—	50	7,750	いわき市，会津美里町など
広野町	—	—	5,100	5,100	いわき市など
南相馬市	14,300	10	17,500	31,810	福島市，相馬市など
合計	77,100	10,110	27,250	114,460	

区域（警戒区域を除く）が計画的避難区域，今後なお緊急時に屋内退避や避難の対応が求められる可能性がある区域（警戒区域および計画的避難区域を除く）が緊急時避難準備区域である。なお，緊急時避難準備区域は平成23年（2011年）9月30日に解除されている。これらの避難指示により平成23年（2011年）11月4日時点では表5.3に示す通り約11万4,460人が避難した。

福島県の避難者の避難先別の分類を表5.4に示す。平成24年（2012年）末においても避難者総数の4割近い（37％）人が福島県外に避難している。

表 5.4 避難先別の避難者数の推移

調査時点	A 避難所（公民館，学校など）	B 旅館・ホテル	C 住宅など（公営，仮設，民間，病院含む）	小計	所在判明市区町村数	自県外に避難している者	合計
2011.12.15	18	22	95,506	95,546	47	59,933	155,439
2012.6.7	0	0	101,320		47	62,084	163,404
2012.12.6	0	0	98,235	98,235	48	57,954	156,189

［復興庁ホームページ（平成25年（2013年）6月16日閲覧）
http://www.reconstruction.go.jp/topics/post.html］

5.3.2 食品，飲料水の出荷・摂取制限など

(1) わが国の規制値

食品，飲料水については平成23年（2011年）3月17日以降，暫定規制値に基づく出荷・販売・摂取制限などの措置が行われた。平成24年（2012年）4月1日からは，新たな基準値が制定・運用されている。

平成24年（2012年）3月31日まで適用されてきた暫定規制値は，原子力安全委員会の指針「原子力施設等の防災対策について」に示された「飲食物摂取制限に関する指標」を準用したものであるが，一部（乳児の飲料水・乳類に対する放射性ヨウ素の暫定規制値）は，国際規格であるコー

表 5.5 食品中の放射性ヨウ素および放射性セシウムの暫定規制値

核種[*1]	食品区分	暫定規制値（Bq/kg）
放射性ヨウ素	飲料水	300
	牛乳・乳製品[*2]	300
	野菜類（根菜，芋類を除く。）	2,000
	魚介類	2,000
放射性セシウム[*3]	飲料水	200
	牛乳・乳製品	200
	野菜類	500
	穀類	500
	肉・卵・魚・その他	500

[*1] ウラン，プルトニウムおよび超ウラン元素のアルファ核種についても，暫定規制値を別途設定。
[*2] 100 Bq/kgを超えるものは，乳児用調整乳及び直接飲料用に供する乳に使用しないように指導。
[*3] 放射性ストロンチウムなどの寄与を含めて規制値を設定。

表 5.6　食品中の放射性セシウムの新基準値

食品区分	新基準値 (Bq/kg)
飲料水	10
牛乳	50
乳児用食品	50
一般食品	100

注）放射性ストロンチウムなどの寄与を含めて基準値を設定。

デックス食品規格の指針レベルが準用された。また，放射性ヨウ素の指標は，魚介類に対しては示されていなかったが，モニタリングで魚介類に放射性ヨウ素が検出されたことから，平成23年（2011年）4月5日に，根菜と芋類を除く野菜類の暫定規制値を準用した暫定規制値が追加された。

暫定規制値と平成24年（2012年）4月1日からの新基準値を表5.5および表5.6に示す。日本原子力学会放射線影響分科会は，活動中間報告書で，わが国の食品規制に対して，① 検査結果に関する迅速かつ十分な情報の提供，② 食品摂取に起因する内部被ばく線量評価の継続的な実施，③ 食品への放射性核種の移行に関する調査研究，④ 基準値の考え方の周知などを今後進めることが重要であるとの考え方を提案している。

(2) 基準値の誘導

これらの基準値は一般的には次式によって誘導される。

【基準値】(Bq/kg) ＝【年間線量】(mSv/年)
　　　　　　　　÷[【線量係数】(mSv/Bq)×【年間摂取量】(kg/年)×【汚染割合】]

【年間線量】は基準値の濃度の食品を年間を通じて摂取した場合の被ばく線量に相当し，出荷制限などの介入が必要な線量として設定され，食品や放射性物質の種類ごとに一定の線量を割り当てる場合もある。暫定規制値，新基準値ではそれぞれ年間5 mSv，1 mSvを前提している。

【線量係数】は体内に摂取された単位放射能当たりの被ばく線量であり，放射性物質の種類，摂取者の年齢・性によって値が異なり，年齢・性に対応した基準値を計算することもできるが，計算された最も低い濃度ですべての年齢・性を代表することもできる。複数の放射性物質に対しては，個別の線量係数によって放射性物質ごとの基準値を算定することもできるが，わが国の新基準値の場合は，放射性物質の種類ごとの存在比率や食品への移行率などによって，それぞれの線量への寄与を放射性セシウムの線量係数に追加した線量係数の値を用いて，セシウム以外の放射性物質の線量寄与を含めて基準値の算定に反映している。

【年間摂取量】は当該食品の年間摂取量である。同じく摂取者の年齢・性などに依存する。

【汚染割合】は市場に流通する当該食品のうち，汚染されているものの割合である。わが国の新基準値の場合，わが国の食料自給率（平成22年度（2010年度）はカロリーベースで39%，平成32年度（2020年度）までに50%を目標）の現状を考慮し，市場に流通する食品の1/2が汚染されているとの想定で0.5が用いられている。欧州共同体／欧州連合や現行のコーデックス規格では0.1が用いられている。0.1という数字は第三国からの輸入を想定したもので，国連食糧農業機関（FAO）の統計などに基づく値であるとされている。

(3) チェルノブイリ事故炉周辺国，欧州における食品基準

チェルノブイリ事故後，欧州共同体／欧州連合では，第三国からの農産物に対して放射性セシウムに代表される放射能濃度の制限が課せられている。また，特に汚染の著しいチェルノブイリ事故炉周辺では，事故当初の暫定許容レベルを随時改定しながら，現在の基準値に至っている。これらの状況をわが国の規制値などと合わせて表5.7に示す[1]。

表 5.7 各国の食品中の放射性セシウムなどの制限値など（Bq/kg）

国	日本		コーデックス規格	欧州共同体	旧ソ連				ロシア連邦	ベラルーシ	ウクライナ
適用時期	2011年3月17日	2012年4月1日	1989, 2006年	1986年5月30日	1986年5月6日	1986年5月30日	1987年12月15日	1991年1月22日	2001年	1999年	1997年
放射性核種	放射性セシウム*1		放射性セシウム	放射性セシウム	ヨウ素-131	ベータ線核種	放射性セシウム				
飲料水	200	10	—	—	3,700	370	18.5	18.5	—	—	—
牛乳	200	50	1,000	370	370〜3,700	370〜3,700	370	370	100	100	100
乳児用食品	200	50	1,000	370	—	—	—	—	40〜60	37	40
一般食品	500	100	1,000	600	18,500〜74,000	370〜37,000	370〜1,850	40〜500	40〜500	40〜500	20〜200

*1 放射性ストロンチウムなどの寄与を含めて規制値を設定。
［UN Chernobyl Forum Expert Group, "Environment", Environmental Consequences of the Chernobyl Accident and their Remediation: Twenty Years of Experience, IAEA（2006）などから作成］

欧州連合では福島事故の後，わが国からの飼料・食品の輸入に関しては，わが国の規制値と整合した制限が設定されている。

(4) わが国における実際の被ばく線量の推計

新基準値の検討の中で，わが国での実際の被ばく線量の推計[2]が行われている（表5.8）。推計されている値は前提とされている介入線量レベルの年間1mSvを大きく下回り，1/10にも達していない。また，暫定規制値を継続したと仮定しても，中央値濃度の被ばく線量の推計値は，新基準値が適用された場合との比で1.2倍程度にしかならず，差で表すと年間0.008mSvでしかない。これらのことから，暫定規制値に適合する食品でも十分安全は確保されていると考えられるが，実際の被ばくについては不確実性があり，食品の汚染状況や摂取状況を調査し，さらに継続的に検証することが必要である。

(5) まとめ

食品，飲料水の摂取・出荷制限などについてのまとめを以下に示す。

表 5.8 新基準値に基づく放射性セシウムからの被ばく線量の推計

(全年齢（平均摂取量）)

植物中濃度	中央値濃度（新基準値）	90パーセンタイル値濃度（新基準値）	中央値濃度（暫定規制値を継続したとした場合）
被ばく線量の推計（mSv/年）	0.043	0.074	0.051

［薬事・食品衛生審議会食品衛生分科会放射性物質対策部会報告書，「食品中の放射性物質に係る規格基準の設定について」，厚生労働省（平成23年12月）から作成］

- 当初，食品，飲料水の摂取・出荷制限については，「飲食物摂取制限に関する指標値」を準用した暫定規制値が設定・運用された。
- 暫定規制値に替わる基準値の検討が行われ，平成24年（2012年）4月1日から適用された。
- 新しい基準値では，すでに検出されなくなっている放射性ヨウ素の基準を廃止し，放射性セシウムによって代表される基準値として制定された。
- 食品規制値の運用下における実際の被ばく線量の推計値は，介入線量レベルの年間1 mSvに対して小さな値である。
- 日本原子力学会放射線影響分科会は，わが国の食品規制に対して，今後進めるべき重要事項を提案している。

参考文献（5.3.2）

1) UN Chernobyl Forum Expert Group, "Environment", Environmental Consequences of the Chernobyl Accident and their Remediation: Twenty Years of Experience, p. 71, IAEA (2006).
2) 薬事・食品衛生審議会食品衛生分科会放射性物質対策部会報告書，「食品中の放射性物質に係る規格基準の設定について」，p. 10，厚生労働省（平成23年12月）．
3) 浜田信行，荻野晴之，電力中央研究所研究報告：L11001「福島原子力発電所事故での食品安全規制の課題と改善策」（平成23年12月）．
4) 原子力安全委員会，「原子力施設等の防災対策について」（2010年8月）．
   CODEX GENERAL STANDARD FOR CONTAMINANTS AND TOXINS IN FOOD AND FEED, Codex Standard 193-1995（1995年採択，最終修正2012年）．

5.3.3 放射線計測と被ばく線量測定

(1) 環境放射線モニタリングに関する状況

　環境放射線モニタリングは事故による放射性物質の拡散の実態をとらえ，住民の適切な避難に活用されるべきであるが，今回の事故においては，地震と津波の影響で本来機能を果たすべき装置が使えないなどの問題があった。また，広範な領域に放射性物質が拡散したため，それらの分布を精度よく計測することが求められた。原子力災害時のモニタリングは地方公共団体が実施すべきものであるが，今回の事故のような緊急時には，文科省・事業者・指定公共機関（放射線医学総合研究所，日本原子力研究開発機構など）から多くの専門家を動員して支援にあたることとなっており，特に初期においてその緊急支援が大きな役割を担った。

　① **事故の進展においてなされた線量計測**　　事故の進展に沿って行われた放射線モニタリングの状況を以下に示す。

　3月11日の地震，津波襲来を受け，約2,400名という大量の作業員の管理区域からの避難に際して，サービス建屋に設けられた退出ゲートモニタをバイパスし，身体サーベイを実施せずに退避した。放射線管理員は最後に退避したが，すでに津波が到達しつつあった。15時50分からサーベイなしで避難した作業員の警報付線量計（APD）を回収し，線量記録を24時まで継続した。

　サービス建屋にあった約5,000個のAPDの大半は津波の影響で使用不能になった。非常用のAPD 50個のほか，貸し出されていたAPDなどを集めて12日夜までに320個が確保された。柏崎刈羽から530個が送られたが，充電器の適合した30個のみが12日から利用された。福島第一発電

所敷地内のモニタリングポスト（MP）は津波によりすべて使用不能となった。このため，発電所においては11日16時半よりモニタリングカーを用いたサーベイが実施された。図5.3に正門付近の初期のデータを示す。また，3月11日から16日にかけて大野局において記録されたモニタリングデータを図5.4に示す。

排気塔放射線モニタも使用できなかったため，放射能放出量の直接的な評価が難しくなった。

11日17時19分に運転員が非常用復水器（IC）の水位を確認するためにガイガー・ミュラー（GM）サーベイメータを持って現場に行ったところ，原子炉建屋の入り口二重扉をあけた瞬間にGMが振り切れたため確認を断念して戻る。

11日18時35分に炉心スプレイ系（CS）を経由した原子炉への代替注水ラインの構成を開始し，20時30分に完了した際に，運転員がAPDを装備して直接原子炉建屋地下で弁を開ける作業を行ったが，APDの指示値には特段の変化はなかった。

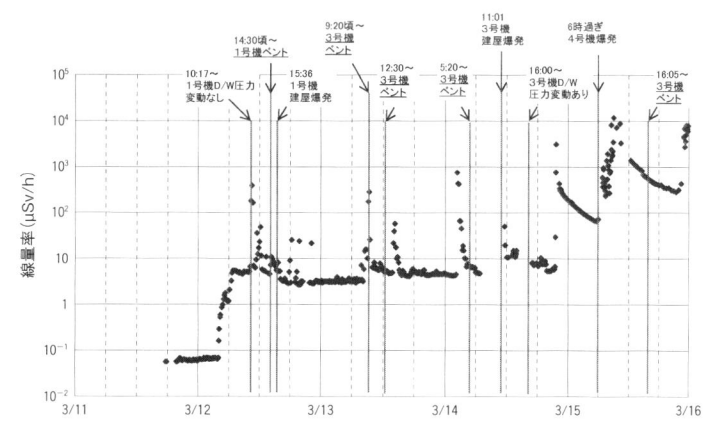

図 5.3 福島第一原子力発電所正門付近の空間線量率（口絵12参照）
［東京電力、福島原子力事故調査報告書］

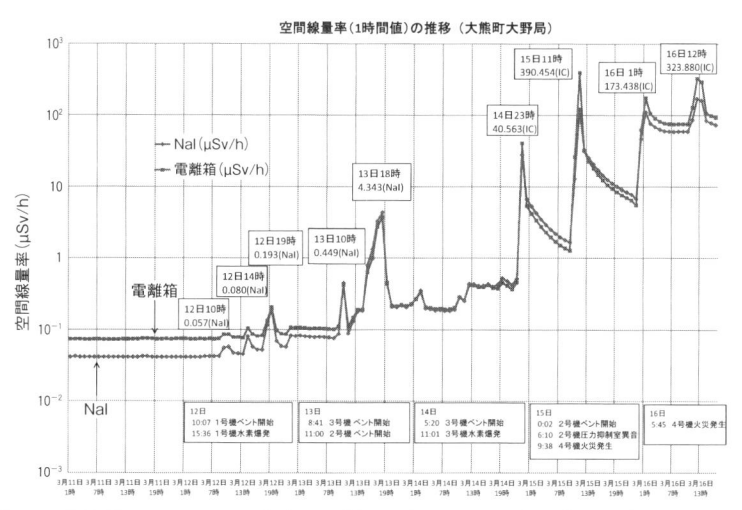

図 5.4 福島県のモニタリングポスト（大野局）における空間線量率（口絵13参照）
［福島県による］

柏崎刈羽からモニタリングカー，マイクロバス各1台と放射線管理要員の支援部隊が12日2時49分に到着した．免震重要棟出入口において，装備貸出と汚染検査，扉の開閉管理を実施，モニタリングカーを利用して元からあった1台と合わせて2台による敷地内のモニタリングを行った．測定されたデータは数時間ごとにホームページに公開された．

バスを用いた避難所への避難に際しては，バスを降りた際に身体サーベイによる汚染検査が実施された．

11日23時，1号機タービン建屋1階の原子炉建屋二重扉前で測定を行ったところ，タービン建屋1階北側二重扉前で1.2 mSv/h，タービン1階南側二重扉前で0.5 mSv/hであることを確認し，測定された放射線量から，原子炉建屋内の線量は300 mSv/h程度と予想されたことから，11日23時5分，原子炉建屋への入域が禁止された．この際，測定箇所付近の見取り図に数値を書き込み，線量率変化を追いかけていった記録が免震棟に残されているが，当時の線量計測記録は測定結果を予測することのできない緊迫した状況の中，人手で実施された．このため，中性子計測結果など一部で単位・数値の記載ミスや測定下限値の不統一なども生じた．なお，風下側の正門付近モニタリング指示値は0.060 μSv/hであり，県内各モニタリングポストでの環境ガンマ線スペクトルにも変化がないため，この段階では粒子状ならびにガス状核分裂生成物は格納容器内に留まっていたものと考えられる．環境への漏えいが検知されたのは12日4時4分からであり，MP-8位置，4時5分には正門位置のモニタリングカーで計測値が2倍に上昇した．

12日5時15分	外部への放射性物質の漏えいが生じたと判断し，関係先に連絡した．
12日10時17分	S/Cベント弁を開操作．
12日10時40分	正門付近およびモニタリングポスト8付近で放射線量の上昇．
12日15時36分	1号機で水素爆発．
13日未明	汚染レベルの判定基準を4 Bq/cm^{2}から40 Bq/cm^{2}に変更．
13日5時30分 〜10時50分	検出限界近傍であるが，正門付近で中性子が計測されている．
13日14時31分	3号機原子炉建屋二重扉北側で300 mSv/h以上，南側100 mSv/hとの測定結果が報告される．
14日11時1分	3号機で水素爆発．
14日14時4分	線量限度を250 mSvに引き上げる．
14日午後9時 〜15日午前1時40分	この間，正門付近で中性子が断続的に検出されている．
15日6時過ぎ	4号機で水素爆発が生じた．
15日6時14分	当初2号機で発生したと思われた衝撃音と振動はその後の調査で4号機の水素爆発の影響と判明した．2号機圧力抑制室の圧力の急減は計器故障によるものと推定されている．
15日9時	正門の空間線量率が事故発生後最大となる11.93 mSv/h．
15日23時5分	正門付近で500 μSv/hを超える放射線量（4,548 μSv/h）を計測した．

② **周辺環境に対して新たに行われた放射線モニタリング計画とその進展**　文科省において航空機モニタリングが検討され，原子力安全技術センター職員が自衛隊のヘリコプターを用いて実施する予定で，3月12日午後に青森県上北郡六ヶ所村の運動公園にて待ち合わせたものの，待ち合わせ時間がずれて実現しなかった。この段階でのデータがあれば，実測の空間放射線量率分布に基づき事故進展に伴う汚染状況の解明・住民避難に有効に活用されたと考えられる。

3月15日夜には文科省がモニタリングカーを用いて空間線量率測定を実施し，浪江町において330μSv/hの高い空間線量率が記録された。

3月15日には，2号機からの放出とみられる空間線量率の上昇が各地において観測された。関東近県における空間線量率の増加は，主としてこの影響によるものが大きいと考えられる。また3月16日にも大きな空間線量率の上昇を示している。

3月17日から19日にかけて米国エネルギー省（DOE）のAMS（Aerial Measurement System）による航空機モニタリングが実施された（図5.5）。本測定では，福島第一を中心として概ね半径60km程度の領域の計測がなされた。その結果，20km圏外においても，0.12mSv/h以上の空間線量率の地域が存在することを示す線量率マップが得られた。この情報は外務省経由で3月21日にわが国側に伝えられ，4月6日以降に日米共同での航空機モニタリングが実施されることになった。その後，近隣諸県からの要請もありモニタリング範囲が広げられ，現時点で，福島第一原子力発電所から80km圏内では第6次航空機モニタリングまで実施されている。一方，わが国ではこれよりも少し後れをとったが，文科省が主導し，自衛隊により3月24日より福島県上空における大気サンプリングを実施し，放射能濃度の解析を行ったほか，宇宙航空研究開発機構の小型機に原子力安全技術センターの放射線計測器を載せて，30km圏外の空間線量率分布の計測が行われた。その後は，原子力安全技術センター・日本原子力研究開発機構・日本分析センターなどが民間ヘリコプターに測定機材を載せて，高度150～300mの上空から測定した結果の解析を行っており，北海道から東北，近畿，四国，九州，沖縄までの空間線量率・セシウム沈着量などのデータも取得している。

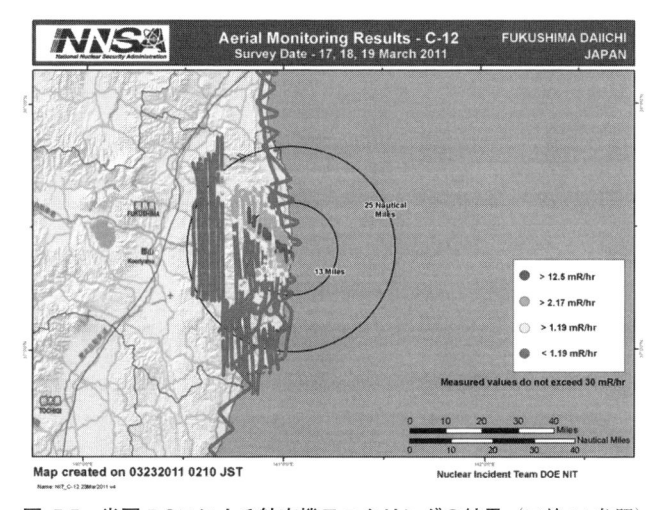

図5.5　米国DOEによる航空機モニタリングの結果（口絵14参照）

また，海域においてもやはり文科省が主導して，3月21日以降，海上保安庁などと協力し，海水のサンプリングによる海域モニタリングを実施した。

4月10日には福島県環境放射線モニタリング・メッシュ調査実施計画が定められ，これに基づき4月12日～16日，29日に県内20 km圏外の2,724ヵ所における空間線量率の調査が実施され，空間線量率マップとしてまとめられて5月2日に公表された。それ以降も4月18日，19日には，文科省，東京電力，電事連が協力して，20 km圏内128ヵ所においてモニタリングが実施され，その結果がホームページで公表された。

原災本部は環境モニタリング強化計画を4月22日に発表した。80 km圏内を2 kmメッシュで区切った空間線量率マップ，ヨウ素・セシウムなどの土壌濃度マップを作成することとし，その後，測定結果が順次公表された。これ以降，線量測定マップ・積算線量推定マップが作成され，順次公表されている。この際，同時に乗用車を用いて走行中に連続的に道路周辺の空間線量率を計測するデータも取得され公開された。土壌データについては，11,000サンプルの土壌試料の分析をゲルマニウム半導体検出器を用いて各サンプルあたり30分程度かけて分析することにより，放射能汚染状況が調べられた。これには多くの分析装置と多大な時間を必要としたため，日本分析センター以外にも大学や研究機関などが参加して2ヵ月程度かけて分析が実施された。これらの線量マップデータと整合させる形で，文科省はまた内閣府原子力被災者生活支援チームとともに，6月13日から警戒区域および計画的避難区域における詳細モニタリング実施計画を策定し，2 kmメッシュを用いた広域モニタリングにより詳細な空間線量率を得た。

③ **環境モニタリングにおける測定上の問題** 今回の事故における環境モニタリングにおいては，多くの核種が同時に存在する中での計測という状況が生じたため，さまざまな問題が露呈した。2号機タービン建屋の地下階の溜り水の検査においては東電の報告した核種が二転，三転した。3月26日の溜り水中の核種分析においては，東電発表では当初ヨウ素-134（半減期52.5分）が検出されたとしたが，半減期のチェックをせずにガンマ線エネルギーのみから同定したため大きな混乱を招いた。また，塩素-38を検出して再臨界が生じているとの疑惑を招いた1号機タービン地下溜り水の核種分析結果においても，解析ソフトウェアまかせにしてバックグラウンドの計数値をピークとみなしてしまうミスがあった。また，その後一般に簡易な計測器が出回り始めたため，測定器の取り扱いに関して多くの問題が生じていると思われる。また，緊急時には測定装置をやむを得ず当初の目的外に利用する場面も生じるが，そのようにして得られたデータには十分な説明と注意が必要である。

(2) **被ばくへの対応**（作業者の被ばく管理，住民の被ばく調査など）

① **作業者の被ばくへの対応**

a. 緊急時における線量限度およびスクリーニング基準：通常の放射線業務に従事する作業者の実効線量は，5年ごとに区分した各期間につき100 mSv，1年間につき50 mSvを超えてはならないと定められている。女性（妊娠不能と診断された者，妊娠の意思のない旨を許可届使用者または許可廃棄業者に書面で申し出た者を除く）については，3月間につき5 mSv，妊娠中である女子については本人の申出などにより，出産までの間につき人体内部に摂取した放射性同位元素からの放射

線量を 1 mSv 以下にすることとなっている。一方，緊急時においては 100 mSv といった線量限度が適用される。しかしながら，福島第一での災害状況に鑑み，平成 23 年（2011 年）3 月 14 日，人事院総裁，厚生労働大臣および経済産業大臣より放射線審議会に対し，緊急作業時における被ばく線量限度を 250 mSv とする諮問を行った。放射線審議会では，「国際放射線防護委員会（ICRP）2007 年勧告（Publ. 103）の国内制度などへの取り入れについて—第 2 次中間報告—」を踏まえ，国際的に容認されている推奨値である 500 mSv 以下では急性障害および晩期の重篤な障害は認められないとして，線量限度を 250 mSv とすることは妥当であると同日答申した。これを受け，同日，厚生労働省は「平成二十三年東北地方太平洋沖地震に起因して生じた事態に対応するための電離放射線障害防止規則の特例に関する省令（平成 23 年厚生労働省第 23 号）」を施行（基発 0315 第 7 号），本省令では第 7 条の緊急時作業時の被ばく線量限度について，従来の 100 mSv から 250 mSv に読み替えることとなった。なお，平成 23 年（2011 年）12 月 16 日には当面のロードマップにおいてステップ 2 が完了したことを踏まえて，この特例を廃止するための省令を官報に公布し施行した。

東京電力の「福島原子力事故調査報告書」[1]によると，サイト内で作業をする作業者に対する除染などの必要性を判断する明確な基準（スクリーニングレベル）は決められていなかった。このため，事故当初においては，緊急被ばく医療の専門家らの助言に従い，内部被ばくの観点から保守的に 6,000 cpm（GM サーベイメータ）とした。平成 23 年（2011 年）4 月 20 日以降は，福島県などにおいて身体除染の観点からスクリーニングレベルを 100,000 cpm としたため，この値での運用となった。さらに，平成 23 年（2011 年）9 月 16 日には，後述する通り，原子力災害現地対策本部の指示により，周辺住民のスクリーニングレベルを 100,000 cpm から 13,000 cpm に引き下げた際，作業者のスクリーニングレベルも同レベルに設定された。

b. 作業者の被ばく状況：作業者の被ばく状況については，東京電力の「事故調査報告書」や毎月の報告書などによって公表されてきた。平成 25 年（2013 年）7 月 5 日には，東京電力は厚生労働省が内部被ばく線量評価法の妥当性を再確認したことにより，その方法を用いて評価・修正した結果を発表した。

これによると，平成 23 年（2011 年）3 月から平成 25 年（2013 年）3 月末日までに放射線業務に従事した作業数は 27,351 名（東電社員 3,710 名，協力会社 23,641 名）であり，このうち 14,055 名（全体の約 59％）が 10 mSv を下回る線量であった。10〜20 mSv が 3,996 名（16.9％），20〜50 mSv が 4,233 名（17.9％），50〜100 mSv が 1,184 名（5.0％），100〜150 mSv が 138 名（0.58％），150〜200 mSv が 26 名（0.11％），200〜250 mSv が 3 名，250 mSv を超えた作業者は 6 名であった。作業者の平均被ばく線量は 12.48 mSv，最大被ばく線量は 678.80 mSv であった。再確認により，50 mSv を超える被ばくをした作業員が 24 名増加（最大 48.9 mSv 増）し，このうち 6 名が 100 mSv を超えることとなった。一方，2 名の線量が修正前よりも減少した（最大 9.24 mSv 減）。ただし，150 mSv を超える被ばくをした作業員の増加はなく，250 mSv を超える被ばくはいずれも事故直後の平成 23 年（2011 年）3 月に発生したものである。平成 23 年（2011 年）4 月以降はほとんどの作業者の線量は 10 mSv 以下であった。高線量被ばくとなった 6 名は，防護マスクの不適切な使用

（マスクの選択，装着など）による内部被ばくが主な原因であり，中央制御室の運転員1名および電気・計装関係の保全業務従事者5名であった。また，「政府事故調査報告書」によると3名が高い線量の被ばくを受けた可能性があり，このうち2名の足の局部被ばく線量が466 mSvであった。放射線業務従事者ではない女性作業者2名も法令に定める線量限度である3月間で5 mSvを超えた被ばくをした。彼女らは消防車の給油や免震棟での机上業務を行っており，外部被ばくと内部被ばくを合わせてそれぞれ7.49 mSvおよび17.55 mSvであった。平成23年（2011年）3月23日以降は，女性は福島第一原子力発電所構内で勤務させないこととした。このため，これ以降女性の被ばくはない。

  c. 作業者の被ばく線量管理体制：今回の事故においては，津波により電源が喪失するとともに線量測定装置や防護資機材も浸水や流されてしまったことにより使用不可能となった。免震重要棟に備えられていた個人線量計は320台程度であったため個人線量計が確保できるまでの間，「電離放射線障害防止規則第8条第3項但し書き」に基づき，一部の作業については代表者が装着した。東京電力「福島原子力事故調査報告書」によると，平成23年（2011年）4月以降は他事業所の応援により1人1台の個人線量計を確保した。

  d. 作業者の健康調査・管理：平成23年（2011年）5月17日に原子力災害対策本部が取りまとめた「原子力被災者への対応に関する当面の取り組み方針」において，緊急時作業に従事したすべての作業者の離職後を含めた長期的な被ばく線量などが追跡できるデータベースの構築の重要性が示された。平成23年（2011年）6月には，厚生労働省が「東電福島第一原発作業員の長期健康管理に関する検討会」を設置，平成23年（2011年）9月には，データベースの構築のための必要項目および長期的な健康管理のあり方について報告書が取りまとめられた。この報告書では，緊急作業における被ばく線量にかかわらず，離職後も医師または保健師による保健指導の機会を提供するとともに，精神面への影響に対するケアを含めた健康管理を実施すること，緊急作業における実効線量が50 mSvを超えた者を対象に，年1回の一般的健康診断および眼の検査（細隙灯顕微鏡による検査）の機会の設置，100 mSvを超えた者に対する甲状腺検査，胃がん，大腸がん，肺がん検診を実施すること，さらに白血球数および白血球百分率の検査の実施が望ましいとされた。なお，健康管理の実施項目に関しては，医学的知見の進歩や検査手法の変化を想定し，3年後をめどに見直しを行うとしている。

これに対して東京電力は，指定緊急時作業時に従事し，その後平成28年（2016年）3月末まで東京電力の原子力発電所で作業した際に生じた累積実効線量が50 mSvを超える作業者に対しても，甲状腺の検査（採血による甲状腺刺激ホルモン（TSH），遊離トリヨードサイロニン（free T3）および遊離サイロキシン（free T4）の検査），がん検診（胃，肺，大腸）を実施することとした。この検査の結果，二次検査（精密検査）が必要な者に対しては精密検査を実施するとした。さらに，指定緊急作業に従事し，その後平成28年（2016年）3月末まで東京電力の原子力発電所で作業した際に生じた累積甲状腺等価線量が100 mSvを超える場合には，甲状腺の検査（頸部超音波検査）を行うとした。各種がん検診の対象者数は1,307名，甲状腺超音波検査で1,972名となっている（平成25年（2013年）7月22日現在）。

e. 作業者の内部被ばく線量測定：日本原子力研究開発機構（JAEA）では，緊急時作業に携わった東京電力社員らのうち，暫定評価で預託実効線量が 20 mSv を超えるおそれのある者（560 名）を対象として，甲状腺に集積したヨウ素-131 の精密測定を実施した。内部被ばくによる実効線量の最大値は，JAEA で 5 月 30 日に測定を行った男性作業員（甲状腺のヨウ素-131 残留量 9,760 Bq）から推定された 590 mSv であった[2]。

② 住民の被ばくへの対応

　a. 住民のスクリーニング基準：スクリーニングレベルは，「緊急被ばく医療の知識」の初期被ばく医療のフローチャートに記載がある[3]。体表面汚染 40 Bq/cm^2，全身推定線量 100 mSv，甲状腺のヨウ素-131 の量が 3 kBq（1 歳児のヨウ素-131 の甲状腺 100 mSv に相当）に匹敵する GM 管式表面汚染サーベイメータ測定値として 13,000 cpm が示されており，これに基づいて緊急時初期被ばく医療に関する訓練や教育が行われていた。

　今回の事故では，避難所などに収容された周辺住民などの被ばくの程度，放射性物質による汚染の有無，被ばく線量の測定などによる評価，必要な処置を行うなどのため，スクリーニング検査が実施された。厚生労働省は平成 23 年（2011 年）3 月 18 日付の事務連絡「放射線の影響に関する健康相談について（依頼）」を各都道府県，保健所設置市，特別区の地域保健主管部局に対して発出した。この中で対応例として 13,000 cpm が記載された。一方，平成 23 年（2011 年）3 月 20 日，原子力安全委員会は，「除染のためのスクリーニングレベルの変更について」を発出，暫定値（10,000 cpm）については実効性に鑑み，国際原子力機関（IAEA）が示した基準である 1 μSv/h（10 cm 離れた場所での線量）に変更し，口径 5 cm の GM サーベイメータ（TGS-136 型）を用いて測定した値を 100,000 cpm とするとした。これを受け，平成 23 年（2011 年）3 月 21 日，厚生労働省は事務連絡「放射線の影響に関する健康相談について（依頼）（一部修正及び追加）」により，各地域保健主管部局にスクリーニングレベルの変更を依頼した。なお，福島県は住民の緊急被ばく医療におけるスクリーニング検査基準として，平成 23 年（2011 年）3 月 14 日には，文部科学省から派遣された被ばく医療の専門家および放射線医学総合研究所，福島県立医科大学の取り扱いを踏まえ，全身除染を行う場合のスクリーニングレベルを 100,000 cpm と設定し適用を開始していた。なお，13,000 cpm 以上，100,000 cpm 未満の数値が検出された場合には，部分的なふき取り除染を行うものとした。このレベルでのスクリーニングおよび除染が，警戒区域からの避難住民の一時帰宅などにも運用された。

　原子力安全委員会原子力施設等防災専門部会被ばく医療分科会では，平成 24 年（2012 年）2 月 7 日の第 29 回会合において，今回の事故対応において，緊急被ばく医療に係るスクリーニングに関連する混乱があったとして，スクリーニングの目的について整理し，技術的な課題について検討すべきとの提言案をまとめた。

　なお，平成 23 年（2011 年）9 月 16 日に，ALARA（合理的に達成可能な限り低くする）の観点から，原子力災害対策本部はスクリーニングレベルを 13,000 cpm に引き下げるよう福島県および関係市町村に通知した。

　現在は「原子力災害対策指針（平成 25 年（2013 年）6 月 5 日全部改定）」では，緊急防護措置

(OIL4）すなわち，不注意な経口摂取，皮膚汚染からの外部ばくを防止するため除染の基準（初期設定値）として，皮膚から数 cm における検出器のベータ線の計数率を 40,000 cpm，1 ヵ月後の値を 13,000 cpm とした。初期設定値の 40,000 cpm は今回の事故の状況から 100,000 cpm 以下でも簡易除染の実施が可能であったとし，バックグラウンドとの判別が行える実効的な水準として定められた。

b. 住民のスクリーニング結果：福島県では平成 23 年（2011 年）3 月 13 日から県外医療チームなどの協力を得て，各保健所を初めとして巡回および常設の県内各地域において，緊急被ばくスクリーニングを実施している。その結果，平成 23 年（2011 年）3 月 13 日から平成 25 年（2013 年）3 月 13 日までにスクリーニングを実施した人数は 262,366 名であり，100,000 cpm を超えた人数は，平成 23 年（2011 年）3 月 13 日〜31 日に測定を実施した人の中の 102 名であった。

c. 住民の内部被ばく線量測定：福島県では放射線医学総合研究所，JAEA，福島県，南相馬市立総合病院，新潟県放射線検査室，弘前大学附属病院などの協力のもと，体内の放射性セシウム-137 および 134 を対象としたホールボディカウンタを用いた内部被ばく線量測定が，18 歳未満の子ども，妊婦を優先して実施されている。平成 23 年（2011 年）6 月 27 日から平成 25 年（2013 年）6 月 30 日までの累計では 139,153 名が検査を受け，このうち預託実効線量が 3 mSv だった人が 2 名，2 mSv が 10 名，1 mSv が 14 名であった。それ以外の多くの人（99.98％）が 1 mSv 未満であった。なお，平成 24 年（2012 年）1 月末までは急性摂取シナリオ（吸入），それ以降は連続摂取シナリオ（経口）で推定されている。今後も引き続き，未測定の地域の住民および県外に避難した住民に対するホールボディカウンタを用いた内部被ばく線量測定が実施される予定である。また，いわき市，福島市などでは，市独自で検査を実施している。

d. 初期被ばく線量の再構築：放射線医学総合研究所で平成 24 年（2012 年）7 月および平成 25 年（2013 年）1 月 27 日の 2 回，東京電力福島第一原子力事故の初期段階における内部被ばくの線量再構築に向けた国際シンポジウムが開催され，第 2 回では個人計測値からの線量推計，大気拡散シミュレーションからの線量推計を組み合わせることによって推計した平均的な周辺住民の被ばく線量は概ね 10 mSv かそれ未満であること，発電所周辺の 1 歳児の甲状腺等価線量を推定した結果は 30 mSv 以下がほとんどであるとした[4,5]。

平成 25 年（2013 年）5 月の原子放射線の影響に関する国連科学委員会（UNSCEAR）の報告書案では，福島県の成人および小児の甲状腺等価線量が示された。この報告書案によると，避難区域内の成人では 8〜24 mSv，1 歳児では 20〜82 mSv，区域外の 1 歳児では 33〜66 mSv となっている。

e. 住民の健康調査・管理：福島県では福島第一原子力発電所による県内の放射能汚染を踏まえ，県民の健康不安の解消や将来にわたる健康管理の推進を図ることを目的として，「県民健康管理調査」を実施している[6]。「県民健康管理調査」では福島県を実施主体とし，福島県からの委託により福島県立医科大学が中心となり，全国都道府県・市町村，放射線影響研究機関協議会，関係省庁，医師会，全国大学，学会などの協力のもと，被ばく線量の推定，避難住民の健康管理，将来にわたる定期健診を福島県の全県民を対象として実施することとした。健康管理に関するすべての

データはデータベース化して継続的に管理していくとしている。調査項目は外部被ばく線量推定のための行動記録に関する基本調査，甲状腺検査，健康診断，こころの健康調査・生活習慣に関する調査，妊産婦に関する調査などである。

（i）基本調査　福島県が配布している問診票（行動記録など）の回答状況は，平成25年（2013年）3月31日現在で対象者2,056,994人のうち481,423名（23.4%）となっている。1月末現在394,369件（回答数の82.7%）の外部被ばく線量推計作業が終了，410,539件が結果通知済みである。一時滞在者などからの問診票の提出は2,064件で，1,589件の推計が終了している。実効線量推計については，420,543名（放射線業務従事者を除くと411,922名）の推計が行われている。このうち，271,822名（94.9%）が1 mSv未満，119,018名（4.7%）が1〜2 mSv未満，18,589名（0.1%）が2〜3 mSv未満であった。最大値は相双地区住民の25 mSvであった。

（ii）甲状腺検査　甲状腺検査はチェルノブイリ事故の健康影響の結果を踏まえ，子どもたちの長期的な健康調査を見守るとして，事故当時18歳未満であった福島県民に対して，平成23年（2011年）10月から超音波による甲状腺検査が開始された。今後も継続的に福島県内の検査拠点施設などにおいて，20歳までは2年ごとに，それ以降は5年ごとに検査を実施することとしている。平成25年（2013年）3月31日現在，甲状腺一次検査結果確定者は，平成23年度（2011年度）40,302名，平成24年度（2012年度）134,074名となっている。このうち，5.0 mm以下の結節や嚢胞が認められた（A2判定）人数は，平成23年度（2011年度）が14,427名（35.8%），平成24年度（2012年度）が59,746名（44.6%），5.1 mm以上の結節や20.1 mm以上の嚢胞が認められた（B判定）人数は，平成23年度（2011年度）は205名（0.5%）および平成24年度（2012年度）は934名（0.7%）であった。また，直ちに二次検査を要する（C判定）人数は1名であった。平成25年（2013年）6月5日第11回県民健康管理調査検討委員会では，二次検査を実施したうちの12名が甲状腺がん（早期乳頭がん），1名が良性結節であったと報告された。

③　まとめ　東京電力福島第一原子力発電所事故においては，放射線管理も人の手に負うところが多く，誤記や記入ミスといった問題も発生した。周辺住民の線量管理とともに，緊急時の作業者の線量管理のあり方・システム構築についても十分な検討が必要である。また，自衛隊，警察，消防といった初期緊急活動を行った作業者の放射線線量の公開も重要である。

原子力発電所などの管理区域から物品などを持ち出す場合，表面汚染密度（アルファ線を放出しない核種 40 Bq/cm^2）の10分の1で管理がなされてきた。しかし，緊急時におけるスクリーニングの明確な基準は定められていなかった。また，周辺住民のスクリーニングの基準としては，以前から訓練などで用いられていた値があったものの，その値の根拠などについては防災要員に十分な説明がなされていなかった。また，値の変更などで混乱をきたした。

作業者の被ばく線量は100 mSvを超える被ばくをした作業者はわずかで，多くの作業者がより低い線量で管理された。50 mSvを超える被ばくを伴った作業者については，今後も長期的な健康調査を実施することが適当とされている。

周辺住民の被ばく線量は多くの人が1 mSv未満であった。しかしながら，福島県では今後も行動調査やホールボディカウンタによる内部被ばく線量測定，生活習慣病の検診やこころのケアを含

め，一元的に長期的な健康管理調査を実施していくとしている．

参考文献（5.3.3）

1) 東京電力，「福島原子力事故調査報告書」（平成 24 年 6 月 20 日）．
2) O. Kurihara, K. Kanai, T. Nakagawa, *et. al.*, *J. Nucl. Sci. Technol.*, 50(2), 122-129 (2013).
3) 公益財団法人原子力安全研究協会，「緊急時被ばく医療の知識」（2003）．
4) National Institute of Radiological Sciences, NIRS-M-252 (2012).
5) 放射線医学総合研究所，第 2 回国際シンポジウム「東京電力福島第一原子力発電所事故における初期内部被ばく線量の再構築」，講演要旨集（2013 年 1 月 27 日）．
6) 福島県ホームページ，「県民健康管理調査」について．

5.3.4　放射性物質による環境汚染とその除染

(1) 放射性物質による土壌環境と水環境の汚染

① 汚染の発生　　福島第一原子力発電所事故時の 1～3 号機のベント操作，1 号機および 3 号機の原子炉建屋の爆発，ならびに 2 号機の格納容器の損傷によって多量の放射性ヨウ素やセシウムが環境中に放出され，福島県を主として東日本の広範囲に放射性物質による汚染が生じた．特に，平成 23 年（2011 年）3 月 15 日から 16 日にかけての放射性物質の放出は最大であり，発電所の北西方向と福島県中通りに沿って比較的高い汚染を環境にもたらした．また，一部は千葉県我孫子市，柏市，流山市などに到達したと思われ，これらの地域にホットスポット的な汚染域がモニタリング[1]で確認されている．

② 汚染地域の特徴　　今回の事故による福島県の汚染地域と昭和 61 年（1986 年）4 月に起きたチェルノブイリ発電所 4 号機爆発事故による汚染地域について，セシウム-137 で汚染された面積を比較すると，今回の事故で生じた汚染地域は図 5.6 に示すとおり，チェルノブイリ事故による汚染地域[2]の数分の一の面積である．また，チェルノブイリ事故では炉心の爆発が生じたため，炉

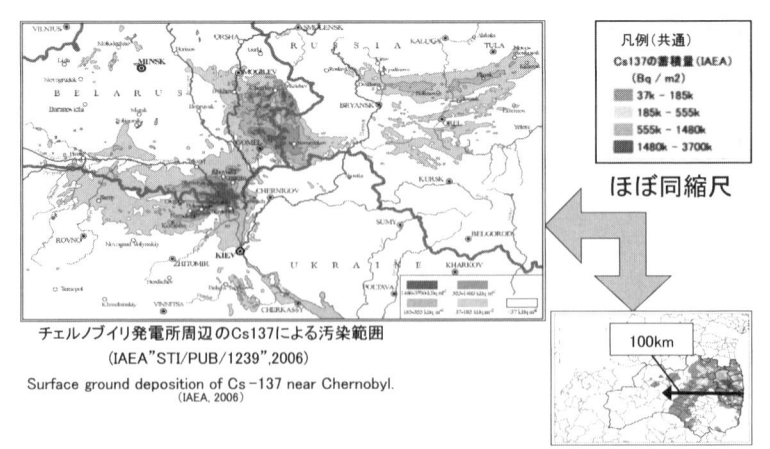

図 5.6　チェルノブイリ発電所事故と福島第一原子力発電所事故による汚染地域の比較（口絵 15 参照）

［文科省データから編集］

心内に存在するプルトニウムなどの核燃料物質を含む放射性核種が広く飛散したが，今回の事故では炉心は高温になり溶融したものの炉心自体の爆発を免れたため，放出された放射性核種は比較的揮発しやすいセシウムやヨウ素がその大部分を占める。その他の放射性核種について，ストロンチウム-90 などが今回の事故による汚染地域で確認されているが[3]，測定されたストロンチウム-90 の濃度はセシウムに比較して数桁低いことから，空間線量率の低減にあたってはセシウムの除去が基本となる。また，今回の事故による汚染地域の特徴として，福島県では 70%以上が山林で占められている[4] ことがあげられる。

③ **除染範囲の推定** これらの汚染に対し政府は，空間線量率の低減にあたっては，モニタリング結果に基づいて年間追加被ばく線量を長期的には 1 mSv まで低減することを目標としている。環境省環境回復検討会に提出された資料[5]によれば，年間追加被ばく線量が 5 mSv 以上の地域を面的除染および 1〜5 mSv の地域をスポット除染（森林を除く）するときの除染対象面積の推定結果として，面的除染を必要とする建物用地 51 km^2，幹線交通用地 13 km^2，農地 349 km^2 およびその他用地 23 km^2，ならびにスポット除染を必要とする面積 642 km^2 と示されている。また，5 mSv を超える森林について 10〜100%を面的除染したケースの面積が試算されており，たとえば，森林を 100%除染した場合には上記面積と合わせて 2,419 km^2 と推定されている。

④ **土壌汚染** 土壌の汚染についてもモニタリング[6]が実施されており，表 5.9 には福島県におけるセシウム濃度区分ごとの水田，畑地の面積を示す。表より 1,000 Bq/kg 以上の水田と畑地の合計は 62,129 ha（約 621 km^2），5,000 Bq/kg 以上は 8,307 ha（約 83 km^2）に及んでいることが分かる。なお，沈着したセシウムはこれまでに多くの測定がなされているが，未耕地の場合，深さ 5 cm までの表面層に 90%以上がとどまっている[7] ことがわかっている。また，これまでの試験からセシウムは土壌中の粘度粒子に固着しており，土壌中に含まれる水分にはきわめて溶解しにくいことが分かっている。

表 5.9 福島県の農地土壌中の放射性セシウム濃度区分ごとの面積（推定値）

放射線セシウム濃度 (Bq/kg)	水田 (ha)	畑 (ha)
0〜1,000	59,942	22,022
1,000〜5,000	39,164	14,658
5,000〜10,000	1,958	796
10,000〜25,000	2,575	751
25,000〜	1,646	581

［農林水産省農林水産技術会議事務局，「農地土壌の放射性物質濃度分布マップ関連調査研究報告書（第 3 編）」（平成 24 年（2012 年）3 月）］

日本原子力学会クリーンアップ分科会が実施した水田の代かき除染試験[8〜10]では，水田の代かき試験で排水した水（水と同時に土壌粒子も排出したため濁水となっている）を一定時間静置したのち，そのろ水の放射能濃度を測定した結果，水分中の放射能濃度は検出限界以下であった。このことから，土壌除染の基本としては放射性物質を吸着している微細な粒子自体の除去が効果的であ

ることが示される。

⑤ **水環境汚染**　広域的な水環境汚染として，水道，河川・湖沼などでの環境汚染が想定され，水，底土などの放射線モニタリングが実施された。事故後の初期には水道水などからヨウ素-131 が検出され，緊急時における水道水中放射性物質の濃度目安値として，原子力安全委員会から「飲食物摂取制限の指標及び食品衛生法上の暫定規制値」が示された。

厚生労働省は平成 23 年（2011 年）6 月「再び大量放出がない限り，水道水の摂取制限等の必要となる蓋然性は低い」との報告をまとめ，食品中の放射性物質の新たな基準値を示した（平成 24 年（2012 年）4 月 1 日施行）。

(2) **除　染**

① **除染の実施制度と体制**　5.3.4 (1) に記載したとおり，政府は年間追加被ばく線量を長期的には 1 mSv まで低減することを目標としており，また食品中の放射性物質の新基準値として平成 24 年（2012 年）4 月 1 日から一般食品については 100 Bq/kg と設定している（詳細は 5.3.2 項参照）。このためには宅地，農地ばかりでなく広域的な生活圏（公共施設，道路，森林の一部など）の除染が必要となる。平成 23 年（2011 年）に内閣府が主体となって除染モデル事業を推進し，宅地などにおける除染技術の評価を日本原子力研究開発機構に委託して実施した。また，「平成 23 年 3 月 11 日に発生した東北地方太平洋沖地震に伴う原子力発電所の事故により放出された放射性物質による環境汚染への対処に関する特別措置法」（平成 23 年（2011 年）8 月 30 日法律第 110 号）（以下「特措法」という）を施行し，除染や福島第一原子力発電所事故に起因する放射性物質で汚染した廃棄物の取扱いに関する制度や基準などを制定した。そこでは除染特別地域（旧警戒区域と計画的避難区域）と汚染状況重点調査区域を指定した。前者は国直轄で除染を行い，後者で年間追加被ばく線量が 1 mSv を超えるところは市町村が除染を行うこととされた（ただし，「国，都道府県，市町村および環境省令で定める者が管理する土地並びにこれに存する工作物等にあっては，国，都道府県，市町村および環境省令で定める者が除染等の措置等を行う，また農地は市町村の要請により都道府県が除染等の措置等を行うことができる」としている）。

このため，環境省は平成 24 年（2012 年）1 月 1 日に環境省福島環境再生事務所を設置して，国直轄地の除染計画の策定と除染事業，市町村の除染計画の作成などへの協力を行っている。また，環境省は新たな避難指示区域ごとの除染工程表を策定して，平成 24 年（2012 年）第 1 四半期から避難指示解除準備区域における宅地の本格的な除染を実施あるいは計画している（学校，役場など公共施設では除染をモデル事業として実施しているケースが多い）。一方，市町村においても，特措法に基づき各地域の実情を踏まえ，優先順位や実現可能性を考慮した除染計画を策定するとともに，それに基づいた除染実施計画を策定している。この除染実施計画を実施する場合には，環境省が平成 23 年（2011 年）12 月に公表した除染関係ガイドラインに沿って，そこに記載された除染方法から適切な方法を選定することになっている。当該ガイドラインには，汚染箇所の調査（測定点の決定および測定）や建物など工作物の除染などの措置について，屋根，雨樋・側溝，外壁，庭木，柵・塀，ベンチや遊具などを対象とした具体的な方法が記載されている。また，道路の除染などの措置について，側溝，舗装面，未舗装の道路などの除染方法が記載されている。さらに，土壌

の除染などの措置について，校庭や園庭，公園，農用地の除染方法が記載されているとともに，草木の除染などの措置について，芝地，街路樹など生活圏の樹木，森林などの除染についても具体的な方法が記載されている。

② **除染技術** 　除染技術についてはチェルノブイリ発電所事故で採用された除染技術などを参考に，平成23年（2011年）から平成24年（2012年）にわたって内閣府が日本原子力研究開発機構に委託して，年間20mSv以上の高線量地域にある宅地や宅地周りの森林などを対象にモデル事業[6]を実施した。このモデル事業では，市町村をグループA（南相馬市，川俣町，浪江町，飯舘村），グループB（田村市，双葉町，富岡町，葛尾村），グループC（広野町，大熊町，楢葉町，川内村）に分けて除染技術の実証を行った。モデル事業の結果から表面汚染密度の低減効果は同じ対象物でもその効果は大きく異なり，対象物の材質，表面状況や付着状況などに大きく依存することが示された。また，セシウムのガンマ線の影響は線源から数十mに及ぶことから，効果的な除染を行うには，そのポイントだけでなく面的に広く除染することが必要であることが示された。したがって，同じ除染技術を適用してもその効果が大きく異なるため，除染技術の選定にあたっては，場所や対象物の特徴に応じて個別に判断して，除染方法，除染箇所などを決めることが重要であることが分かる。

　農水省では平成23年度（2011年度）に農地における除染技術，放射性セシウムの土壌からの分離・除去技術および汚染された稲わらや牧草などの減容化技術，ならびに放射性セシウムの移行抑制技術の3分野について「新たな農林水産政策を推進する実用技術開発事業」および「森林・農地周辺施設等の放射性物質の除去・低減技術の開発」を実施した。引き続き平成24年度（2012年度）にも，除染および減容に関する課題について実証試験を継続あるいは新規課題として実施した。また，同省林野庁所管の森林総合研究所では，平成23年度（2011年度）に「針葉樹林と落葉広葉樹林において，下草と落葉の除去による森林の除染実証試験」を実施し，いずれの森林でも下草と落葉を除去することで，空間線量率は除去前の約6～7割まで低減するという結果を示した。このほか，除染に関する新技術について，平成23年度（2011年度）には内閣府（日本原子力研究開発機構に委託）が公募事業[11]として，除染作業効率化技術，土壌等除染除去物減容化技術，除去物の運搬や一時保管等関連技術および除染支援等関連技術の計25課題を選定し，それら技術の有効性を試験している。さらに福島県では，平成23年（2011年）に福島県除染技術実証事業（公募事業）[12]として，構造物（屋根・屋上・壁面・底面など）の除染技術および土壌（農地を除く）の減容化技術の2分野について，合計19課題の技術の効果を試験している。平成24年度（2012年度）も新規の課題を募集して当該事業は継続されている。これらの課題の中には，現地での除染技術だけでなく，現在までの除染の進展によって明らかになってきたことであるが，除染により発生する汚染土壌や草木などの多量に発生する有機系廃棄物の取扱いに関する問題も含まれている。つまり，除染による放射性物質濃度の低減や有機物などの焼却による減容化も近い将来重要な課題となることが明らかであり，それらの対策に有効な技術もこれらの課題の中では探索されている。また，ここに記した以外にも大学，研究機関，民間会社も含めた各種の団体などでも除染技術や減容化技術の開発や実証が行われている。

参考文献 (5.3.4)

1) 文部科学省,「第 5 次航空機モニタリングの測定結果, 及び ② 福島第一原子力発電所から 80 km 圏外の航空機モニタリングの測定結果について」(平成 24 年 9 月 28 日).
2) IAEA, "Environmental Consequences of the Chernobyl Accident and their Remediation: Twenty Years of Experience", STI/PUB/1239 (2006).
3) 文部科学省,「文部科学省による, ① ガンマ線放出核種の分析結果, 及び ② ストロンチウム 89, 90 の分析結果 (第 2 次分布状況調査) について」(平成 24 年 9 月 12 日).
4) 福島県ホームページ,「福島県土地利用の現況」.
5) 環境省,「除去等の措置等に伴って生じる土壌等の量の推定について」, 環境回復検討会 (第 2 回) 配布資料 7 (平成 23 年 9 月 27 日).
6) 農林水産省農林水産技術会議事務局,「農地土壌の放射性物質濃度分布マップ関連調査研究報告書 (第 3 編)」(平成 24 年 3 月).
7) 日本原子力研究開発機構,「福島第一原子力発電所事故に係る避難区域等における除染実証業務報告書」(内閣府からの委託事業) (平成 24 年 6 月).
8) 佐藤修彰, 松村達郎, 三島 毅, 日本原子力学会「2012 年秋の大会」予稿集 O33.
9) 三倉通孝, 菊池孝治, 長岡 亨, 日本原子力学会「2012 年秋の大会」予稿集 O34.
10) 神徳 敬, 雨宮 清, 藤田智成, 山下祐司, 日本原子力学会「2012 年秋の大会」予稿集 O35.
11) 日本原子力研究開発機構,「平成 24 年度除染技術評価等業務報告書」(2012 年 10 月).
12) 福島県生活環境部,「平成 23 年度福島県除染技術実証事業実地試験結果」(平成 24 年 4 月).

5.4 放射性物質の放出と INES 評価

5.4.1 放射性物質放出量の推定

(1) 大気中への放出とその時系列

事故時に大気中に放出された核分裂生成物 (FP) 放出量の評価の不確定性を小さくするために

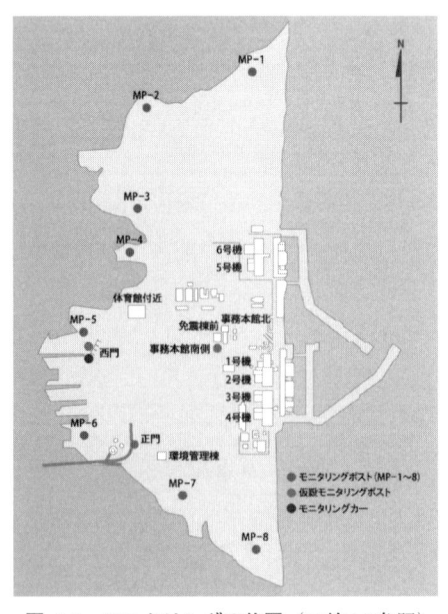

図 5.7 モニタリングの位置 (口絵 16 参照)
[東京電力, 福島原子力事故調査報告書]

図 5.8 モニタリングデータ（口絵 17 参照）
[東京電力，福島原子力事故調査報告書]

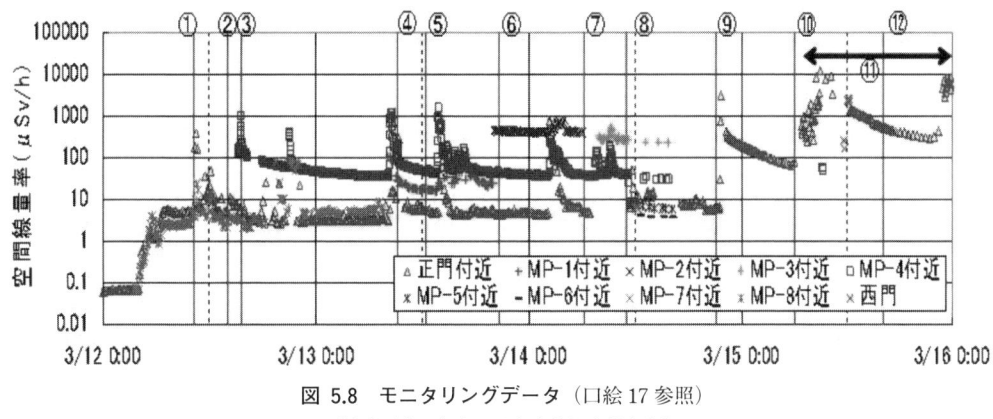

は，主排気筒モニタなど放出源になるべく近い地点での線量率を用いることが適当である。福島第一の事故では，プラント設備に付随したモニタは電源がないことから使用できなかった。また，モニタリングポストも同様に電源がなく使用できなかった。しかし，東京電力ではモニタリングカーを移動させながら発電所内での線量率を測定しており（図 5.7，図 5.8），この線量率の記録からFP 放出量が評価されている[1]。この評価手法では FP 放出に伴う線量率の増加（ピーク）を再現するような FP 放出量を繰り返し計算により求めている。また，風向きによりピークが見られないような時間帯は，バックグラウンドの 1%が FP 放出の寄与であるとの仮定をおいている。このような手法で評価された大気放出放射能量を表 5.10 に示す。

表 5.10 大気放出量評価表

整理番号	日時	号機	事象	放出量（PBq）			
				希ガス	I-131	Cs-134	Cs-137
①	3/12 10 時過ぎ	1	不明	3	0.5	0.01	0.008
②	3/12 14 時過ぎ	1	S/C ベント	4	0.7	0.01	0.01
③	3/12 15：36	1	建屋爆発	10	3	0.05	0.04
④	3/13 9 時過ぎ	3	S/C ベント	1	0.3	0.05	0.03
⑤	3/13 12 時過ぎ	3	S/C ベント	0〜0.04	0〜0.009	0〜0.0002	0〜0.0001
⑥	3/11 20 時過ぎ	3	S/C ベント	0〜0.03	0〜0.001	0〜0.00002	0〜0.00002
⑦	3/14 6 時過ぎ	3	S/C ベント	0〜0.03	0〜0.001	0〜0.00002	0〜0.00002
⑧	3/14 11：01	3	建屋爆発	1	0.7	0.01	0.009
⑨	3/14 21 時過ぎ	2	不明	60	40	0.9	0.6
⑩	3/5 6：12	4	建屋爆発	—	—	—	—
⑪	3/15 7 時過ぎ	2	建屋放出	100	100	2	2
⑫	3/15 16 時過ぎ	3	S/C ベント	0〜0.03	0〜0.001	0〜0.00002	0〜0.00002
総放出量（事象を同定しない放出量を含む）				約 500	約 500	約 10	約 10

[東京電力，福島原子力事故調査報告書]

総放出量は希ガス，ヨウ素-131 は各々約 500 PBq（50 万テラベクレル），セシウム-134, 137 は各々約 10 PBq（1 万テラベクレル）となっている。総放出量に対する寄与が最も大きかったのは，3 月 15 日 7 時以降の 2 号機からの放出となっている。また，格納容器ベントによる FP 放出は総放

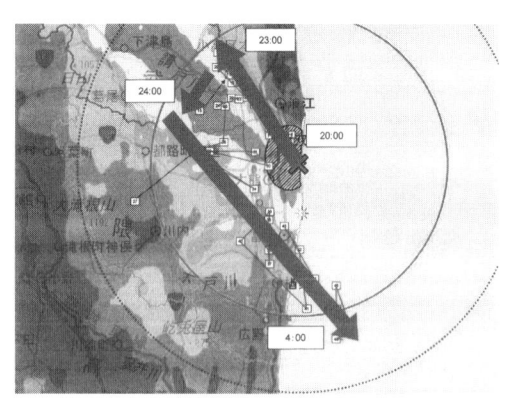

図 5.9 3月15日20時に放出されたプルームの軌跡
（口絵 18 参照）
［東京電力, 福島原子力事故調査報告書］

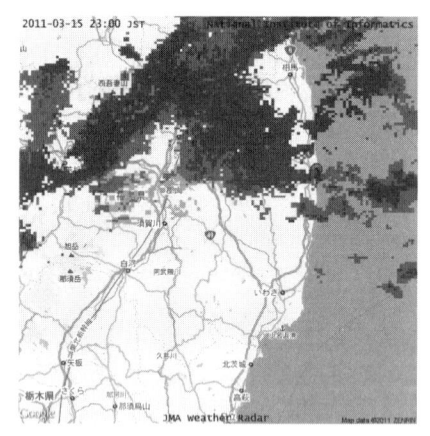

図 5.10 3月15日23時の雨雲レーダー図
（口絵 19 参照）
［東京電力、福島原子力事故調査報告書］

出量に対して桁で小さく, 周辺土壌の汚染の主要因にはなっていないと推定されている。

3月15日には2号機から継続的にFP放出があったと考えられるが, この日には北西方向に向かった風が吹いており（図5.9）, また夜には発電所から北西方向の地域で雨雲が観測され（図5.10）, 降雨があったものと推測される。発電所から北西方向には高線量の汚染地域が確認されており, その主たる原因は3月15日に2号機から放出されたFPによるものと推定される。

なお, 後述のように原子力安全・保安院, 日本原子力開発機構などにおいても同様の評価が実施され, セシウムについてはほぼ同等の値となっているが, ヨウ素については東京電力の値が3倍程度大きくなっている。東京電力の評価では希ガス, ヨウ素, セシウムの放出割合を一定と仮定しており, この仮定の影響が出ている可能性があると考えられる。

(2) 海洋への放出量

海洋放出量の評価に際しては, 東京電力が放水口付近での海水中放射能濃度の測定値に基づいて, 逆算推定可能なFP放出量を評価している[1]。

主な海洋汚染の原因は，2号機，3号機の取水口スクリーン付近からの放出，集中廃棄物処理建屋内の低濃度汚染水の放出，5号機，6号機のサブドレンピットに滞留していた低濃度地下水の放出であり，これらに加え，大気中 FP の降下や雨水からの流入が考えられている。

評価の結果，海洋への総放出量はヨウ素-131 約 11 PBq（1.1 万テラベクレル），セシウム-134 と 137 各々約 3.5 PBq（3,500 テラベクレル），約 3.6 PBq（3,600 テラベクレル）となっている（表 5.11）。図 5.11 に示すように，海洋への放射能流入は 4 月末までには大きく低下している。

なお，日本原子力開発機構などにおいても同様の評価が実施され，数値的には同等の値となっている。

表 5.11 海洋放出量評価結果（PBq）

核種	総量	3/26～31	4/1～6/30	7/1～9/30	備考
I-131	11	6.1	4.9	5.7×10^6	直接漏えい（2.8）を含む （4/1～6　4/4～10　5/10～11）
Cs-134	3.5	1.3	2.2（1.26＋0.94）	1.9×10^2	直接漏えい（0.94）を含む （4/1～6　4/4～10　5/10～11）
Cs-137	3.6	1.3	2.2（1.26＋0.95）	2.2×10^2	直接漏えい（0.94）を含む （4/1～6　4/4～10　5/10～11）

［東京電力，福島原子力事故調査報告書］

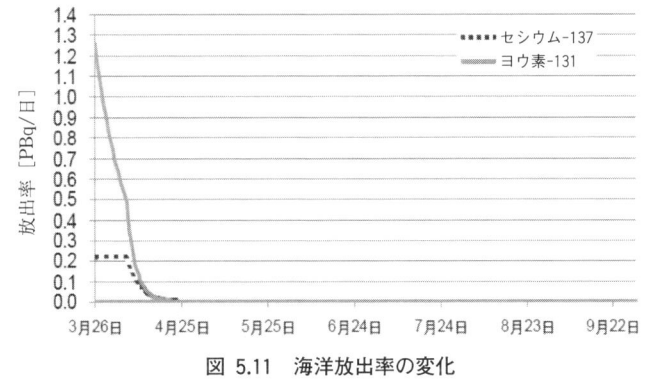

図 5.11 海洋放出率の変化

［東京電力，福島原子力事故調査報告書］

5.4.2　INES 評価

(1)　INES 評価の概要

原子力あるいは放射線の利用において事故や故障が起きたときに，国際的に統一された基準（尺度）に基づき評価された事故・事象の安全上の重要性をただちに国内の公衆に知らせ，また主要なものについては国際原子力機関（IAEA）にも通報する仕組みとして，国際原子力・放射線事象評価尺度（INES）がある。

INES のレベルは安全上重要でない「尺度以下」およびレベル 0 に始まって，その上に「異常な事象」としてレベル 1～3，「事故」としてレベル 4～7 に分けられている。レベルの決定については「人と環境（放射性物質による公衆・作業員への被害）」，「施設における放射線バリアと管理（放射性物質の閉じ込め機能の喪失度合い）」および「深層防護（安全機能の作動性，起因事象の発

生頻度等）」の 3 基準により評価されることとなっている。またどの国でも同じ評価ができるよう，評価のための詳細な「INES ユーザーズマニュアル（INES User's Manual）」が整備されており，現在の評価には 2008 年版[2]が用いられている。

　INES の参加国はそれぞれ INES 担当官（National Officer：NO）を置いている。規制当局は事業者から事象発生の連絡を受けると，ただちにその重要性を国際共通の尺度である INES で評価し，地震時のマグニチュードや震度と同様，「この事象はレベルいくつの事象である」と公表する。この時点の評価は「暫定評価」である。レベル 2 以上の事象については NO が IAEA へも通知する。IAEA の INES 担当者はそうした事象の概要および INES 評価結果を，IAEA が運営する情報システムである NEWS を通じて各国の NO に発信する。

　国内における INES 評価は前述のように事象発生直後の暫定評価は NO によってなされるが，その妥当性は INES 評価のための委員会において専門家の検討によって確認され，正式な評価となる。

　なお，INES 評価のプロセスについては参考文献 2) および 3) を参照されたい。

(2)　福島事故に関して実施された INES 評価

　原子力安全・保安院は福島第一の事故に対し，4 度にわたって INES 尺度を用いての評価を行った。これらはすべて暫定評価であり，各時点において「判明した事実」に基づいてなされた。

　最初の評価の公表は 3 月 12 日の 0 時 30 分頃になされた[4]。福島第一の 1〜3 号機における事象は，前述の三つの基準のうち「深層防護」基準に基づいて，すべての熱除去機能喪失があったとして，いずれもレベル 3 と評価された。なお，福島第二の 1，2，4 号機に対しても同様の評価がなされている。

　2 度目の評価は 3 月 12 日の夕刻になされた[5]。福島第一の 1 号機における事象は，「施設における放射線バリアと管理」基準に基づき，レベル 4 と再評価された。16 時 17 分に福島第一サイトの敷地境界での放射線レベルが上昇し，1 号機からの放射能放出と判断されたことによる。

　3 度目の評価は 3 月 18 日になされた[6]。福島第一の 1，2，3 号機の事象は，「施設における放射線バリアと管理」基準に基づきレベル 5 と再評価された。これは，以下のような状況が観測されたことに基づき，高い可能性をもって原子炉炉心の溶融が起きたと判断されたことによる。

　① これらの原子炉においては，原子炉水位が有効炉心頂部以下であった時期があり，燃料棒温度が上昇したと考えられること。

　② 水素の燃焼によると思われる爆発があったこと。

　③ 敷地の内外で放射線レベルの上昇があったこと。

　4 度目の評価は 4 月 12 日になされた[7]。前述のように，INES には三つの基準の一つとして，「人と環境」基準が用意されている。これは，人の被ばく線量と放射性物質の環境放出量に関する以下のような考えに基づいての基準である。

　「何人の人がどれほど重大な被ばくを受けたか」は最も単純な尺度であるが，それだけで評価すると，防災対策が効果的に実施されれば，施設の事故としては重大であるのに被ばく線量は十分小さくなり，評価結果が事故の重大性を表さなくなる。このため，「どれ程の量の放射性物質が環境に放出されたか」も基準として導入されている。この放射性物質放出量に関する基準はレベル 4 以

上の事象の判断に用いられる。

　4月に入り保安院は原子力安全基盤機構（JNES）が行った福島第一1～3号機の原子炉の状態についての解析結果に基づく試算により，「INESユーザーズマニュアル」に示された換算係数を用いて，大気中に放出された放射能量をヨウ素-131換算で37万テラベクレルと評価している。また，原子力安全委員会はモニタリングからの逆算により，福島第一からの大気中への放出量の合計を，放出量をヨウ素-131と等価になるよう換算した値として63万テラベクレルと定量評価した。

　これらの値は大きな不確実さを有するものではあるが，いずれもレベル7の判断基準である「大気中への放射性物質の放出量がヨウ素-131換算で数万テラベクレル以上」を上回るものである。このため保安院は（3月18日までのINES評価は「INESユーザーズマニュアル」に基づき号機ごとになされた）施設全体としてレベル7の事象であったとの評価を行い公表した。

　福島事故についてのINES評価は平成25年（2013年）3月末時点でも暫定評価のままであるが，保安院，原安委，東電，いくつかの研究機関などが推定した大気中への放射性物質放出量からは，施設全体としてレベル7という数字は変わらないと思われる。

(3)　INES評価に関する課題と国際的対応

　福島事故はINES発足後初のレベル7事象であるとともに，緊急事態下で十分な情報が得られず，かつ事態が進展しつつある状況下でINES評価がなされるという，これまでに前例のないものであった。

　福島第一事故でのINES評価については，以下のような課題があげられている。

　①　INESは「事故の重大さを迅速に公衆に知らせる」ためのものであるが，プラントパラメータや放射線モニタリングの喪失により，事故進展や放射性物質放出の状況の推定が困難であった。

　②　その結果，レベル5の評価は事故開始から1週間後，レベル7の評価は1ヵ月後になされ，「迅速な通知」にはほど遠かった。

　③　INES評価は各時点で「高い信頼性をもって判明した事実」に基づいて実施された。しかし，事象進展に応じて評価結果が変わり，事故を軽く見せようとしたのではないかとの批判につながった。

　④　放射性物質放出量がチェルノブイリ事故より1桁小さいのに，なぜ同じレベル7なのかという批判もあった。

　⑤　INES評価はこれまでユニットごとになされており，今回のような多数基同時多発事故の評価のあり方が課題である。また同一地域に複数の発電所が立地している場合も同様である。

　保安院による放射性物質放出量の推定方法にも疑問がある。前述のように，保安院はシビアアクシデント解析コードを用いて放出量を試算しているが，試算時点で各号機からの精度よい解析が可能だったとは考えにくい。

　5.4.1項では東京電力による放出量評価結果を示しているが，それによれば総放出量に対する寄与が最も大きかったのは，3月15日7時以降の2号機からの放出となっている。そして，漏えいはドライウェル（D/W）からと考えられている。

　一方で，2号機では「3月15日6時00分～10分頃に圧力抑制室付近で衝撃音がし，それに合わ

せて2号機の圧力抑制室圧力も低下した」ことから，ほとんどの関係者は事故後かなりの期間，このときに「圧力抑制室（S/C）に大きな破損口が生じたに違いない」と誤った推定をしていた（3.3節参照）。この場合には，放射性物質の漏えいは圧力抑制室からと仮定したことになる。

計算コードによる推定では，漏えい経路をD/Wからと仮定するか，S/Cからと仮定するかは，結果に大きな違いをもたらす。圧力抑制プールによるスクラビング効果を考えるかどうかで，放出量はおよそ2桁も違ってしまう可能性があるからである。INES評価のために放出量を推定するのは，環境モニタリングの結果を優先すべきで，計算コードの結果は参考にとどめるべきである。

福島事故後には，国際社会においても「INESは緊急事態下での情報伝達手段として有用なのか」という疑問が示された。こうした状況を反映して，平成23年（2011年）6月の福島事故に係るIAEA閣僚級会合で天野事務局長が，情報伝達手段としてINESをより有効にすることをINES諮問委員会（INES-AC）に付託した。

INES-ACはその後1年かけて検討を行っている。会合ではまず「誰のためのINESか」について議論した。INESは緊急事態下で影響を受け得る公衆にとって必要な情報を伝える手段とはなり得ず，むしろそういう影響と無縁の公衆に事故の重要性を伝えるものであると整理された。また，ACが従前からまとめていた「INESの利用（Use of INES）」ガイダンスに対し，シビアアクシデント進行中のINES評価および情報伝達のあり方を追加した「追加ガイダンス」が作成された。そこでは，「炉心溶融の発生などの事態がかなりの信憑性をもって明らかになったときは，それについてのINES評価をすべきである。ただし，事態が進展中の場合は，その発表の仕方には十分注意が必要である。また，一つの事象に過度に何度もINES評価をすべきでない」ということで一致している。さらに「なぜチェルノブイリ事故と同じレベル7なのか」という批判に対しては，「7つのレベル」は変えない（レベル7は「極めて重大な事故」であり，それを細分化してもあまり意味がない）こととしている。

参考文献（5.4）

1) 東京電力株式会社，「福島第一原子力発電所事故における放射性物質の大気中への放出量の推定について」（平成24年5月24日）．
2) IAEA, "INES, The International Nuclear and Radiological Event Scale – User's Manual, 2008 Edition" (2009).
3) 阿部清治，八木雅浩，日本原子力学会誌，53(5)，30-46（2011）．
4) 原子力安全・保安院による記者会見（平成23年3月12日）．
5) 原子力安全・保安院による記者会見（平成23年3月12日）．
6) 原子力安全・保安院，「東北地方太平洋沖地震による福島第一原子力発電所及び福島第二原子力発電所の事故・トラブルに対するINES（国際原子力・放射線事象評価尺度）の適用について」（平成23年3月18日）．
7) 原子力安全・保安院，「東北地方太平洋沖地震による福島第一原子力発電所の事故・トラブルに対するINES（国際原子力・放射線事象評価尺度）の適用について」（平成23年4月12日）．

5.5 事故後のコミュニケーション

平成23年（2011年）3月11日～3月15日の間，福島第一原子力発電所事故への対応に関わった主要なアクターは官邸や原子力安全・保安院などの政府，東京電力本店や福島第一原子力発電所

などの東京電力，同発電所近隣の地方自治体などである。この期間において各アクターの内部およびアクター間，そして各アクターと一般の国民との間においては，著しいコミュニケーション不全が生じていた。

本節（1）では上記の期間において関係アクターが関わったコミュニケーション不全に関する主要な事例を紹介する。（2）では原子力学会による情報発信活動について述べる。これらに対する評価については 6.13 節で述べる。

(1) 関係アクターによるコミュニケーション不全

① **政府と東京電力**　緊急時における官邸や原子力安全・保安院と原子力事業者とのコミュニケーションの経路は事故以前にも用意されていた。しかしながら，今回の事故直後には膨大な情報ニーズが発生したために従来の経路はそれに対応できず，その経路はしばしばアドホックに追加された。

たとえば，東京電力本店と福島第一原子力発電所間においてはテレビ会議システムにより情報がリアルタイムで共有されたが，官邸や原子力安全・保安院は 3 月 15 日まで，そのシステムの枠外に置かれた。このため，経済産業省内におかれた ERC（緊急時対応センター）での情報収集は，東京電力職員が携帯電話で同社本店からプラントパラメータの情報を収集し，その内容を口頭で保安院に伝えるなどの方法がとられていた。また，官邸 5 階に参集していた菅総理（当時）などに対して，東京電力はそこに詰めていた東電幹部が携帯電話で情報を収集して伝達していた。さらに危機管理センターが置かれた官邸地下は，携帯電話の使用ができない環境にあった。

これらの結果として，官邸や保安院が東電から得ていた情報は断片的で迅速性に欠くものであり，三者の情報共有は質の点でも量の点でも不十分なものであった。

② **政府と自治体や避難者**　政府と自治体，あるいは避難者とのコミュニケーションも適確かつ十分なものではなかった。

住民への避難指示は，福島県が 3 月 11 日 20 時 50 分に独自の判断で福島第一から半径 2 km 圏内の住民に出した。さらに，その 33 分後の同 21 時 23 分に政府は半径 3 km 圏内の住民に避難指示を出した。しかし政府によるこの避難指示は，事前に福島県に知らされることはなかった。これらの指示自体は防災無線やテレビなどのさまざまなツールにより，対象住民には比較的迅速に伝わった。しかしながら，3 月 12 日 5 時 44 分の半径 10 km 圏内への避難指示の際に事故の発生を知っていた住民は 20 % しかおらず，避難が終了し帰還までに長期間を要するとの見通しに関する情報は避難時に示されることはなかった。また，住民の中には後に高線量であると判明する地域に避難する場合もあった。

③ **政府と一般の人々**　緊急時における政府の情報開示も適切さを欠くものがあった。

たとえば，事故直後に食品から事故由来の放射性物質が検出された際に，当時の枝野幸男官房長官はしばしば「ただちに人体や健康に影響を及ぼす数値ではない」との発言を繰り返した。この発言は多様な解釈をもたらした。

また，炉心溶融について原子力安全・保安院の中村幸一郎審議官は 3 月 12 日 14 時のプレス発表でその可能性があることを説明した。その直後に官邸は，保安院のプレス発表内容を官邸に事前連

絡するよう要請した。それ以降，保安院は「炉心溶融」という表現を避け続け，4月10日に保安院は炉心状況を説明する際には「燃料ペレットの溶融」という用語を使うこととし，その旨東京電力にも連絡した。政府が炉心溶融という言葉を正式に用いたのは平成23年（2011年）5月16日のことである。

(2) 日本原子力学会による情報発信活動

① **理事会や委員会，部会などの活動**　日本原子力学会は平成23年（2011年）3月18日に学会長名で，「国民の皆様へ―東北地方太平洋沖地震における原子力災害について―」をホームページ上で発表した。また，3月17日には国民の質問に答えるメールアドレス「Q and A」を設置し，質問に対する回答返信を行った。平成24年（2012年）12月までに回答した質問は100件以上で，内容別では放射性物質・放射線関連約50件，原子炉関連約60件，原子力学会活動関連約20件であった。

また，学会は平成23年（2011年）4月に「原子力安全」調査専門委員会を発足させ，その下に技術分析分科会，放射線影響分科会，クリーンアップ分科会の3分科会を立ち上げた。同調査専門委員会は平成24年（2012年）8月に発足した原子力学会事故調査委員会に引き継がれた。さらに，平成24年（2012年）6月には福島の環境修復を支援する「福島特別プロジェクト」を発足させた。このほか，学会の各部会，委員会，連絡会も事故に関連した活動を行ってきており，原子力安全部会は「福島第一原子力発電所事故に関するセミナー」を開催した。これらの活動の成果は年会やシンポジウムなどで公表された。

② **異常事象解説チーム（チーム110）の活動**　異常事象解説チーム（チーム110）は，原子力施設において放射性物質の放出などの事故が発生した場合，原子力学会がマスメディアや自治体の要請に応じて，原子力の専門家を解説者として紹介する活動である。平成22年（2010年）に開設して以来，福島第一原子力発電所事故への対応が初めての活動となった。事故後には新聞，テレビ局，ネット情報局，海外メディアなどから多数の問い合わせがあり，事前に登録していた10名の解説者ではとても分担できず，技術支援者リストから選任して応援を頼んだ。チーム110として対応した実数は，平成23年（2011年）3月～平成24年（2012年）12月までに352件であった。

なお，チーム110はJCO事故程度のものを想定してつくられていたものだったため，事故直後に殺到したメディアからのニーズに対しては質的にも量的にも対応できなかった。そのような中で，一般の人々に対して，専門的な知識をわかりやすく説明するなどの意味においては一定の貢献を果たしたといえるが，その効果はあくまで限定的だった。また，それらの説明は個人の私見によるメディア対応が中心で，学会としての発信ではなかった。

③ **原子力学会誌「アトモス」を通じた情報発信**　日本原子力学会が発行する月刊誌「アトモス」では事故後の平成23年（2011年）5月号から，この事故とそれへの対応を中心とした誌面へと変更した。記事の過半は事故関連のものであり，それは今日まで続いている。（詳細は http://www.aesj.or.jp/atomos/tachiyomi/mihon.html）

参考文献（5.5）

1) 東京電力福島原子力発電所における事故調査・検証委員会，『政府事故調 中間・最終報告書』，pp.68-70, pp.191-198, pp.275-281，メディアランド（2012）．
2) 東京電力福島原子力発電所事故調査委員会，『国会事故調 報告書』，第3部，第4部，徳間書店（2012）．
3) 官房長官記者発表　http://www.kantei.go.jp/jp/tyoukanpress/index.html

5.6　発電所敷地外からの支援活動

　事故前には過酷事故への災害対応については想定されていなかったが，関係者の臨機応変な判断により，オフサイトからバッテリ，電源，注水用資機材，燃料，放射線管理・防護用品，飲・食料，その他（生活用品，衣類，寝具，生活用水，トイレなど）必要な資機材に関する様々な支援活動が実施された。

(1)　オフサイトからの物流環境の実態

　地震・津波による東北地方から関東にわたる広域な道路被害（通行止め，渋滞など）や通信環境の悪化，福島第一サイト周辺においては1, 3, 4号機の爆発による屋外汚染など，物流の阻害要因が重なり，資機材を必要な場所まで届けることができないという事態が発生した。

　東京電力は，福島第一1号機で3月12日に水素爆発が発生したためJヴィレッジにおいても線量が上昇し，避難指示区域化が懸念されたため，3月12日いわき市の小名浜コールセンターを資機材受け入れ拠点とすることとした。しかしながら，小名浜コールセンターや周辺地域も地震や津波により被災していたこと，送り主，送り先不明の資機材が多数あったこと，受入れ態勢も整っていなかったため物資を受領しても整理もできず，単に受取り順に積み上げていかざるを得なかったことなどの理由から，同コールセンターでの受払・在庫管理は混迷を極めた。さらには，3月15日には周辺地域の放射線量がさらに上昇する状況となり，発電所までの輸送の実施が困難な状況となった。このため，外部からの輸送は小名浜コールセンターなどまでとし，そこから発電所までの輸送は，東京電力社員などの支援要員で担当することとした。しかしながら，通信手段がないことによる道路情報不足，大型車両の運転経験不足，放射線防護用の全面マスク着用，地理感の欠如，物資の受け渡し場所のたび重なる変更，物資の荷下ろし用重機不足，重機操作要員不足などのため，輸送の大幅遅延や輸送未達のケースが多発したり，予定外の場所に物資が置かれているような事例も見られ，発電所が要望した物資がタイムリーに発電所に届くことは困難な状況であった。

(2)　各種資機材の確保状況

　① **バッテリの確保状況**　　直流電源を供給するためのバッテリは，原子力災害対応においてはプラントの監視，減圧，注水・冷却に必要不可欠な設備である。事故前は予備を持つ運用とはなっていなかった。直流電源が失われた3月11日夕方から，発電所対策本部自らもバッテリの確保に奔走し，また東京電力本店対策本部においても仕様を限定せず，できる限りのバッテリ収集に動いた。バッテリ確保の方法は大別して，発電所における収集，購入，東京電力社内設備の流用の3通りである。

　② **東京電力本店などからの支援**　　東京電力本店では，電気設備の被害状況が概略把握できた

段階で，運びやすい車両用バッテリの発注を優先して手配した。3月11日深夜から12日朝方にかけ，車両用12Vバッテリ1,000個を発注したが，高速道路の利用許可が円滑に得られないなどのため，小名浜コールセンターに納品されたのは3月14日0時頃であった。3月14日21時頃までに，本店からの応援要員がバッテリ約320個を大型トラック2台で福島第一まで輸送した。その後は現場環境の悪化で中断され，再開は17日以降となった。また，柏崎刈羽原子力発電所からも，柏崎市内で購入した車両用12Vバッテリ20個が応援人員とともに3月14日に福島第一に到着した。

③ **東京電力社内からの流用分**　東京電力本店が火力発電所や支店に働きかけ，自社設備で保有している各種バッテリが提供された。広野火力発電所からは2Vのバッテリ50個（1個あたり12.5kg）を取り外し，自衛隊ヘリコプタにより3月12日1時20分頃発電所に到着し，1号機ディーゼル駆動消火ポンプの起動用や3号機原子炉水位計の復旧などに利用された。また，この他にも2Vバッテリが川崎火力発電所，東京支店などから届けられた。

④ **福島第一自らによる外部からの調達**　地元住民の避難により発電所周辺店舗での調達が不可能となり，車両用バッテリの調達をいわき市など遠方で行うことを模索した。しかし，大きな余震が続く中，国道6号などの幹線道路も地震や津波による大規模地滑りや障害物により通行不能となっている箇所が多いうえ，地元住民の避難車両による渋滞もあり，さらにはいわき市も被災しているため営業している店舗を探すことにも困難があった。この買い出しで車両用12Vのバッテリ8個が調達され，3，4号の中央制御室で使用された。地震により事務所建物が大きな被害を受け，大きな余震も頻発したことから当面の間は立入り禁止とされ，金庫にもアクセスできなかったため，この買出しの資金は所員の私有金を一時的に借用して充てた。また，構内バス，業務車からも12Vのバッテリ5個が取り外され，3月11日夜に1，2号中央制御室に運び込まれ，原子炉水位計の一部が確認可能となった。さらに，個人の通勤車両からも20個のバッテリが確保された。これらは，2，3号機の原子炉減圧のため直列で10個つないで使用され，主蒸気逃がし安全弁開操作に役立てられた。

(3) 電源車の確保状況

福島第一では電源の早期復旧は困難と判断し，使用可能な移動電源車を用いた電源復旧を目指した。電源車確保先は東京電力社内と他の電気事業者および自衛隊の3通りが模索された。

東京電力の電源車は高圧電源車，低圧電源車を合わせ計15台，他電気事業者と自衛隊からは計7台が確保された。道路被害や渋滞により輸送に手間取り，3月11日17時50分頃，本店対策本部から自衛隊にヘリコプタによる電源車の空輸の検討を依頼したものの，電源車の重量が重すぎることから空輸は断念された。結局，これらの電源車は3月12日以降，陸路で順次発電所に到着した。その後，ケーブル敷設ルートの検討，ケーブル手配，がれき撤去，ケーブル敷設などを行い，3月13日以降，電源車による受電に一部成功した。しかしながら，原子炉建屋の爆発の影響やケーブルの損傷などのトラブルなどにより電源復旧作業は難航した。なお，東京電力の電源車が早く到着したため，東京電力以外の電源車は結局使用されなかった。

(4) 消防車の確保状況

　福島第一ではアクシデントマネジメント対策の一環として活用することとなっていた消火系配管による注水に加え，消防車を使用した原子炉への注水方法が検討されたことに伴い，現地対策本部は発電所所有の消防車に加え追加の消防車を手配した。福島第一で所有していた消防車3台のうち1台は故障，1台はがれきに阻まれた5, 6号機側にあったため，使用可能なのは1台だけであった。3月13日には，がれき撤去などに伴いもう1台が使用可能となり，それ以降原子炉注水に使用された。所外からの消防車は柏崎刈羽原子力発電所や東京電力の東京湾岸の火力発電所から7台，また他の電気事業者・国，自衛隊などから5台，計12台が追加で確保された。これら消防車は3月12日の午前中以降順次発電所に到着し，原子炉注水への水源となる防火水槽などへの淡水，海水の移送，原子炉への直接の注水に使用された。

　この他にも今回の事故でオフサイト側から様々な形で支援活動が実施された。リモコン式ヘリコプタによる事故現場の撮影，さらにはロボットによる高放射線区域のがれき撤去などである。しかし一方では，緊急時のために開発したロボットが長期間メンテナンスされずに死蔵されていたために使えなかったなど多くの課題が浮き彫りとなった。

　オフサイト側からの支援の在り方についての今後の改善策については6章以降で論ずる。

6

事故の分析評価と課題

　2〜5章においては，原子力発電所の概要，福島第一原子力発電所における事故の概要，福島第一以外の原子力発電所で起きた事象の概要，発電所外でなされた事故対応を事実に基づいて記述してきた。6章においては，これらを踏まえつつ事故の分析評価をさまざまな観点から行う。まず6.1節において本章にて行う分析評価項目の説明，およびシミュレーションによる事故進展挙動の評価，事故時の放射性物質の放出評価より分かることを示す。次に6.2節以下で各項目について具体的な分析評価と課題を述べる。

6.1　事故の分析評価概観

　事故の分析評価においては，放射性物質の環境放出の大部分が行われた事故発生後約100時間（4〜5日）の事故進展を理解することがまず重要である。その後は，燃料デブリの安定な冷却，原子炉圧力容器，および格納容器内に存在する放射性物質の移行や環境放出挙動の理解と放出低減が重要となる。さらに次の段階としては，廃止措置に向けて現在行われている廃炉の各種対策がある。このような事故数日後から現在に至る各種の状況や対応策は，事故発生後数日間の事故進展によって大きく影響される。そのため，事故発生後数日間の事故進展を理解し，原子炉内部が直接観察できない状況においてシミュレーションによりどこまで推測できるか，環境への放射性物質の放出がどこまで説明できるかを明らかにすることの意義は大きい。

　本節においては，まず6.1.1項において事故の分析評価項目を整理する。そこでは，原子力安全の観点から，原子力プラントの設備とマネジメントのあり方を定めるにあたって考慮が必要な項目が抽出される。次に，1〜4号機までの事故進展とそれに伴う原子力災害の実態，さらに福島第一以外の発電所で起きた事象から導かれる論点を示し，それら論点が含まれる技術／検討領域（項目）を説明する。これらの項目は6.2節以降で詳しく分析評価される。6.1.2項についてはシビアアクシデントシミュレーションコードSAMPSONによる事故進展挙動の理解について説明する。SAMPSONコードを取り上げた理由は，本コードは機構論的モデルの採用により，より現象を正確に表していることと，学会事故調として独自に評価したことによる。6.1.3項では，事故発生後主に数日間における環境（大気，海洋）への放射性物質の放出について述べる。特に大気への放出

については MELCOR コードによる解析とモニタリングデータとの比較について説明し，シビアアクシデント解析により完全ではないものの環境放出の多くの部分が説明し得ることを示す．

6.1.1 分析評価項目

6 章においては，福島第一事故においてどこに問題があったかの分析評価を行う．その分析評価項目の抽出は次の 2 通りの方法で行い，抜けがないようにする．

- 原子力安全の観点から，原子力発電所の設備とマネジメントのあり方を定めるにあたって，考慮が必要な項目を考えられる範囲で抽出する．
- 1～4 号機までの事故進展（3 章）とそれに伴う原子力災害の実態（5 章），さらに福島第一以外の発電所で起きた事象（4 章）から導かれる論点を示し，それら論点が含まれる技術／検討領域（項目）を明らかにする．

6.2 節以降，これら項目を 6 章の一つの節として扱い分析評価を行う．

(1) 原子力発電所の設備とマネジメント

原子力安全の観点から，原子力発電所の設備とマネジメントのあり方を定めるにあたって，考慮が必要な項目を，学会事故調として考えられる範囲で列挙すれば以下となる．

- 「原子力安全の考え方」
- 「内的事象」，「外的事象」
- 「深層防護」
- 「プラント設計」，「アクシデントマネジメント」
- 「防災」：「緊急事態への準備と対応」，「環境修復，除染活動」
- 「解析シミュレーション」
- 「人材・ヒューマンファクター」
- 「放射能と放射線測定」
- 「核セキュリティと核物質防護・保障措置」
- 「安全規制」
- 「国際社会との関係」
- 「情報発信」
- 「その他」

(2) 1～3 号機の事故進展など

ここでは，1～3 号機までの事故進展などから導かれる論点を明らかにする．ついで，その論点が含まれる技術／検討領域（項目）を明らかにする（表 6.1 参照）．

① 1 号機の事故進展

a. 平成 23 年（2011 年）3 月 11 日 14 時 46 分頃，地震が発生し，運転中であった 1 号機は自動停止した．外部電源の喪失に伴い 2 台の非常用ディーゼル発電機（D/G）が自動起動し電源が確保された．プラントは非常用復水器（IC）により高温待機状態が維持され，プラントパラメータ上もまた建屋内を目視で確認した範囲でもプラントに異常は発生していない．

6.1 事故の分析評価概観

表 6.1 1～3 号機の事故に係る論点と技術・検討領域

	論　　点	技術・検討領域（項目）
A	津波対策	外的事象
	シビアアクシデントの想定を超えた	アクシデントマネジメント
	計装系，電源系の喪失	アクシデントマネジメント
B	弁閉インターロックの作動で IC 機能喪失	プラント設計
	海外情報から IC 設計見直しの機会有無	プラント設計，国際社会との関係
	IC 運転状態が発電所幹部に早期に伝わらず	人材・ヒューマンファクター 情報・知識の共有化，統合化
C	炉内状況を把握できない（計装系）	アクシデントマネジメント
D	SR 弁による原子炉減圧に苦労	アクシデントマネジメント
	代替注水系が低圧で注水不可	アクシデントマネジメント
E	格納容器ベントラインを構成することに苦労	アクシデントマネジメント
	住民の避難について連絡に混乱	緊急事態への準備と対応
F	格納容器閉じ込め機能喪失	アクシデントマネジメント
	原子炉建屋への水素の滞留は想定外？	アクシデントマネジメント
G	基準地震動を超過	外的事象
H	RCIC 系の運転確認に時間を要した	アクシデントマネジメント
I	3 号機の爆発の影響により作業に支障が生じた（複数基立地の問題）	アクシデントマネジメント
J	格納容器ベントラインを構成することに苦労	アクシデントマネジメント
K	津波対策	外的事象
	シビアアクシデントの想定を超えた	アクシデントマネジメント
	電源系の喪失	アクシデントマネジメント
L	RCIC 系の不具合による自動停止	プラント設計
	HPCI 系の手動停止時期は適当であったか	人材・ヒューマンファクター
M	SR 弁による原子炉減圧が直ぐにできない	アクシデントマネジメント
	D/D FP が低圧で注水できない	アクシデントマネジメント
N	配管合流部の考え方	プラント設計
O	主として発電所外でなされた事故対応	放射能と放射線測定 環境修復，除染活動 緊急事態への準備と対応 国際社会との関係
P	福島第一以外の発電所で起きた事象	アクシデントマネジメント

b.　15 時 30 分頃，津波が襲来し，D/G，直流電源，海水ポンプの機能などが喪失し，プラントは全電源喪失状態になった。このため中央制御室の監視計器なども使用不能となった。（論点 A）

c.　IC の運転

津波襲来後のプラントの状態で原子炉の冷却を期待できる設備は IC 系のみであった。

一方，津波襲来により全電源喪失となり，IC 系の隔離弁に設けられていたインターロックが作動し弁がほとんど閉止したため，IC 系もほとんど冷却機能喪失状態となった。（論点 B）

d.　炉心の損傷

IC 系の機能喪失により，原子炉圧力の上昇は主蒸気逃がし安全弁（SR 弁）により抑制された。しかし，SR 弁の作動により原子炉水位も次第に低下し，18 時過ぎには有効燃料頂部（TAF）を下回り，19 時前に炉心損傷が始まったと推定される。

12 日 2 時 30 分に格納容器のドライウェル（D/W）圧力と原子炉圧力がほぼ同じ 0.8 MPa [gage]

になった時点では，すでに溶融した炉心により原子炉圧力容器が損傷したと考えられる．（論点 C）

　e．代替注水

12 日 4 時頃から代替注水ラインにより消防車で原子炉への注水が開始された．（論点 D）

　f．格納容器ベント

12 日 14 時過ぎに仮設コンプレッサにより S/C ベント弁を開けたところ，格納容器圧力が低下したためベントが実施された．（論点 E）

　g．原子炉建屋爆発

12 日 15 時 36 分，原子炉建屋が水素爆発した．

原子炉で発生した水素は格納容器フランジから漏えいし，原子炉建屋へ流入したと考えられる．（論点 F）

② 2 号機の事故進展

　a．平成 23 年（2011 年）3 月 11 日 14 時 46 分頃，地震が発生し，運転中であった 2 号機は自動停止した．外部電源の喪失に伴い 2 台の D/G が自動起動し電源が確保された．プラントは SR 弁による原子炉減圧，原子炉隔離時冷却系（RCIC 系）による冷却水注入により高温待機状態に維持された．（論点 G）

　b．15 時 30 分頃，津波が襲来し，D/G，直流電源，海水ポンプの機能などが喪失しプラントは全電源喪失状態になった．このため中央制御室の監視計器なども使用不能となった．（論点 A）

　c．RCIC 系の運転

津波により直流電源が喪失する前に（15 時 39 分），運転員により RCIC 系は手動起動されていたが，制御と監視は不可能の状態であった．14 日の昼近くまで，原子炉水位が高い状態で原子炉圧力は 6 MPa［gage］前後で維持された．（論点 H）

　d．代替注水

RCIC 系の運転停止に備え，代替注水ライン（消火系⇒復水補給水系⇒低圧注水系）の準備は進められていたが，実際に消防車による注水が開始されたのは 14 日 19 時 57 分頃である．原子炉注水に手間取ったため，14 日の 17 時頃に原子炉水位が TAF を下回り，19 時 20 分頃には炉心損傷を開始したと考えられる．（論点 C），（論点 D），（論点 I）

　e．格納容器ベント

格納容器ベント作業が行われたが，結局，格納容器ベントは成功しなかったと考えられる．

D/W 圧力は 15 日の 11 時 25 分頃には 0.155 MPa［abs］に低下したが，これは格納容器のヘッドフランジ部からの漏えいによるものと考えられている．（論点 I），（論点 J）

③ 3 号機の事故進展

　a．平成 23 年（2011 年）3 月 11 日 14 時 46 分頃，地震が発生し，運転中であった 3 号機は自動停止した．外部電源の喪失に伴い 2 台の D/G が自動起動し電源が確保された．プラントは SR 弁による原子炉減圧，RCIC 系による冷却水注入により高温待機状態に維持された．（論点 G）

　b．15 時 30 分頃，津波が襲来し，D/G，海水ポンプの機能などが喪失したが直流電源は健全なまま残っていた．したがって，中央制御室での監視や，RCIC 系，HPCI 系（高圧注水系）が使用

可能であった．（論点 K）

　c．RCIC 系の運転

RCIC 系は 16 時 3 分に手動起動され原子炉へ注水していたが，12 日 11 時 36 分頃，不具合から自動停止した．（論点 L）

　d．HPCI 系の運転

RCIC 系の停止により原子炉水位が低下し，12 日 12 時 35 分頃，炉水位 L2 で HPCI 系が自動起動した．HPCI 系の運転により原子炉圧力は 0.8〜1.0 MPa［gage］で維持された．

13 日 2 時 42 分頃に HPCI 系を停止し，SR 弁を開操作して原子炉を減圧し D/D FP（ディーゼル駆動消火ポンプ）へ切り替えようとしたが成功しなかった．（論点 M）

　e．代替注水

SR 弁による原子炉減圧作業を行っていたが，13 日 9 時 8 分頃から原子炉圧力が低下し始め 0.350 MPa［gage］となった．9 時 25 分頃に消防車により原子炉への注水を開始した．

代替注水に手間取ったため，解析によると原子炉水位は 9 時過ぎには TAF を下回り，10 時 40 分頃に炉心損傷するとの結果となっている．（論点 C）

　f．格納容器ベント

格納容器ベントの準備は進められ，13 日 9 時 20 分頃に D/W 圧力が低下しており，ラプチャーディスクが作動して格納容器ベントが機能したと考えられる．（論点 J）

　g．原子炉建屋爆発

14 日 11 時 1 分，3 号機の原子炉建屋が水素爆発した．

原子炉で発生した水素は，格納容器の結合部分のシール部から直接原子炉建屋に漏えいしたと考えられる．（論点 F）

④ 4 号機の事象進展

　a．平成 23 年（2011 年）3 月 11 日 14 時 46 分頃，地震発生．4 号機は定期検査のため停止中であったが，外部電源の喪失に伴い 1 台の D/G（もう 1 台は点検中）が自動起動し電源が確保された．原子炉中の燃料はすべて燃料プールに移送されていたため，燃料プールは残留熱除去系（RHR 系）で冷却されていたが外部電源の喪失で停止した．

　b．15 時 30 分頃，津波が襲来し，D/G，直流電源，海水ポンプの機能などが喪失し，プラントは全電源喪失状態になった．このため燃料プールの冷却機能および補給水機能が喪失した．燃料の露出は 3 月下旬頃と推定されていたことから 1〜3 号機への対応が優先されたが，燃料プールの冷却に大きな問題は発生しなかったと考えられている．（論点 A）

　c．15 日 6 時 12 分に 4 号機の原子炉建屋が水素爆発した．格納容器のベント配管が 3 号機側のベント配管と合流しており，3 号機が格納容器ベントをした際に 4 号機原子炉建屋に水素が逆流したものと考えられる．（論点 N）

⑤ 主として発電所外でなされた事故対応

わが国の緊急事態への準備と対応は IAEA の国際基準に比べて遅れていた．

SPEEDI や広域モニタリングなどの環境モニタリングについては課題が残った．

情報伝達や情報の開示・提供については多くの課題があった。特に海外への情報提供は適切に行われなかった。

今後は環境修復，汚染区域の復興が重要課題となっている。（論点 O）

⑥ **福島第一 1〜4 号機以外の原子力発電所で起きた事象**

最悪の事態を免れた福島第一以外の発電所を分析すると，機能喪失した機器の復旧，アクシデントマネジメント（AM）および継続的改善の重要さが浮かび上がる。（論点 P）

a. 福島第二 1, 2, 4 号機は，AM 策として整備された MUWC 系（復水補給水系）での注水により原子炉水位を維持した。また，津波によって機能喪失した RHR 系の冷却系を電動機の交換などにより復旧し冷温停止に至った。

b. 福島第一 5 号機が AM として設備された 6 号機との電源融通で最悪の事態を免れた。

c. 東海第二では，津波対策としての側壁のかさ上げ工事が行われたことにより安全機能が維持された。

⑦ **事故進展などによる抽出まとめ**

以上の事故進展などによって抽出された分析評価項目をまとめれば以下となる。

- 「外的事象」
- 「プラント設計」，「アクシデントマネジメント」
- 「防災」：「緊急事態への準備と対応」，「環境修復，除染活動」
- 「人材・ヒューマンファクター」
- 「放射能と放射線測定」
- 「環境修復」
- 「国際社会との関係」
- 「情報・知識の共有化，統合化」

(3) **まとめ**

2 通りの方法を用いて 6 章で分析評価すべき項目を抽出し，それらを合わせて 6 章の構成を表 6.2 とする。

表 6.2　6 章の構成

節番号	表　題
6.2	原子力安全の考え方
6.3	深層防護
6.4	プラント設計
6.5	アクシデントマネジメント
6.6	外的事象
6.7	放射線モニタリングと環境修復活動
6.8	解析シミュレーション
6.9	緊急事態への準備と対応
6.10	核セキュリティと核物質防護・保障措置
6.11	人材・ヒューマンファクター
6.12	国際社会との関係
6.13	情報発信

なお「内的事象」は「プラント設計」の中で扱うこととし，6章の節としては扱わないこととする。また「安全規制」は7章の「原子力安全体制の分析評価と課題」において分析評価を行う。

これらの項目は互いに関連しており体系図としてまとめることが可能である。図 6.1 に各項目の関連を示す。

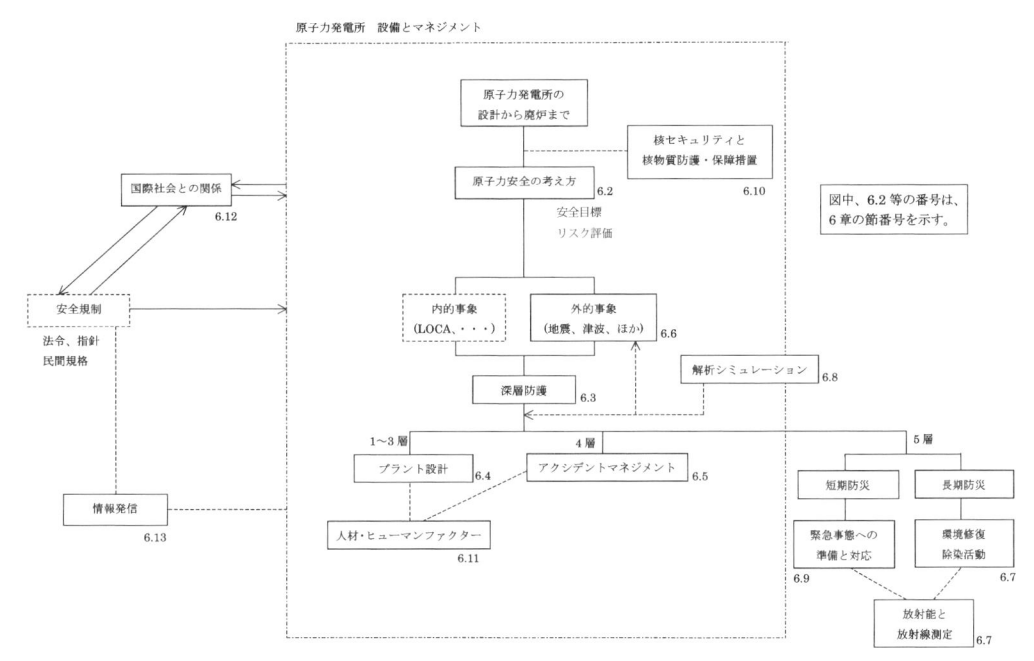

図 6.1 発電所の設備とマネジメントに関連する項目の関連図

6.1.2 事故進展挙動の評価

シビアアクシデント解析コード SAMPSON を用いて福島第一原子力発電所1～3号機の原子炉圧力容器内事象を解析し，あわせて「炉心溶融を防ぐ手立て」について検討した。

(1) SAMPSON の特徴

解析に用いた SAMPSON は（一財）エネルギー総合工学研究所が所有するシビアアクシデント解析コードで，以下の特徴を有する。

① 原子炉スクラムから格納容器破損に至る間の諸現象を精緻に数式化して表した機構論的モデルでコードを構成しており，解析結果に対する物理現象としての説明性を有する。

② 機構論的モデル採用の一方で，ユーザ入力による調整係数はコードに組み込まれていない。すなわち，係数の調整によって解析値を実測値に合わせることを目的とはしていない。

③ 計算時間が長く，感度解析などの数多くの計算を実行するのは不向きである。

(2) プラントの事象進展の概要

原子力発電所の安全を確保するためのほとんどの機器類は，その作動のために電源（交流電源，

あるいは少なくとも直流電源）を必要とする。福島第一原子力発電所における地震発生後の電源の確保状況は以下のとおりであった。

① 地震発生から津波襲来までの間：地震に伴う地滑りにより所外電源を引き込む送電線の鉄塔が倒壊したことなどにより所外電源が断たれた【所外電源喪失事象】が，直ちに非常用ディーゼル発電機（D/G）が作動したことにより，津波襲来までは電源が確保された。プラント状態を示す各種のデータは記録に残されている。

② 津波襲来以降：非常用ディーゼル発電機および電源盤（M/C）が被水して機能を喪失した【全交流電源喪失事象】。1,2号機では，あわせてバッテリも被水し直流電源も喪失した【全電源喪失事象】。3号機のバッテリは機能喪失を免れ，バッテリ枯渇までの間，主要な弁操作などに使用された。直流電源喪失後は，現場の運転員は可搬バッテリを用いて，断続的に主要なプラントデータを実測した。

事故後初期の段階ではプラント運転状態の詳細に不明な点が多かったが，東京電力は運転員に対するヒアリングや機器類の作動状況の確認などを自主的に実施し，現在ではかなりの部分が明確になった。最新情報はプラントデータの実測値とともに随時追加・改訂され公表されている（https://fdada.info/）。本解析では，これらの情報を解析の条件設定に利用した。

なお，以下に示す各号機の運転状況は，燃料の冷却に係わる事項を中心に示しており，格納容器（PCV）およびサプレッションチェンバ冷却に係わるプラント運転の内容は省略している。

(3) 1号機の解析

① 条件設定　表6.3に地震発生から消防車による海水注入までの間の主な運転状況を示す。津波襲来までは設計で想定した範囲内の事象であり，非常用復水器（IC）が断続的に操作された。IC運転中は，IC胴側からの多量の蒸気放出に伴う音が中央制御室で確認されており，その作動は

表 6.3　1号機の主な運転状況

時刻	スクラム後経過時間	主要事象	時刻	スクラム後経過時間	主要事象
3月11日		地震発生	3月12日		
14：46	0	原子炉自動スクラム	1：05	9h 44m	D/W 圧力 0.6 MPa
14：47	0h 01m	主蒸気弁自動閉止	2：30	11h 44m	D/W 圧力 0.84 MPa
14：52	0h 06m	IC-A, Bの2系統自動起動	2：45	11h 59m	RPV 圧力 0.9 MPa
15：03	0h 17m	IC-A, Bの2系統手動停止	5：46	15h 0m	RPV 淡水注入開始（14：53までの全吐出量 80 m³）
15：17	0h 31m	IC-A系統のみ手動起動			
15：19	0h 33m	IC-A系統の手動停止	6：00	15h 14m	D/W 圧力 0.74 MPa
15：24	0h 38m	IC-A系統の手動起動	14：00	23h 14m	W/W ベント（14：11まで）
15：26	0h 40m	IC-A系統の手動停止	14：53	24h 07m	RPV 淡水注入の停止
15：32	0h 46m	IC-A系統の手動起動	15：36	24h 50m	RB で水素爆発
15：34	0h 48m	IC-A系統の手動停止	19：04	28h 18m	RPV 海水注入の開始
15：37	0h 51m	全電源喪失（津波襲来）			
18：18	3h 32m	IC-A系統の弁開操作			
18：25	3h 39m	IC-A系統の弁閉操作			
20：07	5h 21m	RPV 圧力 7.0 MPa			
21：51	7h 05m	RB 線量率 288 mSv/h			

注）RPV：原子炉圧力容器，D/W：ドライウェル，RB：原子炉建屋，W/W：ウェットウェル

確実であった．全電源喪失後，海水が引いてから中央制御室内でバッテリが一部機能を回復したような兆候を示したため，運転員は IC 再起動のための弁操作を実施した（3月11日 18：18）．このとき運転員は蒸気発生音と原子炉建屋越しに見えた蒸気を確認している．しかし，中央制御室における弁操作によって現実に弁が用いたとは考え難く，全電源喪失後は IC は作動しなかったとするのが妥当な結論と思われる．IC の断続作動中は原子炉圧力の異常上昇は抑えられ，主蒸気逃し安全弁（SRV）は開かなかった．3月12日 05：46 から約9時間にわたって代替注水が実施され，ポンプの合計吐出量は 80 m³ との記録がある．しかし，ポンプからの配管系統には分岐があり，実際に原子炉に注水された流量は不明である．1号機で作動した原子炉の冷却系統は IC のみである．

② **解析結果** 図 6.2 に原子炉圧力容器（RPV）内の水位変化の解析結果を示す．図中の網掛け枠内の事象は解析結果である．図の水位は静水頭であり，炉内の二相液面（沸騰液面）はこれよりも高くなっている．スクラム後 48 分間は IC が作動し，SRV からの蒸気流出がないため，水位は変動しつつも低下はしていない．IC 停止以降は SRV の安全弁機能（ばね力による開閉）が働いて炉内蒸気が断続的に流出し，水位は低下し始める．3月11日 17：31（スクラム後2時間45分）には，炉内静水頭は有効燃料頂部（TAF）まで低下している．炉心部では崩壊熱によって水は沸騰しているので，沸騰液面が TAF に到達するのは，さらに 10 分後の 3月11日 17：41 であり，この時点から燃料温度が上昇し始める．

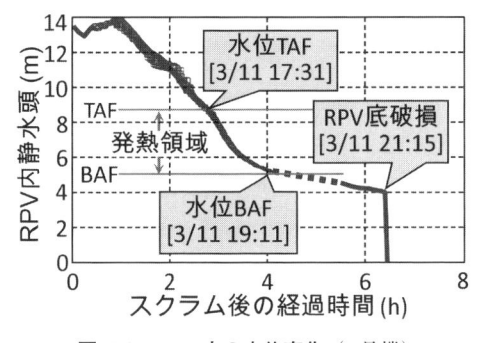

図 6.2 RPV 内の水位変化（1 号機）

図 6.3 に原子炉圧力の時間変化を示す．プラントパラメータが記録されていた津波襲来までの原子炉圧力は，IC の断続的作動にあわせて変動しているが，解析値は実測値をよく再現している．解析によれば，津波襲来による全電源喪失のため IC が働かなくなった後，崩壊熱によって炉圧が上昇し，SRV の安全弁機能が働いて余剰蒸気を圧力抑制プールに逃がすことによって炉圧が 7.5 MPa 前後に維持されている．この期間は約3時間続き，余剰蒸気の流出に伴って水位が徐々に低下していることは図 6.2 に示した通りである．1 号機の特徴は，(a) 水位が TAF を下回って以降，燃料の過熱に伴って炉内蒸気も過熱され，高温蒸気が SRV を通過する際に SRV ガスケットが設計最高温度（450 ℃）を超えるとシール機能が劣化し，劣化部分から炉内蒸気が直接格納容器のドライウェル（D/W）側に流出する可能性があること，(b) さらに炉内蒸気が 1,027 ℃（1,300 K）を超えて過熱されると，炉内核計装管の一部が座屈し，亀裂部分から直接 D/W に蒸気が流出する

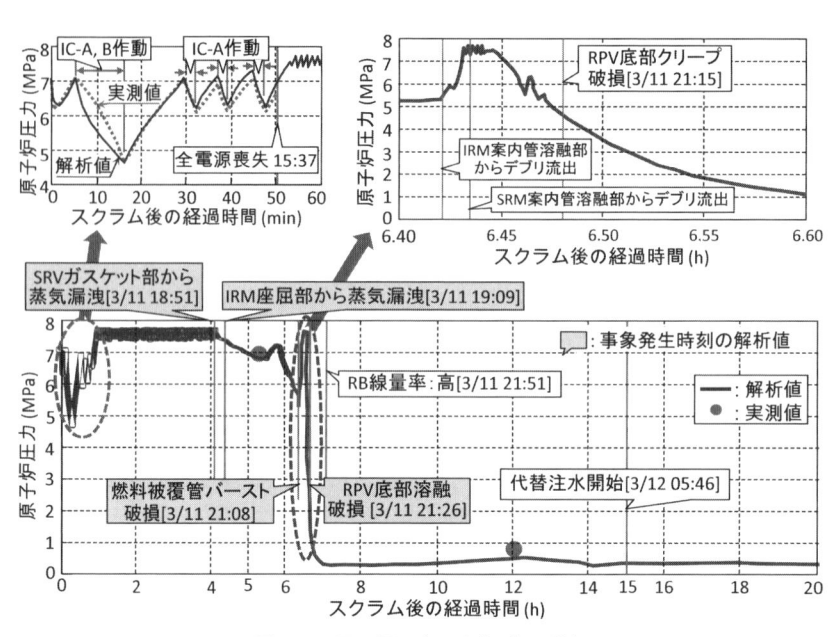

図 6.3 原子炉圧力の変化（1 号機）

可能性があることである。解析では，SRV を通過する蒸気の温度は 3 月 11 日 18：51 に設計最高温度の 450 ℃（723 K）に到達し，ガスケットからの蒸気漏えいが始まる。漏えい蒸気流量は少ないので炉圧が大きく低下するには至らないが，SRV からの蒸気流出は止まる。

RPV 下部は図 6.4 に示すように，制御棒案内管や炉内核計装管の案内管が貫通している。炉内核計装管には，中性子源領域モニタ（SRM）や中間領域モニタ（IRM）など，その案内管の下端が D/W に開放されているものがある。これらの圧力境界は RPV 内部に入り込んでいるため，事故時に炉内が高温になると材料強度が劣化し 7 MPa の圧力差で座屈を起こす可能性がある。解析によれば，3 月 11 日 19：09 に炉内蒸気は 1,027 ℃（1,300 K）の高温に達し，IRM 案内管が座屈して亀裂部から炉内蒸気の直接漏えいが始まる。次いで SRM 案内管の座屈と，炉内に計 12 本装荷されている SRM/IRM が順次破損することにより，原子炉圧力の低下率は徐々に大きくなる。このようにして，IC 停止以降崩壊熱除去の手段を失い，かつ炉内冷却材は SRV ガスケット部や SRM 案内管から流出するため，炉心はいわゆる空焚き状態となり，燃料の溶融から圧力容器破損に至る。

図 6.3 に RPV 圧力の実測値も併せて示した。全電源喪失後，圧力が実測されたのは，図の時間帯では 2 点だけであり，この間に RPV 圧が減圧したことを示している。解析による炉圧低下のタイミングもこの 2 点の実測値の間にある。

解析による主な事象の発生時刻を表 6.4 に示す。高温の炉内金属材料（主にジルコニウム）と水または蒸気とが反応して水素が発生する。表中の水素発生開始は水素が毎秒グラムオーダで発生し始める時刻（燃料表面温度 750 ℃）であり，水素発生が 10 g/s のオー

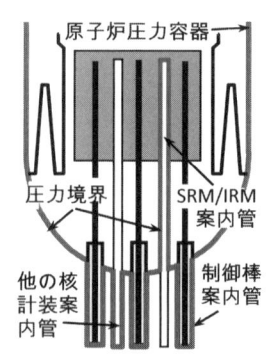

図 6.4 RPV 下部の圧力境界

6.1 事故の分析評価概観

ダになるのは 3 月 11 日 19：23（スクラム後 4 時間 37 分，燃料表面温度 1,400 ℃）である。UO_2 とジルコニウムが共晶反応（両者が混ざっている場合，それぞれ個別の融点よりも低い温度で一体となって溶け出す反応。反応開始温度 2,473 K）し，3 月 11 日 21：11（スクラム後 6 時間 25 分）に，燃料および被覆管の溶融が始まる。この溶融物（UO_2 燃料，ジルコニウム合金，スチール，および場合によっては制御材が溶融して混在した状態のもの。以下，コリウムと称する）は下部プレナムに落下し，SRM/IRM 案内管の貫通部を過熱する。これらの案内管の肉厚は 3 mm 弱と薄いため，案内管（融点約 1,700 K）が高温溶融物で囲まれると 10 数秒で溶融し，炉内のコリウムは D/W に落下し始める。ほどなくして，RPV 下部はクリープ変形（材料に加わる応力と温度に依存して材料が変形する現象）によって破損する。3 月 11 日 21：51 にはすでに原子炉建屋運転階の線量率が 288 mSv/h に上昇していた。これは，その前に起きた被覆管バースト（破裂）および燃料溶融により，燃料被覆管の中に閉じ込められていた核分裂生成物が冷却材（主に水蒸気）中に放出され，これが SRV ガスケットや SRM 案内管の座屈による亀裂部を通り，かつ SRM/IRM 案内管の溶融破損と RPV 下部のクリープ破損によって直接 D/W に漏えいし，さらに D/W から原子炉建屋に漏えいしたためである。炉内はいわゆる空焚き状態にあるため燃料の溶融が進み，3 月 11 日 21：26（スクラム後 4 時間 37 分）には RPV 下部が溶融破損する。また，燃料温度も共晶温度を超えて上昇し，燃料そのものの融点（3,110 K）に達して溶融がさらに進む。代替注水の開始は，共晶反応による炉心溶融開始あるいは RPV 底部のクリープ損傷の後，さらに約 7 時間半後であった。

代替注水が開始されてから 5 時間 45 分を経過した時点（3 月 12 日 11：31，スクラム後 20 時間 45 分）における炉心の溶融状況，水素発生量などを表 6.5 に示す。代替注水開始時にはすでに RPV 下部は破損しているので，RPV に注入された水は破損部から D/W に落下し，D/W 床に落ちたコリウムを冷却する。また，注入水の一部は RPV 内で未溶融の燃料や RPV 内に残留しているコリウムも冷却し，その過程で発生する蒸気によって炉内冷却が維持されると考えられる。5 時間 45 分という経過時間は，この時点では代替注水によってすでにコリウムの冷却および炉内冷却が安定に行われていたと考えたことによる。

表 6.4 主な事象の発生時刻（1 号機）

事象	スクラム後の時間	発生時刻（3 月 11 日）
炉内静水頭 TAF 到達	2 h 45 m	17：31
水素発生開始	3 h 50 m	18：36
SRV ガスケットより漏えい	4 h 05 m	18：51
IRM 座屈部からの漏えい	4 h 23 m	19：09
炉内静水頭 BAF 到達	4 h 25 m	19：11
燃料被覆管バースト破損	6 h 22 m	21：08
炉心溶融（共晶反応）	6 h 25 m	21：11
IRM 案内管溶融	6 h 25 m	21：11
SRM 案内管溶融	6 h 26 m	21：12
RPV 下部クリープ破損	6 h 29 m	21：15
RPV 下部溶融破損	6 h 40 m	21：26
炉心溶融（燃料融点）	7 h 13 m	21：59

表 6.5 解析結果のまとめ（1 号機）

項目	結果
燃料（UO_2）の溶融割合	38.50%
炉心構成材料[*1]の溶融割合	58.50%
炉内で発生した水素量	686 kg
燃料から放出されたセシウム	61 kg（72%）[*2]
燃料から放出されたヨウ素	4.9 kg（72%）[*2]
RPV 底部破損の有無	有

[*1] 炉心部にある燃料，スチール，制御材およびジルカロイの総量
[*2] % 表示はスクラム時に燃料内部に蓄積していたセシウム，ヨウ素のうち，冷却材中に放出された割合

102   6 事故の分析評価と課題

SAMPSON コードを用い，計算仮定に基づき実施した解析では，表 6.5 に示す結果が得られた。スクラム後 20 時間 45 分の時点（3 月 12 日 11：31）において，燃料の 38.5％が溶融した。炉心を構成する燃料以外の材料（スチール，ジルカロイおよび制御材）の融点は燃料の融点より低いため，炉心構成材料（燃料を含む）の溶融割合は 58.5％と高くなっている。溶融物のほとんどは RPV 底部の破損箇所から D/W 床に落下した。この間，燃料から冷却材中に放出されたセシウムおよびヨウ素は，スクラム時に燃料内部に蓄積していた量の 72％となった。残り 28％は燃料内部（未溶融燃料およびコリウム）に残っている。現在，循環浄水冷却システムによって燃料（未溶融燃料およびコリウム）の冷却が安定して続けられているが，同システムに設置されている滞留水処理施設による水質の改善（セシウムの除去）は平成 24 年中頃から鈍化し，水質（セシウム-137 の濃度）はほぼ一定値となっている（http://www.tepco.co.jp/nu/fukushima-np/roadmap/images/d131128_06-j.pdf）。この原因は燃料（未溶融燃料およびコリウム）からの溶出およびサプレッションプールなどの高濃度汚染源からの拡散に伴う追加供給によるものと考えられる。

なお，表 6.3 に示したように，3 月 12 日 05：46 に消防車による淡水注入が開始されたが，消防車と RPV をつなぐ配管に分岐（漏えい流路）があったため，実際に原子炉に注入された水量は消防車ポンプから吐出された流量よりも少ない。加えて，約 9 時間後の 3 月 12 日 14：53 には注水が中断している。その後約 4 時間の中断期間の後，海水注入が開始されたが，海水注入も途中 2 回の中断期間があり，安定して海水注入が継続されたのはスクラム後 77 時間 14 分を経過した 3 月 14 日 20：00 以降である。この代替注水の中断の間に，未溶融の燃料が過熱してさらに溶融割合が増えた可能性もある。このような長期間にわたる解析は現在進行中であり，その結果によっては表 6.5 に示した結果が変わる可能性もある。

(4) 2 号機の解析

① 条件設定　　事故後数日間の主な運転状況を表 6.6 に示す。スクラム後，運転員が原子炉隔離時冷却系（RCIC）を起動させた。RCIC は蒸気タービンによってポンプを駆動する冷却系統である。電源があれば系統の弁は原子炉内の低水位（L2）信号で自動開，高水位（L8）信号で自動閉

表 6.6　2 号機の主な運転状況

時刻	スクラム後経過時間	主要事象	時刻	スクラム後経過時間	主要事象
3 月 11 日			3 月 14 日		
14：46		地震発生	9：00	66 h 13 m	RCIC 停止
14：47	0	原子炉自動スクラム	18：02	75 h 15 m	SRV1 弁を手動開
14：50	0 h 03 m	RCIC 手動起動	19：54	77 h 07 m	海水注入開始
14：51	0 h 04 m	RCIC トリップ [L8]	21：20	78 h 33 m	他の SRV1 弁を手動開
15：02	0 h 15 m	RCIC 手動起動	23：00	80 h 13 m	SRV1 弁が閉止
15：28	0 h 41 m	RCIC トリップ [L8]	23：25	80 h 38 m	他の SRV1 弁を手動開
15：39	0 h 52 m	RCIC 手動起動	3 月 15 日		
15：41	0 h 54 m	全電源喪失（津波）	2：22	83 h 35 m	他の SRV1 弁を手動開
3 月 12 日 4：20	13 h 33 m	RCIC 水源：復水貯蔵タンクから S/P に切換	6：14	87 h 27 m	異常音と振動発生（4 号機水素爆発の影響 ?）

注）S/P：サプレッションプール

となる。津波による全電源喪失までの間は，運転員が中央制御室でRCICを起動させ，高水位（L8）信号で自動停止した後，再び手動で再起動させるという操作が繰り返された。3月11日15：39にRCICを再起動して2分後に全電源喪失となった。このとき，RCIC系統の弁は開状態であったため，蒸気タービンは回り続け，加えてRCICを停止させるための高水位（L8）信号も伝達されないため，結果として全電源喪失後約65時間にわたってRCICによる注水が継続された。

RCIC停止の後，炉圧を下げて消防車による注水が試みられた。減圧のためにはSRVを開ける必要がある。SRVは窒素圧で弁を開ける仕組みになっており，窒素供給の配管にある弁の操作には電源を必要とする。現場ではバッテリを持ち込んで弁の開操作を実施したが，その実施までにはRCIC停止後9時間を要し，SRV開の後，消防車による注水開始までに1時間52分を要した。

② **解析結果** 図6.5に炉内の水位変化の解析結果を示す。RCIC作動中は原子炉内水位はほぼ一定に保持される。RCIC停止後RPV圧力が上昇するとSRVの安全弁機能が働き，炉内水位は徐々に低下し始める。その後，炉圧低下のためにSRVが開かれると炉内水位は一挙に低下する。水位が有効燃料底部（BAF）に到達後海水注入が始まるまでの44分間，炉心は完全な空焚き状態となった。

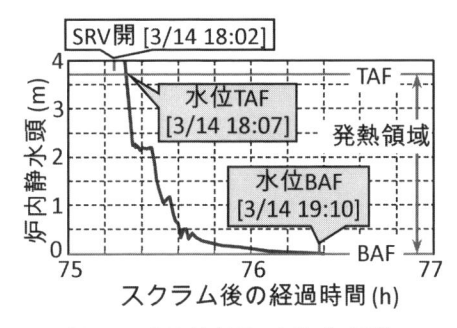

図6.5 炉内静水頭の変化（2号機）

図6.6に原子炉圧力の時間変化を示す。全電源喪失後もRCICによる注水が続いたが，L8信号が発せられないため水位は上昇を続け，結果として水と蒸気が混在した二相流がRCICタービンに流れ込んだ。本来の設計によるRCIC注水流量は崩壊熱除去に対して十分な余裕があるため，RCICの作動によって炉圧は低下する。しかし，二相流条件下でのタービン性能は，本来の蒸気単

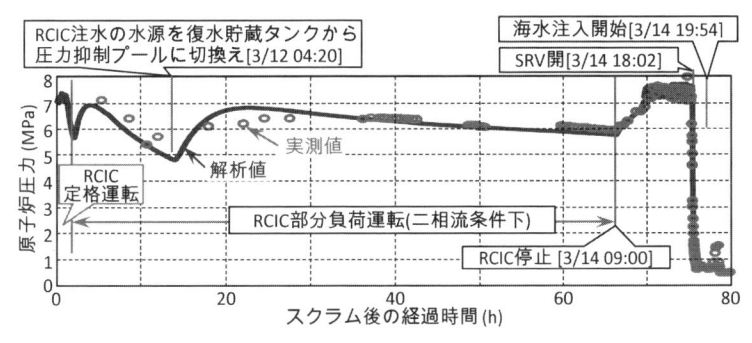

図6.6 原子炉圧力の変化（2号機）

相流による駆動と比べて劣化した状態になったと推定される。原子炉圧力の解析値が3月12日04:20に極小値を示しているのは，解析においてこの時刻にRCIC水源を水温が高い圧力抑制プールに切換えたという条件を設定したためである。

解析による主な事象の発生時刻を表6.7に示す。SRVの強制開放（3月14日18:02，スクラム後75時間15分）によって炉内水位は低下し，海水注入（3月14日19:54，スクラム後77時間07分）前にすでに燃料被覆管はバースト破損している。注入された海水はまず下部プレナムを満水にし，炉心水位を下から回復させるため，燃料が有効に冷却されるまでに相応の時間遅れが生じた。加えて，1号機と同様に海水注入ポンプ（消防車）と原子炉とを結ぶ配管系統に分岐が存在していたため，ポンプ吐出量の一部しか炉内に流入しなかった。本解析では，RPVに注入された水量の平均値は消防車ポンプから吐出された水の約30%と評価した。このRPV内注水流量は崩壊熱によってほぼ全量が蒸発し，RPV内の水位回復にはほとんど寄与していない。そのため，海水注入開始後も燃料温度は上昇を続け，共晶反応による炉心溶融，さらに海水注入開始から1時間35分後にRPV下部のクリープ損傷に至っている。

表6.7 主な事象の発生時刻（2号機）

事　象	スクラム後の時間	発生時刻 （3月14日）
炉内静水頭TAF到達	75 h 31 m	18:18
水素発生開始	76 h 35 m	19:22
燃料被覆管バースト破損	76 h 58 m	19:45
IRM座屈部からの漏えい	77 h 08 m	19:55
SRVガスケットより漏えい	77 h 35 m	20:22
炉心溶融（共晶反応）	77 h 38 m	20:25
炉内静水頭BAF到達	77 h 41 m	20:41
RPV下部クリープ破損	81 h 28 m	24:15

海水注入が開始されてから約9時間を経過した時点（3月15日04:49，スクラム後86時間02分）における炉心溶融状況，水素発生量などを表6.8に示す。2号機におけるRPVへの海水の注入流量は少ないが，1号機でみられたような注水の中断はなく，継続して実施されたことと，解析で得られた諸物理量がほぼ一定となったことから，9時間後の時点では溶融進展は止まったと判断した。

表6.8 解析結果のまとめ（2号機）

項　目	結　果
燃料（UO_2）の溶融割合	20.8%
炉心構成材料[*1]の溶融割合	28.1%
炉内で発生した水素量	711 kg
燃料から放出されたセシウム	65 kg（46%）[*2]
燃料から放出されたヨウ素	5.2 kg（46%）[*2]
RPV底部破損の有無	有

[*1] 炉心部にある燃料，スチール，制御材およびジルカロイの総量
[*2] %表示はスクラム時に燃料内部に蓄積していたセシウム，ヨウ素のうち，冷却材中に放出された割合

表 6.8 に示したように，スクラム後 86 時間 02 分の時点（3 月 15 日 04：49）において，燃料の 20.8％が溶融した．炉心を構成する燃料以外の材料（スチール，ジルカロイおよび制御材）の融点は燃料の融点より低いため，炉心構成材料（燃料を含む）の溶融割合は 28.1％と高くなっている．溶融物のほとんどは RPV 底部の破損箇所から D/W 床に落下した．この間，燃料から冷却材中に放出されたセシウムおよびヨウ素は，スクラム時に燃料内部に蓄積していた量の 46％となった．残り 54％は燃料内部（未溶融燃料およびコリウム）に残っている．2 号機においても循環注水冷却システムによる安定した冷却がつづけられているが，(3) の ② 項に示した 1 号機の場合と同様に，平成 24 年中頃から水質の改善はみられなくなり，セシウム-137 の濃度はほぼ一定値となっていることから，現在もなお，燃料（未溶融燃料およびコリウム）などからの核分裂生成物の溶出はつづいていると考えられる．

(5) 3 号機の解析

① 条件設定 3 号機における事故後数日間の主な運転状況を表 6.9 に示す．3 号機では RCIC と HPCI（高圧注水系）が作動した．HPCI は RCIC と同様に水位信号によって自動的に起動・停止するシステムである．3 号機のバッテリは津波襲来後も使用できる状態にあったため，運転員は RCIC および HPCI の注水流量を制御することができた．原子炉スクラム後，運転員はまず RCIC を手動起動させた．その後，RCIC は高水位（L8）信号を受けて自動的に停止（トリップ）するが，手動による再起動操作を行った．RCIC は 3 月 12 日 11：36 にトリップした後，再度稼働することはなかった．RCIC が最後にトリップしてから約 1 時間後に HPCI が低水位（L2）信号によって自動起動したが，3 月 13 日 02：42 には運転員が手動操作で HPCI を停止させた．その後，消防車による炉内注水を可能とすべく，運転員は SRV 開放の操作を試みたが，その前に自動減圧系（ADS）が自動的に作動した．ADS は 6 個の SRV 開放に相当し，ADS 作動に伴う蒸気放出によって炉圧および原子炉水位は急激に低下した．HPCI の停止後，消防車による注水が実施されるまでの 6 時間 43 分間，冷却手段が断たれた．

表 6.9 3 号機の主な運転状況

時刻	スクラム後経過時間	主要事象	時刻	スクラム後経過時間	主要事象
3月11日			3月13日		
14：46		地震発生	2：42	35 h 55 m	HPCI 停止
14：47	0	原子炉自動スクラム	9：08	42 h 21 m	ADS 開放
15：05	0 h 18 m	RCIC 手動起動	9：20	42 h 33 m	W/W ガスのベント開始
15：25	0 h 38 m	RCIC トリップ［L8］	9：25	42 h 38 m	消防車より淡水注入開始
15：38	0 h 51 m	全交流電源喪失［津波］	11：17	44 h 30 m	W/W のベント弁閉止，この後数回，弁開閉あり
16：03	1 h 16 m	RCIC 手動起動	12：20	45 h 33 m	淡水注入停止［水源枯渇］
3月12日			13：12	46 h 25 m	消防車より海水注入開始
11：36	20 h 49 m	RCIC トリップ			
12：35	21 h 48 m	HPCI 自動起動［L2］			

② 解析結果 図 6.7 に原子炉圧力の変化を，図 6.8 に RPV 内の水位変化を示す．RCIC 作動中は運転員による流量制御および起動・停止の繰り返しにより，炉圧は 7 MPa を少し

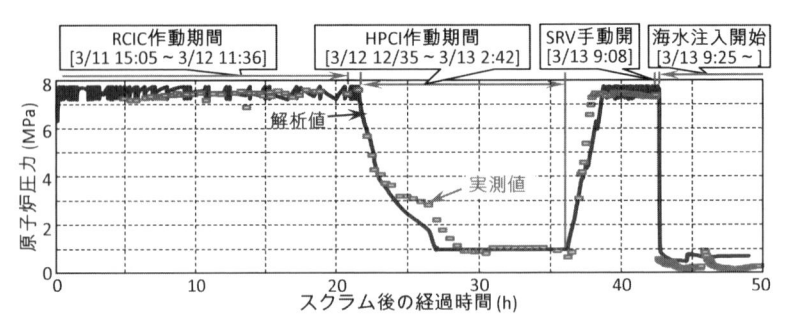

図 6.7 原子炉圧力の変化（3 号機）

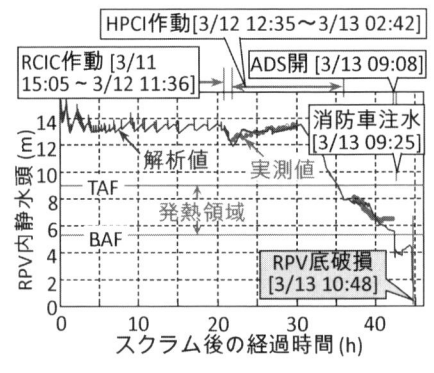

図 6.8 RPV 内の水位変化（3 号機）

超えた状態で維持され，水位もほぼ一定のレベルに維持される。3 月 12 日 11：36 に RCIC がトリップすると水位が低下し，約 1 時間後に HPCI が低水位（L2）信号により自動起動する。HPCI の能力は RCIC より大きいため，水位は回復傾向を示すが，炉圧は 1 MPa 程度まで低下する。HPCI タービンを駆動する蒸気圧力の低下に伴って注水流量も低下し，その後 RPV 内水位は徐々に低下していく。3 月 13 日 02：42 に HPCI が停止した時点では，RPV 内水位はすでに TAF を若干下回っており，このときから燃料の過熱が始まる。3 月 13 日 09：08 の SRV 開放による減圧開始時点では，水位はほとんど BAF まで低下している。消防車による注水は SRV 開放後 18 分で始まっているが，分岐配管からの漏えいのため，実際に炉内に注入された水量は少ない。かつ炉内に入った水は最初に下部プレナムを満たした後，炉心水位を下から回復させるため，炉心冷却に寄与するまでには相当の時間遅れが生じた。そのため，炉心は冷却不足で過熱・溶融を開始し，3 月 13 日 11：37 に RPV 底部の破損に至った。

解析による主な事象の発生時刻を表 6.10 に示す。HPCI が作動下限圧力の 1 MPa 近傍で動作している間，炉内蒸気は HPCI タービンを経由して圧力抑制プールに放出される。一方，HPCI 注水流量は 1 MPa 近傍での動作による性能劣化に伴って抽気蒸気流量より少なくなり，結果として HPCI 作動中に炉内水位は低下し始める。消防車による海水注入が開始されたのは，スクラム後 42 時間 38 分（3 月 13 日 09：25）であるが，その前に炉内水位はすでに BAF を下回っていた。

3 号機で消防車による海水注入が実施されたとき，消防車ポンプと原子炉とを結ぶ配管系統に分

表 6.10 主な事象の発生時刻（3号機）

事　象	スクラム後の時間	発生時刻 （3月13日）
炉内静水頭 TAF 到達	34 h 54 m	1：41
炉内静水頭 BAF 到達	42 h 22 m	9：09
燃料被覆管バースト破損	43 h 17 m	10：04
炉心溶融（共晶反応）	43 h 48 m	10：35
RPV 下部溶融破損	44 h 01 m	10：48
炉心溶融（燃料融点）	44 h 24 m	11：01

岐が存在していたため，ポンプ吐出量の一部しか炉内に流入しなかった。本解析では，消防車ポンプから吐出された水のうち平均40％が分岐流として漏えいし，60％がRPV内に注入されたと評価した。また，2号機と同様に，RPVに注入された海水はまず下部プレナムを満水にし，炉心水位を下から回復させるため，燃料が有効に冷却されるまでに相応の時間遅れが生じた。結果として，海水注入による冷却効果が現れるのが大きく遅れ，海水注入以降に燃料被覆管のバースト破損，共晶反応による炉心溶融，RPV下部の溶融破損が相次いで発生した。

　表6.11に燃料が融点（3,110 K）に達して溶融した後の炉心溶融状況，水素発生量などを示す。海水のRPV内への注入流量は2号機の平均2倍であり，この時点では，溶融挙動の進展はほぼ止まっている。炉心に装荷されていた燃料の24.9％，炉心構成材料（燃料を含む）の38.7％が溶融し，そのほとんどはD/W床に落下した。炉内で発生した水素の総量は562 kgであった。この間，燃料から冷却材中に放出されたセシウムおよびヨウ素は，スクラム時に燃料内部に蓄積していた量の39％となった。残り61％は燃料内部（未溶融燃料およびコリウム）に残っている。1，2号機と同様に，循環注水冷却システムによる冷却水中への燃料（未溶融燃料およびコリウム）などからの核分裂生成物の溶出が現在もなおつづいていると考えられる。

　なお，3号機では1号機と同様に消防車による海水注入が一時中断しており，この代替注水の中断の間に，未溶融の燃料が過熱してさらに溶融割合が増えた可能性もある。このような長期間にわたる解析は現在進行中であり，その結果によっては表6.11に示した結果が変わる可能性もある。

表 6.11 解析結果のまとめ（3号機）

項　目	結　果
燃料（UO_2）の溶融割合	24.9％
炉心構成材料[*1]の溶融割合	38.7％
炉内で発生した水素量	562 kg
燃料から放出されたセシウム	61 kg（39％）[*2]
燃料から放出されたヨウ素	4.9 kg（39％）[*2]
RPV底部破損の有無	有

*1　炉心部にある燃料，スチール，制御材およびジルカロイの総量
*2　％表示はスクラム時に燃料内部に蓄積していたセシウム，ヨウ素のうち，冷却材中に放出された割合

(6) まとめ

　福島第一原子力発電所1～3号機を対象として原子炉圧力容器内の挙動を中心に，消防車による炉内注水までの間の事故進展を解析した。解析に際しては，それまでの解析コードで考慮されてい

なかった各号機の特徴的現象を新たにモデル化した。本解析で得られた結果をまとめる。

 a. 装荷されていた燃料に対する溶融割合は，1号機で 38.5%，2号機 20.8%，3号機 24.9% であり，炉内で発生した水素はそれぞれ 686 kg，711 kg，562 kg であった。

 b. 炉心を構成する燃料以外の材料（スチール，ジルカロイおよび制御材）の融点は燃料の融点より低いため，炉心構成材料（燃料を含む）の溶融割合は 1 号機で 58.5%，2 号機 28.1%，3 号機 38.7% であった。

 c. 各号機とも RPV 底部は破損し，溶融物のほとんどは D/W に落下した。

 d. スクラム時に燃料内部に蓄積されていたセシウムおよびヨウ素の一部は，燃料の過熱と溶融に伴って燃料内から冷却材中に放出された。その割合は 1 号機で 72%，2 号機 46%，3 号機 39% であった。

(7) 炉心溶融事故を防ぐ手立てはなかったか

 わが国では誰もが長期間全電源喪失の対応が現実に必要との認識に至らず，現場ではその対応に係わる教育・訓練は実施されていなかった。また，全電源喪失に対応した非常時マニュアルもなかった。こうした中で，現場はその場での判断を余儀なくされた面もある。しかし，前記したようなシミュレーションによる現象の理解が進んできた現時点において当時を振り返ると，当時の設備および入手可能な機器類の活用で炉心溶融を防ぐ手立てが可能性としてあり得たかを検討することは，安全向上を図る観点から意義がある。そのような手立てを以下に記す。実際の事故発生当時に以下の対応を現場に要求することは困難であったが，今後同様の事故を防止する一つの参考となるものと考える。

 ① 1号機

 a. 結　果：IC 運転の継続と消防車による IC 胴側への水補給で，炉心溶融を防止することができる。

 b. 考　察：津波襲来による全電源喪失後の対応について以下に検討する。

 実際の1号機の状況は IC が断続作動の後 2 基とも停止し（IC 系統弁が閉），その後 SRV が間欠作動して炉内蒸気が流出し，(ⅰ) 3 月 11 日 17：41 頃に沸騰液面が TAF まで低下して燃料の過熱が始まり，(ⅱ) 3 月 11 日 18：36 には燃料棒最高温度が 750℃ に達し，これ以降水素発生量の増加が顕著となった（まだ燃料被覆管のバーストには至っていない）。すなわち，津波襲来後 2, 3 時間以内（上記 (ⅰ) あるいは (ⅱ) の時刻まで）に IC を再起動させれば，燃料の過熱あるいは水素発生の増大を抑えることができる。これを実現する方策を以下に示す。

 (ア) 津波襲来後，車載バッテリなどの調達を最優先し，これを用いて IC の系統弁を操作し，IC を再起動させる（現場では電源車調達を最優先したが，交流電源の全面復旧には電源盤の架設が必須であり，早期の交流電源復旧は実現困難との見通しがありえた）。

 (イ) IC が作動すると原子炉圧力は SRV 作動圧力よりも低く推移するために炉内蒸気が外部に放出されることはなく，炉内の冷却材の量は一定に保たれる。このことを前提として，崩壊熱発生と IC 胴側水を蒸発させる熱量とのバランスに基づくと，2 基の IC を 1 基ずつ運転することとし，津波襲来後 2.5 時間で 1 基目の IC を再起動させると，6 時間強の運転時間でその 1 基が冷却機能

を失う（IC 胴側水が蒸発して枯渇する）。その後 2 基目の IC を作動させると 7 時間強にわたる崩壊熱除去が可能となる。すなわち，津波襲来後 2.5 時間で IC を 1 基ずつ順に再起動させることによって，スクラム後 16 時間程度は崩壊熱除去が可能である（崩壊熱はスクラム後の時間経過とともに小さくなっていくため，2 基目の IC の作動期間の方が長くなる）。

現地で実際に消防車注水が開始された 3 月 12 日 05：46（スクラム後 15 時間の時点）に，消防車によって IC 胴側に水を注入すると長時間にわたる崩壊熱の除去が可能となる（事実，アクシデントマネジメント策として胴側注水のラインが設置されていたが，事故当時はこのラインは利用されなかった）。早期の IC 再起動が実施されると核分裂生成物が放出されないので，タービン建屋や原子炉建屋の線量率上昇もなく，建屋内に作業者が立ち入ることも可能となる。

（ウ）　次善の策は，消防車から炉心に直接水を注入することであるが，このとき重要なことは，消防車注水の配管系統として炉心スプレイ系を利用し，十分な冷却水を時間遅れなく燃料上部から直接注入することと，これを実現するために分岐配管の弁を全閉とし，注水の漏えいを防止することである。このようにしないと，場合によっては冷却不足となって炉圧が再上昇して消防車の吐出圧力を上回り，水が入らなくなる恐れがある。

② **2 号機および 3 号機**

a.　結　果：炉圧を早期に減圧し，直ちに炉心スプレイ系を経由して消防車注水を開始し，かつ注水系統の分岐配管の弁をすべて閉じることにより，炉心溶融を防止することができる。

b.　考　察：2 号機では RCIC 停止後の炉圧上昇により，SRV が間欠作動し炉内蒸気が流出した。注水開始時にはすでに炉水位は BAF を下回り，燃料被覆管のバーストが起きていた（表 6.7 参照）。3 号機では HPCI 停止後の SRV 間欠作動により，注水開始時には炉水位は BAF 近くまで低下していた（表 6.10 参照）。すなわち，2, 3 号機ともに SRV 開放による減圧実施時には，すでに燃料は過熱された状態にあった。また，消防車からの注水はまず下部プレナムを満たし，炉心冷却に有効に寄与するまでに時間遅れが生じていたことと，分岐流の存在によって吐出水の一部しか炉内に流入しなかったという問題があった。これらの問題を解決し，炉心溶融を防止する手段は，SRV 間欠作動による蒸気流出の時間帯を極力短縮し，SRV 開放による減圧と消防車注水を一連の手段として RCIC や HPCI 停止後迅速に実施することである。

（ア）　RCIC あるいは HPCI 停止後，直ちに SRV 開放によって減圧し，時間差なく消防車注水を開始する。このとき，重要なことは，（ⅰ）消防車注水の配管系統として炉心スプレイ系を利用して，燃料を直接上部から冷却すること（時間遅れの防止）と，（ⅱ）分岐配管の弁を全閉として注水の漏えいを防止することである。このようにすれば，たとえば 3 号機では実際に SRV 開放から消防車注水まで 18 分の時間遅れがあったが，それでも燃料被覆管のバースト破損は免れることができる。

（イ）　RCIC や HPCI のトリップをあらかじめ予測するのは困難であるが，RPV 圧力上昇の実測によって判断することはできる。RCIC や HPCI のトリップ後，炉圧が再上昇して 7 MPa になり SRV が間欠作動しても，その後 SRV 開放を円滑に実施すればよい。

（ウ）　SRV 開放のためには直流電源が必須であるため，RCIC あるいは HPCI 作動中に十分な量

の車載バッテリなどを確保し，たとえトリップ前であっても消防車の準備をした後 SRV 作動を確認しておくことも重要となる。

6.1.3 放射性物質放出の評価

　原子力安全の目標は人と環境を放射線の有害な影響から守ることにある。この目標達成の観点から，放射性物質の放出とその直接の原因と考えられる事象とを結び付け，事象進展に基づく分析結果との整合性を検証することが重要である。このことによって，放射性物質の放出を低減するための対策に資することができる。また，放射性物質の放出と環境汚染との相関を分析し，効果的な防災対策（事故後の対応を含む）につなげることができる。これらの検討を進めるために，放射性物質の炉内挙動と放出経路の把握や放射性物質の放出後の環境挙動，地表汚染を理解する必要がある。

　このような観点から，ここではシビアアクシデントシミュレーションによる放出評価，および事故進展シナリオの検証，放射性物質の放出量評価，放射性物質放出低減対策，放射性物質放出に関する今後の課題について述べる。

(1) シビアアクシデントシミュレーションによる放出評価

　シミュレーション評価は事故進展のシナリオの蓋然性の判断，さらには放出の形態や量の評価に有効に活用できることから，事故進展に基づく分析が実際の放射性物質の放出と整合しているか否かを判断するために解析コードによるシミュレーション結果と，放出された放射性物質の観測結果との関連性を検証することがまず重要である。

　事故進展を再現するために，MAAP, MELCOR, SAMPSON, THALES などの多くの解析コードによるシミュレーションが実施されてきた。これらの多くは，冷却機能劣化・喪失に伴う炉心，原子炉圧力容器，格納容器の損傷，および圧力，温度，水位変化などを模擬することを目的としている。また，放射性物質の炉内挙動や環境への放出挙動の模擬を目指したものがある。このためには漏えい箇所の設定や，放射性物質の化学的挙動の知見に基づくパラメータ設定が必要であるが，そのための情報が十分でない場合が多い。したがって，評価に当たっては解析コードの限界を理解したうえで，用いることが必要である。

　環境への放射性物質の放出と環境影響の評価は一般的には，次の四つのプロセスにより行われる。① 事故時の燃料中の核種，元素のインベントリ評価，② 想定される事故進展シナリオに基づく事故時の燃料からの放出，③ 燃料から放出された放射性物質の原子炉圧力容器，格納容器，建屋内での挙動とそれらからの漏えい，④ 環境での放射性物質の挙動。これらの中で，③については十分に挙動を追えない場合が多く，化学的性質から仮定する必要がある。図 6.9 は 1 号機についてのスクラム停止 1 日後における核種別，元素別インベントリである。2 号機，3 号機についてのそれらは 1 号機の約 1.5 倍である。②の燃料からの放出については CORSOR モデルなどにより事故時の燃料の温度経過から計算される。③については元素をいくつかのグループに分けて化学的性質からパラメータが設定される。表 6.12 に MELCOR と THALES2 コードにおいて用いられているグループ分けを示す。なお，この表に示されている元素はそのグループの代表的なものである。

6.1 事故の分析評価概観　111

ORIGEN2.2 による 1 号機インベントリ計算
- ライブラリ：　ORIGEN2.2 with BWRUS.lib
- 燃焼度：　　　26 GWd/t (1,000 日) with 460 MWe (熱効率 30%)
- 燃料 (UO$_2$)：75 t
- 燃料組成：　　U-238 96%, U-235 4%

	1 号機	2 号機	3 号機
出力 (MWe)	460	784	784
燃料集合体	400	548	548
平均燃焼度 (GWd/t)	26	23	22
(出力)×(燃焼度)(通常)	1	1.5	1.5

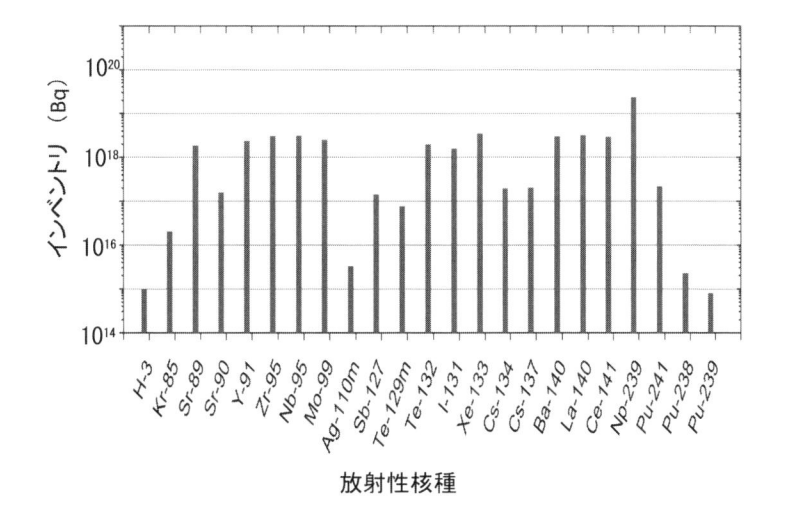

燃料からの放射性物質の放出・拡散挙動は化学形に強く依存する。化学形を決定するためには，元素ごとの化学量論的な総数を推定する必要がある（非放射性核種も含む）。

図 6.9　1 号機核種別および元素別インベントリ推定量（スクラム停止 1 日後）

上記のいくつかの解析コードの中で，MELCOR コードは事故進展とならんで放射性物質の放出も計算され，その結果も評価されている。以下その結果をもとに議論することとする。原子力安全基盤機構（JNES）による最近の解析条件では，漏えい箇所として原子炉圧力容器については逃し安全弁（SRV），炉内核計装管（SRM），中間領域モニタ（IRM），局部出力領域モニタ（TIP）の過

表 6.12 MELCOR，THALES2 における放射性物質放出挙動評価のための元素グループ分け

	MELCOR	THALES2
1	Xe	Xe
2	CsI	CsI
3	CsOH	CsOH
4	Te	Te
5	Ba	Sr
6	Ru	Ru
7	Ce	Ce
8	La	その他のエアロゾル
9	Mo	
10	U	
11	Sn	

注）THALES2 では1〜7の元素群以外はその他のエアロゾルに分類している。

［石川，東京電力福島第一原子力発電所事故に関する技術ワークショップ，2012.7.23-24］

温による漏えいを，格納容器についてはトップフランジのパッキン，機器搬入ハッチの過温による漏えいも考えている。また，シミュレーションにおいてはサプレッションチェンバ温度成層化を考慮していることが特徴である。ただし，溶融炉心-コンクリート反応（MCCI）は考慮されていない。図 6.10 は MELCOR による希ガスと Cs の放出量予測とモニタリング指示値（福島第一正門）の比較である。3月15日昼ごろまでのモニタリング指示値の変化を概ね説明し得るものとなっており，事故進展シナリオの妥当性を示していると考えられる。表 6.13 は2号機からの放出割合，

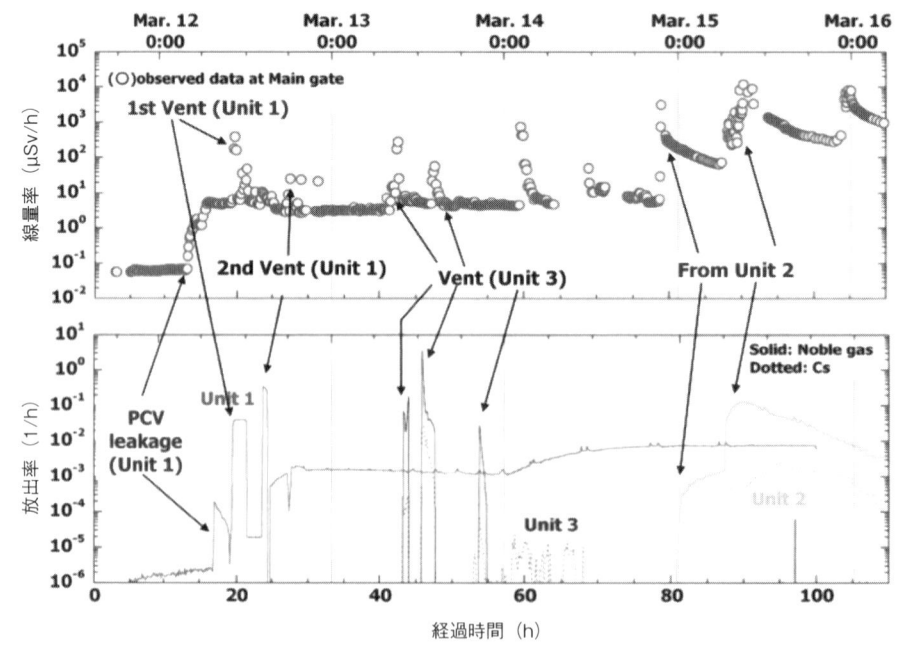

図 6.10 MELCOR による放出量予測とモニタリングポスト指示値との比較

［星，東京電力福島第一原子力発電所事故に関する技術ワークショップ，2012.7.23-24］

表 6.13(a)　MELCOR による放出割合の評価（2 号機）

元素グループ	放出割合（－）	元素グループ	放出割合（－）
希ガス	9.6×10^{-1}	Ba	4.7×10^{-3}
CsI	9.7×10^{-2}	Ru	2.1×10^{-8}
Cs	2.6×10^{-2}	Ce	1.0×10^{-9}
Te	5.4×10^{-2}	La	1.9×10^{-6}

表 6.13(b)　MELCOR による各号機からの環境放出量評価（単位：Bq）

核種	1 号機	2 号機	3 号機
Xe-133	1.6×10^{18}	3.3×10^{18}	4.3×10^{18}
I-131	4.8×10^{16}	1.9×10^{17}	$1.4 \times 10^{16} \sim 1.0 \times 10^{17}$
Cs-134	1.2×10^{15}	7.1×10^{15}	$2.22 \times 10^{13} \sim 6.7 \times 10^{15}$
Cs-137	9.7×10^{14}	6.3×10^{15}	$1.3 \times 10^{12} \sim 5.8 \times 10^{15}$
Sr-89	6.9×10^{14}	1.2×10^{16}	$4.5 \times 10^{13} \sim 2.2 \times 10^{14}$
Ba-140	1.0×10^{15}	1.9×10^{16}	$2.7 \times 10^{14} \sim 3.55 \times 10^{14}$
Te-132	4.6×10^{16}	8.3×10^{16}	$2.8 \times 10^{16} \sim 3.3 \times 10^{16}$
Ru-103	8.8×10^{7}	6.8×10^{10}	$3.2 \times 10^{9} \sim 4.0 \times 10^{9}$
Pu-241	6.3×10^{6}	3.0×10^{8}	$3.00 \times 10^{5} \sim 2.6 \times 10^{7}$
Cm-242	2.4×10^{8}	7.5×10^{9}	$2.1 \times 10^{9} \sim 6.7 \times 10^{9}$

［星，東京電力福島第一原子力発電所事故に関する技術ワークショップ，2012.7.23-24］

および各号機からの環境放出量評価である。3 号機について幅があるのは，PCV の漏えい面積の変化，外部注水量で異なった結果を与えることによる。

このような評価結果よりまず次のことが分かる。
- 一般的に揮発性の高いものほど放出割合が大きい。
- 2 号機からの放出が大きいが，3 号機からの放出も 2 号機程度に大きい可能性がある。これは，外部注水が的確に行われると放射性物質の放出を大幅に減少させることを示している。
- 環境評価上重要な I，Cs の化学形と炉内挙動についてはさらに知見を高める必要がある。
- Sr，Pu の環境放出量は少ないが，サイト内およびサイト外近傍の汚染測定と合わせて放出挙動の知見を高める必要がある。
- 3 月 15 日の福島第一北西方向の高濃度汚染は 2 号機よりの 14 日深夜〜15 日の大量のヨウ素-131，セシウム-134，セシウム-137 の放出とその方向への風向きと降雨によることが，放出評価とそのときの気象状況から理解できる。

このように，事故進展シナリオに関してシミュレーション結果より分かることとして次のことがあげられる。
- 適切な仮定により放射性物質の放出（時間，核種，量）を再現できる。このことは事故進展シナリオの妥当性を示すものと考えられる。一方，これは 3 月 15 日くらいまでであり，その後の放出についてはさらに詳細な説明が必要となる。
- ベントとモニタリング指示値との間には相関があるものが多い。相関のないものは原子炉圧力容器，格納容器閉じ込め機能劣化の可能性がある。このような解析が放射性物質放出の要因の推定につながる。なお，ここでは正門付近のモニタリングポスト指示値との相関を調べているが，他のモ

ニタリングポストの指示値を含めての検討により，さらに多くの知見が得られる可能性がある。
・14日深夜～15日日中の大量の放出は，2号機格納容器からの連続漏えいによるものと考えられる。これは福島第一北西部の高汚染とも関係している。このように，放射性物質の連続的放出がもたらす環境汚染の影響が大きいことは，ベントなど管理放出の重要性を示すものである。

(2) 海洋への放出評価

　海洋への放出には大気放出後の海への沈着と，発電所から海洋への直接放出がある。図6.11は日本原子力研究開発機構（JAEA）による表層海水セシウム-134濃度から推定した3月12日～3月20日までの大気放出量である。事故時海側に拡散された放射性物質が乾式・湿式沈着により海に落下したものの量から評価したものである。3月12日昼ごろ，および3月14日深夜から3月15日日中にかけての放出が大きいことが分かり，図6.10とも対応するものである。図6.12は3月21日～4月30日までの海洋への放出量である。海洋シミュレーションにより海洋への放出量を評価でき，海洋研究開発機構（JAMSTEC），JAEA，および電力中央研究所（CRIEPI）の三者による評

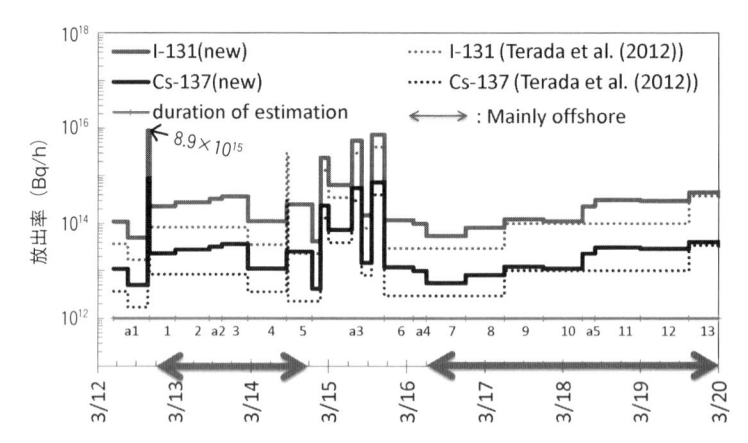

図 6.11　表層海水 Cs-134 濃度から推定した大気放出量（JAEA）（口絵20参照）

［茅野，第18回原子力委員会臨時会議資料］

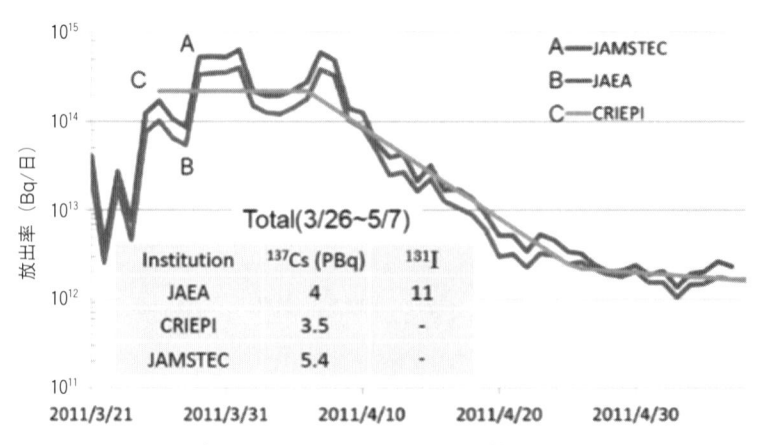

図 6.12　海洋への Cs-137 放出量評価，3 機関による評価例

［茅野，第18回原子力委員会臨時会議資料］

価結果はほぼ一致することが分かる。また，電力中央研究所によると平成23年（2011年）9月ごろまでの評価では，海洋への直接放出は海洋への全放出量の約4分の1であるとされている。

(3) 放射性物質の放出量評価

表6.14は各種機関により行われた放射性物質放出量の評価である。シビアアクシデント解析からの評価とモニタリングデータからの逆解析があるが両者はほぼ一致している。放射性物質の総放出量の観点からも，事故進展シナリオに基づく推計と，周辺環境における実際の放射性物質のモニタリング値に基づく推計とを比較し，事故進展シナリオに見落としがないかを確認できる。また，総放出量評価の結果は環境修復活動への活用や，今後の防災計画に反映される必要がある。

表 6.14 放射性物質の放出量評価

評価機関	放出量（PBq）			期間	評価方法	放出先
	I-131	Cs-134	Cs-137			
原子力安全基盤機構	250～340	8.3～15	7.3～13	3月11日～3月17日	シビアアクシデント解析から評価	
東京電力	500	10	10		モニタリングデータから逆解析	陸側
日本原子力研究開発機構	120 200		9 13	3月12日～5月1日		陸側 大気
海洋研究開発機構			9.7 5.5～5.7	3月12日～5月6日 3月21日～5月6日		陸側 海側
電力中央研究所	11(2.8)	3.5(0.94)	3.6(0.94)	3月26日～9月30日		海側

注）電力中央研究所評価値の（ ）内の数値は海洋への直接放出を表す。
［原子力安全基盤機構（JNES）レポートなどより］

(4) 放射性物質放出低減のための対策

以上のような放射性物質の放出評価から，放射性物質の放出低減のために放出経路からのアプローチとしてさまざまな機器の閉じ込め機能の健全性維持があげられる。すなわち，燃料・被覆管の破損溶融の防止，原子炉圧力容器閉じ込め機能（制御棒駆動系，逃し安全弁（SRV），計測系，種々配管系）の健全性維持，格納容器閉じ込め機能（ベント，フランジパッキン，計測系，種々配管系）の健全性維持，原子炉建屋閉じ込め機能（建屋本体，ダクト，換気系，排気系，（水素爆発防止との関係））の健全性維持である。また，放出低減方策としてのシビアアクシデント対応（ソフト，ハード，マネジメント），および燃料・被覆管過温防止，原子炉圧力容器閉じ込め機能強化，格納容器閉じ込め機能強化，原子炉建屋閉じ込め機能強化などは深層防護，プラント設計，アクシデントマネジメントと関連するものである。

(5) 放射性物質放出に関する今後の課題

まずシミュレーションの高度化が必要である。そのために放出をシミュレーションするときの元素のグループ分けと各々のパラメータ設定について実験などに基づく改良が必要である。これには有機ヨウ素などのヨウ素の挙動，セシウムの挙動，エアロゾル挙動なども含まれる。また，飛沫同伴などの物理的挙動と核種挙動の関連についてもモデルの精緻化が課題である。また，原子炉圧力容器から格納容器，原子炉建屋を経由した環境への放出経路についても今後さらに特定していく必要がある。これについては，今後廃止措置中での現地調査により多くの情報を得ることができる。

モニタリングデータからの逆解析では，解析方法，拡散挙動，測定データの場所による濃淡などについての改善が課題である。

3月16日以降の放出についてはそれ以前とは異なる方法による説明が必要となる。サプレッションプール（S/P），格納容器ドライウェル（D/W）などの圧力変化からの対応には限界があり，各部の温度変化による蒸発挙動などの評価が必要となる。さらに長期的には，各部に存在する燃料デブリ，放射性物質からの放出を考慮する必要がある。これは汚染水中の放射性物質の濃度変化とも関係する。また，事故直後以降，現在に至る大気，海洋への放射性物質の放出量をより正しく評価することは，今後の放出量低減と合わせて重要である。

(6) まとめ

適切な仮定により，事故発生後数日間の放射性物質の放出（時間，核種，量）を再現でき，事故進展シナリオの妥当性がシミュレーション結果と放射性物質の放出データとの比較によって確認された。このことは，炉内を直接観測することができない状況において事故進展シナリオに一定の価値ある状況を与えるものである。

2号機での格納容器破損による大量放出が北西方向の高汚染につながったこと，また放射性物質の連続的放出がもたらす環境汚染の影響が大きいことから，シビアアクシデント対応においては，ベントなど管理放出の重要性が認識される。さらに，放出経路の把握と閉じ込め機能の強化が重要であり，事故時の放出経路としてフランジパッキン，炉内計装配管などの高温劣化によるものの考慮も重要である。

また，人と環境を守る対策を強化していく観点から，シミュレーション機能の高度化を図るとともに，ソースターム評価に係るさまざまな課題に関する研究の継続が必要である。

6.2 原子力安全の考え方

事故を分析しその原因と対策を考察するためには，判断の基準となるものが不可欠である。特定の技術的な原因で生じたものであれば，既存の技術基準やガイドラインに基づくこととなるが，その基準自体の妥当性に疑義が生じる今回のような事故の分析にあたっては，より根本的な原子力安全の考え方まで立ち戻る必要がある。

このため本節では，原子力安全の考え方や，その考え方に基づく技術的手法・手段の概要について述べ，事故との関係を考察する。

原子力安全の基本的な考え方については，各国における原子力の安全確保の経験に基づきIAEAが取りまとめたINSAG-12[1]およびINSAG-12に記載された原子力安全の目的を安全の基本原則に展開した基本安全原則（Safety Fundamentals（SF-1））[2]が参考になる。SF-1はIAEAが個別の技術分野について整備した原子力安全基準の体系を背景として，それらを包括する上位の安全思想を文書化したものであり，その制定にあたっては，各国の経験豊かな専門家が10年以上にわたって審議を行い合意に達したものである。

わが国はこれまで，このような上位の安全思想を規制制度において位置づけることは行ってこな

かった。しかし，原子力安全委員会は原子力安全の基本的考え方を提示することの重要性を認識し，平成 23 年（2011 年）2 月に原子力安全の基本原則の明文化に向けての検討を開始した。残念ながらこの動きは今回の事故によって中断されたが，日本原子力学会が主体となってこの検討を再開し，原子力安全の基本的考え方を取りまとめた[3]。

　6.2.1 項では，原子力安全の基本原則の概要を説明するとともに事故との関係を考察する。

　福島第一原子力発電所の事故が明瞭に示したように，原子力の利用はリスクを伴うものである。このリスクの評価が従来どのように行われ，リスクが規制サイドでどのように認識されてきたかを整理することは，今後の原子力安全を考えるうえで重要である。6.2.2 項では，原子力発電所のリスク評価とリスク情報活用について概要を記述する。

　原子力の利用はリスクを伴うものであるから，どの程度のリスクであれば社会に受け入れられるか，つまり，"How safe is safe enough?"（「どこまでやれば十分に安全といえるか？」）に対して定量性を持った目標を示し，これを社会と合意する必要がある。この安全目標とリスク抑制の考え方を 6.2.3 項に示した。

　6.2.4 項では，原子力安全を確保するための技術的側面を概観する。6.2.4 項で取り上げる項目のうち，深層防護，シビアアクシデントマネジメント，原子力防災といった福島第一の事故を踏まえた重要な項目については項を改めて詳述する。

　6.2.5 項では，セキュリティと原子力安全の関係について述べる。

参考文献（6.2）

1) Basic Safety Principles for Nuclear Power Plants 75-INSAG-3 Rev. 1, INSAG-12, IAEA（1999）.
2) IAEA Safety Standards, Fundamental Safety Principles No. SF-1, IAEA（2006）.
3) 日本原子力学会標準委員会レポート，「原子力安全の基本的考え方について　第Ⅰ編　原子力安全の目的と基本原則：2012」，AESJ-SC-TR005（2012）.

6.2.1　原子力安全の基本原則とその考え方

　原子力安全の基本的な目的は「人と環境を原子力の施設とその活動に起因する放射線の有害な影響から防護すること」である。この目的を達成するための基本原則は「誰が（主体）」，「何のために（目的）」，「どのように（手段）」という観点から展開することができる。

　主体については，「責任とマネジメント」に関する基本原則であるとまとめることができる。SF-1 においては

　　Principle 1：Responsibility for safety

　　Principle 2：Role of government

　　Principle 3：Leadership and management for safety

の三つの原則に，日本原子力学会の基本安全原則（学会基本安全原則）においては

　　原則 1：安全に対する責務

　　原則 2：政府の役割

　　原則 3：規制機関の役割

118　6　事故の分析評価と課題

　　原則 4：安全に対するリーダシップとマネジメント
　　原則 5：安全文化の醸成
の五つの原則に取りまとめられている。

　これらの原則においては，安全に対して責務を有する組織や人，安全に関して関係機関が果たすべき役割，また，発揮されるべきリーダシップ，行われるべきマネジメント，原子力安全の基盤ともいえる安全文化に関して言及されている。SF-1 においては，安全文化に関する明示的な原則は存在しないが，SF-1 の前身である INSAG-12 には記載があり，福島第一事故の教訓の一つが不十分な安全文化の醸成とされていることから，学会基本安全原則では，これを明示的に原則に取り入れている。なお，主体に関する学会基本安全原則では責務（responsibility）について述べているが，原子力施設を運営する事業者に安全確保に対する最も大きな責務があることを前提として，広く原子力安全に関係する組織や個人が，その能力を発揮すべきと期待される場面で，そのつとめを果たすことを意味することに注意が必要である。

　目的については，「人および環境を放射線リスクから防護すること」であるといえる。SF-1 においては

　　Principle 4：Justification of facilities and activities
　　Principle 5：Optimization of protection
　　Principle 6：Limitations of risks to individuals
　　Principle 7：Protection of present and future generation

に，学会基本安全原則については，

　　原則 6：原子力の施設と活動の正当性の説明
　　原則 7：人および環境へのリスク抑制とその継続的取り組み

にこれらの原則が取りまとめられている。

　原子力施設は潜在的なリスク源であることから，原子力施設によるリスクと便益を広範囲に比較検討し，その正当性を合理的に説明できる必要性があること，原子力施設のリスクは合理的に達成可能な限り低減（as low as reasonably achievable：ALARA）されている必要があることが述べられている。福島第一事故の大きな教訓の一つは最新知見の取り入れと継続的改善，つまり継続的なリスク抑制であることから，学会基本安全原則では，ALARA の原則に基づき，リスク抑制の取り組みを継続的に行うことを明示的に示している。

　手段については，「放射線リスクの顕在化を防ぐこと」すなわち，事故の発生防止と緊急事態への対応である。SF-1 については

　　Principle 8：Prevention of accidents
　　Principle 9：Emergency preparedness and response
　　Principle 10：Protective action to reduce existing or unregulated radiation risks

　学会基本安全原則では，

　　原則 8：事故の発生防止と影響緩和
　　原則 9：緊急時の準備と対応

原則 10：現存する放射線リスク又は規制されていない放射線リスクの低減のための防護措置

にまとめられている。

これらの原則においては，深層防護の考え方に基づいて事故の発生を防止すること，また事故が発生した際の影響を緩和すること，さらに事故発生時のアクシデントマネジメント策や緊急時対応計画をあらかじめ準備しておくことなどが述べられている。

上記のように，原子力安全の目的である人と環境の防護の達成に関しては，事故発生防止とその影響緩和といった技術的・ハードウェア的側面に注力しがちである。しかし，基本安全原則は深層防護の考え方の適切な取り入れ，マネジメントやリーダシップ，安全文化，アクシデントマネジメント策といったソフトウェア的側面が不可欠であることを示している。わが国において従来の原子力安全の確保がハードウェア的側面に偏っていたことが福島第一事故の教訓として指摘されている。学会基本安全原則はこのような抜けを避けるための羅針盤として活用することも可能であろう。

6.2.2 リスク評価とリスク情報活用

(1) これまでの経緯

原子力安全委員会[*1]は，確率論的リスク評価について「世界の原子力安全関係者は TMI 事故やチェルノブイリ事故の経験を貴重な教訓として，発電用原子炉施設における設計で想定した事象を大幅に超えて炉心の重大な損傷に至る事象（シビアアクシデント）のリスクを抑制することが重要と認識した。このため，施設の設備の誤動作や誤操作の発生時にいくつもの安全装置が作動しないことによる災害の発生可能性とその影響の大きさを推定し，それからシビアアクシデントのリスクを定量化する確率論的安全評価（PSA）技術が開発されてきている」と述べている。さらに，「この手法を用いて，わが国の発電用原子炉施設におけるシビアアクシデントのリスクの評価も行われており，その結果，わが国の発電用原子炉施設におけるシビアアクシデントのリスクの抑制水準は国際的に遜色のないものと判断されている」と続く。リスク評価により，わが国の原子炉施設は安全であることを示したのである。

海外諸国では，リスク評価から得られる様々な情報を安全の向上，運転・保守の効率化や被ばく低減，設備利用率の向上，論理的な規制[*2]に用いている。たとえば米国では，平成 7 年（1995 年）に確率論的リスク評価（PRA）活用に関する政策声明書が発出され，① 安全上の意思決定の改善，② 原子力規制委員会の資源のより効果的な使用，および，③ 事業者の不毛な負担軽減が可能として，すべての原子力規制活動における PRA 技術の利用促進を求めた。具体的な施策としては現行規制における不要な保守性の排除および新たな規制要件提案の際に PRA を利用すること，PRA は可能な限り実態を反映すること，レビューのために公開すること，安全目標およびその補足的数値目標は PRA の不確実さを適切に考慮して使用することなどを実行した。平成 10 年（1998 年）にリスク情報の活用を奨励する規制関連の規則，指針が順次策定され，平成 11 年（1999 年）には，

[*1] 原子力安全委員会安全目標専門部会，「安全目標に関する調査審議状況の中間とりまとめ」，平成 15 年 12 月．

[*2] 「科学的合理的な規制」という用語が使われることが多い。合理的という言葉はしばしば誤解を生む。ここでは，ある考え方と原則に基づき論理的に組み立てられたという意味で「論理的」を用いている。

リスク情報を活用してプラント性能指標を設定してプラント実績を評価し，その結果に基づき規制措置を行うという原子炉監視プロセスを行うなど，数年のうちにリスク情報活用の骨格が定まった。平成9年（1997年）に内部事象に関する発電所ごとの固有のPRA（IPEプログラム）[*1] を完了，外部事象についても同様のIPEEEプログラム[*2] を平成14年（2002年）には終えた。

わが国では，平成4年（1992年）にアクシデントマネジメント（AM）に関する安全委員会決定文書，通商産業省による定期安全レビューの要請に始まり，平成14年（2002年）のAM整備報告書，平成15年（2003年），原子力安全委員会の安全目標（前出）とリスク情報活用規制の導入方針，平成17年（2005年）原子力安全委員会の性能目標，原子力安全保安院のリスク情報活用の基本方針と当面の実施計画，平成18年（2006年）には原子力安全保安院のリスク情報活用のガイドライン，PSA品質ガイドラインと続いた。時を同じくして，原子力安全委員会の内閣府へ移行による独立性の強化（平成13年（2001年）），原子力安全・保安院の設置（平成13年（2001年）），原子力安全基盤機構の設置（平成15年（2003年））と組織・体制も整えられた。しかしその後，浜岡1号機の余熱除去系配管の破断（平成13年（2001年）11月），東京電力の不適切な行為（データ改ざんなど）（平成14年（2002年）），六ヶ所再処理工場の不適切な施工など（平成15年（2003年）），美浜3号機の二次系配管の破損事故（平成16年（2004年）8月）が続き，原子力発電所の運転や再処理工場への使用済燃料の搬入は長期にわたり停止することになる。事業者による施設の保安や国による安全規制に対する国民の信頼が得られなければ，安定的な原子力利用は困難であるという貴重な教訓であった。

リスク情報活用により安全性を向上させて発電所の設備利用率が高まり，発電所固有のリスク評価に基づく実効的で効率的な規制という絵姿は実現しなかった。内部事象に関するPRAはわが国の原子力発電所の安全水準が高いということを示す以外の使用は限定的であった。わが国では，外部事象に対するリスク評価の取り組みは遅々として進まず，ようやく平成18年（2006年）に原子力安全委員会の耐震設計審査指針が改訂され，残余のリスクを認識しそれを可能な限り小さくするよう求めた。日本原子力学会は平成19年（2007年）に地震PRAの実施基準を策定したが，津波やその他の外部事象のリスク評価には実質的には手がついていなかった。

(2) リスク評価とリスク情報の活用

わが国において，もしもリスク評価が浸透し，それに基づいて安全確保の状況を確認するような考え方が当然のものになっていれば，福島第一事故の様相はどのようになっていただろうか。

耐震設計審査指針では，活断層については12～13万年前以後に活動したものまで考慮することとしている。一方，三陸沖で発生した貞観地震による津波は869年であり，地質学的にも1000年に一度以上の頻度で発生すると考えられている。この津波では約1,000人が亡くなったとされている。まず地震と，その随伴事象である津波に対して，考慮された発生頻度が大きく異なっていた可

[*1] NUREG-1560, Individual Plant Examination Program：Perspectives on Reactor Safety and Plant Performance, December（1997）.

[*2] NUREG-1742, Perspectives Gained from the Individual Plant Examination of External Events（IPEEE）Program, April（2002）.

能性があると考えられる。国際的にも 10^{-3}～10^{-4}/年程度までの発生頻度の自然現象を考慮することを求めている国は多い。それ以下の発生頻度については，人間社会の経験の範囲を大きく超えるため，対策が現実的で有効なものにならないと考えられる。しかしながら，その影響度を勘案すれば，場合によっては適切な余裕を持たせることは合理的である。わが国で，影響度や事象進展に関する分析が十分になされていなかったことは反省すべき点である。また，さまざまな自然現象などについて，バランスよく体系的にリスク分析をするという視点に欠けていた点も指摘される。

内的事象については PRA が実施されていた。しかし，リスク情報活用などが進展しなかったために，PRA の意義と役割について関係者の間に疑問が生じ始めたと考えられる。それが事故発生後のシビアアクシデントの影響を分析するレベル 2PRA や事故の進展による敷地外への影響を分析するレベル 3PRA へと展開されなかった理由ではないかと考えられる。この結果，シビアアクシデントや敷地外影響の評価が手薄になるとともに，シビアアクシデントの研究意欲と資源投入も減退していった。

外的事象については，米国の原子力規制委員会で定めている IPEEE（外的事象を対象とした個別プラントごとの解析）のようなプログラムが行われなかった。その弁明の一つは，外的事象については評価手法が十分に成熟していない，あるいは信頼できるデータがないというものである。したがって，評価結果の信頼性が低いので，外的事象の PRA は時期尚早であるということになったのではないか。外的事象だけでなく，内的事象に対しても評価手法には改良すべきところはあり，データは継続的に収集されなければならない。評価手法の成熟を待つという姿勢は，その意義と果たすべき役割を損なうものであった。

このような考え方になった理由は，PRA を用いる目的を"すでに安全な原子力発電所についてリスクが十分に低い"ということを示すことと考えていたからに違いない。そうであれば，評価手法やデータが完備されなければ PRA を実施しない正当な理由になる。

原子力安全委員会の安全目標中間とりまとめ（前出）では，「シビアアクシデントのリスクの評価がわが国でも行われ，その結果，わが国の発電用原子炉施設におけるシビアアクシデントのリスクの抑制水準は国際的に遜色のないものと判断」と述べている。しかし，レベル 1 PRA の結果を持って，リスク抑制水準を語っていたにすぎないのである。

シビアアクシデントとは，きわめて確率の低いプラント状態であって設計基準事故条件を超えたものである。安全系の多重故障により生起し，重大な炉心損傷に至り，放射性物質放出の障壁の多くまたはすべての脅威となる可能性のあるものである（IAEA[*1]）。「設計で想定した事象を大幅に超えて炉心の重大な損傷に至る事象（シビアアクシデント）のリスクを抑制することが重要と認識した」と述べながら，炉心損傷発生頻度をもってリスク抑制水準は国際的に遜色ないと判断するところに論理的な不整合がある。しかも，内的事象だけを考慮していたにすぎなかった。

外部事象については，過去に発生した自然現象や人的事象を網羅的に抽出し，発電所における発生頻度，物理的距離，時間的余裕，影響度の観点からリスクの要因として考慮すべきか否かを判断

---

*1　IAEA, Severe Accident Management

するとともに，利用可能な評価手法を勘案して適切な評価手法を選択する。このような，網羅的でかつ体系的な方法を確立する必要がある。このような考え方は図 6.13 で説明される。

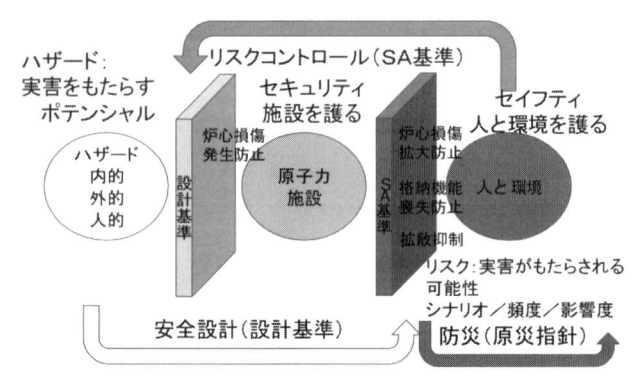

図 6.13 ハザードと設計基準・SA 基準の関係

　原子力施設で考慮すべきハザードとして，内的事象，外的事象，人的事象があり，その内容は多様である。ハザードとは安全上，実害がもたらされる可能性である。工学施設はその本来の役割を果たすための設備の設計のみでなく，あらゆるハザードが実害をもたらさぬように安全設計がなされる。したがって，広範に包括的にハザードを考慮して対応する，安全要求をするという観点で設計基準を構築することが必要である。従来，原子力安全委員会が安全設計審査指針[*1]を定め，必要な要求事項を定めていた。しかし，その内容として全電源喪失に対する考慮，外的事象に対する考慮などの不備が各所より指摘されることとなった。安全設計審査指針はシビアアクシデントの考慮に関する指針に拡張されるべきであった。そのための活動は原子力安全委員会のアクシデントマネジメントに関する決定文書[*2]であった。安全委員会の決定文書は指針類と同様，安全委員会の位置づけと権限との関係で，その効力が曖昧なままであったことは重要な問題であった。それは，わが国のシビアアクシデントに対する取り組みの姿勢をそのまま反映しているようである。

　設計基準は原子炉保護を目的とし，シビアアクシデントの発生を防止することが目的である。これが達成されていれば，自ずと国民と環境は放射線から防護される。一方，設計基準を逸脱し原子炉保護がなされない状態になっても，シビアアクシデントへの進展あるいは拡大を防止し，格納機能の喪失を防止，放射性物質の拡散抑制をすることにより敷地外への放射性物質の拡大が防止される。これがシビアアクシデント対策基準（SA 基準）である。この目的は，敷地外へ放射性物質が放出されることを防止することである。したがって，シビアアクシデントにつながる事象進展だけでなく，放出形態と規模を考えながら対策を用意する必要がある。図 6.13 で人と環境の側から原子力施設側に矢印を向けたのはそのような意味である。

　そのうえで，放射性物質が施設外に放出される場合を想定して原子力災害対策をとる。このために，原子力災害対策指針が用意される。リスクとはハザードにより人と環境に実害がもたらされる

[*1] 原子力安全委員会,「発電用原子炉の安全設計審査指針」．
[*2] 原子力安全委員会,「アクシデントマネジメントについて」, 平成 4 年（平成 9 年改訂, 平成 22 年廃止）．

可能性である．そのリスクに対して定性的安全目標と定量的安全目標を定め，参照しつつ抑え込む必要がある．

レベル1 PRAは原子力施設をハザードから防護する性能を評価するもので，炉心損傷発生頻度と事故シーケンス，炉心損傷状態を定量化する．レベル2 PRAは炉心損傷状態において放射性物質の放出を防止する性能を評価するもので，格納機能喪失頻度，放射性物質放出形態，放出量を定量化する．レベル3 PRAは放射性物質が放出されたときに人の生命と健康および財産への影響，環境の保全に対する影響を評価する．したがって，外的事象は広く考慮されなければならず，レベル3 PRAまで実施する必要がある．

手法や整備が完備していないとしても，包括的なリスク評価を実施すれば，福島第一事故のような事象進展シナリオを抽出できていたであろう．その発生頻度は低いという評価になったとしても，共通原因故障に至る蓋然性，シビアアクシデント拡大防止の困難さ，対策設備の簡明さなどから事故を防ぐ対策をとり，その効果をリスク評価で確認し，実効的ならしめるために適切な教育・訓練を行うという選択をとることは可能であり当然でもあった．

6.2.3 安全目標とリスクの抑制

(1) 背 景

従来わが国では，原子炉施設に係る安全確保については，異常の発生防止，異常拡大防止，事故影響緩和の三つのレベルまでの深層防護（6.3節）に拠っていた．安全上重要な系統を単一故障基準に基づいて構成し，設計基準において想定した外的事象（地震，津波など）への考慮という基本的な考え方に基づき，設計基準事故への対応が行われてきた．

しかし，米国のTMI事故，旧ソ連のチェルノブイリ事故以降，設計基準事故を超えて重大な炉心損傷にいたる過酷事故（シビアアクシデント）に対して，各国でその対応がとられるようになり，わが国においても，その対応に関して原子力安全委員会で議論された．そして，深層防護の第4層に相当する「設計基準事故を超える事象」に関して，平成4年（1992年）5月当時の原子力安全委員会が，原子炉設置者において効果的なアクシデントマネジメントを自主的に整備し，万一の場合にこれを的確に実施できるようにすることを強く奨励した．すなわち，シビアアクシデントへの拡大を防止するとともにシビアアクシデントに至ったときの影響を緩和するために，施設の設計に含まれる安全余裕や当初の安全設計上想定した本来の機能以外にも期待しうる機能，またはそうした事態に備えて新たに設置した機器などを有効に活用することとした．そして，その対応を事業者および通産省（その後の原子力安全・保安院）に任せ，報告することを求めた．

通産省はその方針に従って行政指導により過酷事故対策を進め事業者に整備報告を求めたが，事業者の自主的保安措置であったため，「設計基準事故を超える事象」，すなわちシビアアクシデントに至る可能性のある事故を明確な規制対象としては位置付けなかった．この方針は新規プラントでは設計時に対応するという方向が出されるなど，当時としては世界の潮流から遅れたものではなかった．しかし，その後，諸外国では規制要件化していったが，わが国では事業者の自主的保安措置のままとされた．

(2) 深層防護とシビアアクシデントのリスクの抑制

　原子力安全委員会は平成 15 年（2003 年）に安全目標に関する中間とりまとめ[1]を行った。その序文には，「原子力を利用する事業活動には，将来を含めた人類のエネルギー源の確保や，医療，工業，農業など幅広い分野の放射線利用などによる便益がある一方，広範囲にわたる放射性物質の放散などを伴う事故が発生する可能性という，国民の健康や社会環境に大きな影響を及ぼすリスクが潜在することは否定できない」という文言が記載された。そして，そのリスクを抑制するため，原子炉施設の場合には異常発生の防止，異常の拡大防止と事故への発展防止，放射性物質の異常な放出の防止の三段階の安全対策を講じるという多重防護[*1]の考え方を基本と指摘した。

　福島第一原子力発電所事故を受け，平成 24 年（2012 年）6 月に成立した「原子力規制委員会設置法」には，大規模な自然災害およびテロ行為の発生も想定した安全規制に転換するための改正が含まれている。また，設計基準事故を超えたシビアアクシデントへの進展防止，シビアアクシデントに至った場合の影響緩和対策を求めている。ここに，三段階の安全対策から深層防護の第 4 層ともいえる対応が明確に位置付けられることになり，原子力安全委員会が指摘したシビアアクシデントによる国民や社会環境へのリスクを抑制することを原子力規制の枠組みで明示した。

　東北地方太平洋沖地震に続く津波は設計想定を大きく上回るものであった。国民の健康や社会環境に大きな影響を及ぼすリスクが潜在する原子力施設は，それを「想定外」として危機管理の外に置くことは認められず，敷地境界付近の公衆および環境に放射性物質による重大な影響を与えることは許容されない。したがって，適切なリスク管理，リスク抑制状態の適切さを評価するにあたり参照される安全目標が原子力規制には必須である。さらに，新たな知見や研究成果，内外の運転経験をリスク管理や原子力規制に適切に取り入れることが肝要である。

(3) リスクを抑制する目安（安全目標）

　国民の健康や社会環境に大きな影響を及ぼすリスクを抑制するため，深層防護に基づき適切なリスク管理がなされる。そのリスク管理状態をどのように認知するべきかは，"How safe is safe enough?" の問題として国際的に議論されてきた。多くの国で確率論的な数値として定量的な安全目標が定められ，決定論的な安全規制を補う形で活用されつつある。前項で述べたようにわが国でも，旧原子力安全委員会が安全目標を提案した。原子力安全規制活動によって達成し得るリスクの抑制水準として，確率論的なリスクの考え方を用いて安全目標を定め，安全規制活動などに関する判断に活用することが，一層効果的な安全確保活動を可能とするとの判断によるものである。

　安全目標は国の安全規制活動が事業者に対してどの程度発生確率の低いリスクまで管理を求めるのかという，原子力利用活動に対して求めるリスクの程度を定量的に明らかにする。公衆のリスクを尺度として安全目標を定めることにより，規制活動の透明性，予見性，合理性，整合性を高めることに寄与し，規制基準の策定など国の原子力規制活動のあり方について国民との意見交換をより効果的かつ効率的に行うことが可能となる。

　定性的安全目標はリスクの抑制水準を示すものであり，「原子力利用活動に伴って放射線や放射

[*1] 原文では多重防護と記載されるが，工学的設備を多重に置くことによる防護と解釈されることを避けるため，本報告書では深層防護を用いる。

性物質の放散により公衆の健康被害が発生する可能性は，公衆の日常生活に伴う健康リスクを有意には増加させない水準に抑制されるべきである」とされた。定量的目標は安全の水準を示すものであり，定性的安全目標の達成度を客観的に測るものでなければならない。そこで，施設の敷地境界付近の公衆の個人の平均急性死亡リスクと，施設からある範囲の距離にある公衆の事故に起因する放射線被ばくによって生じ得るがんによる個人の平均死亡リスクをそれぞれ年当たり100万分の1（10^{-6}/人・年）程度を超えないように抑制されるべきとした。定量的安全目標は，原子力施設の安全確保活動の深さと広さを決めるために用いられる。したがって，定量的目標に適合するような，その施設に固有の重大な事故事象の発生確率が性能目標として策定された。性能目標は，内的および外的起因事象の全体（ただし意図的人為事象を除く）を含めた事故シナリオについて，炉心損傷頻度 10^{-4}/炉・年および格納容器破損頻度 10^{-5}/炉・年程度とされた。なお，この数値については合理的に実行可能な限りのリスク低減策が計画・実施されていることを求めるものであり，上記の頻度が目標値を下回るかどうかが重要な点ではない。

原子力規制委員会は発足当初から性能目標に関する議論を行うことを表明していたが，諸外国の性能目標[*1]などについて調査を進め，平成25年（2013年）4月に以下の性能目標を示した。

炉心損傷頻度（CDF） 10^{-4}/炉・年
格納容器隔離機能喪失（管理放出）頻度（CFF-1） 10^{-5}/炉・年
格納容器隔離機能喪失（非管理放出）頻度（CFF-2） 10^{-6}/炉・年
放射性物質放出量 100 TBq（Cs-137）

CFF-1はフィルターベントなどを用いた管理放出を含めたものであり，CFF-2は非管理放出を念頭においたものである。さらに，CFF-2における大量の放射性物質の放出に関しては100 TBqの制限値を示した。

ここに，定量的安全目標とそれに付随する性能目標が提示されたが，定性的安全目標はわれわれが受容しうるリスク水準を共有するための基礎となるものである。定性的安全目標についての十分な議論こそ重要であり，原子力規制委員会の提示した目標に欠けている点である。原子力利用活動に伴う公衆と環境へのリスクを合理的に実行可能な限り低くする努力，リスクの抑制水準を定めることの重要性を共有するためには，策定される安全目標が社会に広く受け入れられ関係者に尊重されなければならない。安全目標の策定および適用に至る各段階で，安全目標の目的や内容，適用法などについて，広く国民，社会と対話を続けていかなければならない。

福島第一事故においては，大量に放出された放射性物質により広い範囲で土地汚染が生じ，結果として長期にわたる避難というきわめて大きな負担を周辺住民の方に強いることとなっている。このような長期にわたる避難は，重大な社会的リスクが顕在化したものである。社会的リスクについて原子力安全委員会の報告書は以下のように述べている。「大きな事故が発生した際に生ずる影響には，放射性物質の放散による集団への健康影響のほかに，土地が汚染して人々の生活空間が制限されるなどの影響があり，これを社会的影響という。社会的影響は，事故による公衆の個人の健康

---

*1　http://www.nsr.go.jp/committee/kisei/h24fy/data/0032_10.pdf

に対する放射線影響という直接的な影響と比べて，定量化が困難である上に，目標とすべきリスクの抑制水準についての議論が進んでいない。そこで，今回の案ではこれを属性とする目標は定めていない。このことはもちろん，本専門部会がそうした影響の考察が重要でないと判断した結果ではない」。日本原子力学会の原子力基本安全原則[2]は社会的リスクに着目し，重大な土地汚染が生じる放射性物質の放出を制限することをリスク抑制の要素の一つとして掲げている。また，チェルノブイリ事故を経験した欧州の主要国の安全目標では，放射性物質の放出量の制限を性能目標の一つとして掲げている。安全目標は公衆の健康リスクのみでは不十分であり，社会的リスクにどのように向き合うかが重大な課題である。

参考文献（6.2.3）

1) 原子力安全委員会安全目標専門部会，「安全目標に関する調査審議状況の中間とりまとめ」（平成15年12月）．
2) 日本原子力学会標準委員会レポート，「原子力安全の基本的考え方について 第Ⅰ編 原子力安全の目的と基本原則：2012」，AESJ-SC-TR005（2012）．

6.2.4 原子力発電の安全と安全確保の仕組み

(1) 原子力安全の意味

　原子力発電所をはじめ原子力施設には放射性物質（放射能を持つ物質）が内蔵されており，それが放出されるという"潜在的危険"がある。それを顕在化させないようにすることが，"原子力安全"であり，"原子力安全"の基本である。すなわち，原子力施設による放射線・放射能の障害・災害の防止が原子力安全の目標であり，それを設計，製造，建設，運転管理，保守とあらゆるフェーズで安全の確保のための活動を継続して進めるということである。また，原子力発電所の運転では生活，社会，経済，環境などへの影響も考慮することが必要であり，これも原子力安全の範疇という認識が定着つつある。そういう意味で，"原子力安全とは"もしくは"原子力安全の確保とは"，どういう意味であり，そのために何をすべきかということを，検討の過程も公開して公表し，一般公衆の理解を得るとともに，意見を聴く相互理解が重要となっている。

　平成23年（2011年）3月11日の東日本大震災における福島第一原子力発電所の事故（以下，「福島第一事故」という）により，わが国においても原子力発電の危険性は仮想のものではなく，現実のものであることが認識された。その結果，原子力安全の確保については様々な意見が出されている。ここでは，原子力発電所の安全確保の視点で，どのように原子力安全が確保されているのか，技術的な側面から分析を試みる。

(2) 安全確保のための技術

　① **固有安全**　軽水炉の核燃料には，核反応に寄与するウラン-235が2～4％程度含まれており，残りはウラン-238である。原子炉の出力が上昇すると燃料の温度が上昇する。温度が上昇するとウラン原子の熱運動はウラン-238の中性子吸収を増大し，核分裂連鎖反応は抑制されることになる。軽水炉の燃料は上記のように大部分がウラン-238であるため，温度上昇に伴って核分裂の連鎖反応が起きにくくなり，大規模な爆発的反応に至ることはない。また，運転状態において出

力が上昇し，冷却材である水の温度が高くなると気泡が発生し（あるいは密度が減少し），核分裂連鎖反応が抑制される。このように，炉心の出力が上昇した場合，物理的なメカニズムによって核分裂の連鎖反応が抑制される性質は自己制御性と呼ばれ，原子炉の安全設計における基本的な要件である。

福島第一では地震により核反応が停止し，その後の事故状態において再臨界に至る事態にはならなかったと推定されている。

② **安全設計の基本** 原子炉施設の安全設計の基本は，国際的に共通の原則，すなわち深層防護に則り，多重障壁，グレーデッドアプローチ[*1]，単一故障基準などによる異常事象や事故の発生の防止，拡大の防止，影響の緩和の方策を具体化することである。

その実現には，機器・設備などを高い品質でつくり上げること，信頼できる運転管理が行われること，すなわち設備の製造者と運転を管理する事業者の設計に始まり，製造・建設・運転・保守管理の直接的な対応はもちろんのこと，安全規制の各分野に係る規制者のすべてを含めて，安全意識を共有し，原子力安全の確保に取り組むことが重要である。

福島第一事故では，深層防護に基づくグレーデッドアプローチがうまく機能せず，事故にいたったのではないかと考えられる。詳細な分析は 6.3，6.4，6.5，6.6 の各節を参照されたい。

③ **放射性物質の管理の基本** 原子力のハザード源は放射性物質とそれに起因する放射線である。放射性物質を利用するにあたっては，基本的にこれを物理的な障壁や区画内に閉じ込めることによって管理を行う。閉じ込めと管理の厳重さは対象とする放射性物質のリスクに依存する。

原子力発電所では，安全確保の原則の一つとして放射性物質の閉じ込め機能が求められており，格納容器内に閉じ込める，外に漏らさないことが基本とされる。福島第一事故では，事故の進展により予想のむずかしい箇所からの漏えいが発生したこと，また閉じ込め機能と炉心の冷却機能が相反する事態に遭遇し，結果として冷却できず炉心溶融，大量の放射性物質の放出という事態を招くこととなった。

④ **設計による具体的対応** 原子炉における安全の確保は反応度事故や異常な反応の防止，燃料体の健全性確保，放射性物質の閉じ込めによって達成される。そのために取られる基本的方策は以下の通りである。

a. 深層防護：効果の異なる多層の安全対策である。（i）異常事象の発生を防止する設計概念の展開から始まり，（ii）通常の運用における欠陥の発生から異常事態への拡大，事故への発展を防ぐ設計を具体化し，（iii）事故時の拡大防止・影響緩和・事故後の処置・放射性物質の放出防止と，展開される考え方である。

b. 多重障壁：多重の物理的障壁による放射性物質の漏えいや流出の防止である。一般的な軽水炉の場合，燃料ペレット，燃料被覆管，原子炉容器，格納容器，原子炉建屋などにより放射性物質の漏えいを防止あるいは抑制する。

c. 立地時の隔離：立地時には公衆から一定の距離を置くこと（離隔距離）で，放射線災害を防

[*1] たとえばリスクの大きさにより分類し，その程度に合わせて対応方法を選択して実行し，目標を達成する方法をいう。

止しているとされてきた。なお，福島第一事故では，深層防護，多重障壁の機能は効果を十分に発揮することはなかったが，立地時の隔離に関する要件については，課題はあったものの一定の効果はあった。

⑤ **設計基準事象**　原子力施設の安全設計とその評価にあたって考慮される事象を"設計基準事象"という。原子力発電所の各設備や機器の設計において，その機能が適切に作動し，原子力施設の安全が確保されることを確認する条件である。様々な機器やシステムの故障，あるいは運転員の誤操作などによって引き起こされることを想定する事象であり，これに加え，安全機器の故障や電源喪失を仮定して評価を行っても，原子炉施設の安全性を阻害しない設計であることが求められる。

設計基準事象が生じた場合でも，炉心が著しい損傷に至ることなく，かつ事象の過程において他の異常状態の原因となる二次的損傷を生じないこと，放射性物質の放散に対する障壁の設計が妥当であることが求められ，"原子力事故"に至ることがないように設計される。

⑥ **アクシデントマネジメント（AM）とシビアアクシデントマネジメント（SAM）**　設計基準を超える事態には，アクシデントマネジメントとして，設備や運転員の信頼度，外的事象の影響と発生確率などを考慮して，6.2.3項で述べた性能目標と整合する形であらゆる手段で対応する。基準事象を超える事象の発生は当然ながらゼロにはならない。設計基準を超える事象は多重の故障・異常事象や多重の誤操作などにより発生が想定され，その確率はきわめてまれであると考えられるものの，一度発生すれば炉心に重大な損傷を起こし，放射性物質が異常な水準で放出に至る，もしくは至るおそれがある。これらを一般に過酷事故（シビアアクシデント（SA））という。その一例として，原子炉冷却材喪失事故（LOCA）における外部電源喪失，非常用電源喪失，その結果ECCS不作動，残留熱除去失敗という事態を考えることができる。このような事態では，炉心溶融から圧力容器破損，格納容器過圧・過温破損，そして場合によっては水素爆発，最終的に放射線物質の大量放出に至ることが想定される。

原子力安全確保の観点からはシビアアクシデントの発生を防ぐことがきわめて重要である。福島第一事故の前までは，設計基準を超える事象を「起こらない」ものとしており，「念のため」これらの事象に対する対策が取られていたものの，不十分であった。様々な事態を真摯に想定し，対応策を検討しておくことは安全確保上，きわめて重要である。

(3) 潜在的な重大事故の安全対策

福島第一事故の教訓は重大な潜在的事故が顕在化，すなわち万が一にでも発生した場合には，公衆の安全確保と環境の保護を確実に行わなければならないということである。これは，サイト内の対応となるシビアアクシデント対策であり，サイト外の対応となる原子力防災である。

この原子力安全の深層防護の第4層（設計事象を超えた過酷事故の発生防止と影響緩和），第5層（防災）の領域への対応をつねに考え，品質マネジメントに用いるPDCA〔P（計画），D（実行），C（評価），A（改善）〕を回す仕組みを構築することが重要である。これらの対応は重大な事故対策としてきわめて重要であることから，それぞれ6.5節，6.9節で改めて取り上げる。

6.2.5　原子力安全と核セキュリティの関係

　福島第一事故は原子力施設へのテロ行為により同様の深刻な影響を社会に与える事態を引き起こすことができる可能性を示した。このため，安全面のみならず核セキュリティ面においても，事業者，規制行政機関および治安当局などの関係者は，原子力施設に対するテロ行為が現実にあり得るものとして各々の取り組みを強化するとともに，相互に連携して実効ある対策を講じていくことが必要である。

　このため，事業者は安全上のみならず核セキュリティ上の防護について第一義的な責任があることを再認識し，また，原子力安全および核セキュリティに責任を有する事業者，治安当局を含めた関係省庁は，各組織に属する個人も含め，組織文化（安全文化）および「セキュリティ文化」を醸成し，各自が果たすべき責任を認識し，継続的に対策の見直しと改善に取り組むべきである。特に，それぞれが果たすべき責任の範囲を拡張的に捉え，互いの対策の間に見落としが生じないようにすべきである。

(1)　共通要素

　原子力安全と核セキュリティには多くの共通要素があり，両者とも人，社会および環境の防護を究極の目標として原子力施設を防護する。その各々の基本的な目的は人，社会および環境の防護であり同じものである。また，引き金となる原因が安全についての事象であるかセキュリティについての事象であるかにかかわらず，防護すべき人，社会および環境において容認できる放射線のリスクは同じものであると仮定できる。さらに，この基本的な目的を達成するために適用される考え方も同様である。

　安全とセキュリティのいずれもが基本的に深層防護の方針に沿って達成されるものであり，いくつものレベルの防護を取り入れている。これらのレベルの基本的な性質も安全とセキュリティで同様のものである。両者とも防止が最優先され，次に，異常な状況を早期に検知して，結果として生じる損害を回避するために速やかに対応することが必要である。そして，次の効果的な措置となるのが緩和である。最後に，防止，防護および緩和のための措置が機能しなかった場合に備えて，広範な緊急時計画を整備すべきである。

　原子力安全の対策として組み込まれた相補的な核セキュリティの対策の具体例をあげると，平成13年（2001年）9月11日の米国同時多発テロを契機に，米国で10CFR50.54（hh）に基づき，航空機衝突などによる爆発または火災によってプラントの大部分が喪失した状況で，炉心冷却，格納容器および使用済燃料プール冷却を機能させる，または復旧させることを目的とした方策の整備を要求する拡大被害緩和指針がある。

　これは事故または故障の影響を緩和するための措置であり，放射線リスクを生じるようなセキュリティ破綻への対策であるが，同時に，福島第一事故のような外部事象によって起こった炉心溶融を伴う大規模な事故事象でも有用である。

(2)　相反的要素

　多くの共通要素があるものの，原子力施設への攻撃や核物質の盗取または破壊行為，放射性物質

の意図的な環境への拡散など，核セキュリティや核物質防護に係る事象は，その起点が防護対策を回避する意図を持って故意に行われる"知的な"または"計画的な"行為に基づくものである。このような意図を持って故意に行われる悪意のある行為（核テロ）によるリスクに対応した核セキュリティの対策には，自然現象や施設・設備の故障，その他の内部的な事象，障害，または人的過誤によって引き起こされる意図しない事象から生じるリスクに対応した原子力安全の対策とはまったく異なるアプローチが必要である。このことから，原子力安全と核セキュリティは，基本的には別の体系として防護措置を講じることが必要となる。

内部脅威対策としての核物質または原子力施設に係る機微情報を取り扱う者，枢要な施設・設備にアクセスする者の管理やその信頼性確認なども，放射線リスク源へのアクセスを制限し，リスクを低減する意味で有用である。しかし，核セキュリティ上の理由で遅延障壁を設けると，安全に係る事象に対応するために従事者が施設に迅速に立ち入ることが制約され，または緊急時の従事者の退避が制約される可能性がある。

安全機能とセキュリティ機能はつねに作動可能である必要があるので，サーベイランスや検査，保守作業の際に，安全機能またはセキュリティ機能を作動不能にする場合にそれを補償する手段を用意しなければならない。たとえば，保守作業のためにある区域への電源を遮断する際は，セキュリティ目的で使われるサーベイランス機能が使えなくなる可能性があるので，補償的なセキュリティ手段を使う必要があり，安全とセキュリティの機能を協調させることが必要となる。

安全とセキュリティの両面にわたって品質保証活動を行うことが必要であるが，たとえば，機密情報の管理は特にセキュリティ上重要である。他方，安全に係る事項に関しては説明責任として透明性が重要であるので，これら両者を考慮した品質保証活動でなければならない。

国は脅威の特定に関しては直接に関与し，テロ行為に対する対応について支援を行う必要がある。そのため，セキュリティにおける国の役割は安全上の異常事象に関する役割と同じではなく，関与の仕方も異なる。また，武装したテロ組織などに対抗し得る組織は治安当局に限定されることなど，セキュリティに係る要員は，工学または機械類の保守や運転に関する専門知識に重点をおいてはいるが，プラントの一般職員とは異なるスキルが要求される。

(3) 原子力安全対策と核セキュリティ対策のあり方

このように，原子力安全と核セキュリティとの関係は，どちらか一方が他方を完全に内包するような包含関係にはなく，安全対策とセキュリティ対策には相反的または相補的である場合がある。このため，安全のための対策と核セキュリティのための対策は，セキュリティの対策が安全を損なわないように，また，安全のための対策がセキュリティを損なわないような統合的な対策として計画，実施しなければならない。これは，安全とセキュリティの間のインターフェースを改善・強化することによって公衆，財産，社会および環境の防護を最大化することを目標（goal）としなければならないことを示している。安全対策とセキュリティ対策のそれぞれを所掌する組織が互いに情報共有や意見交換を怠らず，この二つの分野ができるだけ相乗効果を産み出すように，また，セキュリティ対策が安全対策を，安全対策がセキュリティ対策を損なわないように努めるべきである。

参考文献（6.2.5）
1) 原子力委員会原子力防護専門部会，「我が国の核セキュリティ対策の強化について」(平成24年3月9日).
2) 原子力委員会，「核セキュリティの確保に対する基本的考え方」(平成23年9月13日決定).
3) INSAG-24：The Interface between Safety and Security at Nuclear Power Plants (2010).

6.3 深層防護

　国際原子力機関（IAEA）閣僚級会合への日本国政府の報告書[1]には，福島第一事故は「シビアアクシデントに至り，原子力安全に対する国民の信頼を揺るがし，原子力に携わる者の原子力安全に対する過信を戒めた」との記載があり，今回の事故から徹底的に教訓を汲み取ることが重要であると指摘されている。そして，「原子力安全確保の最も重要な基本原則は深層防護であることを念頭に，五つのグループに分けた教訓」を導くとした。米国原子力規制委員会（NRC）の21世紀の原子力安全に向けての短期報告[2]は，「深層防護の概念は，NRCと事業者にとって十分に役に立ってきたし，現在でも価値あるものである。しかし，一貫性をもって用いられなかったし，どの程度までの深層防護で十分かというガイダンスを用意しなかった。リスク評価は潜在的可能性のあるばく露（公衆被ばく）シナリオについて貴重なそして現実的な洞察を与える。その他の技術的分析と相まって，リスク評価は適切な深層防護方法を決定するための情報をもたらす」と述べている。IAEAのSafety Report Series（SRS）No.46[3]では，「深層防護は原子力専門家が発展させた包括的な安全アプローチであり，原子力の発電利用に係るあらゆるハザードから公衆と環境を，高い確信度をもって確実に防護するものである」と述べられている。

　これらの報告から，深層防護（defense in depth）は原子力安全の最も重要で基本的な考え方あるいは概念であるとの世界各国の共通認識が認められる。その考え方は，安全の確保に有効で現実的なさまざまな方策と，それらの適切な組み合わせを示唆するものである。これまでも将来も，その意義と役割は変わらないであろう。いま，深層防護を踏まえて福島第一事故の教訓が導かれ，福島第一事故を踏まえて深層防護に係るいくつかの重要な問題が浮き彫りにされようとしている。深層防護とリスク評価とがあいまって安全確保に係る有益な洞察が得られる。深層防護は，原子力安全において公衆と環境を防護するための概念でありアプローチである。

　歴史をたどれば，米国のスリーマイル島原子力発電所の事故で，設計基準のみにより安全を確保できるという考え方は不十分であるとの指摘から，深層防護の重要性が再認識された。今，福島第一事故の経験を踏まえて，深層防護の有効性を評価する必要性，深層防護をさらに深めていくべきところはどこか，安全を確保するための今後の取組みとして何が求められるかを論じる。

　6.3.1項では，わが国において深層防護がどのように理解されてきたかを歴史的に概観する。6.3.2項は福島第一事故の分析を踏まえて，これまでの深層防護に関する考察と安全確保対策への実装において不十分であった点を，起因事象の考慮，安全設備の設計・管理，アクシデントマネジメントのそれぞれについて指摘する。6.3.3項では，深層防護の概念を防護の目的と関連して考察するとともに，深層防護に基づき適切に種々の対策を用意すれば，安全の目的が達成できるのかを議論する。

6.3.1 わが国の深層防護の受け止め方

　原子力発電技術の開発当初から「深層防護」を安全の基本原則とし，この原則を工学的に達成することを安全研究と安全設計の目標としてきた。原子力発電所についての深層防護は，一般には次の五つの層からなるとされている（図6.14参照）。

　　第1層：異常・故障の発生防止（プラントに対する外乱を起こさないように備えること）。

　　第2層：異常・故障の「事故」への拡大防止（外乱が発生しても設備に対する影響が小さい範囲となるよう備えること）。

　　第3層：「事故」の影響緩和（設備に対して重大な影響が発生しても炉心損傷を起こさないよう備えること）。

　　第4層：「設計基準を超す事故」への対策（炉心損傷が発生しても放射性物質の環境への重大な放出がないよう備えること）。

　　第5層：公衆と環境の防護のための防災対策（重大な放射性物質の放出が発生しても公衆被ばくを抑制するよう備えること）。

ここで「事故」とは「設計基準事故（DBA）」のことである。「設計基準を超す事故（Beyond DBA：BDBA）」としては，DBAは超えたがまだ炉心溶融には至っていないものから，炉心溶融が起きてしまったもの（シビアアクシデント）まで含まれる。BDBAも含めてシビアアクシデントに至る前までを第3層，シビアアクシデントに至ってからを第4層と分類することもある。いずれにしても，第4層は設計基準を超えた状態であり，ここでの対策はアクシデントマネジメント

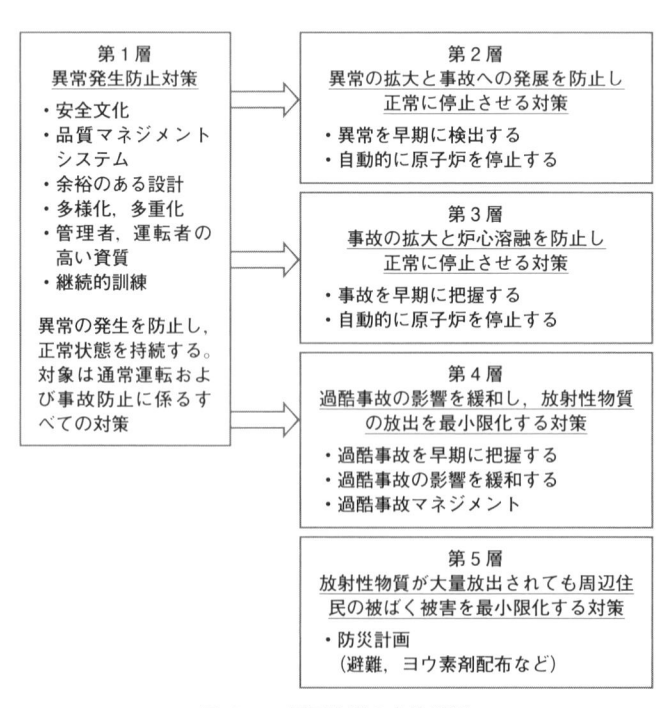

図 6.14　深層防護の全体概要

(AM) が中心となる。施設外の BDBA 対策（資機材の搬入や福島第一の事故後に新たに考えられている可搬式安全設備の用意など）も第 4 層に対応すると考えられる。

深層防護が公衆と環境を防護するための有益な概念でありアプローチであるならば，福島第一事故を経験したわが国では，深層防護の受け止め方が誤っていたのか，あるいは深層防護の考え方が不十分であるために公衆と環境の防護には役に立たなかったのか，いずれかということになる。昭和 32 年（1957 年）に始まったわが国の原子力安全に関する歴史を遡る。

(1) **原子力安全白書での深層防護の記述の変遷**（平成 3 年（1991 年）までの原子力安全年報を含む）

深層防護（多重防護）の説明の変遷は以下の通り，およそ三つの時期に分類される。

① 第 1 期（昭和 36 年（1961 年）～平成 6 年（1994 年））　第 3 層までしか説明されず，第 4 層，第 5 層の説明はない。

② 第 2 期（平成 7 年（1995 年）～平成 14 年（2002 年））　深層防護の説明が毎年変化している。

- 平成 7 年（1995 年）：過酷事故（シビアアクシデント（SA））の発生可能性が現実には考えられないほど低いと記述　（委員長：都甲泰正氏）
- 平成 9 年（1997 年）：事業者の自主的対応として SA 対策を実施している旨を記述　（同）
- 平成 10 年（1998 年）：事故発生があるものとして対策を講ずべきことを記述（委員長：佐藤一男氏）
- 平成 12 年（2000 年）：「絶対に安全」とは誰にもいえないとし，初めて第 4 層，第 5 層を記述（同）
- 平成 14 年（2002 年）：第 4 層，第 5 層を記述し，事故管理のためのアクシデントマネジメント（AM）の必要性を説明　（委員長：松浦祥次郎氏）
- 平成 15 年（2003 年）～平成 16 年（2004 年）：第 4 層，第 5 層の記述が消えて，再び第 3 層までのみの説明に戻る　（同）

③ 第 3 期（平成 17 年（2005 年）以降）　深層防護の説明そのものの記述なし　（委員長：鈴木篤之氏，班目春樹氏）

(2) **深層防護の理解と安全確保活動への取組み**

原子力の分野では古くから深層防護の考え方が取り入れられていたが，前項の歴史を見て分かるとおり第 3 層までの考え方であった。すなわち，設計基準内での安全対策に限定されていた。その考え方が大きく変化したのは，設計想定をはるかに超える事象に見舞われたチェルノブイリ事故がきっかけであった。事故の影響が大きかった欧州各国が中心となり，平成 8 年（1996 年）に深層防護の考え方が初めて国際安全基準として明文化された。設計基準内の対策である第 3 層までの考え方に加え，設計想定を超える事象，すなわち SA が起きたときの影響緩和対策を第 4 層に，そして事故が発生したときの防災対策を第 5 層に位置づける現在の深層防護基準（INSAG-10）[4]である。

わが国でもすぐに検討が行われたが，事故が起きない（原子炉などによる災害の防止上支障がない）としていた法制度上の考え方との整合がとれないことから，第 4 層の対策は事業者の自主的対応とされ，平成 9 年（1997 年）にそのことが記述された。平成 12 年（2000 年）と平成 14 年（2002

年）に，わが国の『原子力安全白書』に初めて INSAG-10 と同様の第 5 層までの深層防護の考え方が詳述されたが，平成 15 年（2003 年）以降，第 4 層，第 5 層の説明が消えて平成 10 年（1998 年）以前の第 3 層までの説明に逆戻りした。この頃に何らかの状況の変化があったものと思われる。

　平成 18 年（2006 年）4 月に原子力安全委員会（委員長：鈴木篤之氏）が国際安全基準に沿って国内の指針類の見直しに着手しようとしたが，原子力安全・保安院から作業中止の申し入れがあって中止させられたこと，平成 18 年（2006 年）5 月に原子力安全・保安院長から原子力安全委員長あてに「寝た子を起こすな」との要請が出されたことを示す議事録が，事故後，原子力安全委員会（委員長：班目春樹氏）から公表されている。

　SA 対策を実施すべきことが，平成 12 年（2000 年），平成 14 年（2002 年）にいったんは『原子力安全白書』に記述されていながら，その後後退したことは大変残念である。原子力安全の目的を達成するための深層防護が，原子力安全を説明するための深層防護とされたようでもある。原子力規制改革により，平成 24 年（2012 年）9 月に独立性の高い三条委員会として原子力規制委員会が設置されたことにより，深層防護の理解とそれに依拠する安全確保活動への取組みが適切になされることを期待する。

(3)　深層防護の位置づけの成文化

　深層防護は原子力安全の最も根本的な安全論理である。そのことは IAEA の 132 件の安全基準の最上位に位置している安全原則（SF-1）[5]の中の原則 8「事故の防止」の中で「事故の影響の防止と緩和の主要な手段は深層防護である」と明記されていることからも明らかである。事故防止の最も重要な位置づけを与えられているのである。このため，世界の主要原子力利用国ではこの深層防護を国内でどう適用するのかを記述した規制図書が安全規制図書の中でも高い位置を与えられている。残念ながらわが国には，それに該当する規制図書が存在していない。日本原子力学会では平成 24 年（2012 年）11 月に公表した「原子力安全の基本的考え方について」の中に IAEA の深層防護の考え方を詳述している（解説 15）。新しい規制基準はこの深層防護の考えに立脚していることは原子力規制委員会の説明資料に書かれているので，いずれ原子力規制委員会の上位の規制図書の一つとして文書化されることを期待する。

6.3.2　福島第一事故を踏まえた深層防護の分析

(1)　安全確保策と深層防護の関係

　安全確保の目的は，原子力施設の周辺における公衆を放射線災害から護ることである。その基本となる考え方は深層防護の思想である。深層防護とは，一つは多層の安全対策を用意しておくことであり，もう一つは各層の安全対策を考えるときには，全体として特定の層に過度に依存せずに有効性（independent effectiveness）をもたせることである。多層の安全対策を用意する理由は前段の対策がどのように厳重なものであっても，それが機能しない可能性があるという不確かさを否定できないからであり，その不確かさに備えるためである。特定の層に過度に依存しなくても有効であることを求める理由は，いずれか一つの層に過度に依存するとその層が機能を失うことにより安全確保に支障をきたすことを防ぐためである。いずれかあるいはいくつかの層が機能しないとして

も，多層全体として防護がなされることが"independent effectiveness"の意味するところである。このとき，それぞれの層の厚さと必要な層の数は対象とする脅威の性質と不確かさの程度に依存する。

深層防護に基づく安全確保は単なる設備設計の要求だけでなく，日常の設備管理から万一の事故における適切な管理・運用をも含むものである。その結果として十分な安全性が確保されているかは，確率論的リスク評価（PRA）などを用いて確認される。深層防護という概念とリスク評価という方法論は，安全確保のためにともに欠くことのできないものである。設備の改良や運用手順の改善を行うなどによりリスクの低減に効果があり，より適切な深層防護の構築が可能になることがPRAにより示唆されれば，適切かつ効果的な安全性向上の努力を払うことができる。

福島第一事故では，設計の想定を超えるような自然現象によって安全機能を有する機器などに多重の損傷が生じ，その結果として炉心が溶融し，大量の放射性物質が環境中に放出された。この事実が提起した，自然現象など施設外誘因事象に対して，深層防護対策の考え方に則った対策がなぜ適切に機能しなかったのかという問題について考察を深める。

(2) 福島第一事故における特に重要な問題点

福島第一事故で摘出された諸課題は深層防護のほとんどの層に関係している。まずは，各層ごとに課題を整理する。

第1層は，発端となる異常や故障などの発生を防止することである。そのために，実証された技術に基づいて十分に余裕のある設計を行うこと，必要に応じて地震や飛来物などの個々の誘因事象に対する防護設計を行うこと，高い品質管理システムに基づいて保守管理を行うことなどがなされる。しかしながら，福島第一事故では施設外誘因事象の一つである津波によって，多数の安全設備が同時に機能喪失した。

第2層は，異常や故障が起きた場合にそれを直ちに検知して対応することにより，それが事故に発展するのを防ぐことである。たとえば，運転パラメータがある許容範囲を超えたときにはその信号により制御棒を自動挿入して原子炉を停止する。福島第一事故では，地震により原子炉が停止したことが確認されている。すなわち，運転時の異常な過渡変化に分類される外部電源喪失が生じたが，地震計の信号によって原子炉は自動停止し，すべての非常用ディーゼル発電機（D/G）が起動して原子炉施設は制御された状態となった。

第3層は，万一の事故に備えて，その影響の緩和を図ることである。たとえば，原子炉冷却系の配管が破断し，冷却水が流出して炉心が空焚きになるような原子炉冷却材喪失事故（LOCA）に対して非常用炉心冷却系（ECCS）を用意しておくこと，また放射性物質の環境への放出を防ぐために頑丈で機密性の高い格納容器を用意しておくこと，格納容器が内圧によって破損するのを防止するために格納容器冷却系を用意することなどがこれに対応する。しかしながら，福島第一事故では各号機によって程度の違いはあるが，交流電源，海水冷却系，さらには直流電源までも喪失して，多くの安全設備が働かず，3基の原子炉で炉心溶融事故に至った。また全交流電源喪失事象（SBO）については，原子力安全委員会の安全設計審査指針[6]で「長時間のSBOは考慮しなくてよい」とされていた点が問題視され多くの批判を集めた。

第4層は，設計基準を超すような事故状態になったときに備えて，それがシビアアクシデントに

なるのを防止するための対策（フェイズ 1 のアクシデントマネジメント策），シビアアクシデントになってしまった後にその影響を緩和するための対策（フェイズ 2 のアクシデントマネジメント策）が用意されていた。しかし，こうしたアクシデントマネジメント策の多くは電源の利用を前提とするものであったこと，さらに地震や津波が施設内外にもたらした影響やシビアアクシデントがもたらした環境条件，特に高い放射線場での作業は困難を極めたことにより機能しなかった。

第 5 層は，防災対策である。わが国の防災は実効性がないものであったが，事故時にはさらに組織間連携にも問題があることが如実になった。また，平成 11 年（1999 年）に発生した JCO の臨界事故の反省項目，たとえば災害弱者への配慮の問題も放置されていたことが明らかになった。

多くの問題が指摘される中で，福島第一事故で顕在化した問題として特に重要なものとして次の三つがあげられる。

① **施設外誘因事象，特に自然現象に対する防護**　深層防護の第 1 層に相当するものは，機器故障の発生防止である。旧原子力安全委員会の設計指針における「Ⅳ. 原子炉施設全般」（指針 1～10）は，安全機能を有する構築物，系統及び機器（以下，「機器等」）が高い信頼性を有すべし」という要求である。そこには，指針 2～5 として「自然現象」，「外部人為事象」，「内部発生飛来物」および「火災」という施設内外の個々の誘因事象について，設計上の考慮をすべきであるとされている。

しかし，施設外誘因事象，特に自然現象に対する防護が十分でなかった。低頻度事象であってもその安定性に対する影響度を考慮して十分な余裕をもった「設計基準ハザード」を設定すべきところ，津波について十分な想定がなされていなかった。個々の事象に対してはその特性に応じた安全設計が求められる。地震動に対しては個々の機器などについて余裕をもった耐震設計などが有効であるし，津波に対しては適切な能力の防潮堤や建屋の水密化などが有効である。

② **アクシデントマネジメントの信頼性と実効性**　深層防護の第 4 層は，シビアアクシデントに対するアクシデントマネジメントである。設計基準を超える事象が発生した事態では，アクシデントマネジメントによりシビアアクシデントの発生を防止し影響を緩和することになっていたが，福島第一事故では地震と津波でプラントの主要設備に共通原因故障が誘発された結果，あらかじめ考えていたアクシデントマネジメントの設備や運用が困難を極めた。また，地震動および津波によりサイト全体が被災したことや，その結果として起きたシビアアクシデントがもたらすかもしれない施設内および施設周辺の環境条件などを十分には考慮していなかったため，施設へのアクセスや必要な機材の輸送，搬入にも支障をきたした。さらに，コミュニケーションにも障害が生じたために必要な情報の共有や有効な連携活動に支障が生じた。

シビアアクシデント対策として用意されていたアクシデントマネジメントはその信頼性と実効性に乏しく，事故条件下で実質的に役に立たなかった。想定外の自然災害が発生した後のアクシデントマネジメントでは，自然災害が招く特有の障害についても配慮をした対策を考えることが重要である。

③ **「想定を超える事象」への「柔軟な対応策」**　福島第一事故は発生頻度は低いが大きな被害を及ぼす自然災害に対して，適切な深層防護設計とは何かという問題を改めて提起した。すでに述

べてきたように，原子力安全は深層防護を原則として工学的にそれを実現しようとするものである。しかし，自然災害を含む外部要因による事象に対して深層防護の有効性についての考察と評価が十分になされていなかったと考えられる。厳しい自然現象が発生すると，プラント内の設備のみでは有効な対策手段となり得ない場合があることを想定しなければならない。たとえば，地震が想定をはるかに超えると，原子炉建屋内に設置された設備は共通の原因で機能が喪失する可能性がある。津波の影響を防ぐために建屋の水密化を強化しても，想定の範囲を超えて浸水すれば，やはり共通の原因で求められる機能の喪失を招くことになる。このように発生がまれであっても大きな被害を招く事象に備えるには，柔軟な方策が効果を発揮することは，福島第一以外の被災発電所の対応から理解できる。わが国では，想定を超える事象への柔軟な対応策を体系的に用意するという発想が欠如していた。事前に万全の安全対策を用意しても，その完全性に関して不確かさがあることを踏まえれば，最悪の事態を避けるための可搬式の安全設備などを用意しておくべきであった。米国ではすでにそうした対応もなされていたが，わが国ではなされていなかった。

(3) 深層防護による安全確保

設計基準事故を超えるシビアアクシデントのリスクは認識されており，アクシデントマネジメント策が整備されていた。福島第一事故では，自然現象，特に津波に対して十分な防護がなされていなかったし，アクシデントマネジメント策が十分に機能しないことが明らかとなった。設計条件を超えた自然現象は，一度に複数の機器などに対する共通原因故障を引き起こしうる。たとえ発生頻度が低い事象であったとしても，いったん起こってしまえば大きな被害をもたらし得ることを理解しなければならない。福島第一では，設計のために想定されていた規模を超える津波によって，安全のための機能を有する多くの機器などが共通して機能を喪失し，その結果として炉心の溶融と大量の放射性物質が環境中に放出されることとなった。

自然現象に伴うシビアアクシデントのリスクが内的誘因事象によるリスクに比べて大きいことは，リスクの専門家によって認識されていた。しかし，外的誘因に対処するために設計基準をいかに強化すべきかの議論にとどまっていたために，注水・冷却系の多様性，アクシデントマネジメント策の実効性，緊急防護措置の実施などの多くの課題を残すことになった。また，シビアアクシデントの発生防止を重視し，それを信頼しすぎたために，シビアアクシデントが発生したとたんに深層防護としての機能を失うこととなった。すなわち，特定の層に過度に依存してはならないという独立した有効性の要件が欠落していたといえる。

女川原子力発電所や東海第二発電所では，津波によるリスクを回避するための意図をもって敷地高さを決定したことや，新たな知見に基づいて防護すべき津波高さを順次見直すなどの対策をとっていたことが，結果としてシビアアクシデントを回避することにつながっている。これは，継続的安全向上（新知見と運転経験の適切な反映）が行われていたことにより深層防護をより適切な構造にするという努力がなされた結果と考えられる。

もう一つの重要な指摘は，設計基準津波の基盤となるリスクについて，専門分野間の共通認識を得るためのコミュニケーションが不足していた点である。これは，原子力安全を確保するという目標を共有していなかったためといえよう。深層防護の各層は互いに無関係ではない。原子力安全の

側から津波に関する専門家に対して設計基準ハザードを定量的に示し，これに対応する津波の高さなどについての深い情報交換を進め，これに基づいた基準の改訂などを進める必要があった．

(4) シビアアクシデント対策とその実効性の確保

深層防護の考え方に基づく安全対策の実施にはいくつか留意すべき事項がある．設計基準を超えて，シビアアクシデントの領域に至ったとしても，起こりうるシナリオを網羅しておくことは困難であるといわざるを得ない．この場合には，可搬式設備などで柔軟性，融通性をもった対応が効果的であるが，一方で多様なアクシデントマネジメント策を進めるために，組織と人間に責任感と適切な判断力と統率力が必要となる．

シビアアクシデントが実際に起こっている状態でのアクシデントマネジメント策には，多くの実施上の困難が伴うことも明らかとなった．たとえば，高い放射線環境での様々な作業には時間的空間的制限があり，運転員には制御室での居住性にも大きな制約がもたらされた．さらに，アクシデントマネジメント策として用意されていたものの中には，電源を復旧できないなどの，ある事故条件下では必ずしも容易に実施できないものがあった．

深層防護が有効に機能するためには，オンサイト，オフサイトを含めた多重，多段の安全確保がなされることに加え，マネジメントの実効性を確保するための方策の検討，およびそれらの不断の見直しなど，多くの因子を有機的に結び付けることが必要である．

6.3.3 深層防護の概念の深化と今後の取組み

(1) 設計基準内を逸脱する事象に対する備え

IAEA閣僚級会合への日本国政府報告書[1]において，安全確保における深層防護の重要性が強調され，「原子力安全確保の最も重要な基本原則は深層防護であることを念頭に，五つのグループに分けた教訓」を掲げた．教訓第1のグループはシビアアクシデントの防止策が十分であったか，教訓第2のグループは，シビアアクシデントの事故への対応が適当であったか，教訓第3のグループは原子力災害への対応が適当であったか，というように，深層防護の3要素（防止，影響緩和，災害への対応）を教訓として指摘されている．特に，第5のグループ：「安全文化の徹底」では，「今後は，原子力安全の確保には深層防護の追求が不可欠であるとの原点につねに立ち戻り，原子力安全に携わる者が絶えず安全に係る専門的知識の学習を怠らず，原子力安全確保上の弱点はないか，安全性向上の余地はないかの吟味を重ねる姿勢をもつことにより，安全文化の徹底に取り組む」とした．

原子力安全保安院[7]は「深層防護の考え方に基づき，まずは十分な想定に対する評価により安全性を確保するとともに，想定を超えることは起こりえるとの前提にたち，想定を超えたものは次の層で事故進展等を防止できるよう厳格な「前段否定（故障，事故の発生を防止するため必要十分な対策を実施するがその効果を否定し，故障・事故が発生したと想定し次なる対策を実施すること）を適用する必要がある」と指摘した．

国際原子力機関（IAEA）のSafety Report Series 46[3]は，「深層防護は原子力専門家が発展させた包括的な安全アプローチであり，原子力の発電利用に係わるあらゆるハザードから公衆と環境を，

高い確信度をもって確実に防護するものである」としている。

　米国 NRC は 21 世紀の原子力安全への提言レポート[2]で 12 の提言を行った。報告書の第 4 章を「深層防護による安全」とし，4.1 節「外的事象からの確実な保護」，4.2 節「影響緩和」，4.3 節「緊急事態への心構え」にあてた。第 3 章の規制の枠組みでは提言 1「深層防護とリスク情報活用の双方を適切に考慮できるような論理的で体系的で首尾一貫した規制の枠組みを構築すること」を提言した。米国において深層防護の重要性が再認識されたのは，TMI 事故の教訓によるもので，設計基準事象にのみ基づき安全を確保する考え方は十分ではないと指摘されている。

　設計基準事象に基づいて安全設備を体系化する方策とは，あらかじめ定められた設計基準事象群に対して適切な手段を用意しておくことである。したがって，確実で効果的な対処が可能であり，高い水準の安全が実現できる。しかし，リスク管理が十分になされるか否かは，設計基準事象にどのような考え方に基づきどのような事象を含めるかといった枠組みに依存する。過去に発生したシビアアクシデントはいずれも設計基準事象で想定したシナリオを逸脱するものであった。ヒューマンファクター，外部事象が関与する多重故障による安全機能喪失などがその原因である。すなわち，定められた設計基準事象に対して備えるのみでは，質の高い安全を達成することはできないと考えるべきであり，設計基準事象の想定の不完全さに伴う不確かさに配慮する必要がある。このことは，設計基準事象体系の枠組みの構築が大切であることに加え，それを逸脱する事象に対する備えが必要であることを示唆している。設計基準事象に係わる不確かさに対する備えがあれば，適切なリスク管理を実施することにより原子力安全の厚みを増し，原子力安全に対する信頼を構築することが可能である。

(2) 深層防護の概念

　そもそも深層防護の概念は，放射性物質の環境への放出を防止するために多重の物理障壁を置くという考え方から始まった。現在は，物理障壁そのものとその障壁を護る補助的手段からなる，より一般的な多重の構造（いわゆる防護の各層）を含むものとされている。深層防護は設備の故障や人間の過誤は当然発生するものとして，なおかつ安全裕度をもたせて高度の安全を確実に達成することを確保するものである。

　しばしば深層防護は何層であるかが議論になる。INSAG-12[5]は潜在的な人間の過誤と機器の故障を補い事象進展を止めるために深層防護は実装され，深層防護は 2 段階（① 事故を防止すること，② 事故の影響を制限してより深刻な事態に至ることを防止すること）からなるとしている。ただし，その具体的な構造は放射性物質の環境放出を防ぐための，事象進展に応じた多重障壁を含む複数の防護層に基づくとしている。

　深層防護は安全確保の基本概念であるとともに，非常に広範な内容を含んでいる。これをもって安全確保の達成度が読み取れるものでなければならないので，明快で分かりやすくなければならないし，どのような安全確保活動に対しても適用できる一般性が必要である。

　INSAG-12 は 2 段階とした深層防護が有効であるためには，個々の障壁そのものの損傷を防ぐべくそれぞれに対して深層防護を適用すれば信頼性が向上するとも記載している。ある障壁が完全には有効でないような場合であっても，公衆と環境を護ることが深層防護の目的とすれば，②の深

刻な事態に至ることの防止という目標を二分し、三つの基本要素（① 事故を防止すること、② 事故の影響を緩和し放射性物質の放出を防ぐこと、③ 放射性物質の放出影響を緩和し公衆被ばくを抑制するよう備えること）とすることも合理的である。この考え方は、公衆被ばくの抑制を安全の目的と明確に意識して、防護する対象に対して脅威となるものを同定し、その顕在化を工学と安全規制により防止すること（工学的な備え）、備えが機能しないときに影響を緩和すべく脅威となるものを抑制すること（事故管理による備え）、影響の抑制が十分に機能しないときの防護対象に重大な被害を及ぼさないこと（防災による備え）と読み替えてもよい。

深層防護では護る対象をまず明確にする必要がある。放射能による公衆への有意な悪影響（公衆の健康影響と生活影響）を未然に防ぐために、その悪影響が起きないように原子力発電所の安全設計を行い、安全機能や事故想定の不確かさに備えてアクシデントマネジメント策の整備などの安全確保活動を実施し、そして安全確保活動が有効でなかったときに深刻な影響が公衆に及ばないように事前の準備と対処策の検討を行う。こうして、安全目的の達成に係るあらゆる安全確保活動の不確かさに対して効果的な備えを行う概念が深層防護である。

(3) 深層防護を実現する"備え"

深層防護の概念では、provisions（備え）が重要な役割を果たす。深層防護を実現する方法は"備え"を適切に配置することである。重大な事故の発生を防止するための"備え"、重大な事故が発生したときに影響を緩和するための"備え"、放射性物質が敷地外に放出される事態に至るような場合に公衆と環境を護るための"備え"である。これらの"備え"は目的に応じて階層的に適用することができる。たとえば、シビアアクシデントの発生を防止するために、① 施設に影響を与えるような外乱（異常）を発生させないこと、② 外乱が発生したときにそれを検知するとともに、原子炉保護系を設けて異常の拡大を防止し影響を抑制すること、③ 原子炉保護と影響抑制に失敗したときに炉心が著しく損傷しないように工学的安全設備を設置することを備える。このように深層防護を適用すれば、シビアアクシデントの発生防止という障壁の信頼性を高く設計することができる。

安全確保に係る活動はすべて、それが組織に関するもの、行動に関するもの、設備に関するものであれ、関連する"備え"を多層に用意することに基づいている。もしも機器故障が発生しても、その故障の影響により公衆もしくは広く社会に害を及ぼすことのないようにできる防護の多層化というこの考え方は、深層防護の骨格をなす特徴である。

ここで"provision（備え）"は重要な概念であり広い内容を含意している。Safety Report Series 46[2)]によれば、当該メカニズムが発現することを防止するための安全機能の性能に寄与するような固有のプラント特性、安全裕度、システム設計設備や運転手順などの設計と運転で実践される手段が"備え"である。INSAG-3には、設計の"備え"という言葉が使われている。また、「事故影響の緩和に対する"備え"は深層防護の概念を事故の防止の外側にまで拡張する。事故影響の緩和の"備え"はアクシデントマネジメント、工学的安全施設、施設外の対策の3種類である」と述べている。

最高水準の安全を達成することを目標に掲げているわが国では、安全確保の最も重要な基本原則

である深層防護を深く理解しなければならない。深層防護の原点に立ち戻り，安全確保の論理と方法論を構築する必要がある。実効的な安全確保のためには，原子力利用の目的，安全目標，安全の原則，安全設計の基準や指針，具体的な設計方法などの様々なレベルの要素が一貫性を持って整備される必要がある。それぞれが深層防護の概念とどのような関係にあるのか，安全設計の要求が深層防護の概念と適合しているのかをその都度確認しなければならない。

6.3.1 項に述べたように，深層防護は五つの層で構成されるとすることが多い。第1〜3層はプラントがいまだ損傷していない状態あるいは設計基準を逸脱していない状態である。これを大くくりにして，シビアアクシデントの発生防止という一つの防護層とみなすこともできる。原子炉（炉心）内に放射性物質を閉じ込めておくことが一つの層になるという考え方である。図6.14（132ページ）に示した五つの層は，第1〜3層が工学設計による備え，第4層が事故管理による備え，第5層が防災による備えである。安全設計ではこの三者をバランスよく強化することが大切である。安全評価はこの三者の達成度を定量的に評価する作業である。そして，これに必要な安全規制と安全要求のあり方を定めなければならない。

福島第一事故では事故管理と防災が不十分であった点が指摘されている。わが国は深層防護の第3層までしか考えていなかったと批判されるところである。しかし，実際には，わが国でもアクシデントマネジメント（第4層）と防災（第5層）を実施していた。しかし，設計基準を逸脱するような事故は現実的に考えがたいとして，第3層に依存しすぎていたために，それが有効でなくなったとき第4層と第5層が機能するべく周到な"備え"を怠っていたことが問題の本質である。工学的安全設備を設置して炉心損傷を防止することと，格納容器により放射性物質の環境放出を防止してあるのだから，あるいは安全設計を強化しているのだから，深層防護の目的は成し遂げられているはずだという思い込みである。先に述べた independent effectiveness（特定の層に過度に依存することなく有効であること）という要求事項を満足しておらず，第3層に過度に依存し，深層防護としてのバランスを欠いていたといわざるを得ない。

(4) 深層防護に関する教訓

政府事故調査委員会の報告書[8]では深層防護に関する記述は，IAEA国際専門家調査団の報告書[9]を引用した「津波災害に対する深層防護の備えは不十分であったことなどが指摘されている」のみである。国会事故調の報告書[10]では本文での記載はなく，要旨の中で第5部の事故当事者の組織的問題として「日本では事故リスク低減に必要な規制の導入が進まず，5層の深層防護の思想を満たさない点で世界標準から後れを取っていた」と述べているにすぎない。冒頭に述べたように，IAEA閣僚級会合報告書や米国NRCの報告書では，多くのページを割いて深層防護がなぜ安全確保に有効でなかったかを考察している。事故の教訓を今後の安全確保活動に活かし，質の高いロバストな安全を達成するには，深層防護の理解あるいは適用の仕方のどこに問題があったのかを見出さなければならない。

深層防護が不十分であった，あるいは5層の深層防護の思想を満たさない，という指摘を改めて考察する。原子力安全規制の目的は公衆と環境を護ることである。そこでまず，シビアアクシデントの発生を防止しなければならない。そのために，現実的なあらゆる手段を講じなければならな

い．わが国での深層防護の理解はシビアアクシデントの発生防止を最終の目標として，それに対して異常の発生防止，影響の抑制と事故への拡大防止，事故が発生した場合の工学的安全設備を適用していたと考えられる．シビアアクシデントを防止すれば自ずと公衆の安全確保はなされるという発想である．この考え方の誤りが5層の深層防護の思想に適合しないということであり，それは福島第一事故の実態から明らかである．深層防護は不確かさへの備えであり，いずれの層もバランスよく重視しなければならず，それが全体として有効でなければならない．

IAEA閣僚級会合報告書とNRCの報告書では，深層防護の基本的な3項目：シビアアクシデントの発生防止，シビアアクシデントの影響緩和と放射性物質の放出抑制，緊急時の計画と対応のそれぞれを教訓のカテゴリと定義し，具体的な教訓を展開している．今後の課題は，シビアアクシデントの影響緩和と放射性物質のサイト外への重大な放出の防止（第4層），ならびに重大な放出を伴う緊急事態への対応（第5層）を充実させることである．第4層では柔軟なアクシデントマネジメントが有効であることはすでに述べた通りである．同時に，新知見や運転経験を踏まえて設計要求を拡張して設計強化を実施する必要がある．特定のシナリオを念頭において定義される設計基準事象との関係を考慮しつつ，設計の強化と柔軟な対応をバランスよく配置してシビアアクシデントの状態に対処することが大切である．

深層防護は安全確保のための概念であるから，外部事象や人的事象などにも一般的に対応可能である．これらの事象に対する深層防護の有効性を確認するために，決定論的あるいは確率論的なリスク評価が必要である．前者は安全余裕を，後者の確率論的リスク評価は不確かさを明示する方法論であり，不確かさに対する備えである深層防護の有効性評価に不可欠である．

福島第一原子力発電所事故のように，公衆と環境に重大な影響を及ぼす深刻な事態を決して再発させないため，深層防護を理解しそれをもって安全確保の達成度を常に評価していることが求められる．放射能が公衆へ有意な悪影響をもたらさないようにするために，シビアアクシデントの発生防止，シビアアクシデントが発生した場合の影響の緩和と敷地内抑制，敷地外に影響が拡大した場合の緊急時の対応の実効性の評価が必要である．これらの着実な実践が継続的安全向上につながる．

参考文献（6.3）

1) 原子力災害対策本部，「原子力安全に関するIAEA閣僚会議に対する日本国政府の報告書―東京電力福島原子力発電所の事故について」（平成23年6月）．
2) USNRC, Recommendation for Enhancing Reactor Safety in the 21st Century, The Near Term Task Force（July 12, 2011）．
3) IAEA, Safety Reports Series No. 46, Assessment of Defence in Depth for Nuclear Power Plants（2005）．
4) IAEA, Defence in Depth in Nuclear Safety, INSAG-10（1996）．
5) IAEA, Basic Safety Principles for Nuclear Power Plants 75-INSAG-3 Rev. 1, INSAG-12（October 1999）．
6) 原子力安全委員会，発電用原子炉の安全設計審査指針
7) 原子力・安全保安院，「東京電力株式会社福島第一原子力発電所事故の技術的知見について」，平成24年3月．
8) 東京電力福島原子力発電所における事故調査・検証委員会，『政府事故調 中間・最終報告書』，メディアランド（2012）．
9) IAEA Mission Report, The Great East Japan Earthquake Expert Mission, IAEA International Fact Finding Expert Mission of the Fukushima Dai-ichi NPP Accident Following the Great East Japan Earthquake and Tsunami（24 May-2 June 2011）．
10) 東京電力福島原子力発電所事故調査委員会，『国会事故調 報告書』，徳間書店（2012）．

6.4 プラント設計

　原子力発電システムは，一般の製品と同様に仕様書の要求に基づき設計され，建設，運用に供せられる。その信頼性，安全性は理論や法令，規制基準に基づき確保されている。その基盤となる考え方は，「原子力安全」を確保する思想であり，「深層防護」(6.3節参照)によるその確保の方法である。このような仕組みであることを認識して，各組織はそれぞれの役割を果たさなければならない。ここで改めて「設計」の範囲を確認する。設計とは，その時点で想定される運用に適切に適用するためのものであり，使用中の安全を担保するものであり，要求仕様に基づき要求性能を満足し，「原子力安全」が確保されるように，設備の健全性を確認するための解析評価などを行うことである。それにより設備を製造，建設し，また運転，保守を行うための計画を立案し，全体を整合させて図面や手順書などとして設計図書に集約する。

　このような視点から今回の福島第一原子力発電所での事故を分析した。

6.4.1 設計における分析

(1) 設計基準事象と設計基準，設計の基本的考え方

　設備としての原子力発電プラントの設計においては，安全設計はシステム設計の一環として炉心設計と合わせて行われる。「深層防護」の考え方を適用し，防護レベル全体を通して原子力安全確保を図る設計への取り組み全体を整合させて考えるのが「安全設計」であり，それを受けてプラントの設備を論理的に構築するのが設備設計である。これまでの設計では，安全設計に関して深層防護の第3層までを中心に安全確保の仕組みを検討してきており，「設計基準」を定める設計基準事象が重要な位置づけをもっていた。設備設計は深層防護の第1～第3層を対象とし，この中で適切な仕様の設備を備えることで安全設計の要求を満たすプラントシステム全体を構築し，構造をつくりあげることにより原子力安全を確実に維持することを目指してきた。

　さまざまな事象，特に外的事象としての自然現象への対応について，これまでは一般論として定まった考え方はない。地震動に対しての設備設計を見てみると，国の基準で明確に対応しなければならない地震動の大きさが求められており，民間規格で詳細にその評価法を定めている。設計に用いる基準は以下のように考えられてきた。自然現象の脅威を過去のデータを基に科学的に想定される範囲で保守的に扱い，不確実性を考慮して多少の基準を超える事態にも構造健全性が確保されるように，設計基準を定量的に定めてきた。これを基に十分に余裕をもった設計が行われ，この設計に基づき，製造，建設が行われてきたのである。しかし，これは地震動の脅威に対してのみであり，他の自然現象，たとえば竜巻，火山の爆発，隕石の落下などの脅威については，ほとんどの場合，このようなデータに基づく評価は行われてこなかった。今回の事象である津波に関しては，ようやく解析技術が得られ，その技術の進歩に従い，発電所が受ける津波の脅威についての評価の見直しが進みつつあった。

(2) 東京電力福島第一原子力発電所の原子力事故における設計の課題

以下福島第一で発生した事故での設計上の問題，課題についての分析と対策を検討したい。

① 安全設計の課題と分析，対応策　わが国の原子力発電所の設計においては，IAEAの「深層防護」の第3層までにおいて，「止める」，「冷やす」，「閉じ込める」という安全の3要素を確実にすることが主要な考え方であった。福島第一の事故において，津波来襲以前には，これらに対してはほぼ適切に対応できていた。しかし，津波来襲以後の全「電源」の喪失という事態に対しては，設計の分野としての3要素の取組みが根本的に欠けていた。すなわち，この電源の喪失は「冷やす」，「閉じ込める」の継続的に対応が必要な要素をも喪失する事態を招くこととなった。今回の津波のような場合には，「電源」や電源系が安全確保の重要な要素となることが分かった。これはきわめて重要な教訓である。

発電所の安全設計はシステム設計に活かされ，安全設計で要求したシステムの機能を満足する設計が行われる。システム設計には，機器設計や配管設計，計装制御・電気設計など含まれ，すべての機器類が統括される。福島第一事故で明らかとなったが，これまでのシステム設計においては，異常時，事故時の安全確保に電源や電気系統まで，さらに総合した評価に取り組んでこなかったことが重要な事故要因の一つと考えられる。

今回の事故の起点は津波によるすべての電源の喪失と電気系統の機能喪失であり，予備機や可搬機の支援も難しい状況を生んだこと，また計装系と電源系の安全確保の離齬により弁の開閉のみで作動する設備の有用な機能が活かされなかったことなどにより，引き続く重大事故への展開となってしまった。

弁の開閉のみで作動し非常時の炉心冷却機能を有する非常用復水器（IC）は，本来は電源が不要なシステムといわれるものであったが，系統の配管破断に対する安全確保である隔離機能の要求と炉心冷却機能の要求が相反し，どちらを優先すべきかの考え方の整理ができておらず，結局隔離機能が優先され，冷却機能を有効に働かすことはできなかった。

また，BWRの減圧には原子炉圧力容器では主蒸気逃がし安全弁の作動，格納容器ではベントを行わなければならないが，弁の作動には電源や作動ガスの供給が必要である。しかし，異常時を想定した対応がとられていなかったため，アクシデントマネジメント策が間に合わずに事態を深刻な状況に展開させてしまった。

一方，安全設計はつねに見直し，より確実に対応できるようにしなければならないことから，定期安全レビューを行い最新の技術を取り入れ改善する仕組み（PSR）を制度としてもっていた。しかし，結果としてこの制度は有効に機能しなかった。

これからの安全設計においては，必要な機能を評価する"システム安全"の考え方を安全評価に導入することが必須である。再度，深層防護の思想を徹底させ，安全設計が深層防護全体を整合させるものとなるための仕組みを構築し，それが確実に実行されることが必要である。

② 設備設計の課題と分析，対応策　設計基準事象としては原子炉冷却材喪失事故（LOCA）などの内部事象を中心に定め，これに対して設備を厚くすることで確実に安全を確保することを目指した設計が進められてきた。

外部事象に対しては地震動への対応が主体であり，津波に対して地震随伴事象として評価を求めるのみで，指針への取込みが進まず目を向けられなかった。また，自然現象は必ずリスクを伴うものであるが，正確な評価は難しく自然現象による原子力災害のリスク評価には十分に取り組んでこなかった。ようやく地震動に対しての残余のリスク評価に取組み始めたところであった。最新の学術への取組みを積極的に行っていかなければならない。

これまでは，設計基準は超えないことが前提で安全確保に取組んできた。しかし，福島第一の事故において現実として設計基準を超える事象が起き，設計基準を超えることへの対応も設計基準への対応と同様に重要であることが認識された。

対応の方法は，すでに地震動評価において取り入れられたリスク評価である。設計に用いる基準地震動を超える場合の「残余のリスク」を評価し，このリスクの低減策を図ることで，安全への信頼を高めるものである。

さらに，基準を超えてしまった場合への対応として，深層防護の考え方が適用される。それがアクシデントマネジメント（AM）である。AM領域においても，設計基準を超える事態を想定し，多様性，独立性を考慮した設計により設備を備えることで，AM策として有効に使える設備が準備される。特に事故時のAMでは，異常時には日ごろ使わない設備を用いる場合が多く，さまざまな事態を想定して演習や訓練を徹底しなければならない。

基本的には，要求仕様に基づき設計基準を満足するように，設備は設計，製作，建設される。さらに，異常事態を想定した事故時の領域まで，設備設計として踏み込まざるを得ない事態を生んだ。どこまでを設備設計の領域とするかはこれから議論となるが，各層に応じた設備設計のあり方を検討していかなければならない。

(3) まとめ

これまでの「設計」は設計時点で想定される運用に適切に適用するために，仕様に基づいて要求される性能，設計基準が満足されるように設備を図面化し，運用の手順を策定する範囲で行われてきた。それに基づき「原子力安全」が確保されるように，設備の健全性を確認するための解析評価などを行い，これらに基づき，原子力発電システムの設備は製造，建設されてきた。設計としては，特に時間要素を含む規定外の動きへの対応には目を向けてこなかった。

設計は重要な役割を担っている。原子力安全を確実に維持するには，基本的には「深層防護」の概念に従った安全設計に基づくものとしなければならない。すなわち，IAEAの深層防護の第1〜第5層の異なる次元への対応を安全設計により整合させて最適化する必要がある。第1〜第3層の設備設計主体の領域と第4層，第5層のマネジメント主体の領域での相互連携が重要であり，プラント全体を求められる機能で結合させたシステムとすることによって安全確保が実現されなければならない。

地盤・建屋・機器・配管・電気・計装などのシステム全体を考えた整合化を図るトータルシステム，通常運転から事故・緊急時の対応まで考慮したトータルプロセス，さらに深層防護の全領域を考えたマネジメント，すなわちハードとソフトの最適化を図るトータルマネジメント，それぞれはもちろん重要であるが，これを連携させ，統合した総合的，俯瞰的な取組みであるトータルデザイ

ンとしての取組みをより強固にすることが必要である。

今後の課題としては，レジリエンス（回復力）*1 の考えを設計にどのように取り入れるかの視点も必要である。

6.4.2 プラント設計におけるシステム安全

(1) 安全設計と設備設計，基準を越える事態への対応

① **3.11 以前の深層防護と各設計の役割**　3.11 の事故以前の原子力発電所の設計では，設計基準を超える事象に対しての検討は，安全設計における安全評価の一環として以下の考え方で検討がなされてきた。まず，具体的なプラント，設備の設計以前に原子力発電所の立地の段階での評価である。わが国で理解してきた「前段否定」とする深層防護の考え方を適用し，立地の妥当性を評価するために仮想事故を想定して，相当量の放射性物質の格納容器からの放出を想定することとして評価してきた。それは，過酷な事故の発生から事故進展の具体的なシナリオを想定したものではない。第5層での評価とは，シビアアクシデント発生後の敷地境界での被ばく評価である。事故の評価は事故シーケンスをたどりながら行うもので，シナリオを想定するものではない。

第1～第4層までのプラントでの安全設計は，安全確保のための必要な性能を明確にすることである。主に第1～第3層までのものづくりとしての安全設計と，主に設計基準事故において安全系が作動しなくなった場合のマネジメントを明確にするプラントの運用としての安全設計があり，メーカと事業者で分担してきた。

設備設計は深層防護の第1～第3層までの安全確保を担保するもので，安全設計による要求を満たすものとしてものづくりのための構造設計を中心としたものである。

原子力発電所についての深層防護は一般には次の五つの層（6.3節参照）からなる。

　　第1層：異常・故障の発生防止
　　第2層：異常・故障の「事故」への拡大防止
　　第3層：「事故」の影響緩和
　　第4層：「設計基準を超す事故」への施設内対策
　　第5層：公衆と環境の防護のための防災対策

ここで「事故」とは「設計基準事故（DBA）」のことである。

② **安全設計の課題と対策**　設計で重要なことは，たとえば深層防護の各層の充実はもちろんであるが，全体を整合させた安全設計にあるといえる。今回の事故を踏まえると，わが国では第1～第3層までの安全の考え方，設備設計に重点がおかれ，たとえ設計基準を超える事態となっても，それらの設備を適切にマネジメントすることで十分な対応ができると評価してきた。

事故を分析すると，設計では原子力発電所全体のシステムとしての安全評価が必要であることが分かる。今回の事故を踏まえると，単一機器の故障，機能損傷のみを考えるのではなく，多数機同時故障・機能喪失や共通要因故障・機能喪失を考えて，なおかつ互いのシステムが影響しあい，故

---

*1 レジリエンス：ここでは異常時，事故時のシステムとしての対応を考えた必要な機能を安全確保レベルに回復する方法およびその能力をいう。

障・機能喪失が伝播する事故を考える必要がある。すなわち，要求される機能を分担するシステムとしての機能の確保を，構成する機器や配管，電気，計装，すべての役割を明確に連携させながら維持する「システム安全」の考え方が重要であることが分かる。

③ **設備設計の課題と対策**　設備設計では，配管破断などによるLOCA（冷却水の喪失）を想定し，非常用の設備などの設計条件を決め，すなわち設計基準を決めて，深層防護の第1〜第3層までにおいて，「止める」，「冷やす」，「閉じ込める」を確実に実現してきた。

一方，設計基準事象を超える場合，いわゆるシビアアクシデント（過酷事故）領域での対応は，事象，事態により対応が異なることから，この深層防護の第4層ではシナリオが重要となる。できる限り多くのシナリオを想定し，それぞれに対応できる方策を準備することが必要となる。事故のシナリオは様々であり，特に外的事象による事故の発生，進展は，それがどのようなものであるか，どのような条件で発生したのかなど，ケースバイケースで異なり，それぞれの進展の事態に対応することが求められる。したがって，このような多種多様な事故の想定をいかに多く創出し対応策を検討するかが重要となる。これを継続することが想定外をなくすことにもなり，継続の仕組みを整備することが重要である。また，現在の「知」をもっても想定できないシナリオもあろう。それを承知のうえで設備や手順を標準化して規格化し，つねに見直しを進めていくことで，より系統的な対応が取れる仕組みが構築されるものと考える。これは，マネジメントの領域であるが，設備設計と密に連携した対応策の検討が望まれる。

プラントの設備設計は設計基準事象（事故）の範囲で行われており，設備はこの想定範囲で多重に多様に，様々な事象に対応できるように準備されている。これまでの考え方は，様々な設計基準事象の脅威を十分に大きくとっており，設計基準を超える事態が発生しないとしてきた。したがって，これまではTMIやチェルノブイリでの事故への対応の例から，わが国では主に内的事象に重点をおいて設計で十分に対応しており，それを超える事態は発生しないものとの考えが強かった。また一方，外的事象としての自然現象への対応については，わが国の特殊事情から地震動への関心が高く，原子力発電の導入当初から，研究も多くきめ細かな対応を進めてきており，安全確保がなされていると考えられてきた。たとえば，阪神大震災の教訓を生かし，最新の知見を生かして平成18年（2006年）には設計指針の見直しが行われた。各発電所ではバックチェックが行われ必要な手立てが取られてきた。この改定において基準地震動の策定法を見直すとともに，万一の基準地震動を超える場合を想定しての対応が示され，安全評価の手段としてリスク評価を行うことが議論されることとなった。最終的には「"残余のリスク"を評価する」と自主的な対応に留まってはいるが，確率論的リスク評価（PRA）に踏み込んだ評価の考え方が確立された。平成19年（2007年）には中越沖地震が発生し，柏崎刈羽原子力発電所では大きく基準地震動を超える事態となったものの，進めてきたバックチェックを生かし，十分に余裕があり，重要設備の構造健全性が確認されることとなった。これらの結果を踏まえ，全国の原子力発電所での耐震バックチェックが進むこととなった。

④ **アクシデントマネジメントの課題と対策**　耐震基準のように設計基準を満たす設備を施すことはもちろん必要であるが，今回の地震・津波でも明らかなように，発生頻度はきわめて小さい

ものであり、発生の可能性がほとんどない事象でも、設定した基準を超える事態の発生は免れない。重要なことは基準を超えるような事態に対する備えである。そのようなときに、原子力発電所に起きる不具合を幅広く想定し、そのそれぞれの条件において原子力発電所全体のシステムとして「原子力安全」を確保するために、必要な機能はなにかを明確にして臨機応変に対応することである。すなわち、アクシデントマネジメントが大切であるということである。自然災害は予測が難しい。どんな場合でも対処できるようにすることは不可能であり、対処しない場合と同じことになりかねない。そこで、広く様々な想定を行い、それぞれの事態に対応できるようにあらかじめマネジメントの訓練、演習を行い、準備しておくことが、応用動作として想定できなかった事象に対応する最善策になると考える。

(2) 原子力安全に必要な機能と構成する系統、深層防護での役割

表 6.15 であげているのは、原子力発電所に必要な重要な機能である。それらはバウンダリ機能、冷却機能、制御機能であり、その他にあげた電源供給機能と合わせて原子力発電所に基本として必要な重要な要素である。原子力発電所の設計は、これらの機能が適正に結び付き維持されることでなりたっている。それにより設計基準内のどのような事象に対しても、設備の健全性、安全性が確保されることが担保されるのである。

一方、設計基準事象を超える場合の対応は、事象、事態により対応が異なることから、このレベルではシナリオが重要となる。多くのシナリオを想定し、それぞれに対応できる方策を準備することが必要となる。そのうえで、設備や手順を標準化して規格化していくことで、より系統的な対応がとれる仕組みが構築される。

表 6.16 に、深層防護と機能の関係を示す。各機能はそれを構成するサブ機能としてそれぞれの役割で、深層防護の各層にあてはめられる。表にはその機能が喪失した場合にどの機能がバックアップするのかの例も合わせて示してある。この機能の関係を見て明らかなように、すべての機能を支えているのが電源であることが分かる。すなわち、前段には電源の確保がある。電源はすべての源であり、電源の不要な設備はきわめてまれである。もちろん電源にもバックアップがあり機能展開が必要である。それは別途考えなければならない事象である。電源も第 1 ～ 第 3 層までの展開で、機能を維持する必要があるのである。

深層防護の第 3 層を超えると、設計基準事象（事態）を超えた深層防護の第 4 層の過酷事故の領域に入ることになる。この領域では様々な事態に対する対応が必要となる。先にも示したが、いかに広く想定して対応策、特に重要となる設備だけではなく、その他の設備の活用を含めた人的要素の強い対応、ソフト面の対応を検討しておくことがカギとなる。万一の全電源喪失などを考慮すれば、たとえばバルブの開閉操作は手動でも行えるように十分配慮することも重要である。

(3) 福島第一事故での論点

① 設計基準を超えることへの対応　地震動での構造健全性が論点となっている。中越沖地震での柏崎刈羽原子力発電所の地震動が、基準地震動に対して 3 倍を超すプラントもあったが、設備の健全性は十分に保たれていることが確認され、地震動に対する構造設計には大きな余裕があることが認識された。その後、全国の原子力発電所においては基準地震動の見直しがなされ、厳しく設

表 6.15 重要な機能とそれを構成するシステム・機器

機能	サブ機能	構築物,系統または機器	
		PWRの例	BWRの例
バウンダリ機能の例	原子炉冷却材圧力	バウンダリを構成する機器・配管系(計装などの小口径配管・機器は除く)	バウンダリを構成する機器・配管系(計装などの小口径配管・機器は除く)
	原子炉冷却材圧力バウンダリの過圧防止機能	加圧器安全弁(開機能)	SR弁の安全弁機能
	放射性物質の閉じ込め機能,放射線の遮蔽および放出低減機能(1)	原子炉格納容器,アニュラス,原子炉格納容器隔離弁,原子炉格納容器スプレイ系,アニュラス空気再循環設備	PCV,PCV隔離弁,PCVスプレイ冷却系,FCS
	放射性物質の閉じ込め機能,放射線の遮蔽および放出低減機能(2)	安全補機空気浄化系,可燃性ガス濃度制御系	R/B,SGTS,非常用再循環ガス処理系(関連系)排気筒(SGTS排気管支持機能)
冷却機能の例	炉心形状の維持機能	炉心支持構造物,燃料集合体(ただし燃料を除く)	炉心支持構造物,燃料集合体(ただし燃料を除く)
	原子炉停止後の除熱機能	残留熱を除去する系統:余熱除去系,補助給水系,SG二次側隔離弁までの主蒸気系・給水系,主蒸気安全弁,主蒸気逃がし弁(手動逃がし機能)	残留熱を除去する系統:RHR系,RCIC系,HPCS系,SRV(逃し弁機能),自動減圧系(手動逃し機能)
	炉心冷却機能	非常用炉心冷却系:低圧注入系,高圧注入系,蓄圧注入系	ECCS:RHR系,HPCS系,LPCS系,ADS
制御機能の例	過剰反応度の印加妨止機能	制御棒駆動装置圧力ハウジング	CRカップリング
	原子炉の緊急停止機能	原子炉停止系の制御棒による系	スクラム機能
	未臨界維持機能(1)	原子炉停止系	CR/CRD系
	未臨界維持機能(2)	原子炉停止系	SLC系
その他の例	工学的安全施設および原子炉停止系への作動信号の発生機能	安全保護系	安全保護系
	安全上特に重要な関連機能	・非常用所内電源系 ・制御室およびその遮蔽 ・換気空調系 ・原子炉補機冷却水系 ・直流電源系 ・制御用圧縮空気設備	・非常用所内電源系(関連系)D/G燃料輸送系,D/G冷却系 ・制御室およびその遮蔽,非常用換気空調系 ・非常用補機冷却水系 ・制御用圧縮空気設備 ・直流電源系

定されたもののまだ余裕があることがバックチェックにより確認されつつあった。これは単純に構造上の健全性の余裕が評価されたものであるが,機能上の余裕はさらに大きなものがあると推察される。

「設計基準を超える」意味を考え直さなければならない。すなわち,今回の東北地方太平洋沖地震では,東日本太平洋岸にある多くの原子力発電所では基準地震動をわずかだが超える地震動加速度が観測された。プラントの状態を表す観測データに表れるような影響はなく,これまでの解析評価や他のプラントの実績からも地震時の健全性は確保されたと考える。したがって,基準地震動を超える事態に対しては,これまでのように単に加速度応答の基準値を見直すことではなく,今後の免震装置の導入をも視野に入れた幅広い評価法を検討すべきと考える。すなわち,「いつ設計基準を超えた」と判断するのか,アクシデントマネジメントを実行するうえでは重要な判断となる。

表 6.16 主要な機能と深層防護との関係

深層防護	バウンダリ機能	冷却機能	制御機能	その他（共通機能）
第1層	・原子炉冷却材圧力バウンダリ ・原子炉冷却材を内蔵する ・原子炉冷却材圧力バウンダリに直接続されていないものであって、放射性物質を貯蔵する ・放射性物質放出の防止 ・原子炉冷却材保持 ・放射性物質の貯蔵 ・核分裂生成物の原子炉冷却材中への拡散防止	・炉心形状の維持 ・通常時炉心冷却	・過剰反応度の印加防止 ・原子炉冷却材の循環	・燃料を安全に取り扱う ・電源供給（非常用を除く） ・プラント計測・制御（1）（2）（3）（安全保護系を除く） ・プラント運転補助（1）（2） ・原子炉冷却材の浄化 ・共通要因の電源系・作動信号系はすべての機能維持に重要
第2層	・原子炉冷却材圧力バウンダリの過圧防止 ・安全弁および逃がし弁の吹き止まり	・原子炉停止後の除熱 ↓ ・制御室外からの安全停止 ↓ ・原子炉圧力の上昇の緩和 ↓ ・原子炉冷却材の補給	・原子炉の緊急停止 ・未臨界維持（制御棒による系） ・未臨界維持（ホウ酸水注入系） ・出力上昇の抑制	第2, 3層共通 ・工学的安全施設および原子炉停止系への作動信号の発生 ・安全上特に重要な関連（1）（非常用所内電源系） ・安全上特に重要な関連（2）（制御室） ・安全上特に重要な関連（3）（原子炉補機冷却水系） ・安全上特に重要な関連（4）（直流電源系） ・事故時のプラント状態の把握
第3層	・放射性物質の閉じ込め機能、放射線の遮蔽および放出低減（PCV） ・放射性物質の閉じ込め機能、放射線の遮蔽および放出低減（R/B）	・炉心冷却 ・燃料プール水の補給		
第4, 5層	・過酷事故対応（PCVベント）	・過酷事故対応（補給水系） ・過酷事故対応（消火系）	・過酷事故対応（ホウ酸水注入系）	・緊急時対策上重要なものおよび異常状態の把握

② **自然災害に設計はどう答えるか** これほど大きな津波が襲来することは「想定外」であったといわれる。1000年に1度程度の大きな津波を予測し想定することは容易ではない。耐津波設計は、耐震設計と同様に地殻の動きから、波の発生、伝搬、遡上、浸水などと様々な現象を評価した後の建屋、設備の構造設計や電気計装設計の複合である。今や津波の大きさのシミュレーションは様々に行われ、様々な推定がなされている。基準津波を設定したとしても、基準値を超える津波が来ないとは誰も保証はできない。程度は異なるが、地震動と同様、超えることを想定した対応が求められる。その他の自然災害でも津波同様に想定を超えるものがある。様々な自然災害に対して、想像力を豊かにした対応が求められる。

③ **アクシデントマネジメントと事前の準備** 全電源の喪失やすべての安全系の冷却系統が喪失するという事態が発生した。設計基準を超える事態であり、深層防護の第4層への対応の不備が指摘されている。ここでは、様々なシナリオに対応したアクシデントマネジメントが求められる。これが「想定外」の事態への対応であり、残された機材を活用し、人の知恵で事態を乗り切ること、それがマネジメントといわれる対応である。このような事故がどのように進展するのかの具体

的な検討は少ない．ここでは，いかに様々な事態を想定して，多くのシナリオに対応できるようにしておくかの事前準備，演習が重要となる．米国で9.11以降準備された同様のテロなどへの対応策は，福島の事態への対応として評価すると，有効であるとの結果が報告されている．どのように導き出されたのか参考とする必要があろう．

④ **フェイルセーフとロバスト性**[*1]　福島第一の事故では，格納容器から大量の放射性物質が放出される結果となった．ここでは二つの問題を取り上げたい．一つが，非常用復水器（IC）の活用である．もう一つが格納容器ベントである．

ICは交流電源が喪失したときに炉心を冷却するには有用な設備であるが，配管破断の信号を検知すると隔離弁が閉じてしまうフェイルセーフの仕組みで設計されていた．この隔離弁は格納容器を貫通する配管の格納容器の壁前後に設置され，格納容器内の弁は交流電源が「断」では開けようがない．配管破断が発生していないにもかかわらず，計装制御系の直流電源が「断」となった時点で閉信号が発信され，まだ生きていた交流電源が供給された．その結果，電源断ではas-is（開のまま）の状態となる設計であるにもかかわらず，弁閉となる仕組みが働くこととなった．原子力安全の確保のためには，「止める」，「冷やす」，「閉じ込める」を実現する必要があるが，相反する要請に対して優先すべき機能を決めて設計を見直すことが必要であろう．

一方，格納容器ベントについては格納容器が最高使用圧力を超えたところでラプチャ板が破断し，圧力が解放されなければならないはずであり，また安全確保にはベントの操作が必要に応じて実施されなければならない．しかし，弁の操作が容易にできず，以後の水素爆発や事故拡大の要因ともなったと推察される．

本来，格納容器は一定の漏えいを認めるものであり，密封性が厳守ではない．設備のロバスト性とマネジメントのロバスト性がある．格納容器のベントのロバスト性は，排出の系統をいくつか設けることで，冗長性をもたせているが，いつベント弁を開放するかのマネジメントについては，まったく冗長性がなくバウンダリ機能維持のみが優先されており，設備のロバスト性が活かされていない．

なにが原子力安全に必要なことか，設計としてはフェイルセーフとするもの，ロバスト性を重視するものを見極めて対応しなければならない．何を目指した安全設計とするか見失ってはならない．

(4) **新たな設計の取組み**

これまでの設計は安全設計により設備に求められる仕様を決めて，設計基準を担保することを確実に行うことで，原子力安全を確保すればよいとの考えであった．このような設計には重大な限界がある．

これからの設計には通常運転，異常の検知，異常への対応，設計基準を超える事態への対応，緊急時の対応（防災）の各層を通して整合した安全設計が求められ，共通する評価指標を定めて最適化を目指した設計を提案する．さらに，事故後の対応，レジリエンスといわれる復帰，復興までも

[*1] 対応の頑健性を表す．

152   6 事故の分析評価と課題

視野に入れた安全確保の体系が必要となろう。

　設備設計はマネジメントの領域まで踏み込んだ設計が求められ，マネジメントは設備設計，防災の領域まで踏み込んで対応することが求められる。プラントの安全確保は設計だけでは十分に対応はできない。尺度の異なる領域にわたる機能を中心とした新たな原子力安全確保の概念を構築する必要がある。

　設計は重要な役割を担っている。原子力安全を確実に維持するには，基本的には「深層防護」の概念に従った安全設計に基づくものとしなければならない。IAEA の深層防護の第 1〜第 5 層の異なる次元への対応を安全設計により整合させて最適化するものであり，第 1〜第 3 層の設備設計主体の領域と第 4 層，第 5 層のマネジメント主体の領域，相互連携が重要であり，プラント全体を求められる機能で結合させたシステムとしての安全確保の仕組みとしなければならない。図 6.15 に IAEA の深層防護の考え方と設計基準の対応を示す。

	深層防護	目的	目的達成に不可欠な手段	関連するプラント状態
プラントの当初設計	第1層	異常運転や故障の防止	保守的設計及び建設・運転における高い品質	通常運転
	第2層	異常運転の制御及び故障の検知（異常の検知）	制御、制限及び防護系並びにその他のサーベランス特性	通常時の異常な過渡変化（AOO）
	第3層	設計基準内への事故の制御	工学的安全施設及び事故時手順	設計基準事故（想定単一起因事象）
設計基準外 第4層	第4層	事故の進展防止及びシビアアクシデントの影響緩和を含む、苛酷なプラント状態の制御	補完的手段及び格納容器の防護を含めたアクシデントマネジメント（AM）	多重故障シビア・アクシデント（過酷事故）
計画 緊急時	第5層	放射性物質の大規模な放出による放射線影響の緩和	サイト外の緊急時対応	（防災）

安全設計の領域 / 設備設計を主体とした安全確保領域 / この範囲で、「止める」「冷やす」「閉じ込める」を確実に確保 / 設計基準 / 設備設計領域の拡大 / 評価尺度の統一による安全設計の統合 / マネジメントを主体とした安全確保領域

図 6.15　IAEA の深層防護の考え方と設計基準の対応

　原子力発電システムの設計においては，地盤・建屋・機器・配管・電気・計装などのシステム全体を考えた整合化を図るトータルシステムとすること，通常運転から事故・緊急時の対応まで考慮した仕組みとしてのトータルプロセスの視点，深層防護の全領域を考えたマネジメント，ハードとソフトの最適化を図るトータルマネジメントとする，これらを統合した総合的，俯瞰的な取り組みであるトータルデザインとしなければならない。

参考文献（6.4.2）

1) 原子力規制委員会，原子力規制庁事業報告，「平成 24 年度高経年化技術評価高度化事業」
2) 宮野　廣，関村直人，出町和之，荒井滋喜，松本昌昭，日本保全学会第 10 回学術講演会要旨集，p.329-335（2013）．

3) 原子力発電所過酷事故防止検討会報告書,「原子力発電所が二度と過酷事故を起こさないために―国,原子力界は何をなすべきか」(平成 25 年 4 月 22 日).

6.4.3 非常用復水器(IC)に係る課題と対応

(1) はじめに

非常用復水器(IC)はわが国では福島第一 1 号機と敦賀 1 号機にのみ設けられている。これらのプラントは日本で最初に設置された Mark I 沸騰水型軽水炉(BWR)である。IC を含む設備としての IC 系は,原子炉冷却材喪失事故時に作動する非常用炉心冷却系(ECCS)ではなく,通常時に使用するタービン系の復水器が使用できなくなったときに炉内で発生する蒸気を凝縮させて水に戻す除熱設備である。通常使用する復水器が使用できないときに原子炉で発生する蒸気を冷却し,水に戻す機能を有するという点で「安全上重要な設備」[*1]となっている。

地震発生直後,1 号機では IC 系が起動し約 15 分で原子炉圧力を 7 MPa から 4 MPa に低下させていた。

IC 系は今回の 1 号機の全電源喪失時に作動が期待できたシステムの中では唯一の除熱システムであり,IC 系が健全に作動していれば,より効果的な事故対応が可能になった可能性がある。1 号機の IC 系に生じた問題について設計の観点から分析する。

(2) IC 系について

IC 系は原子炉蒸気を IC に取り入れ IC で除熱・凝縮した後,凝縮水を自然循環で原子炉に戻すシステムであり,水の駆動力としてポンプを用いていないシステムとなっている(図 2.1 (p.8) 参照)。IC には原子炉隔離後約 8 時間の冷却が可能な冷却水量が蓄えられている。(A)系と(B)系の 2 系統が設置されており,必要な冷却能力の 2 倍の冷却能力を有している。

IC 系の弁は主に隔離弁で構成されており,次のような設計になっている(図 2.1 参照)。

- 蒸気出口ラインの原子炉格納容器(PCV)内側,外側に 1 弁ずつ,復水戻りラインにも内側,外側に 1 弁ずつ隔離弁が設置されている。いずれも電動ゲート弁(MO 弁)である。
- PCV 内側の隔離弁の作動電源は交流電源,外側の隔離弁は直流電源である。
- 通常プラント運転時の弁開閉状態は,復水戻りラインの外側隔離弁のみ閉で,他は全開で待機としている。
- 起動にあたっては,閉状態で待機している復水戻りラインの外側隔離弁を開とする。本弁は全開/全閉運用の弁であり,IC 系で原子炉の除熱量を調整するには,本弁の全開/全閉(IC 系の起動/停止)を繰り返し行うことになる。

1 号機では,エルボ流量計が PCV 内蒸気ラインと PCV 内の復水戻りラインにそれぞれ設置されており,IC 系配管が破断したときには通常より高流量の流れが生じるため,それをエルボ流量計

[*1] 「安全上重要な設備」として IC は,重要度分類において「1) 異常状態発生時に原子炉を緊急に停止し,残留熱を除去し,原子炉冷却材圧力バウンダリの過圧を防止し,敷地周辺公衆への過度の放射線の影響を防止する構築物,系統及び機器」と分類され,具体的には「4) 原子炉停止後の除熱機能」を構成する「構築物,系統又は機器」として,BWR では残留熱を除去する系統の一つである。

で検出しIC系を隔離する。このエルボ流量計の破断検出回路の電源（直流）が喪失すると，配管破断時と同様に回路に隔離弁閉信号が発信される。IC系は非常用の安全系ではないので，このような場合には"異常の有無を確認した後，隔離弁を開にすればよい"として回路設計することも考えられるが，設計時にこのような事態を想定していたのか改めて検証しなければ明確にはわからない。

(2) IC系の作動状態

今回の事故時のIC系の作動状況は以下の通りである（政府事故調の報告書による）。

- 3月11日15：37～15：42の津波による全電源喪失により，IC系の外側隔離弁は全閉，内側隔離弁は中間開となった（上述の電源断によるインターロックの作動による）。
- 運転員はこの状態を中央制御室のランプ表示が津波後消灯したため確認できず。
- 16：42～17：30，中央制御室で炉水位が確認され，運転員は減少傾向を把握。17：15には1時間後に有効燃料頂部（TAF）到達と評価。
- 18：18頃，中央制御室のランプ表示が一時的に復活し，運転員はIC（A）系外側隔離弁（2A，3A弁）の閉に気づく。内側隔離弁（1A，4A弁）についてはランプ表示での確認できず。直流電源駆動の2A，3A弁を開操作し，IC系の作動状態を原子炉建屋越しにICの冷却水側の排気ライン（通称，豚の鼻）で確認。最初少量の蒸気を確認するも，しばらくして蒸気の放出を確認できず，IC系は機能していないとして3A弁を閉操作（18：25頃）。
- 21：30頃，再度3A弁を開としたが，蒸気放出音は短時間でなくなる。
- なお，1号機の原子炉は18：00過ぎにはTAFを下回り，19：00前に炉心損傷が始まったと推定されている。

(3) IC系の作動状態の分析

以下，3月11日に運転員によって操作されたIC（A）系作動状態の分析を示す。

① **津波来襲前のIC系**　　IC系は津波来襲前には停止状態にあったことが確認されている。すなわちIC系は起動に備えた待機状態となっていたことになり，その際のIC系の状態を図6.16に示す。この図においては，高さ方向について配管系のレイアウトイメージを反映させている。実線で示した復水のラインは配管が傾斜敷設されており凝縮した蒸気が復水として滞留し，水温は配管系の周りの雰囲気温度になっていると考えられる。一方，点線で示す蒸気ラインは復水器に向かっ

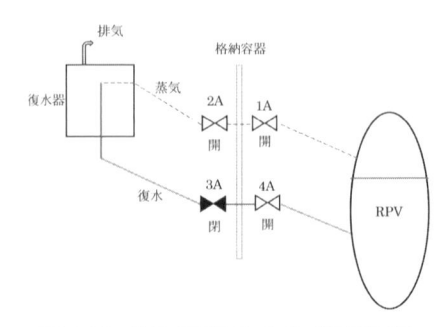

図 6.16　津波来襲前のIC系（待機状態）

て立ち上がり配管になっており，配管系が格納容器内や原子炉建屋内で冷却されると配管内の蒸気は放熱により凝縮するが，凝縮水は配置の上下関係から原子炉圧力容器（RPV）に戻される。これにより蒸気が配管系に供給されるため，蒸気ラインはほぼ RPV と同一温度（約 280℃）になる。ここで，原子炉内で非凝縮性ガスが顕著に発生するような状況になると，IC 系内に非凝縮性ガスが流入，滞留するため，IC での除熱機能が損なわれることになり注意が必要である。

② **3 月 11 日津波来襲時の IC 系**　津波による全電源喪失により，制御電源断によるインターロックが働き，2A，3A 弁は全閉，1A，4A 弁は開度不明の中間開となった（図 6.17 参照）。これは，制御用の直流電源と弁駆動用の直流電源の喪失には十分な時間差があったため，2A，3A 弁については全閉まで弁が駆動することができ，一方，PCV 内側隔離弁の 1A，4A 弁については，制御用の直流電源と弁駆動用の交流電源が喪失する時間差が少なく，全閉ランプが点灯するまでは作動できなかったものと推察される。

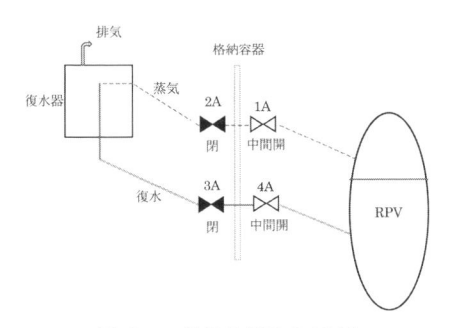

図 6.17　津波来襲時の IC 系

ここで，東京電力の調査報告（平成 25 年（2013 年）5 月 10 日）によれば，（A）系の内側隔離弁 1A，4A 弁のほぼ閉状態と（B）系の内側隔離弁 1B，4B 弁のほぼ開状態が確認されている。すなわち，（B）系の内側隔離弁は閉動作が短時間しか行われず，全開に近い中間開の状態であると判断されている。

③ **3 月 11 日 18：18 頃**　津波来襲により 2A 弁と 3A 弁が全閉になると，2A 弁と復水器の間の高温高圧の蒸気は隔離され，徐々に周りの雰囲気により冷却されて凝縮水になり，配管系は大気圧程度になったと考えられる（図 6.17 参照）。この状態で 18：18 頃に運転員により 2A 弁，3A 弁が開操作された。その結果，この IC 系に蒸気が供給されて復水器で凝縮され，復水器の冷却水側の排気も行われたと考えられる。しかし，その後の凝縮は排気蒸気の放出が確認されず，復水器の機能は喪失したと推察される。その原因は 4A 弁がほとんど閉となっていたことによるのか，それともすでに非凝縮ガスが滞留しており蒸気の凝縮ができない状態となっていたためなのか，明確には結論できない。

様々な解析が試みられ，いずれも 18：18 頃における RPV 内の炉水位の状態は TAF 近辺であるが，蒸気中の非凝縮性ガスの状態は正確には推定できておらず，復水器が非凝縮性ガスの影響をどの程度受けたかについては把握できていない。

④ **3 月 11 日 21：30 頃**　運転員の判断により復水器の効果が継続的に現れなかったため，

18：25 頃に 3A 弁が閉操作されている。このことは免震棟の本部には伝えられず，IC 系の作動に関しては運転員と本部とで異なる理解をしていたことになる。この時間になり運転員は改めて 3A 弁を開操作したが，豚の鼻での蒸気放出音は短時間しか聞かれていない。これは次のように考えられる。

1 号機では 19：00 前には炉心損傷が開始していたと考えられており，21：30 頃に 3A 弁を開操作したときには，炉水位は炉心シュラウド以下になっていたと考えられる（図 6.18 参照）。炉心の損傷が進み，水-ジルコニウム反応も起こり，非凝縮性ガスが大量に発生していたと推察される。復水戻りラインに滞留している復水は，蒸気ラインの蒸気が凝縮したものであるため，蒸気が十分に供給されなくなると，滞留していた復水がどの程度まで残留していたかは明らかではないが，減少していた可能性はある。ここで，21：30 頃に 3A 弁が開操作されたため，滞留していた復水は重力で，微開と考えられる 4A 弁に制限されながら RPV に排水される。それに伴って，蒸気ラインに非凝縮性ガスが多量に含まれる気体が供給され，復水器で冷却されるが，非凝縮性ガスは水には変化しないため，結局 IC 系配管内がすべて気体に変化すると，それ以上は IC 系としての冷却は不可能となる。

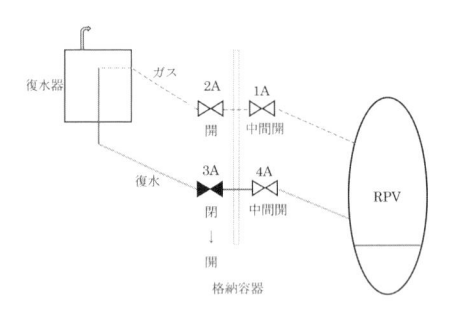

図 6.18 21：30 頃の IC 系

(4) IC 系の機能確保についての分析

今回の 1 号機の事象において IC 系が作動できていれば，燃料損傷という事象を回避できた可能性がある。IC 系復水器へ冷却水を継続して補給することで，炉心の除熱が長時間可能であったと考えられるからである。

ここで IC 系の機能を確保させるには，いくつかのポイントがあった。以下に分析の結果を示す。

① **(B) 系の IC を作動させていれば** 津波来襲後の IC 系の作動に関して，実行されていれば大きく事態が変わったであろう点がある。IC 系は 2 系統あるが，事故時には (A) 系のみが使用されていた。しかし，前述のように (B) 系の格納容器内側隔離弁 (1B, 4B 弁) は全開に近い状態であったと考えられている。次のような手順がとられていれば，事態は格段に改善された可能性がある。

- 万一の場合には，IC 系を 2 系統使用して除熱することが手順書に明記されている。
- 3 月 11 日の津波来襲後，原子炉の計測系が喪失し原子炉の状態が不明となり，IC 系の作動状態も不明となった。このとき生じている事象を考えると，最も必要な原子炉の冷却系としては使用で

きる設備は限られており，その設備（IC 系）を作動させる努力を最大限するべきと，マネジメントで考える。

- 津波来襲後，長時間を経過していない状況で，IC（A），（B）の両系を起動（たとえば，現場で 3A 弁，3B 弁を手動で開操作するとともに，2A 弁と 2B 弁も現場で開操作）させることで，IC（B）系を正常に作動させ，原子炉の除熱を継続する。

これは，実際の現場の状況を踏まえると可能であったかどうかは別として，IC 系の活用として十分に事前に検討できた事柄である。

② B5b との関係　米国原子力規制委員会（NRC）が平成 13 年（2001 年）の 9.11 の経験から策定したとされる B5b には，IC 系のシステム改善についての提言がある。この提言が生かされていれば，今回の事故時に IC 系を使用できたのではないかとの疑問があるため，これについて検討する。なお，福島第一事故以前に，事業者は B5b を入手しておらず提言を生かしようがない状況ではあった。

(3) 項で分析したように，今回の事故時に IC 系の機能を復帰するためには，全閉に近い状態になっていた格納容器内側の隔離弁を手動で開操作する必要があったと考えられている。

B5b の Phase2&3 で IC 系に要求しているのは次の 6 点である。

　a. 直流または交流電源がない状態で，IC 系を手動で起動および操作するための手順書／ガイダンスを作成する。（該当箇所の英文を示す。Provide a procedure/guidance that describes the plant-specific steps necessary to start and operate RCIC or the Isolation Condenser without AC or DC power.）

　b. 手動操作に係る主要装置の位置を記載する。

　c. IC が給水なしで耐えうる時間を算定しておく。

　d. IC の胴側水位を測定する電源不要の計器を示すなど。

　e. 電源喪失時の IC 胴側への給水手段を確保すること（可搬式ポンプ利用など）。

　f. 現場計器による原子炉水位の監視を考慮すること（既存の電源不要計器など）。

B5b の提言のうち，今回の IC 系の機能喪失に関係するのは a. である。a. が要求しているのは，電源がない状態での IC 系の起動であり，現場での弁操作についてのものである。したがって，上述の①項の実現のためにも a. は重要である。しかし，これは起動にあたって唯一操作する必要のある復水戻りラインの格納容器外側隔離弁（3A 弁，3B 弁）の開操作についてのものと考えられる。すなわち，現場での 3A 弁／3B 弁の手動開操作について手順書に反映することを a. の提言は要求していると考えるのが自然である。

上述のように，今回の IC 系を復帰するには格納容器内側隔離弁を格納容器外側から開操作をするための治具（操作棒など）を設置する必要があった。しかし，このような治具の設置を上記の B5b からは直接的には読み取れない。

しかし，一歩踏み込んで検討すれば，次のように考えることができる。

- 「直流または交流電源がない状態」を考える必要があるため，直流電源が喪失，交流電源が健全な状態を想定する。

- この電源状態でIC系に発生する事象を考えると，前述のインターロックが働くため，内側隔離弁が全閉する。
- したがって，IC系を起動するには外側隔離弁を手動で開操作するとともに，内側隔離弁を格納容器外側から手動で開操作することが必要になる。
- このため，内側隔離弁には格納容器外側から開操作をするための治具（操作棒など）を設置する必要がある。

このように，B5bが要求していることを忠実に反映した場合，今回の事象でIC系を活かすために必要であった治具（操作棒など）を設置していた可能性がある。

③　メーカの設計責任と改造の提案　　1号機の原子炉周りの設備の設計は，米国のGE社により行われた。GE社はBWRプラントの改造が必要と判断したときには改造提案を行い，その情報はユーザに必ず伝えるようになっており，わが国のユーザである東京電力にも伝達される。今回のIC系に関係するような情報はなく，メーカであるGE社からは改造提案は行われていなかったと推察する。

B5bに基づく改造に関しては，電力会社が独自に改造を実施することも考えられる。このような改造が安全対策の選択の一つとして実施される場合には，安全対策として広く周知されるべきであると考える。

(5)　得られた課題ととるべき対応策

IC系の今回の事故対応において次の課題と対応策が検討される。

①　**すべての設備においてアクシデントマネジメントへの対応をつねに考えなければならない**
IC系の格納容器隔離弁に設けられている破断検出回路について，その制御電源が喪失したときに隔離弁に自動閉信号が発信されることについて，アクシデントマネジメントを考慮して検討する必要があった。いかなる事態が生じても系統を活用できる状態にするにはどうしたらよいかとの意識をつねにもつ必要がある。

たとえば，安全上重要な系統におかれた隔離弁は"fail as is（故障したまま）"の状態とすることや，格納容器の中に設置せず格納容器外側に2個設置することも考えられる。

②　**ICのような設備での試験性を考慮しなければならない**　　IC系は安全系並みに設計されているので，試験運転を定期的に実施する必要があるが，隔離弁の開閉試験のみ行われ，実際にIC系を運転する試験は行われていなかった。このため，ICを実際に運転するとどのような状況になるか，運転員は経験する場がなかったと考えられる。IC系は将来プラントで採用される技術であり試験性について検討が必要である。

③　**格納容器の隔離機能と安全系の設計のとりあいの整合をはかることが必要**　　安全系については，格納容器内側に電動弁など，遠隔で操作される機器を配置すべきではないと考えられる。その機器に不具合が生じたときに早急に対応がとれるよう，またシビアアクシデント時などの使用したいときに操作できるよう，安全系の機器はすべて格納容器の外側に配置する設計にすべきと考えられる。

現状，ECCSについては操作される機器は改良型BWR（ABWR）の原子炉隔離時冷却系（RCIC

系）を除いて格納容器外設置となっている。従来通常系であった RCIC 系では，タービン蒸気ラインに格納容器内側に隔離弁が設置されており，このため ABWR で ECCS となった RCIC 系にもこの内側隔離弁が設置されている。この RCIC 系の蒸気ラインの弁は IC 系の隔離弁と同一の考え方で設計されているが，破断検出系の制御電源断においては隔離弁が閉となるインターロックにはなっていない。IC 系より RCIC 系のほうが設計の経緯では新しい設備であり，RCIC 系で設計の考え方を変えたときに，IC 系の同様の設計の部分も見直しをするべきであったと考えられる。

(6) まとめ

福島第一事故では，IC 系の炉心冷却機能に対する期待が大きく，1 号機の炉心損傷による水素の発生は引き続く水素爆発を誘発し，その後の福島第一の各号機の炉心溶融，水素爆発，放射性物質の大量放出へとつながったことから，IC 系の稼働に係る問題は重要な位置づけを持っている。

津波により全電源が喪失した。IC 系については，直流電源が喪失したことで格納容器隔離弁に閉信号が発信され，弁の駆動電源が断となるまでの間，弁が閉動作し，(A) 系の格納容器内側隔離弁は全閉に近い状態になったと考えられる。その結果，IC 系はその冷却機能を喪失する状態となった。

IC 系が活用できる状態であれば，今回の事故時に唯一の除熱系として作動し，より効果的な事故対応が可能になった可能性がある。まず IC 系が重要であるという認識が必要であった。その上で (A) 系と合わせて (B) 系の IC 系の稼働に取り組んでいれば IC 系を活用できる可能性があった。

さらに，同様の系統である RCIC 系で従来から設計の考え方を変更した際には，IC 系にもフィードバックすることが必要であった。

また，もし IC 系の改善について言及している B5b を事前に事業者が入手し，その提言を真剣に検討し反映することができていたとすれば，改造やアクシデントマネジメントにより，今回の事故時でも IC 系を活用できていた可能性がある。

どのような状態となっても系統を活かすにはどうしたらよいかとの意識を持ち続け改善していくことが重要である。

参考文献（6.4.3）

1) 東京電力福島発電所事故調査委員会，『国会事故調報告書』，徳間書店（2012）.
2) 東京電力福島発電所における事故調査・検証委員会，『政府事故調中間・最終報告書』，メディアランド（2012）.
3) NEI 06-12 B5bPhase2&3 Submittal Guideline

6.4.4 材料および構造健全性

(1) 目的と調査の方法

今回の原子炉事故においては，炉心の著しい損傷と溶融，そして冷却のための海水注入など，原子炉材料としては想定を超える事態に達した。現状では詳細な現場立ち入り調査は不可能で，材料学の観点では結論を出せる段階にはない。しかし，材料科学，材料工学的視点に立ち，知り得る情

報の範囲で事故の過程解明に向けた分析を行い，そして事故後の安定性（安全）確保のための手段の一つとして，現在の課題や今後生じ得る課題を検討することは重要である。

そこで，これまで事故後に実施された様々な模擬実験や検討，他の原子炉で発生した参考事象，さらに米国 TMI 2 号機事故の知見などを踏まえて，今回の事故により構成材料に生じた現象とその影響を予想し，現時点での理解を整理した。

その結果，定性的にある程度理解が進んでいるものの理解できていない現象もあり，事故状態での材料学的な理解が十分ではないことが事故分析にとっての大きな誤差の要因になっている。これらは，将来の事故調査ならびにその他の炉においてシビアアクシデント対応を今後立案計画するにあたって，考慮しなければならない。

事故時および冷温停止後の材料挙動を予測し，材料学的な課題を抽出した。また，福島第一原子力発電所と状況は異なるが，浜岡原子力発電所 5 号機で発生した海水流入事象から抽出された知見について紹介する。

(2) 事象の整理

本項では事故進展に伴い材料が被った事象と材料そのものの変化を整理し，その中から知見に乏しく課題となると予測されるものを抽出する。事故進展を ① 炉心損傷前，② 炉心損傷後圧力容器破損前，③ 圧力容器破損後格納容器機能喪失前，④ 格納容器機能喪失後および冷温停止後，⑤ 使用済燃料プールに分けた。表 6.17 に日本原子力学会安全対策高度化技術検討特別専門委員会での検討[1]を元に材料学的観点から課題を整理した。本表で抽出された課題には，すでに十分な知見が得られているものも含まれているが，多くは米国 TMI 事故を教訓とした予測であり，科学的な確認が必要である。なお，燃料や溶融燃料に関する事象や課題は 9 章に記述されるため本項では割愛したが，炉心材料と関連する箇所はリストに残した。

また，現在までに複数の研究事業などが立ち上がり，事故の模擬実験や検討が行われている。本表を元にこれらを以下のように整理して調査した。① 地震の直接影響の評価，② 事故時挙動として燃料溶融や圧力容器破損などの推定に関する研究の概略，および，③ 今まで原子炉燃料材料が経験したことのない海水混入事象である。①の地震の直接影響に関しては，旧原子力安全・保安院による高経年化意見聴取会において高経年化事象と関連付けた検討がなされ，その時点では特段の懸案事項は抽出されてはいないが，今後の現地調査による確認が必要である。③については，海水影響が未知であることから複数の研究が実施されている。加えて平成 23 年（2011 年）5 月に浜岡原子力発電所 5 号機において発生した海水流入事象[2]は，原子炉用冷却水に海水が混入し塩化物イオン濃度が通常条件と比較して高くなったという点では，福島第一原子力発電所が経験した環境と類似している。そのため，塩水環境において燃料や構造材料に発生し得る事象の理解にとって重要な情報を得ることができると判断され，本項に概要をまとめた。塩水の影響に関する調査の内容は，福島第一原子力発電所腐食対策検討会での検討に加えて，冷温停止前の高温海水による腐食，冷温停止後の海水中の腐食などに関する研究調査，ならびに浜岡での事象の調査である。これらを踏まえ，②と③の項目について課題を整理した。

表 6.17 事故炉で予想される材料学的課題

		材料学的課題
① 炉心損傷前		【被覆管】事故炉の材料学的検分。サンプル採取と分析による事象進展の解明（温度履歴など）。事故発生時点での燃料の履歴（照射劣化，酸化，水素化，燃料棒内圧，核分裂生成物（FP）蓄積など）と破損との関係の解明。破損箇所近傍での集中的な水素脆化とその進展が燃料棒全体の破損に及ぼす影響。水質やクラッドの影響の解明
		【集合体】燃料露出時の被覆管温度の評価（履歴および最高温度）。水蒸気による気相腐食と水素化。集合体のクリープ変形による被覆管の膨れなどの評価。塩析出などによる流路閉塞や伝熱劣化の影響の評価
		【炉容器】圧力容器や炉心材料の気相腐食，高温腐食の評価。破損に伴う燃料放出による圧力バウンダリへの影響評価
		【格納容器】格納容器材料の高温物性データベースの構築
		【配管】地震影響の検証
② 炉心損傷後，RPV 破損前		【燃料】非常用炉心冷却系の性能評価基準（1200 ℃，15％ECR）を超えかつ溶融に至るまでの条件における挙動（被覆管の閉じ込め機能の温度と時間の限界，水蒸気腐食条件下でのクリープ破断など）の解明
		【炉内構造物】ステンレス，ジルカロイ，制御材，燃料など材料間の反応のうち，特に高温水蒸気環境かつ過渡的非平衡状態における多成分系状態図の取得。制御棒崩落事象と燃料溶融に関する材料学的解明
		【炉容器】原子炉容器破損形態の特定。ガスケットの高温破損。溶融炉心と圧力容器の相互作用。TMI 2 号機事故の知見を活用した原子炉容器下部ヘッドの破損挙動解明。高温海水蒸気腐食
		【配管】地震影響の確認
③ 格納容器機能喪失前，RPV 破損後		【FP の移行】損傷炉心から注入水を経由して格納容器外に流出したと考えられ，溶融燃料から水相への FP の移行挙動の解明
		【格納容器】過温対策シール材の挙動。ジェットインピンジメントによる侵食（溶融ジェットが構造体に衝突する場合に構造体を溶融侵食する現象）と格納容器破損との関係
		【コンクリート】コンクリート侵食に伴うガス発生と浸水，対流熱伝達率の増加，溶融デブリの流動物性の影響。
		【冷却】ペデスタルにおける溶融炉心物質と冷却水との熱的相互作用
④ 格納容器機能喪失後および停止後		【溶融燃料】海水腐食の評価。LOCA 後の燃料の長期冷却性の評価（日本では基準がない）
		【構造材料】海水腐食の評価
		【コンクリート】海水による浸食ならびに腐食の評価
⑤ 使用済燃料プール		【燃料】燃料棒の破損挙動（バルーニング，燃料ペレット分散挙動など）と海水による腐食評価。使用済燃料の取り出し時のがれきなどによる燃料の損傷に関する検討と対策。現行再処理施設の取扱い制限を超える燃料の取扱い
		【ラック】海水腐食の評価
⑥ 全体		【事故解析】事故プラントからの遠隔操作による試料サンプリングと分析試験

(3) 各事象に対する検討の状況

① 事故時の材料挙動 福島第一事故では，燃料集合体が冷却材から露出してから注水が再開されるまでに約 6～14 時間を要したとされており，1～3 号機において多くの燃料が溶融した可能性が高く，溶融した燃料の一部は圧力容器を貫通し格納容器内に落下したと考えられている。シビアアクシデント時には原子炉内では様々な現象が起こるが（図 6.19），現時点では燃料デブリの分布や原子炉炉心の破損など炉内の状況は把握できていない。これらの知見の取得は事故時の燃料材料挙動（たとえば破損燃料が経験した最高温度や冷却の速度など）を類推するうえで重要な情報となる。燃料デブリの取出しを効率的かつ確実に行うためには，燃料デブリの分布を含む炉内状況の推定が必要である。

162   6　事故の分析評価と課題

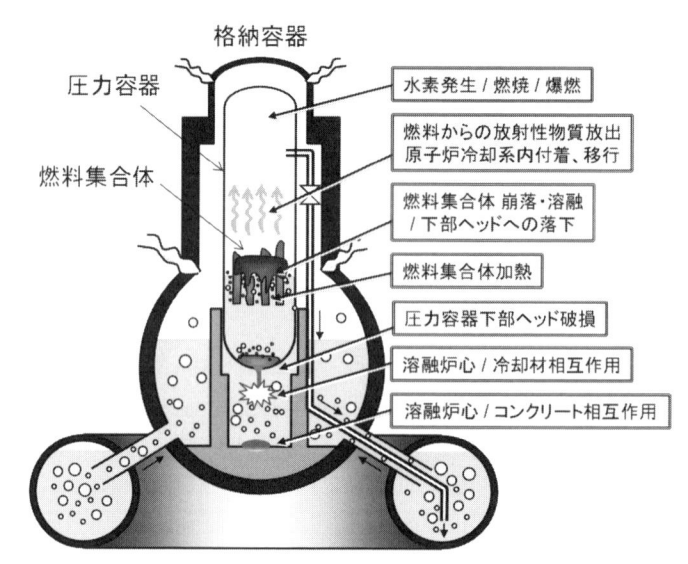

図 6.19　シビアアクシデント時に原子炉内で想定される現象

② 海水混入の影響

a. 福島第一原子力発電所腐食対策検討会での検討：事故時の炉心冷却のため福島第一原子力発電所の1～3号機の原子炉に海水および淡水が，1号機の使用済燃料プールには淡水が，2～4号機の使用済燃料プールには海水および淡水が注入された。電力中央研究所では学識経験者，学術研究団体，プラントメーカ，水処理メーカなどからなる福島第一原子力発電所腐食対策検討会[3]を設置し，海水および淡水を注入した福島第一原子力発電所の各号機について応力腐食割れ，すきま腐食，孔食，異種金属接触腐食などの腐食問題への対策法を検討し，検討結果をまとめた。

1～4号機の使用済燃料プールの典型的な水質を設定し，使用済燃料プールの各部材を対象とし腐食挙動，添加物質の効果，犠牲防食の必要性などについて検討してまとめた。検討対象とした部材と材料はプールライナー（SUS304），燃料ラック（Al合金），燃料被覆管（ジルカロイ合金），配管（炭素鋼）である。また水質としては，事故直後の海水注入時に対応した100℃の高温高濃度塩化物水溶液，その後の水質改善過程や各号機の状況に対応した様々な塩化物濃度ならびにpH 10の50℃以下の水溶液など，6種類のケースを想定した。検討から抽出された課題は以下のとおりである。

(i) 2，3，4号機のプールライナーについては，応力腐食割れとすきま腐食が発生した可能性は高く，事故直後の高濃度塩化物水溶液環境での進展速度は数十mm/年程度に達していた可能性がある。水質改善が進んだ後には，局部腐食あるいは応力腐食割れが新たに発生する可能性はなく，進展が停止する可能性も高い。ただし，微生物影響がある場合には局部腐食の進展の自発的停止は難しい。

(ii) 1，3号機では，水素爆発によって生じたコンクリート片の混入によりpHが上昇している。Al合金製燃料ラックについては，塩基性溶液条件では均一腐食が生じるが，想定されるpHの範囲（pH = 10程度）では，数十μm/年程度と評価される。また，プールライナーとの異種金属接触腐

食の効果も水質条件（電気伝導度）によっては大きくなり，これは微生物影響により加速される傾向にある。

（iii）燃料被覆管に局部腐食が発生した可能性は低いが，事故直後の高温高濃度塩化物水溶液条件に限ってはすきま腐食が発生した可能性が否定できない。

（iv）炭素鋼の均一腐食は全条件で発生するが，最大 1～2 mm/年程度と評価される。また，低濃度塩化物水溶液条件で pH が比較的高い場合には，局部腐食が発生する可能性がある。

（v）これらの腐食挙動予測から，使用済燃料プールの腐食対策として酸化剤の低減，微生物の影響の抑制，電位などのモニタリングなどが必要である。

b．原子炉容器・燃料集合体などへの海水注入の影響把握：使用済燃料プール内の燃料集合体や原子炉内の燃料デブリは，これまで経験のない海水由来成分を含む水環境と放射線環境に曝されている。燃料集合体や燃料デブリの取り出し作業やその後の長期的保管にあたっては，材料の劣化や損傷について調べ，必要に応じてそれらを防止，抑制する方策が必要である。また，海水が注入された圧力容器や格納容器では，今後も長期にわたり希釈海水環境に曝されることが想定され，材料の腐食に起因した構造強度の低下が起こる可能性も懸念される。

c．浜岡原子力発電所 5 号機復水器細管損傷の影響

（i）事象の概要と対応　中部電力株式会社浜岡原子力発電所 5 号機（以下，浜岡 5 号機）（定格電気出力 138 万 kW）は，平成 23 年（2011 年）5 月 14 日 10 時 15 分に発電を停止し，原子炉減圧操作中，同日 13 時頃に原子炉が未臨界に達した後，同日 17 時過ぎに復水器の細管損傷による原子炉施設内に海水が混入する事象が発生した。原子炉は直ちに圧力抑制室の貯水により希釈するとともに，原子炉冷却材浄化系統による浄化，脱塩水による置換を行った。また，タービン系は系統水を復水器ホットウェルに排水し，脱塩水で置換した。これにより炉水中の塩化物イオン濃度は 400 ppm 強まで上昇した。塩化物イオン濃度が 100 ppm を超えていた時間は約 70 時間である。復水器細管損傷の原因など本事象の詳細はに記載がある[2]。

中部電力では海水が混入したすべての設備について機器レベルの点検および系統レベルの点検などによる健全性を評価し，機器の交換や分解清掃などの作業により対応した。本事象は事故炉以外では国内で初めて炉内に海水が流入したものであり，また事象に対する対応が進んでいることから，事故炉で材料に生じている現象の理解や今後の対応にとって参考となる。

なお，当該機に関しては平成 24 年度までの点検により以下の腐食などの劣化が認められている。原子炉圧力容器のライナー材として用いられるオーステナイト系ステンレス鋼の溶接金属の一部やその他の部位に腐食や変色が認められているが，いずれも漏えいや破損に影響するものではないことを確認している。その他の機器については，ポンプ，熱交換器，弁などの機器の点検を行っており，鉄酸化物を主成分とする付着物を確認している。付着量は通常点検に比べてやや多めではあるものの手入れにより除去可能である。

また，海水が混入した設備の代表鋼種については腐食影響評価を実施した。評価試験を実施した対象機器と試験結果を以下に簡単にまとめる。

原子炉系およびタービン系について，海水が流入した環境（濃度・温度・浸漬期間）を模擬し，

以下の試験を行った。ステンレス材では局部腐食が認められたものの，応力腐食割れは確認されなかった。また，ステンレスの窒化処理部での全面腐食，ステンレス材の重ね合わせ部のすきま腐食，ならびに炭素鋼の全面腐食が認められた。

燃料に関しては模擬燃料を用いた複数の試験を実施し，未使用燃料を用いて海水混入環境を模擬し，外観観察，引張試験および断面金相試験を行い，また，照射済燃料を用い，海水混入環境模擬試験および運転状態模擬試験を行い，外観観察，水素分析，引張試験および断面金相試験を行った。これら試験の結果から，燃料への影響は表面のわずかな変色およびプレナム部の軽微な孔食にとどまり，健全性が確認されたこと，および海水混入後に原子炉の水質が改善され維持されていることから，使用済燃料プールへの燃料取出しなどへの影響もないことを確認した。

（ⅱ）福島第一への知見の展開　浜岡 5 号機復水器細管損傷に伴う海水混入事象の原子炉は，約 240℃ の高温で 400 ppm 強の濃度の塩化物イオンを含む環境に曝された期間は短く，その後原子炉水の希釈・浄化により腐食環境は改善されており，福島第一原子力発電所と状況は異なることから，福島への展開について一概に述べることは困難であるが，これまでの各機器の点検結果からは，ステンレス鋼の窒化処理が施されている部品に腐食が確認されており注意が必要である。

また，復水器ホットウェル内の海水成分を含む水の塩分除去作業のため，通水していた復水回収ポンプ再循環配管（炭素鋼配管）の溶接部から，腐食による漏えいが発生している。これは，海水成分を含む水を通水したことにより配管内が腐食環境となって，全面腐食が発生し，母材よりも腐食しやすい溶接部が選択的に腐食し，復水回収ポンプの連続運転によって，海水成分および溶存酸素が継続的に供給されて腐食が進展したものと推定される。

炭素鋼配管は通常全面腐食であり局部腐食は発生しにくいが，溶接部は特に注意が必要と考えられる。

d．希薄海水中におけるステンレス鋼のすきま腐食挙動評価：軽水炉の復水器から海水が流入すると，流入量によっては給復水系において塩化物イオンによる材料の腐食が懸念される。給復水系材料のうちステンレス鋼は，塩化物イオンによってすきま腐食などの局部腐食が発生する恐れがある。ステンレス鋼に及ぼす塩化物イオンの影響に関しては多くの知見があるが，多量の海水流入を想定した塩化物イオン濃度および給復水系の温度における，軽水炉用の各種ステンレス鋼の腐食挙動という特定の条件については必ずしも十分なデータは存在しない。

炉内およびタービン系で使用される鋼種と想定される塩化物イオン濃度を設定し，JIS[4]に準拠してすきま腐食電位を求め，腐食電位[5]と比較して腐食発生条件を求めた。50℃ において，SUS304L，SUS316L，SCS19A の 3 鋼種では塩化物イオン濃度が約 500 ppm より高い条件ではすきま腐食が発生するが，それ以下では均一腐食が優位であった。一方，SUS403 ではすきま腐食の発生は塩化物イオン濃度約 15 ppm 以上と評価された。SUS403 は塩化物に対する耐性を示す添加元素が他の鋼種よりも少ないためと考えられる。これらの知見は，海水流入事象発生後の材料腐食挙動の推定，系統を浄化する際の目安などに反映できる。

また，定電位腐食試験により腐食の発生と成長を評価した[6]。比較的高い塩化物イオン濃度（6,000 ppm）で室温から 100℃ 程度の温度域においては，すきま腐食は比較的短時間で発生し温度

上昇に伴って短くなること，すきま腐食深さは腐食進展時間のおよそ 0.5 乗で増加することが分かった。事故炉では様々な形態のすきまが形成されていると考えられるが，これらの部位においてはすきま腐食が強く進行していることが予想される。

(4) まとめ

　事故時および冷温停止後の種々の事象進展に対応させて材料学的な観点から課題を整理した（表6.17）。これまでの種々の検討結果から地震の直接影響は小さいと思われるが，今後現場調査などにより確認されるであろう。海水混入事象については，他の炉の知見などをまとめた。また，本項には個別記載はしていないものの，冷温停止後の特定原子力施設の保全に関し，材料学的な視点からLOCA後の炉心の長期冷却性や耐震性，事故炉，使用済燃料プールや廃液タンク，除染装置類の腐食など課題は多い。

参考文献（6.4.4）

1) http://www.aesj.or.jp/special/senmon.html
2) http://www.chuden.co.jp/energy/hamaoka/hama_info/hinf_topics/__icsFiles/
afieldfile/2011/12/06/hyoukakentouiinkaigiji.pdf
http://www.nsr.go.jp/archive/nisa/oshirase/2012/09/240914-2.html
3) http://criepi.denken.or.jp/result/pub/annual/FY2011/P96-P97_kiban8.pdf
4) JIS G 0592—2002「ステンレス鋼の腐食すきま再不動態化電位測定方法」
5) M. Akashi, G. Nakayama, T. Fukuda, *Corrosion*, **98**, 158 (1998).
6) 崎谷美茶, 松橋　亮, 松橋　透, 高橋明彦, 材料と環境, **58**, 378 (2009).

6.4.5 高経年化対応

(1) はじめに

　東北地方太平洋沖地震による津波で被災した福島第一原子力発電所は 6 基すべてが運転開始から 30 年以上を経過していた。これらのプラントは，これまでの 30 年の長期運転以降さらに長期の運転に入るプラントとして，構造の劣化の観点から問題がないかという技術的な評価が実施されてきた。この技術評価においては，さらに長期の運転継続において，その構造健全性は技術的に問題がないことが評価，確認されていた。

　事故の要因分析はこれからの課題であり，ここではプラントの寿命について明確にしておきたい。

(2) 様々な寿命問題

　① 構造健全性を中心とする寿命　　原子力発電所は何をもって「寿命」というのであろうか。

　a. 設計寿命と実寿命：設計寿命という定義がある。設計時に運用期間を想定して，その期間内は基本的にプラント全体として，重要なシステムや重要な機器・構造の必要な機能が十分に確保されるように設計する。しかし実際には，すべての過程（設計，製造，検査など）を通じて余裕をもった対応を行うので，いわゆる寿命といわれる必要な機能が得られなくなる実寿命は，設計寿命より大幅に長いのが現実である。

　b. 取替えによる寿命の延伸：原子力発電所では，発電所を構成する機器は数万個あり，その部

品は百万個単位になる．多くの部品は定期的に交換したり，新たに開発された製品に取り替えたりして，寿命を迎える前に新品となっている．その他，一般に構造物は30年，40年の経過の間に様々な劣化事象が現れる．設計時の解析評価，運転開始時からの検査管理を行い，保全活動を行うことで寿命の前に対策をとっている．そこには世界から不適合の情報を集め，最新の研究成果を取り入れて劣化を予測し，検査をして運用に適用する不断の努力がある．

② **安全の考え方の変化と寿命**　わが国の原子力発電所はほぼ1年ごとの定期検査，10年ごとの定期安全レビューに加え，30年目から10年ごとに技術評価が実施される仕組みとなっている．わが国の原子力発電所は認可時にそれらの検査などを前提として運転が許可されている．この技術評価は，さらに長期の運転を継続するにあたっての設備の健全性を確認するものである．

ここには，構造健全性の取組み以外に重要な要素である安全評価の考え方の変化への対応が抜けている．それは，最新のプラントであっても脅威となる課題である．構造健全性にばかり目がいき，経年劣化とトラブル抑制に重点をおいた結果，安全の考え方の変化，新たな知見に対する備えと改善への努力が不十分になったのではないかという懸念である．

世界では安全評価の考え方に対して，TMIの事故やチェルノブイリの事故から多くの知見が得られ，見直しがなされてきた．特に米国での平成13年（2001年）の9.11以降，テロ対策への基準として想定外に対応する徹底した安全の見直しがなされた．新たな知見による安全確保の考え方の変更であり，きわめて重要な事項である．これに対応できない場合には，必要な要求機能を果たせないことにもなりかねない．

③ **評価基準の変化への対応と寿命**　原子力発電所の多くの機器は交換可能である．技術的には原子炉圧力容器も交換できる．構造の劣化という面だけでなく，システム全体のリスクの増加，逆にいえば原子力安全の確保を最新の知見に基づいて評価しなければならない．

津波の評価でも，発電所に到達する津波高さはより高く予測されるようになっていたにもかかわらず，対応は遅れてしまった．非常用発電機が海側の建屋地下にある設計では，多重に予備の設備があっても津波による浸水に対する危険性は改善しえない．津波の来襲は，確率は小さいものではあっても，事故の影響の大きな事象への対応が必要であることを示した．どのような事態となっても，プラント全体として，またシステム，機器の必要な機能が維持されることが求められる．もちろん，そのような場合でも，代替機器やシステムが求められる機能を果たせれば問題はない．地震や津波などの外的要因が重畳した場合のリスクも考慮して，より新しい設計や劣化管理の考え方を適用して，システムとして機能を維持する仕組みにすることが求められる．ここに規制の役割がある．あらゆる面から発電所のリスクを継続的に低減させるようにするべきである．多くの国では，定期安全レビューがこの役割を果たしている．それが長期間運転の安全規制の中核となっている．

(3) プラントの運転実績と高経年化対応

以上述べたように，プラントの寿命は安易に定められるものではないことが分かる．このような状況を踏まえながら，高経年化対応として世界では多くの原子力発電所の運転延長が認められている．IAEAの集計では，40年を超えて運転している世界の原子力発電所は全体の5%を超えた．米国では40年間の運転許可が与えられ，申請によって20年間の運転認可の更新がある．すでに70

基を超す原子力発電所が原子力規制委員会（NRC）によって60年間の運転を認められている。さらに最近では，80年間の運転となる再度の運転認可更新の審査が準備されつつある。一方，フランス，イギリス，スペインなどでは，法律で定められた運転制限期間はない。フランスでは30年間以上の運転に対し，経年劣化管理プログラム策定と事業者に対する運転継続の適切性の証明を求めている。イギリスでも定期安全レビューにより，10年ごとの運転継続を認めてきた。実績から見て原子力発電所の寿命は単純に40年というわけではないことが分かる。いずれの国も経年劣化管理プログラムにより適切な管理を行っており，IAEAにおいては共通の劣化事象に対応するデータベース（International Generic Ageing Lessons Learned：IGALL）も構築されてきている。

(4) 原子力発電所の高経年化対応として重要な視点

重要な点は原子力発電所の寿命は単なる機器，構造，材料などハードの寿命ではないということである。高経年化対応においては原子力安全の確保という視点で，プラント全体を見なければならない。安全の考え方の適用が適切か，また安全基準が最新の知見で適切に見直されているかなどをレビューする定期安全レビュー（PSR）を適切に運用することが有効である。原子力安全の定量化を何らかの形で行わなければ，安全の考え方の変化，新しい考え方を導入したり，安全の基準の変化を遡って適用したりすることは難しい。考え方の変化や基準の変化に目をやり，これらの評価の仕組みを導入することが，システムの陳腐化（obsolescence）を防ぎ，求められる安全を確保する機能を失うという「寿命」を回避することになる。設計時の知見も時間が経てば古くなる。進歩に応じて適切な手が打たれなければ，引退して，次世代に交替しなければならない。それも「寿命」である。

(5) おわりに

原子力発電所の多くのシステムや設備は最新のものと取り換えられている。一部の主要なハードは100年以上もつともいわれる。原子力発電所の高経年化対応は，寿命問題として単純に構造物，ハードの寿命ということで片づけられるものではない。様々な要素を考えて結論を得ることが必要である。

6.5 アクシデントマネジメント

福島第一事故から得られる課題と対応策について，本節ではアクシデントマネジメント（AM）の観点から述べる。アクシデントマネジメントとは，設計基準事故を超え炉心または使用済燃料プール内の燃料が大きく損傷する恐れのある事態に対し，設計に含まれる安全余裕や安全設計上想定した本来の機能以外にも期待し得る機能，またはそうした事態に備えて新規に設置した機器などを有効に活用して講ずる一連の措置をいう。アクシデントマネジメントは従来は事業者自主であったが，その徹底を図るため平成25年（2013年）7月に新規制基準の中に新たに導入された。

アクシデントマネジメントの改善を考えるうえで重要な視点は，シビアアクシデントマネジメントの役目が深層防護第3層までの設計の延長ではなく，深層防護思想の最も重要な視点である独立した効果を与えること（independent effectiveness）である（6.3.3項参照）。シビアアクシデント

に対して第3層までの設計手法で評価を行うことは，同じ過ちを犯すことになり，第3層までのように基準シナリオや基準事象などを決めて対策をとることだけでは不十分でありかつ誤りとなる。第3層（設計）とは違う視点での対策（マネジメント）をとらねばならないということになる（図6.20）。

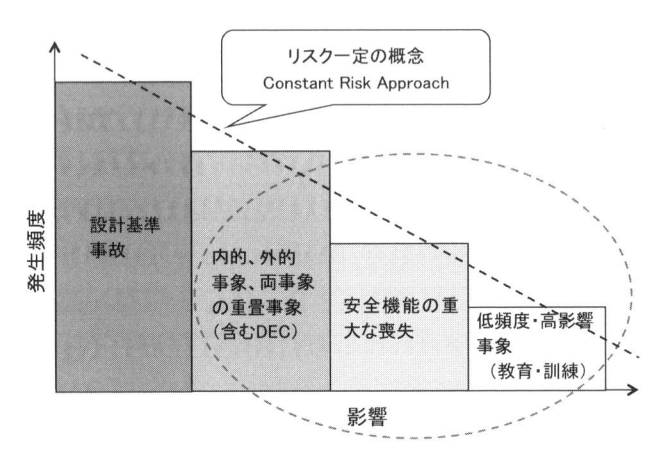

図 6.20 事象のカテゴリーとアクシデントマネジメントの対象範囲

もう一点は，原子力安全の確保には，設計基準外の事象を発生頻度が低いとして軽視することなく，考えられるすべての起因事象（複数故障や重畳事象を含む）を対象に，リスク評価を踏まえた深層防護の考え方に基づき，すなわち発生頻度，影響，シナリオに基づいて定まる安全性の重要度に応じた適切な品質管理の対策を実施することにより，整合性，一貫性がある統合された安全対策を構築していくことが重要である。

以下，福島第一事故に基づいて自然災害（地震，津波）に対する深層防護としての設備面のアクシデントマネジメントの検討例，アクシデントマネジメント改善の取組みの視点，複数基立地のアクシデントマネジメントの検討例を詳述する。この検討にあたっては新規制基準によるだけでなく，ハードとソフトのより幅広い視点から検討を行っている。

6.5.1　格納容器の放射性物質閉じ込め機能

(1)　格納容器の過圧・過温破損とその対策

①　漏えい箇所　　福島第一1号機の事故時の原子炉圧力・水位，格納容器の圧力のデータで特徴的なことの一つは，3月11日の21時過ぎに，原子炉内に冷却水が注入されていないにもかかわらず，原子炉水位計の値が上昇している点である。これは格納容器（PCV）内が高温になって，水位計の2本ある差圧計装管のうち，PCVのドライウェル（D/W）に露出している基準水頭管の水が過熱した高温気体により蒸発を開始しているなど，何らかの異常状態が起きていることを示している（6.5.2項参照）。PCV内が高温になっていた理由は，原子炉圧力容器（RPV）内の中性子計装管や主蒸気逃がし安全弁の取り付けボルト／ガスケットが損傷し，RPVから高温の蒸気などがPCVに漏れていたためと考えられる（6.1.2項参照）。

一方，3月12日の3時前にはRPVの損傷によりRPVとPCVがほぼ同圧となっている。引き続き溶融炉心からはエネルギーが放出されているため，PCVの圧力は上昇するはずであるが，3月12日の12時過ぎまで0.75 MPa［abs］で維持されていることから，PCVから放射性物質の漏えいが生じていたものと考える。

その後，3月12日15時36分に原子炉建屋が水素爆発した。水-ジルコニウム反応により発生した水素がPCVから原子炉建屋に移行し，最上階で爆発したものと考えられる。

② **PCVからの漏えいの要因**　漏えい箇所として複数の箇所が考えられる。PCVのペネトレーション（貫通部）やハッチ，PCV上部フランジのパッキン（耐熱温度約200℃のシリコーンゴム）などから，高温の蒸気とともに水素と核分裂生成物を含む放射性の気体や粒子状のエアロゾルが漏えいした可能性がある。PCV内圧の上昇とともに上部フランジに応力がかかり，PCVからの漏えいが起こりやすい状態になっていた。また，PCVの温度が上昇したことにより，シリコーンゴムのパッキンや電気ペネトレーションの充填剤であるエポキシ樹脂の損傷などが，漏えいの原因として考えられる。今後，さらに現場調査によりこれらを確認する必要がある。

③ **汚染水の漏えい箇所**　一方，PCVの下部にも損傷箇所があり，汚染水がタービン建屋とのトレンチなどを経て建屋外に漏えいし広い範囲に拡がっている。1号機については，平成25年（2013年）11月の東京電力の調査により，格納容器の底部もしくはD/WとS/Cをつなぐベント管の一部から漏えいが発生していることが確認されているが，今後，損傷箇所を特定する調査をさらに広範に行い，汚染水の発生量低減および燃料デブリ取出しに向けた作業の準備のために漏えいを止める必要がある。

(2) **ベントへの対策**

① **福島第一でのベントの状況**　1号機ではPCVの耐圧ベントは設置されていたが，制御電源が喪失していたためにベント弁を遠隔操作で開けることができず，また手動操作でも迅速に開けることができなかった。このため，PCVの圧力が高くなり漏えいを生じ水素爆発の一因となった。また，2号機，3号機も同様に，PCVベント作業はスムーズには進まなかった。

② **海外の状況**　チェルノブイリ事故では原子炉から放出された放射性物質が広範囲に拡散し，近隣の欧州諸国は特に大きな影響を受けた。このため，欧州のほぼすべての原子力発電所で事故後，フィルター付ベントを設置する対策がとられることとなった。フランスの発電所のフィルター付ベントでは，直径8 m×高さ4 mのお椀を伏せたような容器内に水と砂利で構成されるフィルターが収納されている。また，水素対策として多くの触媒式再結合器をPCV内に設置している。スイスのライプシュタット発電所（BWR）では，50％容量のフィルター付ベントが2基設置されている。過酷事故が起こるようなときは全交流電源喪失事象（SBO）の可能性が大きく，ラプチャーディスクが約0.3 MPaで破裂し，自動的にベントが開始されるようになっている。

③ **福島第一の教訓と対応**　アクシデントマネジメント策として設けたPCVの耐圧ベントシステムにはラプチャーディスクを設置していたにもかかわらず，PCVを異常な高圧にまで過圧させてしまった原因は，ベントシステムが多くの弁の切り替えを必要とする設計になっていたことで，これは大きな教訓である。事故時の操作性を考慮したベントシステムになっていれば，早期に

ベントすることによってPCVの過圧破損や水素爆発も回避でき，放射性物質の放出量を大きく低減できた可能性が高い。

　福島第一事故後，わが国も新規制基準でフィルター付ベントの設置が要求されることとなった。フィルター付ベントの効果を発揮するためには，PCVの過温破損を防止する必要がある。PCVスプレイやサプレッションチェンバ（S/C）の冷却系強化がその対策例である。PCVスプレイのための消火用連結送水口と専用配管を設けて，万一，工学的安全施設のPCVスプレイが使用できない場合でも，消防ポンプなどで直接D/WやS/Cに注水できるようにする対策である。また，原子炉ウェルへの注水によりPCV上部フランジのパッキンの過温による損傷も防止することができる。

　既存の耐圧ベント系や新たに設置するフィルター付ベントシステムの作動の確実性・操作性の向上については，ベント操作に必要な空気の予備ボンベと空気作動弁を開けるための電源確保が必要である。これらのシステムを活かすための補助的な系統，設備の重要さも忘れてはならない。

　④　フィルター付ベントの設置とその効果　　ベントによる外部環境に対する影響を低減するには，フィルター付ベントを設置することが最も効果的である。これによりセシウムやヨウ素などの放射性物質の放出を大きく低減することができる。

　海外の動向をみると，福島の事故後には，フランスにおいてはフィルター付ベントの除染係数をより高性能なものに更新することになった。また，ロシアについても同様に，ロシア内の全原子力発電所にフィルター付ベントを設置することになった。

6.5.2　原子炉の計装系（原子炉水位計装）

　原子炉圧力容器（RPV）のまわりや格納容器（PCV）のまわりには各種の計装システムが設置されており，これらは原子炉を安全に運転するために欠かすことのできない重要なシステムである。主要な計装システムとして，原子炉水位，原子炉圧力，D/W圧力，S/C圧力などがある。福島第一事故においては，これら計装システムの多くが機能喪失したことから，プラントの状態把握が困難となった。

　本項では，これら計装システムのうち福島第一事故において特に影響の大きかった原子炉水位計装を取り上げ，計装システムの仕組みや事故で浮かび上がった課題をまとめる。

(1)　原子炉水位計装の位置付け

　沸騰水型原子力発電所（BWR）の原子炉圧力容器内の冷却水は，通常プラント運転中，有効燃料頂部（TAF）より約5.3 m上に水位を有しており，この水位を一定とするように運転されている。また，配管破断事故が発生して水位が低下すると，水位低を検出して非常用炉心冷却系（ECCS）を作動させる必要がある。このように，BWRにとって原子炉水位計装は非常に重要な計装システムとなっている。

(2)　原子炉水位計装の仕組み

　原子炉水位に対しては，水位の変化を差圧として計測する差圧計測方式が採用されている。差圧信号は差圧伝送器で検知され，差圧が変化すると差圧伝送器内のダイアフラムのたわみが変化し，そのたわみの変化が差圧伝送器内の半導体で電気信号に変換され，中央制御室に出力されるものと

なっている。

差圧伝送器には，原子炉圧力容器と連通した凝縮槽と呼ばれる基準面器と原子炉燃料下部近傍の炉側配管タップとからそれぞれ計装配管が接続されている（図 6.21）。両計装配管内を通して伝わる圧力が差圧伝送器にかかり，両圧力の差が差圧伝送器内で差圧として検出される。ここで，基準面器側からかかる圧力は原子炉圧力と基準面器水面から差圧伝送器までの水頭圧との和である。炉側配管タップからかかる圧力は，原子炉圧力と原子炉水位分の水頭圧との和である。計装配管内を伝わる圧力にはどちらも原子炉圧力がかかっているので，差圧は基準面器水面から差圧伝送器までの水頭圧と，原子炉水位分の水頭圧との差になる。

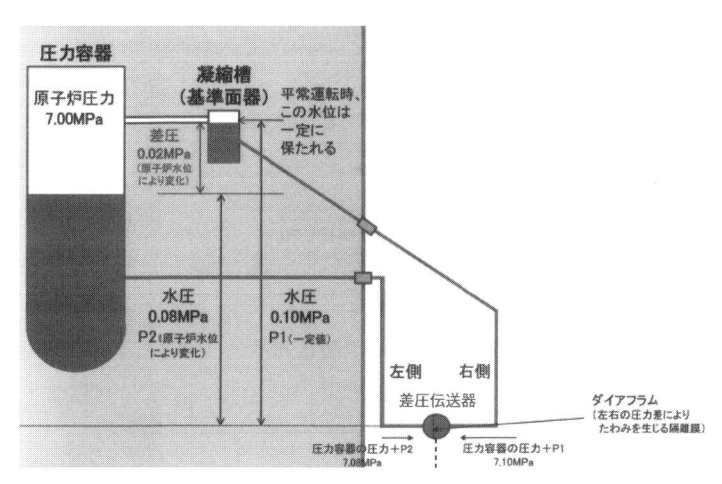

図 6.21 原子炉水位計装
［東京電力作成資料を基に作成］

基準面器には原子炉の蒸気が常時入り，その蒸気は基準面器内に入ることで格納容器内の温度条件下となり凝縮される。この凝縮が通常運転時に常時行われているので，基準面器内の水位は一定に維持され，その結果，基準面器側の水頭圧は一定に維持される。そして，炉側配管タップからかかる圧力は原子炉水位により変化するので，その変化を差圧としてとらえることができ，原子炉水位として計測できる仕組みになっている。

原子炉水位はプラントの運転状態によって計測が必要な範囲や，温度・圧力といった環境条件が異なる。そこで，差圧で水位を計測するという検出原理は同じであるが，原子炉水位を計測する差圧伝送器には，圧力を取り出すタップの位置を変えて狭帯域，広帯域，燃料域，シャットダウンなどの種類がある。通常運転時には，狭帯域，広帯域が使用されているが，プラント停止中には燃料域が使用されている。運転状態に合わせて使用するため，狭帯域，広帯域用の差圧伝送器は定格圧力・温度で使うことを前提に計器が校正されており，燃料域用の差圧伝送器は大気圧，100℃で校正されている。したがって，仮に想定していた範囲外で使用する場合は差圧伝送器の再校正を行うか，計測された信号に対して補正を行うことが必要となる。

(3) 事故時の原子炉水位計装の状況

今回の事故時の原子炉水位計装の状況を1号機を例に示す。

① **1号機IC系との関係**　3月11日の地震後に津波が到達し，15時40分頃に直流電源が喪失すると，中央制御室の原子炉水位計装も機能喪失となった。このとき，原子炉の唯一の除熱系統であったIC系も，その作動状態が不明となり，また全電源喪失状態となったためIC系の弁の作動もできない状況であった。

16時42分頃，原因は不明であるが，原子炉水位が見えるようになり広帯域で−90 cmを示していた。その後，16時56分頃に広帯域で−150 cmを示した後に，原子炉水位計は再度機能喪失となった。この傾向から，発電所対策本部技術班は原子炉水位は18時15分頃，TAFに到達すると予測した。

さらに21時19分頃，仮設のバッテリにより原子炉水位計装が復旧し，発電所対策本部および本店対策本部は，1号機の原子炉水位がTAF＋200 mm（燃料域（A）系）を示したとの報告を受けた。

このような経過において，発電所対策本部および本店対策本部はIC系が作動していたものと誤解し続け，21時19分頃の報告により誤解を解くことがさらに難しくなっていった。

原子炉水位計の機能が健全であれば，IC系が津波到達以降，作動していないことは早期に認識できたはずで，それにより1号機への対処も違ってきたと考えられる。

なお，その後の解析により，19時前には炉心損傷が始まったと推定されており，21時19分頃には原子炉水位は有効燃料底部（BAF）を下回っていたと考えられる。

② **原子炉水位計装の誤指示**　3月11日21時19分以降，仮設バッテリにより原子炉水位計装が復旧したが，徐々に水位が上昇し23時24分にはTAF＋590 mm（燃料域（A）系）となった。このときには，原子炉への注水は行われておらず，水位が上昇することはありえない。さらに，3月12日0時以降6時30分まで，原子炉水位（燃料域（A）系）は，TAF＋1,300 mmを示したまま変化がない状況となった。その後，原子炉水位は低下傾向となり，3月12日12時35分以降はTAF−1,700 mmを示したまま変化しなくなった。

(4) 事故時の誤指示の原因推定

(3)②項で示した3通りの事象について，その原因が差圧計測の計測原理から，以下の通り推定される。

通常運転時には基準面器の水位は一定に保たれるが，シビアアクシデントによって格納容器内の温度が飽和温度よりも高い状態になると，基準面器側の計装配管内の保有水が蒸発する。このように基準面器側の保有水による圧力が低下することで，相対的に炉側配管側の圧力が高くなり，炉水位が徐々に上昇しているかのような信号を出すことになる（3月11日21時19分以降，23時24分までの事象）。

TAF＋1,300 mmで水位が一時変化しなくなった原因は，シビアアクシデントによって格納容器内の温度が飽和温度より高い状態になり，基準面器側配管の保有水が失われたことによると考えられる（3月12日0時以降6時30分までの事象）。

原子炉への注水が継続され続けたとしても，原子炉水位が燃料下端水位よりも低下すると，原子炉側から炉側配管に水は供給されず，シビアアクシデントによって格納容器内の温度が飽和温度より高い状態になると，炉側配管側の計装配管内の保有水も蒸発する。結果的に格納容器内にある基準面器側と炉側配管側ともに水位計装配管内の保有水は蒸発してなくなり，両者の差圧は一定値となる（3月12日12時35分以降の事象）。なお，事故後これまでの間に，東京電力により，1号機および2号機において各1回，計2度計装配管内の水張り作業が行われており，そこで，計装配管内の保有水が蒸発していることが確認されている。

政府事故調の最終報告では，「特に再現試験が必要と考えられるのは水位計の誤表示…」としているが，以上のような原因推定により再現試験が必要な事象とは考えられない。

(5) 課題と今後の対応

今回の事故で明らかとなった事象と課題を踏まえ，シビアアクシデント時にも原子炉水位計測を可能とするような検討と開発が必要である。シビアアクシデント時には必ずしも深層防護の第3層までと同様の信頼性は必要としないものの，プラントの状態を把握するための信憑性のある計装が必要である。原子炉水位などの重要な計器については，信憑性を確認する別の手段を確保しなければならない。また，原子炉水位の計測ができないという選択肢を用意し，対応策を考えておくことも重要である。表6.18に今回発生した事象と課題などをまとめる。

表 6.18 原子炉水位計装で発生した事象と課題

事　象	課　題	備　考
電源喪失で計測できず	電源系の信頼性向上 可搬型電源の配備 可搬型計器の配備	電源車，充電器の必要性
計装配管の基準水の蒸発により誤計測	基準水の蒸発防止 水張用の資機材の配備	シビアアクシデント時の環境条件の設定
上記の共通原因により，多重化されていたが，役に立たず	多様な計測方式の検討	現状の差圧方式以外の計測方式の開発
その他	水位計の予備品配備	

6.5.3 冷却水の注入系と除熱系

(1) 事象の把握

福島第一事故では，1号機と2号機は津波によって全電源喪失となったことから深層防護第3層の非常用炉心冷却系の機能が失われ，3号機についても津波襲来後，直流電源の枯渇に至ったことから全電源喪失となり1，2号機と同様の結果になった。また，津波により最終ヒートシンクである海に熱を逃がすための海水ポンプの機能も喪失したことから，第3層までの炉心崩壊熱除熱機能が喪失した。安全系以外では，1号機においては津波襲来後に作動が期待された非常用復水器（IC）の機能も喪失した。しかし，2号機では原子炉隔離時冷却系（RCIC系）が，制御用の直流電源がないまま3日間弱作動し原子炉に冷却水を供給した。3号機では津波によって直流電源が機能喪失しなかったため，RCIC系／HPCI系（高圧注水系）を直流電源の容量が尽きるまで使用すること

ができ原子炉に冷却水を供給した。

結局，津波襲来直後にまったく冷却系がなくなった1号機が最も早く炉心損傷を起こし，3月11日19時前には炉心損傷が始まったと推定されている。2, 3号機も冷却水の注入が途絶えると数時間で炉心損傷に至っており，それぞれ3月14日19時20分頃，3月13日10時40分頃には炉心損傷が始まったと考えられている。

福島第一では，アクシデントマネジメント策として平成14年（2002年）5月に各種の対策の整備が完了した。整備された冷却水の注入機能と格納容器の除熱機能は次の通りである。

a. 冷却水の注入機能：復水補給水系（MUW系）を経由して消火系をECCS配管系に接続することで，消火系とMUW系を冷却水の注入に利用できるようにした。

b. 格納容器の除熱機能：格納容器から排気筒へ接続する耐圧性を強化したベントラインを設けることで格納容器の過圧を防止できる（除熱機能にもなる）ようにした。

今回の事故において消火系からの注水ラインは炉心への注水に使用され，過酷事故の拡大防止には寄与した。しかしながら，結果的にはこれらのアクシデントマネジメント策は今回の事故に対して不十分であり，炉心の損傷を防ぐことができなかった。

(2) 事象の分析

① 冷却水の注入機能　　上記で整備されていたアクシデントマネジメント策設備が機能できなかった原因をまとめれば以下となる。

・整備されていた冷却水の注入系は，原子炉圧力が低圧でないと注入できない設備であり，原子炉を減圧するために主蒸気逃がし安全弁（SR弁）の作動が必要になる。SR弁の作動には直流電源と圧縮空気が必要であるが，今回の事故時にはこれらを準備するのに時間を要し，冷却水の注入を直ぐには実施できなかった。

・なお，実際に注入されたのは主に消防車によってであり，考慮していた消火系とMUW系は，故障や電源がないことなどから当初考えていたようには使用できなかった。

② 格納容器の除熱機能　　同様にアクシデントマネジメント策設備が機能できなかった原因をまとめれば以下となる。

・格納容器のベントラインを構成するには，最終的に空気作動弁を開操作することが必要で，そのためにはSR弁の場合と同様に直流電源と圧縮空気が必要であり，これらを準備するのに時間を要した。また，一部の弁については設置場所が現場操作に適した場所ではなかった。

・格納容器のベントラインには，通常時の格納容器の密閉性を確保するため，ラプチャーディスクを設置していた。破裂圧力は格納容器の最高使用圧力以上としており，その圧力以下で格納容器のベントを実施することは不可能であった。

(3) 対応策

① アクシデントマネジメント対応　　新規制基準で炉心損傷に至る事故シーケンスが数例示されており，これらへの対応設備を用意することが必要になっている。福島第一の事故事象も，事故シーケンスの一つとなるものであり，このようなシーケンスを新規制基準に示されるもののほかにも継続的に考えていく必要があり，それにより有意な環境汚染にまで進展するリスクを小さな値に

することができる。

シビアアクシデント対策としては，深層防護の思想を取り入れ，第4層として多様な手段を用意する必要がある。シビアアクシデントが発生したと判断されたときには，現場指揮にあたるものは事故の収束を図るため，利用できるすべての設備をどのように用いるか考えて対応する必要がある（マネジメント）。また，こうした対応はさまざまな検討を事前に行い，実際に訓練することによって問題点を見つけ出して解決しておくことが重要である。

② **今回の事故を踏まえた冷却水の注入設備**　今回の事象は原子炉が隔離された状態になり，炉心の核反応は停止しているが崩壊熱が発生し続けている状態である。この事象に，もし深層防護の第3層までの設備で対応するとした場合には，高圧状態と低圧状態で次のようになる（2, 3号機を例として考える）。

a. 高圧状態：SR弁で原子炉圧力を維持し，RCIC系またはHPCI系で冷却水を注入する。

b. 低圧状態：SR弁を開状態で維持して原子炉を減圧し，LPCI系またはCS系で冷却水を注入する。

これに対して，従来のアクシデントマネジメント策としてはさまざまな注水手段が用意されていた。すなわち，制御棒駆動水圧系，海水系ポンプ，MUW系，消火系ポンプなどである。しかしながら，全電源が喪失した状況で利用できるのは，ディーゼル駆動消火ポンプのみであった。福島第二では電源喪失の深刻度が福島第一ほどではなかったこともあり，こうしたアクシデントマネジメント策が機能してすべての号機で冷温停止に至ったが，福島第一ではそうならなかった。

今回の事故シーケンスとして必要な冷却水注入系は，上述のように高圧の注入系か，または減圧用のSR弁と低圧の注入系かのいずれかが考えられる。また，高圧で冷却が安定していたとしても，冷温停止のためにはどこかの時点で減圧と低圧の注入系に切り変える必要がある。したがって，特に減圧と低圧注入系は多様な手段を用意することが必要である。たとえば減圧手段であれば，SR弁の作動に必要な直流電源や圧縮空気を第4層の設備として予備の恒設のものや可搬式のものを用意することが有効であろう。

③ **今回の事故を踏まえた格納容器の除熱設備**　格納容器の除熱については，設置されていた格納容器のベントラインは第4層としての独立した設備となっており，格納容器から漏えいが生じる前にベントができていれば，結果として生じた大規模な環境汚染は避けられたと考えられる。シビアアクシデント時に作動させることを考えて，設備を改良することが必要である。なお，新規制基準にてフィルターベント設備もしくは同等の効果を有する設備を設けることになっている。

格納容器のベントラインでは格納容器を100℃までしか減温できないため，原子炉の冷温停止にはさらなる除熱設備が必要である。残留熱除去系（RHR系）を用いることが最も効果的であるが，今回の事故シーケンスではRHR系の復旧は難しいため，それに代わる除熱設備を設けることが必要になる。

なお，第3層までの設備で本機能を担っているのは，RHR系（1号機では格納容器冷却系）と海水冷却系である。

6.5.4 マネジメントの重要性

(1) アクシデントマネジメントの経緯

深層防護との関係において，アクシデントマネジメントは第4層（設計を超えた状態への対応）への対応全体と定義する．第3層までの決定論的手法に基づく設計対応に加えて，シビアアクシデントが起こりうることを想定してマネジメントによってシビアアクシデントに進展することを防ぐことが世界標準となっていた．このため，シビアアクシデントを考慮しマネジメントをどのようにとるべきかの議論が1990年代になされ，世界の状況を勘案しつつ対応策をあらかじめ考え，必要なハードウェアを整備することが行われた．平成4年（1992年）に原子力安全委員会から，このような状況にどのように対応すべきかをまとめた報告書が出されている．この時点においては，わが国の対応はそれなりに評価できる．しかしながら，事故が起きてからその報告書を参照すると，必ずしも議論が十分ではなかった点が散見される．たとえば，格納容器破損防止のための放射性物質を含んだ蒸気の放出（ベント）においても，フィルターベントもしくはサプレッションチェンバにおけるプールスクラビングのどちらかを選択することとなっている．プールスクラビングは格納容器ベントラインとの連携があって初めてシステムとして成立するのであるが，システム的な考察が十分であったかという疑問が残る．

一方，最も重要な課題は，この報告書が20年にわたりまったく改定されていなかったことである．継続的な改善こそが原子力の安全を担保する唯一の方法であるのに対して，アクシデントマネジメントをどのように改善するかの議論はほとんどなされていなかった．世界では20年の間に議論を重ね，改善が継続されていたことから考えると，わが国は世界標準から大幅に遅れていたといわざるを得ない．

以上から，特に重要な事項については世界標準との乖離をなくすとともに，継続的な改善が重要という教訓が導き出せる．このほど，福島第一事故の教訓に立って，従来はアクシデントマネジメントは事業者に任せられていたが，その徹底を図るため平成25年（2013年）7月に新規制基準に新たに導入されたことは一歩前進である．しかし一部に，世界標準の設備よりも数字を厳しい側にすればよいとの安易な議論がみられるが，それは必ずしも安全であるとはいえない．追加で行う対策の利害得失を踏まえて総合的な視点から考えることが重要である．

以下，新規制基準であまり具体化されていないため運用にあたって特に注意を要するべき事項として，総合的リスク評価を踏まえた組織・体制，教育・訓練などのソフトやマネジメントの充実・強化について考察する．

(2) 深層防護と設計の考え方

事故を受けても，第3層に対応する設計の「考え方」は間違っていなかったと考えられる．この「考え方」とは，十分な余裕を持ってある設計基準を決定し，その設計基準においては十分に高い信頼性を持って安全を担保することである．

地震については，設計基準事象としてSsを考慮し，その条件において十分な余裕をもって安全を担保することがなされていた．このとき，設計基準事象については，阪神・淡路大震災などの教

訓から，より不確かさを低減した形での基準事象が設定されていた。しかしながら，基準事象の不確かさが大きいことから，設計においてはシミュレーションの不確かさなどを考慮し，大きな安全余裕を確保していた。結果として，この「考え方」が功を奏して，地震による重要機器の重大な損傷はなかった。現場確認ができないことから損傷がゼロであるとはいえないが，もしあったとしても重大な損傷ではない。しかし，うまくいったからこれでよかったと思考停止してはいけない。今回の地震の知見を新知見として，改善につなげていくことが必須である。たとえば，B，Cクラス機器が重要機器に影響を与えるリスクを積極的に低減することや，さらなる安全性向上を目指した余裕の取り方を再評価するなどの作業が必須である。

一方，津波については，設計基準とする津波高さについて見積もりが甘かった。さらに，余裕のとり方において十分な安全率が考慮されていなかったうえに，同時にシステムが損傷する共通要因モード故障に対する考察が不十分であった。つまり，設計基準とする津波の設定に，新知見が十分に反映されず，余裕のとり方にも課題があったことになる。しかしながら，設計基準を決めて，その事象に対しては安全率を考慮しつつ決定論的手法によって設計を行うという「考え方」そのものには問題はない。設計基準の決め方に知識の欠落があったことは重要な指摘であり，どのように設計基準を決めるかを考えなければならない。しかし，如何に設計基準を決めようがリスクはゼロにはならない。厳しければ厳しいほどよいというのは，科学を放棄した非安全の考え方であることに注意しなければならない。

たとえば，起因確率が 1/10,000 となるような設計基準事象を選定し，その設計基準事象に対しては十分な余裕をもった決定論的手法による設計を行うことが必要である。

なお，設計基準事象は自然災害に対してのみあるわけではない。たとえば，冷却材喪失事故（LOCA）や伝熱管破損事故（SGTR）は設計基準事象である。これらの事象についても同様に決定論的手法による設計が行われている。さらに付け加えれば，全交流電源喪失（SBO）に対しても，設計基準事象として 30 分という時間が目安として与えられていた。課題はこの設計基準事象を満足することに設計の主眼が置かれてしまい，それを超えた場合の余裕の考え方や，後段の第 4 層（アクシデントマネジメント）とのスムースな連携が必ずしも十分ではなかったことであろう。

以上から，特に重要な事項は，設計基準事象を外的事象だけではなく内的事象についても再度見直し，たとえば起因確率を指標として合理的な基準を再定義することである。さらに，設計基準を超えることを前提として，余裕のとり方をアクシデントマネジメントとの関連から見直すことも重要である。

(3) シビアアクシデント対応

設計基準を超えることがありうることは十分に知られていた。このため，設計基準を超えた第 4 層であるアクシデントマネジメントがそれなりに準備されていたが，明らかに不十分であった。アクシデントマネジメントの考え方を根本から見直さなくてはならない。

福島第一事故においては，30 分間の全交流電源喪失（設計基準事象）を超える場合については，アクシデントマネジメントが準備され，8 時間までの対策がマニュアルとして用意されていた。しかし，このマニュアルでは直流電源があることが前提となっており，この前提が覆される，つまり

直流電源まで失われる事態という，さらに厳しい条件となったために，対策が役に立たなかった。一方，福島第二では，やはり設計基準を超える大きな津波に襲われ，最終ヒートシンク喪失（LUHS）に陥っている。しかしここでは，あらかじめ考えられていたアクシデントマネジメントに従って対策を行い，もちろん，それ以上の創意工夫もなされているが，安全に原子炉を停止することができている。津波についても，設計を超える津波が来ることはある程度想定されており，海沿いの重要な設備については，水密性を確保することなどの対処がなされていた。4基のプラントごとに2棟ずつ独立性をもって準備されていた海水熱交換器建屋は，海抜4mの敷地に建てられており，設計基準にたいしてほとんど余裕がないことから，各建屋には水密扉が設置されていた。しかしながら，福島第二を襲った津波は7〜8mであり，ほとんどの水密扉は水圧に耐えられずに突破された。唯一，ほぼ中央にあった3号機南側の海水熱交換器建屋のみで水密扉が役に立ち，建屋内部への水の浸入を食い止めることができた。波の力が弱まったためか，この建屋の水密扉の設計に余裕があったためかは分からないが，この建屋内部の電源盤やモータ類は津波後も作動できている。このため，3号機は炉心で発生し続けている崩壊熱を，この建屋内に設置されている残留熱除去冷却系などを使って除熱し，安全に停止できている。しかし，その他の七つの建屋では水密扉が壊されて電源盤やモータ類は使えなくなり，3号機以外の3プラントでは炉心の崩壊熱を除去できなくなっている。この後，あらかじめ考えられていたアクシデントマネジメントに従い対応をした。もちろん，マニュアルにはない状況が多数発生している。これらに対して，臨機応変に緊急時マネジメント能力を発揮し，安全な停止につなげた。あらかじめ考えられていたアクシデントマネジメントは必ずしも十分ではなかったが，それをカバーする対応を実施したことになる。たとえば，電源ケーブルを調達し，海水熱交換器建屋まで屋外を経由させて電源を供給することや，モータをわが国各地から調達して取り替えるなどは，発電所内外における緊急時マネジメントが機能した良好事例である。これらの良好事例もしっかりと評価しなくてはならない。

　以上をまとめると，福島第一や福島第二における事実は，設計基準事象を超えた場合のアクシデントマネジメントは用意されていたが，不十分であったことを物語っている。よって，この不十分なアクシデントマネジメントを改善し，二度と大事故を起こさないことが必須である。設計を超えることを想定するが，その状況は絶対にマニュアル通りにはならない。その状況に応じて判断できる材料を多数提供することが重要である。

　そのうえで重要な視点は，アクシデントマネジメントは第3層までの設計の延長ではないことである。従来の設計と同じ手法で評価することは同じ間違いを犯すことになる。つまり，基準シナリオや基準事象などを決めて対策をとることだけでは不十分でありかつ間違いである。シナリオ通りに事象が運ぶことなどあり得ない。深層防護思想の最も重要な視点は，層ごとの独立した効果を与えること（independent effectiveness）である。3層（安全設計）とは違う視点での対策（マネジメント）をとらねばならない。ハードに偏重することなく，ソフトとしてのマネジメントの充実，特に発電所や規制当局のマネジメント能力の向上が必要である。福島第二のマネジメントの良好事例は，今後十分な評価が必要であろう。アクシデントマネジメントが不十分で事故を防ぐことができなかった福島第一やその他の原子力発電所においても，そのマネジメントに多くの良好事例がある

ことも付記しておきたい。ハードを中心に考える第3層とは独立して効果を持つマネジメントを中心として，アクシデントマネジメントを考えなくてはならない。これが重要な観点である。

(4) アクシデントマネジメント改善の視点

上記の考え方に基づき，マネジメントの強化を中心とした対策を考える。規制当局のマネジメント能力の充実も重要であるが，ここでは，主に発電所のマネジメント能力について考える。なお，ハードはマネジメントをサポートするための重要なツールである。

発電所ごとに最適なマネジメント，およびそのマネジメントをサポートするハードは異なる。リスクを許容できるまで低減するとともに，可能な限り小さくすることを目指す対策をとることが必要である。リスクというとその対象を確率論的リスク評価（PRA）などの設計で考えるリスクに陥りやすくなるが，シビアアクシデントマネジメント（SAM）はマネジメントであることを忘れてはならない。つまり，運転や保守に与えるリスクなども考慮して，総合的なリスクを低減するという視点が重要である。すべての安全対策は，新たなリスクを取り込むことになる。安全対策によるリスク低減が，この新たなリスクの導入よりも十分に効果的であることを総合的なリスク低減の観点から評価しなくてはならない。さもないと，SAM対策による事故が起こりうることになる。

また，PRAではシナリオベースの議論が行われる。しかし，実際のシビアアクシデントにおいては，福島第二での対応にみられるように，臨機応変の，かつすべての資機材や人材を活用した対応が求められる。バルブや端子箱に至るまでプラントを熟知し，最適な意思決定を遅滞なく実施することができる組織が必要である。アクシデントマネジメントにおいては，シナリオに依存することなく想定外を含むどのような状況に対しても対応できることが重要である。

なお，第4層のアクシデントマネジメントを考えるうえで，第5層の防災とのリンクを考えておくことも重要である。しかし，第5層は第4層とは独立の効果を得る必要がある。

以上より，アクシデントマネジメントの構築において重要な課題は，運転や保守を含めたプラントの総合的リスクの低減を考えること，シナリオに依存することなく想定外を含めた対応ができるようにすること，プラントを熟知し，あらゆる資源を使ったマネジメントをできるようにすることである。このとき，決してハード整備から考えてはいけない。マネジメントを中心に検討し，必要なハード・ソフトをそろえることが重要である。また，第4層のアクシデントマネジメントを考える場合には，第3層で考慮している設計基準事故から第5層の防災まで一連の流れを考えて検討がなされるべきである。

(5) 総合的リスクの考慮

それぞれの発電所およびプラントに対して，最適なつまり最もリスクを低減化する対策は異なる。総合的なリスクを考慮して対策を進めることが重要である。総合的なリスクを評価する必要性は，米国での同時多発テロの後，強く認識されるようになった。たとえば，近くに不審者がいるという噂を聞き，子どもを学校まで車で送り迎えするという対策をとることは通常よく行われているであろう。しかし，歩行者が事故に遭う確率よりも車が事故に遭う確率のほうが大きいので，結果として車の事故によって子どもが命を落とすリスクのほうが大きくなってしまうこともあり得るのである。もちろん，どちらのリスクも非常に小さい。このように，特に小さなリスクに対する対策

は十分に考慮し，総合的なリスクを低減することが必須である。

特に，原子力発電所は非常に複雑なシステムである。1万年に1回の設計基準を超えるシビアアクシデント対しては有効に働くシステムも，プラント寿命中のほとんどを占める通常運転中には，プラントのリスクを大幅に高めてしまう可能性をも秘めている。また，シビアアクシデントの状況によっては，逆にシビアアクシデントを増長させる方向にシステムが働く可能性さえある。たとえば，防潮堤を超える津波が来た場合には，排水が困難となりアクシデントマネジメントを阻害するとか，フィルターベントが誤作動して放射性物質が含まれていない蒸気によって加熱され，実際の放射性物質が出始めるとフィルターできなくなっているとか，考えられるバッドシナリオはいくらでもある。ハードを中心に考えると，このような総合的リスクを高める状況に陥りやすい。ソフトを中心に考え，そのソフトをサポートするハードとして整備を進めなくてはならない。同じように思えるが，その中身はまったく違う。ソフトやマネジメントを中心に考えれば，フィルターベントよりも優れたシステムやマネジメントがいくらでも考えられる。

新設プラントに新しいハードを追設することは，設計をやり直せばよいので，いくらでも可能である。新設プラントに対してはハードを中心に考えるべきであろう。しかし，既設プラントにハードを追設することは，大きなリスクを導入する可能性が非常に高く十分な注意が必要である。

以上より，アクシデントマネジメントを既設プラントに対して充実させる場合には，ソフトやマネジメントを中心に考え，それをサポートするハードについては総合的リスクを考慮しなくてはならない。

(6) 想定外があることを想定する力

福島第一などの原子力発電所を襲った津波は，事故以前はまさに想定外であった。想定外に対策するために準備されていたアクシデントマネジメントも，一定の想定をしていたからに他ならない。しかし，福島第一や福島第二などでとられた対応には数々の成功・失敗事例があるが，発電所のマネジメント能力を最大限発揮したものであった。今後，同じような事態に陥ったときに，想定外がありうることを想定しておくことが最も重要な教訓である。いろいろなシナリオベースで対策を検討することももちろん重要ではあるが，それはある意味第3層の設計と同じ作業である。

自然災害をはじめ人の考えには限界がある。どうしても想定外はなくすことはできない。人が考えられるシナリオを含め，どのような状態でも危機を乗り切ることのできる経験とサポートの充実が必須である。

日本原子力学会のシビアアクシデントマネジメント標準[*1]においては，発生確率が小さな事象もすべて考慮することを求めている。たとえば，隕石の直撃やサイバーテロも範疇である。具体的には，これらの事象に対しては，教育訓練の一環として発電所内部でのブレーンストーミングを要求している。想定外と考えられるような事象について，あらかじめ検討をしておけば，本当の想定外事象に対しても，なんらかの対応が可能と考えているためである。このような教育訓練の積み重

---

*1 日本原子力学会標準「原子力発電所におけるシビアアクシデントマネジメントの整備及び維持向上に関する実施基準：2014」（注：ここではアクシデントマネジメントとシビアアクシデントマネジメントは同義語として使用）

ねが想定外への対応を可能とする唯一の道である。

以上より，人間の知識には限界があることを認識し，それでも，より厳しい事象が起こった場合の机上シミュレーションを繰り返し実施すること，成功パスがないような事象に対しても繰り返し検討を進めることで，新しいアイディアが生まれてくるとともに実際のシビアアクシデント時の対応能力を向上できる。

(7) マネジメント能力を充実させること

前述のように，福島第二においては緊急時に経験を生かした対策をとることに成功し，事故の拡大を防ぐことができている。しかし，福島第一事故では結果的に大量の放射性物質の放出を防ぐことができなかった。マネジメント能力をさらに充実させ，どのような状況にも対応できるように準備をしておくことが必須である。このためには，教育訓練によって様々な状態を経験するとともに，必要なハードの整備を含め継続的に改善を続ける以外に方法はない。特に，失敗を数多く経験することが重要である。実際の業務の中でも，失敗を数多く経験することでその能力は向上する。失敗を許さないような職場には向上はない。

総合的なリスクを低減化するために，一時的にリスクを高めなくてはならない場合もよくある。たとえば，オンラインメンテナンスを実施することによってプラントのリスクは一時的に増加する。しかし，オンラインメンテナンスが終了すれば，プラントの信頼性は高まりリスクはさらに低減される。つまり，わずかの許容できるレベルのリスクの一時的な増加によってプラント全体の信頼性が高まり，総合的なリスクを低減することが可能になる。また，これはプラント信頼性という指標だけではなく，発電所のマネジメント能力の向上にもつながる。リスクを管理しつつ，信頼性を向上させ，マネジメント能力を向上させるという一石二鳥の手法は，オンラインメンテナンス以外にもさまざま存在する。これらを積極的に取り入れて発電所のマネジメント能力の向上につなげるべきである。

上記のように，想定外を想定しなくてはならない。人間の想像力には限界がある。このような事態に陥ったときには，発電所組織および人材の胆力と経験力がすべてを決める。数多くの失敗を含め，暗黙知である経験を充実しておくことが必須である。つまり，想定外があるという前提に立てば，人の経験を高め，正しい判断ができるようにすることや，複数の，かつ様々な種類の機材や素材を準備しておくことが重要である。"アポロ13号"は，宇宙船という限られた資材の中で，宇宙飛行士と地上スタッフの経験とアイディアで危機を乗り切ったのである。まさに，このような対応が必要になる。

以上，原子力発電所としてのマネジメント能力を向上し，さらに改善を続けていく姿勢が重要であることを述べた。マネジメント能力向上にどこまであれば十分であるかという評価値はない。つねに継続的改善を追求することである。国際機関を含む第三者機関により，事業者や規制当局のマネジメント能力に対する継続的改善が行われていることを評価することも必要である。

6.5.5 複数基立地

平成23年（2011年）3月11日に発生したマグニチュード9.0の東北地方太平洋沖地震で発生し

た設計基準外の津波により，福島第一では複数プラントの建屋設置エリア全域にわたって海水が浸水した。このため安全上重要な設備が機能を喪失し，また事故対応に直接的に必要な設備が影響を受け，複数プラントで同時に「長時間に及ぶ全交流電源と直流電源の同時喪失」と「長時間に及ぶ非常用海水系の除熱機能の喪失」が起こった。そのうえ，監視設備，照明，通信連絡手段などの円滑な事故対応に欠かせない補助機能もほぼ完全に喪失し，複数プラントで同時に状態が刻々と悪化するなか作業の障害も大幅に増加した。また，事故当初は複数の原子炉に対する何日にも及ぶ事故対応を支援するのに十分な交代要員が確保できず，さらに制御室，サイト緊急時対策所，本店緊急時対策所，ならびに政府機関の役割と責任が事前の計画どおりには機能しなかった。

この結果，福島第一の複数の原子炉の冷却が安定的にできなくなり，1～3号機で炉心損傷事故（シビアアクシデント）が発生し，1, 3, 4号機の原子炉建屋において水素爆発が誘発され，放射性物質が大量に周辺に放出されて多くの住民の長期間の避難が余儀なくされ，現在もその状態が続いている。

この地震・津波は福島第一を襲っただけでなく，近くの福島第二も襲い，また東日本の太平洋側沿岸一帯に深刻な人的・物的被害をもたらした。このため，国および地方自治体は未曾有の複数の災害に同時に対応しなくてはならない事態に直面して，地震や停電などによって通信手段などが途絶するなか様々な場面で混乱し，生起した問題への対応に遅れや不備が生じた。通信設備に支障が生じたことなどによって，事故対応の拠点となるはずだったオフサイトセンターの機能が十分に発揮できなくなったり，またモニタリング機器などに損傷が生じて放射線量の測定も困難になったりするなど，原子力発電所事故対応に必要不可欠のインフラに重大な支障が生じた。

福島第一事故について，複数基立地という視点から見た教訓と反省は以下のとおりである。検討にあたっては，新規制基準によるだけでなくハードとソフトのより幅広い視点から検討を行っている。

(1) 事故想定
•事業者である東京電力は複数プラントが同時にシビアアクシデント状態になる事態を想定しておらず，そういった事故想定に必要な人員，設備，訓練，手順書などを準備していなかった。今回の事故では，設計基準外の津波により複数のプラントで同時に事故が発生し，一つのプラントの事故の進展が隣接するプラントの緊急時対応に影響を及ぼした。今後，原子力発電所の安全対策を改善していく際には，複数のプラントにおいて深刻な事故が同時に発生するという想定を十分に視野に入れた対応策の策定が必要である。
•国や地方自治体は，原子力発電所の事故と自然災害が同時に進行する複合災害を想定しておらず，そのための災害対策をしていなかった。オフサイトセンターは地震により道路が損壊したり，通信手段の途絶が生じたりすることを十分に想定せずに立地や整備が行われた施設であったため，複合災害の発生によってたちまち機能不全状態になった。原子力発電所それ自体の安全とそれを取り巻く地域社会の安全の両面において，わが国の危機管理態勢の不十分さを示したものであった。今後，原子力発電所の安全対策を改善していく際には，大規模な複合災害の発生という想定を十分に視野に入れた対応策の策定が必要である。

- 原子力発電所の事故，自然災害には，それぞれの事象に即して緊急時対応や復旧対応に特性があり，まずはそれぞれの事象に対応する想定と緊急時対策や復旧対策を検討，整備することが必要であるが，加えて原子力災害と自然災害，複数の自然災害が同時ないし復旧所要時間内に発生する可能性を想定したうえで，原子炉の安全対策，周辺の防災対策の策定が必要である。

(2) 設備，資機材

- 複数プラントが同時にシビアアクシデント状態になる事態を想定し，非常用電源についても非常用ディーゼル発電機（D/G）や電源盤の設置場所を多重化，多様化して，その独立性を確保するなどの措置を講じ，直流電源を喪失する事態への備えをし，またこのような事態に対処するために必要な資機材の備蓄も行う必要がある。

その際に，複数プラントで同時に事故が起きる場合には，プラント間で支援が期待できない場合や，資機材が同時に必要とされることなどを考慮する必要がある。また，自然災害がきわめて大きい場合には，サイト外の社会インフラが損傷し，長期における外部電源の復旧やサイト外からの資機材補給が困難となる事態を考慮する必要がある。

なお，実際の適用に際しては，新規制基準を踏まえつつ総合的リスク評価を勘案して必要な充実，強化を図っていくことが望ましい。

- 通信機器は中央制御室と緊急時対応組織の間，緊急時対策組織とオフサイトセンターなど，事故対応の関係者がプラント状態を正確に把握し，的確な事故対応をする際に重要な役割を果たす。このため固定電話，携帯電話，衛星電話，無線およびポケットベルなどの複数の多様な通信手段を準備する必要がある。

その際，これらの設備の大部分は電池で作動するので長時間の対応に必要な電池を備蓄しておくこと，固定電話や携帯電話は施設外のインフラ（電話交換機，携帯電話用基地局など）が破損または破壊された場合には使用が制限されること，無線は中継器が電源喪失すると使用できない可能性があることに留意しておく必要がある。

(3) 手順書

- 複数プラントにおいて，スクラム停止後全交流電源が喪失し，それが何日も続くといった事態を想定した手順書をつくっておく必要がある。その際には，社会インフラが損傷し外部支援の到着が遅れることも想定しておく必要がある。
- 防災対策を事故時に速やかに実施するうえで，線量評価ソフトウェアは複数の原子炉および使用済み燃料プールからの放出による線量を予測する能力を備えている必要がある。また，対策の判断基準の明確化を図っておく必要がある。

(4) 教育訓練

- 複数プラントにおいて全交流電源が長時間にわたって喪失するといった過酷な事態を想定した十分な教育，訓練が行われる必要がある。その際，緊急時対応者の対応能力を一層向上させるため下記のような工夫を行う必要がある。
- 情報源（原子炉安全状態監視装置（SPDS）など），機材，施設はつねに使用できるとは限らないのでそれらの一部を除外したり，診断能力を試す方法として意図的に不正確な情報を伝えたりする

ことで，緊急時対応者に難易度の高い訓練を与えることも検討する必要がある。
- 緊急時対応訓練では，指令統制，意思決定，優先順位付けおよび災害対策の大枠の見極めと実践が現実的に行われるが，複数プラントで同時に事故が起きる場合には，施設外からの支援に大きく依存するので，必要とする施設外の機器および支援内容を決め，それを取得する手段の訓練を行うことが重要である。
- 緊急時対策所などの技術検討チームには，実際のプラント応答と予測されたプラント応答を比べ，事故の進展を予測するための具体的な教育訓練を受けさせることが重要である。
- 長時間にわたり複数の原子炉がかかわる事象発生時には，膨大な量の情報を受け取り，整理し，共有するための戦略とインフラも必要であるので，これらに関する手順書，情報を整理する方法，および通信プロトコルを整備し，訓練を行う必要がある。

(5) 対応要員，組織の強化

- 複数のプラントで同時に事故が起きた場合には，高度なストレスを伴いながら長時間にわたって対応する必要があるため，制御室，サイト緊急時対策所および本店緊急時対策所に十分な人員を確実に配置する戦略が不可欠である。そのための指揮命令系統および要員，緊急時対応を支える活動拠点を整備する必要がある。緊急時対策所の責任者は各プラントの状態に応じて必要な対策を検討し，その優先度を速やかに判断する必要がある。
- 長期間の事故対応にも耐えうる体制の確立が必要である。途切れなく対応するためには，判断者も含め長期間にわたって24時間対応できるような体制づくりを検討しておく必要がある。また，長期の事故対応などができるためのインフラ（衣食住）を検討する必要がある。
- 複雑な事象の発生時には，当直内で外部の問合せに対応するための人を決める必要がある。そうすることで，当直長の混乱を最小限にとどめ，当直長に運転員の監督に集中させることができ，またタイムリーで正確かつ連続的な情報の流れを確保することができる。

6.6 外的事象

　福島第一原子力発電所の過酷事故（シビアアクシデント）は，外部自然現象，特に津波に対する設計と備えが十分でなかったことが大きな要因の一つとしてあげられる。外的事象（自然災害）に対しては，包絡的にリスク評価を行うとともに，性能目標に整合した設計基準の設定，設計基準を超過する外的事象に対する備えとして安全余裕と深層防護による設計などを合わせて対処することが重要である。本節では外的事象への対応とその考え方を述べるが，重要な部分である深層防護については，別途6.3節において述べる。

6.6.1 地震による被害と対策

(1) 各原子力発電所の地震動と設備の健全性

　設計のための地震動の大きさとしての基準地震動や最大津波の大きさの想定は，学術界，学会で議論してきた結果に基づくものである。その結果，すべての規制に携わってきた人，学識経験者や

技術者の合意に基づき，その基準を定め評価に適用してきた。だが，実際の最大津波は想定したよりはるかに大きなものであった。この巨大な津波をもたらした地震動の規模についても，想定をはるかに超える地殻変動だったということである。

地震動については，実際に発生した地震の大きさはすでに把握されている通りである。地震では太平洋側で稼働中の 12 基すべての原子力発電プラントの制御棒全数が問題なく挿入され，停止モードに入ったことが確認されている。福島第一原子力発電所の 2, 3 号機，女川原子力発電所 1 〜 3 号機では，一部の地震動が基準値を超えてはいたが，各測定データにおける異常や目に見える重要機器などの損傷は認められていない。

原子力発電所の耐震設計と実際の構造健全性における破損という視点からの評価においては，設定された基準地震動に対する余裕の大きさは，すでに中越沖地震での柏崎刈羽原子力発電所でも十分に確認されてきた。今回の地震でも，震源から最も近くで地震動を受けた女川原子力発電所においても，すでにその健全性は十分に確認されている。また，福島第一・第二の各原子力発電所においては，地震により安全上重大な問題となるような"ふるまい"を示すプラント測定データは認められていない。表 6.19〜表 6.21 に福島第一・第二，東海第二，女川の各原子力発電所における地

表 6.19 福島第一・第二原子力発電所の地震応答

地震観測記録と基準地盤基準地震動 Ss に対する応答値との比較（単位：Gal）

観測点	観測記録（最大加速度値）			基準地震動 Ss に対する最大応答加速度値		
	南北方向	東西方向	鉛直方向	南北方向	東西方向	鉛直方向
福島第一						
1 号機	460[*1]	447[*1]	258[*1]	487	489	412
2 号機	348[*1]	550[*1]	302[*1]	441	438	420
3 号機	322[*1]	507[*1]	231[*1]	449	441	429
4 号機	281[*1]	319[*1]	200[*1]	447	445	422
5 号機	311[*1]	548[*1]	256[*1]	452	452	427
6 号機	298[*1]	444[*1]	244	445	448	415
福島第二						
1 号機	254	230[*1]	305	434	434	512
2 号機	243[*1]	196[*1]	232[*1]	428	429	504
3 号機	277[*1]	216[*1]	208[*1]	428	430	504
4 号機	210[*1]	205[*1]	288[*1]	415	415	504

注）観測点は原子炉建屋地下層
[*1] 記録開始から約 130 〜 150 秒程度で記録終了

表 6.20 東海第二発電所の地震応答

原子炉建屋の最大加速度（単位：Gal）

	地震観測記録			基準地震動		
	南北	東西	鉛直	南北	東西	鉛直
6 階	492	481	358	799	789	575
4 階	301	361	259	658	672	528
2 階	225	306	212	544	546	478
地下 2 階	214	225	189	393	400	456

注）基準地震動：解放基盤表面（標高（E.L.）−370 m で設定された基準地震動 Ss（600 Gal）による建屋の各階の最大応答加速度）

表 6.21　女川原子力発電所の地震応答

観測点	観測記録 最大加速度値 (Gal)			基準地震動 Ss に対する最大応答加速度 (Gal)		
	南北方向	東西方向	鉛直方向	南北方向	東西方向	鉛直方向
1 号機						
屋上	2,000*1	1,636	1,389	2,202	2,200	1,388
燃料取替床（5階）	1,303	998	1,183	1,281	1,443	1,061
1 階	573	574	510	660	717	527
基礎版上	540	587	439	532	529	451
2 号機						
屋上	1,755	1,617	1,093	3,023	2,634	1,091
燃料取替床（3階）	1,270	830	743	1,220	1,110	968
1 階	605	569	330	724	658	768
基礎版上	607	461	389	594	572	490
3 号機						
屋上	1,868	1,578	1,004	2,258	2,342	1,064
燃料取替床（3階）	956	917	888	1,201	1,200	938
1 階	657	692	547	792	872	777
基礎版上	573	458	321	512	497	476

注）　水平方向および鉛直方向で複数の観測点がある場合は，それぞれ最大値を記載。
*1　当路地震計の最大限定値（2,000 Gal）を上回っているため参考値。

震動応答を示す。

　国会事故調では配管の損傷に起因すると考えられる直接的なデータは認められないものの，これは「可能性はないとはいえない」との見解が示されたが，一方，政府事故調では配管の損傷はないと報告されている。また，解析などからの評価結果に基づき，原子力安全・保安院の意見聴取会において，プラントの安全機能に重大な影響を及ぼす損傷はなかったことが示されている[1〜3]。

　今回の東北地方太平洋沖地震は地震の専門家の想定を大きく超え，面積約 450 km × 200 km の領域が連動した結果マグニチュード9の規模になったものであり，福島第一原子力発電所がある福島県大熊町・双葉町では震度6強を観測した。地震の強さの目安となる地震動の最大加速度は，原子炉建屋最地下階に設置されている地震計で記録されるが，福島第一の 2,3 および 5 号炉ではそれぞれ 550, 507, 548 Gal（cm/s^2）を記録し，耐震評価用基準地震動 Ss で想定した最大応答加速度 438, 441, 452 Gal を超えている。

　地震計で記録された地震動を入力データとしたシミュレーション解析においては，1〜3号機（運転中）と4〜6号機（停止中）の耐震安全上重要な原子炉停止，炉心冷却，放射性物質隔離に係る系統・機器・配管・構造に対する地震荷重の影響は，耐震評価基準値（許容応力値など）以下であり，十分に余裕があったことが示されている。事故の経緯として，各号機の地震後の運転データに安全上異常となるようなものが見あたらないこと，過去の柏崎刈羽原子力発電所での地震時の振動応答による主要部位の構造強度の評価では，設計と実プラントを比較して実力値としての耐力には余裕があり，福島第一原子力発電所の各号機においても同様と推定されること，基準値を超える最大加速度が観測された5号機におけるプラントウォークダウンにおいて，安全上重要な機能に影響を及ぼす損傷が見られなかったこと，などの結果が示された。

地震動に対して十分な余裕があり，安全機能に深刻な影響を与える損傷はなかったと判断される。ただし，プラントパラメータに表れない程度の微少な漏えいなどの有無については，現時点では確認が困難であり，今後，重要な機器については可能な限り現場確認を行っていくことが望ましい。

(2) 基準地震動の意味

重要な視点は，観測された地震動が耐震設計で考慮すべき基準地震動を超えていることである。過去に，女川原子力発電所においても柏崎刈羽原子力発電所においても，基準地震動を超える事態は何度か経験してきている。それにもかかわらず設備の健全性は確保され，安全に係る事態はまったく生じていないことはすでに報告されている通りである。平成19年（2007年）の中越沖地震における柏崎刈羽原子力発電所の被災と，その前年平成18年（2006年）に改定された耐震設計審査指針における基準地震動の見直しにより，より厳しく基準地震動が設定され，より厳しい耐震性が求められてきた。それは，全国の原子力発電所の耐震性バックチェックとして新たな基準での健全性確認の実施に反映された。

この時点から問題視されてきたのが，耐震性の評価をこれまでと同様に加速度応答で行うことの妥当性についてである。破損という視点では，速度で評価する方法やエネルギーで評価する方法など，もっと適切な方法があるのではないかという問題が投げかけられていた。未だ答えはないまま今回の事態を迎えたのである。地震動が設計基準を超えることの意味を考えたり，超えた場合の対応をどのようにしなければならないか，ということを考えたりすることはなかった。ここで，この問題を取り上げるのは，今回の地震動で女川原子力発電所でも福島第一原子力発電所でも，基準地震動を超える地震動が観測されたからである。それは設計基準を超える事態ということであり，アクシデントマネジメント領域に入ることになる。アクシデントマネジメントの対応をする，もしくは準備をするという重大な判断を下すことにもつながり，この地震動における設計基準にどのような量を採用すればよいか再考する必要があろう。

(3) 地震動による構造健全性に係る評価

今回の地震動およびその評価と，中越沖地震動での原子力発電所の応答評価および現地視察確認

表 6.22 中越沖地震による柏崎刈羽原子力発電所の揺れの最大加速度（原子炉建屋最下階の基礎版上での観測値）（単位：Gal）

	南北方向	東西方向	鉛直方向
1号機	311(274)	680(273)	408(235)
2号機	304(167)	606(167)	282(235)
3号機	308(192)	384(193)	311(235)
4号機	310(193)	492(194)	337(235)
5号機	277(249)	442(254)	205(235)
6号機	271(263)	322(263)	488(235)
7号機	267(263)	356(263)	355(235)

注）（ ）内は設計時の最大加速度。
［原子力安全・保安院，「新潟県中越沖地震を受けた柏崎刈羽原子力発電所に係わる原子力安全・保安院の対応（第3回中間報告）」］

188   6 事故の分析評価と課題

結果との比較で設備の健全性を評価する。資料は原子力安全・保安院「新潟県中越沖地震を受けた柏崎刈羽原子力発電所に係わる原子力安全・保安院の対応（第3回中間報告）」による。

柏崎刈羽原子力発電所の中越沖地震での各プラントの応答と設計時の基準地震動を表 6.22（　）内に示す。いずれのプラントも基準地震動に対して約 50％程度，最大で 3 倍以上も上回る応答を示している。表 6.23 では，解放基盤上での地震動による加速度を設計基準と比較している。解放基盤上での設計基準は 450 Gal であり，同様に設計基準に対して 1.5～2 倍以上の地震動が推定された。これを基に各プラントの重要設備の耐震安全性を再評価した結果，耐震安全性が確認されたと報告されている。この場合の東京電力の報告と原子力安全・保安院での独自の評価を比較したものを図 6.22 に示す。それぞれの設備の地震動による最大応力値が設計上の上限値（設計基準値と記載）と比べても十分に下回っていることが確認された。また，この関係を例として示すと図 6.23 のようになり，これまでの評価にどのように余裕があるかが理解できる。

(4) 原子炉および格納容器の健全性

福島第一の 1～3 号機の事故時の運転データを分析することで，原子炉および格納容器の健全性

表 6.23　柏崎刈羽原子力発電所各号機における地震動評価結果（上段：水平方向，下段：鉛直方向）

対象とする地震動（単位：Gal）	1号機	2号機	3号機	4号機	5号機	6号機	7号機
新潟県中越沖地震 （観測地，原子炉建屋基礎版上）	680 408	606 282	384 311	492 337	442 205	322 488	356 355
基準地震動による応答 （原子炉建屋基礎版上）[*1]	845 —	809 —	761 —	704 —	606 —	728 775	740 775
基準地震動最大値 （解放基盤表面）[*2]	2,300 1,050					1,209 650	
新潟県中越沖地震 （解放基盤表面における推定値）	1,699 591	1,011 545	1,113 618	1,478 749	766 262	539 422	613 460

*1 1号機から5号機の鉛直方向の応答については，今後の耐震安全性評価の中で東京電力から報告。
*2 設置時の基準地震動は 450 Gal。

［原子力安全・保安院，「新潟県中越沖地震を受けた柏崎刈羽原子力発電所に係わる原子力安全・保安院の対応（第3回中間報告）」］

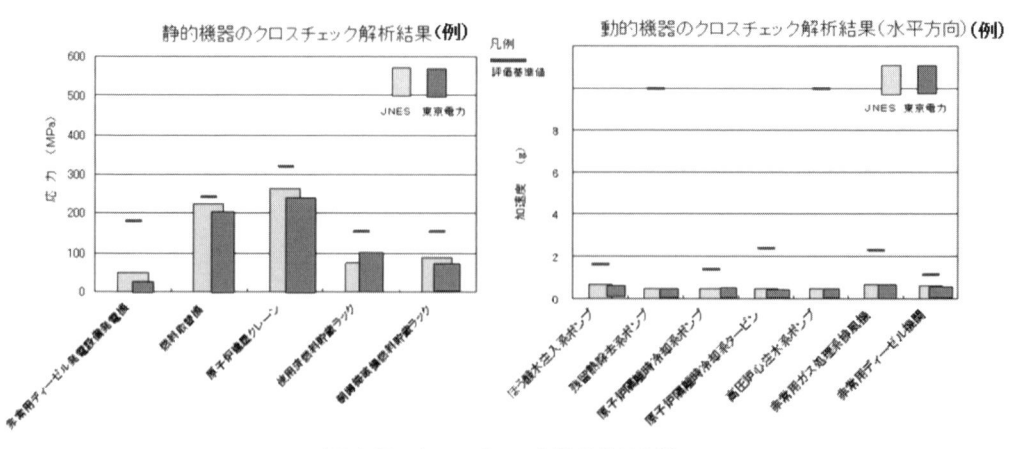

図 6.22　クロスチェック解析結果の例

［原子力安全・保安院，「新潟県中越沖地震を受けた柏崎刈羽原子力発電所に係わる原子力安全・保安院の対応（第3回中間報告）」］

6.6 外的事象　189

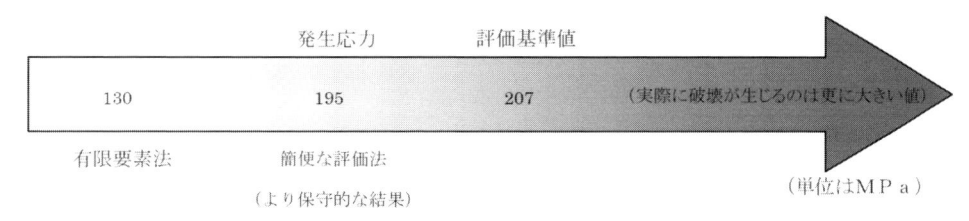

```
   発生応力      評価基準値
130    195        207      （実際に破壊が生じるのは更に大きい値）

有限要素法   簡便な評価法
         （より保守的な結果）              （単位はＭＰａ）
```

図 6.23　評価結果と評価基準値の関係
［原子力安全・保安院,「新潟県中越沖地震を受けた柏崎刈羽原子力発電所に係わる原子力安全・保安院の対応（第3回中間報告）」］

について確認する。

① **プラントパラメータによる確認**　図 6.24 に福島第一1号機の原子炉の水位・圧力などの冷却に関連したパラメータの時系列を示す。トリップシーケンス記録によると14時47分51秒730 ms に主蒸気隔離弁（MSIV）隔離信号が発生している。MSIV 全閉後は崩壊熱により原子炉圧力が上昇するが，14時53分頃原子炉圧力高（7.13 MPa 15秒間継続）により非常用復水器（IC）が自動起動して冷却を開始するため，原子炉圧力は 7.2 MPa をピークとして急速に低下している。この後の一次冷却材の温度は約 150 ℃/h で低下している。運転員はスクラムから約16分後，一次

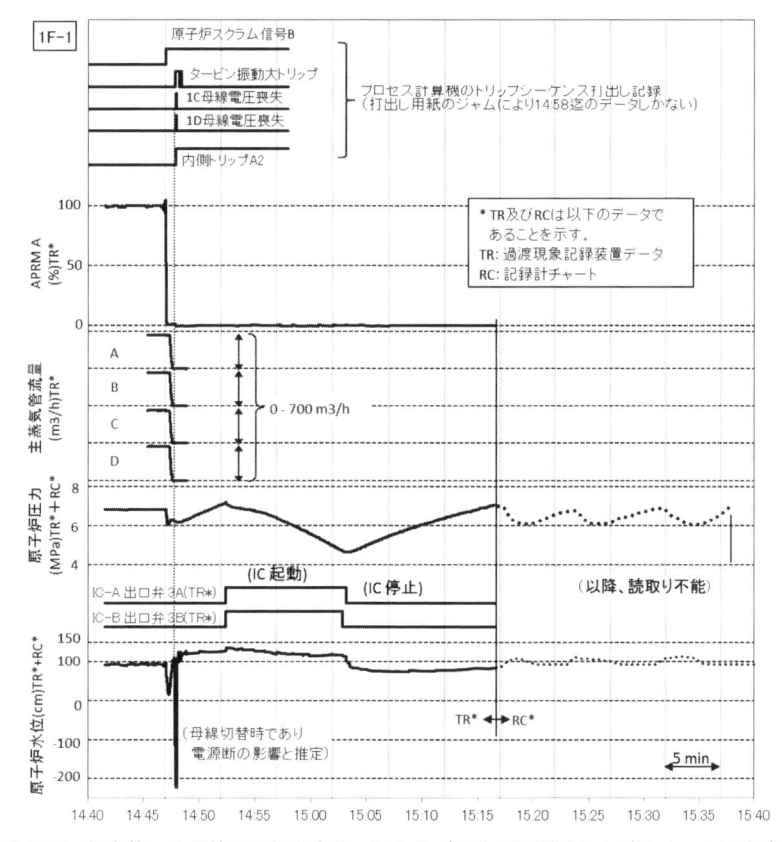

図 6.24　福島第一1号機原子炉の水位・圧力などの冷却に関連したパラメータの時系列
［小林正英, 奈良林直, 日本保全学会誌「保全学」, 12(2), 84-93 (2013)］

冷却材温度変化率を制限値である 55℃/h 以内とするために IC を停止し，以降 IC の A 系で圧力をコントロールしている。このため，原子炉圧力は 4.2 MPa まで低下後，再度上昇に転じており，運転員が IC A 系を起動・停止するごとに下降・上昇を繰り返す。

なお，原子炉冷却材温度変化率 55℃/h は，原子炉圧力容器設計時の熱疲労評価で通常起動停止時の原子炉冷却材温度変化率として使用されている値で，保安規定で原子炉冷却材温度変化率をこの値以下で運転するよう定められている。したがって，運転員は保安規定を遵守して IC の B 系を停止し，A 系の IC の 1 基を on/off 運転して津波来襲直前まで，急激な圧力の低下を防いでいたと考えられる。津波の影響は 15 時 30 分頃から出始めるが，津波の影響により信号が失われる直前は，原子炉圧力が上昇傾向にあることから IC は停止していたことが分かる。

原子炉水位はスクラムによりボイドが消滅するため一時的に低下するが，給水制御系により一時的に給水流量が急増したこと，制御棒駆動系から冷却水の流入があることなどにより原子炉水位はすぐに回復し，その後は原子炉圧力の上昇下降に応じて変化している。

上記は，スクラム後 MSIV が閉鎖したときにとられる運転操作および挙動であり，1 号機では地震発生から津波来襲までの間，炉心冷却機能は IC の運転によって維持されており，炉水位も維持されていたことから ECCS の作動もなく，MSIV 閉鎖状態における通常の冷却操作をしていたと判断できる。

②　地震時の格納容器の圧力・温度の監視の重要性　図 6.25 に 1 号機，2 号機，3 号機のスクラム後の格納容器圧力の記録計チャートを示す。各プラントともスクラム後はわずかな圧力ではあるが単調に増加している。これは，外部電源喪失により常用母線から電源が供給されているドライウェルクーラーが停止して格納容器内の温度が上昇したために，格納容器圧力も上昇したものと考えられる。

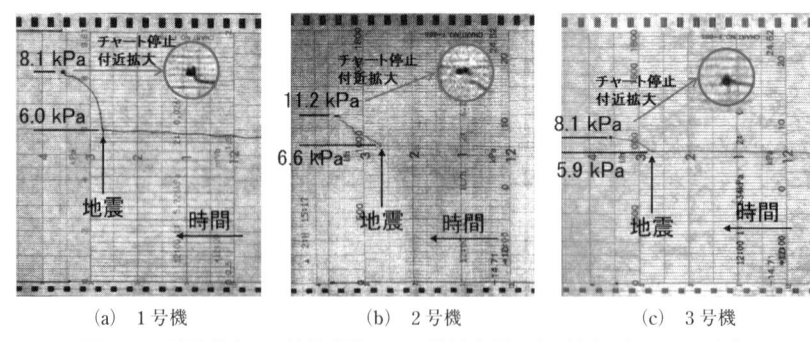

(a) 1 号機　　(b) 2 号機　　(c) 3 号機

図 6.25　地震発生から津波来襲までの格納容器圧力（記録計チャート紙）

［東京電力，「記録計チャート」（平成 23 年 5 月）］

仮に地震により格納容器が損傷していた場合には，格納容器圧力は大気圧と同じとなり，前記のような圧力上昇は見られない。各プラントで見られるように，格納容器圧力が上昇すること自体が格納容器の健全性を示している。

なお，各プラントとも 15：40 頃に津波来襲の影響でチャート送りが停止している。各図にはこ

の付近のチャートを拡大して示すが，信号の線が膨らむなどチャート送りは停止したものの格納容器圧力信号がしばらくは作動していたこと，かつ津波来襲後しばらくは大幅な上昇が見られないことを示している。

温度上昇によりどの程度の圧力上昇が見込まれるか検討した。

理想気体の状態方程式は次の通りである。

$$PV = nRT \tag{1}$$

ここで，P は気体の圧力（Pa），V は気体が占める体積（m³），n は気体の物質量（モル数），R は気体定数＝8.31（J mol^{-1} K^{-1}），T は気体の絶対温度（K）である。式（1）を用いて格納容器にあてはめ，初期状態（原子炉スクラム時）をサフィックス（0），津波来襲直前状態（チャート送り停止時（15：40 前後））をサフィックス（1）とすると，

地震前 $\qquad\qquad\qquad\qquad P_0 V_0 = nRT_0 \tag{2}$

津波来襲直前 $\qquad\qquad\qquad P_1 V_1 = nRT_1 \tag{3}$

両式の比をとり

$$\frac{P_0 V_0}{P_1 V_1} = \frac{T_0}{T_1} \tag{4}$$

よって

$$P_1 = P_0 (V_0/V_1)(T_1/T_0) \tag{5}$$

温度変化が小さいので格納容器の体積の熱膨張変化を無視とすると，

$$P_1 = P_0 (T_1/T_0) \tag{6}$$

となり，格納容器が機密な場合の温度変化より格納容器圧力の変化が推定できる。

表 6.24 に福島第一 1 号機での温度変化による格納容器（PCV）圧力の計算値を例示する。なお，温度変化はドライウェルクーラー戻り空気温度（HVH）の平均値を使用した。計算値と実測値とはほぼ同じである結果となり，2 号機，3 号機も同様の結果であった。

表 6.24 福島第一 1 号機の格納容器内温度変化

	初期値（℃）	津波来襲時（℃）
Return air DUCT HVH-12A	43.2	53.4
Return air DUCT HVH-12B	50.1	55.8
Return air DUCT HVH-12C	47.4	54.4
Return air DUCT HVH-12D	44.1	54.4
Return air DUCT HVH-12E	49.5	55.1
平均値	46.9	54.6
PCV 圧力実測値	6.0 kPa(g)	8.1 kPa(g)（106.2 kPa(a)）
PCV 圧力計算値	—	8.5 kPa(g)（106.6 kPa(a)）

注） 初期値：スクラム時，津波来襲時：チャート送り停止（15：40 前後）
（g）はゲージ圧，（a）は絶対圧

格納容器圧力の変化要因としては，高温高圧の一次冷却材の漏えいよる圧力上昇，高圧窒素などの漏えいによる圧力上昇などが考えられるが，いずれの場合も圧力上昇が継続し，記録ではチャート送り停止後もこのような上昇は見られないため，他の要因による影響はなかったと考えられる。

以上の分析評価より次のことが判明した。

　a.　各プラントは地震加速度大の信号で原子炉スクラムしており，確実に停止している。

　b.　所内電源については，外部電源は喪失したものの津波来襲の影響を受けるまでは非常用ディーゼル発電機（D/G）により確保されていた。

　c.　MSIV は自動閉しているが，原因は MSIV 論理回路の電源が喪失したことであり，実際にMSIV を閉じる必要がある状態（主蒸気流量高，MS トンネル室温度高など）が生じたわけではなかった。

　d.　各プラントの格納容器は津波来襲の影響を受けるまでは健全性を維持しており，格納容器圧力の上昇の主要因はドライウェルクーラーが停止して格納容器内の温度が上昇したことによる可能性が高い。

なお，東京電力福島原子力発電所における事故調査・検証委員会（政府事故調），福島原発事故独立検証委員会（民間事故調），東京電力福島原子力事故調査報告書（東電最終報告）の指摘について以下に検討を加える。

（ⅰ）『政府事故調報告書』では，原子炉圧力容器，格納容器，非常用復水器，原子炉隔離時冷却系，高圧注入系などの主要設備の被害状況を検討している。津波到達前には停止機能は動作し，主要設備の閉じ込め機能，冷却機能を損なうような損傷はなかったとしているが，その分析においてはトリップシーケンスの打ち出しリスト，過渡現象記録装置のグラフ，記録計のチャートそのものが使われており，時間軸を合わせての議論はされていない。

（ⅱ）『民間事故調報告書』では，津波来襲前に関して，地震により自動停止し未臨界を維持したこと，外部電源を喪失したが非常用ディーゼル発電機により電源は回復したこと，その間にフェールセーフが働き MSIV が閉止したことなどが述べられている。根拠に関しては IAEA への報告書，政府事故調の中間報告書，東電などが公開した資料によるとの記載があるのみである。

（ⅲ）「東電最終報告書」では，1～3 号機について地震による自動停止と，自動停止から津波来襲までの動きに分けて評価している。前者は各プラントとも地震により正常にスクラムしたこと，外部電源が喪失したが D/G により電圧を回復したこと，D/G 起動までの間に原子炉保護系の電源が喪失し MSIV が自動閉したことなどの結論を得ている。また，後者に関しては格納容器圧力温度がゆるやかに上昇していること，床サンプ水位は一定であることなどから配管などの破断はなかったと推定しているが，定量的な評価はしていない。また，同じ時間軸での比較はされていない。

以上より，他の事故調の報告を参考に加えても，地震発生から津波来襲の影響を受ける前までは，各プラントとも「止める」機能・「閉じ込める」機能は維持されており，地震によるこれら安全機能への影響は特段発生していなかったと判断できる[6]。

参考文献（6.6.1）

1) 東京電力福島原子力発電所における事故調査・検証委員会，「政府事故調 最終報告，資料編」（平成 24 年 7 月 23 日）．
2) 経済産業省原子力安全・保安院，「東京電力株式会社福島第一原子力発電所事故の技術的知見について（中間取りまとめ）」（平成 24 年 2 月）．

3) 原子力災害対策本部,報告「国際原子力機関に対する日本国政府の追加報告書—東京電力福島原子力発電所の事故について（第2報）」(平成23年9月).
4) 日本地震工学会「原子力発電所の地震安全に関する地震工学分野の研究ロードマップ」(2011).
5) 日本原子力学会「原子力発電所の地震安全に関する検討報告書—地震安全ロードマップ」(2012).
6) 小林正英,奈良林直,日本保全学会誌「保全学」, **12**(2), 84-93 (2013).

6.6.2 津波による被害と対策

(1) 津波災害への認識

津波の評価に関しては地震動に対する耐震設計審査指針において地震随伴事象として単に評価することが求められていたにすぎなかった。津波の経験が少なく，具体的な評価手法の改善に十分な取組みがなされてこなかった。原子力発電所に適用する設計のための最大津波の大きさの想定は，土木学会を中心に学術界，学会で評価技術の検討が進められてきたが，ようやく最近になり計算科学技術など新技術の進展を取り入れた再構築がなされてきた。

(2) 津波の大きさの予測

原子力発電所を襲った実際の最大津波は，当初想定したよりはるかに大きなものであった。この巨大な津波をもたらした地震動の規模が，想定をはるかに超える地殻変動に起因するということもあったが，この地殻変動はこれまでの津波評価では扱っていなかった複雑で大きく想定を超えるものであった。その結果として原子力発電所が被災し事故に至った。

各原子力発電所の今回の津波の大きさについては，どの原子力発電所サイトでも設計時の想定を超え，その後の見直しの想定をも超えるものであった。しかし，一部のサイトでは安全機能を失うまでには余裕があり事故にまで至ることはなかった。津波の大きさは女川，福島第一，福島第二の各発電所で，許認可値はもちろん最新の見直し値を上回るものであった。女川原子力発電所での実測の津波高さは約13mときわめて大きなものであったが，発電所設置位置が1m陥没後も13.8mとわずかの余裕で大きな難は免れた。また東海第二発電所では，津波対策として防水壁工事が完了していた領域の冷却設備機能が維持され，原子炉は無事冷温停止に至った。福島第二原子力発電所では，津波高さは8m程度で敷地高さ12mよりも低いものではあったが，浸水高さは局所的に14.5mと高く，特に1号機を中心として多くの設備が被害にあった。しかし，アクシデントマネジメントの対応が功を奏して冷温停止にもっていくことができた。福島第一原子力発電所では最近の知見に基づき見直していた津波レベルをも超える大きなものであった。最新の知見に基づきある程度は大きな津波も予測されていたが，現実的に対応が急がれるとの判断には至らなかった。

平成23年（2011年）1月11日時点で文科省地震調査研究推進本部長期評価部会は，宮城県沖地震に対して30年以内に起こる確率99%でM7.5（滑り量16m程度）前後（三陸沖南部海溝寄り領域と連動の場合M8.0前後），南海地震と東南海地震が連動した場合M8.5前後を想定していた。事故前の国内の標準的な津波評価方法としては，平成14年（2002年）2月に土木学会が刊行した「原子力発電所の津波評価技術」が定着しており，全発電所でこの手法により想定される最大規模の地震に対して津波高さの再評価が進んでいた。

3月11日に発生した岩手・宮城・福島・茨城県沖連動地震はM9.0（面積約450km×200km，

最大滑り量 60～70 m) であり，想定よりも大規模の地震により大きな津波が発生した。これは，貞観 11 年（869 年）に発生した大地震と大津波に匹敵するものであり，1000 年に 1 回といわれる規模の地震により津波が発生したといわれている。このように現在の技術では，地震・津波規模の事前評価には限界があったということであろう。

福島第一原子力発電所沖で重畳により生じた 15 m を超える津波のため，事故以前に整備した福島第一原子力発電所 1～6 号機の非常用電源設備は，タービン建屋の地下最下層に設置したものなどはすべて水没してしまい，その機能を喪失することになった。機能した電源設備はタービン建屋の地下最下層にではなく，中層地下室にあった 3, 5, 6 号炉の 125 V 直流電源と 13 m の最高敷地高さの建屋内にあった 6 号機空冷式非常用ディーゼル発電機（D/G）のみであった。水没するかしないかのクリフエッジが機能喪失の有無を分けた結果となった。わずかな垂直方向の位置の違いによって機能が保持できたことは，事故から得られた重要な教訓である。

したがって，D/G，直流電源，配電盤など非常用電源としての機能が求められる設備を，タービン発電機室の地階に設置していたことを第一の要因として，水密性のない状態が津波来襲時に水の侵入を許す結果となり，浸水がこれらの設備の機能を喪失させ，直流電源も含めた全電源喪失の事態を招くこととなり，最終的に過酷事故に至った根源的な直接要因であったといえよう。

(3) 津波の予測評価と結果

津波については，どの原子力発電所サイトでも設計時の想定を超えるものであった。しかし，一部のサイトでは余裕があり，事故にまで至ることはなかったが，福島第一では見直していた津波レベルをも超える大きなものとなった。

津波の大きさは，女川原子力発電所でも今回の実測では予測を超えるものであり，特に福島第一での予測は直近のものでもこれほど大きなものとなることは予測されておらず，自然現象として設計時の想定を大きく超えるものであり，対策は十分でなかったことは否めない。

津波評価においては，原子力発電の安全設計に適用する基準としての位置づけが明確ではなかったことから，土木学会での津波評価基準策定との間に乖離が生じていたようである。原子力発電の設計では，炉心損傷頻度（CDF）が 10^{-4}/(炉・年)，また格納容器の機能喪失頻度（CFF）が 10^{-5}/(炉・年) という性能目標（案）があるにもかかわらず，外部事象に対するこれらの性能目標（案）の要求が明確になっておらず，津波に関しては 100 年程度の歴史津波を考慮することが前提となっていた。一部見直しの動きはあったものの，十分に意識あわせができず，基準に反映されないこととなったものと推察される。したがって，各発電所の設置当時の知見では耐津波設計としては十分なものであったが，最新知見の取込みと対応策の実施については，結果として十分なものではなかったといえる。統一的な基準化が進まない中，事業者の独自の対応はまちまちであるが，各発電所ではそれなりの対策がとられてきた。これにより被災したか否かは，対応ができていたか否かの結果であった。しかし，女川原子力発電所のように津波の脅威，畏怖というものが，事故に至るのを救ったというのも事実であろうし，自然現象への対応における見識が求められる。

(4) 電気品の機能喪失による事故の拡大

地震発生直後に外部電源が喪失したが，非常用ディーゼル発電機（D/G）が速やかに起動し，原

表 6.25 各発電所の津波来襲の設計予測と実績

サイト	主要建屋敷地高さ	設置許可申請	設置許可以降の想定の経緯				
			2002年土木学会手法	2007年茨城県想定津波	2007年福島県想定津波	2009年海底地形・潮位条件の最新化	2011年東北地方太平洋沖地震による津波高観測値
福島第一	(1~4号) O.P. +10 m (5, 6号) O.P. +13 m	O.P. +3.122 m 1966年 (1号)	O.P. +5.7 m 福島沖を波源とする津波が最大 海水ポンプのかさ上げなどの対策実施	O.P. +4.7 m 対策不要	O.P. 約 +5 m 対策不要	O.P. +6.1 m 海水ポンプのかさ上げなどの対策実施	津波高 O.P. +13.1 m 浸水高 O.P. +15.5 m
福島第二	O.P. +12 m	O.P. +3.122 m 1972年 (1号) O.P. +3.705 m 1978年 (3/4号)	O.P. +5.2 m 建屋の水密化などの対策実施	O.P. +4.7 m 対策不要	O.P. +5 m 対策不要	O.P. +5.0 m 対策不要	津波高 O.P. +7~8 m 浸水高 O.P. +14.5 m
女川	O.P. +14.8 m	O.P. +2~3 m 1970年 (1号, 文献調査) O.P. +9.1 m 1987年 (2号, 数値計算)	O.P. +13.6 m 三陸沖を波源とする津波が最大 対策不要	—	—	—	津波高 O.P. +13.8 m
東海第二	H.P. +8.9 m 海水ポンプ高 +4.2 m	H.P. +2.35 m 1971年	H.P. +5.75 m 対策不要	H.P. +6.61 m 海水ポンプ周囲の壁のかさ上げなどの対策実施 (H.P. +7 m)	—	—	津波高 H.P. +5.5 m 浸水高 H.P. +6.2 m

注) O.P. ±0.00 m は女川（女川原子力発電所工事用基準面）で東京湾平均海面下方 0.74 m，福島（小名浜港工事用基準面）で東京湾平均海面下方 0.727 m
H.P. ±0.00 m は東海第二（日立港工事用基準面）で東京湾平均海面下方 0.89 m

子炉の隔離時冷却系により各原子炉は順調に冷却されていた。格納容器内の配管や重要機器の損傷もなかったことが，原子炉圧力や格納容器圧力・温度の記録紙の詳細な分析と解析評価で確認されている。その後，津波が襲来してタービン建屋の非常用発電機や配電盤などの機能を喪失させ，全交流電源が喪失した。特に直流電源の喪失により，さらに致命的な事象が発生した。制御盤の論理回路の電源が断たれたことに伴っておびただしい異常信号が発生した。そのうちの致命傷が非常用復水器（IC）の隔離弁の閉止信号である。

1号機は地震発生直後は IC が起動し，約 15 分で原子炉圧力を 7 MPa から 4 MPa に低下させていた。制御盤が作動していれば，IC が作動停止していることが制御盤のランプを見れば分かったはずである。構内 PHS の電源が断たれたことによる通信機能の喪失によって，通報連絡や指揮命令が迅速に出されなくなったことも大きい。

この他，制御盤からの耐圧ベントの遠隔操作が不能となり，非常用ガス処理系（SGTS）の弁のフェイルオープンを引き起こしている。この弁が全開になっていたことは，事故後の平成 23 年（2011年）8 月の 4 号機，同 12 月の 3 号機の現場で確認されている。

6.6.3　自然災害を含む外的事象への対応

(1)　複合事象への対応

　今回の地震で発生した事象として，特に安全上考えなければならない重要な課題としては地震と津波を含めて，それらの複合災害があげられる。女川原子力発電所では地震時に電源盤の火災が発生した。幸いにして大事に至らなかったが，地震と火災の複合災害の可能性も示唆するものであった。複合事象の検討や同様の被災時の火災発生への対策についても検討しなければならない。

(2)　複数機器の機能喪失の仮定もしくは共通要因事故・故障の発生の仮定とその対応

　津波の来襲により多くの機器がほぼ同時に，また多重性を持たせてきた複数の機器がその機能を一気に喪失するという事態を招いた。事故がここまで進展したのは，プラント設備としては，① 全電源の喪失，② 冷却システムの喪失，③ ヒートシンクの喪失が原因であることが分かってきた。一方，アクシデントマネジメント（AM）対策としては，① 代替電源の不備，② 代替ポンプ（消防車など）の能力不足，③ 想定外の事象（水素爆発をはじめ格納容器損傷，全電源喪失そのものなど）の多発に対する準備不足などが問題点としてあげられる。

　これらはいずれも安全神話から外れることへの脅威からか，設計基準を超える事故の想定を十分にしてこなかったことに要因があるのではないか。従来は，各機器の信頼性を安全設計指針に基づいて厳しくその機能が維持されることを要求したうえで，内的事象として構成機器の単一故障という事故の進展を想定し，その場合での機能維持を徹底することで，定量的にプラントの安全が確保されるという評価を行ってきた。一方，その結果として同一機能を有する複数の機器が同時に機能を喪失する複数機器の損傷や共通の要因による事故の想定は遠ざけられてきた。想定すべき事故のシナリオが重要であることは今回の事故で改めて明らかになったと考えられるが，燃料の損傷がいつ起きているのか，格納容器はどのように損傷するのか，その場合に次に何が起きるのか，設計基準を超える事故の進展とそれに対する対応が検討されてこなかったことにより，すべての対応が後手，後手になってしまった感がある。

　従来の安全評価は主としてプラント内部に着目しており，外的事象が複数基立地サイトおよびサイト外に及ぼす影響を十分に考慮していなかった。今回，複数基において同時に発生した過酷事故が事故対応に大きな影響を及ぼしたこと，サイト外における外的事象の影響が外部からの支援に大きな影響を及ぼしたことを鑑みると，複数基立地やサイト外部まで含めた影響評価が求められる。

(3)　包括的な外的事象の影響評価

　海外においては，外的事象に対して包括的な評価を行っている場合がある。たとえば，米国では外的事象に対する個別プラントの体系的安全解析（IPEEE）により地震，火災，強風（台風，竜巻），洪水，雪崩，火山噴火，氷結，高温，低温，輸送事故・工場事故，航空機落下などに対するリスクおよびプラントの脆弱性が検討され，対策がなされている。国内においては，外的事象に対する包絡的な評価は実施されておらず，プラントの脆弱性の把握が不十分であった。特に，内的事象のリスクが確率論的リスク評価（PRA）により定量的に評価されていたのに比べ，外的事象のリスクは，それらに対するPRAが発達途上である場合もあり，包絡的・定量的な把握に至っていな

かった。したがって，地震，津波に限らず IPEEE を実施する必要がある。また，この評価の過程において，支配的なリスク要因となり得る外的事象に対し，PRA などを用いて影響評価を実施したうえでプラントの脆弱性を特定し，これらに対応していく継続的な改善によりプラントの安全性を向上する取組みが重要である。この際には外的事象の頻度，設計上の余裕を考慮したプラントへの影響度，時間的余裕，ハザード源とプラントの距離などについて，不確かさを含めて適切に考慮する必要がある。また今回，地震と津波がそうであったように，自然現象は重畳して発生する可能性がある。種々の自然現象に対して，coincidential（偶然），consequential（従属），correlated（相関）な要因を考慮したうえで重畳について考慮する必要がある。

(4) クリフエッジの考慮

地震動はプラント内の機器すべてに振動による影響を与えるため，深層防護の各層において十分に余裕のある耐震設計が考慮されており，個々の機器，構造設計の大きな保守性とあいまってクリフエッジが顕在化しにくい要因となっていたと考えられる。一方，津波はプラント外部から内部に向かって順に影響を与える特性があり，プラント外部で影響を阻止することに注力されてきた。したがって深層防護の各層で耐津波設計が考慮されてこなかったため，津波がある高さになると，安全系の多くが機能喪失するクリフエッジが顕在化することになったと考えられる。

従来の安全評価は設計基準内の外的事象に対して実施されてきた。そのため，設計基準を超える外的事象に対して，クリフエッジが存在することが十分に把握されてこなかった。また，外的事象がクリフエッジを超えた場合のプラント挙動，ひいてはその対応についても十分に検討されていなかったと考えられる。クリフエッジは当然ながら設計基準を超えたところにある。従来の安全規制では設計基準までの安全評価を求めていた。また，プラントの安全がよって立つところの深層防護も第3層（設計基準事故の緩和）までを考慮してきた。これらのことがクリフエッジを超えた場合の対応を十分に考慮できていなかった本質であろう。

(5) 設計基準を超える事態への対応

地震動に関しては，すでに中越沖地震など5回も基準地震動を超える経験をしてきた。その結果，平成18年（2006年）の耐震設計審査指針の改定において「残余のリスク」という考え方を導入した。基準地震動を超えることはあり得ることであり，それを残存リスクとして対策をとりそのリスクを低くするよう求めており，各原子力発電所は様々に手を打ってきた。一部の原子力発電所では十分に手を打つことの得失を考慮し，浜岡原子力発電所1, 2号機のように総合的判断で廃炉を選択したものもある。

津波に対してはどのように考えてきたのであろうか。残念ながら津波の場合には，耐津波設計が明確ではなく設計基準への詳細な対応は明確に示されていなかった。したがって，設計基準を超える事象に対しては十分に設備としての対応がとられてきたとはいえない。すなわち，法整備規制としてはもちろんであるが，設計概念としても整備ができておらず，対応を十分にとれる状況になかったといえる。

外部事象については，リスク要因となり得るハザード源を特定したとして，これらへ対処するためには，設計基準を十分な信頼性を持って設定することだけでは不十分である。外部事象の評価に

は，大きな不確かさが存在することを考えると，設計基準を超える可能性はつねに存在し，したがって，この場合の対処方法をあらかじめ用意する必要がある．このように考えると，外的事象の設計基準の設定，設計基準を超過する可能性への対応の2点について検討する必要がある．

これまで，性能目標といわれながら用いられてきたのが，旧原子力安全委員会報告にある炉心損傷頻度（CDF）10^{-4}/（炉・年），格納容器破損頻度（CFF）10^{-5}/（炉・年）である．その安全目標は事故時の敷地境界での死亡確率を 10^{-6}/（人・年）とすることであった（これは，旧原子力安全委員会報告においては「原子力施設の事故に起因する敷地境界付近の公衆の個人の平均急性死亡リスクおよび施設からある範囲の距離にある公衆の個人のがんによる平均死亡リスクは，ともに年当たり100万分の1（10^{-6}/（人・年））程度を超えないように抑制されるべき」が原文となっている）．これまでのリスク評価（PSA/PRA）では，発生頻度として 10^{-7}/（炉・年）以下の事象は十分低い値として考慮の対象とはしていない．

設計基準は性能目標と整合する形で，ハザードカーブなどを考慮しつつ設定する必要がある．なお，この際には外的事象の影響の評価技術の成熟度などを十分に考慮する必要がある．旧原子力安全委員会の定めた上記性能目標（案）より，外的事象による影響が設計基準を超過する確率と安全対策により，この性能目標を満足するようにする必要がある．設計基準津波については100年オーダの歴史津波を考慮して設定されていたことから，超過確率が 10^{-2}～10^{-3}/年程度になっていたと推定され，プラントの安全対策も含めて性能目標との整合性が十分でなかった可能性がある．したがって，外的事象の設計基準は関連学会において作成される場合もあるため，その場合には原子力安全の関係者との密接なコミュニケーションが重要である．

設計基準を超過するリスクを十分に抑制したうえで，なおかつ設計基準を超過した場合の対応を検討しておく必要がある．しかしながら，設計基準を超過した場合の主たる対応であるAM策については，十分に整備されているとはいえなかった．これらは，いずれもAM策，すなわち過酷事故に対する真摯な対応の欠如—安全でないこともあり得るということへの抵抗感—に基づいており，事故の想定をまったくしてこなかったことに要因があるのではないだろうか．また，これまでの事故の検討は内的事象として構成機器の単一故障という事故の進展が想定され，それに対応することで定量的にプラントの安全が確保されるという評価を行ってきたのであり，今回の福島第一で起きたような同一機能を有する複数の機器が同時に機能を喪失する複数機器の損傷や共通の要因による事故の想定は，発生の可能性がきわめて低いとして遠ざけられてきたことが，今回の事故に適切に対応できなかった要因の一つになっている．

なお，外的事象の評価は内的事象の評価に比べて不確かさが大きくなるのは避けられない．この不確かさについては，安全余裕と深層防護の考え方により対処する必要があることを改めて強調しておきたい．安全余裕はストレステストなどの手法により確認することが必要である．これに加えて，設計基準を超える外的事象も考慮する形で深層防護に則った安全設計・対策を行うべきであろう．たとえば，耐津波設計においては，敷地内への浸水を防ぐ，建屋への浸水を防ぐ，重要機器室への浸水を防ぐ，高台に代替機器を準備しておくといった対処が考えられる．外的事象は，その大きさによっては深層防護の複数の層が同時に破られる可能性がある．したがって，安全余裕による

対処のみでなく，第3層までの安全機能を実現するために用いられる恒設機器とは設計条件の異なる可搬型機器による対応など，安全上の効果（effectiveness）を独立に（independent）する対処が有効である。

また，設計基準を超える状態で発生する事故について進展の理解と深い知識を有していることはきわめて重要である。今回の事故では，燃料の損傷がいつ起きているのか，格納容器はどのように損傷するのか，その場合に次に何が起きるのか，事故の進展とそれに対する対応の検討が十分なされてきたとはいえない。1号機を例にあげれば，非常用復水器（IC）を用いた炉心冷却システムを恒設の直流電源喪失の状態でも稼働させる手順を整備しておくこと，格納容器内気体のベントシステムを電源喪失下でも機能させるよう整備しておくことは有用であった。しかし，格納容器の隔離機能の維持に重点がおかれていたことから，これらへの対応の準備はまったくされておらず，事故時にはすべての対応が後手になった感は否めない。

また，外的事象としてのテロ行為や自然災害などにおいては，先に示した地震動や津波などのみならず他の災害に対しても，設計基準を超えた事態に対して，いつ，どのように対応すべきか，ということを明確にしておく必要がある。

(6) まとめ

外部事象に対する考え方について検討を行った。外部事象に対処するにあたっては，以下の考え方や検討が重要である。

① 外部ハザードを包絡的に評価するIPEEEの実施と，PRAなどによるプラント脆弱性の把握と対処（継続的改善）
② 複数基立地，サイト外の影響を含めた包括的な評価
③ 設計基準を超える外部事象に対するクリフエッジの評価
④ 安全対策とあいまって性能目標と整合する適正な設計基準の設定
⑤ リスクに係る見識と深層防護の考え方に基づく設計基準を超える外部事象への対応

6.7 放射線モニタリングと環境修復活動

6.7.1 環境修復時の初期対応としての環境放射線モニタリング

(1) 福島第一原子力発電所事故への対応

緊急時モニタリングの指揮系統となるはずのオフサイトセンターに設置された現地対策本部は，地震のため通信系統が機能しなくなるとともに，周辺線量が上昇したため福島市に移転し，十分な役割を果たすことができなくなった。一方，事故直後から政府は文部科学省に対し，国が主体となって積極的にモニタリングを実施するよう働きかけを行った。これにより，国，自治体，関係機関が協力してモニタリングを実施するとともに，その結果を文部科学省が公表した。しかしその後も，文部科学省，電力会社などの各機関が行ったモニタリングの結果が十分集約・共有されていなかったことから，政府は文部科学省，保安院，原子力安全委員会に対して，とりまとめ・公表は文部科学省が，評価は原子力安全委員会が，評価に基づく対応は原子力災害対策本部がそれぞれ行う

よう指示を出した。また，食品のモニタリングに関しては厚生労働省，農畜産物に対しては農林水産省が取りまとめを行っていた。このように，今回の事故のような広範囲かつ長期的なモニタリングを実施するうえでは，国が自治体などを支援する体制では十分ではなく，資機材や人材の適切な確保・配置，組織間および周辺住民への迅速な情報伝達などに対して課題が生じた。

このようなことを踏まえ平成23年（2011年）7月4日に，福島原子力発電所事故に係る放射線モニタリングを確実かつ計画的に実施するため，関係省庁，自治体および事業者が行っている放射線モニタリングの調整などを行うことを目的として，第1回モニタリング調整会議（以下，調整会議という）が開催された。調整会議では，モニタリングの在り方として福島第一原子力発電所周辺地域の環境回復，子どもの健康や国民の安全・安心に応える「きめ細やかなモニタリング」の実行および一体的で分かりやすい情報提供のため，国が責任をもって自治体や原子力事業者などとの調整を図り，「抜け落ち」がないように放射線モニタリングを実施することとなった。

平成23年（2011年）8月2日には，調整会議などの検討を踏まえ，総合モニタリング計画が決定された。同年12月には，新たな課題にも対応するとして，総合モニタリング計画が改定され，同時期に放射性物質の放出が減少して時間的変化が小さくなってきたことから，それまで実施してきた放射性物質の大量放出に対応した緊急時モニタリング（同一地点で高頻度のモニタリングなど）の見直しを行うこととした。平成24年（2012年）4月1日および平成25年（2013年）4月には，周辺環境における全体的な影響を評価し，今後の対策の検討に資する観点から，避難区域の変更や長中期的な放射線量の把握などに着目することとし計画が改定された。

この計画に基づき，福島全域などを対象とした広域モニタリングとして，空間線量，積算線量の把握，大気浮遊じんの測定，環境土壌調査，松葉などの指標物質（年間を通じて採取可能な植物）の継続的な測定などがこれまでに実施されている。全国的なモニタリングとしては，都道府県別水準調査の継続，モニタリングポストを増設しての測定，日本全域における航空機モニタリングなどが実施されている。

警戒区域および計画的避難区域においては，地元のニーズを踏まえつつ，空間線量率の詳細な状況の定期的な把握や除染などの対策に資するための走行サーベイや居住制限区域の空間線量率の測定（20 mSv/年以下であることを確認），広域インフラ復旧作業のための詳細モニタリングなどが順次実施されている。避難指示が解除された地域や避難指示の解除が見込まれる地域に対しても，居住再開や復興を支援するためのモニタリングが実施されることとなった。

海域のモニタリングについては，文部科学省を中心として関係機関との連携のもと，福島第一原子力発電所近傍海域のほか，東北・関東の沿岸域の海岸線から30 km以内，沖合域，外洋において幅広く海水や海底土，海産物中の放射性物質モニタリングが実施されることとなった。平成24年（2012年）3月30日には，「平成24年度海域モニタリングの進め方」として，海水試料の分析精度向上や海底土の距離的なばらつきや性状，これらの放射性物質の経時的な変化（拡散，沈着，移動，移行），海洋生物の体内濃度の経時変化などを把握することとした。また，河川から海洋への流出経路も考慮して，これらのモニタリングも強化された。海水については，福島第一発電所からの新たな放射性物質の漏えいを監視するためのモニタリングも追加されている。この他，陸水環

境や自然公園，廃棄物，農地土壌，林野，牧草，食品などのモニタリングの実施計画，検出下限値の算出へのシミュレーション結果の有効活用についても示された。

(2) 今後の緊急事態および平常時における環境放射線モニタリング

原子力規制委員会では，平成24年（2012年）12月に原子力災害対策指針（防災指針）に記載のある緊急時モニタリングの在り方についての検討を開始した。会合では，緊急時モニタリングにおける関係機関の役割と分担，緊急時モニタリング実施計画，運用上の介入レベル（OIL）などに対し，原子力発電所立地道府県の環境放射線モニタリング担当者の協議機関である原子力施設など放射能調査機関連絡協議会との意見交換が行われた。この結果，福島第一原子力発電所事故の緊急時モニタリングで混乱の原因となった指揮・統括系統について，国がその役割を果たすことが示された。また，国，自治体，原子力事業者はモニタリングの目的を共有，連携して緊急時モニタリングを実施，指定公共機関は緊急時モニタリングの様々な局面において支援，原子力規制委員会が長となる緊急時モニタリングセンターを準備することなどが示された。平成25年（2013年）6月5日には，上述の内容および被ばく医療の在り方のうち安定ヨウ素剤の配布・服用に係る事項の検討結果が取りまとめられたことから，これらの考え方が原子力災害対策指針に反映された。

(3) 今後の課題

事故以降復旧期にかけて，国および自治体では，きめこまやかな抜けのない環境モニタリングおよび今後の緊急時環境モニタリングへ対応するため，上述のようなさまざまな対策がなされた。

福島第一原子力発電所周辺の放射線モニタリングに関しては，今後も周辺住民の健康影響や線量の評価，被ばく低減，防護措置計画などを検討するため，異常放出の監視，すでに陸域・海域の広範囲に拡散した放射性物質の濃度分布や線量分布を長期的に継続して評価すべきである。また，測定の精度向上や広域かつ迅速な測定・評価を目的とした新しい技術の開発とともに，環境中での放射性物質の拡散，移行などに関するデータの蓄積のため，引き続き関連研究にも力を注ぐ必要がある。

「原子力安全調査専門委員会放射線影響分科会活動中間報告書」にも記載があるように，事故直後の実測データが存在しない場合の放射線量や放射性物質の放出量を評価する場合，大気および海洋拡散モデルなどを用いた計算による推定も有効である。すでに，事故初期の放射性ヨウ素の吸入による内部被ばく線量の再構築や放出量推定などにも活用されているが，実測データなどと併せて利用することにより，結果の精度向上が期待できる。計算手法に関しても，迅速化や局所詳細評価から広域評価に至るまで，さまざまなニーズに対応できるよう整備しておく必要がある。

今後の緊急時モニタリングの在り方については，原子力災害対策指針に緊急時モニタリングの実施体制，国による事前措置としての緊急時モニタリングセンターの体制整備，発災後の緊急時モニタリング計画の策定，解析・評価の一元化などが明記された。しかし，初期モニタリング以外の中期および復旧期のモニタリングについては検討がなされていない。この時期には，避難区域の見直しや解除などの判断，被ばく線量の管理・低減方策の決定，現在および将来の被ばく線量の推定のためのモニタリングが実施される。その方法などについては，今後，福島の現状を踏まえ，十分な検討が必要である。さらに，モニタリングデータを効率的かつ機能的に活用するためには，データ

を収集，保存するための一元的なシステムを確立しておく必要がある。

　災害発生後は，環境モニタリングと併せて個人線量モニタリングを実施することで，より精度の高い線量評価が可能になる。今回の事故では，発電所に整備されていた個人線量計だけでなく，ホールボディカウンタも津波により使用不可となり対応が制限された。また，機関間で装置を校正するための人体を模擬したファントム（人体模型）の違いにより値が異なるといったことも生じた。可動式のホールボディカウンタの有効な活用，評価手法の統一や相互比較の実施，小児の線量評価にも対応した線量評価手法についても検討しておく必要がある。個人線量の把握には，被ばくした場所の情報も重要である。このような情報も併せて取得できるなど，新しい個人線量モニタリング手法の開発も有効であろう。

　役割の明確化や体制や資機材を整備するだけでは，緊急時に迅速かつ適切な対応をとることは難しい。平常時から随時計画の見直を行うとともに，訓練の実施などにより，緊急事態発生時において関連機関間で災害の進展状況や放出源情報などを共有し，決定内容などに齟齬をきたすことのないようにすることが重要である。また，防災関係者が放射線の基礎知識や測定技術に関する知識などを習得するための研修を実施し，緊急時モニタリングに対応できる人材を育成しておくことが望まれる。

　得られた放射線モニタリング情報は混乱を防ぎ，住民の不安を軽減するためにも，国，自治体，事業者などが一元的に迅速に提供するとともに，住民などが事故などの状況を把握しやすいよう，その理解を助けるための補足情報も合わせて提供すべきである。

参考文献（6.7.1）
1) 原子力規制委員会ホームページ，環境モニタリング情報（2013年7月30日閲覧）．
2) 原子力規制委員会ホームページ，モニタリング計画について（2013年7月30日閲覧）．
3) 原子力規制委員会ホームページ，緊急時モニタリングの在り方に関する検討チーム（2013年7月30日閲覧）．
4) 原子力規制委員会ホームページ，原子力災害対策に関する指針・計画等（2013年7月30日閲覧）．
5) 日本原子力学会,「原子力安全調査専門委員会放射線影響分科会活動中間報告書」(2012).

6.7.2　放射線影響

(1)　作業者および住民の被ばく線量と放射線影響

　5.3.3項（2）に述べた通り，福島第一原子力発電所事故における緊急時作業者の線量限度は事故直後250 mSvに引き上げられた。緊急時作業に従事した作業者の中には，防護具の使用の不備による内部被ばくで，250 mSvを超える作業者や放射性物質による皮膚汚染が確認された作業者もいたが，いずれも臨床的に確認できるような急性放射線障害はみられなかった。

　事故初期の発電所周辺の幼児の甲状腺の等価線量の推定結果については，同じく5.3.3項（2）の周辺住民に関する項で述べた通り，そのほとんどが30 mSvを下回るとされている。これは，IAEAの安定ヨウ素剤服用基準である50 mSvや甲状腺等価線量のスクリーニングの基準とされている100 mSvを下回る。外部被ばくについても最大で25 mSv程度とされており，臨床的に放射線影響が確認できるレベルではなかった。

今回の事故では，作業者および周辺住民ともに外部被ばくおよび内部被ばく線量評価上重要となる主な放射性核種は，放射性セシウム（セシウム-134 およびセシウム-137）および放射性ヨウ素（ヨウ素-131）であった。

　セシウムはアルカリ金属の一つで，体内での挙動は同じアルカリ金属で生物の必須元素であるカリウムと類似している。このため特定の臓器に集積せず，実効半減期は 70～100 日で約半分が排泄される。

　ヨウ素の場合，体内での実効半減期は約 7 日である。ヨウ素は甲状腺ホルモンの合成に必要な元素であることから，体内に取り込まれると 30％は甲状腺に蓄積される。チェルノブイリ原子力発電所事故では，ヨウ素-131 の摂取による周辺住民の小児甲状腺がんが多発した。これは，食品摂取制限が遅れヨウ素-131 で汚染された牛乳を小児が摂取したこと，内陸の地域であるため日頃から体内のヨウ素量が欠乏していたことが原因である[1]。今回の事故でも，一部の水道水や農畜産物中の放射性ヨウ素および放射性セシウム濃度が暫定規制値を上回ることとなったが，チェルノブイリ事故よりも大気中への放射性物質の放出量が少なく，摂取制限や出荷制限が早期に実施されたため，周辺住民などへの影響は小さく抑えられたといえる。

　厚生労働省は国民が東京・宮城・福島県産の食品に含まれる放射性物質を長期的に摂取した場合の 1 年間の内部被ばく線量の推定値を 0.003～0.02 mSv としている。これは，土壌に含まれるウラン-238，トリウム-232，カリウム-40 や食品中に含まれるカリウム-40 などの自然放射線源から受ける被ばく線量（2.1 mSv）の 100 分の 1 以下である。

　なお，5.3.3 項（2）で述べた通り，福島県では県民健康管理調査の一環として甲状腺検査を実施しているが，この検査において小児甲状腺がんが見つかっている。しかしながら，放射線被ばくによるがん発生は数年から数十年の潜伏期間があるとされていることから，これらが今回の事故の影響であるとは考えにくい。

(2) 国際的な放射線防護および放射線影響に関する考え方

　国際放射線防護委員会（ICRP）の 2007 年勧告には，原爆被爆生存者の疫学調査などをもとに，1 回の線量あるいは 1 年間の積算線量として 100 mSv 以下の線量と健康影響との関係について以下の記述がある[2]。確定的影響に関しては，等価線量として「約 100 mGy（低 LET（線エネルギー付与）放射線または高 LET 放射線）までの吸収線量域では，どの組織も臨床的に意味のある機能障害を示すとは判断されない」（パラグラフ 60 から抜粋），また，確率的影響に関しては，実効線量として「がんリスクの推定に用いる疫学的方法は，およそ 100 mSv までの線量範囲でのがんのリスクを直接明らかにする力を持たないという一般的な合意がある」（パラグラフ A 86 から抜粋）。したがって，今回の事故におけるこれまでの住民の被ばく線量の推計結果からは放射線の影響は考えにくい。

　また，ICRP は胎児の生涯における放射線誘発固形がんのリスクについては，小児（早期）と同様に，全集団のリスクの 2～3 倍と考えることができるが，この結果に対しては大きな不確実性が存在するとしている。原子放射線の影響に関する国連科学委員会（UNSCEAR）においても，小児の放射線感受性に関しては今後さらなる研究が必要としている。

原爆被爆者などの疫学研究以外では，近年，高自然放射線地域であるインド南部ケララ州カルナガパリでのがん死亡率と線量の関係を調べた結果が報告されている。この地域では屋外の放射線量が 70 mGy（世界平均の約 30 倍）に達する場所が存在し，累積線量が 500 mGy を超える人もいる。しかし，この地域の住民に放射線による有意な発がんリスクの増加傾向は認められていない[4]。

UNSCEAR は平成 23 年（2011 年）5 月の第 58 回会合において，福島第一原子力発電所事故による放射線被ばくのレベルと健康リスクついて評価を行うこととした。これらの作業には，包括的核実験禁止条約機関（CTBT），国連食糧農業機関（FAO），国際原子力機関（IAEA），世界保健機関（WHO），世界気象機関（WMO）なども参加している。平成 24 年（2012 年）5 月の第 59 回定例会合では予備的報告がなされ，平成 25 年（2013 年）5 月の第 60 回定例会合では報告書案がまとめられた。この会合では，作業者および周辺住民に，放射線による急性障害（確定的影響）は発生しておらず，将来的にも多くの作業や一般公衆に放射線による影響が現れる可能性ほとんどないとした。周辺住民に対する根拠として，ヨウ素-131 による甲状腺の等価線量は数十 mGy（Sv）であり，事故後数週間内に受けたセシウム-134 およびセシウム-137 による全身の被ばく線量は 10 mSv かそれ以下であること，福島から離れた地域で生活している人が食品摂取によって受ける追加線量はおおよそ 0.2 mSv であることをあげている。また，周辺住民の被ばく線量を低いレベルで抑えられた要因としては，チェルノブイリに比べて放出量が少なかったこと，防護措置（避難および退避）がとられたためであるとした。ただし，測定結果の不足や上述の通り，低線量・低線量率放射線の影響については不確実性要素も大きいことや他の要因で発生する健康影響なども含め，今後も引き続き健康調査を行う必要があるとしている。一部の高線量被ばくをした作業者については，甲状腺がんの過剰発生は起こりそうにないとしたものの，年間 100 mSv を超える被ばくをした作業者については，今後，甲状腺・胃・肺・大腸がんに関する検査をしていくべきとした。わが国においてもこれらの考え方に相違はなく，5.3.3 項（2）および後述の通り，すでに作業者および住民の線量評価，健康管理調査などが適切に実施されている。

(3) わが国での作業者，住民の放射線影響の低減および健康増進促進に対する取組み

5.3.3 項（2）で述べた通り，平成 24 年（2012 年）4 月以降の放射線業務従事者の被ばく状況は，事故発生直後に比べて状況が改善されており，それ以降は年間 50 mSv の線量限度を担保できる状況にあると考えられる。しかし，年間 20 mSv を超える作業者も 5％程度いることから，5 年間で 100 mSv の線量限度を超えないよう，特定の個人に作業を集中させないなどの対策が必要である。また，不測の事態に備え，緊急事態にも対応できる有能な経験者をできるだけ多く確保するためにも，廃炉に向けた様々な作業の放射線管理において，被ばくは合理的に達成可能な限り低くするという放射線防護の最適化の原則を徹底していくことが重要である。

また厚生労働省では，福島第一原子力発電所で緊急作業に従事した作業者に対し，通常の放射線業務とは異なる環境下かつ緊急時の高い線量下で作業に従事していることから，心身に不安を感じることや放射線への被ばくにより中長期的に健康障害の発生リスクが高まることが懸念されることを踏まえ，一般的な健康診断に加え，眼の検査や甲状腺の検査，がん検診（胃，大腸，肺）などを受診できる機会を設けるとした。このようなことから，緊急作業に従事した放射線業務従事者に対

して，長期的な健康管理調査が適切に計画されていると考えられる。

今後は，すべての対象者が確実かつ継続的にこれらの健康管理調査の対象となるよう，関係者への周知や情報提供が行われることが重要である。また，長期にわたる困難な廃炉作業を完遂するため，これらの作業に対応するための被ばく管理が必要である。

被ばく線量評価については，平成25年（2013年）10月，UNSCEARは日本政府の示した作業者の被ばく線量推計結果に対して，作業者の甲状腺測定の結果から推計した線量は，事故初期段階におけるヨウ素-133（半減期約20時間）などの短半減期核種の評価がなされていないことから，20％程度過小評価となっている可能性を指摘した。内部被ばく線量推計においては，摂取時期，放射性核種の化学形，体内移行率などに左右されることから，結果に伴う不確かさ要因は一般的に外部被ばく線量評価結果に比べ大きいといえる。しかしながら，今後は事故初期段階の線量推計に対して，短半減期核種からの寄与を考慮することによって，推計結果の精度向上が期待できると考えられる。また，今後の廃炉作業や緊急時に備え，ガンマ線による外部被ばくに加えてベータ線や中性子線が混在する状況下での外部被ばくやアルファ線放出核種，純ベータ線放出核種による内部被ばくなど，より複雑な放射線状況下での事故的な被ばくに対応できる緊急被ばく医療体制の整備，さらに人材の育成も忘れてはならない。

周辺住民に対しても 5.3.3項（2）に述べた通り，福島県では行動調査，甲状腺検査，こころの相談，妊婦への配慮などが長期間継続して実施され，得られたデータの一元的な管理を行うとしている。しかし，個人の初期被ばく線量を評価するためには必要不可欠となる行動記録の回収率が十分ではない。また，地域間でも格差があるなどの問題が指摘されている。福島県は市町村とも連携して回答率向上の取組みを展開しているが，医療機関や教育機関など幅広い関係者の継続的な協力も重要である。住民の記憶が薄れつつあるなか，これらのデータを早急に収集し，放射線業務従事者と同様，すべての対象者の確実かつ継続的な健康管理調査が実施されること，そして，線量評価の精度の向上に取り組む必要がある。

(4) まとめと今後の課題

UNSCEARは福島第一発電所事故では急性障害（確定的影響）は発生しておらず，将来的にも多くの作業者および周辺住民については放射線による影響が現れる可能性はほとんどないとした。この考え方は国際的にもコンセンサスが得られており，日本原子力学会としてもこの考え方を支持している。また，作業者および住民の線量評価や放射線影響も含めた健康管理・健康診断などが適切に実施され，それらの情報を一元的に集約するためのデータベースの整備も着実に進められている。今後も引き続き健康診断を実施し，これらの情報を一元的に継続して管理するとしている。このシステムが実効的に機能するためには，随時，項目や期間が適当であるかどうかを検討する必要がある。

初期段階の被ばく線量評価・線量再構築については，放射線モニタリングデータや行動記録も乏しいことなどにより，現段階では大きな不確かさが伴っている。今後，さらなる被ばく線量評価の精度向上が期待される。

参考文献（6.7.2）

1) UNSCEAR, Sources and effects of ionizing radiation, UNSCEAR, New York（2010）.
2) ICRP, "The Recommendations of the International Commission on Radiological Protection, ICRP Publication 103", ICRP（2007）.
3) ICRP, "ICRP Statement on Tissue Reactions / Early and Late Effects of Radiation in Normal Tissues and Organs Threshold Doses for Tissue Reactions in a Radiation Protection Context", ICRP（2012）.
4) R. R. K. Nair, *et al.*, *Health Phys.*, **96**(1), 55-66（2009）.

6.7.3　汚染された地域の除染対策―法体系とガイドライン―

　東京電力福島第一原子力発電所の事故により大量の放射性物質が放出され，広範な環境が汚染されたが，事故前のわが国の法律ではそのような事態は想定されていなかった。事故後，環境関係の法律の放射性物質に関する取扱いが大幅に変更された。放射性物質を対象外としていた「環境基本法（平成5年11月19日法律第91号）」の対象に放射性物質が加えられ，「原子力基本法（昭和30年12月19日法律第186号）」では原子力安全の定義に「環境の保全」が加えられた。これに伴い「核原料物質，核燃料物質及び原子炉の規制に関する法律（昭和32年6月10日法律第166号）」（以下「炉規制法」という）の目的に「環境の保全」が加えられた。

　環境の放射性物質による汚染が法律上想定されず，除染に関する法的仕組みも存在していなかったため，事故後，急きょ様々な仕組みが設けられた。その最も基本的なものが「平成二十三年三月十一日に発生した東北地方太平洋沖地震に伴う原子力発電所の事故により放出された放射性物質による環境の汚染への対処に関する特別措置法（平成23年8月30日法律第110号）」（以下「特措法」という）である。この特措法で関係者の役割分担を法的に規定したことは大きな枠組みとして意義があるが，必要に応じて追加の法令が整備されることが望ましい。

　特措法に基づき平成23年（2011年）12月に環境省は除染や廃棄物の取扱いの過程を具体的に分かりやすく説明するため「廃棄物関係ガイドライン」と「除染関係ガイドライン」を策定し，知見の蓄積などを反映して前者が平成25年（2013年）3月に，後者が平成25年（2013年）5月に改定された。本項では実施中の除染動向も勘案して，特措法の考え方およびこれらのガイドラインの課題について述べる。

(1)　特措法の考え方と既存の法令との関係

　安全で円滑かつ迅速な除染と，除染により発生する放射性廃棄物などを安全に処理，貯蔵，処分するため特措法が策定された。特措法の基本的考え方は，取扱う物として事故由来放射性物質により汚染された廃棄物と，同様に汚染された土壌など（草木，工作物などを含む）に大別し，それぞれについて処理，除染，処分などの措置などが講じられていることである。国，地方公共団体，関係原子力事業者の役割が費用負担も含めて明確になっていることも特徴としてあげられる。

　また，特措法では除染対象となる汚染された地域は，「除染特別地域」と「汚染状況重点調査地域」に分類される。「除染特別地域」は国が除染計画を策定し，除染事業を進める地域として指定されている。基本的に事故後1年間の積算線量が20 mSvを超えるおそれがあるとされた「計画的避難区域」と，福島第一原子力発電所から半径20 km圏内の「警戒区域」に指定されたことがあ

る区域を指す。「汚染状況重点調査地域」とは年間追加被ばく線量が 1 mSv（1 時間当たり 0.23 μSv 相当）以上の地域を対象に，特措法に基づき指定されている地域である。

特措法施行以前から規定されていた炉規制法，「放射性同位元素等による放射線障害防止に関する法律（昭和 32 年 6 月 10 日法律第 167 号）」などの原子力・放射線関係法令においては，放射性の廃棄物が発生する可能性のある場所は，「管理区域」としての規制を受けている。管理区域から発生する当該施設起源の放射性物質によって汚染された廃棄物については，基本的に特措法の適用対象外であり，従来どおりの法令の規制下にある。炉規制法などと特措法では，放射性物質で汚染されたものの対象物が区分されているが，処理処分方策や規制値などが異なる場合があること，事業遂行の手続きが異なること，汚染源として当該原子力等施設と事故由来放射性物質の両方の廃棄物の発生が考えられることから，混乱を回避すべく必要に応じた追加の法整備が望ましい。

また，事故由来放射性物質によって汚染された物には「廃棄物の処理及び清掃に関する法律（昭和 45 年 12 月 25 日法律第 137 号）」（以下「廃掃法」という）の規制が及ぶことになるが，廃掃法は適用対象が限定されており，対象外の汚染された物（たとえば有償の財物）に対しては廃掃法以外の法令による規制あるいは行政的な措置が必要となる場合がある。

(2) 除染に関係するガイドラインとその課題

長期的な目標として追加被ばく線量が 1 mSv/年以下となることを目指し，円滑で効果的な除染を行い，事故由来放射性物質に起因した影響を低減するため，環境省は平成 23 年（2011 年）12 月に「除染関係ガイドライン」および「廃棄物関係ガイドライン」を作成した。すでに国および各自治体により除染が開始されているが，ガイドラインおよび関係するマニュアル類については課題があげられる。

「除染関係ガイドライン」では様々な物に対する除染方法が記載されているが，状況によっては必ずしも有効，適当でない場合があることが指摘されている。ガイドラインに記載されていない方法は，環境省との個別協議で認定されなければ実施費用は全額自治体の負担となることから，有効な除染方法を適宜ガイドラインに反映することが求められる。また，同ガイドラインでは農地や森林の除染方法の記述は十分ではない。たとえば，森林の除染については，住居など近隣の森林は人の健康の保護の観点から，林縁から 20 m の範囲を目安に空間線量の低減効果が大きい落葉・落枝の除去を基本とすることが適当とされているが，環境回復検討会では，住民の安心を担保していくため，20 m に限定せず状況に応じてそれ以上の森林の除染も必要というような様々な意見が出されている。以上の課題を勘案し「除染関係ガイドライン」は平成 25 年（2013 年）5 月に改定された。この改定によりショットブラスト（投射材噴射切削）や超高圧洗浄などが新たな除染方法として追加されたが，森林除染についての改定はなされなかった。

「廃棄物関係ガイドライン」は廃掃法をベースとしているため，汚染レベルの低い廃棄物の処分方法は明確であったが，8,000 Bq/kg 超の特定廃棄物の処分方法が明確でなかった。そこで，同ガイドラインについても改訂版が平成 25 年（2013 年）3 月に作成され，8,000 Bq/kg 超の特定廃棄物の埋め立て処分の説明が追加されたほか，新たな公布告示などの追加，具体例の拡充などが行われた。

また両者に共通の課題として，取扱っている核種がセシウム-137 およびセシウム-134 であり，ストロンチウム-90 あるいはそれ以外の核種が言及されていないことが懸念される。今後，比較的汚染レベルが高くストロンチウム-90 が有意量存在する地域の除染を実施する場合は留意が必要である。また，セシウム-134 の減衰についても適宜考慮する必要がある。

除染廃棄物の再利用の推進に向けた改善も必要である。セシウム-137 のクリアランスレベルは 100 Bq/kg であるが，3,000 Bq/kg 以下の汚染レベルのコンクリートについては，一定の条件をクリアすれば再利用が可能である趣旨の報告が環境省よりなされている。除染対象地域内とそれ以外の地域ではバックグラウンド環境や生活環境も異なるため，クリアランスとは別に多様な条件付再利用方策の実施が可能と考えられる。

一方，事故発生発電所サイト内の措置に伴う放射性物質放出などに起因する被ばくについて，サイト外の追加線量は年間 1 mSv 以下とされている。追加の被ばくを及ぼす地域のバックグラウンド線量が年間 1 mSv をはるかに上回る，あるいは警戒区域のため現在居住者がいない場合も考えられ，この値は必ずしも合理的とはいえない。同様の指摘は平成 25 年（2013 年）5 月に報告された IAEA（国際原子力機関）のレビュー結果にも記されており，年間 1 mSv 以下の制約がサイト内の廃炉ロードマップ実現の制約にもなるため，サイト内外の被ばくリスクのバランスをとった対応が求められる。

なお特措法施行後，一部の地域で除染活動が停滞する兆候がみられた。仮置き場が確保できない，あるいは廃棄物処理ができないなどの理由により，住民やボランティアの活動が減速したことが想定される。必要に応じてガイドラインをより柔軟に運用することが望まれる。

(3) まとめと今後の課題

特措法の施行および上記二つのガイドラインの公表により，除染ならびに廃棄物処理処分を推進する法的・技術的基礎が確立されたことは評価すべきである。また，ガイドラインに対して種々の課題が指摘されてきたが，平成 25 年（2013 年）に入りこれまでの除染の実績などを反映して改訂版を作成したことも，今後の除染の円滑な遂行に大いに寄与するものと期待される。しかしながら，仮置き場などの施設立地が進まない地域があること，除染効果が顕著でないケースがあることなど様々な課題が残されていることを勘案し，特措法およびガイドラインの改善すべき点を以下に記載する。

- 特措法と従来から存在する炉規制法などとの関係を整理するとともに，これら法令の上位の考え方をまとめるのが効果的である。また，必要に応じて追加の法令あるいは行政措置を整備することが望ましい。
- 今後とも有効な除染方法を迅速に集約してガイドラインなどに反映すること，汚染状況に応じて考慮すべき核種とその対応を明確にすること，時間経過に伴う減衰効果を考慮すること。
- 除染活動推進のため，再利用が円滑に実施可能となるようガイドラインを充実すること。
- 森林内のモニタリングや動態調査を継続して行い，森林の合理的で効果的な除染方策の確立を目指すこと。
- ガイドライン以外のマニュアルについても適宜改善していくこと。

- サイト内外の被ばくリスクのバランスをとり，発電所サイト内について，廃炉ロードマップ実現の障害とならない線量管理を行うこと。
- 仮置き場などの立地促進，除染事業への信頼感醸成のため，事業安全の透明性，事前の安全性に関する説明を勘案した手続きを確立すること。
- 除染活動が停滞しないため，柔軟な運用が可能となること。

6.7.4 除染の対象とする地域の設定

(1) 除染の対象とする地域の設定基準と該当する地域

　放射性物質による環境の汚染への対処に関しては，特措法[1]が平成23年（2011年）8月に公布され，同年11月には特措法に基づく基本方針[1]が閣議決定された。ここにおいて，環境の汚染が著しく国が除染措置などを実施する除染特別地域と，その地域内の事故由来放射性物質による環境の汚染の状況について重点的に調査測定をすることが必要な汚染状況重点調査地域（追加被ばく線量が1 mSv/年以上となる地域）が定義された。具体的には，次の考え方により空間線量率が0.23 μSv/hの場における年間の追加被ばく放射線量が1 mSv/年にあたることから，これを超える地域を汚染状況重点調査地域とした。

- 0.23 μSv/hの内訳

　　自然界（大地）からの放射線量：0.04 μSv/h

　　事故による追加被ばく放射線量：0.19 μSv/h

- 1日のうち屋外に8時間，屋内（遮蔽効果（0.4倍）のある木造家屋）に16時間滞在するという生活パターン，遮蔽効果などを保守的に仮定して，

　　0.19 μSv/h×（8時間＋0.4×16時間）×365日 ＝ 1 mSv/年

　なお，汚染状況重点調査地域内であって，除染実施計画に定められる区域が除染実施区域とされる。除染特別地域および汚染状況重点調査地域に指定された市町村を表6.26と表6.27に示す。

　また除染の実施と関係して，従来の避難指示区域（警戒区域および避難指示区域（計画的避難区域を含む））については，平成24年（2012年）4月から避難指示区域（「避難指示解除準備区域」，「居住制限区域」，「帰還困難区域」の三つの区域）が新たに設定され，線量の程度に応じて除染の方針が示されている[2]。新たな避難指示区域設定は県，市町村，住民などの関係者との協議・調整により順次更新されている。

(2) 除染の対象とする地域の設定の課題

　除染の対象とする地域の設定基準は，前述の通り特措法に基づく閣議決定において示された追加被ばく線量が1 mSv/年以上となる地域であり，その地域の汚染の程度，人口や土地利用状況，住民の避難の状況などの要因にかかわらず一律に設定された。

　原子力事故により放出された放射性物質が広範囲に沈着し，長期にわたって汚染され放射線防護管理が必要となった状態（現存する被ばく状況）に対して，放射線防護に関する国際的な基本的考え方が，国際放射線防護委員会（ICRP）によって示されている[3]。現存する被ばく状況においては，平常時に適用される「線量限度」ではなく，状況に応じた「参考レベル」という放射線防護措置の

表 6.26 除染特別地域（平成 23 年（2011 年）12 月 28 日時点）

	市町村数	指定地域
福島県	11	楢葉町，富岡町，大熊町，双葉町，浪江町，葛尾村および飯舘村の全域ならびに田村市，南相馬市，川俣町および川内村の区域のうち警戒区域または計画的避難区域である区域

［環境省報道発表資料，平成 23 年（2011 年）12 月 19 日］

表 6.27 汚染状況重点調査地域（平成 24 年（2012 年）12 月 27 日時点）

	市町村数	指定地域
岩手県	3	一関市，奥州市および平泉町の全域
宮城県	9	石巻市，白石市，角田市，栗原市，七ヶ宿町，大河原町，丸森町，亘理町および山元町の全域
福島県	40	福島市，郡山市，いわき市，白河市，須賀川市，相馬市，二本松市，伊達市，本宮市，桑折町，国見町，大玉村，鏡石町，天栄村，会津坂下町，湯川村，柳津町，三島町，会津美里町，西郷村，泉崎村，中島村，矢吹町，棚倉町，矢祭町，塙町，鮫川村，石川町，玉川村，平田村，浅川町，古殿町，三春町，小野町，広野町および新地町の全域ならびに田村市，南相馬市，川俣町および川内村の区域のうち警戒区域または計画的避難区域である区域を除く区域
茨城県	20	日立市，土浦市，龍ケ崎市，常総市，常陸太田市，高萩市，北茨城市，取手市，牛久市，つくば市，ひたちなか市，鹿嶋市，守谷市，稲敷市，鉾田市，つくばみらい市，東海村，美浦村，阿見町および利根町の全域
栃木県	8	佐野市，鹿沼市，日光市，大田原市，矢板市，那須塩原市，塩谷町および那須町の全域
群馬県	10	桐生市，沼田市，渋川市，安中市，みどり市，下仁田町，中之条町，高山村，東吾妻町および川場村の全域
埼玉県	2	三郷市および吉川市の全域
千葉県	9	松戸市，野田市，佐倉市，柏市，流山市，我孫子市，鎌ケ谷市，印西市および白井市の全域
計	101	

［環境省報道発表資料，平成 24 年（2012 年）12 月 14 日］

目標値を経済的および社会的要因を考慮して選定し，その値に基づいて防護措置を最適化することが勧告されており，1～20 mSv/年から選定すべきであるとしている．

　特措法の下で除染対象とする基準設定と地域の決定を，事故後のわが国の状況（放射線影響や防護基準に対する理解の混乱，迅速な除染実施への住民の強い期待，利害関係者間の信頼感の不足など）において，上記した放射線防護の基本原則に照らして行うことは大変困難なことであったと考えられ，ICRP の提言している現存被ばく状況における参考レベルの下限値である追加被ばく線量 1 mSv/年を参照した判断は，住民の理解獲得という観点から理解できる面もある．

　一方，追加被ばく線量が 1 mSv/年以上となる地域を一律に除染の対象としたことは，上記の最適化の原則と必ずしも整合していないと考えられる．たとえば，線量の比較的低い地域においては除染のコストと効果の評価や，除染廃棄物発生量やその管理の観点を含めた議論，個人ごとに把握された被ばく線量（個人年間実効残存線量）に基づいた見直しなど，除染以外のオプションを含めた最良の選択を検討することは有効であろう．また，線量の比較的高い地域においては，今後の除染モデル事業の成果を踏まえて，地域のインフラ整備などの復興計画および住民の帰還希望などと併せた計画の策定が必要と考えられる．さらに，広大な面積を有する森林の除染についても，継続中のモデル事業や動態観測結果を通じて最良のオプションを注意深く検討する必要がある．

　また，除染の対象とする地域の設定にあたって参照された 1 mSv/年の追加被ばく線量は，前述の通り，地域の空間線量率と平均化された行動様式から設定された．しかし，過去の経験から被ば

くのレベルは個人の行動（住居や仕事場の位置，職業やそれによる汚染地域での滞在時間や実施作業，食生活を含む個人の習慣など）によって決定されるため，きわめて不均質な被ばくの分布が生じることが知られている．そのため，ICRP は汚染地域の被ばく管理に「平均的個人」を用いることは適切ではなく，個人年間実効残存線量で定められる参考レベルを用いるべきとしている．この事実および防護の考え方から，除染の実施にあたっても，平均的な空間線量率のみならず，各個人の線量測定結果に基づいた個人年間実効残存線量の分布状況を把握したうえで適宜見直すことが望まれる．すなわち，除染の実施だけでなく，行動様式の改善など「自助努力による防護措置」を含めた被ばく線量の低減を図ることが放射線防護上効果的であると考えられ，この点の考慮が今後に望まれる．追加被ばく線量を 1 mSv/年以下とした除染の長期的な目標の達成にあたっても，空間線量率のみで判断するのではなく，個人年間実効残存線量の状況によって判断するのが適当と思われる．

現在，各自治体単位で除染実施計画が策定され，除染実施区域が定められている．その一部には優先順位の考え方も導入されている．今後，計画策定や見直しの過程において関連する利害関係者により最適化の議論がなされ，放射線防護の確保と社会・経済的な要因などがバランスした除染が実施されるよう期待したい．

参考文献（6.7.4）

1) 平成二十三年三月十一日に発生した東北地方太平洋沖地震に伴う原子力発電所の事故により放出された放射性物質による環境の汚染への対処に関する特別措置法（平成 23 年 8 月 30 日法律第 110 号）．環境省ホームページに関連する政省令などとともに掲載，http://www.env.go.jp/jishin/rmp.html
2) 環境省，除染特別地域における除染の方針（除染ロードマップ）（平成 24 年 1 月 26 日）．http://www.env.go.jp/jishin/rmp/attach/josen-area-roadmap.pdf
3) ICRP, A Application of the Commission's Recommendations to the Protection of People Living in Long-term Contaminated Areas after a Nuclear Accident or a Radiation Emergency, ICRP Publication 111 (2008).

6.7.5 政府，自治体の除染体制

(1) 政府，自治体による除染

① 除染の実施体制 政府は年間追加被ばく線量を 1 mSv まで低減することを長期的な目標とし，このためには宅地，農地ばかりでなくその他の広域的な生活圏（公共施設，道路，森林の一部など）の除染が必要となった．平成 23 年度には内閣府が主体となって除染モデル事業を日本原子力研究開発機構に委託して実施し，宅地などにおける除染技術の評価を行った．また，特措法（6.7.3 項参照）で除染や福島第一原子力発電所事故に起因する放射性物質により汚染した廃棄物の取扱いに関する制度や基準などを制定した．これを踏まえて福島第一発電所サイト外については環境省が所管となり，同省が統括して環境修復を実施することとなった．

また，特措法に基づいて比較的汚染濃度が高い地域（旧警戒区域と旧計画的避難区域）および福島県内の 11 市町村を「除染特別地域」として，また比較的低いところを「汚染状況重点調査地域」として，福島県内を中心に 8 県 101 市町村を指定した（表 6.26，表 6.27 参照）．前者は国直轄で除染を行い，後者で年間追加被ばく線量が 1 mSv を超えるところは市町村が除染を行うこととされ

た（ただし，「国，都道府県，市町村及び環境省令で定める者が管理する土地並びにこれに存する工作物等にあっては，国，都道府県，市町村及び環境省令で定める者が除染等の措置等を行う，又農地は市町村の要請により都道府県が除染等の措置等を行うことができる」としている）。このため，環境省は平成 24 年（2012 年）1 月 1 日に環境省福島環境再生事務所を設置して，直轄地の除染計画の策定と除染事業，市町村の除染計画の作成などへの協力を行っている。

② **除染計画の策定**　　直轄地の除染について，環境省は対象区域を年間追加被ばく線量に応じて三つに分けて除染を実施する計画を示している（6.7.4 項参照）。そのため，環境省は新たな避難指示区域ごとの除染工程表を策定して，避難指示解除準備区域では平成 24 年（2012 年）第 1 四半期から宅地の本格的な除染を実施あるいは計画している（学校，役場などの公共施設では除染をモデル事業として実施しているケースが多い）。また，各市町村が実施する汚染状況重点調査地域では，該当する市町村は汚染の実情や実現可能性を踏まえて，特措法に基づいて除染計画を策定するとともに，それに基づいた除染実施計画を策定している。この除染実施計画の実施にあたっては，環境省が平成 23 年（2011 年）12 月に公表した除染関係ガイドラインに沿って，そこに記載された除染方法から適切な方法を選定することになっている（6.7.3 項参照）。ガイドラインには汚染箇所の調査方法（測定点の決定方法，測定法）や建物など工作物の除染などの措置について，屋根，雨樋・側溝，外壁，庭木，柵・塀，ベンチや遊具などを対象として具体的な除染方法が記載されている。さらに，道路の除染措置について，側溝，舗装面，未舗装の道路などの除染方法が記載されている。また，土壌の除染措置について，校庭や園庭，公園，農用地の除染方法が記載されているとともに，草木の除染措置について，芝地，街路樹など生活圏の樹木，森林などを対象にして具体的な方法が記載されている。

汚染状況重点調査地域の除染では市町村により進展が大きく異なっているのが現状であり，進展には現場保管場所の確保および汚染物の仮置き場の設置が必要であり，地域住民の理解とコンセンサスが欠かせない。

(2) まとめと今後の課題

　a． 事故後の平成 23 年（2011 年）時点では除染に対する実質的な対応が統一されていなかったが，特措法の制定とそれに基づく環境省福島環境再生事務所の設置により，各省庁で所管する対象物については統一された方針が示されている。一方，宅地，農用地，道路などの除染が個別に実施されるなど，一定の区画が総合的に除染されていない状況がある。今後，省庁間の連携を強めて地域の総合的な除染を行うことが，効率的な線量の低減には必要である。

　b． 直轄地域における除染は環境省福島環境再生事務所の直接管理により行われるが，市町村が実施する除染では，その地域の特性に合った除染法，廃棄物管理などが合理的である。そのため，当初の方針や採用する技術を変更することがより効果的な場合があり，今後，市町村の裁量も含め地域の状況に合わせて柔軟に除染ができるよう，現場に近い所で速やかに意思決定をすることが求められる。

　c． 除染の実施には仮置き場の確保が不可欠であり，国，県および市町村ができるだけ地域住民の要望を聞き，仮置き場に対する不安を払拭すべく努力を払うことが求められる。

d. 仮置き場の設置を困難にしている一つの理由として，3年後には中間貯蔵施設への引取りの確約の実現性への不安があるため，政府は中間貯蔵施設受け入れに関して，地域住民や関係者の理解とコンセンサスを得ることができるよう最大限の努力を払うべきである。

e. さらに，国，県および市町村，原子力関係者，事業者などは汚染地域の除染が速やかに効率的に進められるよう協力を進め，地域住民との協力のもとに確かな除染作業が行われることが望まれる。

6.7.6 除染技術

(1) 除染技術の概要

① **除染技術の定義**　除染とは一般的には放射性物質を除去することを示すが，ここでは，福島第一原子力発電所の事故によって汚染された地域の住民が受ける追加被ばく線量を低減させるために，当該地域の汚染物から事故由来の放射性物質を取り除くまたは薄める技術のことを指す（環境省除染関係ガイドライン平成23年（2011年）12月第1版）。なお，汚染された農地において土壌から作物への放射性物質の移行を妨げる技術（福島県農林地等除染基本方針（農地用編）平成24年（2012年）6月15日），天地返しや覆土などの遮蔽する技術も広義の除染技術として扱う。

② **除染の対象**　ヨウ素やテルルなどの短半減期の放射性核種がほとんど問題とならなくなった現時点において，除染の対象となるのは事故由来の放射性セシウム-134とセシウム-137である。セシウム-134およびセシウム-137のベータ線の放出エネルギーは，それぞれ最大で0.658 MeVおよび1.176 MeVであり，空気中の最大飛程は約1.9 mおよび約4.2 mとなる。また，ガンマ線の放出エネルギーはそれぞれ平均で約700 keVおよび662 keVであり，空気中の平均自由行程は約110 mと評価される。

なお，ストロンチウムは放出量がセシウムの1/100程度で，広範囲で問題にするほどの量の蓄積が見られていないが，計測により検出が認められる場合には除染の対象となる。

③ **除染技術の分類**　除染技術は主に以下の三つに分類される。

a. セシウムなどの放射性核種を選択的に除去する，あるいは汚染された土壌などの媒体ごと除去するなどの"取り除く（除去除染）"

b. 汚染したアスファルトなどの媒体（部位）を洗浄してセシウムなどの放射性核種のみを回収する"洗う（洗浄除染）"

c. セシウムなどの放射性核種を希釈もしくは固定する"薄める（希釈）／固める（固定）"

実際の除染に適用する場合には，単独の手法のみを用いる場合は少なく，除染にかかる時間やコストを考慮し，効率的かつ合理的に複数の手法を組み合わせる必要がある。なお震災後，国や自治体の様々な機関により除染に関する「環境修復モデル事業」や「除染技術実証試験」が実施されている。以下，各モデル事業および実証試験で得られた知見について取りまとめを行い，新たに得られた知見と課題を明らかにしたい。

(2) 環境修復モデル事業

前述したようにセシウム-134およびセシウム-137のガンマ線の空気中の平均自由行程は約

110 m であることから，局所的に除染を行うよりも，ある程度の範囲を面的に除染することが空間線量の低減に効果的と考えられる。そこで，環境修復モデル事業では比較的線量の高いモデル地域に対して一定の効果が期待される種々の除染方法を適用し，各除染方法の有効性と面的な除染の有効性を検証することにより，各市町村が今後除染活動を実施するにあたっての除染方法の選択に資する技術データを整備することを目的とした。

内閣府（日本原子力研究開発機構（JAEA）に委託）では，警戒区域など12市町村を空間線量や土地利用形態の異なる三つのグループに分割し，適用した除染手法などの実データに基づき，除染方法の有効性，適用性や作業員の安全確保などを提示した。

a. 福島県面的除染モデル事業業務委託（福島県）[1]

期間：平成23年（2011年）11月～平成24年（2012年）2月

場所：福島市大波字滝ノ入・小滝ノ入・大滝地区内

内容：追加被ばく線量が年間1～20 mSvの地域において，一定の効果が期待される除染方法を用いて面的除染を行い，今後各市町村が実施する除染活動に資する技術データを整備し，各市町村担当者向けの「面的除染の手引き」[2]を作成した。

b. 警戒区域，計画的避難区域等における除染モデル実証事業（内閣府（JAEA））[3]

期間：平成23年（2011年）11月～平成24年（2012年）3月

場所：警戒区域・計画的避難区域のうち11市町村を三つのグループに分割

内容：比較的線量の高い地域を対象として面的除染を行い，以下に示す除染技術の適用性，除染方法や作業員の放射線防護に係る安全確保などの評価を実施した。

- 除染技術の開発，適用計画の作成と適用技術の評価
- 除染作業計画の立案，除染作業の実施と除染効果の評価
- モニタリング計画の立案，モニタリング実施ならびに評価
- 除染により空間線量率を下げられることの確認
- 放射線・安全管理計画の立案，放射線・安全管理の実施と評価
- 除染により発生する除去物の処理計画の立案，処理の実施と評価

(3) 除染技術実証試験

除染技術実証試験は今後の除染作業に活用し得る優れた技術を広く公募し，除染効果，経済性，安全性などを確認する観点から個別の技術ごとに実証試験を行い，その有効性を評価することを目的とした。内閣府（JAEAに委託）では，除染作業効率化や除染除去物減容化などに関する305件の応募の中から，外部専門家などによる委員会で比較評価を行って25件の技術提案を採択し，実証試験を実施した。続いて環境省，農水省，林野庁，福島県においても同様に公募などにより放射線量の低減化，減容化，作業の効率化などの課題を設定し実証試験を実施した。

a. 平成23年度除染技術実証試験事業（内閣府（JAEA））[3]

期間：平成23年（2011年）11月～平成24年（2012年）2月

場所：警戒区域および計画的避難区域を含む福島県内など。

内容：除染作業効率化や除染除去物などに関する25件の技術提案について実証試験を実施し，

その有効性を評価する。

b. 平成 23 年度第 3 次補正予算に係る委託プロジェクト研究「森林・農地周辺施設等の放射性物質の除去・低減技術の開発」（農林水産省）

期間：平成 23 年（2011 年）11 月～平成 24 年度（2012 年度）

場所：福島県飯舘村，川俣町

内容：①農地・集落に隣接する森林の落葉などの除去を安全に行う方法を確立し，放射線量の低減技術および森林の放射性物質が周辺に拡散することの防止技術を開発する。

②除染した農地の再汚染を防ぐため，放射性物質で汚染された用排水路などの農業用施設，畦畔（けいはん），農道などの農地周辺を除染するための機械などの技術を開発する。

③除去された作物などを安全に減容化しかつ安定化する技術として，粉じん飛散などによる周辺の汚染を防止しつつ，ペレット化，チップ化などを行う技術を開発する。

c. 平成 23 年度森林における放射性物質拡散防止等技術検証・開発事業のうち「森林施業等に係る技術検証・開発」（林野庁）

期間：平成 23 年（2011 年）11 月～平成 24 年（2012 年）3 月

場所：福島県双葉郡広野町内 3 箇所

内容：水源涵養など公益的機能を担い地域の約 7 割を占める森林について，災害などによる放射性物質の拡散を防止しつつ，徐々に低減させていく技術の検証・開発を行う。すなわち，保育・伐採などの森林施業に伴う放射性物質拡散防止および低減効果の検証や表土流出防止工や濁水防止工に関する各工法の拡散防止効果を評価した。

d. 平成 23 年度除染技術実証事業（環境省）[4]

期間：平成 24 年（2012 年）4 月～平成 24 年（2012 年）9 月

場所：応募者が確保する。

内容：今後除染作業などに活用し得る技術を発掘し，除染効果，経済性，安全性などを確認するため，① 除染作業効率化技術，② 土壌など除染除去物減容化技術，③ 放射性物質に汚染された廃棄物の処理技術，④ 排水の回収および処理関連技術，⑤ 除去物の運搬や一時保管等関連技術，⑥ 除染支援関連技術を実証する。

e. 福島県除染技術実証事業（平成 23 年度）[5]

期間：平成 23 年（2011 年）11 月～平成 24 年（2012 年）1 月

場所：福島県内の地域

内容：優良な除染技術を公募により 20 件程度採択し，構造物（屋根・屋上・壁面・底面など）などの除染技術，土壌（農地を除く）の減容化技術，その他の除染技術について，その測定結果を公表することで，除染の効果的・効率的な方法を普及させ，今後本格的に行われる県内各地における除染活動を促進する。

f. 水耕作業における放射性セシウムの挙動と除染に関する研究（2011 年度）
水耕栽培試験田における放射性セシウムの挙動と除染に関する研究（2012 年度）

（日本原子力学会 福島特別プロジェクト クリーンアップ分科会・現地試験 WG）
期間：平成 23 年度（2011 年度）平成 23 年（2011 年）8 月～11 月
　　　平成 24 年度（2012 年度）平成 24 年（2012 年）5 月～10 月
場所：福島県南相馬市馬場広畑地区
内容：海外の知見が乏しい水耕田を対象とする除染技術として「代かき」について，南相馬市の水耕田を利用した現地試験を平成 23 年度（2011 年度）に行い，水耕田における放射性セシウムの挙動と除染効果について検討した。さらに平成 24 年度（2012 年度）には，水稲栽培試験田の各作業工程において採取した土壌や稲などの放射性セシウム濃度を測定し，ゼオライト散布，カリウム施肥による玄米への放射性セシウム移行挙動に対する影響を検討した。

(3) まとめと今後の課題

これらの環境修復モデル事業と除染技術実証試験結果から以下の知見が得られた。

① 地域除染

- 面的に除染することで，エリア全体の空間線量率を低減できることが分かった。
- 空間線量率の高い箇所の方が低い箇所よりも除染による低減効果が高い。
- 土地利用区分ごとの低減率の整理では，土壌部やコンクリート面の除染効果が高く，草地や森林の効果が低いことが分かった。

② 個別の除染技術の適用性

各種対象物（構造物，土壌，田畑，道路，森林，ため池，有機物・木材）に対する三つの除染技術の適用性・有効性，水処理について以下に示す新たな知見が得られた。

　a．取り除く（除去除染）

- 土壌に関しては，チェルノブイリと同様，土壌表面から 5 cm 程度の表層部に約 90% 以上のセシウムが残留しており，土壌表面の剝ぎ取りが有効であることが分かった。特に，農地土壌に対しては，固化剤散布により表土を薄く均一に剝ぎ取る方法が有効であることが分かった。ただし，除去した土壌がすべて廃棄物になるため発生廃棄物量が多い。
- 水耕田においては，代かき（荒かき）が除染効果のあることが分かった。
- 道路に関しては，舗装面よりも側溝などに汚染が集積してホットスポットが生じており，側溝の堆積物の除去が有効であることが分かった。舗装面は密粒度の舗装面では表面の 3 mm 程度，多孔質な透水性舗装面では表面の 5 mm 程度までにほとんどのセシウムが残留することから，舗装表面の切削が発生除去物を抑制し，高い除染効果があることが分かった。
- 構造物表面に対しても，ブラストなどによる切削が有効であることが分かった。また，塗料のような粘着性のある薬剤を塗布し，時間の経過とともに固化した薬剤を剝がすことにより，表面のセシウムを薬剤と一緒に除去する剝離方法も有効なことが分かった。ただし難点として，薬剤の固化までに数日の養生期間を要すること，汚れのひどい箇所では除染効果が低下すること，面積当たりのコストも比較的高いことがあげられるものの，剝離後の廃棄物は比較的少量である。
- ため池では，底土の表層を除去すれば除染できることが分かった。

- 森林に関しては，常緑樹は上部ほど線量率が高く枝葉部に多くの放射性セシウムが残留しており，事故当時，葉のなかった広葉樹はリター層（地表の腐植土壌層）に放射性セシウムが固定化されている傾向がある。したがって，リター層や落ち葉の除去，常緑樹では樹木の枝打ち・剪定などが，生活圏に隣接する森林の除染では効果的であることが分かった。ただし，森林の除染範囲については，生活圏から20 m以上の森林奥部に除染を進めても生活圏境界の空間線量率はほとんど低下しなかったとの報告があることから，森林外縁から20 m程度奥までが目安となる。森林全体の除染は発生廃棄物量が多く困難であり，除染方法の確立が課題である。また，表土流出防止工や濁水防止工の中詰め材としてゼオライトなどを使用することによって効果が得られることが分かった（「森林における放射性物質の除去及び拡散抑制等に関する技術的な指針」）。
- ファイトレメディエーションは植物の根から栄養分を取り込む力を利用して，主に農地土壌のセシウム濃度を下げる方法である。チェルノブイリの農地回復ではアブラナが効果を有するとの報告があり，国内の環境科学研究所の試験ではヒユ（ヒユ科の植物＝ケイトウ，イノコズチなど）の仲間が効果を有すると報告されている。ヒマワリでも試験が行われたが，その効果について評価は一定していない。一般的に土壌表面を除去する方法に比べて除染の効果は低い。

b. 洗う（洗浄除染）

- 高圧水洗浄はチェルノブイリでも採用され，設備も比較的手軽であるため国内でも初期の頃には採用されたが，水とともにセシウムが飛散することや洗浄水の全量回収が難しく，作業性の観点から宅地や構造物には拭き取りが有効であることが分かった。なお回収した洗浄水は，凝集剤などによりセシウムを沈殿回収する。樹木の幹にも洗浄が使われるが，幹表面は枝葉に比べると汚染が少なく，あまり大きな効果にはつながっていない。
- 土壌の減容化技術の普及にあたっては，除染した土壌の再利用に係る基準の整備が必要である。

c. 薄める（希釈）／固める（固定）

- 反転耕，天地返しは土壌のかくはんまたは表層土と下層土の入れ替えにより，土壌表面のセシウム濃度を薄くして空間線量率の寄与を小さくする方法で，農地土壌表面の汚染が比較的少ない場所で有効である。反転耕は必要な深さの反転能力を有するプラウ（すき）付きトラクターで土壌を反転する手法で，天地返しは表層土を5 cm程度薄く剥ぎ取って仮置きし，その下層土45 cm程度と表層土を入れ替える手法である。反転耕の方が天地返しよりも施工速度が速い。実施にあたっては，深度方向のセシウム濃度分布および耕盤（作土層の直下にできる緻密で硬い土層）の深度を事前に調査する必要がある。
- 薬剤などによる希釈／固定は家屋の外壁や土壌などの放射性セシウムなどが再浮遊することを防ぐため，対象物を薬剤などにより固定化する方法である。家屋の外壁にはアクリル塗装，土壌には芝生，砂利，アスファルト施工などにより表面を覆う手法がある。
- 田畑などの農地では，土壌中の放射性セシウムの食物への移行抑制・防止を目的として，カリウム施肥を行う方法（希釈），ベントナイトやゼオライトを土壌中に撒く手法（固定）などがあり，玄米へのセシウム移行抑制効果があることが分かった。

今後の除染作業を合理的かつ効率的に進めるためには，以下の課題があげられる。

- 除染方法の選定にあたっては，同じ除染技術を適用しても場所や対象物によってその除染効果が異なるため，場所や対象物の特徴に応じて個別に判断する必要がある．
- 除染方法の選定にあたっては，必要となる時間やコスト，発生する廃棄物量を考慮し，効率的かつ合理的に複数の手法を組み合わせる必要がある．
- これまでの成果を体系的に整理し，それぞれの成果を有機的に連携させ，得られた成果を適時に除染の指針や手引に反映させる仕組みを政府および自治体が一体となって構築する必要がある．
- 新規の除染技術開発にあたっては，実用化までのスケジュールや適用先を明確にしたうえで，産官学の緊密な連携のもとで実施する必要がある．
- 放射性セシウムは固定化されていなければ，風雨や人車の移動に伴い濃いところから薄いところに移行する．したがって，一度除染したところでも時間とともに再度放射性セシウムの濃度が高くなることを警戒する必要がある．

参考文献（6.7.6）

1) 福島県ホームページ http://wwwcms.pref.fukushima.jp/pcp_portal/PortalServlet?DISPLAY_ID=DIRECT&NEXT_DISPLAY_ID=U000004&CONTENTS_ID=26429
2) 福島県ホームページ http://wwwcms.pref.fukushima.jp/download/1/guide20120329.pdf
3) JAEAホームページ http://www.jaea.go.jp/fukushima/kankyoanzen.html
4) 環境省ホームページ http://www.jaea.go.jp/fukushima/techdemo/h23/h23_techdemo_report.html
5) 福島県ホームページ http://wwwcms.pref.fukushima.jp/pcp_portal/PortalServlet?DISPLAY_ID=DIRECT&NEXT_DISPLAY_ID=U000004&CONTENTS_ID=32156
6) 日本原子力学会ホームページ http://www.aesj.or.jp/information/20120616nakaya.pdf

6.7.7　減　容

　放射能汚染された廃棄物や除染により発生する二次廃棄物の処理・処分において，減容は全体の発生量を低下させ保管用地の確保に必要不可欠であるが，減容過程における放射性物質の挙動や放射性物質の濃縮による廃棄物の取扱いに注意を要する．特措法（6.7.3項参照）では国による指定廃棄物の処理の実施（第19条）や，特定廃棄物の処理の基準（第20条）や廃棄物処理法の適用（第21条）が示され，また特定廃棄物に対する焼却や破砕処理と排気および排水，粉じんへの対策などの処理方法が示されている（同施行規則25条）．

(1)　減容方法の分類

　種々の減容に効果があると思われる方法について特長や課題を比較した．減容は汚染物から特定成分を物理的あるいは化学的に分離して汚染物の容積を減らすか，形状を変化させることにより占有体積を減少させる技術である．前者では，(ア) 揮発成分を加熱により分離する方法と，(イ) その他非加熱による方法に分けられ，(ア)の方法には，利用する温度により①溶融，②高温焼却，③低温焼却，④乾燥がある．また，(イ)には，⑤洗浄，⑥分級，⑦圧縮，⑧粉砕がある．減容化により重量変化や放射性物質の移動を伴うことがあり，その結果，残留物の放射能が増加する場合には，放射性廃棄物の分類と対策を講じる必要がある．また，残留物の放射能が低下する場合には，排ガス，排水など二次廃棄物の発生と対策が必要となる．

表 6.28 対象物による減容化方法の分類

対象物	減容化方法
土壌	溶融，焼却，洗浄，分級
木材	高温焼却，低温焼却，洗浄，圧縮
草，稲わら	高温焼却，低温焼却，洗浄，圧縮
コンクリート	圧縮，破砕
汚泥	乾燥，洗浄

上記の方法を対象物ごとに分類すると表 6.28 のようになる。

① **溶融法**　溶融法はプラズマ加熱などにより固体状の廃棄物を超高温（1,200℃ 以上）に加熱して減容を図る方法であり，除染効果は大きく安定な溶融固化物が得られる。しかし，ケイ酸などまで揮発させるため，揮発・回収による二次廃棄物が多く，超高温における作業性や加熱費を考慮すると，大量の汚染廃棄物処理への適用は難しい。

② **高温焼却法**　高温焼却法は汚染廃棄物を空気中において 1,000℃ 程度の加熱（重油燃焼など）により可燃成分を燃焼させるもので，含有水分や揮発性酸化物が揮発することにより減容する。セシウムの揮発は抑制されるものの，燃焼温度や条件によっては飛散し，焼却炉上部などを汚染する可能性がある。焼却炉として普及しており大量の廃棄物の処理が可能である。

③ **低温焼却法**　低温焼却法では材木などを 600～800℃ において燃焼することで炭化させ減容を図る。廃棄物中の炭素分，水素分が揮発除去され減容率は 90% 程度であるが，セシウムの揮発は抑制され二次汚染物は発生しない。しかし，セシウムが濃縮して放射能濃度が高まり，特に 8,000 Bq/kg 超では，取扱い，保管方法などに注意する必要がある。

④ **乾　燥**　乾燥は常温あるいは 100℃ 以下の加熱により汚染廃棄物中の水分を蒸発させるもので，含水量の多いスラッジにおいて減容効果とともに減量効果が大きい。草木などでは乾燥によりある程度の減容が図られるとともに腐敗などに対する二次処理が不要となる。

⑤ **洗　浄**　洗浄法は汚染廃棄物を高圧水や薬液の浸漬により可溶性成分を溶解し，また微粉を懸濁させてろ過などの固液分離により固体を回収して減容化を図る。除染効果がみられるものの回収廃棄物は含水率が高く，乾燥などによる減容化処理が必要となる。また，回収液中には放射性セシウムが濃縮されているので，吸着・分離する汚染水処理が必要となる。

⑥ **分　級**　分級法は放射性セシウムが付着している粘土などの微細粒子をふるいなどにより分離・分別し，汚染土壌を減容する方法である。湿式分級法は分離性能がよいが，汚染水などの二次廃棄物が多くなる。乾式分級法は粗分離ではあるが二次廃棄物が発生せず，粒子サイズによる分画により放射能除染効果が得られれば前処理法として有効である。

⑦ **圧　縮**　圧縮法はかさ密度の低い汚染廃棄物をプレス機などにより圧縮し，減容化を図る方法である。放射性物質の移動を伴わないため，処理後の廃棄物は高密度となり単位重量あたりの放射能が高くなるので，取扱い方法，保管方法などの対応が必要となる。本方法は材木や草木などの汚染廃棄物に効果的である。

⑧ **破　砕**　粉砕法は矩形や円形などの形状を有する汚染廃棄物について，そのまま保管する

と広い保管容積を必要とするため，粉砕によりサイズを減少させて緻密化により減容を図り，廃棄物の保管容積を低減させる方法である．放射性物質は移動しないので除染効果はないが，破砕，粉砕時に飛散しないよう注意を要する．

(2) 減容化に関するモデル事業

減容化に関する事業については，指定公共機関として日本原子力研究開発機構が除染モデル実証事業を公募し，汚染した土壌の処理・処分に関する試験が行われている．また，森林や草木に対する除染モデル事業が環境省，農水省により実施されている（平成 23 年度除染技術実証事業の評価結果について，独立行政法人日本原子力研究開発機構福島技術本部 HP (http://www.jaea.go.jp/fukushima/kankyoanzen/d-model_report/report_3.pdf および http://www.jaea.go.jp/fukushima/techdemo/h23/h23_techdemo_report.html) に掲載されているので参照されたい）．

(3) まとめと課題

以上，汚染廃棄物に対する減容法についてまとめた．汚染廃棄物は仮置き場から中間貯蔵へ，さらには最終処分場にて管理することになる．この流れにおいて，移動する物量が少なくなればなるほど対応しやすくなる．すなわち，一次汚染物および除染により発生する放射性廃棄物を処理・貯蔵・処分するためには，減容処理および再利用が不可欠である．減容処理システムは対象物によって種々の方法が提案されている．今後の課題としては以下のようなものがあげられる．

- 土壌の減容処理については，二次廃棄物発生量および経済性の観点から実用化できる技術の開発が望まれる．
- 木材や草，稲わらの減容処理方法としては高温焼却や低温焼却が有望と考えられているが，前者は揮発性のセシウムの処理を確実に実施することが重要であり，後者は有望ではあるが実証が必要である．
- 減容処理および処分の全体を通した二次廃棄物の発生量および経済性の評価が必要である．

6.7.8 除染廃棄物などの仮置場・中間貯蔵施設・最終処分

(1) 除染廃棄物などの迅速かつ合理的な保管体制構築の重要性

福島の環境修復によって発生する除染廃棄物などには，除去土壌，草木類，がれき，およびこれらのうちの可燃物や下水汚泥を焼却処分した焼却灰などがある．これらの除染廃棄物などは最終処分するまで公衆の被ばくを極力低減する方法によって，安全に保管しておく必要があり，国の方針[1]では，以下の三つの方法によって保管することになっている．

- 現場保管：　小規模の除去土壌などを除染現場で一時保管する
- 仮置場保管：市町村単位で設けられる仮置場に集荷して約 3 年間保管する
- 中間貯蔵：　福島県内に建設される予定の中間貯蔵施設において約 30 年間保管する

したがって，これらの保管施設の設置が急務であり，国は福島県内に複数の中間貯蔵施設の候補地を指定し，地元との協議を始めているが，まだ立地場所決定には至っていない．一方，福島県の各市町村は仮置場の設置を進めているが，住民の同意を得ることに時間を要し，設置が遅れている自治体もある．今後，除染を円滑に進めるうえで必要な施設である仮置場と中間貯蔵施設の設置を

迅速に進めるためには，周辺住民の理解と協力を得ることが重要な課題である。

(2) 除染廃棄物などの発生から最終処分に至る過程の物量[2]

福島県内の除染により特定廃棄物とそれ以外の除去土壌などの廃棄物が発生する。特定廃棄物には約 50 万 t と推定される対策地域内廃棄物と，約 6 万 t/年の発生量が見込まれる指定廃棄物とがある。特定廃棄物は放射能が 8,000 Bq/kg 以下と 8,000 Bq/kg 超に分けられ，前者は対策地域外の廃棄物と同等の処理，後者は指定廃棄物と同等の処理が行われる。指定廃棄物のうち汚泥や稲わらなどの可燃物は焼却され，その焼却灰と不燃物は 10 万 Bq/kg で区分され，それ以下のものは管理型処分場で処分され，これを超えるものは中間貯蔵施設へ送られる。特定廃棄物以外の除去土壌などの発生量は 1,500 万〜3,000 万 m^3 に及び，可燃物は焼却され，焼却灰などは指定廃棄物の焼却灰などと同等の処理が行われる。不燃物は仮置場で一時保管後，中間貯蔵される。10 万 Bq/kg を超える焼却灰や不燃物は，福島県内に設置される中間貯蔵施設で約 30 年間保管した後，最終処分場で処分される。

福島県外で発生する特定廃棄物は 80,000 t/年と見込まれ，すべて 8,000 Bq/kg を超える指定廃棄物であり，汚泥や稲わらなどの可燃物は焼却され，その焼却灰と不燃物は 10 万 Bq/kg で区分され，これ以下のものは管理型処分場で処分され，これを超えるものは遮断型処分場で処分される予定である。特定廃棄物以外の土壌・廃棄物は 140 万〜1,300 万 m^3 の発生量が見込まれ，可燃性物は焼却され，焼却灰などは指定廃棄物の焼却灰などと同等の処理が行われる。除去土壌などの不燃物は仮置場で一時保管された後，管理型処分場で処分されることになっている。

(3) 仮置場の安全確保と設置状況

仮置場は除染で除去された土壌・廃棄物などの一時的な保管施設であり，福島県の場合は，中間貯蔵施設が供用可能になれば，徐々に搬出して施設を解消し跡地は元の状態に復旧される。

なお，仮置場における保管期間は約 3 年間を目処としている。仮置場の設置状況の事例[3]を図 6.26 に示す。保管された除去土壌の飛散・流出の防止（覆土・容器に収納），雨水などの流入防止（雨水浸透防止シートなど），地下汚染防止措置（遮水シートなど），放射線防護措置（立入防止など），火災防止対策（可燃性廃棄物の保管時）などの安全確保対策が義務付けられている。

仮置場の設置は，市町村あるいはコミュニティごとに確保することが基本であるが，福島県の場合は，除染特別地域（双葉町など 11 市町村）に係るものは，環境省が市町村の協力を得つつみず

地上設置式の仮置場の例　　　　　地下設置式の仮置場の例

図 6.26　仮置場の設置状況の事例

[内閣府原子力被災者生活支援チーム，環境省，日本原子力研究開発機構，「除染モデル実証事業等の成果報告会資料」平成 24 年（2012 年）3 月 26 日]

から行い，除染実施区域に係るものは，国が財政的・技術的責任を果たしつつも市町村が行うという方針によって進められている。仮置場の設置には，住民の理解と協力を得ることが不可欠であることから，日本原子力学会クリーンアップ分科会では，住民・自治体などへの説明用に仮置場の要件と安全性に係る解説を整理したQ&A集を作成し，平成24年（2012年）5月に学会ホームページに掲載した。

(4) 仮置場などに集積された除染廃棄物などの輸送

今後，除染作業の進展に伴って大量の発生が予想される除染廃棄物などの輸送を安全かつ効率的に実施することも重要な課題となる。特に広範囲に点在する現場保管場所や仮置場に集積されている大量の除去土壌などを中間貯蔵施設へ運搬する際には，適切な運搬方法や運搬ルートの選定などが重要な課題となる。国はこの問題に関して，中間貯蔵施設安全対策検討会において，生活圏・一般交通からの空間的・時間的分離や大型一括輸送などを指向した検討を実施するとともに，将来的な取出しも念頭に置いて，現状を踏まえた仮置場などから中間貯蔵施設への除去土壌などの運搬ルート，運搬時間帯，運搬車両・荷姿，運搬可能量などについて検討[4]している。

(5) 中間貯蔵施設の概念と設置計画

今後の除染の進展に伴って福島県内で大量に発生する除去土壌などの特定廃棄物以外の廃棄物に関しては，現時点では明確な最終処分の方向性が定まっていないので，一定期間安全に集中的に管理・保管することとし，そのための中間貯蔵施設を福島県内に複数基設置する方針である。このため，国は平成23年（2011年）12月に福島県および双葉郡8町村に郡内設置の検討を要請し，平成24年（2012年）3月には候補地である双葉町，大熊町，楢葉町に中間貯蔵施設建設のための調査を申し入れている。福島県および双葉郡の自治体は調査には協力する姿勢を示しているが，設置に同意したわけではない。福島県以外の都道府県については，各都道府県の区域内において既存の管理型処分場の活用などにより処分を進めることとし，中間貯蔵施設は設置しない方針である。

現在計画されている中間貯蔵施設のイメージ[5]を図6.27に示す。図右の「高濃度・溶出性対応型施設」は焼却灰・飛灰などのように焼却処分により放射性物質が濃縮され，放射能濃度が高くか

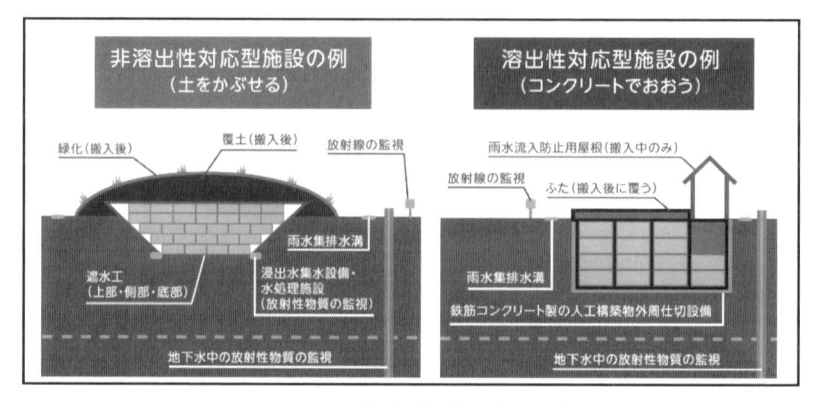

図 6.27 中間貯蔵施設のイメージ

［環境省，中間貯蔵施設環境保全対策検討会（第1回），資料4「中間貯蔵施設の概要」
平成25年（2013年）6月28日］

つ放射性セシウムが溶出する可能性がある除染廃棄物などを中間貯蔵するための施設であり，コンクリート製のピット（人工構築物外周仕切設備）により，敷地境界において法令で定められた空間線量率以下を維持するために必要な放射線の遮蔽を達成するとともに，保管期間中は放射性物質を施設内に閉じ込め，施設の外へ漏出させないための機能を有する施設である。

　図左の「低濃度・非溶出性対応型施設」は比較的汚染度の低い地域の除染によって生じた除去土壌などを中間貯蔵する施設であり，施設の地表露出部を覆土することにより放射線を遮蔽するとともに，除去土壌などが雨水や地下水と接触して放射性物質が漏出することを防止あるいは極力低減するために遮水工（遮水シートを含む）などを施工した施設である。

(6)　除染廃棄物などの最終処分

　① 　除染廃棄物などの発生量・処分量の抑制　　最近の環境省の試算[5)]では，中間貯蔵の対象となる廃棄物などは約 1,500 万〜2,800 万 m^3 に及ぶと推定され，このままの状態では最終処分に大きな負荷がかかることが懸念されるので，発生量の抑制と発生した廃棄物の減容化を図ることが今後の環境修復を推進するうえでの重要な課題の一つとなっている。廃棄物の発生量を抑制する方策としては，まず環境修復の過程で廃棄物を発生させない方法（たとえば天地返しなど），あるいは発生量を低く抑える除染法を採用することである。さらに，中間貯蔵施設において廃棄物の減容化処理を行い，中間貯蔵の保管量および最終処分量の低減化を図ることである。減容化の技術については，6.7.7 項で述べたように，減容化の対象となる廃棄物の種類や放射能濃度あるいは目的とする減容比に応じて，洗浄，分級，粉砕，乾燥，圧縮，溶融，化学的処理などの様々な技術の適用が考えられるが，これらの減容化の技術開発には，放射性廃棄物の処理・処分に関する経験が豊富な原子力関連事業者，国や大学などの研究機関および日本原子力学会などの関連学会の支援が必要である。

　② 　除染廃棄物などの最終処分方策　　事故による放射性物質の大規模な放出によって影響を受けた廃棄物などを管理・規制する法律として特措法（6.7.3 項参照）が制定され，この特措法の体系の中で環境の除染および除染廃棄物などの処分の安全確保が規制されている。特措法では一般的な廃棄物処理処分プロセスを想定した住民および作業者の被ばく線量評価に基づいて，放射性セシウム濃度として 8,000 Bq/kg を超えなければ，在来の管理型の埋め立て処分場に処分することができるとしている。すなわち，この濃度以下の廃棄物の通常の処理プロセスおよび管理期間終了後の周辺住民の追加的な線量の目安を満足することができ，また，処理を行う作業者の追加的な線量の評価値も 1 mSv/年を超えないと評価している。この濃度を超える除染廃棄物などは，特措法上の特定廃棄物として国の責任下で処分が行われることになる。この場合一般的には，遮断型埋め立て処分場に処分することとし，その処分場の操業に従事する作業者の放射線防護の管理を強化するなどの付加的な措置によって，安全に最終処分を行うことができると考えられる。最終処分の対象となる廃棄物の性状や量が明らかになれば，現実的な条件を考慮した安全評価や処分システムの設計が可能と考えられ，最適化された条件での処分を追求することになる。

　一方，事故を起こした発電所サイト内およびその近傍では，より強く事故由来の放射性物質の影響を受けた廃棄物などが発生する可能性がある。その最たるものは燃料デブリであるが，これら事

故サイト内の廃棄物などについては別項で検討する。

(7) まとめ

　福島県および周辺地域の環境修復を円滑に進めるためには，周辺住民の理解と協力を得る必要がある。また，環境修復に伴って発生する除染廃棄物などは膨大な量になると予想されることから，これらの廃棄物を保管し，安全かつ合理的な方法で最終処分するためには，技術的および社会受容的に解決すべき多くの課題が残されている。その主なものを5項目に整理して以下に示す。

　① **関係する地域の住民の理解と協力**　　住民の理解と協力を得るためには，除染・仮置場・中間貯蔵施設などの機能と役割，必要性と安全性などの十分な説明が求められ，そのうえで仮置場・中間貯蔵施設の早期整備が必要である。また，環境修復活動への住民意思を反映するため，住民自身も地域の除染活動などに積極的に参加し，その活動の輪を広げていく努力も重要である。

　② **原子力関係機関の支援**　　除染活動を支援するためには，日本原子力学会などの原子力関係機関内の体制整備に加えて，①で述べた住民対応を円滑に進めるために，自治体・地域コミュニティなどとの連携が重要である。

　③ **廃棄物量の低減**　　除去土壌などの推定発生量は中間貯蔵の対象となる福島県内のものだけでも1,500万～2,800万 m^3 という膨大な量になることが予想されるので，除去土壌などの発生量の少ない環境修復技術の採用，除去土壌などの減容化および再利用化を図る技術の開発が求められる。

　④ **安全かつ効率的な廃棄物の輸送**　　大量の除染廃棄物などの輸送を安全かつ効率的に実施することも重要な課題であり，仮置場から中間貯蔵施設への運搬に際しては，生活圏や一般交通から空間的・時間的に分離する輸送を念頭において，運搬ルート，運搬時間帯，運搬車両・荷姿および運搬可能量などの検討が必要となる。

　⑤ **最終処分**　　中間貯蔵後に安全かつ合理的な方法で，除染廃棄物などを最終処分するためには，廃棄物量の低減を図ったうえでの物量・性状などを十分に把握し，それらの前提の下での処分システムの合理的な設計・運用が必要である。

参考文献（6.7.8）

1) 環境省，「除染関係ガイドライン 第2版」（平成25年5月）．
http://josen.env.go.jp/material/index.html
2) 環境省，「東京電力福島第一原子力発電所事故に伴う放射性物質による環境汚染の対処において必要な中間貯蔵施設等の基本的考え方について」（平成23年10月29日）．
http://www.env.go.jp/jishin/rmp/attach/roadmap111029_a-0.pdf
3) 内閣府原子力被災者生活支援チーム，環境省，日本原子力研究開発機構，除染モデル実証事業等の成果報告会資料（平成24年3月26日）．
http://www.jaea.go.jp/fukushima/kankyoamzen/d-model_report/app_2.pdf
4) 環境省，「中間貯蔵施設安全対策検討会（第2回）　資料9 中間貯蔵施設への運搬の考え方について」（平成23年7月30日）．
http://josen.env.go.jp/area/processing/pdf/safety_measure_02.pdf
5) 環境省，中間貯蔵施設環境保全対策検討会（第1回），資料4「中間貯蔵施設の概要」（平成25年6月28日）．
http://josen.env.go.jp/area/processing/pdf/environmental_protection_01.pdf

6.7.9　日本原子力学会による環境修復への対応

　日本原子力学会では平成23年（2011年）4月「原子力安全」調査専門委員会のもとに，クリーンアップ分科会を立ち上げ，除染や環境修復について分析し，提言や情報発信を行うこととした。以下，クリーンアップ分科会が中心になって行った環境修復のための主な活動について報告する。

(1)　モニタリング，環境修復の一元化への提言

　① **モニタリングセンター設置への提言**　今回のような原発事故においては，事故の状況や放射性物質による環境汚染の広がりについて適切な情報開示が必要である。モニタリング情報は事故直後に多数の機関で測定が行われデータが収集されたが，データの集約や正確さの評価が必要であった。このため，学会では各機関で取得されたデータを集約し，測定地点での比較や時間的な変化など，総合的な解析を行う機関として「環境放射線モニタリングセンター」を設置する必要性があることを提言した（「福島第一原子力発電所の事故に起因する環境回復に関する提言」，平成23年（2011年）6月8日）。この中で関係自治体との連携，きめ細かなデータ取得の必要性，正確なデータおよび解析結果の速やかな開示の必要性を提唱した。また，放射線防護の専門家による説明体制の構築も提案した。その後，文科省により上記機能を具備したモニタリングセンターが設置された（文科省の一元管理）。

　② **環境修復センター一元化への提言**　発電所敷地内外の環境回復に関しては，環境修復センターの設置と除染モデル事業による速やかな検証を提言した（平成23年（2011年）7月29日）。ここでは当面敷地外に注力し，先を見通した一元的な修復戦略・計画策定，それに基づく実証・実践も機能に含めた。具体的には，a. 既存技術の適用による放射性物質の除去方策の検討，b. 新技術の開発，c. 除去技術の実証，および，d. 放射性物質の除去作業によって生じる汚染廃棄物の処理方策の検討である。ここには地方自治体，国などの研究機関，実証試験機関などの関係者が参加することを提案した。この機能の一部を持つ組織として，環境省が福島市内に福島環境再生事務所を開設し（平成24年（2012年）1月1日より），除染情報プラザを設置した。また，除染技術に関しては，内閣府などをはじめとし，その他省庁や福島県においても除染モデル事業が実施された。

(2)　除染技術紹介

　① **除染技術カタログの作成・紹介（EURANOSを中心とした説明用資料）と保管仮置き場の解説**　発電所敷地外の環境修復技術を検討するため，環境修復戦略，シナリオならびに修復技術の分析をEURANOSプロジェクトを中心に調査を進め，わが国への適用性や学会の見解を含めた修復技術カタログを作成した。また，建物や公共施設，水，農耕・牧畜区域，森林，水域，生活用品，がれきなどの51項目の対象物に対し，適用可能技術をリスト化し，除染計画作成のための説明用資料を作成，日本原子力学会ホームページで公開した。

・除染技術カタログVer.1.0の紹介[1]

　除染に伴って発生する除去土壌を一時的に保管する仮置場について，立地条件や安全確保のための施設要件と管理要件に関して，環境省の「除去土壌の保管に関するガイドライン第1版」（平成23年12月）をベースに，必要に応じて日本原子力学会・クリーンアップ分科会の検討に基づく推

② **水田による実証試験**　上記①の除染技術カタログは，ヨーロッパの事例が調査対象の中心であったため水田については知見が乏しかった。そこで，机上では気づかないポイントを把握することを目的とし，水田を対象とする除染技術の実証確認を行うこととした。試験については1年目に農作業を行ううえでの作業者の被ばく低減を目的とした除染方法の実証，2年目に水稲栽培時の放射性核種の移行抑制方法の実証を行った。

被ばく低減の除染試験に関しては，推奨されている方法のうち農作業者が実施可能で廃棄物が発生しない代かきを実証対象とした。水稲栽培時の放射性核種の移行抑制に関しては，ゼオライト散布とカリウム施肥の有無を条件に掛け合わせ，これらの組み合わせによって玄米へのセシウム移行抑制の有効性を確認することとした。なお，これらの作業はJAそうま営農経済部および農地所有者の協力のもとに実施した。

a. 代かき試験による被ばく低減効果の実証[2~4]：平成23年（2011年）に福島県南相馬市馬場広畑地区における震災後未耕起の水耕田で，2回の代かきを実施した。いずれの場合も代かき作業直後に排水を行った。

放射性セシウムが比較的表層部に存在していることが示されたことから，代かき作業後表面層（表面5cm）および作土層（深さ15cm）の採取試料の平均放射能濃度を比較した。1回目（8月）の代かきで50％程度，2回目（9月）の代かきでもさらに50％程度濃度が低減していることが確認できた。

b. 玄米への放射性セシウム移行抑制効果確認[5,6]：セシウムの農作物への移行に対する影響を与える要因としては，土壌の性質，使用する用水および施肥する肥料などが考えられる。このため，農業用土壌の浄化もしくは除染への適用技術として期待されているゼオライトの散布，チェルノブイリでも行われていたカリウム施肥について，実施の有無による放射性セシウム移行抑制効果を確認した。

翌平成24年（2012年）に，施肥，稲刈り，脱穀の作業を再び実施し，各工程において土壌および稲体，水のサンプリングを行った。回収した玄米中の放射性セシウム濃度はゼオライト散布・カリウム施肥にかかわらず，いずれも一般食品の基準値（100 Bq/kg）を大きく下回り1/3以下であった。収穫した玄米に対する土壌からのセシウムの移行係数（土壌と玄米の放射性セシウム濃度比）は0.01以下で，放射性廃棄物処分などで使用されている移行係数の1/10以下となった。

(3) **地域との対話**

専門家集団として日本原子力学会は中央政府と地方自治体・地域住民との橋渡しや，修復計画の作成，修復技術の選定を行う際の基本的事項を伝える役目として各種催しを開いた。また，環境修復センター一元化への提言の中で触れた，除染情報プラザへの協力も実施してきた。ここではこれらの活動についての概略をまとめた。

① **除染の推進に向けた地域対話フォーラムの開催**　放射線影響分科会とクリーンアップ分科会は福島県と共同で，住民の早期現状復帰を目的に講演とパネル討論を組み合わせた「安全・安心フォーラム」を平成23年度（2011年度）に飯坂温泉，郡山市，南相馬市，いわき市で実施した。

平成 24 年度（2012 年度）は同じ内容の主旨で，放射線モニタリング，健康影響，環境修復，仮置き場の安全性などにも説明の範囲を広げた「除染の推進に向けた地域対話フォーラム」を 5 回開催した。

この中での代表的な相談・質問項目は，子供に対する放射線の影響，広島・長崎やチェルノブイリ（ベラルーシ）がベースの基準値設定の妥当性，食品規制基準の妥当性などであった。これまでに学会で実施してきた除染に関する前述の EURANOS データ集の翻訳「資料集」の発刊や環境省の廃棄物関係ガイドラインの内容をかみ砕いた「仮置き場 Q&A」を発行したが，今後も非専門家である住民へ専門家集団として正確で分かりやすい情報を提供することが必要である。

② **除染情報プラザへの協力**　学会では環境省と福島県が共同で運営している「除染情報プラザ」を積極的に活用した除染促進活動を支援することとした。このためにプラザへの専門家の派遣を行い，除染技術・放射線影響などに関する知見を提供や，地元の人たちの積極的な利用促進を図るための広報活動支援を行っている。また，プラザおよび現地でのミニ講習会への協力，土曜日を含む祝祭日に，クリーンアップ分科会のメンバーがボランティアによるプラザ内アドバイザー支援を開設以来行っている。

(4)　まとめ

日本原子力学会では，環境修復への対応として，モニタリングや環境修復の一元化への仕組みつくりに関する国への提言や，汚染地域で除染を行う際に除染技術を選定しやすいように除染技術についての紹介を行ってきた。技術調査に関しては海外の事例の文献調査を行い，わが国へ適用することを考慮し対象を選定した。また，評価例が少ない水田での稲作に対しては，被災地である南相馬市で水耕田および稲作作業を実施し必要なデータを取得した。また，フォーラム開催や除染情報プラザで地域との対話を行うための活動を実施してきた。今後もこのような活動を継続し，分かりやすい情報発信など地元への支援と対話を進め，国などへの提言を積極的に行っていきたい。

参考文献（6.7.9）

1) 日本原子力学会ホームページ，除染技術カタログ Ver. 1.0 ＜クリーンアップ分科会関連＞（平成 23 年（2011 年）10 月 25 日）．
http://www.aesj.or.jp/information/fnpp201103/chousasenmoniinkai.html
2) 佐藤修彰，松村達郎，三島　毅，日本原子力学会「2012 年秋の大会」予稿集 O33.
3) 三倉通孝，菊池孝治，長岡　亨，日本原子力学会「2012 年秋の大会」予稿集 O34.
4) 神徳　敬，雨宮　清，藤田智成，山下祐司，日本原子力学会「2012 年秋の大会」予稿集 O35.
5) 佐藤修彰，梅田　幹，雨宮　清，三島　毅，藤井靖彦，日本原子力学会「2013 春の年会」予稿集 A41.
6) 三倉通孝，山下祐司，鴨志田　守，菊池孝治，日本原子力学会「2013 春の年会」予稿集 A42.

6.8 解析シミュレーション

6.8.1 計算科学技術の視点からの分析

(1) System for Prediction of Environmental Emergency Dose Information (SPEEDI)

① **福島原子力発電所事故におけるSPEEDIの活用と批判** 今回の事故において，SPEEDIはあらかじめ決められた「環境放射線モニタリング指針」[1]に従ってその役割を果たしてきた。すなわち，放出源情報が原子炉の状態把握などを行う緊急時対策支援システムや排気筒の放射線モニターから入手できなかったため，同指針に従い3月11日16時から緊急時モニタリング計画に資するための単位放出計算の提供を開始している。文部科学省の「検証報告書（第2章）」によれば，3月15日に高線量を記録した浪江町山間部のモニタリングは，文部科学省がSPEEDIの単位放出結果に基づき指示したものであり，モニタリング計画に的確に活用された。また，緊急時モニタリングの結果が得られるようになった16日以降は，同指針に従いモニタリング結果と単位放出のSPEEDIの結果から放出量を逆推定して，3月23日までには甲状腺内部被ばく線量の図形作成，さらにこれに基づく小児の甲状腺被ばくのスクリーニング検査を行う一連の活動がなされた[2]。

このような指針に沿った活用にもかかわらず，放射性物質の拡散傾向の予測を避難行動の参考として活用しなかったことや公開が大幅に遅れたことで，大きな批判を受けたことは周知の事実である。これについて，IAEA閣僚会議に対する日本国政府の報告書や東京電力福島原子力発電所における事故調査・検証委員会（以下「政府事故調」という），福島原発事故独立検証委員会は，放射性物質の拡散傾向などの推測を避難行動などの参考として本来活用すべきであり，SPEEDIの計算結果については当初段階から公表すべきであったとしている。他方，東京電力福島原子力発電所事故調査委員会は，放出量の逆推定やモニタリング計画の策定，ベント時期や人名救助活動の可否の判断への活用の可能性を示す一方，計算予測のみで避難区域設定の根拠とするには不確実性が大きく，緊急時モニタリングの充実が必要としている。

こうした議論を深めるためには，まず今回の事故でSPEEDIがどのような予測情報をどのようなタイミングで関係機関に提供し，それらの精度は後に測定されたモニタリングデータと比較してどうであったかという基本的検証が重要であり，さらに計算シミュレーションを防護措置などに生かすために何が必要かを考察する必要がある。

② **SPEEDIの精度と適時性の検証** SPEEDIが提供した予測情報は「定期実行」と「依頼計算」に分けられる。定期実行[3]は毎正時に単位量の放出（$1\,\mathrm{Bq/h}$）が始まったと仮定して，1時間ごとの放射性プルームの動きを空間線量率分布などの形で提供したものである。依頼計算は旧原子力安全・保安院の緊急時対応センター（以下「ERC」という）[4]やオフサイトセンター（OFC）[5]および旧原子力安全委員会[6]などが，事象進展に伴う環境影響確認や緊急時環境モニタリング計画の立案，放出量の逆推定とそれに基づく線量評価のために予測条件を指定して行ったものである。

また，これらの予測計算の結果と，平成24年（2012年）9月21日に，福島県がホームページ上で公開した環境モニタリングポストのデータ[7]の比較から，当時SPEEDIが関係機関に提供した情

報の時間的適切さや精度を検証した報告がある[8]。

それによれば，定期実行については最大2～3時間の誤差があるものの時々刻々の放射性プルームの動きを時・空間的に俯瞰できていた。政府事故調の報告書は，サイト北西地域について，15日は屋内退避し16日に避難するなどの具体例を示し，避難時期の判断にSPEEDIの結果が活用できたとしていることから，そのような利用が可能な精度はあったと考えられる。また，定期実行はベントや水素爆発による放射性物質の放出，炉内圧力低下の懸念に起因する試計算であるが，3月12日の1号機のベントと水素爆発，15日の2号機からの漏えいの影響の空間的な広がりなど，測定結果ときわめて近い予測結果のうち事象発生以前に把握できたものが複数含まれていた。

このように，大気拡散予測とそのベースとなる気象予測の精度は長年の技術の蓄積により格段に向上しており，「天気予報は当たらない」的な固定観念は捨てるべきであるが，現在の最先端の気象モデルや拡散モデルでも，複雑な自然現象を完全に再現することは困難であり，プルームの飛来時期の予測などにSPEEDIを活用するときには，時・空間的にピンポイントで情報が得られると考えるのでなく，時・空間の幅をもった判断に用いる必要がある。

③ 計算シミュレーションを防護措置などに生かすために

a. 自然災害への対応との比較：防災の基本は今後の災害の進展を予見しつつ最悪の場合に備えて対策を講ずることにあり，台風，豪雪，洪水などの気象災害への対応でも，計算シミュレーションに相当する数値予報が即時対応の中核的手段となっている。ここで行われる気象の数値予報も不確実性を持つが，それを理解した専門家が実際に得られる気象観測データや過去の統計情報，さらに災害時におけるこれまでの経験を加えたうえで被害状況を予見し，住民避難などの対策に生かしている。一方，今回の事故では不確実性が大きいことを理由に避難対策に数値予報を使うことを控えたが，実際にはどの程度の不確実性があるかを判断し，それを専門的洞察やモニタリングデータで補う知識と経験，データ収集能力が欠如していたことが，使用できなかった原因と考えられる。ほぼ毎年起きる気象災害への対応との経験値の差は大きいが，今後，緊急時において原子力防災対策の司令塔となる原子力規制庁に，一元的に気象情報や環境モニタリングデータを集約する仕組みを構築するとともに，大気拡散モデルの開発や実測による検証研究などの経験を持つ専門家を招集することが重要である。

b. 計算シミュレーションと環境モニタリングの併用活用：計算シミュレーションと環境モニタリングは補完的な関係にある。すなわち，モニタリングは数値の正確性では計算予測よりも明らかに優れているが，緊急時防護措置を準備する区域の目安となる30 km圏で最大線量地点や分布状況まで正確に把握できるようなモニタリング体制を構築するには，地震や豪雪などの悪天候に阻まれるとかなりの時間を要する。他方，計算予測は将来予報と即時の全体把握という大きな特徴を持つが，入力データやモデルに起因する不確実性を含めた理解が必要であり，③ a. に示したように，つねに気象情報や環境モニタリングデータおよび専門家の経験に基づき，解釈や修正を加える必要がある。今回の事故でも，地震から約1日以内に1号機でのベント操作や水素爆発など，周辺住民の避難中に意図的または想定外の大気放出が発生している一方，緊急時モニタリングが体系化されたのは地震から4日後の15日夕方頃からであり，事故当初は，11日から起動したSPEEDIが適時

性をもって防災対策やモニタリング計画立案の判断材料を提供できた唯一の情報源であった。しかしながら，相対的な分布予測については一定の信頼性のある結果を提供していたものの絶対値は不明であり，そのままでは避難地域を決めるための十分な情報とはなり得ていなかった。

このような状況を踏まえると，今後，緊急時モニタリングや放出量推定の迅速性が改善されたとしても，モニタリングまたは計算予測のどちらか一方だけで，事故当初から対策に必要十分な情報が得られるとは考えにくく，両者の補完関係を生かした効率的な汚染状況の把握が必要である。

　c．専門家の必要性：不確実性を含みながらも予見能力という大きな特徴を持つ計算シミュレーション技術を緊急時対応に導入するためには，気象情報や環境モニタリングデータの集約と，大気拡散モデルの開発や実測による検証研究などの経験を持つ専門家の招集が重要であると述べた。事実，3月16日夕方に原子力安全委員会がSPEEDIを開発した専門家を招集して以降，SPEEDIの予測結果と環境モニタリングデータを用いた放出量逆推定が始まり，これが3月23日の甲状腺内部被ばく線量予測と小児の甲状腺被ばくのスクリーニング検査につながっている。

ここでは，専門家の参画で，特に事故初期にどのような対応の可能性があるかを，大量放出と降雨により北西に汚染地域が形成された3月15日を例に示す。

（ⅰ）早朝6時頃の爆発音後に，ERCは当時想定された2号機サプレッションチェンバ破損による影響確認のための計算を依頼し，6時51分に結果を受信した。SPEEDIから送信された3月15日9時から24時間のヨウ素地表蓄積量の分布予報図と，後に行われた航空機サーベイによるセシウム-137の地表沈着量分布測定結果の比較をすると，1日の風向変動が大きかったにもかかわらず，当日朝の時点ですでに夕方の北西部での地表汚染を予報できていたことが分かる。環境・線量評価の専門家がいれば，プルームの時間的変化や降雨予報などの付帯情報の追加出力を要求して，汚染が夕方の降雨により形成されることを見出したであろう。現実に，定期実行では時々刻々の放射性プルームの動きをほぼ正確に予測できている。

（ⅱ）続いて，8時には敷地境界でこれまでにない非常に大きな線量上昇を記録しており，この状況が長期にわたり継続または悪化する可能性を憂慮すれば，この数値と単位放出を仮定した予測分布のフィッティングからでも，夕方から夜間にかけて北西部にどの程度の汚染地域が形成されるかを概略でもつかめた可能性がある。

（ⅲ）その後は，不確実性を理解する専門家であれば，気象観測や天気図，環境モニタリング値を継続的に予測と比較し，予測結果の信頼性評価や修正による信頼性向上を図る努力をするであろう。さらに，過酷事故解析の専門家の知見を集め，最悪の放出ケースを予見し，これを汚染予測シミュレーションに用いる方法もある。このような汚染予測の方法は正確な放出源情報を入力しているわけではないため高い精度を保証するものではないが，防災に必要な悪い状況を予見するためには重要である。

原子力規制委員会の策定した原子力災害対策指針[9]では，緊急時防護措置を準備する区域においては緊急時モニタリングに基づく防護措置の実施を規定しているが，緊急時モニタリング体制が整う以前に大量放出が始まるようなケースにおいて，上記のような方法である程度の蓋然性を持って高線量地域形成の可能性が予測できた場合でも，緊急時モニタリングの展開まで防護措置の内容や

対策地域の検討を控えることが妥当な選択かは議論の余地がある。悪い状況を予見して早目に念のための防護措置をとることも防災の考え方として妥当なものであり，臨機応変な対応が望まれる。また，プルーム通過時の被ばくを避けるための防護措置を実施する地域での屋内退避や安定ヨウ素剤の服用などの防護措置は，放射性プルームの飛来以前に実施する必要があるが，プルームの飛来予測がSPEEDIのような計算シミュレーションでのみ可能であることは明らかであり，その点でも上記のような専門家の評価に裏打ちされた予見は重要である。

さらに，今後は事故当初から行われるであろうSPEEDIの予測結果の公開についても，今回のようなWeb上への単純なアップではなく，科学的かつ分かりやすい解説を加えて予測結果の意味や精度を説明できる専門家が不可欠になる。このような専門家は原子力界には少ないが，気象や環境科学分野には有用な人材が多数おり，原子力界に閉じない協力要請が必要である。

④ **今後の活用方策** SPEEDIは②で述べたように，放出源情報がない場合でも相対的な分布予測を一定の信頼性を持って提供しており，かつ1年以上にわたり予測結果を配信し続けるなどシステムとしての頑強さも証明した。また，SPEEDI運用組織や操作員も大きな経験を積むことになった。このような状況を考えれば，SPEEDIは今後も維持・発展させていくべきであり，運用形態としては，すでに述べたように，司令塔となる原子力規制庁にSPEEDIと環境モニタリングデータを一元化的に集約し，経験豊富な専門家集団が総合的な状況判断を行える仕組みを構築することが重要である。

これまでの検証から今後の具体的な活用として以下の事項が考えられる。

a. 緊急時対応の全期間：緊急時モニタリング計画の策定とモニタリング結果の評価，避難・屋内退避・ヨウ素剤服用などのタイミング判断，ベントなど計画放出のタイミングの判断。

b. 緊急時モニタリング体制が整う以前の大量放出段階：離散的モニタリング値と単位放出を仮定した予測分布のフィッティング，または最悪放出ケースの汚染予測に基づく早期の防護措置の判断。

c. 緊急時モニタリング体制が整って以降：放出量の逆推定による事故尺度評価と詳細な被ばく線量評価，広域拡散予測に基づく優先的な食品検査地域の選定。

また，このような活用を支えるためには，放射性物質の大気拡散や沈着量予測モデルの継続的な改良に加え，放出量逆推定のシステム化，気象情報や環境モニタリング情報の集約化，システムの多重化などの技術開発が重要である。

(2) 耐震計算

昭和41年（1966年）7月に提出された福島原子力発電所原子炉設置許可申請書などの資料によれば，当時の耐震設計（添付資料8など）は当該設置許可申請で認められた最大加速度に基準化された地震動の動的解析を実施している。建屋と構築物については，振動性状を考慮した振動モデルと適切な減衰係数から地震応答を求めている。具体的には金井らの実験式に基づいている。地震応答に基づき設定する設計用地震力に対する構造健全性評価は建築基準法に準拠し，許容応力と荷重の組合せから一次応力や二次応力を分析し，降伏点の90％以内であれば安全と見なし，局部応力の合成応力において過大ひずみがない限り降伏点に達する場合を許容範囲としている。機器や配管

系については，据付位置における支持構造物の応答を考慮して動的解析を実施し，応答加速度より設計用地震荷重を求め，変形量などを分析している。

当時の耐震設計は剛構造を目標としており，重要な建物や構造物は岩盤設置を旨とし，機器の重要度（As，A，B，C）に応じた耐震設計を実施している。C クラス設備の耐震設計震度は，建築基準法に基づき標準値として 0.24（機器系は建屋に対して 20％増しの値を適用）を指定している。この静的震度については A クラスの設備は C クラスの 3 倍の水平力を適用するとともに，動的解析として入力最大加速度を +0.18 Gal とする地震動を適用した。As クラス設備に対しては，0.27 Gal での機能保持と確実な炉の停止を実現できることを前提に動的解析などを用いた分析が行われた。

建設後は適時また地震発生の都度，「発電用原子炉施設に関する耐震設計審査指針」などの提示，改訂に伴い，経済産業省原子力安全・保安院からの指示に基づき，耐震安全性評価を実施してきている。ここで，耐震安全性評価とは，地質および地震調査結果に基づき基準地震動を策定し，その基準地震動に対する機器・建屋などの地震応答解析から，機器・配管などの評価を実施するものである。これらの評価作業においては，当時の最先端の計算科学技術を一部導入しつつ進められた。また，これまでの調査に加え，調査の範囲を拡げて追加で地質調査の実施などもなされ，耐震安全性評価の結果について報告がまとめられ，新しい「発電用原子炉施設に関する耐震設計審査指針」が提示された場合には，その指針に照らした耐震安全性評価が実施されてきた。

① **地震動の扱いに関する計算科学から見た課題と教訓**　当時は『理科年表』（東京天文台編，丸善発行）の地震編（河角廣）から過去の地震歴を抽出し，そのすべてを加味して起こりうる地震動を抽出している。経験的な知見に基づくもので，当時の計算科学的な要素を盛り込むことも可能であったと推測される。しかしながら，その予測あるいは推測性能は限界があったと考える。現在も未だ地震動伝播を目的とし，それに特化した市販ソフトウェアは存在しないが，研究開発では米国やフランスの事例が存在する。特に原子力分野の構造力学にかかわる世界最大の国際会議，SMiRT（Structural Mechanics in Reactor Technology）では，積極的かつ活発な議論が行われている。しかし，耐震設計において必要とされうる震源から地盤の伝播を含めた構造物応答の分析に利用できる商用コードは未だ皆無である。地質学的スケールの問題を解くコードが現在の最先端の域であり，過去の地震歴といった経験的な方法論から「想定」を導く方法論よりも，今後より合理的な地震動を「想定」しうる方法論の確立が重要である。最先端の知識を少しでも盛り込み，一層合理的な「想定」を導く努力が必要である。加えて，これまでの地震動データの蓄積を踏まえ，確率論的地震動評価（地震ハザード評価）と，想定（設計）を超えた場合のプラント側のリスク評価（確率論的リスク評価（以下「PRA」という）や地震 PRA）の手法も日本原子力学会などを中心に整備されており，これらの積極的な導入が望まれる。

② **耐震計算に関する計算科学から見た課題と教訓**　原子力発電プラント全体構造を計算する技法や局所構造を計算する技法を用いて，当時の技術としては最善の努力をしている。しかしながら，技術は日進月歩しているので，その都度最先端の技術あるいは少なくとも適時有効な技術を取り込み，全体構造を計算する技法や局所構造を計算する技法を見直しながら，安全や健全，堅牢，

信頼，品質を，随時，評価，検証，確認していく努力をするべきである．すなわち，一層合理的な安全率や安全裕度の算定に最先端技術を取り込むべきである．一方，設計過程における計算科学技術の活用においては，入力データの作成方法やモデル化などの問題として，経験や知識などの継承やデータ作成作業の効率化などを積極的に解決していくことも重要な課題である．さらに計算機の進歩を考え，つねに最先端計算機性能を活用した数値計算技法を活用すべきである．構造解析や耐震解析においては，たとえば有限要素解析技法の三次元解析や時刻歴応答解析，大規模計算技術などを積極的に取り入れ，最先端の高性能計算機を活用した耐震性評価を実施すべきである．これにより適時，耐力を分析し，合理的な安全率の確認などを実施することが肝要と考える．

③ **耐震計算における今後の方向性について**　今回の事故調査報告書のデータを確認する限り，少なくとも津波被害を受けるまで，原子力発電施設の「冷やす」，「止める」の過程が確実に進んだことが伺える．このことは，施設の機能維持がされていたことを物語っており，当時の設計上の耐震計算や構造計算の技術が十分な貢献を果たしたといえる．しかしながら，耐震設計震度の標準値や水平力に対する分析，機能保持と確実な炉の停止を前提にしたシナリオに基づく計算科学の使い方をしていることに甘んずることなく，計算機も格段の発達を見せた今，データやシナリオの不確実性を十分検討した想定（設計）と，それを超えるリスクの評価を，合理的・定量的に分析を実施していくことが肝要である．決定論的シミュレーションだけでは，完全な推測や予測は困難であるものの，決定論的シミュレーション自身もシナリオに基づく計算だけでなく，計算から合理的に算出されるデータを用いた分析を実施していくことも有効である．なお，平成23年（2011年）10月に発行された「原子力発電所の地震安全問題に関する調査委員会」報告書（日本地震工学会）では，日本原子力学会は協働して原子力発電所の"地震安全"に関する検討として地震安全ロードマップをまとめ，計算科学についてもその研究課題について言及している．

(3) 津波数値計算

① **津波の扱いに関する計算科学から見た課題と教訓**

a. 津波波源の設定：津波は発生，海洋伝播，陸上遡上の三つの現象から理解される．これらの三つの中で，津波高さについて最も影響が大きいのは津波発生モデルである．地震が原因となる津波において，その波源の規模は地震規模に第一義的に支配される．

わが国では，過去に評価された地震の規模の中から最大級のものを基にして，想定すべき地震の規模が決定されてきた．地震調査研究推進本部（以下「地震本部」という）で東日本大震災前に東北地方太平洋沖において想定されていた最大の地震の規模はM 8.2（明治三陸津波）である．東日本大震災を起こした東北地方太平洋沖地震はこれを大きく越え，エネルギーにして約16倍のM 9.0の地震であった．すなわち，想定以上の規模の地震が発生した．

今後はこれまでの地震記録などを基に，最大級の地震を想定する方法が大きな課題である．どの程度のマグニチュードを想定すべきかは，歴史上最大の大きさのみならず，その発生頻度も重要なヒントとなるといわれている．さらに，東北地方太平洋沖地震で発生したといわれる地震の連動と海溝付近における局所的に大きな地殻変動も教訓の一つである．後者については，海溝軸付近もしくは分岐断層による大きなすべり量という有力な仮説の他に，海底地すべりの寄与を示唆する調査

報告もある。他の海域の断層については，各海域の特性に合わせて，これらの教訓を考慮しなければならない。

　b．津波の陸上遡上時の挙動把握：東北地方太平洋沖地震前の津波評価結果においては，各原子力発電所の敷地内に津波が侵入する可能性はそれほど大きくなく，浸水後の津波評価に関する必要性が高い状態ではなかった。しかし，東北地方太平洋沖地震後は設計上想定すべき津波（基準津波）が大きくなり，また想定以上の津波についても検討が必要となるため，津波が敷地内に侵入したときの影響を検討することが確実に必要になる。そのために，㈦発電所敷地内の津波挙動，㈑取水路・放水路を通じた浸水挙動，㈒重要構造物内の津波による溢水，これらの挙動把握が必要である。

　② 津波計算に関する計算科学から見た課題と教訓
　a．津波の伝播モデル：① a．に示すように想定すべき地震が巨大になると，巨大地震におけるすべり量の不均一性を考慮する場合がある。この場合，従来の非線形長波理論に基づく平面二次元数値計算モデル（非線形長波モデル）では精度が低くなるおそれがあり，より精度の高い非線形分散波理論に基づく平面二次元数値計算モデル（分散波モデル）が必要となる可能性がある。具体的には，津波発生の直接の要因である海底面の隆起と沈降の形状がより複雑となり，不均一性を考慮しない場合と比べて発生する津波には短周期成分が大きくなる。その場合には，深海域においても津波の波数分散性により津波高が小さくなる。この現象は非線形モデルでは表現できない。なお，分散波モデルの計算時間は非線形モデルの数倍から10倍程度かかる。波源の不確定性などと比較して，精度の向上が全体評価において重要かどうかを勘案して数値計算モデルを決定することが得策である。

　b．津波の陸上遡上時の挙動把握：発電所敷地内の津波挙動を把握するには，被災調査，模型実験や数値計算が有効である。数値計算においては，これまで海域と同じ非線形長波に基づく平面二次元モデル（非線形長波モデル）を使用して，浸水深や流速を推計することが可能である。しかし，複雑な形状化における津波挙動には課題がある。また，構造物に作用する圧力や流体力を直接推計することができない。そこで，三次元数値計算モデル（三次元モデル）が活用される例が増えている。三次元モデルにも複数あるが，水面の取り扱いに優れたVOF（Volume of Fluid）法を用いたモデルが一般的に用いられる。今後はこれらの精度向上が必要である。なお，三次元数値計算モデルには計算資源が多く費やされることから，現状では数m程度の解像度で，計算領域は発電所が入る数km四方程度が限界と考えられ，数値計算の効率化・高速化も課題である。

　さらに，個体と流体との連成問題のモデルやシミュレーション，コードの整備が期待される。具体的には，漂流物や津波による砂移動に関する課題である。まず，漂流物の発生，移動，衝突力，これらを推計できるモデルの整備が必要である。漂流物としては，海域では船舶，陸域では車両，折損した樹木，敷地内に存在するものが対象となる。また，津波による数m/sに及ぶ速い流れにより，海域や陸域の底質が巻き上げられて，大きな地形変化や高濃度の底質を含む海水が出現し，取水システムに影響を与える可能性がある。東北地方太平洋沖地震による津波では，津波による地形変化や巻き上げられた底質が原子力発電所の機能に大きな影響は与えなかったが，今後その点に

ついても評価する必要があり，津波数値計算のモデルやシミュレーション，コードの高精度化が必要である。

なお確率論的評価については，これまで発電所前面の水位についてのみ着目して評価しており，敷地内の流速や構造物に作用する力の超過確率を評価する手法が確立されておらず，今後の課題の一つである。

③ **まとめと今後の方向性**　東北地方太平洋沖地震はこれまでわが国周辺で観測されたことのない巨大地震であり，このような未知の大きな地震による津波波源の想定が大きな課題である。この想定津波の変化により，発電所敷地内への津波による浸水リスクは高くなり，津波による発電所敷地内での浸水深，流速，圧力，漂流物，底質の挙動，さらにその影響を評価する必要がある。そのツールとして数値計算モデルに期待が高まっており，特に三次元数値計算モデルの実用性を高める必要がある。

(4)　**過酷事故解析**

① **過酷事故に対する対策**　米国では，同時多発テロ事件が契機になったものではあるが，直流電源を含む全電源の長期間喪失の対策が具体的にとられていた。一方わが国では，短期間で電源が復旧できると誰もが思い込み，長期間の全電源喪失の対応はとられていなかった。もちろん，わが国の電力会社はアクシデントマネジメント策として全交流電源喪失時の非常時運転マニュアルは整備していたが，長期の直流電源喪失までは想定せず，少なくとも直流電源は生きているという前提での対応を示したものであった。東京電力は8時間程度は直流電源が使用できることを基本とし，それまでに電源が復旧することを前提としていた。また，直流電源がない場合には，隣接プラントからの低圧電源融通のアクシデントマネジメント策を準備していた。福島第一原子力発電所では全電源喪失の対策として，現場の判断で自動車のバッテリを集めて対応したが，これらのバッテリはポンプなどの動力源とはなり得ず，主要な弁の操作とプラント状況把握のための計測用に利用されるに留まった。さらに炉心冷却の手段が途絶えた状況から，消防車を使った注水が実施された。これらは当然マニュアルにはないものであったが，当時の判断としては最善であった。しかし結果的には，消防車注水は炉心溶融を防ぐ手段としては間に合わなかった。

福島第一原子力発電所では，それまで誰もが想定しなかった複数ユニットの同時被災（電源融通ができなかった）と長期間の全電源喪失とにより，その結果は悲惨なものとなってしまった。直接的原因は巨大津波の襲来にあるが，米国ではテロ対策とはいえ直流電源を含む全電源喪失の対策がとられていたことを思えば，わが国において長期間にわたる全電源喪失の対策に思いを巡らすことができなかったのは，反省する点である。

② **過酷事故の解析**　独立行政法人原子力安全基盤機構（以下「JNES」という）は，平成20年（2008年）3月に「地震時レベル2 PSAの解析（BWR）」の報告書において，全交流電源喪失時の事故事象進展挙動を過酷事故解析コードMELCORによって解析した結果を公表した。事故後8時間はバッテリが作動したという前提であるが，約15時間後に（すなわち直流電源喪失後約7時間で）原子炉圧力容器が破損し，ほどなく格納容器も破損するという結果であった。確率論的評価の観点からは，この内容は特段新しい情報を提供するものではなかったが，直流電源喪失後7時間

ほどで格納容器破損に至るとした解析結果について，原子力安全委員会あるいは原子力安全・保安院（NISA）がどのように判断し，対応したかは判然としない。また産業界では，その対策が現実に必要であるとの認識には至らなかった。それは，平成2年（1990年）の「長期の全電源喪失は考慮不要」という原子力安全委員会の決定もあり，「代替電源の早期確保で対応できる」としていたためと推定される。

東京電力株式会社（以下「東京電力」という）は，事故発生から約2ヵ月半後の平成23年（2011年）5月23日に，福島第一原子力発電所における事故後のプラントデータの分析結果などと併せてMAAPコードによる事故事象進展挙動の解析結果をNISAに提出した。この解析は事故後の限られたプラントデータに基づき，かつ解析上必要な条件に推定・仮定をおいて実施されたものであり，解析結果の不確定性はきわめて大きいものであった。さらに，事故後8ヵ月半を経過した平成23年（2011年）11月30日に，資源エネルギー庁とNISAの合同主催で「東京電力福島第一原子力発電所1～3号機の炉心損傷状況の推定に関する技術ワークショップ」が開催され，東京電力のMAAP解析，JNESのMELCOR解析，一般財団法人エネルギー総合工学研究所のSAMPSON解析の結果が公表された。これらの解析結果によれば，1～3号機のすべてにおいて炉心溶融が発生し，溶融炉心の一部は原子炉圧力容器を貫通して格納容器下部の床に落下したと推定された。これら3コードのうちMAAPとMELCORは圧力，温度などの実測値を再現できるようユーザ入力による係数の調整が可能であるが，その解析結果には，なお実測値と一致しない部分があり，事故進展を再現した解析には至らなかった。ユーザ入力で係数を調整できないSAMPSON解析にも，同様に事故進展を再現できない部分が多く存在した。これらプラントデータが示した事故発生後の過渡変化を再現できない部分は3コードで共通するところが多くみられた。事故後初期の段階での解析において事故進展を再現できなかった原因は次の3点に集約できる。

　a．プラントデータ実測値の信頼性：津波到達後に可搬バッテリを用いて実測されたプラントデータの一部には，指示値の読み取りエラーや計測器自体の故障によるものと思われるものも含まれていた。また，水位計の信号はプラント状態が急激に過渡変化する中で正しい水位を示さない可能性が高かった。これらについて事故後初期の段階ではその信頼性を確認するまで手が回らなかった。このような状況から初期の実測値の一部にはプラントの状態を正しく示していない可能性があった。

　b．事故後の運転・機器操作の情報不足：事故の進展を解析するには，事故時のプラントの運転や機器の操作状況を解析の条件（境界条件）として設定する必要がある。初期の解析では，現場の運転記録やホワイトボードに書き込まれたメモ書きに基づいて条件を設定したが，なお未解明の部分があり，一部に推定・仮定をおいた条件設定をせざるを得なかった。

　c．その時点での過酷事故解析コードには考慮されていなかった福島第一原子力発電所事故に固有の諸現象が明確となりつつあり，事故事象の再現解析のためには，これらの事象を解析に適切に考慮できるようモデルの追加・改良が必要であることが分かってきた。

　（i）原子炉圧力容器から格納容器ドライウェルへの冷却材の直接漏えい　一部の炉内核計装管の炉内での損傷，原子炉圧力容器に接続している配管（たとえば，逃し安全弁の配管）のフランジ

部におけるガスケットの高温劣化などによる高温蒸気の直接漏えい

　（ii）　蒸気タービン駆動による原子炉隔離時冷却系や高圧注水系の部分負荷運転

　（iii）　原子炉格納容器から原子炉建屋への漏えい　上部フランジや機器搬出入口のガスケット，電気配線・計装配線の貫通部などからの高温劣化に伴う漏えい

　（iv）　圧力抑制プールにおける圧力抑制効果の低減（温度成層化あるいは蒸気の部分凝縮）

　（v）　消防車による代替注水時における分岐流の存在

　MAAP，MELCOR および SAMPSON による解析は更新され，現時点での最新解析結果は平成25年（2013年）5月に開催された NURETH-15 の国際会議で公表されている（NURETH15-536, -653, -601, -033, -075, -234）。これら3コードともに，事故後初期の段階での解析結果と比べるとプラントデータの再現性はかなりよくなっている。しかし，上述でいうモデルの新規追加・改良などが一部未完了であることから，プラントデータが示す過渡変化の詳細を再現できない部分が依然として残されている。現在，「炉内状況把握・解析」の国のプロジェクトおよび国際的には経済協力開発機構原子力機関の福島ベンチマーク解析プロジェクト（BSAF プロジェクト）が進行中である。これらのプロジェクトの中で，上述でいう諸現象のモデル化・コード改良，および解析が進められており，現実的な事故事象の再現解析が待たれるところである。

参考文献（6.8.1）

1) 原子力安全委員会，「環境放射線モニタリング指針」, p.51（平成20年3月（平成22年4月一部改定））.
2) 原子力規制委員会 HP : http://www.nsr.go.jp/archive/nsc/mext_speedi/0312-0324_in.pdf
3) 原子力規制委員会 HP : http://www.bousai.ne.jp/speedi/SPEEDI_index.html
4) 原子力規制委員会 HP : http://www.nsr.go.jp/archive/nisa/earthquake/speedi/erc/speedi_erc_index.html
5) 原子力規制委員会 HP : http://www.nsr.go.jp/archive/nsc/mext_speedi/
6) 原子力規制委員会 HP : http://www.nsr.go.jp/archive/nisa/earthquake/speedi/ofc/speedi_ofc_index.html
7) 福島県 HP : http://www.pref.fukushima.jp/j/post-oshirase.pdf
8) 茅野政道, 日本原子力学会誌, **55**, 220-224 (2013).
9) 原子力規制委員会「原子力災害対策指針」, 平成24年10月31日（平成25年6月5日全部改定）.

6.8.2　SPEEDI 予測の状況

(1)　事故発生前の状況

　緊急時迅速放射能影響予測ネットワークシステム（SPEEDI）は日本原子力研究所（現在の日本原子力研究開発機構）により開発され，事故発生時点では，文部科学省からの委託業務として原子力安全技術センター（以下，原安センター）が技術的な維持・管理を行っていた。SPEEDI は気象庁の数値気象データを入力として地形を考慮した三次元気象場の計算を独自に行い，大気中に放出された放射性物質の大気中濃度，空間線量率，被ばく線量などの過去の状況の計算および1日程度先までの将来の予測計算を行う機能をもっていた。計算対象範囲は，対象施設を中心として約25 km 四方（狭域）および約100 km 四方（広域）であった。

　事故発生前の国のマニュアルなどでは，緊急時には文部科学省から原安センターへの指示により，SPEEDI を緊急時モードに切り替えてサイト周辺の放射線監視データを高頻度で収集すること，

238   6 事故の分析評価と課題

影響予測計算を実施すること，予測結果を文部科学省，原子力安全委員会（以下，安全委員会）などの関係機関に送付することなどが取り決められていた[1]。その中では，放出源情報が得られない場合においても，単位放出を仮定した予測計算を毎時実施し，結果を配信することが定められていた。また，国のシステムとして運用されている SPEEDI とは別に，原子力機構は研究目的で世界版 SPEEDI（WSPEEDI-II）を開発しており，事故発生時には，計算結果配信機能やオペレータ配置などの運用システムとしての整備・維持はされてはいないものの，担当研究者のマニュアル操作による予測計算は実施可能な状態であった。WSPEEDI-II では東日本域といった SPEEDI より広い任意の範囲での濃度・線量の数日先までの予測計算が可能である。

(2)　事故時の対応

文部科学省の検証によると，3月11日夕方から原安センターは文部科学省からの指示により SPEEDI を緊急時モードで運用し，同日17時より毎正時に，狭域を対象として単位放出を仮定した2時間先までの計算（以下，定時計算）を実行し，文部科学省，安全委員会，原子力安全・保安院（以下，保安院）などに計算結果を配信した[1]。16日8時以降の定時計算では計算範囲が広域に拡大され，予測計算幅も3時間先までとされた。

炉内の情報に基づき緊急時対策支援システム（ERSS）が放出源に関する情報を予測し，SPEEDI に提供されることとなっていたが，ERSS はこの点では機能しなかったために，SPEEDI の定時予測計算は単位放出量によって行われた。これらの単位放出計算の結果が，配信を受けた各機関でどのように扱われたかについては十分検証されていない。文部科学省では当時，仮定に基づく計算のために現実とは異なるという認識に基づき，計算結果の使用方法に関する判断がなされたとされており，事後の検証においてもこの認識は適当とされている[1]。一方，文部科学省は SPEEDI の予測結果を緊急時モニタリングに活用したとしており，矛盾を含む検証結果となっている。

これらの定時の予測計算とは別に，保安院は原子力災害対策本部事務局として3月11日夜からさまざまな放出量を想定した多種の計算を実行した[2]。最初の計算は12日未明に2号機でベントを実施した場合を想定したもので，11日21時過ぎに結果の配信を受けている。その後も，1号機格納容器破損，1号機ベント，1号機水素爆発，3号機水素爆発，2号機ドライベントなどの環境への影響を確認することを目的とした計算が実行された（3月16日までに45ケースの計算）。現地対策本部では，3月14日から31日までにいずれも緊急時モニタリング計画策定の参考とすることを目的とした73ケースの計算が実施された。文部科学省では，3月12～16日までの間に38ケースの計算が実行された[2]。

安全委員会では3月19日から特定目的の計算を開始し，3月中に放出源情報推定のための計算を23ケース，サンプリング計画に対する助言の基礎資料として36ケース実施し，4月以降もこれら目的のほかに線量評価やモニタリング結果の評価などを目的として多数回の計算が実施された[3]。安全委員会ではこれらのほかに，推定された放出源情報を入力として，事故発生から3月24日0時までの積算線量の計算を22～23日にかけて実施し，結果の中でヨウ素-131による甲状腺等価線量の狭域範囲での等値線図1枚のみが23日に公表された（図6.28）。この図は一部予測を含むものの，主には事後計算結果であることに留意する必要がある。4月下旬に政府関係機関全体で

SPEEDIの計算結果が公開されるようになるまでは，安全委員会から4月上旬および下旬に3月23日の図と類似の事後計算結果は公開されたものの，関係機関で事故直後から行われた多数のSPEEDI予測結果は公表されなかった．

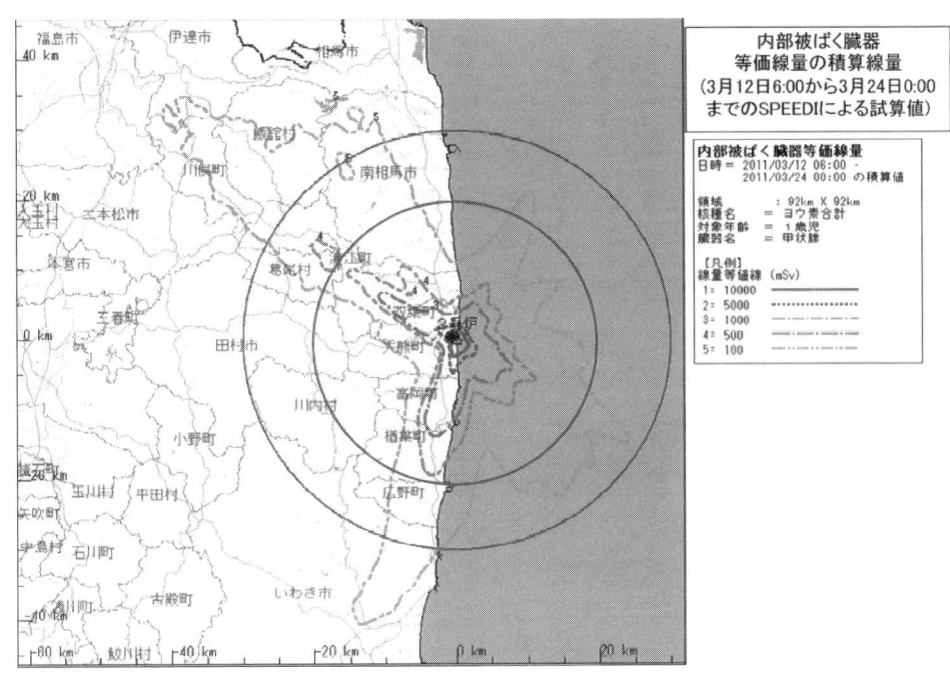

図 6.28　SPEEDI計算結果（原子力安全委員会が3月23日公開）（口絵21参照）
〔旧原子力安全委員会 HP　http://www.nsr.go.jp/archive/nsc/mext_sppeedi/0312-0324_in.pdf〕

WSPEEDIによる広域での拡散予測計算は，文部科学省の指示により原子力機構が実施し，その予測結果は文部科学省および安全委員会に送付されていた．文部科学省は特定目的の計算を指示してその結果を3月15日，24日および25日に受けた．また，文部科学省および安全委員会は，単位放出を仮定した3.5日先までの予測計算結果を毎日受領していた．計算範囲は中部地方以東の本州がほぼ全部含まれる領域で，関東地方および東北地方への影響の地理的分布が把握できる内容であった．

(3)　予測結果の評価

ここではSPEEDIの予測結果がどの程度現実を再現できていたかと，予測結果がどのように利用できる可能性があったのかの視点で，保安院，文部科学省および現地対策本部の予測計算結果について，環境影響が特に大きかった3月12日午後（1号機の格納容器ベントおよび水素爆発）および15日午前～深夜（2号機の格納容器損傷が原因と考えられている大量の放出）の2事例を対象に検討する．

① 3月12日午後　同日午前から1号機の格納容器ベント作業が開始され，14時50分にドライウェル圧力低下によりベントの成功が確認された．これに対応し，敷地境界での線量率が4時台から上昇し，10時台に約385 µSv/h，15時29分に1,015 µSv/hが測定されている．これらより，

間欠的か連続的かは不明であるが相当量の放射性物質の放出があったことが午前の段階で認識できる状況であり，午後のベントおよび水素爆発によっても午前以上の放出があったと認識できる状況であった。

このような状況下で，保安院は12日未明に3ケース，早朝に3ケース，午前から昼過ぎにかけて4ケース，水素爆発後から夕方にかけて5ケースの計算を実施した[2]。いずれも1号機を対象として，格納容器破損に伴う大気中放出の影響確認，ベントの影響確認，水素爆発の影響確認を目的としたものである。文部科学省も12日未明から夕方にかけて11ケースの計算を実施し，いずれも1号機の一連の事象の影響予測を目的としたものである。これらの計算から，午後遅くから夜にかけては北西から北北西に向かう風向が出現することが12日朝の段階で把握できる。たとえば文部科学省が9時頃に結果の配信を受けた計算では，同日10時からの10時間連続放出が仮定された。同時に配信された風速場の予測結果を参考にすると，午前中は南東側の海上に流れるために内陸への影響は小さいが，午後から夜にかけては，内陸側，特に北西から北の方向に影響を与えることが把握できる。この北西方向への拡散状況の事前予測は，翌13日のモニタリングによって把握された沈着による高線量率の分布と概ね一致しており，現実に近かったものと思われる。

これらより，SPEEDIの予測計算結果を解析・評価すれば12日の午前の段階で，同日の日中に起こる放出は内陸に影響を与える可能性が高いこと，午後遅くから夕方にかけての放出は北西〜北北西に影響を与えることなどが把握できる。また，敷地境界付近で午前および午後にきわめて高い線量率が測定されていることや，ベント作業が行われていることから，特に北西方向の10 kmあるいは20 km範囲外に対しては少なくとも屋内退避等のプルーム防護の対応が即時にとられるべき状況であったと考えられる。

事故当時に放出率の情報は得られていないために，単位放出率あるいは仮定の放出率を設定した上述のSPEEDI予測結果の線量および濃度の絶対値は意味をもっていない。この絶対値という点では，関係機関の「SPEEDIの予測結果は現実を再現したものではない」という認識はある程度の合理性がある。しかし，SPEEDI予測による濃度・線量分布の概形とその発生時刻は前述のとおり現実に近かったことと，線量率あるいは濃度と放出率は比例関係であることは自明であることから，測定で得られている線量率などからの比例計算による影響の程度の概算は可能である。

② **3月15日** 前日14日夜にベント操作が行われたが，成功したかの確認はできていない。しかし，14日夜に正門などで約3 mSv/hの空間線量率が測定されていることから，相当量の放出があったものと考えられる。15日6時頃にサプレッションチェンバ圧力が低下していることが確認された。この時刻以降，正門付近での線量率は変動しつつも急激に上昇し，9時頃に約12 mSv/hとなったことから，著しい量の放出が継続していたものと判断できる状況であった。

保安院は15日未明に2号機を対象として5ケースの計算を実施した[2]。このうち4ケースはドライベントを想定した計算で，短時間の放出を1時間あるいは3時間追跡する計算であり，現実の放出と対応するものではなかった。残り1ケースは格納機能損傷を想定した連続放出を仮定しての24時間後までの濃度・線量分布の計算であり，午前中の線量率変動から連続放出の可能性が否定できない状況下においては合理性のある放出設定である。予測結果の配信は6時51分に行われた。

この予測結果によると，朝からの連続放出で 24 時間後までに北西方向に強い影響が生じることが把握できる内容である．特にヨウ素沈着量および吸入による甲状腺等価線量の高い範囲が，北西方向に少なくとも 40 km 以上拡がるという予測結果が得られている．

文部科学省も 15 日午後に 5 ケースの SPEEDI 予測計算を実施しており，いずれも北西を中心として西から北に影響が出るとの予測結果であった．現地対策本部は 15 日に 7 ケースの計算を，いずれもモニタリング計画作成の参考とする目的で実施した[2]．

これらの計算の中で，特に 15 日 1 時から放出が継続するという仮定の計算結果（図 6.29）は，前夜からの放出が継続している可能性が否定できない当時の状況下では合理性ある条件設定である．その結果には北西方向と南方向で影響が大きい可能性があることが示されており，その後の詳細なモニタリングで明らかとなった沈着量分布との類似性も高く，15 日未明の段階で同日午後遅くの北西方向への顕著な影響の可能性を予見できていた．影響の大きい方向が事前に予測できたのは，それらの方向へ向かう風の継続時間が長いことを SPEEDI により適切に予測できたことによるものである．予測結果の濃度・線量の絶対値には意味がないものの，サイトで約 12 mSv/h の線量率が把握された時点で，単純な比例計算で風下での影響の大きさの概算は可能であったと考えられる．

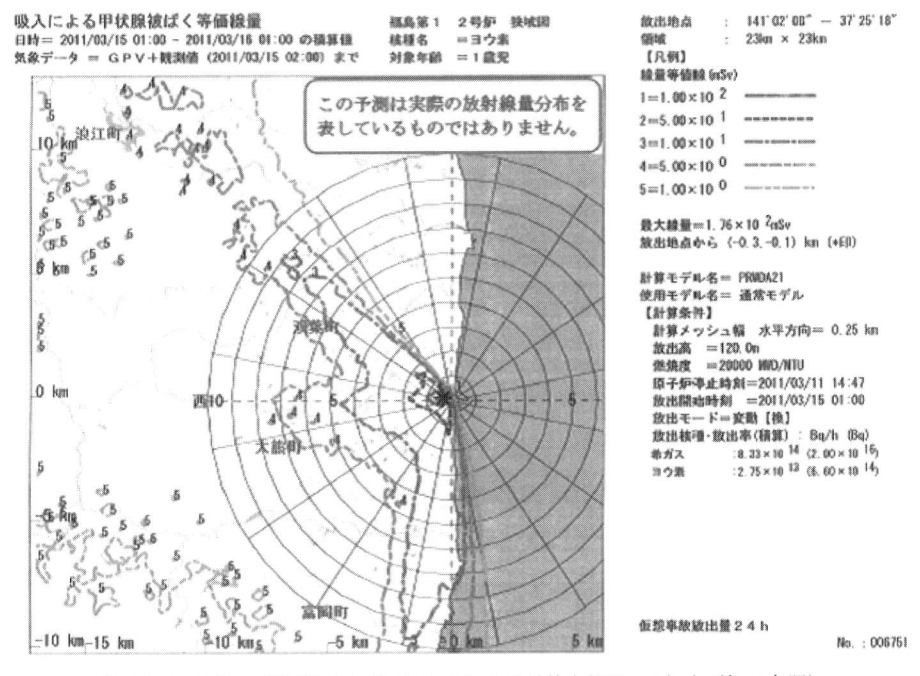

図 6.29　SPEEDI 計算結果（3 月 15 日に現地対策本部による）（口絵 22 参照）

［原子力安全・保安院 HP　http://www.nsr.go.jp/archive/nisa/earthquake/speedi/ofc/003-1103150100-006751.pdf］

参考文献（6.8.2）

1) 文部科学省，東日本大震災からの復旧・復興に関する文部科学省の取組についての検証結果のまとめ（第二次報告書），http://www.mext.go.jp/a_menu/saigaijohou/syousai/1323699.htm
2) 原子力安全・保安院，緊急時迅速放射能影響予測ネットワークシステム（SPEEDI）等の計算結果について，

242   6 事故の分析評価と課題

　　　http://www.nsr.go.jp/archive/nisa/earthquake/speedi/speedi_index.html
3）　原子力安全委員会，文部科学省　緊急時迅速放射能影響予測ネットワークシステム（SPEEDI）を活用した試算結果，http://www.nsr.go.jp/archive/nsc/mext_speedi/index.html

6.8.3　事象進展解析とソースターム評価

(1)　背景

　今般の福島第一原子力発電所におけるシビアアクシデントの事象進展を再現するためには，解析コードによるシミュレーションが必要である。これまでシビアアクシデントの事象進展を時系列に沿って再現できる解析コードとしては，MAAP，MELCOR，SAMPSON，THALES などがある。これらは，炉心および圧力容器の損傷の時刻，水素および放射性物質の放出といったシビアアクシデントに伴う諸現象を模擬できる。解析コードは事故時の複合現象のうち支配的な物理モデルを数値化するとともに，ある条件を仮定して計算するものであり，解析結果はプラント情報として得られた原子炉水位，原子炉圧力，格納容器圧力，放射線線量率などの測定データにより検証できる。ただし，解析コードによる事故の再現にはある程度の不確かさが含まれることに留意する必要がある。そのため，『政府事故調報告書』[1] II.1 (3) 節に記述されているように，事象進展を十分に再現できないなどの解析上の課題を解決できるように研究を進め，より信頼性の高い解析コードとすることが強く望まれる。

　現在，福島第一原子力発電所事故の事象進展を解明するため，各機関でシミュレーションが行われている。同時に解析コードの限界も理解されつつあり，解析コードの改良に着手する必要がある。そこで，解析コード改良の優先付けを行うため，日本原子力学会では「シビアアクシデント評価」研究専門委員会を発足し，事象進展解析とソースターム評価についてシミュレーションの課題を摘出した。

(2)　シビアアクシデント研究の現状

　これまで数十年にわたり多くのシビアアクシデント研究が実施され，その研究成果がまとめられている[2,3]。シビアアクシデントの諸現象には，ジルコニウム-水反応，溶融炉心の再配置，蒸気爆発，燃料-冷却材相互作用，直接格納容器加熱，溶融炉心-コンクリート相互作用，水素爆発，放射性核分裂生成物（FP），エアロゾル挙動といった熱流動の要素が多い。圧力容器破損防止のため，炉容器内保持（IVR）といったシビアアクシデントマネジメントも考えられている。現象解明のための実験は日米欧を中心に多く実施されてきた。これらの実験的知見を踏まえて，日米欧では解析コードが開発されてきた。わが国で使用されている解析コードは，米国で開発された MAAP と MELCOR のほか，日本原子力研究開発機構で開発された THALES とエネルギー総合工学研究所で開発された SAMPSON がある。

　実験および解析研究を踏まえて，日本原子力学会では，炉心溶融から環境への放射性物質の放出する事象シーケンスの頻度とソースタームを確率論的に評価するレベル 2 PSA（確率論的安全評価）標準を策定した[4]。ソースタームとは環境に放出される放射性物質の種類，性状，放出量，放出時期，放出期間，放出エネルギーと定義される。つまり，このソースタームを適切に評価できれば，

6.8 解析シミュレーション 243

福島第一原子力発電所の事故時に発電所敷地外に放出された放射性物質量を定量的に評価できるといえる。しかしながら，シビアアクシデント後期では不確かさが大きく，未解明の現象も少なくない。

(3) 事象進展解析の課題

福島第一原子力発電所事故の事象進展を解明するためには，シビアアクシデント解析コードによる炉心の溶融および移行挙動，ならびにソースターム評価を行う必要がある。また，燃料デブリの取出しを含む中長期的な廃止措置に取り組むためには，炉心溶融物の存在位置および分布を推定することが不可欠である。そこで，事象進展解明および炉内状況把握のための解析コードの予測精度を高めることを目的として，事象進展解析に係る課題を抽出した。まずは，3号機を検討対象とし，1号機および2号機についてはこれらに特有のシナリオは3号機シナリオの枠組みの中で適宜補足することとした。

課題の抽出には，PIRT（Phenomena Identification Ranking Table）という手法を用いた。PIRTとは，設計評価項目と流動上の各基本単位で発生する現象を表形式で組み合わせ，評価結果への影響の大きさ等の観点でランク付けすることで，発生現象の重要度を考慮して課題を抽出できる表作成の手法および表の作成結果である[5]。欧州では，PWR を対象に，多くのシビアアクシデント研究者によって PIRT を実施し，1,000程度の現象を同定し，106個の重要かつ知見不足の現象を抽出した（EURSAFE）[6]。今回は BWR 対象で，福島第一原子力発電所事故特有の現象を取り入れる必要がある。

3号機では，地震発生／原子炉スクラム，原子炉隔離時冷却系（RCIC）起動，津波襲来／全電源喪失，RCIC 停止，（代替格納容器スプレー），高圧注水系（HPCI）起動，HPCI 停止，原子炉減圧操作，外部注水，炉心露出，（格納容器ベント），炉心損傷による崩落，下部ヘッドへの炉心溶融物移行，原子炉容器損傷，格納容器への炉心溶融物移行，水素爆発といったシナリオが想定される。PIRT では五つの時間フェーズに分割し，原子炉スクラムから燃料の溶融開始までを第1フェーズ，炉心領域からの移行開始までを第2フェーズ，原子炉容器破損までを第3フェーズ，格納容器破損までを第4フェーズ，水素爆発までを第5フェーズとした。

プラントシステムは原子炉容器内，格納容器内，原子炉建屋内の三つに大別した。さらに原子炉容器内では，炉心，シュラウドヘッド，スタンドパイプとセパレータ，ドライヤー，上部ヘッド，主蒸気ライン，上部ダウンカマー，下部ダウンカマー，下部ヘッド，再循環ループの10個の物理領域（サブシステム・機器）に分割した。格納容器内では，ペデスタルキャビティ，ドライウェル，ドライウェルヘッド，ベントライン／ウェットウェルダウンカマー，ウェットウェルの5個に分割した。原子炉建屋内では，非常用復水器，原子炉建屋の部屋，非常用ガス処理系，オペレーションフロア，ブローアウトパネル，使用済み燃料プール，設備プールの7個に分割した。

同定された現象の重要度レベルを決めるためには主要な指標が必要となる。PIRT では FoM（Figure of Merit）と呼ばれ，各時間フェーズにおいて選定される必要がある。FoM は第1フェーズでは被覆管最高温度と燃料最高エンタルピ，第2フェーズでは炉心平均温度，第3フェーズでは原子炉容器壁最高温度と下部ヘッド内コリウム最高温度，第4フェーズでは格納容器最高圧力およ

び温度，第5フェーズではガス（水素，酸素，水蒸気）濃度と設定した。

現象の同定には，現在利用可能な情報および知識レベルでブレーンストーミングを行うこととした。同研究専門委員会に係るメンバーは熱流動およびシビアアクシデント解析の専門家ではあるが，燃料については核燃料部会の専門家の協力も得た。毎週2回程度の集中議論を行い，FoMに影響を与える事象について詳細度には必ずしもこだわらず考えうるものを抽出する方針とした。その結果，原子炉容器内では677件，格納容器内では358件，原子炉建屋内では124件の計1,159件が抽出された。

次に，同定された現象についてランク付けを行うため，各時間フェーズでFoMに影響を与える重要度を定義した。すなわち，High（H）はFoMに大きく影響，Medium（M）はFoMに中程度に影響，Low（L）はFoMにほとんど影響しない，Not Applicable（N/A）はFoMに無関係と記述することとした。

併せて，現状の知識レベル（State of Knowledge：SoK）も3分類に設定した。Known（K）は，現象がよく理解され，実験データや解析モデルにおける不確かさが小さい。Partially known（P）は，現象は一般的に理解されているが，実験データが限られ解析モデルにおける不確かさが中程度であり，さらなる研究が必要である。Unknown（U）は現象がよく理解されておらず，実験データがほとんどなく解析モデルにおける不確かさが大きく，解析は仮定に大きく依存するものであり，研究が必須である。

ランク付けは専門家による議論を通じて行われた。その結果，表6.29に示すような重要度レベルおよび知識レベルのランキングが明示された。同定された現象1,159件から，重要度が高く（H），知識レベルが十分でない（PまたはU）現象を抽出すると208件に集約された。再整理したうえで大項目に整理すると，表6.30に示すように88件に集約された。全体的には，炉心から離れるに従って知識レベルがKに対するPとUの比率が高くなり，知識が十分でなくなる傾向がある。現象の重要度については，事象進展を左右するシビアアクシデント特有の熱流動的現象に加えて，計装配管等の破損など燃料やガスの移行経路となる部位の挙動が重要であることが示された。再臨界は起こりにくいと考えられるが，影響が大きいことから重要度が高いと示された。また，コリウム内の混合物質の性状や物性値も挙げられている。福島第一発電所事故特有の海水の影響も選定されている。

本PIRTの結果を踏まえて，解析コードの高度化のために研究計画が具体化される必要がある。

(4) ソースターム評価の課題

福島第一原子力発電所事故のソースターム評価には，大気拡散からのソースターム推定方法（SPEEDIコードを用いた逆推定）と事象進展解析からのソースターム推定方法（MELCORコード等を用いた順推定）の異なる方法がある。両者を組み合わせてソースターム評価の精度を向上させる努力を進めているところである。ここでは，上述の事象進展解析コードのソースターム評価の予測精度を高めることを目的としてソースターム評価に係る課題を抽出した。

前項と同様に，課題の抽出にはPIRT手法を用いた。ただし，事象進展解析と異なり，ソースタームPIRTではFoMが環境へのソースターム放出量となる。そのため，抽出される現象，ラン

6.8 解析シミュレーション

表 6.29 事象進展解析 PIRT で同定された現象，重要度レベル，知識レベル（例示）

汎用	物理領域（サブシステム・機器）	同定された現象	第1フェーズ 重要度レベル				第2フェーズ 重要度レベル				第3フェーズ 重要度レベル				第4フェーズ 重要度レベル				第5フェーズ 重要度レベル				知識レベル				H & P or U	項目整理
			H	M	L		H	M	L		H	M	L		H	M	L		H	M	L		K	P	U			
原子炉内	炉心	178	16	39	36		52	69	48		47	42	87		5	12	161		4	38	132		67	102	9		54	12
	シュラウドヘッド	32	0	1	26		0	1	31		0	1	31		0	3	29		0	6	26		17	12	3		0	0
	スタンドパイプ/セパレータ	32	0	0	29		0	4	28		0	4	28		4	3	25		7	2	23		16	14	2		2	1
	ドライヤー	24	0	0	24		0	4	20		0	4	20		4	1	19		6	3	15		11	6	7		2	1
	上部ヘッド	24	0	2	22		1	6	17		1	6	17		4	6	14		3	7	14		11	9	4		1	1
	主蒸気ライン	32	0	7	22		5	8	18		5	8	18		3	7	21		5	7	0		0	5	2		1	1
	上部ダウンカマー	31	1	3	26		0	5	26		0	5	26		2	12	17		1	12	18		20	6	5		0	0
	下部ダウンカマー	123	2	6	38		2	7	37		42	49	31		0	23	100		1	9	113		28	82	13		0	9
	下部ヘッド	164	0	3	26		1	1	30		78	41	19		21	72	70		14	52	97		25	123	15		0	18
	再循環ループ	37	0	0	29		0	2	29		0	4	31		0	3	34		2	8	27		17	13	7		0	0
	小計	677	19	61	278		61	107	286		175	164	308		43	142	490		43	144	465		212	372	67		60	43
格納容器内	ペデスタルキャビティ	140	0	0	40		0	0	40		0	0	40		69	35	36		54	37	49		24	97	19		67	13
	ドライウェル	105	0	0	50		0	0	50		0	0	50		46	31	28		39	30	36		16	74	15		45	11
	ドライウェルヘッド	33	0	1	28		1	1	30		1	1	30		14	5	14		17	2	14		14	17	2		4	4
	ベントライン/ウェットウェルダウンカマー	40	0	0	36		0	0	36		0	0	36		7	7	26		5	5	30		10	23	7		6	5
	ウェットウェル	40	0	0	33		0	0	34		0	0	34		9	9	22		12	7	21		12	22	6		3	2
	小計	358	0	1	187		1	1	190		1	1	190		145	87	126		127	81	150		76	233	49		125	35
原子炉建屋内	非常用復水器	16	0	9	4		3	2	8		2	2	12		0	2	9		0	4	9		7	9	0		2	1
	原子炉建屋の部屋	65	0	0	10		0	0	10		0	0	10		0	0	11		17	35	13		5	60	0		17	7
	非常用ガス処理系	2	0	0	0		0	0	0		0	0	0		0	0	0		0	2	0		0	1	0		0	0
	オペレーションフロア	30	0	0	9		0	0	9		0	0	9		0	0	9		4	11	15		0	30	0		3	2
	ブローアウトパネル	4	0	0	0		0	0	0		0	0	0		0	0	0		2	2	0		0	3	1		1	1
	使用済み燃料プール	6	0	0	4		0	0	4		0	0	4		0	0	4		0	2	4		3	6	0		0	0
	設備プール	1	0	0	0		0	0	0		0	0	0		0	0	0		0	0	1		0	1	0		0	0
	小計	124	0	9	27		3	2	31		2	2	35		0	2	33		23	56	42		16	108	0		23	10
	合計	1159	19	71	492		65	110	507		178	167	533		188	231	649		193	281	657		304	713	116		208	88

注）重要度レベルでは H：High，M：Medium，L：Low。知識レベルでは K：Known，P：Partially known，U：Unknown。

表 6.30 事象進展解析 PIRT で重要度が高く知識レベルが十分でない現象の整理（例示）

対象	物理領域	現象を大項目に整理	対象	物理領域	現象を大項目に整理
RPV	炉心	ジルコニウム-水反応	PCV	ペデスタルキャビティ	コリウムの移行
		炉心物質の物性			溶融コリウムコンクリート相互作用（MCCI）
		炉心物質間の熱伝達			再臨界
		コリウムと構造間の輻射伝熱			ペデスタル壁の酸化反応
		コリウムの移行			燃料-冷却材相互作用（FCI）
		溶融プール特性			直接格納加熱（DCH）
		コリウムと水の酸化反応			ペデスタル内の水位変化
		デブリベッド特性・挙動			ペデスタル内の構造溶融
		コリウム固化			サンプ室へのコリウム流出
		コリウム溶融			コリウムのペデスタル床上での沈着状況
		再臨界			サンプ内の接続パイプへのコリウム漏えい
		計装配管関連挙動		ドライウェル	格納容器孔からの漏えい
	スタンドパイプ/セパレータ	FP 沈着・堆積			炉心物質/構造間の熱伝達
	ドライヤー	FP 沈着・堆積			ドライウェル水位変化
	上部ヘッド	FP 沈着・堆積			溶融コリウムコンクリート相互作用（MCCI）
	主蒸気ライン	FP 沈着・堆積			直接格納加熱（DCH）
	下部ダウンカマー	漏えいパスでの FP 堆積			クラストの物性と形成/再溶融挙動
		炉心物質間の熱伝達			再臨界
		コリウムと構造材間の輻射伝熱			ドライウェル構造の酸化反応
		コリウムの移行			ドライウェル内部の構造溶融
		燃料-冷却材相互作用			ドライウェル壁からの放熱
		炉心物質の物性		ドライウェルヘッド	ドライウェルヘッドの機械的破損
		コリウム固化			プレートヘッドの圧力喪失
		コリウム溶融			漏えいパスでの FP 堆積
		デブリベッド特性・挙動			直接格納加熱（DCH）
	下部ヘッド	炉心物質/構造間の熱伝達		ベントライン/ウェットウェルダウンカマー	配管の機械的損傷
		デブリベッド特性・挙動			直接格納加熱（DCH）
		構造と溶融金属の酸化反応			ベローズのクラック面積の変化
		コリウムの移行			ベローズからの漏えい
		溶融プール特性			ドライ/ウェットウェル排気ラインの水位変化
		コリウム固化		ウェットウェル	ウェットウェルの機械的損傷
		燃料-冷却材相互作用（FCI）			ウェットウェルからの漏えい
		炉心物質の物性		非常用復水器	ウェットウェルからの漏えい
		コリウム溶融（粒子とクラスト）	R/B	原子炉建屋部屋	機器/人員ハッチでのガス/水漏えい
		再臨界			計装配管でのガス/水漏えい
		コリウムと構造材間の輻射伝熱			ケーブル貫通部でのガス/水漏えい
		コリウムと下部ヘッド間のギャップ形成			排気ラインでの格納容器排気管シートの劣化
		下部ヘッドのクラック形成			格納容器排気管とスタックのガスリフラックス流れ
		下部ヘッドの機械的/化学的損傷			格納容器のガスリフラックス流れ
		制御棒案内管からの物質移行			原子炉建屋内機器の混合と堆積
		SRM/IRM/TIP/ICM からの物質移行		オペレーションフロア	ガス混合と構成比率変化
		コリウムと構造材間の輻射伝熱			水素火炎・爆発
		下部ヘッド材料の溶融		ブローアウトパネル	ブローアウトパネルの開放
		海水影響			
PCV	ペデスタルキャビティ	炉心物質/構造の伝熱			
		デブリベッド特性・挙動			

表 6.31 ソースターム評価 PIRT で同定された現象，重要度レベル，知識レベル（例示）

システム	物理領域（ソースターム放出）または特徴	同定された現象	重要度レベル									知識レベル			H & P or U
			初期			中期			後期						
			H	M	L	H	M	L	H	M	L	K	P	U	
原子炉内	炉心（炉容器内での放出）	16	4	11	1	1	7	8	0	3	13	3	5	8	4
	原子炉容器・配管（炉容器内での移行）	10	1	9	0	1	9	0	0	6	4	9	1	0	0
	計装配管等（炉容器から格納容器への移行）	3	2	0	1	3	0	0	3	0	0	0	3	0	3
	小計	29	7	20	2	5	16	8	3	9	17	12	9	8	7
格納容器内	ペデスタルキャビティ（格納容器内での放出）	2	0	0	2	1	1	0	1	1	0	1	1	0	1
	ドライウェル／ウェットウェル（格納容器内でのエアロゾル挙動）	16	1	6	9	2	14	0	3	11	1	12	4	0	2
	トップヘッドフランジなど（格納容器から建屋への移行）	5	0	0	5	3	0	2	4	0	1	0	4	1	4
	小計	23	1	6	16	6	15	2	8	12	2	13	9	1	7
原子炉建屋内	原子炉建屋（建屋内でのエアロゾル挙動）	2	0	0	2	0	2	0	1	0	1	0	1	0	1
*	ヨウ素化学反応	13	0	5	7	1	11	1	13	0	0	0	11	2	13
*	ヨウ素化学形態	3	0	1	2	0	2	1	3	0	0	1	1	1	2
	合計	70	8	32	29	12	44	14	28	22	19	27	30	13	29

注）重要度レベルでは H：High，M：Medium，L：Low。知識レベルでは K：Known，P：Partially known，U：Unknown。
ヨウ素化学は格納容器及び原子炉建屋で見られるため＊で表記。

キングの重要度レベルおよび知識レベルを整理する必要がある。

　ソースターム評価は環境への放出の観点から事象晩期の方が重要であることから，前項の第3フェーズまでをひとまとめにした。よって，時間フェーズは3分割にし，原子炉スクラムから原子炉容器破損までの早期，原子炉容器破損から格納容器破損までの中期，格納容器破損以降（地震発生から1週間程度）の後期と設定した。プラントシステムの分割は基本的には前項と同様であるが，ソースターム評価に必要なものに限定される。専門家の協力を得て，ブレーンストーミングを行い現象の同定を行った。その結果，70件が抽出された。

　重要度レベルと知識レベルのランク付けを行うため，EURSAFE[6]と同様に専門家による投票を行い整理した。ある閾値を用いてランク付けを行った後，そのランキングについて議論を行い，表6.31に示すようなランキング結果が明示された。重要度が高く（H），知識レベルが十分でない（PまたはU）現象を抽出すると29件に集約された。事象早期では炉心での溶融燃料からの放出が重要度が高いことが示された。事象中期および後期ではガス／エアロゾル挙動，漏えい箇所や移行経路，コンクリートの溶融侵食，ベント操作，ヨウ素化学などが重要であることが明らかとなった。

　本 PIRT の結果を踏まえて，解析コードの高度化のために研究計画が具体化される必要がある。

(5) まとめ

　福島第一原子力発電所でおきたシビアアクシデントで放出されたソースタームを評価するためには，解析コードによるシミュレーションが欠かせない。そのシミュレーションの評価精度を向上させるため PIRT を実施し，課題の抽出を行った。今後，本結果を踏まえて実験も含めて解析コードの高度化のための研究計画が具体化されるべきである。

参考文献（6.8.3）

1) 東京電力福島原子力発電所における事故調査・検証委員会，「最終報告書」（2012年7月23日）．

http://www.cas.go.jp/jp/seisaku/icanps/post-3.html
2) 成合英樹, 杉山憲一郎, 他, 日本原子力学会誌, **39**(9), 739-752 (1997).
3) I. Kataoka, *J. Nucl. Sci. Technol.*, **50**(1), 1-14 (2013).
4) 日本原子力学会,「日本原子力学会標準 原子力発電所の出力運転状態を対象とした確率論的安全評価に関する実施基準（レベル2PSA編）：2008」AESJ-SC-P009：2008 (2009).
5) G.E. Wilson, B.E. Bouyack, *Nucl. Eng. Des.*, **186**, 23-37 (1998).
6) D. Magallon, A. Mailliat, *et al.*, *Nucl. Eng. Des.*, **235**, 209-346 (2005).

6.9 緊急事態への準備と対応

オフサイトの緊急時対応は深層防護の第5層に位置付けられる。国際原子力機関（IAEA）の基本安全原則（SF-1）では，事故の影響の防止と緩和の手段であるオンサイト措置に関する原則8とは別に，人や環境の防護に対する最後の砦として原則9に「緊急事態への準備と対応」が明記されている。その主要な目標は以下のとおりである。

① 現場，地域，国，国際間で効果的な対応ができるように確実に取決めがなされること。
② 合理的に予測可能な事象に対して確実に放射線リスクを軽微なものとすること。
③ 人や環境への影響を緩和するための実行可能な手段を講じること。

わが国の原子力防災システムは「災害対策基本法」（以下「災対法」）とそれを補完する「原子力災害特別措置法」（以下「原災法」）を頂点とし，防災基本計画で各関係機関の責務と役割が明確化され，法的整備がなされてきた。原子力安全委員会（以下「原安委」）の「原子力施設等の防災対策について」（以下「防災指針」）は防災基本計画で専門的・技術的事項について十分尊重されるものとして規定され，国，地方公共団体，事業者が原子力防災に係る計画を策定する際および緊急時において防護対策を実施するための指針として位置付けられた。そして，防災基本計画および防災指針に基づいて，立地地域の地域防災計画が整備されるという構図ができあがっていた。

しかしながら，緊急時において住民の健康を防護するための最も重要な防護措置についての明確な運営の考え方（concept of operation）は，これまでどこにも示されていなかったといってよい。防災指針には「防災対策を重点的に充実すべき地域の範囲（EPZ）」，「通報基準（原災法10条）および緊急事態判断基準（原災法15条）」，および「防護対策のための指標（避難等の介入レベル）」という技術的な指針は示されているが，どのように防護措置を実行していくのかという基本的考え方，手順が示されていない。わずかに防護措置実施の考え方に当たるものは，「屋内退避若しくはコンクリート屋内退避あるいは避難という防護対策を実際に適用する場合は，上記指標に応じて異常事態の規模，気象条件を配慮した上，ある範囲を定め，段階的に実施されることが必要である」と記載されているに過ぎない。また，平成19年（2007年）5月にIAEAなどの国際的動向を踏まえた防災指針の見直しが行われた際も，「放射性物質の放出前又は放出後直ちに，地域の実情や異常事態の態様および今後の見通し等によっては，予防的に屋内退避あるいは避難等の対策を実施することも有効である」と付け加えられただけで，どのような措置を優先するのか，また具体的な防護措置実施の運営の考え方は明確にされなかった。

また，わが国では米国のスリーマイル島（TMI）事故は起こり得ても，チェルノブイリのような

事態には至らないというのが防災の基本とされ，実質的に格納容器破損に至るようなシビアアクシデントに相当する緊急事態への備えと対応は整備されてこなかった。したがって，今回の事故で実施された計画的避難のような一時的移転という長期的防護措置の検討もなされていなかった。ここから，以下の教訓が導かれる。

【教訓 1】 TMI，チェルノブイリ，ゴイアニア（ブラジルにおける放射線源事故），JCO などこれまでの事故と同様，緊急事態対応の失敗は，そのような緊急事態は起こり得ないとして，事業者も規制側も準備段階で十分な整備を怠ってきたことが主たる要因である。

以下では，今回の事故で露呈した緊急事態への準備と対応に関する様々な課題の中から，6.9.1 項では放射線防護の観点から見た緊急防護措置実施の考え方，課題について検討する。緊急時対応の時間的推移に沿って，特に避難などの緊急防護措置，飲食物に関する制限措置および緊急防護措置の解除と長期的防護措置について分析する。6.9.2 項では事業者，地方公共団体，国の責務・役割の明確化を含む緊急事態の管理と運営の課題について検討する。各々の課題については，導かれた教訓も記す。最後に，6.9.3 項ではサイト外における防災対策以外の緊急時対応に関する課題をまとめる。

6.9.1 緊急防護措置

緊急事態への対応では，関係機関が緊急事態の時間的推移に対して一貫した共通の意思決定のスキームを策定することが重要である。緊急事態の時間的推移に従った各段階における緊急事態管理の考え方を図 6.30 に示す。緊急事態は準備，対応および復旧の三つの段階に大別でき，対応段階はさらに初期における初期対応と危機管理，中期における影響管理と復旧への移行に区分できる。初期の対応段階では，得られる情報も少なく不確かさが大きいので，あらかじめ決められた迅速な対応が求められる。ステークホルダーとの調整は事前の準備段階に済ませておく必要がある。時間の経過とともに情報量も増してくるが，影響管理や復旧への移行期ではステークホルダーとの調整が重要な要素となる。国際放射線防護委員会（ICRP）2007 年勧告で示された緊急時被ばく状況の考え方は初期および中期の対応段階に適用し，現存被ばく状況の考え方は晩期に当たる復旧段階に適用できる。以下では，福島第一事故対応における特に危機管理と影響管理の課題を分析する。

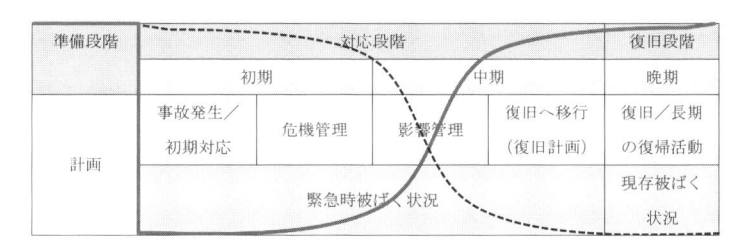

準備段階	対応段階			復旧段階
	初期		中期	晩期
計画	事故発生／初期対応	危機管理	影響管理	復旧へ移行（復旧計画）	復旧／長期の復帰活動
	緊急時被ばく状況			現存被ばく状況

図 6.30 緊急事態管理の時間的推移と緊急事態の各段階

[OECD/NEA, Strategic Aspects of Nuclear and Radiological Emergency Management, OECD, Paris, France（2010）から引用した図に，情報量またはステークホルダー関与（太線）と，不確かさ（点線）を追加した]

250　　6　事故の分析評価と課題

(1)　予防的緊急防護措置の防護戦略と課題

　JCO 事故以降，頻繁に行われることになった防災訓練においては，ERSS（事故進展と放出量などのソースターム予測）と SPEEDI（環境中における被ばく線量予測）という緊急時計算予測システムによる予測結果に基づいて，避難や屋内退避の緊急防護措置を決定するスキームが定着していた。計算予測システムから得られる予測線量（projected dose）*を防護措置実施の指標（介入レベル），たとえば屋内退避では実効線量で 10 mSv，避難では 50 mSv と比較してその範囲を特定し，避難などの対策を指示する枠組みである。これによって，防災関係者に緊急事態対応における計算予測システムの信仰が醸成されることになった。しかしながら，実際には防災基本計画および原子力災害対策マニュアル（事故当時，一般には非公開）では，計算予測システムを所管する原子力安全・保安院および文科省における，それらの運用の役割を規定し，防災指針においては，「防護対策をとるための指標は…予測線量として表される。予測線量は，異常事態の態様，放射性物質又は放射線の予想される又は実際の放出状況，緊急時モニタリング情報，気象情報，SPEEDI ネットワークシステム等から推定されることとなる」とあるだけで，具体的に防災訓練で実施しているような使い方を規定しているわけではなかった。福島第一事故では，東京にある各システムは独立には起動されたが，地震による通信系統の途絶などにより原子炉の状態などに関する情報が入手できず，ERSS からのソースターム情報が SPEEDI に提供されなかったことから，『政府事故調報告書』では本来の機能を活用できなかったとされている。SPEEDI の問題が事故後大きく取り上げられたが，そこには避難などの緊急防護措置実施の意思決定における予測システムの役割という技術的問題と，大気中の放射性核種濃度分布や線量分布の予測結果の一般への公表の問題が混在している。ここでは，特に前者の視点から予防的緊急防護措置の防護戦略を分析する。

　地震発生約 6 時間後の 11 日 20 時 50 分に，まず福島県によって半径 2 km 範囲の避難指示がなされた。その直後の 21 時 23 分に政府は半径 3 km 範囲の避難と 10 km 範囲の屋内退避を指示し，翌 12 日 5 時 44 分には半径 10 km 範囲に避難を拡大するという，比較的早い段階で住民に対する予防的な緊急防護措置がとられた。これらの指示は，1 号機の冷却機能の喪失，格納容器の圧力上昇の判断から行われた。また，1 号機原子炉建屋の水素爆発後の 12 日 18 時 25 分には，複数炉の同時災害のリスクに備え，半径 20 km に避難範囲が拡大し，15 日午前の 2 号機および 4 号機での事象後の 11 時には 20〜30 km 範囲の屋内退避が指示された。これらの緊急防護措置は事前の準備がない中で行われたため，その実施時期，実施範囲が十分な根拠に基づいたものではなかったが，5.2.3 項で述べたように幸いにも結果的には住民に確定的健康影響を生じさせるような甚大な被ばくを与えることは回避できたと考えられる。

　ソースターム情報のない SPEEDI では，6.8.2 項にあるように放射性核種の単位放出量を仮定した解析や一定の事故シナリオに基づく解析が実施され，その結果は各対策本部や原安委に配信された。SPEEDI の予測結果が公表されないことが社会的な問題となった。3 月 12 日に避難指示を受けた半径 20 km 圏内の住民の一部が，福島第一サイトから北西方向 20 km 圏外の避難所に移り，3

---

　*　予測（projected）線量とは，何の措置も講じなければ受けると予想される線量で，予測システムによる予測（predict）とは異なる意味であるが，しばしば誤解される。

月 15 日の午後にその方面が重大な汚染を被ったことから，SPEEDI 予測結果の非公開（3 月 23 日に原安委が初めて公表）が無用な被ばくを引き起こしたというものである．しかし，3 月 23 日に公表された SPEEDI の結果は，すでに得られていた環境モニタリングの結果から逆にソースターム情報を推定し，そのソースタームを用いた再現計算であったが，その計算結果があたかも 3 月 15 日より前に予測された SPEEDI の計算結果であるとの誤解に基づいたものであったというのが真相である．

　5.2.2 項で述べたように 3 月 15 日の福島県の気象条件は複雑に変化した．未明から朝にかけて浜通りでは北寄りの風，それが正午にかけて時計回りに東寄りに変わり，午後は南東の風が支配的となった．さらに，夕刻には北から降雨となり夜遅くには県全体が雨やみぞれ，雪模様となる．発表されている SPEEDI の 15 日未明から一定放出を仮定した計算は，図 6.29（241 ページ）に示したようにプルームの移動方向や沈着状況を比較的正確に推定している．しかしながら，放出のタイミング，放出の時間的変化が分からない状況で，一定の放出を仮定したもとでのプルームの拡散方向の予測のみから，周辺の特定地域の住民（多くは 20 km 以上，すでに避難していた）に次の的確な防護措置を指示することは困難である．20 km 付近での線量レベル，被ばく経路の寄与が分からない状態で，ただ単にプルームの拡散方向の予測結果をもとに防護措置を勧告することはできない．

　政府が事故後の平成 23 年（2011 年）6 月の IAEA 閣僚会議に提出した報告書に記載されたシビアアクシデント解析コード MELCOR によるソースターム解析情報に基づいて，原子力機構で開発した確率論的安全評価（レベル 3PSA）コード OSCAAR で Cs-137 の汚染分布を推定した結果，および平成 24 年（2012 年）12 月に開催された「原子力安全に関する福島閣僚会議」のサイドイベントで報告された同様の結果を図 6.31 に示す．主に 2 号機からと推定される 15 日の大量放出の放出時期，放出の時間変化が MELCOR などのシビアアクシデント解析コードでは，依然として十分解明できていないため，北西方向の汚染分布を再現していない．このように，事故後に得られた様々な情報を分析してさえも，放出のタイミング，放出量の時間変化，核種組成，放出位置などの正確なソースタームを再現することは非常に難しい．さらに，防護措置が必要となるような放出は長期間にわたって続き，風や雨などの気象条件の変動により複雑な沈着分布に至るため，線量評価にも

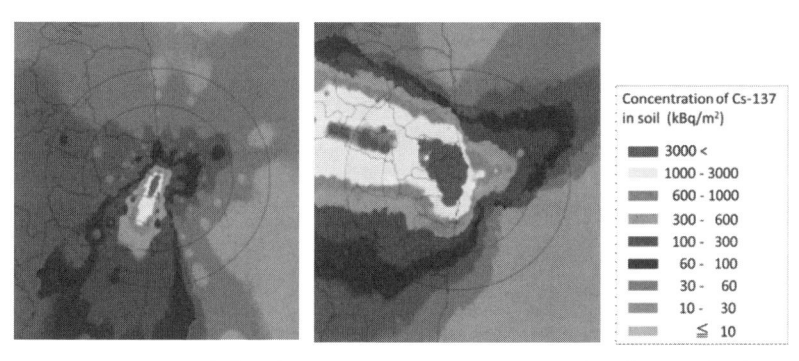

図 6.31　Cs-137 汚染分布の OSCAAR コードによる再現計算（口絵 23 参照）
［左図は平成 23 年（2011 年）6 月の IAEA 閣僚会合に提出した政府報告書に記載されたソースターム解析情報を，右図は平成 24 年（2012 年）12 月に開催された「原子力安全に関する福島閣僚会議」のサイドイベントで報告されたソースターム情報を基に計算］

大きな不確かさが伴う。このような現実はチェルノブイリ事故でも経験した。被ばくを最も効果的に避けるには，放射性物質の環境放出前の迅速な避難が必要である。ソースターム評価および環境影響評価の不確かさを考慮すると，事故初期の情報が不足した中で迅速な判断を求められる危機管理段階において，緊急防護措置の意思決定をこのような計算予測システムに基づいて行う枠組みはIAEAなどの国際標準からも外れる。ここから以下の教訓が導かれる。

【教訓2】 緊急防護措置の実施にあたっては，施設の状態に関してあらかじめ決められた判断基準に基づいて，あらかじめ決められた範囲の予防的防護措置が放射性物質の環境への放出以前に迅速に実施できるような準備を確立しなければならない。

放出後や影響管理の段階では，迅速な環境モニタリングによる測定結果と環境で測定可能な量（線量率，放射性核種濃度など）で定義された運用上の介入レベル（OIL）の判断基準で追加的な緊急防護措置を実施する枠組みが有効である。その際，計算コードによる推定も一つの参考情報となる。また，今回の事故のように計算コードを用いてモニタリング情報から放出源情報を逆推定し，個人モニタリングなどの重点的なモニタリング実施範囲の特定などに活用できる。実際の事故時には，一つのツールのみに過度に依存することなく，その時点で広く見られる状況を様々な情報から専門的知見に基づいて判断できる実効的な体制を構築しておくことが重要である。

チェルノブイリ事故でも明らかになったように，初期の危機管理段階で重要な緊急防護措置の一つに安定ヨウ素剤の予防服用がある。安定ヨウ素による甲状腺ブロックは，放射性ヨウ素の甲状腺への取り込みを防ぐ。したがって，甲状腺が受ける線量を最大限低減させるためには，放射性ヨウ素の体内摂取前，また後でも可能な限り早く安定ヨウ素を投与しなければならない。『政府事故報告書』によれば，現地対策本部は3月12日の13時15分に県および関係町に安定ヨウ素剤の避難所への搬入準備の確認や薬剤師などの確保の指示を出している。また，原安委も3月13日午前の段階で現地対策本部のスクリーニングレベルに関する意見照会に対して，スクリーニングの結果が10,000 cpmを超えた場合には安定ヨウ素剤を投与すべきとするコメントを原災本部事務局（ERC）に送付している（しかし，このコメントは実際には現地対策本部に伝わらなかった）。このように，比較的早い段階で服用準備の着手がなされたが，実際には20 km圏内の住民はほとんど安定ヨウ素剤を服用しないで避難した。原安委からは3月15日に20 km圏の避難地域の入院患者に対して，16日には同避難地域の残留者に対して，避難時における安定ヨウ素剤投与の助言を行ったが，県は避難地域には対象者がいないことを確認済みとして服用指示を行っていない。その一方で，三春町や一部の市町村では独自の判断で安定ヨウ素剤の配布・服用指示を決定し実施したところもあった（三春町では，3月15日薬剤師立ち会いの下で対象者の95%に配布を行ったとされている）。

こうした安定ヨウ素剤の予防服用の混乱は，避難と同様，緊急防護措置の一つとしてどのように実施していくかの具体的な運営の考え方が計画段階で明確にされていなかったことが大きな要因と考えられる。防災指針には，屋内退避や避難を補完する対策という位置付けで，予防服用に係る指標として小児甲状腺等価線量100 mSvの介入レベルが示されている。予防服用を実効性のあるものとするための具体的な提案は「原子力災害時における安定ヨウ素剤予防服用の考え方について」

(平成14年（2002年）4月原安委原子力施設等防災専門部会）に示されたが，地域防災計画に十分反映するまでには至らなかった。特に，迅速性が最も重要であるにもかかわらず，その指示がオフサイトセンターから原災本部，原災本部長から現地対策本部，道府県知事，住民という流れであり，現場よりも国の最終的な決定を重視する構図が災いしている。

政府が3月15日に実施した20～30 km範囲の屋内退避措置も大きな混乱を招いた。プラント状態の見通しが十分得られないなか，生活基盤の喪失など長期間にわたる屋内退避措置の困難が現実化し，25日には自主的避難を要請する事態に至った。これまでの緊急時計画では，被ばくレベルが高い区域に避難措置を指示し，その外側の一定の範囲は屋内退避という計画が一般的であったが，今回の事故で，屋内退避は非常に難しい判断を要する措置であることが明らかとなった。自宅などへの屋内退避は迅速に実行可能で，新たな指示などの情報にも容易にアクセスできるという利点がある。一方で，建屋の構造によっては高い被ばく低減効果は期待できないし，食料の確保などを考えると長期の屋内退避は現実的でない。基本的に短期的に放出された放射性物質からの被ばくを一時的に低減させるための措置であり，その後の状況によって早急な解除あるいは避難への移行が求められる。屋内退避，避難，一時的移転，安定ヨウ素剤予防服用といった防護戦略全体の中で各防護措置の実施手順を事前に十分に検討しておく必要がある。

以上のように，福島第一事故では緊急防護措置は事前の防災訓練で習熟した枠組みとは違った形で実施された。住民への情報伝達，事前計画にはないEPZを超えた広範囲にわたる避難，長期の屋内退避の実施は住民に多くの混乱を与えた。しかしながら，これまでのところ5.2.3項で述べたように，幸い一般公衆に確定的影響のしきい値を超えるような大きな被ばくをもたらす結果に至らなかったと考えられる。一方で，事故当時20 km圏内の病院や介護施設に取り残された要支援者の過酷な環境下での劣悪な移送に伴い多くの人命を失う結果となった。緊急時計画においては，病院，刑務所などの特殊な施設についての避難手段などに特別の配慮が必要なことは自明である。東海村の「ウラン加工工場臨界事故調査委員会」報告においても，災害弱者に対する対応を含めた防護措置のあり方について検討することが対策・提言で指摘されたが，ここでも十分な事前準備がなされていなかった。

【教訓3】 病院などにおける要支援者の安全な避難のための事前準備が必要である。屋内退避は避難や移転が安全に実施可能となるまでの短期間のみ実施すべきである。

(2) 飲食物に対する防護戦略と課題

3月14日夜半から16日未明にかけての放射性物質の大気中への大量放出により，広範な飲食物の汚染が生じた。汚染した飲食物の摂取による被ばくは，内部被ばくという住民の懸念とともに風評被害という社会的な影響ももたらす。したがって，飲食物に関連した防護戦略をいかに合理的に考えていくかは重要な課題である。汚染された飲食物の出荷制限あるいは摂取制限には，時間軸に沿って二つの課題がある。

一つの課題は，特に放射性ヨウ素，テルルなどの短半減期核種の寄与が大きいと考えられるプルーム通過後の早い時期での迅速な出荷・摂取制限である。避難措置がとられた20 kmの圏外で

は，3月16日に水道水，牛乳，葉菜などに原安委の飲食物摂取制限の指標を超える高いレベルのヨウ素-131が検出された。しかしながら，食品安全に管轄権をもつ厚生労働省（以下「厚労省」）では，それまで放射能に関する規制値を定めていなかったため，3月17日に原安委の飲食物摂取制限に関する指標を暫定制限値として定める。

図6.32に福島県，茨城県および東京都で3月16日以後に検出された水道水中のヨウ素-131濃度の時間変化を示す。3月15日に大気中に大量放出されたヨウ素-131を含む放射性物質は乾性沈着および降水による湿性沈着で地表面に降下した。特にヨウ素-131は雨水とともに短期間に河川に流入し水道原水に流入したと考えられるが，ヨウ素-131の崩壊を含め濃度の実効的半減期は約2.8日と比較的早い減少傾向を示した[1]。厚労省は3月19日に「福島第一・第二原子力発電所の事故に伴う水道の対応について」，同21日に「乳児による水道水摂取に係る対応について」という通知を健康局水道課長名で出し，暫定規制値を超えた場合，水道事業者に対し飲用を控える広報を行う

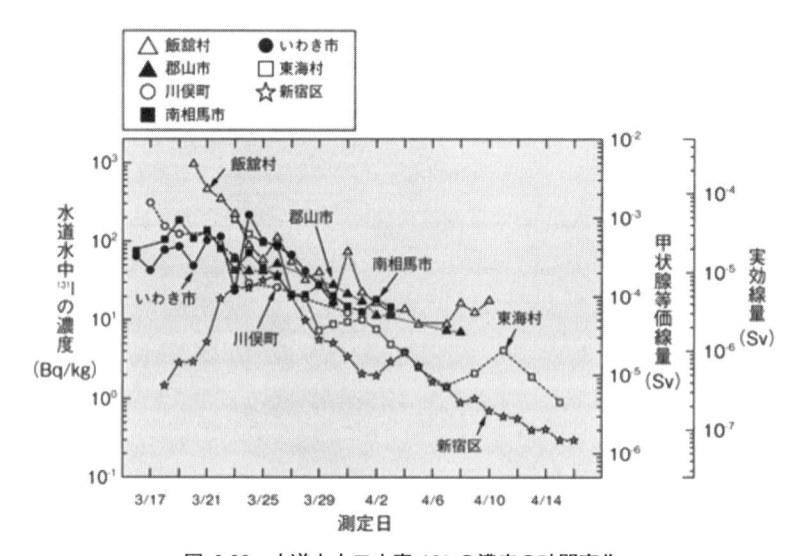

図 6.32 水道水中ヨウ素-131の濃度の時間変化

［木名瀬栄，木村仁宣，高原省五，本間俊充，日本原子力学会和文論文誌，10(3), 149-151 (2011)］

表 6.32 水道水の摂取制限と回避された甲状腺等価線量

管轄地域	開始日	解除日	乳児に対する回避甲状腺等価線量（mSv）
飯舘村，福島県	3月21日	5月10日	8.3
郡山市，福島県	3月22日	3月25日	0.51
川俣町，福島県	3月22日	3月25日	1.1
南相馬市，福島県	3月22日	3月30日	1.7
いわき市，福島県	3月23日	3月31日	2.9
東海村，茨城県	3月23日	3月26日	2.1
新宿区，東京都	3月23日	3月24日	0.13

［木名瀬栄，木村仁宣，高原省五，本間俊充，日本原子力学会和文論文誌，10(3), 149-151 (2011)］

よう対応をとった．表 6.32 に示すように，各自治体によるこの乳児の水道水摂取制限により，最大で飯舘村では約 8 mSv の甲状腺等価線量が回避できたと推定されている[1]．図 6.32 のように水道水中のヨウ素-131 の濃度の時間変化は汚染状況，気象条件，取水環境などの地域性を反映して一律ではないが，3 月 16 日の検出から摂取制限まで 5 日を要しており，この間の水道水摂取によりヨウ素-131 の取込みがあったと考えられる．水道水のように人が直ちに直接摂取できる環境にある場合，より迅速な対応によって無用な被ばくを避けることが重要である．それには，測定に時間を要する放射性核種濃度の指標による摂取制限の判断ではなく，放射性プルームの通過あるいは地表沈着による空間線量率の上昇を指標とした迅速な判断が有効と考えられる．今回の事故では，ヨウ素-131 の暫定規制値（乳児 100 Bq/kg，成人 300 Bq/kg）を超えたため福島県，茨城県，千葉県，東京都，栃木県の 20 の水道事業が乳児の摂取制限，福島県飯舘村簡易水道事業が一般住民の摂取制限に至った．飯舘村簡易水道事業では，3 月 21 日の摂取制限開始から乳児に対しては 5 月 10 日まで，一般住民に対しては 4 月 1 日まで摂取制限が続いたが，他の水道事業では最大で 9 日間，多くは 2〜3 日で制限が解除された．これは水道中のヨウ素-131 濃度が，上記のように比較的早い減少傾向を示したためである．一方，放射性セシウムは暫定規制値（200 Bq/kg）を超えるレベルには至らなかった．これは，セシウムは地表表層の土壌に吸着し残留する割合が大きいこと，強い降雨などにより一部懸濁物質として河川に流入しても水道施設の凝集沈殿などの浄水処理工程によって除去されたことに起因すると考えられる[2]．

チェルノブイリ事故における小児の甲状腺がん増加は，旧ソ連政府による飲食物摂取制限措置の遅れが主たる要因で，特にミルクの消費によるヨウ素-131 の取り込みが主たる被ばく経路と考えられている．福島第一事故においても，3 月 16 日には土壌で最大 151 kBq/kg，雑草で最大 1,440 kBq/kg の非常に高いヨウ素-131 濃度を検出し，16 日には原乳や葉菜（ホウレンソウ）に暫定規制値を超えるヨウ素-131 が検出された．原安委では 3 月 17 日には対策本部に地物の摂取禁止を助言しているが，厚労省による出荷制限措置は 3 月 21 日であった．ここでも水道水と同様に防護措置実施の判断の遅れがある．どのようなプロセスで判断の遅れが生じたかは明確でないが，飲食物の出荷・摂取制限は内部被ばく低減の有効な手段である一方，風評被害をもたらす懸念があることも一因と考えられる．これは，対策範囲の決定でも問題となる．当初，行政区分で広範な領域を設定していた自治体は 4 月 4 日の原子力災害対策本部（以下「原災本部」）による「検査計画，出荷制限等の品目・区域の設定・解除の考え方」に基づき，より区分化された行政領域を設定し，風評による影響を避けようとした．

原安委の防災指針に記載された飲食物摂取制限に関する濃度指標は，原災本部などが飲食物の摂取制限措置を講ずることが適切であるか否かの検討を開始する目安とされている．しかしながら，無用な被ばくを避ける意味でも飲食物摂取制限を迅速に判断するためには，飲食物中の濃度をもとにするのではなく，IAEA が安全指針（GSG-2, 2011）で提案しているように空間線量率による OIL を準備し，一時的に汚染食物の摂取を制限し，その後に濃度の測定に基づき濃度を指標とした OIL で出荷・摂取制限を講じる 2 段階の手順とすべきであろう．

飲食物の出荷・摂取制限のもう一つの課題は，放射性セシウムを代表とする長期的な内部被ばく

の影響を防護するための飲食物の制限レベル設定の考え方である．チェルノブイリ事故においても，当時旧ソ連保健省は食品や飲料水中の放射性核種の暫定許容レベル（TPL：temporary permissible levels）を導入した．昭和61年（1986年）のTPLレベルは事故の最初の1年間に対して公衆の平均全身線量の制限値100 mSvのうち内部被ばくに割り当てた50 mSvに対応した放射性核種濃度であった．それが，昭和63年（1988年）のTPL-88では基準線量が8 mSv，平成3年（1991年）のTPL-91では5 mSvに低減された．旧ソ連およびその後のウクライナ，ベラルーシ，ロシア3国における基本的な政策は，放射性核種の崩壊と土壌中における核種の浸透および固定化による環境の改善に従って，放射線影響の判断基準（線量）とTPLの数値を低減していくことであり，TPLを下げることによって食品の生産者に対して放射性核種の含有量を低減することを強いた．TPLの値は住民における内部被ばく低減の要求と制限区域における農産物生産を維持する必要性とのバランスを考慮して専門家によって設定された．

　福島第一事故においては，厚労省は暫定規制値を定めた後，食品安全委員会の食品健康影響評価書（平成23年（2011年）10月27日）を踏まえて薬事・食品衛生審議会の放射性物質対策部会で議論し，平成24年（2012年）4月1日から施行する長期的な観点からの新たな基準値を設定した．飲食物の制限に係る判断指標は一般に誘導介入レベルと称して以下で算定される．

$$DIL = \frac{RL}{f \times I \times DF}$$

ここで，DILは誘導介入レベル（Bq/kg），RLは基準となる線量レベル（mSv），fは汚染割合，Iは摂取量（kg），DFは経口摂取の線量換算係数（mSv/Bq）である．野菜，穀類および肉・卵・魚/その他に対する放射性セシウムの暫定規制値500 Bq/kgが，新基準では一般食品に対して100 Bq/kgと1/5に低減したのは，基準となる年間の食品摂取からの被ばくに対する介入の年線量レベルRLが5 mSvから1 mSvになったことによる．新基準設定における厚労省の見直しの考え方によると，暫定規制値で安全は確保されているが，より一層の食品の安全と安心を確保する観点から，年間5 mSvから1 mSvに参考とする基準値を引き下げたとしている．これは，① 食品の国際規格を作成しているコーデックス委員会が年間1 mSvを用いていること，② 現状のモニタリング結果から，食品からの検出濃度が時間の経過とともに相当程度下降傾向にあることを理由としている．新基準がもとにした食品安全委員会の食品健康影響評価の考え方は，食品の摂取に伴う人の健康へ及ぼす影響について評価を行うもので，緊急時であるか平時であるかによって基準が変わるものではないと述べているように，本質的に平時の食品安全の考え方である．一方，①で参照しているコーデックス委員会の基準は原子力発電所事故後の食品の輸出入に係る国際規格でその目的が異なる．また，②の理由はチェルノブイリと同様，生産者に対してさらなる放射性核種の含有量の低減努力を促すようにも読み取れる．

　ICRP 2007年勧告の放射線防護の考え方では，ここで問題としている飲食物摂取制限のような個々の防護措置の実施は，本来様々な防護措置からなる防護戦略全体の最適化のプロセスの中で検討すべき課題である．その際，以下の観点からの十分な検討が必要である．

・摂取制限による放射線影響の回避と栄養の観点も考慮した代替品の確保

- 基準となる線量レベル設定において考慮すべき経口摂取線量の寄与
- 食習慣（摂取量 I）および汚染割合 f の現実的評価
- 消費者の食品安全と被災地における生産者の状況

輸出入に係るコーデックスの国際規格では汚染割合を 0.1 としているが，原安委の飲食物摂取制限指標では国内における事故後の介入の観点から 0.5 を採用している。厚労省の新基準は通常の食品安全の考え方をとっているにもかかわらず，原安委の指標と同様に 0.5 を採用しているため，誘導介入レベルが国際的にみてもきわめて厳しい基準となってしまった。しかしながら，食品安全は一般公衆にとって日常の最も関心の高い問題である。今回の事故では，食品安全に係る消費者の選択と長期的制限による地域生産者や経済への影響という問題の構図に，ゼロリスクを求める消費者に呼応した流通業者が介在し，さらに内部被ばくに対する懸念が問題を複雑にしている。

【教訓 4】 初期対応の危機管理段階における飲食物に関する制限には，空間線量率などの迅速に得られるデータを参照する運用上の介入レベル（OIL）を準備すべきである。

【教訓 5】 長期的な飲食物に対する制限については，被災地の現実的な状況を考慮に入れ，防護戦略全体の最適化のプロセスの中で検討すべきである。

(3) 緊急防護措置の解除と長期的防護措置実施

原災本部長による 4 月 22 日の正式な計画的避難区域および緊急時避難準備区域の設定については 5.2.3 項に，その後の緊急防護措置の解除と長期的防護措置への移行については 5.2.4 項に述べた。事故当時，防災指針には一時的移転などの長期的防護措置に対する指標がなかった。福島第一事故前，平成 19 年（2007 年）に原安委の防災指針検討ワーキンググループにおいても一部議論はされたが，今後の検討課題として「長期的な防護対策については，チェルノブイリ事故の例を挙げるまでもなく，短期的な防護対策と比較し，その実施の判断に係る関係者が非常に多岐にわたり，複雑な側面を有していることに留意すべきである」と記載されるに留まった。

平成 23 年（2011 年）の事故当時，国際的にはすでに ICRP 2007 年勧告が出され，放射線防護はそれまでの行為と介入というプロセスに基づいたアプローチから，計画被ばく・緊急時被ばく・現存被ばくといった被ばく状況の特性に基づいたアプローチへと展開している状況にあった。平成 21 年（2009 年）には，ICRP 勧告 Pub. 109「緊急時被ばく状況における人々の防護のための委員会勧告の適用」および Pub. 111「原子力事故又は放射線緊急事態後における長期汚染地域に居住する人々の防護に対する委員会勧告の適用」が刊行された。また，その考えを基礎に IAEA が放射線防護の安全要件である基本安全基準（BSS）の改訂案 5.0 をまとめたのが平成 23 年（2011 年）3 月 21 日であり，安全基準委員会（CSS）で承認されたのが 5 月という時期でもあった。

緊急時および現存被ばく状況における防護の基本的考え方の中心は，緊急事態において個々の防護措置の効果を回避線量で評価する代わりに，すべての被ばく経路とすべての防護措置を考慮に入れて，防護戦略全体を考える中で残存線量に基づいて最適な一連の防護措置を決定するという新しいアプローチである。これは，単独の防護措置を考えるだけでは十分な防護を確実にすることが難しい場合にも，全体として最善の対応ができることを目的としたものである。しかしながら，事故

当時，防災指針などはそれ以前の ICRP 1990 年勧告およびそれに基づく IAEA の改訂前の BSS を基にしていたため，計画的避難区域の設定に当たっても，当初は回避線量に基づく避難の防護指標である 50 mSv を参照して追加的防護措置が必要かどうかの検討がなされていた。

最終的に原安委は 3 月 21 日の ICRP からのメッセージを考慮して，4 月 10 日に計画的避難（一時的移転）の実施および屋内退避の解除（緊急時準備区域への移行）を助言した。計画的避難範囲は，ICRP 2007 年勧告の緊急時被ばく状況の考え方に基づいて，防護の最適化のための参考レベル 20～100 mSv（残存実効線量）のバンドから年間 20 mSv を選択し，それを超えると予想される地域の住民に一時的移転を要請したものである。このように，事故以前に長期的な防護措置の検討を怠っていたこと，緊急時に適用する国際的な放射線防護の考え方が変わり，関係者の十分なコンセンサスを得るのに時間を要したことなどが原因で，追加的防護措置の実施が遅れた。さらに，長期的な防護措置の実施には一時的移転を強いられる住民との対話も必要となるため，政府は関係自治体との協議にも時間をかけなければならなかった。5.2.3 項で述べた県民健康管理調査による外部被ばく積算実効線量結果の比較的高い線量は，主に計画的避難区域の住民にもたらされていることからも，意思決定の遅れが指摘できる。3 月 30 日には，IAEA では独自に福島第一事故用に避難の OIL を修正し，日本政府に慎重な評価を求めている。ここにおいても，環境への放射性物質の放出後における緊急防護措置実施の判断が，環境で測定可能な量で示される OIL と環境モニタリングによって迅速に行われる枠組みの重要性が明らかとなった。

【教訓 6】 緊急防護措置と長期的防護措置の実施，および通常生活への復帰まで含めた対応の考え方と判断基準を，緊急事態への準備段階において確立していなければならない。想定される範囲の緊急事態の状況と対応する防護措置に対して，放射線防護の原則を適用するためのガイダンスをあらかじめ確立していなければならない。

【教訓 7】 緊急時における意思決定の指針として，運用上の介入レベル（OIL）は非常に重要である。OIL については，より詳細な国際的なガイダンスが必要である。

参考文献（6.9.1）

1) 木名瀬栄，木村仁宣，高原省五，本間俊充，日本原子力学会和文論文誌，10(3), 149-151 (2011).
2) 厚生労働省・水道水における放射性物質対策検討会，「水道水における放射性物質対策，中間とりまとめ」（平成 23 年 6 月）.

6.9.2 緊急事態管理と運営

IAEA の GS-R-2, 包括的要件 3.15 項には，緊急事態に対する準備段階においては「脅威の評価では，すべての範囲の想定事象を考慮しなければならない。脅威の評価では，原子力又は放射線の緊急事態と，地震のような通常の緊急事態の組み合わせを含む緊急事態を考慮しなければならない」とある。格納容器が健全であれば，避難などの緊急防護措置が必要となる可能性は十分低いとはいえ，格納容器の健全性が失われるような緊急事態への備えを怠ってきたこと，新潟県中越沖地震を経験していながら地震との複合災害への備えを怠ってきたことが，今回の事故では事業者，地

方公共団体，国すべての機関の不十分な緊急時対応として現れた。

原安委ではこれまで何回か立地審査指針の見直しが試みられ，その度に立地とアクシデントマネジメント，防災の位置づけについて議論が行われてきた。平成 15 年（2003 年）の「安全審査指針の体系化について」では，「防災計画は，災対法に基づき…，災害を未然に防止し，あるいは，放射線による影響を実行可能な限り低減させるべく最も有効な臨機の措置を国，地方公共団体等がとることを目的として念のために定められているものである。防災対策は，原子炉施設の安全性確保のためにとられている技術上の深層防護および公衆からの離隔（「災害の防止上支障がない」ことは，ここまでで担保されている）の外側に位置するものであり，広義の深層防護の一環をなしているものと考えるべきものである。したがって，防災計画は，炉規法に基づく安全規制とは独立に準備される行政的措置であり，設置許可における立地条件の適否の判断の要件として考慮すべきではないと考える」と位置付けている。同時に同文書では，アクシデントマネジメントについても，「原子炉等規制法」（以下「炉規法」）による設置許可条件に係るものではなく，「運転安全」に係る措置で設置者の自主保安として位置付けていた。このようにわが国においては，（オフサイトの）防災計画は炉規法とは別の災対法で位置付けられ，JCO 事故後問われた事業者の責務の明確化は，防災業務計画の作成など原災法に位置付けられた。ここには，国と地方公共団体はオフサイト計画，事業者はオンサイト計画のみという明確な仕分けがある。一方，諸外国では，少なくとも事業者によるオンサイトの防災計画は施設の許認可事項である。また，米国では原子力規制委員会（NRC）による施設の許認可の前に，連邦緊急事態管理庁（FEMA）がオフサイトの地域防災計画をレビューし NRC に指摘事項を提供するシステムが確立している。わが国においても，こうした防災計画の準備段階におけるチェックとレビューをより確実にする必要があろう。

さらに，JCO 事故における国の初動対応の不備への反省から，原災法では緊急事態に対する国による集中的な管理が前面に出ている。こうした責務また役割の分担は，図 6.30 に示した緊急事態管理の時間的推移から考えると逆行している。今回の事故では事業者による原災法第 15 条通報から原災本部長による原子力緊急事態宣言まで 2 時間 18 分を要し，さらに最初の避難実施の指示まで 2 時間 20 分を要している。情報が少なく不確かさが大きい初期の危機管理の段階では，発災現場に近い事業者と地方公共団体が連携し，あらかじめ決められた手順で現地の判断で迅速に緊急防護措置を実行していく枠組みを確立していく必要がある。そのためには，原子力規制委員会で新たに策定された原子力災害対策指針で明確にされたように，事業者は異常事態の通報や緊急事態区分の設定，および緊急事態区分を決定するための判断基準である緊急時活動レベル（EAL）の設定を行うだけでなく，住民に対する緊急防護措置の必要性の判断や助言といった地域防災計画との境界に踏み込んだ役割（地方公共団体との調整機能）を今後検討していく必要があろう。

原子力災害は得てしてその特殊性ばかりが強調される。しかしながら，避難や屋内退避のような防護措置はその範囲選択や時間推移は異なっても，自然災害を起因とする緊急事態と共通の措置である。その運営を担うのは地方公共団体であり，住民防護の最前線に立つのはプロとしての警察や消防，および自衛隊である。その意味で，複合災害でなくとも，原子力災害における緊急防護措置実施の運営は，他の一般災害における防災対策と共通の基盤を用い，できるだけ統合すべきであろ

う。福島第一事故では，事故現場から約5km離れたオフサイトセンターは自然災害に対する頑健性がなく，非常用電源の故障，通信インフラの麻痺などで十分な機能を果たせなかったとされているが，そもそも緊急事態の際のみに関係者が集合する施設が機能するかは疑問である。一般災害との統合を考えるならば，すでに県単位で存在する災害用の緊急時対応センターの設備と要員を活用すべきであろう。

緊急時対応の失敗はあらかじめ準備していた想定の範囲を超えたところで起こる。したがって，ハザード（脅威）評価によっていかに合理的に予測可能な事象に対して確実に準備するかを問うことが重要であると同時に，それを超えるものに対応する柔軟性もまた重要な要素となる。準備段階では，仮に緊急事態が生じても想定の範囲に収まるように，平時からその対応可能な範囲を拡げる努力が必要である。危機管理段階の対応では，あらかじめ決められた手段でまず対処し，その枠を外れた場合に柔軟に対応できるように平時から能力を養っておかねばならない。そのためには，事業者，地域，国，国際間の各レベルでの関係機関の責務と役割およびその調整のあり方をもう一度見直す必要がある。そして，組織間で十分に明確にされた合意および統合化された対応を調整するための取決めを行い，それが実効的に機能するように訓練によって絶えず見直しを行っていく必要がある。

【教訓8】 緊急事態への対応は非常に発生確率が小さいと考えられる事象も含め，すべての範囲の想定事象を考慮し，また，地震などの緊急事態との組み合わせを考慮した準備を整えておかねばならない。

6.9.3 サイト外における防災対策以外の緊急時対応

前項で防災対策に関する課題を述べたので，本項ではオフサイトにおける緊急時対応のうち，防災対策以外についての課題を取り上げる。

(1) サイト外における緊急時対応の全容

事故が発生した緊急事態で行われる緊急時対応の主役はサイト内で行われる事故収拾活動であるが，サイト内だけで収拾困難な場合はサイト外における緊急時対応が大きな役割を担う。その全体概要を図5.1（53ページ）に示した。

(2) 即時対応の課題

5.2節で述べたとおり，東京電力から3月11日16時45分に原災法第15条に基づく政府への緊急通報がなされたが，政府が原子力緊急事態宣言を発出し緊急事態への体制を整えたのは，それから2時間15分後の19時3分であった。事故後に実施された解析によれば，18時過ぎには1号機の炉心溶融が始まっていたと見られることから，すでに1号機の事故防止対応には手遅れであったことが分かる。もちろん，原子炉の過酷事故の防止対策により過酷事故に至らないようにすることや，過酷事故に至るまでの時間を遅らせる対策を強化することが先決であるが，原子力事故の緊急体制の立上げまでに要する時間を短縮するよう改善することも今後の課題である。

(3) 緊急時の役割分担の明確化

今回の事故のように，設計想定を超える事故が起きた場合は，6.5.4項で述べたとおり指揮者の

判断，すなわちシビアアクシデントマネジメントが最も重要な役割を果たす。事態を掌握し，事故を緩和するのに最も適切な対策が何であるかを遅滞なく判断し，関係者に指示する役割である。その際，サイト内で指揮する事業者側の指揮者とサイト外の原子力災害対策本部で指揮する政府側の指揮者あるいはオフサイトセンターで指揮する現地対策本部の指揮者の役割分担が不明確だと事態が混乱してしまう。今回の事故で海水の注入やベントの実施を巡って混乱が生じたことは，マスメディアを通じ広く国民に知られている。その原因は上述した緊急時における関係者間の役割分担が明確化されていなかったことにある。関係者間の役割分担を事前に明確化しておくべきことはIAEAの安全基準「原子力又は放射線の緊急事態に対する準備と対応」(GS-R-2)にも明記されている。それが準備されていなかったことは大きな教訓であり，今後早急に解決すべき課題である。

なお，事故後防災指針の大幅改訂が行われたが，「全体統括」，「事故の影響緩和」は範囲外とされている。

(4) インフラの課題

サイト外の緊急時対応で大きな問題だったのは，複合災害により関係先との情報連絡手段が断たれたことである。事故直後における関係組織間で情報連絡がとれていたのは図6.33に示す通り，東京電力の本店とサイト間のみであった。原子力災害対策本部と東電サイト，あるいは原子力災害対策本部と現地対策本部間すら情報連絡が途絶え，たまにつながる携帯電話の情報に頼らざるを得なかったのである。原子力災害対策本部が現地の情報を正確に把握できるようになったのは，事故後4日目の3月15日に東電の本店に東電との合同対策本部を設置して以降のことであった。複合災害を想定した頑強な情報連絡インフラを整えておくことが今後の重要課題の一つである。

もう一つのインフラの課題はオフサイトセンターが複合災害で機能しなかったことである。原因は立地場所がサイトに近すぎたこと，耐震性が脆弱だったこと，環境放射線が高くなった場合への備えがなかったことなどである。今後の改善策として，別の立地場所を選定することと並行して，

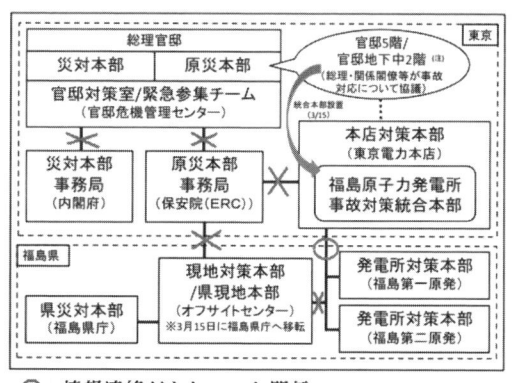

図 6.33 事故直後における関係組織間の情報連絡の有無
［東京電力福島原子力発電所における事故調査・検証委員，『政府事故調 中間・最終報告書』，p.198，メディアランド（2012）］

自治体庁舎との近接設置も選択肢の一つとして検討すべきと思われる。

(5) 資機材の支援

　緊急事態の収拾にサイト外から大量の資機材を支援する必要があったが，サイト外からの資機材支援が必ずしも円滑に行われなかったことは5.6節に示したとおりである。その原因の第一は，原子力災害対策本部にそのような支援体制がなかったことである。もっとも前項で示したとおり情報連絡の問題があったので，たとえ支援体制があっても支援は困難だった可能性は大きい。第二に，避難指示が出されてからは警察が外部から避難区域への立ち入りを禁止する警備体制を敷いたため，外部からの輸送車が立ち入れなかったことである。事前に立てられていた防災計画ではサイト周辺からの住民の避難のことしか考えられておらず，それとはまったく逆方向の流れになる資機材支援のことが配慮されていなかったのが原因である。今後の課題は原子力災害対策本部に資機材支援の体制を整えることと，避難民とは逆方向になるサイト外からの資機材支援の物流に対する配慮を防災計画に盛り込むことである。

6.10　核セキュリティと核物質防護・保障措置

6.10.1　核セキュリティと核物質防護

(1) 核セキュリティの重要性

　平成23年（2011年）3月11日に発生した東北地方太平洋沖地震とこの地震に伴う津波により，東京電力の福島第一原子力発電所（以下「福島第一」）の事故が発生した。

　この地震と津波により外部電源や海岸側に設置の非常用ディーゼル発電機や最終の放熱源である海水ポンプが損傷したことなどにより，① 全交流電源喪失（長時間の交流電源喪失のため直流電源も喪失し全電源喪失（SBO）が発生した），② 原子炉施設の冷却機能の喪失，③ 使用済燃料貯蔵プールの冷却機能の喪失の三つの機能の喪失が事故発生の主要な原因となっている。

　この福島第一の事故は自然災害によるものであるが，妨害破壊行為によっても同様の事象が発生し得ることを示しており，核セキュリティ面でも安全対策と同様にその重要性が認識された。

　平成13年（2001年）9月11日（以下9.11）の米国同時多発テロ事件以降，国際原子力機関（IAEA）の核物質防護のガイドラインであるINFCIRC-225rev.4の法令への取入れに伴い「原子炉等規制法」（以下「炉規法」）が改正（平成19年（2007年））され，事業者などによる核物質防護設備や警備体制の増強とともに，テロへの対応要請を受けた原子力施設への銃器対策部隊の配備により，米国などからこれまで指摘されていた「日本は原子力施設に対する武装警備がない」状況は解消されていた。

　しかし，福島第一で発生した事故により，これまで堅固な建物（防護区域）の中にある設備で安全・核セキュリティが確保されると思われてきたものが，防護区域外の複数の設備の同時損傷などにより，全交流電源の喪失や原子炉施設・使用済燃料貯蔵プールの冷却機能の喪失を意図的に発生させ得ることが公知となり，テロに対する原子力発電所の脆弱性が明らかとなった。

　一方，9.11の米国同時多発テロ事件発生を受けて米国原子力規制委員会（NRC）が定めたB5b

（爆発や火災によってプラントが大きく損傷した状況下での炉心冷却，格納容器閉じ込め機能，使用済燃料プール冷却能力維持・回復のための手引き）への対応の不備が，核セキュリティに係る問題としてクローズアップされている。B5b について，NRC はわが国にも情報共有を図ったとされる[1]。日本国政府としてその重要性を十分認識し，政府と事業者が一体となって迅速に取り組むことができていれば，事故時の対応にも違いがあったであろう。このことは 6.2.5 項ですでに言及したとおりであるが，今後政府として核セキュリティのような非公開かつ機微な分野における海外の動きや対応の変化にもつねに高い感度で察知し，真摯かつ積極的に検討することが求められる。

福島第一の事故の教訓を今後の種々の対策の実施に反映させるためには，原子力安全のみならず核セキュリティの側においても対策の検討を併せて行っていく必要がある。

福島第一の事故後に，規制側と原子力事業者側それぞれに徹底した安全確保への取組みが求められることとなった。一方，欧米各国に比べると実施経験が乏しく，国の状況がかなり異なるわが国の核セキュリティは，今後，事業者，規制側組織，研究開発機関および関連学会などの間で，それぞれの役割を確認するとともに有機的な連携を図っていくことが必要である。

(2) 地震・津波被害から見た核テロ発生時の想定シナリオ

① **地震および津波による被害を受けた原子力発電所の状況**　今回の地震と津波により被害を受けた各原子力発電所の電源設備関係と最終放熱源への冷却ポンプ（海水ポンプ）状況を比較の形でまとめたものを表 6.33 に示す。

表 6.33　福島第一，福島第二，女川，東海第二の津波襲来後の電源系統と海水系の状況

サイト	号機	外部電源[*3]	非常用 D/G			直流電源	M/C		P/C		電源車	海水ポンプ[*3]
			A	B	H		非常用	常用	非常用	常用		
福島第一	1号	すべて喪失	×	×	−	×	×	×	×	×	一部活用（電源盤水没，他号機影響によるアクセス困難，ケーブル敷設困難など）	×
	2号		×	△+	−	×	×	×	2/3	2/4		×
	3号		×	×	−	○→枯渇	×	×	×	△		×
	4号		×	△+	−	×	×	×	1/2(1)	1/1(1)		×
	5号		△	△	−	○	×	○	×	2/7		×
	6号		△	○+	△	○	○	×	○	×		×
福島第二	1号	500 kV 1/4　66 kV ×	×	×	×	3/4	1/3	○	1/4	○	一部活用	×
	2号		△	△	○	○	○	○	2/4	○		×
	3号		△	○	○	○	○	○	3/4	○		1/2
	4号		△	△	○	○	○	○	2/4	○		×
女川	1号	275 kV 1/4　66 kV ×	○	○	−	○	1/2	○	○	○	外部電源健全，D/G 健全	○
	2号		○	△[*1]	△[*1]	○	○	○	○	○		2/4
	3号		○	○	○	○	○	○	○	○		○
東海第二		275 kV 1/4　154 kV ×	2/3[*2]			○	○	○	○	○	D/G 健全（予備で確保）	D/G 用 2/3　RHR 用 4/4

注）表中の（　）は保修中の台数，○：使用（または利用）可，×：利用不可，△：M/C などの浸水により利用不可，
　　　＋：空冷，−：存在せず，M/C：高圧配電盤（メタルクラッド・スイッチギア 6.9 kV），P/C：低圧配電盤（パワーセンター 480 V），RHR：残留熱除去系
＊1　B/H 系は海水ポンプ室内開口部潮位計からの浸水による原子炉補機冷却ポンプ喪失に伴い喪失
＊2　海水ポンプ室への浸水により D/G 用海水ポンプ 1 台が自動停止，D/G を手動停止
＊3　防護区域外

福島第一，福島第二のいずれも非常用ディーゼル発電機（D/G）自体は冠水しなかったものの，周辺の電源盤や海水ポンプの冠水などによる損傷により，25 台中 12 台の D/G が機能喪失した。このように，主要機器だけでなく周辺機器の損傷などにより電源確保が難しくなることが判明し，安全確保面およびセキュリティ面の脆弱な部分を幅広く捉えなければならないこととなった。

なお（5）に後述するが，平成 24 年（2012 年）3 月に核物質防護に係る「原子炉等規正法」が改正され対応策が打ち出されている。

② 今回の地震・津波被害と同等レベルのテロ被害の想定　テロにおいても，上述の外部電源，非常用発電機，直流電源，海水ポンプなどの喪失，電源車不能などが単一または複合した事象またはそれ以上の事象が発生することは十分考えられる。すなわち，今回の事故はテロによる周辺機器（一部は防護区域外の重要設備）[2]の破壊がシビアアクシデントにつながる可能性を示唆している。これらを想定したシナリオ，すなわちテロによる過酷な事象への対策を議論しておくことが重要となる。施設に係る部分は，6.2 節〜6.5 節の「安全」におけるシビアアクシデント想定時の議論がほぼ適用できると思われるが，核セキュリティの場合は内部脅威も含めたより過酷なシナリオについても検討すべきである。なお，事故発生前後の核物質防護に関連する対応については以下に議論する。

(3)　福島第一の警備体制

福島第一の警備体制について，総合資源エネルギー調査会原子力安全・保安部会の原子力防災小委員会危機管理 WG（危機管理 WG）の資料によれば，平成 23 年（2011 年）3 月 11 日に発生した地震に伴う津波により，海側のフェンス，カメラ，センサが倒壊（陸側も一部倒壊）し，防護本部が損壊・浸水し，その機能が喪失したと報告されている[3,4]。

また，津波および放射性物質の放出に伴って警備体制が縮小され，さらに警備委託会社の撤退により，委託警備員による警備から社員による警備への変更が実施されている。

同資料によると発災以降の出入管理機能の劣化として，「緊急時に従事する者に対し，写真付き公的証明書の原本との照合を行わず，また，立入証明書の本人への手渡しも行われないといった本人確認に係る手続きが不十分」があげられ，文書による厳重注意処分が発せられている。

平成 25 年（2013 年）1 月 9 日の学会事故調査委員会による福島第一の現場調査では，従来設置されていた周辺防護区域フェンスの一部が寸断されている状態であった。復旧工事用の大型資機材の稼動を考慮するとフェンスの設置が従来の位置では難しいこともあり，新たなフェンスの設置を計画しているとの説明を受けた。一方，バスからの確認ではあったが，福島第一サイト入口での出入管理の確認状況は十分行われている印象を持った。

(4)　事故時，事故後のセキュリティ（警備）への対応のあり方

前述の福島第一の状況を警備の観点から見てみると，地震後の津波により防護本部は壊滅的に破損していることから，警備員は避難誘導をしつつも自身も避難する必要があった。この点は，民間事故調の報告書に「警備員が誘導を中断して避難する場面が見られた」との記載がある[5]。

前述した福島第一の現地調査で分かったように，3 号機の海岸側を通過する際の線量率が 1,000 μSv/h を超える値を示していることを考慮すれば，事故直後は別としても，その後のセキュリティ

対応として現場の状況から現場パトロール時の被ばく低減を含む安全確保のために，遠隔監視化を強化することが有効と考えられる。

フェンス，センサ，カメラなどは中越沖地震の際も柏崎刈羽原子力発電所でも破損し，機能しなかったことが伝えられていることを踏まえると，一時期の機能低下は避けられないものと考えられるが，監視室の機能が確保できれば（新たな炉規法改正による規制の要求では，監視のための防護本部（監視室）の冗長化を求めている），仮設で設置したカメラ，センサなどからの信号による監視を実施することができると考えられる。

また，本設のセンサ・カメラなどが使用できない状態となったときに，代替手段として早期に使用できる仮設の電源フリーのセンサ・カメラなどの開発・準備，あるいは一つのアイディアとしてラジコンを高機能化してカメラを搭載したヘリコプタなどの遠隔操作により立入制限区域を巡視するなどの手段を検討することにより，被ばくが低減できると考えられる。警備会社のセコムがこのアイディアを「自立型の小型飛行監視ロボット」として発表[6]しているが，これは室内のような狭い空間での利用を目的としているため，今後外部エリアでのパトロールなどに利用できる「小型飛行監視ロボット」の開発が必要になるであろう。

さらに，表 6.34 より 3 月 11 日～4 月 3 日の正門付近の最大線量値が非常に高いことが分かるが，立入制限フェンスの設置によりその入口での出入管理が法令上要求されるため，立入制限区域の出入口（通常時に設定されたもの）の放射線量が高い場合は，臨機応変に別の代替案の適用を考えるべきである。

以上，事故を通して学んだ核セキュリティに係る重要点としては，原子力施設のリスク管理とし

表 6.34　3 月 11 日発災以降の警備体制

期　間	3/11～3/14	3/15～3/17	3/18～4/3	4/4～8/22	8/23～
警備対象区域	警備区域	警備区域	警備区域	警備区域	警備区域
体　制	委託警備 41 名と社員警備 20 名で対応	社員警備 5 名で対応	昼 2～3 名 夜 2～3 名	昼 3～4 名 夜 2 名 （6 名×4 班）	昼 4～8 名 夜 4～6 名 （8 名×4 班，日勤 2 名）
	委託警備縮小	委託警備撤退	社員警備	社員警備	社員警備
巡　視	出入管理に専従	出入管理に専従	適宜	2 回/日， (5/5～3 回/日)	12 回/日
拠　点	免震重要棟	免震重要棟	免震重要棟	免震重要棟	正門詰所
正門付近の最大線量値	3,130 μSv/h (3/14 21 時 37 分)	11,930 μSv/h (3/15 9 時 00 分)	1,932 μSv/h (3/21 18 時 30 分)	123 μSv/h (4/4 4 時 00 分)	32 μSv/h (8/24～8/31)
備　考	・委託警備は日々縮小し，現場に駆けつけた社員警備 20 名で対応	・建屋爆発により，社員警備員に対し，避難所での待機を指示	・被災して出社できない者あり ・放射線被害を恐れ出社しない者あり	・被災して出社できない者あり ・放射線被害を恐れ出社しない者あり	・放射線量の低下などにより，社員警備を増員し，正門詰所に常駐

［平成 23 年 10 月 14 日付原子力防災課作成の資料（危機管理 WG 資料）より抜粋］
3 月 11 日発災当時の状況
・津波により，海側のフェンス，カメラ，センサが倒壊（陸側も一部倒壊）
・津波により，防護本部が損壊・浸水し，その機能が喪失
・正門詰所で警備区域（陸側）の防護設備を適宜管理（～8/22）

て，シビアアクシデント時（サイトへの立ち入り困難事象発生時）の警備のあり方について，事業者は適用できる代替案についてすみやかに事前の検討をしておくべきである。このためには，上述のような監視機能の早急な復帰や，新技術として外部電源フリーのカメラ・センサ，遠隔操作が可能なカメラなどの新技術導入の検討が望まれる。

(5) 核セキュリティに係る規制側の動向

① 2012年の炉規法改正　平成19年（2007年）の炉規法改正以降のIAEAのINFCIRC-225rev.5（平成23年（2011年）1月に正式発効）を反映させることを検討していた政府は，3月に発生した福島第一の事故の教訓を踏まえて，危機管理WGで沸騰水型原子炉と加圧水型原子炉のそれぞれについて問題点などに関する検討が進められた。その検討内容は原子力委員会防護専門部会へ報告され，原子力防護専門部会での検討に基づく「核セキュリティの確保に対する基本的考え方」の原子力委員会への報告[7]を受けて，平成23年（2011年）9月に「核セキュリティの確保に対する基本的考え方について」の原子力委員会決定が発出された[8]。

核物質防護・核セキュリティに係る炉規法改正の福島第一の事故の教訓を反映した部分の具体的内容は「実用発電用原子炉の設置・運転等に関する規則」（以下，実用炉規則）で，以下のように規定された。（他の原子力施設の政令改正もある。）

　　実用炉規則では，<u>交流電源を供給する全ての設備，原子炉施設を冷却する全ての設備及び使用済燃料貯蔵槽を冷却する全ての設備</u>であって，夫々の機能が喪失したときに特定核燃料物質を漏出させる恐れがある設備のうち防護区域内にある設備を<u>「防護区域内防護対象枢要設備」</u>，また，防護区域外にある設備を<u>「防護区域外防護対象枢要設備」</u>としてそれぞれ防護対策を実施することが要求される。

このように，法令で福島第一の事故の教訓である原子炉施設における交流電源の喪失，原子炉施設を冷却する機能の喪失および使用済燃料貯蔵槽（プール）の冷却機能の喪失につながる設備の防護を事業者に対して求めることで，これまでの弱点の克服を達成することとしており，原子炉施設において有意な核セキュリティ改良がなされた。

② 新安全基準（設計基準）骨子（案）「平成25年（2013年）1月31日改訂版」[9]より　平成25年（2013年），原子力規制庁により原子炉施設の新安全基準のパブコメが出された。その中で，外部人為事象に対する安全基準が示されており，安全性向上に向けて有意な進展が見られた。

(6) 福島第一の事故に学ぶその他の核セキュリティ強化のあり方

① 事案発生時の対応への備え（訓練）　テロによる全交流電源喪失などに対する原子炉運転に係る対応は，安全における過酷事象対応において議論されたとおりであるが，核物質防護上の対応は，法令の要求事項でもある訓練が特に重要な要素となる。対応するのは人間であり，今後規則や手順書において改良が期待されるものの，それらができれば対応できるというものではない。訓練については，『民間事故調』の報告書で「（わが国では）事前に台本が用意されていること等からテロ攻撃の実態に即した訓練になっていない」との米国側から指摘されている[10]と報告されてい

6.10 核セキュリティと核物質防護・保障措置　267

る。台本ベースの訓練は効果がないわけではないが，現場の状況は千変万化であり，応用力が不足していれば実際の事案に対応できないことになりかねない。それには，シナリオレスとかブラインドと呼ばれる開始時間だけが設定された訓練，米国側が推奨している FOF（force on force，武力対抗）訓練にみられるように，警備側にシナリオが一切知らされない訓練などを取り入れることが重要である。IAEA のガイドラインや FOF 訓練は，わが国の場合防御側の武器所持が認められていない民間側の警備員の対応範囲を超えるため，現在原子力施設に常駐の銃器対策部隊と連携した総合訓練が不可欠となろう。この場合も上記のシナリオレスベースが適用されるべきである。

　なお，侵入者に対して，所持している武器の種別によっては武器発砲による制圧が難しい場合がありうるため，現在考えられている侵入者の制圧とは異なる方法の検討も必要である。また，不法侵入者に対し早期の制圧が重要な点であることから，制圧のための発砲などの迎撃対応を即時実施できる法令などの整備が必要と考える。

　② **事案発生時の情報管理**　　一般に，事故時にはすみやかかつ可能な限り多くの情報の公開が求められるが，核セキュリティの観点からは，むしろより厳格な情報管理が重要となる。これは，核セキュリティ情報の公開により，外部からの侵入，核物質の盗取，さらなる妨害破壊行為が容易になる可能性が高いためである。原子力施設内の情報が事故に係る説明の目的で不用意に公開されるケースもあるが，今後，設計情報の提示などに際しては，核セキュリティの観点から十分な配慮が必要である。政府においては，このような核セキュリティの観点からの配慮について，メディアや国民に対して日頃から理解を求める努力が重要である。

　③ **治安当局と事業者の協調**　　核セキュリティ事案発生時の検知，通報および行為の遅延などの措置は事業者の役割となっているが，たとえばどの様な銃器を不法行為者が所持しているのかは，カメラ映像を見ただけでは銃器の知識のない民間警備員では判断できないこともあり，治安当局などの専門家による対応が必要になる。また，不法侵入者の鎮圧は一義的に治安当局の責務となっていることから，それぞれの役割分担の明確化と協力体制の構築が重要になる。なお，役割分担の円滑な運用のためには，相互の信頼関係の醸成が重要であり，常日頃の連携のあり方を相互に模索していくことが求められる。

(7)　**一般的な核セキュリティ強化への取り組みと改善**

　① **核セキュリティに対する認識**　　原子力安全に関しては，昭和 61 年（1986 年）のチェルノブイリ原発事故以降，安全文化（safety culture）の重要性が指摘され，わが国でも種々の取組が実施されてきた[11]。一方，核セキュリティに関してセキュリティ文化（security culture）が議論されるようになったのは，国際的に見てもごく最近のことである。安全文化に関する重要な報告書である INSAG-4[12] が発行されたのが平成 3 年（1991 年）であるのに対し，セキュリティ文化に関する IAEA の実施指針（implementation guide）[13] が発行されたのが平成 20 年（2008 年）であることから見ても，核セキュリティに対する取組みが国際的にも遅れてきたことが伺える。

　安全文化の醸成のための出発点は，安全を最優先するという認識を組織の上層部から末端に至るまで浸透させることであるが，核セキュリティにおいては，情報拡散防止のため防護管理業務を担当部門に限定しておくべきという認識が強かったと思われる。核セキュリティについても安全と同

様に文化の醸成に向けた取組みが必要である。改正炉規法（平成 24 年（2012 年）3 月）では経営者責任が法令に規定されており，今後，事業者，規制側組織において，上層部から末端までのレベルにおける核セキュリティについての認識・情報の共有化を進めることが重要である。

　② **核セキュリティに係る対応態勢**　　核物質の盗取や原子力施設に対する妨害破壊行為などの核セキュリティ事案が発生しないようにするための事前の防止措置，核セキュリティ事案発生時の検知，通報および行為の遅延などの措置，盗取された核物質などの発見および奪還措置，放射線影響が発生した場合の緩和および最小化などの事後的な対応措置など，広範な事項が要求される。このような広範な事項は，事業者（輸送の場合の運送事業者などを含む）と規制当局のみで対応できるものではない。近年，核セキュリティ強化のために多くの対策が事業者に要求されているが，現行の法的枠組の下では事業者が対処できる範囲には限界がある。銃火器での武装が許されている警察や海上保安庁などの治安当局を含め，各々の役割分担と責任を明確化する必要がある。また，関係各機関が具体的な対応要領をもち，相互の緊密な連絡体制を構築しなければならない。その際には，国際的な犯罪が増加していることを踏まえ，国際的に通用する対応要領が整備されることが求められる。また，事前の想定を超えた事態に柔軟に対応できるように，状況に応じた対応を可能にする補完的資料を集積することが重要である。

　核セキュリティへの対応で未成熟な分野の一つに，内部脅威への対抗手段の構築がある。内部脅威とは「原子力施設の内部で働く従業員等による不正行為等により生ずる脅威」を指す[14]。内部脅威対策は，① 内部脅威者が不正行為などに及ぶのを物理的に阻止する物的防護および核物質計量・管理手段による抑止，② 内部脅威者の枢要区域への侵入の排除および破壊工作に用いる工具の持込みや核物質の不法持出しなどを阻止する出入管理，③ 潜在的な内部脅威者の組織および区域からの排除，行動観察などを通じた不正行為などの抑止を目的とした人的管理という三つの手法がある[14]。

　人的管理対策の一つに信頼性確認がある。信頼性確認とは「不正行為等に及びそうな人間（要注意人物）を予め把握するための情報の収集と分析」を指し[14]，欧米諸国ではすでに整備・運用がなされている。INFCIRC-225rev.5 においても，核物質または原子力施設に係る機微情報を取り扱う者や枢要な施設・設備にアクセスする者を対象とした信頼性確認の実施が勧告されている。わが国においても信頼性確認の議論は行われてきたが[15]，プライバシー保護との関係や制度の実効性確保の難しさ，日本人独特の精神性などもあって，平成 24 年（2012 年）5 月現在においても導入されていない。一方，INFCIRC-225rev.5 が対象とする核物質および原子力施設に係る分野における信頼性確認の導入を目指して，具体的な制度についての議論を開始するべきという提言が原子力委員会からなされた[16]。基本的人権は憲法上保証された権利であり，信頼性確認の導入は容易ではないと考えられるが，核セキュリティの重要性から，可能な限り早期の実施を目指した取組みの進展が期待される。また，セキュリティ上重要な職務に付いている者への処遇などセキュリティ確保への動機付けがなされるような施策も必要である。

　③ **国家安全保障の中での核セキュリティ**　　具体的な原子力施設での核セキュリティとしては，主に潜在的な脅威者についての詳細な記述である設計基礎脅威（DBT）への対応が求められ

るが，有事の際の原子力災害（武力攻撃原子力災害）への対応は「武力攻撃事態等における国民の保護のための措置に関する法律」（国民保護法）の下に実施されることになっている．しかし，両者の間の連続性の確保の問題や対応態勢の円滑な移行の問題は，十分な議論がなされ共通理解が得られているとはいい難い．その前提として，国家安全保障の中で核セキュリティをどのように位置付けるかについて，議論と関係者間での認識の共有が必要である．また，核セキュリティにおける有事の際の省庁などの関係組織間の協力体制，分担，リーダーシップについても原子力規制庁を中心に早急に再検討される必要がある．

④ **法律や規則の充実** 以上のような対策を実行的に確保するためには，その基礎となる法令の整備が必須である．INFCIRC-225rev.5 および福島第一の事故の教訓を反映する核セキュリティを含めた核物質防護強化のための炉規法が平成24年（2012年）3月に改正された．なお，未整備部分の信頼性確認制度の確立は，原子力分野だけでなく国全体としてのバランスある制度づくりが望まれる．

⑤ **安全と核セキュリティ間のインターフェースの調整およびシナジー** 原子力安全と核セキュリティは，双方とも放射性物質の大量の放出を防止することにより達成される．両者は異なるかもしれないが，防護を確実にする原則の多くは共通である．さらに，多くの要素または行為が，安全とセキュリティの両方を同時に強化する役目をする．たとえば，テロリストの攻撃から原子炉を防護する堅固な構造を同時に提供する一方で，原子力発電所の格納構造物は事故時には環境への放射性物質の大量の放出を防止する役目をする．同様に，枢要区域への立入を制限するための管理は，作業員の被ばくを防止または制限することによって安全機能を提供するだけでなく，資格のある職員の立入を管理するとともに，侵入者による無許可立入を禁じるというセキュリティ上の目的にも役立っている[17]．

このように，安全とセキュリティには多くの共通の要素がある一方で，これら二つの分野の間には手法と文化の違いに関係する課題もある．たとえば，セキュリティ上の理由での「遅延障壁」の導入が，安全に関わる事象対応に必要とされる「迅速なアクセス」を制限する（緊急時の退出を制限する）可能性がある．このような観点から IAEA の国際原子力安全グループ（INSAG）では両者のインターフェース調整の重要性を述べている[17]．

安全の担当者とセキュリティの担当者双方が相互の要件に対する理解を深め，最適な方策を見出す努力が求められる．すなわち，施設の設計段階から安全とともにセキュリティ要件も考慮に入れた考え方（security by design）が重要であり，諸外国の動向も視野に入れつつ，わが国も議論を深めていく必要がある．

事故に係る核セキュリティ対策と原子力安全対策とのシナジーの議論にも注目すべきである．万一，核セキュリティ事象が起こり，放射性物質放散という事態になれば，核セキュリティのための危機対応計画と防災計画が並立するのではなく，防災対策が即発動される必要がある．

わが国として，原子力の安全とセキュリティについて，上記の観点から両者間のインターフェースの調整および事故時など想定した両者のシナジーについて，迅速かつ的確に検討を行っていくことが望まれる．

⑥ **セキュリティ分野の人材育成**　核セキュリティ対策を確実に実施していくためには，関係者が核セキュリティに関する十分な知識と経験を有していなければならない。しかし，実際の核セキュリティ事案で経験を積むことを想定した教育プログラムは困難である。したがって，核セキュリティに関連する多くの分野の知見を取り入れられるような人材育成方法を検討すべきである。原子力関係者には，セキュリティに関連する基礎知識が十分ではない場合が多い一方で，治安当局の関係者には，原子力に関連する基礎知識が十分ではない場合が多い。両者がそれぞれの知識を共有できるような教育訓練が重要である。その際には，机上の学習のみならず実戦的な演習プログラムを取り入れるべきである。

また，人材育成という観点では，これからの世代を担う若い世代にとって核セキュリティに関する業務が魅力的なものでなくてはならない。核セキュリティの国家資格をつくり処遇などと関連付ける，論文などの成果が発表できる環境をつくるなど，業績を正当に評価するための施策が重要である。

わが国では，核物質防護のみが議論されていた時期を含めて，原子力安全と同等の重要性の認識が核セキュリティに対してもたれているとはいい難い。このことは，① 既述の B5b への対応の鈍さ，② 原子力行政において核セキュリティに実質的なイニシアティブをもつ体制がなかったこと，③ 原子力に関連する教育を担う大学において核セキュリティに関連する科目がごく最近までほとんど存在しなかったこと，④ 核物質防護管理者の専門性を確認する国家試験が存在しないことなどが示している。近年核セキュリティを重視した人材育成を目標とする大学の取組みは徐々に進んできており，さらなる進展が今後も期待される。

(8)　**まとめ**

核物質防護についてすでに (5) に記載したように INFCIRC-225rev.5 および福島第一の事故の教訓を反映した核セキュリティを含めた核物質防護強化のため，炉規法が平成 24 年（2012 年）3 月に改正された。

福島第一の事故から学ぶ教訓は，本章に記載した以外にも，今後，廃炉に向けての現場状況の変化に伴い変わってくることが考えられ，さらに世界の情勢による脅威の変化への対応も必要になるものと考える。このため継続的に見直しを行っていくことが重要である。

欧米各国に比べると実施経験が乏しいわが国の核セキュリティについて，今後，事業者，規制側組織，研究開発機関および関連学会などの間で，それぞれの役割を確認するとともに有機的な連携を図っていくことが何よりも必要である。

6.10.2　保障措置と核物質計量管理

(1)　**はじめに**

テロリストなど非国家主体を対象とした核セキュリティとともに，民生用施設における国家による核物質の転用がないことを国際社会に示すことは重要である。原子力の平和利用を追求してきたわが国が，原子力発電所事故発生の機会に，核物質の軍事転用を図るなどということは起こりえないと考えるのがわが国の国民感情であるかもしれないが，原子力安全神話が崩壊した国家における

国際的な信頼低下は，核不拡散・保障措置にも及ぶ可能性は否定できない。特に，原子力の存続の議論において，一部の政治家などから国家安全保障という言葉が聞かれるなか，事故時であれ，国際社会に対し平和利用に徹した原子力を担保する手段として，いかに的確な保障措置と核物質計量管理が実施されているかを示すことは非常に重要な行為といえる。

(2) 事故時の核物質管理・保障措置への対応

わが国は原子力が平和目的のみに利用されることを担保するため，昭和51年（1976年）に締結された「核兵器の不拡散に関する条約（NPT）」のもと，IAEAとの保障措置協定を締結している。これに従って，定められた時間内において有意量の核物質の転用がないことを探知することが重要となり，その具体的な技術的手段として，「核物質計量管理」を基本とし，その補助手段として「封じ込め・監視」がある。また，未申告の核物質および原子力活動がないことを確認するための手段として，追加議定書のもと上記協定の枠を超えた加盟国の自発的な原子力活動などの申告，いわゆる「拡大申告」およびその完全性と正確性を確認するための「補完的アクセス」がある。さらに，新たな効果的・効率的な保障措置を目指すために考え出された「統合保障措置」という概念がある。ここでは，IAEAが当該国に対して，国全体として「保障措置下にある核物質の転用」および「未申告の核物質および原子力活動」が存在しない旨の「拡大結論」を導出することになる。

上記の「定められた時間」に相当するものとして「探知時間」が保障措置上重要な要件となる。探知時間（目標）として，以下が定められている[18]。

(a) 未照射の直接利用核物質に対しては1ヵ月以内
(b) 照射済の直接利用核物質に対しては3ヵ月以内
(c) 間接利用核物質に対しては12ヵ月以内

原子力発電においては使用済燃料が(b)に該当し，また新燃料がMOXでは(a)に，ウラン燃料では(c)に該当する。しかしわが国では，統合保障措置の適用により，この照射済核物質の目標探知時間は3ヵ月以内から12ヵ月以内に，またMOXでは1ヵ月以内から3ヵ月以内に緩和（拡張）されている[19]。原子力発電所が正常状態にある場合は，このような探知目標が適用されることになる。仮に，これが事故後の原子炉にも適用されるとする場合，もっとも問題となるのはMOX新燃料であるが，幸い福島第一にはMOXの新燃料はなく，そのため炉内に装荷された燃料集合体および炉内貯蔵プール内の使用済燃料が対象となる。すなわち，適時性目標は1年以内ということになる（炉内装荷MOX燃料を含む）。福島第一の事故時の事業者，国の核物質管理に係る対応については公表されていないが，事故直前まで「封じ込め・監視」が有効に働いていたと考えれば，概略1年以内に検認すればよいことになる。事故時の保障措置対応がアクセス困難により実施できなくなったことは否めないものの，上記のような考え方からすれば，ある程度の時間的余裕はあったと見ることもことできる。

4号機から供用プールに移されたいくつかの燃料集合体，使用済燃料共用プール内使用済燃料，5号機，6号機，ドライキャスクについては，すでにIAEA保障措置下にあり，また実在庫検認（PIV）も実施された。

福島第一の事故後，保障措置については1〜4号機はアクセス困難のため検認作業は実施できて

いないが，施設からの不法移転などがないと示すことができれば，上記のような探知時間の考え方からすれば大きな問題となることはないと思われる。

上述の事故後の適時性に関し，原子炉建屋からの核燃料の取出しがないことを示すことが重要となるが，IAEA は平成23年（2011年）および平成24年（2012年）の保障措置実施報告において，「統合保障措置」下での「保障措置下にある核物質の転用」および「未申告の核物質および原子力活動」が存在しない，との結論を示している[20]。このことは，先に示した「拡大結論」として，福島第一を含め国全体として転用などがなかったと判断されたことを意味すると考えられる。

(3) 過去の大規模事故における核物質管理への対応

上述の通常時の保障措置をベースとした考え方に加え，事故時の保障措置の扱いがどのようになるかの考慮も重要となる。すなわち，上記の目標はあくまで定常状態での平和利用に係る目標であり，非常事態においては少なからず異なった考え方が適用されることが予想される。

原子力発電所の事故時の保障措置について，チェルノブイリの事例（核兵器保有国であるソ連からウクライナに移管され，ウクライナが NPT に参加した時点（平成6年（1994年））以降保障措置が適用）について IAEA では議論を重ねてきたが，20年強経過した現在においても，いまだに的確な手法は定まっていない。事故当事国が核兵器保有国であったことや，当該炉の核物質申告が遅れたこと（ウクライナとして事故後初めてインベントリ報告がなされたのが平成10年（1998年）），事故後同原子炉から核物質の移動がないなどの状況が，保障措置の迅速な確立を遅らせた要因になっているものと推測する。TMI 事故については，核兵器保有国であるが，非核兵器国と同様，厳格な管理の報告が義務付けられている[21]ため，計量管理が実施されたが，NRC が最終的に合意した計量管理手法としては，基本的に燃料取出し作業終了後に事故時の初期インベントリと核物質移送後の残留量測定から計量報告を行う，というものであった。いずれにしても，原子力発電所における深刻な事故時の保障措置について，IAEA では現在検討中であり，いまだ明確な考え方はないものと思われるが，非核兵器国においては事故炉の場合においても保障措置の維持は重要であり，特に核物質が移動される場合には具体的な計量・管理による報告に基づいた保障措置の適用は避けられない。

(4) 核不拡散の担保と今後の対応

先に述べたように，わが国の原子力は引き続き平和目的に限ったものであることを国際社会に示して行くためには，今回のような大規模事故における核不拡散への基本的な考え方・取組みを明確に決め，諸外国に訴えていくことが重要である。そのためには，原子力発電所の事故時に IAEA に対し真摯に協力するとともに，国・事業者が研究機関などの支援を得て，計量・管理手法や保障措置手法について，速やかに明確な方向性を提案することが必要である。福島第一については，事故以前の施設側の計量管理に基づく核物質量の申告は明らかに存在する。よって，事故時およびそれ以降の核物質の移動（わずかに放出した核物質量や冷却系への移行量など）を含め，事故後の核物質量の分布を示すこと，そして封じ込め・監視の機能を速やかに再構築することなどが重要なポイントと思われる。

現在，国は IAEA とともに当面の暫定的な保障措置手段を検討していると聞くが，今後，国際社

会から疑義をもたれないためにも，まず，当面の措置として的確な「監視措置」等応急措置をとるべきと考える。今後，当面炉内からの移動の計画がなされていない使用済燃料，新燃料などを含め，封じ込め・監視のためには，高線量下でのモニタカメラや放射線測定装置の設置などについても検討する必要があるかもしれない。また，施設外への核物質の放出がないことの検証，新燃料・使用済燃料の共用プールへの移動時の的確な計量管理の実施が重要である。

また長期的には，溶融燃料（デブリ）の移動時に必須となる取出し核物質の計量管理に関して，測定手法や検量管理の考え方について準備することが重要な課題である。デブリの計量管理については，実質的には核燃料が溶融しアイテムカウントの対象核物質（使用済み燃料集合体などの数を検証）からバルクとして取り扱うべき核物質（濃度や体積測定などにより全核物質量を検証）に変わったと考えることができ，査察の形態が異なってくることになる。しかし前述の通り，保障措置手段としての核物質計量の考え方が事故時を想定したものではないことを考慮すれば，取り扱う核物質を引き続き炉内装荷燃料および使用済み燃料と同等として取り扱うことも考えられる。いずれにしても，デブリなどの核物質計量方法については炉内燃料の取出し・貯蔵を行うまでの透明性を確保し，かつ合理的に計量管理を実施できる手法の構築が重要となる。現在，国，IAEA，東京電力が中心となり，日本原子力研究開発機構の協力のもと炉内からのデブリ取出し・貯蔵について，適用技術の開発が始められている[22]。

(5) まとめ

以上を総合すれば，事故後の核物質計量・管理について，現在のところ国および事業者による対応について大きな問題はないものの，海外から疑義をもたれないためにもわが国として当事故に対する核不拡散への基本的な考え方・今後の対応を国際社会に対し明確に示して行くことが重要であり，また，その手段として可能な限り速やかに監視などによる核不拡散の担保措置を施すこと，また健全な使用済燃料の移動については的確な計量・管理を計画実施するとともに，炉内装荷溶融燃料などについては将来の移動時を目途に，非破壊測定を含む計量の手法を構築してことが求められる。炉内の実態が明らかとなるにつれ，適用される核物質計量・管理手段も変わってくる可能性もあり，国および事業者（東京電力）が原子力機構などの研究機関の協力のもと柔軟に対応していくことが必要である。

さらに，わが国の安全，核セキュリティ，保障措置のいわゆる3Sへの取組みを国際社会へ示していくために，IAEAや米国などと密接に情報交換や協力を実施していくなど，つねに透明性を保ちつつ進めることが重要である。

参考文献（6.10）

1) 福島原発事故独立検証委員会，『調査・検証報告書』，p.342, ディスカヴァー・トゥエンティワン（2012）.
2) 改正炉規法では，防護区域外防護対象枢要設備.
3) 2011年10月14日付原子力防災課作成の資料（危機管理WG資料）.
4) http://www.meti.go.jp/committee/sougouenergy/genshiryoku/bousai_kikikanri_wg/
5) 福島原発事故独立検証委員会，『調査・検証報告書』，p.343, ディスカヴァー・トゥエンティワン（2012）.
6) http://www.secom.co.jp/corporate/release/2012/v_121226_long.html
7) http://www.aec.go.jp/jicst/NC/senmon/bougo/siryo/bougo24/siryo1.pdf

8) http://www.aec.go.jp/jicst/NC/about/kettei/kettei110913.pdf
9) http://www.nsr.go.jp/public_comment/bosyu130206/kossi_sekkei.pdf
10) 福島原発事故独立検証委員会,『調査・検証報告書』, p.343, ディスカヴァー・トゥエンティワン (2012).
11) 原子力安全・保安院, 原子力安全基盤機構,「規制当局が事業者安全文化・組織風土の劣化防止に係る取組を評価するガイドライン」(2007).
12) IAEA, Safety Culture (1991).
13) IAEA, Nuclear Security Culture (2008).
14) 総合資源エネルギー調査会原子力安全・保安部会原子力防災小委員会,「原子力施設における内部脅威への対応について」(2005).
15) 総合資源エネルギー調査会原子力安全・保安部会原子力防災小委員会 (2005).
16) 原子力委員会原子力防護専門部会,「我が国の核セキュリティ対策の強化について」(2012).
17) INSAG-24 原子力発電所の安全とセキュリティの間のインターフェース (2011年12月).
18) 同上
19) http://www.rist.or.jp/atomica/data/dat_detail.php?Title_No=13-05-02-04
20) http://www.aec.go.jp/jicst/NC/senmon/seisaku/siryo/seisaku07/siryo3.pdf
21) http://www.iaea.org/OurWork/SV/Safeguards/documents/es2011.pdf
22) 計量管理についての規定文書例:NRC:PART 74, DOE-STD-1194-2011
23) http://www.meti.go.jp/earthquake/nuclear/pdf/121022/121022_02f.pdf

6.11 人材・ヒューマンファクター

本節では,福島第一事故についてヒューマンファクターの視点から検討するとともに,原子力人材の確保,育成を考察し,原子炉主任技術者の位置付けを検証して今後のあり方を検討する。

ヒューマンファクターの視点からの検討では,まず1号機の水素爆発までの運転員によるプラント状態把握を CRM (crew resource management) の観点から検討し,全電源が失われて中央制御室などの照明が長時間消えた暗闇と大津波警報下で頻発する余震の中で,現場での対応には概ね CRM スキルが発揮されていたことが確認された。また,1号機の非常用復水器 (IC) 作動状態の認識では,状態監視に重要な中央制御室制御盤や緊急時対応情報表示システム (SPDS) などが機能を失い,3号機代替注水操作では,「事故時運転操作手順書」が適用できない事態となったことから,結果的には成功には至らなかったが,現場の要員は自らのもつ知識や経験に基づいた判断による臨機応変な行動をとっていたことが理解される。教育・訓練に関しては,多様な事故シナリオに対するシミュレータ訓練が行われていたが,長時間の全交流電源喪失 (SBO) や炉心溶融に至る過酷事故を想定した実効的な訓練が行われていなかったことが,事故収束を遅らせた大きな要因と考えられる。事業者では,事故後早い時期から事故を踏まえた防災体制の強化などに加え,運転員や災害対応要員に対する教育・訓練の充実と改善などに取り組んでいる。今後も様々な機関からの提言を反映した改善が必要であろう。情報伝達・情報共有においては,2グループ間,作業グループ内,また命令者と被命令者間といった様々な場面での問題点が露呈したが,対応策の適用に当たっては現場のタスク実施を妨げないことが重要である。一方,事故時の組織の対応能力を分析した結果,個人や組織では良好事例が多く見られたが,管理部門や国家レベルでは危機対応の不備が見られた。運転操作や現場作業の阻害要因の検討結果を踏まえると,電源や電力供給システムの機能を長時間維持する対策や,過度に遠隔操作に頼らずに現場での手動操作も可能なシステム設計が

有効と考えられる。

　事故以前の原子力人材の育成には，潜在的なリスクの認識不足や技術や安全に対する過信があり，原子力の特性に起因するリスクの認識不足，個別設備の知識や技量の不足や，過酷事故時の原子炉主任技術者の役割が不明確であったことが問題であった。規制などでも人材の専門性や国の緊急助言組織からの助言で問題があった。今後は，従来の想定や対応範囲を越えて，トップのコミットメントによる安全最優先の価値観の向上，学ぶ態度や問いかける姿勢の向上，プラント設計での想像力や専門性の向上，見える化の推進による知識や技量の向上，規制人材の専門性，国際性や判断力の向上などが必要である。このためには，基本的な科学リテラシーの充実，若い世代の原子力志向の確保，熟練作業員や教育・研究人材の確保が必要である。

　原子炉主任技術者は国家資格を有した専門家であり，海外の事例も考慮すると，想定外の事故などの発生時に，即時対応に追われない立場から，事象の原理や意味を理解して適切な対応策を自力で組み上げて，現場で安全対策の実質的な責任を担いつつ全般的な指揮をとる防災管理者に助言することが適当と考えられる。また，平常時は，事業者が継続的安全向上を進めるための，現場の責任者として活動することが求められる。

6.11.1　ヒューマンファクター

(1)　目的，検討方法

　福島第一事故では，プラントの状況認識，発電所内外での情報共有，意思決定，緊急時の対応，日常の教育訓練，プラントの計装・制御設備や作業環境などにおいて，多くの問題点が露呈した。各種報告書で指摘されている事項を含めた問題点をヒューマンファクター（HF：安全性を確保するための人間側の要因）の視点から検討する。

　検討においては，公開の文書，報告書，データを参照し，また，HFの観点から特に検討すべきであると考えられる，① 1, 2号機の運転員のプラント状態把握状況とCRMの観点からの検討（1号機水素爆発発生まで），② 発電所所員の行動（非常用復水器（IC）の動作状態の認識，3号機代替注水），③ 教育・訓練での課題，④ 情報伝達・情報共有における問題と対策，⑤ 組織の事故対応能力，および，⑥ 原子炉運転操作および現場作業面からみた円滑な事故対応を阻害した要因および改善案の6項目を対象とした。

　なお，6章の中で行った他の分析結果と，ここでの結果が異なる部分もあるが，それは，ヒューマンファクターの視点から，CRMなどこの分野に特徴的な分析手法などを用いて検討を行ったことによるものであることに留意されたい。

(2)　運転員によるプラント状態把握とCRMの観点からの事故対応に関する考察

　① **調査検討の進め方**　文献[1,2]や旧原子力安全・保安院が公開した情報[3]に基づき，運転員のプラント状況把握の状況を検討（推察）し，CRMの観点から事故対応の考察を行った。

　② **1号機における水素爆発までの1号機と2号機の状態把握**

　a.　地震発生後から津波第二波襲来までの状況：中央制御室（中操）では，操作盤を通して正確に自動操作やプラント状態を把握して，運転手順書に基づいたプラント停止操作が行われていた。

ただし，大きな余震が頻発しており運転員の心理的不安は大きかったと推察される．大津波警報が発令（14 時 58 分）されたが，原子炉建屋が浸水するほどの大津波とは考えていなかったと思われる．運転員は地震動による機器の被害がなければ，手順書通りの操作で冷温停止でき，また，大津波警報下で余震が頻発する中で現場の被害確認作業は難航していたが，当時把握されていたプラントパラメータの時間的推移から主要機器は健全と考えたと推察される．

b．津波第二波の襲来から中操仮設照明点灯までの状況：津波第二波（15 時 32 分）の被害により全交流電源が喪失（SBO）し，中操の照明が消えて制御盤のランプ類も消えていった．15 時 50 分には計測用電源も喪失して，1, 2 号機とも原子炉水位が不明となった．当初は津波が SBO の原因とは分からず，暗闇の中での SBO の原因把握と電源（特に中操照明と監視計器類用電源）の復旧方法，IC（1 号機）と原子炉隔離時冷却系（RCIC）（2 号機）の動作確認が検討され，その後，万が一の場合の代替注水方法も模索されるようになったと思われる．

東京電力福島第一サイトの対策本部では，頻発する余震を考慮して電源復旧には時間がかかると判断したと思われ，代替注水の重要性を認識して 17 時 12 分には福島第一の所長は代替注水の検討を指示している．また，同じ頃，RCIC の動作を間接的に示す原子炉水位が安定していることを発見している．夕方頃には津波被害の状況が確認され，2 号機パワーセンターの一部を用いた電源車による電源復旧の方法の検討が始まっている．これらのことから，代替注水のための注水ラインの確保と，IC の動作確認へ関心が移ったと思われる．

IC 動作状況の確認が試みられたが，確認はできなかった．事態の進展によっては格納容器ベントが必要になると認識し，手順の検討を開始した．また，暗闇での作業により 1, 2 号機の順に 11 日中には注水ラインを確保している．並行して図面により現場計器位置などを確認して，原子炉圧力や主要機器の動作状態の把握を原子炉建屋（R/B）に出向いて行っている．

c．中操仮設照明点灯から放射線量上昇による 1 号機原子炉建屋入室禁止までの状況：20 時 49 分には小型発電機が設置され，1 号機と 2 号機の中操内に仮設照明が設置されて点灯した．円滑な作業には十分ではないものの，中操は真っ暗な状態ではなくなった．監視計器にも仮設バッテリを接続し，1, 2 号機の原子炉水位が燃料棒以上である結果を得て，燃料棒が露出していないと安堵したと想像される．弁状態が不明な IC については，21 時 30 分の MO-3A 弁の「開」操作の結果から動作に疑問を持っていたとされる．

d．1 号機原子炉建屋入室禁止から 1 号機水素爆発までの状況：放射線レベル急上昇の原因が議論されたと想像するが，22 時の 1 号機原子炉水位の計測結果から，燃料溶融はあるとしても一部にとどまると考えたと想像される．中操では電源復旧による制御操作の回復が期待されていたと思われるが，仮設電源ラインの確保は，大津波警報下で頻発する余震による作業員の退避のために難航した．2 号機では RCIC の運転状態の把握に注力し，12 日未明には動作の根拠が得られ，以後は水源を気にしつつ電源復旧と 1 号機の対応に関心が移ったと思われる．

その間，1 号機では注水用のディーゼル駆動 FP（消火系）の停止が 1 時 48 分に発見され，再起動はできなかった．そこで，消防車から FP ラインによる注水準備を開始した．手間取ったものの 5 時 46 分より防火水槽からの淡水注入が始まったことで，対応が一歩前進したと認識したのでは

ないかと思われる。格納容器（PCV）ベントに対しては作業手順を繰り返し確認し，作業の装備品の確保に努めていた。5時頃には中操でも全面マスク＋チャコールフィルタ＋B装備の指示が出され，さらに1号機側の放射線量増加により運転員は2号機側に退避した。このため，中央制御室での作業性はますます悪化した。事態の悪化により運転員は燃料棒の一部露出を確信したのではないかと思われる。なお，11日朝から勤務の当直班は24時間の連続勤務となっている。

　PCVベント操作のために，放射線レベルが高い中，現場での電動弁（MO弁）の手動開操作や中央制御室からの空気作動弁（AO弁）小弁，仮設空気圧縮機を設置してAO弁大弁の操作を行っている。ドライウェル（D/W）圧力降下により，対策本部はPCVベントがされたと判断した。この間，淡水注入は継続されていることから，十分ではないにしろ炉心は冷却されていると考えていたと想像される。その後，防火水槽の淡水が枯渇したため，14時54分に所長は1号機原子炉への海水注入を指示した。

　電源復旧準備は15時30分頃にようやく完了したが，15時36分原子炉建屋で水素爆発が発生した。このためケーブルなどが損傷し，現場作業者は全員免震重要棟に避難した。

③　CRMの視点からの事故対応の考察

　a．CRM訓練の概要：CRM訓練は1970年代後半に米国を中心に航空分野で研究・開発され，世界各国で適用されている。基本的考え方は，利用可能なあらゆるリソースを有効活用して最適な意思決定を行い，チームの能力を最大限発揮することであり[4]，異常事態での問題解決を的確に行うためのノンテクニカルな対処要領の訓練手法である。CRM訓練は一般的には図6.34の5大スキルに集約される[4]。訓練ではスキル発揮結果の振り返りを行うが，失敗例や欠点だけではなく，ポジティブな姿勢で振り返りによって気付いたCRMスキルを有効に発揮する具体策を体得する。

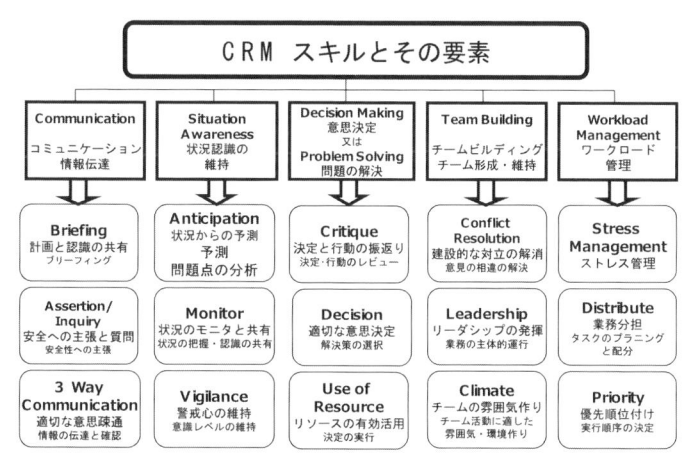

図6.34　CRM訓練の全体像

　b．CRMの視点からの考察：津波来襲までの間では，頻発する強い余震にもかかわらず，担当する操作盤の表示を読み上げて当直長に報告している。報告が受ける側の当直長にとって分かりやすく正確に理解できたかを振り返ることは，CRMで重要なコミュニケーションスキルのデブリーフィング（経験した状況の報告）であり，同様な事態への対応時に有益な情報となる。緊急時の人

間行動の視点からは，警報類は全体像の中で異常の箇所を表示する図的な表示が望まれる。

14時52分には火災警報が鳴動したが，当直長は以前に経験した地震動で発生した埃を感知した状況を思い出して，リセットしたら停止したと伝えられている[5]。大きな揺れという厳しい環境下でも過去の教訓を思い出して，誤報であるかの確認操作を行っている。また，1号機で自動起動した2台のICを原子炉の温度降下率を考慮して手順に従って操作している。状況認識スキルと，それに基づく意思決定スキルが期待通りに発揮されている。

大津波の来襲によりSBOが発生し，中操内が真っ暗となり原子炉パラメータが把握不能となる。運転員はSBOの原因を認識できていないことから，状況認識を支援する設備監視カメラなどの設備が重要であろう。しかしながら，中操でSBOに直面した当直長は，15時42分には冷温停止のためには何が不明で何が不具合なのかを整理して所長に報告している。CRMで強調されている必要なタイミングで必要な情報を報告することを実践している。

所長は17時12分に代替注水の検討を指示し，マニュアル記載の範囲外で代替注水の可否を検討させている。マニュアル作成の段階で想定できなかった事態に直面して，復旧に最善の方策を模索し，ワークロードマネジメントのスキルを発揮して，原子炉を冷却して冷温停止の達成を最優先課題としている。18時20分には所長はベント弁の位置確認を指示し，中操内ではベント弁手動操作に向けて図面でその位置を確認している。チームワークスキルが発揮されて，順序よく次の作業の準備を展開しており，役割分担の点でもワークロードが極端に偏る傾向もないように見受けられる（ワークロードマネジメントスキル）。

当直員の判断で18時25分にICの3A弁を閉じたが，報告は対策本部には適切に伝わらなかった。当時対策本部ではIC作動状況確認に関心が向けられつつあったと思われるが，情報が錯綜する中での優先順位付け能力（ワークロードマネジメントスキル）の問題と考えられる。

協力企業からバッテリを調達して，21時頃に1，2号機の監視機能の一部を復活したことは，利用可能なすべてのリソースを有効に活用するCRMの発想に合致している。

所長は一刻も早く原子炉状態を把握してベントと注水作業を行う必要性を見抜き，原子炉建屋に入域して原子炉圧力を把握するしか手はないと判断し，決死隊の編成を指示する。意思決定スキル，ワークロードマジメントスキルの発揮である。またこれは，無電源で炉内圧力を得る仕組みの必要性を示唆する。0時6分所長はPCVベント準備を指示する。放射線量が上昇している現場へ行くメンバーの人選は容易ではなかったと思われるが，中操では要員を人選するとともに，PCVベントの具体的手順の確認を開始している。緊急課題に対応する中操チームのワークロードマネジメントスキルとチームワークスキルが発揮されたといえる。1時48分には消防車による注水検討が始まり，防火水槽が使用可能と分かる。意思決定スキルを発揮した柔軟な検討と判断は，あらゆるリソースを有効活用するCRMの考え方に合致する。

ところが，7時11分に内閣総理大臣が福島第一に到着した。現場は注水およびベントの準備で多忙であったが，その動向に現場の関心は向いたと考えられる。CRMの視点では望ましくない出来事であり，今後の危機管理体制の構築に活かしたい点である。

津波による大きな被害の下での海水注入準備作業では，CRMのチームワークスキルにおける強

6.11 人材・ヒューマンファクター

力なリーダシップの発揮とこれを支えたフォロワーシップの発揮が認められる。

(3) 発電所所員の行動のヒューマンファクターの視点からの検討

既出報告書において指摘されている「1号機非常用復水器（IC）作動状態誤認」，ならびに「3号機代替注水不手際」とされる問題について，『政府事故調査報告書』[1]，「東京電力による事故調査報告書」[2]に記載されている情報をもとに，改めて HF の観点から考察する。

① 「1号機 IC 作動状態誤認」とされる問題に関する考察

a. 中央制御室での認識：IC 隔離信号の発生などを知らせる警報が中央制御室制御盤上に設けられていたものの，津波の来襲により制御盤の電源が喪失し，これらの警報は発生しなかった[6]。さらに IC 隔離弁の状態表示ランプも消えていたため，IC 作動状態を確認するすべがなく，中央制御室では当初，≪IC の作動状態が不明≫（文献[2] p.149）という認識をもった。16時44分には IC ベント管から蒸気が出ている（「向かって左からモヤモヤ出ている」）との報告が中央制御室に届けられたものの，蒸気量が少ないことから≪IC 作動状態に疑問≫という認識を持つことになった（文献[2] 添付 8-10）。18時ごろ直流電源が一時的に復活したことで確認できた 2A 弁の状態から，隔離信号発生とそれによる 1A，4A 弁の閉の可能性に気づき，これらの弁が開いていることを期待して 2A，3A 弁を開操作した。しかし IC ベント管からの蒸気もしくは蒸気音が消えたため，中央制御室では≪胴側水不足の可能性がありながらも，IC が正常に機能していない≫（文献[2] p.126）と認識した。さらに 21時過ぎに，IC 胴側水不足の懸念が解消されて 3A 弁を再度開操作するも，蒸気音が消えたことから，≪IC が正常に機能していない≫と判断するに至った（文献[1] p.107, 108）。

このように，中央制御室では「IC が正常に作動していると思い込んで対応を進めた」とはいえず，IC の作動状況確認と並行して，IC による冷却ができない場合の代替注水の準備を 16時30分ごろから進めていた（文献[2] p.124）。

なお，津波来襲前に冷却材温度降下率維持のために 3A 弁を中央制御室から全閉としたことが，中央制御室内で共有されていない（文献[2] p.143）。スクラムで多くの警報が発生し，機器の運転，停止に関する報告が盛んに行われる状況において，予定通りに操作中の 3A 弁の報告に特段の注意を払う必要性を感じるのはきわめて困難といえる。

b. 発電所対策本部での認識：津波直後，隔離信号の発生を把握していない中央制御室から発電所対策本部に，交流電源，直流電源が失われたことが報告されている（文献[1] p.91）。このような報告からすれば，駆動電源を失った弁は電源を失う直前の状態のままと認識するのは自然である。しかし，制御のために開閉を繰り返していた弁の状態はこの報告からだけでは判断できず，したがって隔離弁の開閉によって起動停止を繰り返していた IC の作動状態は判断できない。発電所長が「IC が作動していることを期待しつつも，当直からの報告を聞いて，IC による冷却・注水がなされているとは断定できない」（文献[1] p.96）と述べているように，津波来襲直後は≪IC は動いているとは言えない≫という認識を持ち，発電所長は，15条通報，代替注水準備の指示を行った。その後，17時15分の「TAF までの到達予想時間 1時間」（TAF：有効燃料頂部），17時50分の「原子炉建屋入口で高線量」など（文献[1] p.108），IC 停止という仮定に矛盾しない報告がなされていることから，18時ごろまでは，≪IC は動いているとはいえない≫という認識を発電所対策本部

はもち続けていたと推察される。

しかし，18時21分の「ICラインナップを完了し注入開始」の報告以降は，18時24分の「ICの作動確認」，21時19分の「原子炉水位がTAF＋20cm」など，ICが作動していると思わせる報告が対策本部に届けられている（文献[2]添付8-10，p.126）。

ここで，18時21分の「ICラインナップを完了し注入開始」に注目してみる。対策本部発電班に，運転当直より2A，3A弁を開操作したことが18時20分に伝えられた（文献[2]添付8-10）。しかし，発電班員から発電班長を介して行われた対策本部への報告では，「ICラインナップを完了し注入開始」と表現されただけで，通常開状態である2A弁を開操作したこと，つまり隔離信号が発生したことを意味する情報が含まれていない。本来使えるはずであった緊急時対応情報表示システム（SPDS）が機能せず，すべてのプラント情報を口頭で伝達することを余儀なくされた発電班は，様々な情報が入り混じる中，対策本部に詰める幹部に情報を効率的に伝えようと，操作の結果を報告していた。しかし，この報告によって対策本部が隔離信号発生を知る機会を逃し，その結果≪ICが機能回復をした≫と思い込むに至ったと推察される。

停止していたICが機能回復したとすると，それまでに原子炉水位がどこまで低下したかが，大きな関心事になると思われる。原子炉水位のTAF到達は18時15分前後（17時15分に技術班から1時間との予測が報告されている（文献[1] p.108）。誤表示を示した原子炉水位計の値から算出されたもの）と予想されていた。さらに18時21分のラインナップ完了による注水開始の報告以降も，原子炉水位がTAF以上にあるかのような報告も重なったことから，ICが作動して炉心損傷はギリギリのところで回避できたと思い込んだと推察される。

このように，発電所対策本部においても津波直後ICが動作していないことを仮定して必要な対応を進めていた。しかし，18時21分の報告「ICラインナップを完了し注入開始」以降，ICの作動を思わせる情報が重なったことから，ICは機能回復したと思い込んだと推定される。

② 「3号機代替注水不手際」とされる問題に関する考察

a. 実際の対応と手順書との比較：津波来襲で発生した全交流電源喪失に対して運転当直は，11日16時3分にRCIC系を起動し，夕方ごろから直流電源の負荷切り離しを行った（文献[1] p.95, 96）。12日11時36分ごろRCIC系が自動停止，12時35分に高圧注水（HPCI）系が原子炉水位低で自動起動した。HPCI系からの給水によって原子炉水位が急上昇することを避けるため，HPCI系の流量調整を行い，直流電源の消費抑制を行い，交流電源復旧のための時間を確保した（文献[1] p.96, 170）。このように運転当直は，直流電源の消費抑制のための工夫をしながら，「事故時運転操作手順書」のSBO[7]に記された手順に従って対応を進めていた。

12日20時36分，原子炉水位計の電源（24V直流電源）が枯渇し，原子炉水位の監視が不能となり，手順書上はEOP "水位不明"[8]の導入条件が成立した。しかし，運転当直は原子炉水位計の復旧作業，HPCI系流量増加による原子炉への注水を継続した（文献[1] p.170, 171）。その後，HPCI系吐出圧が原子炉圧力と拮抗し，注水継続を確信できない状況になったことから，運転当直はディーゼル駆動消化ポンプ（D/D FP）による代替注水を図るべく，圧力抑制室（S/C）スプレイを行っていたD/D FPを原子炉注水ラインに変更し，HPCI系設備破損を回避するためHPCI系

停止を先行して実施し（2時42分），次にSR弁の開操作（2時45分，2時55分）を試みた。しかし，SR弁は動作せず，原子炉への注水が途絶える事態となった（文献[1] p.170, 171, 172, 173）。

b. 12日20時36分以降の対応に関する考察：このように，運転当直は原子炉水位が監視できなくなった12日20時36分以降HPCI系による注水を継続した。この件に関して，東京電力による「事故調査報告書」には，以下のような記載がある（文献[2] p.202）。

- 容量が小さい消火目的のD/D FPよりもHPCI系の方が信頼できる。
- 1号機と並行して3号機のD/D FPによる注水への移行を慎重に行える状況になかった。
- 減圧沸騰により原子炉水位が急激に低下し，燃料露出を早めるリスクがある。

そこで本件，特に1項目の「容量が小さい消火目的のD/D FPよりもHPCI系の方が信頼できる」に関して東京電力に対して行った内容確認から，以下が明らかになった。

発電所長が懸念し，実際そうであったように（文献[1] p.122），耐震クラスCのD/D FPなどの消火系では，水源となるろ過水タンク（プラントから離れた高台に設置。8,000 t×2器）からタービン建屋までの屋外配管で破断・水漏れが生じていて，所定通りの機能を期待きる状態ではなかった。また，D/D FPを動かし続けるために同ポンプ軽油タンクに燃料を補給する必要があるが，燃料移送系も電源を失っていて燃料補給ができないうえ，軽油タンクの容量も小さい（3号当直員引継日誌[9]の記録から計算すると約20時間分の燃料）ため，運転を継続させるには海抜が低く被害の大きいエリアまで行って燃料を人力で補給しなければならない。このようなことから，D/D FPによる注水ではなく，耐震設計クラスAの設備であり，これまで安定して動いているHPCI系によって注水を継続することを発電所対策本部と運転当直は共通の認識としていた。十分機能しない可能性のある消火目的の設備より，今動いている原子炉への注水目的の設備によって注水を行おうとする判断には，十分な合理性があると考えられる。HPCI系，D/D FPの駆動源の点から見ても，温存できる駆動源（ディーゼル燃料）をなるべく温存する方が，結果的に注水時間を長くできることからも，HPCI系による注水を継続するとした判断は合理的といえよう。そして，13日2時40分ごろHPCI系による注水も機能しなくなったことから，発電所対策本部と中央制御室の共通認識のとおりにD/D FPによる代替注水への切替えを行っている。

一般に「手順書」は状況，事態を想定して作成されるものであり，その「手順書」が適用できる限りそれに従うべきである。しかし今回の事故においては，「手順書」作成時の想定をはるかに超える状況，事態が発生した。そのような中，発電所対策本部，運転当直は単に「手順書」に従うのではなく，「手順書」に記載された内容の実現性を吟味しながら，可能な限り原子炉への注水を継続するべく，自らの知識，経験に基づいた判断を進めていったといえよう。

c. 13日2時40分前後の行動に関する考察

（ⅰ）「HPCI系停止前に代替注水ライン切替え完了を確認すべき」との点について　　急ぐ必要のない場合には上記指摘のとおりであろう。しかし今回の場合，中央制御室とライン切替えに現場に出向いた運転員の間に通信手段がなく，かつライン切替えを急ぐ状況（本来HPCI系が自動停止する原子炉圧力以下になっても停止せず，HPCI系を破損させるリスクがある。またHPCI系の吐出圧と原子炉圧力が拮抗して注水できているか不明）であった。このような状況の中，ライン切替

え現場までの移動時間と操作時間を考慮してのHPCI系停止操作は，リスキーであるものの必要な判断であったと考えられる．

（ii）「HPCI系停止前にSR弁動作を確認すべき」との点について　減圧によるHPCI系破損の恐れのない場合は指摘のとおりであろう．しかし，先にSR弁を開操作して原子炉圧力の減圧を行えば，なお一層HPCI系破損の恐れが高まり，また減圧沸騰により原子炉水位が低下する．一方，SR弁制御用電磁弁（8.5 W）を動かすための直流電源については，RCIC系，HPCI系を長時間運転していたとはいえ，直前まで5,600 Wの油ポンプを動かし，SR弁の状態表示ランプも点灯させていたことから"SR弁開可能"と考えても不思議はない．原子炉への注水を急ぎ，またHPCI系の破損を回避したい状況においてはやむを得ない判断だったと言えよう．

③　分析を通して得られた教訓　「1号機IC作動状態誤認」とされる問題では状態監視に重要な中央制御室制御盤，SPDSなどが機能を失い，「3号機代替注水不手際」とされる問題では「手順書」が適用できない事態となった．そのため，現場の要員は自らの持つ知識や経験に基づいて判断・行動せざるを得ない状況に追い込まれた．今回の事故を鑑みると，不測の事態に対する想定や仮定が不十分であったが，人間の持つ柔軟性によって臨機応変に行動できることを垣間見たといえよう．"想定通りに物事は運ばない"，"あり得ないと思ったことも起きる"，そして"そのような事態に対処できるのは人間だけである"ことを学んで，今後の安全向上に生かすことが重要である．

(4)　教育・訓練

①　調査の目的と方法　本節では，福島第一事故以前に実施されていた教育・訓練内容について現状と問題点を調査し，また事故後にBWR運転訓練センター（BTC），原子力発電訓練センター（NTC），および電力会社が実施または計画している対応状況を調査し，これらの調査からの検討結果に基づき，今後目指していくべき教育・訓練の方向性について述べる．

②　事故前の教育・訓練におけるシミュレータ訓練への規制の要求　原子力発電所では，事故時にも冷静かつ適切な対応操作が行えるようシミュレータを用いた教育・訓練が必須となっている．「旧原子炉等規制法」第35条および「旧実用炉規則」第12条では原子炉の運転における運転員，運転条件，運転責任者が規定され，「経済産業省告示」第200号では，原子炉に関する知識および技能について規定されている．

また，JEAG 4802-2002では原子力発電所運転員の教育・訓練指針がまとめられ，福島第一事故に問題となった「全交流電源喪失」の項目も記載されていた．

JEAG 4802-2002附属書では，「炉心損傷事故及び重要度安全機能維持に関する教育・訓練」に関し，国内外事故事例，炉心冷却機能，監視のための重要パラメータ，炉心損傷の認識，水素ガス発生，アクシデントマネジメントなどが習得させる内容としてあげられている．

③　従来の教育・訓練の問題点　福島第一事故以前の教育・訓練において，福島第一事故で発生した事象に対する基本的な教育・訓練は実施していたと考えられる．しかしながら，長時間のSBO（全交流電源喪失）や炉心溶融に至る過酷事象を想定した実効的なシミュレータ訓練が実施されていなかったことが事故収束を遅らせた大きな要因と考える．

『政府事故調』は福島第一事故に際して「そのような知識が生かされたとは言い難いケースが見

受けられた」(『政府事故調』[10] p. 402),さらに「自分の専門分野に関する知識は豊富であるが,一方それとは対照的に,それ以外の分野については密接に関連する事項であっても十分な知識を有するとは言い難い」(『政府事故調』[10] p. 403)とコメントしており,縦割り組織の問題点を指摘している。この観点から,全体を包括する委員長所感として「(7) 自分の目で見て自分の頭で考え,判断・行動することが重要であることを認識し,そのような能力を涵養することが重要である」(『政府事故調』[10] p. 447)と示されている。

一方,中央制御室員,現地支援スタッフおよび対策本部メンバーの知識を事故回避に向け十分に結集できなかった点において,情報収集および通信手段が限定されてはいたが,メンバーやチーム間のコミュニケーションの拙さも指摘されている。

また,運転員の一部には,頻発する大きな余震の発生や制御室内照明が消え,放射線防護服を装備するなど劣悪な作業環境下のため,冷静さを失っていた状況が垣間見えることから,これほど過酷な状況を想定した教育・訓練は行われていなかったと考えられる。

事故時運転操作手順書は,「事象ベース」「徴候ベース」「シビアアクシデント」の三つに分類されるが,「シビアアクシデント」では電源があることを大前提としていたため,長時間にわたる電源喪失などの事態では機能できず,実効性に欠け,この「手順書」が生かされなかった。

④ 事故後の教育・訓練の改善の取組み

a. 運転訓練センターでの取組み:BTC および NTC では,福島第一事故を踏まえた教育・訓練の改善に取り組んでいる。たとえば,BTC では「福島第一事故振り返り・対策実践訓練」を開発し,平成 24 年(2012 年)8 月から訓練を開始している[11]。このコースでは,福島第一事故事象を経験することにより,緊急安全対策の目的や効果の理解を図る。また,今後の過酷事故訓練への拡張を想定し,原子炉炉心や格納容器の損傷を模擬する運転訓練シミュレータが追加されている。

b. 電力会社での取組み:電力会社では,これまでにも過去に発生したトラブル事象や新潟県中越沖地震での教訓を踏まえた教育・訓練の改善が進められていたが,福島第一事故時のような長時間 SBO 訓練が可能なシミュレータ設備の改修および教育・訓練プログラムの改善を図り,教育支援ツールの開発,炉心溶融解析モデルの導入を図る予定である。

また,チームパフォーマンスの向上を図るための,CRM 訓練[4]を実施し,複数基同時発生事象に対応するために当直体制の強化を図っている。

「事故時運転操作手順書」では長期 SBO に対応した「手順書」の見直しが実施され,他の「シビアアクシデント手順書」についても見直しが予定されている。

⑤ 今後の教育・訓練に関する方向性

a. 教育・訓練の方向性:福島第一事故の教訓を学ぶ活動が国内外で活発に実施されており,様々な機関から原子力発電所の安全性向上のために,現場手動操作訓練や模擬体感訓練の実施および状況判断力・コミュニケーション力・トップマネージメント力の向上を求めるなどが提言されている。特に運転員にはプロ意識,勇気,連帯感を育てる教育・訓練やハード面のみならずソフト面についても改善し,より一層の安全文化の醸成に対する取組みが必要であることが提言されている。

b. 旧原子力安全・保安院の対策30項目への対応：旧原子力安全・保安院（NISA）では，事故の教訓として技術的知見に関する検討[12]を実施し，規制に反映すべき対策事項30項目を取りまとめた。教育・訓練に関しては，「手順書」や設計図面などの必要な情報の整備，緊急時の人員確保と招集体制の構築，高線量下，夜間や悪天候下なども含めた事故時対応訓練などが求められている。

c. 国際原子力機関に対する政府報告書での提言28項目への対応：国際原子力機関（IAEA）におけるわが国からの報告として，事故の評価や得られた教訓をまとめた提言がなされている[13]。教育・訓練に関連するものには，シビアアクシデント対応の訓練強化がある。

d. 欧州ストレステストのピアレビューによる推奨事項と提言事項：福島第一事故に対して，欧州理事会の要請で実施されたストレステストとピアレビューでは，推奨事項と提言事項が集約されており，訓練に関しては，① 設備検査と訓練プログラム，② シビアアクシデントマネジメント（SAM）の訓練などがあげられている。

e. 「米国原子力発電運転協会報告書」への対応：米国原子力発電運転協会（INPO）は福島第二原子力発電所を含めた事象を調査・分析し，その結果に基づく教訓を提示している[14]。教育・訓練に関するものとして，想定外に対する追加の備えの必要性や運転上の対応における最優先事項としての炉心冷却，初期段階での炉心冷却と復旧活動のための明確な戦略の策定と伝達，格納容器ベントへのガイダンス，原子力安全文化の強化などがあげられている。

(5) 情報伝達・情報共有における問題と対策

① **目的と調査方法**　本項の目的は，福島第一事故を対象に情報伝達・情報共有における問題の分析と対応策の提案を行うことである。以下を条件とした。① 影響が重大かつ時間制約が厳しい"現場"として，中央制御室（中操）と発電所対策本部（対策本部）を対象とする。② 詳細な記述が含まれる東京電力による「報告書」[2,15]と政府事故調の『報告書』[1,10]に記載されたデータを主に用いる。③ 対応策の検討では，報告書に対応策の提言がある場合には妥当性の評価を行い，必要なら追加の対応策を提言する。以降，三つの状況（中操と対策本部，中操内，対策本部での指示命令）における解析結果と，対応策検討における留意点について述べる。

② **中央制御室と発電所対策本部間の情報共有（2グループ間の情報共有）**　1号機ICに関連し，中操運転員の操作や状況理解が対策本部と十分に共有されていなかった。中操から対策本部への情報伝達は，［中操］―ホットライン（口頭）→［発電所対策本部発電班］―口頭→［本部席の発電班長］―口頭→［本部全体］と多段からなる。弁開閉などの具体的操作や稼働音，蒸気の発生など，ICの動作を肯定する情報は対策本部全体まで伝達されていた。しかし，ICの機能を否定する情報は，何らかの理由により中操から対策本部全体に伝達されなかった。このため，中操では「ICが機能していない」と理解していた一方で，対策本部では「機能している」と認識する状況が生じた（文献[2]，p.323，添付8-10）。

東京電力による対応策は次の4点である。① プラントや系統の状態の情報伝達に簡単な系統図などの情報伝達様式などを用いて，状態を視覚的に容易に把握できるようにする。② 対策本部と中操のホワイトボードなどの上に同一のテンプレートを準備する。③ 情報変更のたびに連絡する。

④ これらの方式を防災訓練などを通じて習熟訓練する（文献[2]，p.344-345，添付16-3）。

ここで，対策本部のテンプレートに過去の情報の記載がある場合，"中操運転員による連絡の忘れ"を対策本部が気づくことは難しい。この解決には両者の記載情報を比較する必要があり，中操のテンプレートを本部にて視認可能とするようなハードウェア的対策，担当者が本部に定期的に報告するなどのソフトウェア的な対策が考えられる。

また，多数の項目について，つねにすべてを計測しかつ伝達する方策では，緊急時における実行可能性に疑問が生じる。重要性を評価したうえでの項目の絞り込み，さらに変化する状況に応じて不可欠な情報のみに限定する柔軟な運用方式の検討が必須であろう。

③ **中央制御室における情報共有**（作業グループ内の情報共有）　1号機中操内でSBO直前の操作状況が共有できていないという問題があった。ある運転員は「隔離弁（3A弁）が閉の状態で電源を喪失した。そのことを他の運転員に伝えた」と証言しているが（文献[2]，添付8-10），他からは同様の証言は得られていない。操作盤のような外部記憶が利用できない場合，記憶に留めるべき情報量が急激に増大し，記憶の失敗は容易に起こり得る。

報告書に記載はないが，上記の系統図・テンプレートの利用は作業グループ内の情報共有においても有効であると考えられることから本問題への対策となり得る。

④ **発電所対策本部における指示命令**（命令者と被命令者間の情報共有）　文献[10]（pp.403-404）では，発電所長による指示（消防車による注水の検討）が，対策本部の各機能班・グループにて自らの所掌とすぐには認識されないという事態があったと報告されている。そして，機能班はその役割が細分化されていることもあり，事態を総合的に捉えたうえで自らの役割を位置付け，必要な支援業務を行うといった視点が不足していると指摘されている。

「報告書」に提案はない。対応策として，タスクの内容，タスクの配分，実施の状況をホワイトボードなどの上に視覚化する方法が考えられる。これにより指示者と被指示者はタスクに関する情報を明確に共有することが可能になる。さらに，中操の当該表示を対策本部にて確認できれば，助言や必要な支援を策定する際に有効に活用できるという利点もある。

⑤ **対応策の検討における留意点について**　対応策の実用化に向けて各事業者は，現場における有効性や実行可能性を具体的に検討して評価することが不可欠であろう。このときに満足すべきと考えられる条件には"現場のタスク実施を妨げない"ことがある。対応策においては，時間制約が厳しく人的リソースが限られている中操の制御タスクを優先し，"運転員によるタスク実施過程"への割込みを最小限に抑制するため，情報共有に関わるタスクは可能な限り対策本部側に配分することが適切であろう。実際に，福島第二原子力発電所や東海第二発電所では担当員の配置がなされたとの報告があるが，福島第一の場合，実施の有無は確認できなかった。

(6) 組織の事故対応能力の分析

① **分析方法**　これまでに報告された様々な事故の調査結果[16~18]での分析方法や近年提言されているレジリエンスエンジニアリング[19]，高信頼性組織[20]などの新たな方法に基づいて，福島第一事故の対応における成功事例と失敗事例を，対応能力の個人レベル，組織レベル，外部対応に関連つけて分析し課題を摘出した。本分析では，主に東京電力の「報告書」[6]を基にして，1号機に

おける注水の経緯，特に海水注入継続判断を中心に検討する。

② **分析に用いた手法**

a. レジリエンスエンジニアリング（RE：柔軟で強靱なシステムや組織のための方法や技術の構築を目指す工学）：従来のヒューマンエラーを生じさせないようにロバスト（外乱に頑健）なシステム設計を目標とする考え方に対して，RE[19]の定義ではシステム状態の変化が過酷な場合には，個人の状況判断を許容して人による対応も含めてシステムが定常に収まるようにしようとする考え方である。レジリエンス（柔軟で強靱）とは，組織が本来的にもっている環境変化や外乱に応じた組織機能を，事前にその最中にまたは事後に調整する能力であり，学習力，予測力，監視力，即応力から構成されるとする。

b. 高信頼性組織（HRO）：HRO[20]でも組織の能力を研究し，平時には些細な兆候も報告する「正直さ」，念には念を入れる「慎重さ」，操作に関する「鋭敏さ」（鋭い感覚）を，有事には問題解決のために全力で対応する「機敏さ」，最も適した人に権限を委ねる「柔軟さ」があげられている。高信頼性組織は良好事例を組織から見る立場であるが，事故トラブルを少なくするという目標では共通しており，現在のREと方向性は一致している。

c. リスクリテラシー（RL：リスクの背景まで考察してリスクの波及範囲の見極めと対処を行う能力）：組織の有効なリスクマネジメントには，組織またリスク管理者としてRL[21]をもつことが重要である。その能力として，解析力（収集力，理解力，予測力），伝達力（ネットワーク力，コミュニケーション力），実践力（対応力，応用力）が必要である。

③ **組織要因分析結果** 1号機の注水経緯について，RE，HRO，RLの各々の観点で分析した。その例として，表6.35にRLの観点での分析結果を示す。横軸に提案されている対応能力を，縦軸に個人，組織（新たに現場と管理部門に分割した），外部対応の各レベルを置いている。また，太字は良好事例，斜体文字は失敗事例を示している。

④ **事故対応能力の考察** 表6.35に示したように，事故対応能力については個人や組織のレベルと国家や業界レベルとの間に相違が見られる。個人や組織のベースではレジリエンスの良好事例が多くみられる。その根底には現場における当事者としての使命感があり，常日頃から問題意識を持っていることや，アクシデントマネジメント訓練を経験していたことが緊急時に有効に働いたと考えられ，これこそが安全文化醸成の意義であろう。特徴的な良好事例として，中越沖地震の経験を反映して，整備された非常用電源・空調のある免震重要棟を緊急時対策室として有効活用し，また配備された消防車を海水注入等に有効活用したことがあげられる。これから，平時での「組織としての学習（フィードバック）システムの確立」が重要であると提言できる。

その一方で，管理部門や国家レベルでは危機対応の不備が多々見られる。管理部門においては，緊急時の責任分担，事態の深刻度の評価と平時から有事へのモード切替えなどの訓練こそ欠かせない。国家レベルや業界ベースで，まれな事象の認識と組織文化の課題における失敗事例が多くみられる。限定合理性[22]によれば，限定された環境の中で限定された情報に基づいて合理的に判断したが，神の目から見れば失敗だったと解釈される。対策としては，限定合理性を破壊すること，すなわち有事での「現場判断を優先する（命令違反を許容する）システムの確立」が重要であると指

表 6.35 リスクリテラシーの関連からの1号機への注水経緯分析結果

リスクリテラシー	平時			有事			
	解析力			伝達力		実践力	
分析レベル	収集力	理解力	予測力	ネットワーク力（情報発信）	コミュニケーション力（影響力）	対応力（今ある危機対応）	応用力（抜本対策）
個人	津波被害事故例	津波被害のリスク認識	電源喪失のリスク認識	—	—	海水注入継続判断	緊急時訓練
組織 現場	事故例収集：貞観津波	地震・津波PSA実施による影響範囲評価	事故の大きさの認識	現場の情報共有	・指揮系統（現場） ・免震棟での一元化 ・中操-緊封室連絡	・免震棟を緊封室として活用 ・消防車有効活用 ・淡水・海水注入 ・ベント操作	・指揮系統 ・津波対策 ・AM対策 ・被害の拡大防止
組織 管理部門	事故事例収集：貞観津波，JNES津波PSA，ルプレイエ・マドラス炉浸水	*津波被害のリスク誤認識*	*電源喪失のリスク誤認識*	*本店／現場の情報共有*	・TV会議システム（2階も） ・*本店／現場の指揮系統の乱れ*		・免震棟設置 ・消防車配置 ・教育／訓練システムの見直し
外部対応（官邸など）	・海外テロ対策例収集：米国 ・9.11テロ-B.5.b重要性誤認識	・事故の重要性分類 ・*地震・津波リスク誤認識*	・外部事象の重要性 ・*インフラ被害リスク誤認識*		・*メディア，地方自治体，海外広報* ・*官邸／本店／現場の指揮系統の乱れ*	・*初期対応の遅れ* ・*政府指揮系統*	・メーカ，協力企業，外部の支援 ・抜本対策：組織改革（規制／電力） ・保険制度見直し

注）太字：良好事例，斜体：失敗事例

摘できる。海水注入継続判断における官邸および本店からの指示にもかかわらず現場判断を優先した行動はその典型例といえる。また，リスク認識の誤謬をなくすためには，想定外対応を統合した安全思想の再構築が望まれる。

なお，福島第一と福島第二では対応結果に大きな差が現れたが，福島第二の教訓をまとめた資料[23]を分析すると，相違の原因は被害の程度と電源の有無である。福島第二ではシステム全体としての被害が福島第一よりも少なく，電源喪失には至らなかったために照明・通信・制御手段が十分に機能したことにより有効な対応ができた。レジリエンスエンジニアリングの四つの能力の観点では，福島第一の対応と大きな差異は見られなかった。

また，東京電力は事故調[2]のハードウェア対策に加え，新たに提出した事故の総括[24]の中で，本項で指摘したような組織の課題への対策として，「経営層の安全意識向上」，「インシデントコマンドシステム導入」などの組織の負の連鎖を遮断する手段を提案している。

(7) 原子炉運転操作および現場作業面からみた円滑な事故対応を阻害した要因および改善案

① 調査の目的と方法　監視・制御システムおよび記録関係，現場運転操作関係，中央制御室および免震重要棟などの作業現場関係について，運転員や作業員による円滑な事故対応を阻害したと考えられるハードウェア要因を分析し，運転員や作業員の立場からの改善案を提案する。方法は

『事故調査報告書』（『国会事故調』[25]および『政府事故調』[1]）に基づき，1～3号機に関して津波によるSBO後の原子炉冷却操作，格納容器ベント操作，代替注水作業を分析範囲とした。

② 監視・制御システムおよび記録関係に関する分析　　SBOにより中央制御室の照明，監視・制御システムや免震重要棟のSPDSが機能喪失したために，運転員は必要な情報を得ることができず，免震重要棟では原子炉の重要な情報が得られずに運転員への指揮，支援へ支障を生じたと考える。また，燃料露出といった過酷事故時の計装システムが貧弱であったことも問題である。まず，異常時や自然災害時にも機能を長時間維持する電源および電力供給システムが重要であり，また，過酷状況時でのプラント状態の確認機能や冷却操作の支援機能の充実も必要である。

③ 現場運転操作関係に関する分析　　原子炉の運転は監視・制御システムを利用した運転が基本とされ，その機能喪失時に重要なIC，RCIC，HPCI，格納容器ベントなどの操作が現場で迅速に操作できるシステムとなっていなかったことが要因と考える。遠隔操作に過度に頼らない現場での手動操作も可能なシステム設計が有効と考えられる。

④ 中央制御室および免震重要棟などの作業現場関係に関する分析　　作業現場での作業面から事故対応を阻害した以下の要因を取り除くことが必要である。

a．中央制御室関係：① 電源の脆弱性，② 通信システム（電話など）の脆弱性，③ 放射線防護性能の不足，④ 居住性が不十分

b．免震重要棟関係：① 通信システムの脆弱性，② 放射線防護性能の不足，③ 放射線管理設備が不十分，④ 作業員待避場所の居住性が不十分

c．原子炉建屋（R/B），タービン建屋（T/B）などの建屋や道路などの作業現場関係：① 建屋内外の照明の脆弱性，② 通信システムの脆弱性，③ 建屋内外の作業場所の耐震性・耐津波性の不足，④ 建屋内の放射線防護性能の不足，⑤ 建屋外道路のがれき，⑥ 重機類の放射線防護性能の不足，⑦ ゲートの電源の脆弱性

参考文献（6.11.1）

1) 東京電力福島原子力発電所における事故調査・検証委員会，「中間報告」（本文編）（2011年11月）．
2) 東京電力（株），「福島原子力事故調査報告書」（本文），（添付資料）（2012年6月）．
3) 原子力規制委員会，旧組織からの情報—原子力安全・保安院，東京電力（株）福島第一原子力発電所 プラント関連パラメータ．(http://www.nsr.go.jp/archive/nisa/earthquake/plant/2/plant-2-2303.html)
4) 石橋　明，狩川大輔，高橋　信，若林利男，北村正晴，日本原子力学会和文論文誌，9(4)，384-395（2010）．
5) 門田隆将，『死の淵を見た男』，PHP研究所（2012）．
6) 東京電力（株），「福島第一原子力発電所および福島第二原子力発電所における対応状況について」p.7（2012年6月）．
7) 東京電力（株），「店所業務取扱文書3号機事故時運転操作手順書（事象ベース）改定109」（2010年1月23日）．
8) 東京電力（株），「店所業務取扱文書3号機事故時運転操作手順書（兆候ベース）改定35」（2010年9月25日）．
9) 東京電力（株），「3号機当直員引継日誌」(http://www.tepco.co.jp/nu/fukushima-np/plant-data/f1_4_Nisshi3_4.pdf)．
10) 東京電力福島原子力発電所における事故調査・検証委員会，「最終報告」（本文編）（2012年7月）．
11) BTC，「訓練たより」，No.89（2012/4）；No.90（2012年10月）．
12) 原子力安全・保安院「東京電力株式会社福島第一原子力発電所事故の技術的知見について」（2012年3月）．
13) 原子力災害対策本部，「国際原子力機関に対する日本国政府の追加報告書—東京電力福島原子力発電所の事故について—（第2報）」（2012年2月）．

14) 米国原子力発電運転協会（INPO），INPO 11-005 追録，福島第一原子力発電所における原子力事故から得た教訓（日本原子力技術協会 訳）（2012 年 8 月）．
15) 東京電力(株)，福島原子力事故調査報告書「別紙 2：福島第一原子力発電所及び福島第二原子力発電所における対応状況について」（2012 年 6 月）．
16) J. Reason, "Managing the Risks of Organizational Accidents", Ashgate Pub. (1997).
17) 氏田博士，オペレーションズリサーチ，2006 年 10 月号，pp. 646-654（2006）．
18) 品質保証研究会，エラーマネジメントに関する調査研究，「平成 21 年度定例研究会報告書」（2010 年 6 月）．
19) E. Hollnagel, Safety Culture, Safety Management, and Resilience Engineering, ATEC 航空安全フォーラム（2009 年 11 月）．
20) 中西晶，『高信頼性組織の条件』，生産性出版（2007）．
21) 林志行，『事例で学ぶリスクリテラシー入門』，日経 BP 社（2005）．
22) 菊澤研宗，『組織の不条理』，ダイヤモンド社（2000）．
23) 原子力安全推進協会，「東京電力(株)福島第二原子力発電所東北地方太平洋沖地震及び津波に対する対応状況の調査及び抽出される教訓について（提言）」（2012 年 12 月）．
24) 東京電力(株)，「福島原子力事故の総括および原子力安全改革プラン」（2013 年 3 月）．
25) 東京電力福島原子力発電所事故調査委員会，「国会事故調報告書」（2012 年 7 月）．

6.11.2　原子力人材

(1)　目的，調査方法

　東京電力福島第一原子力発電所（以下「福島第一」）事故に対する独自の情報収集による調査は困難であることから，公開の事故調査報告書など，および原子力委員会の「原子力人材の確保・育成に関する取組の推進について（見解）」を参照し，過酷事故の発生原因，過酷事故対応が成功しなかった原因，ならびにわが国の規制などがうまく機能しなかった原因から福島第一事故における原子力人材に関する課題を抽出し，それら課題への対応策について考察した。

　また，福島第一事故の影響により，国内の大部分の原子力発電所が運転を停止している状況が継続しており，これに伴う保守・点検などの作業量の激減による熟練作業者の散逸が顕在化している。さらに，福島第一事故および原子力発電を取り巻く現状から，新卒者の原子力離れが進んでいる。よって，原子力人材の確保および育成も重要な課題であることから，その対応策についても考察した。

(2)　福島第一事故における原子力人材に関する課題

①　過酷事故の発生原因に関する課題

　a．事業者による潜在的なリスクへの認識不足および技術や安全に対する過信・慢心：事業者は社会に対して，また原子力発電所に対する訴訟対応上，原子力発電所は安全であると説明し[1]，「わが国では過酷事故は起きない」[2] と思いこみ，新しい知見を取り入れにくくしていたのではないかと考えられる。

　b．東京電力における安全に対するトップのコミットメントおよび安全最優先の価値観の不足：東京電力では，平成 20 年（2008 年）に福島第一への巨大津波の来襲の可能性を示す試算結果を得ていたが，迅速な対応が取られず東日本大震災発生時までに対策を実施できていなかった[2]。これは，平成 14 年（2002 年）の自主点検記録改竄，隠蔽などの不祥事の発覚や平成 19 年（2007 年）の中越沖地震などにより，長く原子力発電所の設備利用率の低迷が続き，経営層は津波対策などの過酷事故対策のための投資を行わず，結果的に企業の存亡に関わる事態に至った[2]。

c． 東京電力における学ぶ態度および問いかける姿勢の不足：米国では平成 13 年（2001 年）の同時多発テロを受け，平成 14 年（2002 年），米国原子力規制委員会（NRC）は原子力施設に対する攻撃の可能性に備えた対策を義務付けた．わが国では米国でのこうした対策に気づく機会はあったと思われるものの見過ごされた[3]．また，福島第一事故の予兆ともいえる多くの情報があり，わが国においても検討が進められていた．しかし，東京電力においては，規制基準を越えて切迫感をもって対応する必要があるとの「気づき」には結びつかなかった[2]と考えられる．

d． プラントメーカの設計および東京電力によるプラントの運用における想像力および専門性の不足：福島第一 1 号機は，GE 社からフルターンキー契約により導入され，タービン建屋地下に非常用ディーゼル発電機や非常用所内電源系，直流電源系を配置する設計となっていた．プラントメーカおよび東京電力は，その後の 2～6 号機も基本的に同じ配置設計を踏襲しており，内部溢水や津波による電源喪失のリスクを回避する設計を行えなかった．

② 過酷事故対応がうまくいかなかった原因に関する課題

a． 事業者による原子力の特殊性についての認識不足：原子炉は核分裂停止後も状態を監視し，崩壊熱を除去し続ける手段を確保しておくことが必須である．事業者による外部電源喪失を想定した過酷事故訓練においては，一定時間が経過すると外部電源が復旧するシナリオとなっており，複数基での長期間全交流電源喪失というようなより過酷な状況は模擬できていなかった[1~3]．さらに，運転員のシミュレータ訓練でも長時間の全交流電源喪失，直流電源喪失，炉心溶融に至る過酷事故を想定していなかった[1~3]．その結果，事業者は過酷事故に対応するためのアクシデントマネジメントについての知識，技量などを十分に磨くことができていなかったと考えられる．

また，防災訓練は訓練ではあっても実践的な演習ではないため，実際の避難実施時の問題点などを解明，把握できず，福島第一事故時の避難において混乱が生じることとなった[1~3]．

b． 東京電力における個別設備についての知識・技量の不足

（ⅰ） 1 号機非常用復水器（IC）　初期の沸騰水型原子炉（BWR）に特有の設備である IC について，東京電力では訓練センターでの運転員のシミュレータ訓練に含めておらず[1,4]，また，福島第一事故時には IC の状況を中央制御室と緊急時対策所で共有できておらず，認識に離隔が生じていた[2,5]．

（ⅱ） 3 号機での代替注水　運転員は主蒸気逃がし安全弁（SR 弁）を使って原子炉を減圧し，高圧注水系（HPCI 系）からディーゼル駆動消火ポンプ（D/DFP）に切り替えて原子炉に注水しようと，SR 弁が機能する見込みで HPCI 系を停止したが，電源枯渇のため SR 弁を開けず，注水にも減圧にも失敗した[2,4]．これは，緊急時の優先度についての考え方の誤りであり，それに思い込みによる判断が重なったものであると考えられる．

（ⅲ） 原子炉水位計の指示値　原子炉水位計の指示値が長時間変化しなかったことに関して，運転員は原子炉水位が炉側配管入口を下回ったことによる誤表示まで考慮が及ばなかった可能性がある[3]．

c． 東京電力によるコミュニケーションの不足：福島第一では，運転員と対策本部との連絡手段が一部を除き失われてきわめて限られた状態であったためコミュニケーションが不足し，相互に思

い込みが生まれやすい状況となっていたと推察される。

　一方，事業者と国，地方自治体などとのコミュニケーションも不十分で，必要な情報が十分伝わらなかったことが指摘されている。大規模災害時に備えた通信設備の整備の不備や現場の混乱があったとはいえ，日頃からの東京電力による情報発信の訓練や確認への姿勢が不十分だったことも考えられる[2]。

　d. 過酷事故時における原子炉主任技術者の役割が不明確：原子炉主任技術者の任務は，「原子炉等規制法」（炉規法）において原子炉の運転に関する保安の監督とされている。一方，「原子力災害対策特別措置法」には正副原子力防災管理者，原子力防災要員は定められているが，原子炉主任技術者は位置付けられていない。東京電力の場合，平成18年（2006年）に発覚した原子力発電所の復水器出入口海水温度データ改竄問題の反省に基づき，対策として，原子炉主任技術者の所長に対する独立性が高められ，社長に報告する役割となり，原子炉主任技術者は所長の下でプラントの安全管理を主導する役割ではなくなっていた[2]。しかし一方，この役割が機能していた否かについては，どの報告書においてもこれに関する記述はなく，社長も原子炉主任技術者もその役割についての認識はなかったように推察される。

　③　わが国の規制などに関する課題

　a. 規制人材の専門性の不足：米国では原子力発電所員とNRC駐在検査官は，相互にプロフェッショナルであると認め合える関係が構築でき，トラブルは減少し，設備利用率90％台を維持できるようになった。

　一方わが国においては，事業者は規制はクリアできれば十分であり，できるだけ規制から逃れようと，規制機関による検査を要領書に基づいた型どおりの検査に限定するとの姿勢が見られた。このため，検査官は必ずしも専門性を深めなくても対応できた面があり，数年で次々とポストを異動していく国家公務員の人事システムにおいてもあまり支障が生じなかったと考えられる。

　b. 国の緊急技術助言組織からの助言の不足：福島第一事故発生時，緊急技術助言組織の原子力専門家は一部しか招集できず，また，規制機関の職員以外の原子力専門家を現地に派遣することもなかった。この結果，緊急技術助言組織に期待された総合的，大局的な見地からの検討，助言を行うことはできず，現地の支援もできなかった[4,5]。

(3)　福島第一事故における原子力人材に関する課題への対応策

　a. 潜在的なリスクへの認識および技術や安全に対する配慮の充実：福島第一事故を教訓として安全に対する過信や慢心を排し，安全最優先の価値観を事業者の組織全体で改めて共有し，根付かせる必要がある。

　b. トップのコミットメントおよび安全最優先の価値観の向上：トップは原子力に特有のリスクを認識し，安全へのコミットメントを果たすことが求められている。トップは原子力の専門家とは限らないため，トップが原子力安全に関する意識を高める機会が重要である。たとえば，世界原子力発電事業者協会（WANO）の会合や，わが国の原子力安全推進協会（JANSI）のトップセミナー，あるいはWANOやJANSIが実施するピアレビューなどの場に積極的に参加すべきである。また，トップに助言しトップの判断を支える「参謀役」が重要であり，これには原子力の専門家が加わる

ことが望ましい。

　原子力発電所のトップである所長は平時は保安活動を統括し，緊急時には陣頭指揮することになるから，設備に対する専門的知識，俯瞰力，判断力，問題解決力，全体を牽引するリーダーシップなどが要求される。こうした力の鍛錬には，危機管理能力開発のための研修や過酷事故を模擬した実践的な演習を定期的に行う必要がある。人命を預かる飛行機の機長，船の船長にはそれぞれ公的資格があるのに対して，わが国の原子力発電所の所長に公的資格要件はない。原子力発電所の緊急時対応の重要性を考えれば，所長の資格要件を明確にすべきである。

　c．学ぶ態度および問いかける姿勢の向上：安全最優先の価値観を事業者の組織全体で共有することは，組織に属する個人にとっては，学ぶ態度や問いかける姿勢の向上として現れることになる。「学ぶ態度」とは過去の教訓や国内外の原子力発電所における運転経験を適切に分析・評価し，その反映として必要な設備の改造や運用の変更などを確実に実施することであり，「問いかける姿勢」とは日々の設計，建設，運転，保守などの業務において，「これでよいか（最善策か）」とつねに問いかけることである。この結果，世界最高水準の原子力発電所の安全性・信頼性が達成されることになる。

　トップがこれらの定着度合いを確認するためには，中間管理層が組織に属する個人の業務遂行状況を日々確認したり，外部の専門家によるレビューを定期的に受けたりすることが有効である。

　d．プラント設計における想像力および専門性の向上：原子力プラントの設計，建設，運転，保守業務等の実務経験を積み重ねて専門的知識を向上させることは重要であるが，日々の業務を漫然とこなしているだけでは「気付き」は生まれない。福島第一では，原設計をそのまま踏襲したことにより，タービン建屋地下に非常用ディーゼル発電機，非常用所内電源系，直流電源系を配置する設計が採用された。

　前項で述べたとおり，学ぶ態度や問いかける姿勢を根づかせることにより「気づき」が生まれ，設備や運用の改善につなげることが可能となる。

　e．原子力の特性についての認識の向上：原子力の特性に起因するリスクは，いうまでもなく放射性物質を内包しているため，過酷事故発生時には放射性物質により周辺住民に多大なる影響を及ぼす可能性があることである。過酷事故を想定した実践的「演習」を反復的に行うことにより，知識や技量を磨くだけでなく，関係者全員の原子力の特性についての意識の向上を図ることが重要である。

　f．知識・技量の向上のための見える化の推進：わが国の原子力事業者は，それぞれがそれぞれの経験，実績に基づいた人材についての独自のものさしをもち，力量（知識・技量）を設定・管理し，教育・訓練を実施している。米国のような事業者共通のガイドラインはない。事業者ごとに力量の定め方が異なっているため，原子力事業者の人材を横並びで評価することは難しい。よって，人材を共通のものさしで評価し知識や技量の向上を図るには，学協会と産業界が協力して，原子力プラントの設計，建設，運転，規制に携わる人材に必要な知識や技量を業務ごとに標準化し，ガイドラインを整備することにより，原子力人材の力量等が判断できる措置，つまり見える化を進めていくことが重要と考える。

このことにより，わが国が原子力プラントを安全に設計，建設，運転，規制できる資格，能力のあることを国内外に示すことにもなると考える。

なお，力量の見える化には，公的資格の利用も考えられる。原子力分野固有の専門的資格として，原子炉主任技術者，核燃料取扱主任者，放射線取扱主任者，運転責任者，保全技量認定などがあり，専門能力，一般的な判断力，課題発見力，課題解決力などを保証する資格として，博士，経営学/経営管理修士（MBA）/技術経営修士（MOT）などの学位や技術士などがある。ただし，資格取得はゴールではなく，資格取得後も経験を積み，専門的知識や技量や能力を継続的に磨いていくことが必要であり，こうした継続的な研鑽を奨励したり，資格に反映することも検討する必要がある。

わが国の電気事業者における雇用制度のもとでは，公的資格に頼らずとも各組織が実施する独自の研修や組織内の資格制度，あるいは組織内での日常の業務を通じて専門的な知識や技量，能力や適性，さらに問いかける姿勢，学ぶ態度などを含め，継続した評価が可能である。

資格取得を促進するには，資格取得を処遇の改善や報奨などのインセンティブと結びつけることもその一つであるが，資格を持つことが自己啓発として重要であるとの自覚に基づいたものであることが，その後の継続研鑽にも結びつき，より望ましいと考えられる。

今後，学協会と産業界は協力して，原子力人材に求められる力量を保証するための資格の活用について検討することが期待される。

g. コミュニケーションの向上：原子力事業者本店の緊急時対策室と原子力発電所現地の緊急時対策所，原子力発電所の緊急時対策所と中央制御室という内部コミュニケーションを向上させるには，過酷事故を想定した実践的「演習」を反復的に行う必要がある。

また，外部とのコミュニケーションの改善にはコミュニケータを養成する必要がある。コミュニケータは社会や市民の原子力への信頼を回復するため重要である。コミュニケータの養成には，心理学や社会学などのさまざまな専門家と連携する必要がある。そのうえで，コミュニケータが参加した実践的「演習」において，外部とのコミュニケーションの有効性についても検証し，改善を図ることが期待される。

h. 過酷事故時における原子炉主任技術者の役割の明確化：事業者は国家資格を持ち保安の監督を行うべく法令上位置づけられている原子炉主任技術者の役割を再確認し，権限と責任の見直しを図るべきである。

同様に，電気主任技術者，ボイラー・タービン主任技術者の非常時における役割の明確化と，原子炉主任技術者を含めた役割分担の検討も必要であると考えられる。

i. 規制人材の専門性，国際性および判断力の向上：規制人材は国民に代わって原子力施設の安全を監視，監督するために，審査，検査，確認などを行う。今回の事故を踏まえれば，緊急時にプラントを監視し，事業者に対して適切な助言を与えるため，専門性や俯瞰力，課題発見力，課題解決力，判断力などを磨いていく必要がある。また，原子力施設の安全性やリスクについて社会に説明するコミュニケーション能力も重要である。

米国 NRC は専門性や技術力を高めるため，職員を大学に派遣し博士号を取得させている。わが

国においても，博士，技術士，原子炉主任技術者など資格取得を奨励し，資格保有者を積極的に活用すべきと考える。

　また，世界の最新の知見を広く収集し，規制に反映することは規制人材の使命であり，国際機関や国外規制機関との交流，連携が重要である。

　なお，(独)原子力安全基盤機構（JNES）では平成 25 年（2013 年）6 月 JNES における人材育成のあり方についての報告書を公表し，当面の取組として，① 能力の底上げ，② 必要な能力の明確化，③ 継続的自己研鑽努力の促進をあげ，今後，具体化に向けた検討を行うこととしている。

　j．国の緊急技術助言組織からの助言の充実：緊急技術助言組織が過酷事故発生時に総合的，大局的な見地から検討，助言を行うためには，相当数の原子力専門家を招集する必要がある。よって，現地の支援通信手段，交通手段の途絶を想定し，招集の発令を待たず原子力専門家が参集し活動する仕組みが必要であり，そのための「演習」が重要である。

(4) 原子力人材の確保および育成に関する課題と対応

　原子力人材の確保，育成には福島第一事故の教訓を踏まえ，以下の課題とそれに対する対応が求められる。

　a．若い世代の原子力志向の確保：小中高校は児童・生徒が科学的リテラシーを身につけ，原子力・放射線の基礎を学ぶ段階と位置づけられる。科学的リテラシーは放射線やその利用に伴って発生する便益やリスクを公正に評価し，正しく怖がることを可能とする。科学技術に対する関心が高まり，ひいては将来，原子力を仕事として選択することにもつながると考えられる。

　学習指導要領の改訂により，中学校 3 年理科で原子力・放射線を学ぶこととなったが，福島第一事故以降，放射線の影響についての情報は混乱しており，放射線についての教育は中学校理科にかかわらず急務である。特に小学校においては，そもそも教員が放射線を学んでいないことも多いと考えられ，まずは教員の原子力・放射線についての研修が必要である。国，学協会，大学，研究機関，産業界は，こうした教員の研修に対して教材の提供，講師の派遣など積極的に支援していく必要がある。また，学協会などにはこうした活動を円滑かつ効果的に実施するためのコーディネータの役割を果たすことが期待されよう。

　大学などは実務の前段階であり，専門的知識や技量の基礎と，課題発見力，問題解決力，安全確保への責任感，技術者倫理などの基本を身につける場であるといえる。

　原子力が総合工学システムであるとの特徴を生かせば，特定の領域についての深い専門知識，経験，技量という専門性を軸に，それ以外の多様な分野についても，全体を俯瞰し，課題を発見し，解決する能力をもった人材を養成することができ，原子力を学んだ者は，原子力分野ばかりでなくさまざまな分野での活躍が可能となる。学びの場としての原子力関係学科・専攻の魅力をアピールすれば，優秀な学生を集めることも可能である。これは，大学などや日本原子力学会の役割と考えられる。

　また逆に，原子力が総合工学システムであることは，原子力の学生ばかりでなく，機械，電気，化学，土木，建築など，さまざまな工学分野の学生にとっても活躍する場があるということでもある。そのことを原子力以外の学生にも広く伝え，さまざまな分野の優秀な人材に原子力分野を志望

してもらうことも必要である。そのため，原子力を知ってもらう機会を提供することが重要となる。これは，産業界の役割が中心となると考えられる。

若い世代に原子力の仕事を志向してもらうためには，挑戦する価値や魅力を示すことや，インターンシップにより現場を体験，実感してもらうことなどが重要である。これらに産業界が積極的に取り組むことが期待される。

b. 熟練作業員の確保：通常，原子力プラントはある一定の間隔で定期検査を行い，一プラント一定期検査あたり 2,000 人以上の作業員が従事する。作業員の多くは地元に密着した企業の所属である。しかし，現在のようなプラントの長期停止は仕事量を激減させ，原子力発電所の仕事から撤退する企業が出てきている。熟練作業員の高齢化も進んでおり，原子力発電所の安全に必要な地元企業の維持，熟練作業員の確保が課題となっている。

大手プラントメーカは新規制基準に基づく耐震工事，安全裕度向上対策などにより技術力の確保に努めているが，通常の定期検査業務やタービン・発電機系，電気計装関係の業務などは途絶えている。また，特殊な技術・技能をもった中小の企業の原子力離れに伴う人材の散逸や他分野へのシフトも大きな問題である。

技量維持のための一時的退避策として，各事業者が保有する研修センターを活用した教育・訓練が考えられている。生きた仕事の場として，国の大型技術開発プロジェクトへの期待もある。

産業界は原子力プラントの着実な再稼働に取り組み，将来を明確にすることが必要である。

c. 教育・研究人材の確保：教育・研究機関の人材は規制機関における審議に専門家として参加し，専門的助言を行う役割を担っている。また，将来を担う若い世代を育成する役割も担っており，あらゆる基礎・基盤分野の教育・研究人材の継続的な確保が必要である。

わが国では，すでに単一の大学ですべての分野の人材を確保することが難しくなっており，国全体として分野的にも年齢構成的にも人材の空白域をつくらない方策が必要であると考える。このため，大学，大学院の連携が重要である。すでに欧州では，平成 15 年（2003 年）に欧州原子力教育連合大学院が設立され，原子力教育の再構築を図っている。わが国においても一部の大学において原子力教育の連携が取組まれており，今後さらに強化していくことが期待される。

(5) まとめ

福島第一事故は原子力人材について多様な課題を提示した。

「人」はわが国にとって最も大切な資源であり，人材育成は 10 年，20 年先を展望し，計画的かつ着実に進めるべき課題である。福島第一事故を鑑みれば，「人」が事故の遠因をつくったが，「人」が事故に対応し，「人」が事故を安定化させた。「人」はシナリオのない場合にも，思考し，判断し，対応することができる。「人」の育成・確保が必要である。

原子力の信頼回復にも，原子力新規導入国への原子力プラントの輸出にも，原子力人材の育成が必要とされる力量の見える化に基づいて行われていくことが必要である。

参考文献 (6.11.2)

1) 東京電力福島原子力発電所事故調査委員会，「報告書」(2012 年 7 月 5 日).

2) 東京電力,「福島原子力事故の総括および原子力安全改革プラン」(2013年3月29日).
3) 東京電力福島原子力発電所における事故調査・検証委員会,「最終報告」(2012年7月23日).
4) 米国原子力発電運転協会 (INPO), INPO 11-005, 追録 福島第一事故から得た教訓(日本原子力技術協会訳)(2012年8月).
5) 東京電力福島原子力発電所における事故調査・検証委員会,「中間報告」(2011年12月26日).
6) 原子力委員会,「原子力人材の確保・育成に関する取組の推進について(見解)」(2011年11月27日).

6.11.3 原子炉主任技術者

福島第一原子力発電所には国家資格をもつ原子炉主任技術者が配置されていたが,今回の事故において,どのような役割を果たしたのか検証し,本来の在り方を検討した。

(1) 原子炉主任技術者の法律上の位置付け

日本国内で運転されている原子炉には,法律に基づき原子炉主任技術者を選任し,配置することが事業者に対して義務付けられている。原子炉主任技術者は国家試験に基づく資格をもった者から選任され,原子炉の運転保安を監督するのが役割である。国家試験は原子炉の理論から設計,運転制御,燃料・材料,放射線防護から関連法令に至る高度な専門知識とともに実務経験を確認するものであり,その資格を有する者は原子炉の運転に関する高度な専門家と考えられている。法令上,原子炉を運転する者は原子炉主任技術者が保安のために行う指示に従う旨が義務付けられている。

一方,原子炉主任技術者の業務上の義務的な事項は定められていないが,これは,他の主任技術者制度(電気主任技術者,ガス主任技術者など)と同様である。一般に,主任技術者の配置は事業者の組織としての技術的能力を判断するための要件となっている。

以上のような法令上の枠組みの下で,平常時および事故時に原子炉主任技術者が具体的にどのような活動を求められるかは明確になっていない。一般的に,発電所において通常の運転保守に係る指揮命令系統の役職者とは別の役職者が原子炉主任技術者として選任され,保安規定の順守状況などについて日常的に監視する役割を担っていることが多いと考えられる。

なお,「原子力災害対策特別措置法」に基づき事業者がとる原子力防災の体制においては,別の法律(原子炉等規制法)に根拠をもつ原子炉主任技術者に対して特段の役割は与えられておらず,事業者が緊急時に設ける防災組織上も防災要員としての位置付けはない。

(2) 福島第一原子力発電所における原子炉主任技術者の事故対応

原子炉主任技術者は原則として原子炉ごとに配置されることとなっているが,複数の原子炉を一人の原子炉主任技術者が担当することも認められており,福島第一原子力発電所の場合,1〜4号機までを一人が兼務していた。今回の事故への対応において,1〜4号機担当の原子炉主任技術者は,5〜6号機担当の原子炉主任技術者とともに,免震重要棟内に置かれた緊急対策室に待機していたようであるが,事故対応への具体的な行動は確認されていない。

(3) 重大事故発生時の原子炉主任技術者の役割

本来,重大事故が発生した場合,原子炉主任技術者はどのような役割を担うべきか考察する。

米国においては,スリーマイル島原子力発電所事故の後「Shift Technical Advisor」制度を導入した。これは,原子炉の運転を担当する各運転直チームに原子炉の専門家を一人配置し,事故時の複

雑な状況下において，原子炉に関する深い知識に基づいた助言が行えるようにする制度である．運転員が様々な事態を想定した操作に習熟するのを目指すのとは異なり，訓練外の事態にも専門的・技術的根拠をもった判断を臨機応変に行う者を配置したと考えられる．

このような事例も踏まえ，原子炉主任技術者に関する論点を整理する．

① **重大事故発生時に発電所内に原子炉に関する専門的知識をもった技術者は必要か**　原子力発電所の運転直は，原子炉の起動と停止手順，想定される異常事態への対処法などに関して訓練を積み，操作に習熟することが求められる．一方，今回の事故のような想定していなかった事態に対応するためには，事象の原理や意味を理解し，適切な対応策を自力で組み上げる高度な知識が必要となる．このため，重大事故に対処するためには，専門的な知識をもった技術者が必要と考えられる．そのような技術者を各運転直に配置すべきか，炉ごとに配置すべきか，発電所ごとでよいかは，事故時にどれだけ迅速に対応できるかにより判断されるべきであるが，複数炉での同時発生事故に対処するには，少なくとも各炉に1名の配置が必要と考えられる．

② **原子炉主任技術者は必要とされる専門的知識を有しているか**　原子炉主任技術者は国家資格をもった高度な専門家で，重大事故発生時に必要とされる技術者として適任と考えられる．しかし，これまでその資格試験で，重大事故への対処方法に関する知識を明示的に確認することは求められていなかった．今後は，重大事故に関するアクシデントマネジメント能力の確認が必要と考えられる．なお，保安の監督，安全の主導として役割を果たすためには，専門知識に加え，実務を通しての経験が重要であることから，平成25年（2013年）7月に施行された「改正炉規法」および「改正実用炉規則」において，原子炉主任技術者選任の要件として実務経験3年が定められた．

③ **原子炉主任技術者は重大事故時において指揮の責任者か，助言者か**　国家資格をもった者しか携われない職業としては医師やパイロットがある．これらの職業の特色は通常の業務の遂行にあたってつねに高い専門知識と技能が要求されることである．一方，原子炉の運転は通常は手順に基づく作業をチームとして誤りなく円滑に進めることであり，習熟ベースの訓練を積んだ運転員の育成が基本となる．異常事象の発生時には，即時対応に追われない立場から冷静に事態を分析し，技術的・専門的な判断を下す者としての原子炉主任技術者の役割が重要になると考えられる．このため，医師やパイロットと異なり助言者的な立場となるが，その技術的判断に運転者は従う必要がある．

重大事故の場合，事業者における現場の防災管理者は事故への直接的な対処のほか，オフサイトの対策や関係機関との連絡など，様々な業務の全般の指揮を執る必要があることから，原子炉主任技術者がそのような職責を担うのは適切ではない．このため，一層助言的な意味合いが強まるが，その技術的判断には防災管理者は従うことが必要と考えられる．つまり，原子炉主任技術者は国家資格を有した立場から原子炉の安全確保に関する措置については，実質的な責任を担い必要な指示などを行うのが適当と考えられる．そのためには，原子炉主任技術者をサポートするスタッフなども必要である．

④ **平常時における原子炉主任技術者の役割は何か**　これまでの原子炉主任技術者の役割は平常時におけるものであったが，役割が必ずしも明確となっておらず，結果として多くの原子炉を兼

務しても支障のないものとなっていた。今後は，事業者における継続的な安全向上努力が重要となってくる。このため，運転責任者を含めた運転直への指導や事故情報に基づく改善など，現場において事業者の自主保安対策を進める責任者として，原子炉主任技術者を最大限に活用すべきと考えられる。

6.12 国際社会との関係

(1) 背　景

わが国は国際原子力機関（IAEA）の安全基準策定に関与するなど国際動向を調査していた[*1]ものの，事業者側と規制側共に国際基準の導入に消極的であった。すなわち，長期的には必要と認識しつつも短期的課題の処理に追われて国際基準導入の優先順位は低いままであった。その轍を二度と踏まぬためには，各国および関連国際機関が福島第一原子力発電所事故（以下「福島第一」）の教訓をどのように捉えているかを調べ，そこから国際基準への対応策を整理・分析することが必要である。また，事故以前から検討されていた新型炉（第3世代プラス炉および第4世代炉）の国際基準についても参考にすべきである。そこで，平成24年（2012年）までに発行された各機関の報告書を調査し，そのような国際動向を整理するとともに，既設炉に対する国際基準導入のあり方について述べる。

(2) 国際動向

① 福島第一原子力発電所事故以前の新型炉の安全性の考え方　　新型炉にはいわゆる第3世代プラス炉と第4世代炉がある。前者は既存の軽水炉を拡張した原子炉であり，後者は冷却材に軽水を用いない革新的な原子炉である。現在，新型炉の設計は，既設炉に比べて安全性と経済性を向上させることを目標にして，欧米のみならずロシアや新興国等のその他の国でも設計が進められている。ただし，ほとんどの国は欧米の動向を注視しながら検討をしていることから，欧米を中心に検討を進めることとされている。

欧州では，平成11年（1999年）に西欧原子力規制者連合（WENRA）が発足し，原子力安全と規制の共通化に向けた検討が行われてきた。新型炉に対する安全目標の国際基準案では，① 早期または大量の放射性物質の放出に至るような炉心溶融事故を実質的に回避（practically eliminated）すること，② 実質的に回避できない炉心溶融事故については最小限の敷地外対応（原子炉施設近隣の公衆の緊急退避など）で済むように設計対応を行うことが提案されていた[1]。

現在，フランス，フィンランド，中国で建設中の次世代軽水炉（第3世代プラス炉）EPR（欧州加圧水型炉）は，シビアアクシデントの発生確率低減と安全確保に重点が置かれ，航空機の衝突と炉心溶融対策を盛り込んだ原子炉格納容器設計となっている。独仏の専門家により作成されたEPR設計ガイド[2]では，深層防護を強化して，炉心溶融事故に対して限りなく避難の必要がない設計にするとともに，受け入れられない結果をもたらす事象については，設計対策によって「実質

[*1] 政府事故調報告書第V章

的に回避」することとされている。

米国では，平成 20 年（2008 年）に新型炉（第 3 世代プラス炉を対象）に対して NRC が出した政策声明[3]では，現世代の軽水炉と少なくとも同等の環境と公衆の健康の保護と安全性，共通の防御とセキュリティを期待する旨の方針が示されている。また，9.11（テロ）を踏まえて，安全とセキュリティに関する機能を発揮するために，安全裕度の拡大，単純化した，固有の，受動的な，あるいは他の革新的な手段を備えること，さらに，大型商用航空機の衝突を考慮することが求められている。

一方，従来の原子炉に比べて，経済性・安全性・持続可能性・核不拡散性などに優れた第 4 世代炉の開発が平成 42 年（2030 年）頃の導入を目指し，米国主導の国際的プロジェクト第 4 世代炉国際フォーラム（GIF）により進められている[4]。第 4 世代炉概念はナトリウム冷却高速炉，ガス冷却高速炉，鉛冷却高速炉，超高温ガス炉，溶融塩炉，超臨界水冷却炉の六つの炉型が選定されており，このうちナトリウム冷却高速炉は実現性が高く最も有望とされている。GIF は平成 14 年（2002 年）に安全性と信頼性に関する目標として，SR-1「運転時の安全性と信頼性が優れること」，SR-2「炉心損傷の頻度がきわめて低く，その程度も小さいこと」，SR-3「敷地外緊急時対応の必要性が生じない（ように安全性を高める）こと」」が設定された。この目標を達成するため，平成 20 年（2008 年）には各炉共通の安全方策の基本概念が示され，平成 25 年（2013 年）にはナトリウム冷却高速炉の安全設計要件がまとめられている。

以上より，新型炉は既設炉以上に安全性を向上させる努力をしており，原子炉敷地周辺の公衆の避難が必要ないように炉心溶融事故の防止を図るとともに，炉心溶融事故に至ったとしても事故影響を緩和する対策を施すこととしている。新型炉は炉心溶融事故への対策が先行的に検討されており，福島第一事故後，さらに炉心溶融事故対策およびアクシデントマネジメントの重要性が再認識されている。

② **福島第一事故の国際的な評価**　国際原子力機関（IAEA）[5]の報告には，原子炉安全の改善に関する 15 項目の結論と 16 項目の教訓が記載されている。今回の事故の極限的な状況を考慮すれば，事故における現場の対応はとりうる最良の方法で行われたと結論の一つで述べている。そのうえで，原子炉安全の改善のための教訓を抽出している。

WENRA[6]の報告では，当初設計では津波に対する対策が不適切であったが，定期安全レビューといった機会に適切に改善がなされなかったことを指摘している。また，意思決定を含む安全文化や組織的要因が適切な防護につながらなかったことや，アクシデントマネジメントを困難にしたとも述べている。この事故により安全確保のための深層防護の適切な履行が重要であることが示されたと述べている。特に外部ハザードに対して適切な防護を施し，規制側とともに定期安全レビューにおいて確認する必要があること，また決定論および確率論的な手法を用いた包括的な安全解析が必要であり，複数基立地や長期対策についても検討が必要であると述べている。さらに，制御室や緊急時対応センターが外部ハザードから適切に防護される必要があることも述べている。

米国原子力発電運転協会（INPO）[7]の報告では，世界の原子力発電事業者は TMI-2 号機やチェルノブイリ発電所の炉心溶融事故からの教訓への取組みとして継続的改善に注力してきたが，福島

第一事故は想定外（設計基準を上回る状況）の事態にも備える必要があることを明らかにしたと指摘している。また，東京電力および広く原子力産業界は，この事故で直面した極端な状況下において，重要な安全機能を維持あるいは効果的な緊急時対応手順と事故管理計画を実施するための準備ができていなかったと述べている。

米国電力研究所（EPRI）[8]の報告では，根本原因分析を行い設計基準津波高さを決める際に地理的特性を考慮していなかったことと，設計基準を超える津波に対する防護および緩和能力が実際の事象に対して不足していたと結論づけている。

米国原子力学会（ANS）[9]の報告は，事象進展，保健物理，クリーンアップ，緊急課題について整理している。他の機関とは異なり，事象進展や汚染などが分析されていることが注目される。事故の分析では，直流電源喪失のため逃し安全弁が操作できなかったこと，計装系不足のため給水作動が不明確であったことなどがあげられ，圧力容器の減圧と給水ならびに格納容器ベントなどが重要であることが示され，そのためのアクシデントマネジメントを再検討する必要があると述べている。また，ヒューマンエラーや規制上の欠陥が事態を厳しくしたとの見方をしており，設備改造以前にこのような問題に取り組まねばならないと指摘している。

以上より，極端な外部ハザードによりきわめて困難な状況で事故対応にあたったことは評価されると述べている一方で，改善する機会があったにもかかわらず安全確保の取組みが不足していたことが共通して指摘されている。

③　**福島第一原子力発電所事故の教訓**　　IAEA調査団報告書[5]では16項目の教訓が提示されている。教訓1は外部ハザード，教訓2〜9はシビアアクシデント，教訓10〜13はサイト外緊急時対応，教訓14〜15はサイト内緊急時対応，教訓16は規制の独立性と役割の透明性についてである。また，IAEAでは平成23年（2011年）6月の天野事務局長のIAEA安全基準強化声明により，平成23年（2011年）秋から平成24年（2012年）春にかけて福島第一事故の教訓とIAEAの安全要件文書との差異検討を行った。その結果，基本的には現状のIAEAの安全要件文書の統括的要件で欠落しているものはないとされているものの，安全基準の強化ポイントを確認し改訂作業が進められている。

WENRA[10]の平成24年（2012年）3月の報告では，組織・制度的，文化的・技術的側面から次のような課題を浮き彫りにしている。組織・制度的側面については，規制当局の独立性，政府・規制者・事業者の役割と責任の明確化，定期安全レビューの必要性と合理的に実行できる改善の適時の履行，事故対応のための規制者間の相互援助が述べられている。文化的側面については，高い安全基準と継続的改善の強化であり，改善の探求は止めるべきではないと結論づけている。技術的側面については，WENRAが自然災害を同定および評価（クリフエッジ効果）するためのガイドラインの作成，水素緩和や格納容器ベントを含む格納容器加圧防止対策に照らした安全参照レベルの再検討，アクシデントマネジメントに関連した安全参照レベルの再検討を行うとしている。

米国INPO[7]の報告では，独自のレビューを行い，想定外に対する備え，炉心冷却，格納容器ベント，事故対応，人員配置，人的制限，緊急時への備え，役割と責任，コミュニケーション，放射線防護，オフサイトからの支援，設計と設備，手順書，知識と技能，運転経験，原子力安全文化の

観点で 26 項目の教訓を提示している。

米国原子力学会（ANS）[9] の報告では，リスク情報を活用する規制，極端な自然災害ハザード，複数基立地の考慮，ハードウェア改造，シビアアクシデントマネジメントガイドライン，事故診断手段，事故時指揮命令系統，緊急時計画，保健物理，社会リスク比較，ANS のリスクコミュニケーションとクライシスコミュニケーションの観点で勧告し，これらは米国原子力規制委員会（NRC）の短期タスクフォースで提案された規制措置の中で具体化されている。

米国機械学会（ASME）[11] の報告では，事故の根本原因は津波，洪水，事故管理に対する設計基準の不備であるが，シビアアクシデントは政治・社会・経済に大きな影響を与えたと述べている。そして，設計基準の拡張，リスク情報を活用した深層防護体系，ヒューマンパフォーマンスマネジメント，アクシデントマネジメント，緊急時対応準備管理，コミュニケーションと公衆信頼の課題について教訓をまとめている。また，事故による放射能放出による広範囲の社会的混乱を防止するための原子力発電所の設計，建設，運転，管理を確実にする計画，企画調整，履行できるシステムといった新たな原子力安全体系を提案している。

米国マサチューセッツ工科大学（MIT）[12] の報告では，事故の教訓としてあげられた技術的課題に対して議論し，既設炉および将来炉の改善提言をまとめている。それらは，設計基準外の外部事象への緊急時用電源，設計基準外の外部事象への緊急対応，水素管理，格納容器，使用済み燃料プール，プラント立地とサイトのレイアウトに分けて整理されている。

以上より，各機関からさまざまな観点から独自に抽出した貴重な教訓が示されている。主な教訓は，外部ハザード，シビアアクシデントマネジメント，設計（複数基立地の考慮など），設備（電源や格納容器など），緊急時対応，組織・制度の改善などである。

(3) 安全性向上策の整理・分析

欧州理事会は平成 23 年（2011 年）3 月 25 日に欧州 17 ヵ国の全 143 基の原子力プラントについて，包括的で透明性のあるリスク・安全性評価，いわゆる「ストレステスト」を実施することを決定し，WENRA 提案のストレステストの仕様に基づき，平成 23 年（2011 年）6 月から平成 24 年（2012 年）4 月まで，事業者評価，各国規制者評価，多国間ピアレビューの 3 段階で実施された。ピアレビューでは，以下の事項を欧州においても改善すべきとしている[13]。

- 自然災害のハザードと裕度に関する評価ガイダンスの開発。また，設計基準を超える裕度およびクリフエッジ効果に対する評価ガイダンスの開発。
- 自然災害および関連する発電所の対策の再評価（定期安全レビュー）の必要に応じた実施。少なくとも 10 年ごとの実施。
- 格納容器の健全性を確保するために必要な対策の迅速な実施。その対策には，高圧炉心溶融防止のための一次系減圧，水素爆発防止，格納容器過圧防止に必要な機器，手順，およびアクシデントマネジメントガイダンスが含まれる。
- 極端な自然災害の際の事故の防止およびその事故影響を最小限にする対策は各国の規制機関が検討する。典型的な対策は計装や情報伝達手段を含む固定型設備，極端な自然災害に対して防護された可搬型機器，極端な自然災害および汚染に対して防護された緊急時対応センター，長期間の事象

での現場運転員を支援するために迅速に利用できる救助隊・機器などである。

平成24年（2012年）10月のストレステスト最終報告書[14]ではさらなる改善として，以下のような改善勧告が述べられている。

- 145原子炉のうち54基は地震リスク計算が不十分。62基は洪水リスク計算が基準に沿っていない。1万年に1回の確率で発生する事象に対応すべきであると勧告している。
- 各発電所は地震を計測・警報するための計装系を設置すべきであり，122基で設置あるいは改善が必要としている。
- シビアアクシデント時に格納容器の健全性を保つため，格納容器にフィルター付きベント装置を設置すべきであり，32基がまだ設置されていないと指摘している。
- シビアアクシデント時に対処するための装置を保管すべきとしている。それは事故時の混乱状況でも防護できる場所に設置し，すぐに使えるようにしておく必要がある。81基が未実施であると指摘している。
- シビアアクシデントにより中央制御室で作業できなくなった場合に備えて，予備の緊急用制御室を用意しておくべきであるが，24基でまだ用意されてないと指摘している。

各国のアクションプランは平成24年（2012年）末までに作成され，平成25年（2013年）初頭にピアレビューが行われる。平成26年（2014年）6月にストレステストの勧告を報告する予定である。ストレステストはセキュリティも対象にされていると強調している。

フランス原子力安全機関（ASN）でもストレステストが実施された。平成24年（2012年）6月の報告では原子力施設の安全性は十分に確保されており，直ちに停止すべき施設はないとしたうえで，さらなる安全性向上措置が必要であると述べている[15]。併せてASNが指示したのは，想定外事象に対して頑健性を有した施設と組織を確保する「ハードンドコア」という考え方の提起であった[16]。「ハードンドコア」とは設計または定期安全レビューの対象を超える例外的な規模の自然災害とそれらの組合せ，ならびにサイト内のすべての施設に影響するヒートシンクの喪失または長期の電源喪失に対して，シビアアクシデントを防止あるいは事象進展を食い止めて，大規模な放射性物質の放出を抑制することを事業者の危機管理責務として課すものである。

フランス電力（EDF）[17]は地震・洪水に対して施設・設備の頑健性を向上させるとともに，水密扉などの洪水対策を行うとしている。また，給水および電源の強化のため，非常用ディーゼル発電機，緊急用ポンプ，計装類などを備えた設備とともに，蒸気発生器，一次系や燃料プールに給水する設備などの増強が検討されている。放射性物質の大量放出を抑制するために導入された格納容器フィルタ付きベントについては，フィルタ効率を向上させる改善が検討されている。さらに，重大事故時に24時間以内に展開し，原子炉を冷却して復旧させるための専門部隊として緊急時即応部隊（FARN）を平成26年（2014年）末までに整備することとしている。

一方，米国では9.11同時多発テロを受け，NRCが平成14年（2002年）に暫定保障措置命令EA-02-026を発出し，その中のB5b項で原子力発電所の航空機衝突時の影響緩和措置および対応手順書の策定を求めている[18]。また，規制基準の10CFR50.54(hh)(2)では，爆発または火災によってプラントの大部分が喪失した状況でも，炉心冷却，格納容器および使用済燃料プール冷却の

機能を維持または復旧することを目指したガイダンスおよび対策計画を作成し，実施することが求められている．福島第一事故の教訓をまとめた短期タスクフォース報告書では，10CFR50.54（hh）(2) に基づいて設置されている設備が設計基準外の外部事象の発生した後でも利用可能であるよう適切に防護することが勧告されている[19]．

米国原子力エネルギー協会（NEI）は平成23年（2011年）12月に，「多様性および柔軟性のある緩和戦略」(FLEX) と題した安全対策を提案している[20]．FLEX とは「厳しいまたは極端な自然現象もしくは悪意をもった行為により使用できなくなる可能性のある常用機器のバックアップを提供する多様かつ融通の利く影響緩和能力」と定義され，複数の可搬型機器を用意することで原子炉の重要な安全機能に必要な電源と水を供給すること，および適切な配置と防護によってそれらの可搬型機器を想定される自然現象から守ることを基本としている．

以上をまとめると，欧州では事故の教訓を反映するためにストレステストを実施し，個々のプラントに対して改善勧告がなされ，包括的な安全性向上が図られている．なかでもフランスでは「ハードンドコア」という新しい概念を導入し，施設および組織の頑健性強化を進めている．米国では可搬型機器による柔軟性を持った戦略を導入するとしている．

(4) 今後のあり方

欧米では，福島第一事故以前から国際安全基準に定められた深層防護対策に沿ってシビアアクシデントに対する安全性向上策がとられてきたのに対し，わが国では導入が遅れていた．上述した国際的な状況を踏まえて，早急に国際基準の導入を急ぎ，事業者はその対策を迅速に実施し，規制当局は国際基準の国内への導入を急ぐべきである．

わが国はIAEA安全基準の改訂作業に参画し，福島第一事故の教訓をIAEAの国際安全基準に反映する努力を積極的に行っている．IAEAの国際安全基準は原子力安全の向上を図るうえで重要なものである．わが国はIAEA安全基準を規範として，安全の確保を図ることとしていることから，IAEAの安全基準をわが国の安全基準に体系的に導入するのは必須である．

また，米国で採用されたB5bのテロ対策のようなセキュリティ対策の強化も急務である．

フランスで設置されることになった緊急時対応部隊のような組織の構築はわが国でも検討すべきである．

定期安全レビューは国際的には確立された仕組みであり，わが国でも実施されているが，今回の事故が防止できなかったことから，制度の実効性を見直し，実効性のあるものへの改善検討を行うべきである．

国際的には確率論的な手法による包括的なリスク評価に基づいて適切な安全対策の改善を行う仕組みが確立されていることに鑑み，わが国でも確率論的リスク評価の積極的な活用を図るべきである．

今後，海外で採用されている事故後の対策を参考にして，さまざまな炉型や新型炉に対する個々の安全確保の考え方についても緻密な検討が必要である．

(5) まとめ

福島第一事故に対する国際的検討動向を調査し，安全性向上の取組みをレビューするとともに，

海外で抽出された事故の教訓および安全性向上対策を整理・分析した。それらを踏まえて，わが国の今後の進むべき方向性を考察した。今後，事故の教訓を反映して，新型炉に対する安全確保の考え方についても検討する必要がある。

参考文献（6.12.1）

1) WENRA RHWG, "Safety Objectives for New Power Reactors"（2009）.
2) GPR/German experts Technical Guidelines（Oct. 19th and 26th 2000）.
3) U.S. NRC, NRC-2008-0237, Federal Register, Vol.73, 199（Oct. 14, 2008）.
4) U.S. DOE NERAC&GIF, GIF-019-00（2002）.
5) IAEA Mission Report（24 May – 2 June 2011）.
6) WENRA RHWG, "Safety of New NPP designs"（Oct. 2012）.
7) INPO, INPO 11-005，追録，福島第一原子力発電所における原子力事故から得た教訓（日本原子力技術協会 訳）（Aug. 2012）.
8) EPRI, 2012 Technical Report（March 2012）.
9) ANS, Fukushima Daiichi: ANS Committee Report（June 2012）.
10) WENRA report（March 21, 2012）.
11) ASME Presidential Task Force report（June 2012）.
12) J. Buongiorno, R. Ballinger, et al., MIT-NSP-TR-025（May 2011）.
13) ENSRG, Peer Review Report（Apr. 25, 2012）.
14) EC, Communication on Stress Tests（Oct. 4, 2012）.
15) ASN, Complementary Safety Assessments of the French Nuclear Installations（Dec. 2011）.
16) IRSN, Translation of IRSN report No.708（February 2012）.
17) A. Keramsi, N. Camarcat, ATOMEXPO 2012 Int. Forum, Moscow, Russia（June 4-6, 2012）.
18) NEI, NEI 06-12（Dec. 2006）.
19) U.S. NRC（July 12, 2011）.
20) US NRC, JLD-ISG-2012-01.

6.13 情報発信

　政府や東京電力における福島第一原子力発電所事故発生後の対応にはさまざまな問題があった。コミュニケーションという局面に限っても，それらの主体による情報収集や政策決定，情報発信，関係者間のコミュニケーションにおいてはさまざまな問題が露呈した。その背後には危機管理体制の根本的な不備と関係者による危機意識の欠落のほかに，危機時の対処における基本的な認識や対応の誤りも数多くあった。本節では福島第一事故後における政府や東京電力などの主体や主体間におけるコミュニケーションに関して二つの視点から述べる。第1項では危機管理体制のどこに不備があったのか，第2項ではそれを踏まえ，危機管理体制をどうすべきかについて述べる。

(1) 露呈した危機管理体制の不備

　福島第一原子力発電所で事故が起きた直後，官邸を中心とした政府や東京電力において危機管理を担当した当事者には，緊急かつ重要で膨大な量のタスクが殺到し，彼らによる対応は混乱をきわめた。平成23年（2011年）3月11日～15日までの間において，コミュニケーションという側面から見た彼らの対応における失敗は，下記のように整理することができる。

　① **情報の収集，流通，統合面における失敗**　　東京電力と福島第一原子力発電所の現場をつな

ぐテレビ会議システムやその情報は3月15日まで，官邸や保安院に拡張または共有されることがなく，この間，官邸や保安院が東京電力から得ていた情報は断片的で迅速性に欠けた。このため，官邸などは情報収集経路をしばしばアドホックに追加したが，自らが必要とする情報ニーズを十分に満足させることはできなかった。結果として官邸は，東京電力が実施しようとしていたベントや海水注水，撤退問題についても十分な情報を得ることができないままに介入することとなった。

さらに，緊急時における情報の分析や評価，統合面でもさまざまな失敗があった。たとえば，原子力安全委員会委員や専門部会委員，原子力安全基盤機構などの専門家による知見は，官邸などによる政策判断やその判断材料に十分に活用されなかった。それができなかった最大の理由は，それらの専門家に対して十分な情報提供がなかったために，専門家による解析が十分になされなかったことにある。

② 情報発信面における失敗　政府による一般の人々への説明は情報の量と質ともに適切さを欠いたものであった。たとえば，放射線の影響に関する説明は分かりにくく，情報の受け手の心理やニーズに沿ったものとは言い難い例がたくさんあった。また，政府は事故直後，専門家の指摘とはうらはらに炉心溶融という言葉の使用を回避し続けた。保安院は3月18日の時点では炉心が溶融している可能性が強いと判断していたにもかかわらず炉心溶融という表現を避け続け，4月10日にはそれを「燃料ペレットの溶融」という言葉に言い換えた。政府が炉心溶融を正式に認めたのは，事故から2ヵ月後の5月16日のことである。これは情報の意図的な制限にあたる。また，その背景には，プラントの状態を等身大にではなく過小に伝えたいとする恣意が働いた可能性がある。

エリートパニックとは災害時に一般の人々がパニックになることを恐れて，エリート自身がパニックに陥ることをいう。カロン・チェス[1]は，危機時にパニックになるのは普通の人々ではなくエリートの方であり，「エリートパニックがユニークなのは，それが一般の人々がパニックになると思って引き起こされている点」にあると述べ，エリートは情報発信を意図的に制限することがあると述べている。なおエリートとは，社会システムの中で上位を占めるとともに，社会的な影響力が強い集団であり，今回の事故対応の当事者では，官邸や保安院などの役所，電力会社の幹部，一部のアカデミアなどがそれにあたる。これらのなかで，福島第一事故が起きた際の対応主体として最上位に位置したのが官邸だった。前述の炉心溶融という言葉の使用を回避し続けたのは，エリートパニックに該当していた可能性が高い[2]。

(2) クライシスマネジメントとクライシスコミュニケーション

クライシスコミュニケーションとは，危機（過酷事故）が生じたときに当事者と一般の人々や行政機関などとが行うコミュニケーションであり，危機とは未経験で予測もしなかった危険な状態が発生することである[3]。ここでのコミュニケーションとは，送信と受信をともに行う双方向の情報伝達である。またクライシスマネジメントとは，危機が生じた際に関係する主体がその被害を最小限に抑えるために行う一連の活動であり，リスクマネジメントとは危機の発生自体を予防するための分析評価や対処をいう。さらに，危機管理はクライシスマネジメントとリスクマネジメントを含むものである。

福島第一事故直後，官邸や保安院，東京電力によるクライシスマネジメントには多くの混乱が生じた。その原因としては次の点を指摘できる。

① 日本における原子力利用の安全対策が，事故を起こさないことを目的とする事前の対策に特化していたため，事故が起こりうることを前提として事故の被害を最小限に抑えることを想定した対策が準備されていなかった。同じく，事故からの回復を図るためのレジリエンス[4]対策も準備されていなかった。

② 担当の官僚は数年で配置転換されるために，危機管理に関する経験の継承と蓄積が十分になされなかった。

③ 福島第一事故のクライシスマネジメントにあたる第一義的な当事者である東京電力は，官邸や原子力安全・保安院よりも現場をよく知り，クライシスマネジメントのための技能，知識，資源をもっていた。しかしながら官邸がクライシスマネジメントの主導権をあまりにも強く握ったため，東京電力にとっては過度の干渉となり，東京電力のクライシスマネジメントの当事者意識に影響を与えた可能性がある。

④ 危機管理者にパニックについての正しい理解がなかった。一般の人々は重大な危険が迫っているとの情報に接してもパニックを起こすことはない。それは，正常性バイアスなどの心理メカニズムにより「自分には危険が及ぶことはきわめて少ない」「誰かが適切に助けてくれるだろう」と思い込むことで危機に対応しようとするからである。実際，社会学や社会心理学における実証研究では大災害においてパニックが発生した事例はほとんどないことが明らかにされている。しかしながら，福島第一事故では危機管理者がエリートパニックに陥り，不適切なクライシスコミュニケーションがなされた。

これらを踏まえ，クライシスコミュニケーションを改善するいくつかの具体的な事項を示す。

福島第一事故では，危機管理者に対する原子力安全委員会の緊急助言組織はほとんど機能しなかった。緊急時における専門家への情報提供の仕組みをはじめ，専門家による解析とそれに基づいた助言が政策判断や決定の材料へ反映されるための体制を構築する必要がある。

わが国では原子力発電所の事故などの危機における情報発信の仕組みと訓練が，平時に十分になされてこなかった。欧米並みの訓練（たとえばシナリオなしの訓練，専任スポークスマンの訓練，有事のコールセンタースタッフの育成と訓練，有事のウェブサイト対応など）の導入や軍・警察・消防・病院など自治体の防災関係者による福島第一事故時を教訓にした対応訓練を通じて，それぞれが情報発信すると同時に，それらを統括した一元情報がプロのスポークスマンによって発信できる仕組みと絶えざる訓練の実施が必要である。

さらに，一般の人々に対して報道機関を通じて行われたクライシスコミュニケーションは，いくつかの風評被害が生じるなど，必ずしも科学的に適切な情報が流通したとはいえない面があった。これを防ぐために，日本原子力学会や技術士会のような専門技術者・研究者集団が，「中立的立場」を確保したうえで，政府や電力会社，地元自治体などから情報を収集し，技術的見地から事故進展などをより明らかにするプロセスが必要であろう。

一方，インターネットなどでは市井の非専門家／非関係者においても，周囲の不要な不安を解

き，正しい情報を伝えたいと感じる人々が存在していた。今日，コミュニティベースの情報が，ソーシャルメディアなどの新たなメディアによって埋められようとしている。これらの新たなメディアに対しては，そこで議論される内容や方向が偏らないものになるよう，また風評被害などの無用な懸念を招かないように判断材料を提供することが求められる。専門家や関係機関が自ら直接，説明するだけでなく，「情報の二段階の流れ」として，そのような市井の非専門家／非関係者がソーシャルメディアや日常会話の中で，周囲の人に説明することを支援するというアプローチも必要であろう。たとえば，政府や日本原子力学会がHP上で，一般の人が参照しやすく，周囲の人に簡潔に説明できるような内容の情報や，説明する際の筋道を提供する方法などが考えられる。

参考文献（6.13）

1) L. Clark, C. Chess, *Social Forces*, **87**(2), 993-1014 (2008).
2) 佐田 務, 日本原子力学会誌, **54**(7), 436-440 (2012).
3) 土田昭司, 日本原子力学会誌, **54**(3), 181-183 (2012).
4) 北村正晴, 日本原子力学会誌, **54**(7), 721-726 (2012).

6 付録：事故進展に関し今後より詳細な調査と検討を要する事項

　福島第一原子力発電所の事故では，複数の炉心と使用済み燃料プールに関して長期間にわたり事象が進展した．様々な事故対応作業がなされたことも加わって，事故の経緯が大変複雑なものとなっている．

　また，原子炉建屋内を中心として空間線量が高い部分があり，人のアクセスを伴う詳細な検査が現時点では行われていない部分がある．また，運転中であった1～3号機については，格納容器内の状況は詳細につかめていない．以上のことから，本付録では特に事故の進展に関する事実関係について，今後より詳細な調査と検討を要する事項を整理することとした．このような整理は，今後事故の調査を進めるうえで重要であると考えられる．

　事実関係の確認は，参考文献として掲げた14の公開された報告書を主として対象として実施し，検討すべき事項と今後の事故調査や研究開発に重要と考えられる視点を備考としてとりまとめた．検討すべき事項には，① まだ十分な調査がなされていないもの，検討をする余地のあるもの，あるいは現時点では合理的な説明が難しいもの，② 合理性を有する推定がなされているが確証が得られていないものなどが含まれている．検討事項を表6付録として掲げる．

参考文献（6章付録）

1) 日本原子力学会「原子力安全」調査専門委員会技術分析分科会，「福島第一原子力発電所事故からの教訓」(平成23年5月).
2) 原子力災害対策本部，IAEA報告書，「原子力安全に関するIAEA閣僚会議に対する日本国政府の報告書—東京電力福島原子力発電所の事故について—」(平成23年6月).
3) 原子力災害対策本部，IAEA追加報告書，「国際原子力機関に対する日本国政府の追加報告書—東京電力福島第一原子力発電所事故について—（第2報）」(平成23年9月).
4) 原子力技術協会福島第一原子力発電所事故調査検討会，原技協報告書，「東京電力(株)福島第一原子力発電所の事故の検討と対策の提言」(平成23年10月).
5) 東京電力福島原子力発電所における事故調査・検証委員会，政府事故調中間報告，「東京電力福島原子力発電所における事故調査・検証委員会中間報告書」(平成23年12月).
6) 東京電力(株)，東電中間報告，「福島原子力事故調査報告書」(平成23年12月).
7) 原子力安全・保安院，技術的知見，「東京電力株式会社福島第一原子力発電所事故の技術的知見について（中間とりまとめ）」(平成24年2月).
8) チームH_2Oプロジェクト，「福島第一原子力発電所事故から何を学ぶか，最終報告」(平成23年12月).
9) 福島原発事故独立検証委員会，民間事故調，「福島原発事故独立検証委員会 調査・検証報告書」，ディスカヴァー・トゥエンティワン(平成23年12月).
10) 東京電力(株)，東電放出量推定，「福島第一原子力発電所事故における放射性物質の大気中への放出量の推定について」(平成24年5月).
11) 東京電力(株)，東電最終報告，「福島原子力事故調査報告書」(平成24年6月).
12) 東京電力福島原子力発電所事故調査委員会，国会事故調「東京電力福島原子力発電所事故調査委員会報告書」(平成24年7月).
13) 東京電力福島原子力発電所における事故調査・検証委員会，政府事故調最終報告，「東京電力福島原子力発電所における事故調査・検証委員会」(平成24年7月).
14) 日本原子力学会原子力安全部会，福島第一原子力発電所事故に関するセミナー報告書，「何が悪かったのか，今後何をすべきか」(平成25年3月).

6　付録：事故進展に関し今後より詳細な調査と検討を要する事項　309

表 6 章付録　福島第一原子力発電所事故経緯において今後より詳細な調査と検討を要する事項

番号	対象(号機)	日時	分類	不明点	備考	出典
1	1, 2, 3, 4, 5	津波襲来時	津波	津波の進入経路と、原子炉建屋、コントロール建屋、ターピン建屋の各部屋（区画）の浸水深開始時刻、最大浸水深の時間変化	たとえば、2号機のRCIC室については、3月12日午前2時頃までに原子炉建屋内への水の侵入があったことが報告されている。一方、「政府事故調最終報告書」では、4号機原子炉建屋の浸水状況からは2号機原子炉建屋の浸水の推認をすることは困難があるとしている。また、「国会事故調報告書」では、津波襲来前に非常用DGが停止した可能性が指摘されている。浸水経路とその時間変化に関する情報は、原子炉建屋の低い可能性がある位置に設置されている各種機器・電源の機能喪失を確認する際に詳細で時系列で確認する必要がある。	技術的知見, p. 58 政府事故調最終報告, 資料編 p. 133 国会事故調, p. 31
2	1, 2, 3, 4	—	津波	津波による建屋および設備の被害状況の再現性	津波の波力を考慮したシミュレーションにより、建屋および主要設備の被害状況が再現できるかどうかは、津波シミュレーションの検証として重要である。また、漂流物による影響の確認も重要であると考えられる。	
3	1, 2, 4	津波襲来時	電源	直流電源と交流電源の喪失の時間差	直流電源と交流電源がどのようなタイミングで喪失に至ったのかは、明らかではない。直流電源が交流電源より先に喪失に至る場合と、後に喪失に至る場合では、その後のプラント挙動に差異が生じる可能性があり、安全設計上重要である。	政府事故調中間報告書, p. 92
4	1	3/12 1:48頃	冷却	D/D FPが停止した原因	故障で停止したとされるが、その理由は明らかになっていない。D/D FPはアクシデントマネジメント対策設備としての位置付けを有するため、今後の水平展開に向けて必要な情報である。	政府事故調中間報告書, p. 129
5	1	津波襲来時	冷却	IC配管の格納容器内側弁の開度	格納容器内側の隔離弁は交流電源駆動であるため、制御信号をつかさどる直流電源および弁駆動の交流電源喪失のタイミングにより最終的な開度が決まる。事故進展の再現解析においてICの冷却効果を詳細に確認する際に必要となる情報である。	技術的知見, p. 13
6	2	津波襲来~3/14 13:25頃	冷却	直流電源喪失によりRCICがおかれた状態におけるRCICの駆動メカニズム	直流電源喪失によりRCICが制御できなかったことは確かであるが、停止にいたったメカニズムは測定範囲内の水位が高い状況下では、炉内の水位が上昇し、主蒸気管から流れ出し、二相流となって流れ込み、タービンの駆動効率を悪化させたことでRCICタービンに給水量がバランスした可能性がある、と指摘されている。海外においても給水を使用した実験施設において、RCICタービンを用いた検証試験をすることも考えられる。事故進展の再現解析の観点から重要である。	技術的知見, p. 69
7	2	3/14 13:25頃	冷却	RCICが停止した理由	RCICの停止は水位の低下傾向にはなっていない。ただし、東京電力の示した情報によれば、水位計は測定範囲限界値程度を指示しており、実水位がそれ以上の値であった場合、水位の低下が始まった可能性がないと観測できないため、水位の低下傾向には測定範囲に達するまで観測できない可能性がある。事故進展の再現解析の観点から重要である。	技術的知見, p. 69

番号	対象(号機)	日時	分類	不明点	備考	出典
8	1, 2, 3, 4	津波襲来時	冷却	被水・没水による注水ポンプ(HPCI, CS, MUWC, CRD, SLC, RHRS)の機能喪失状況	電源喪失もしくはサポート系の喪失で機能喪失したもの、本体の被水・没水で機能喪失したものの分類が必要と考えられる。「技術的知見、表IV-2-1」に状況がみられるが、[政府事故調中間報告書]によると、1号機の地下1階は水没していたとされており、電源等が失われていなかった場合、1号機の地下1階に設置されていた機器などが使用できたかどうかは確認できない。交流電源が失われていなくても使用できたもの、交流電源が失われていなくても使用できなかったものの分類をさらに進めるうえでの検討が必要と考えられる。	技術的知見、表IV-2-1、政府事故調中間報告書資料II-12, p.24
9	1	3/11夜頃	冷却	1号機はSRVの開操作の記録はないが、原子炉圧力が低下した。この原子炉圧力の低下時の時間変化、同じ時間帯における格納容器圧力の時間変化	溶融した燃料デブリによりRPV破損以前の段階でドライチューブなどが破損し減圧した可能性がある。また、露出した燃料が高温になり、圧力容器内の気相が高温化し、主蒸気配管のフランジのガスケットが劣化し、気相が漏えいした可能性もある。過程を事故進展に再現するために重要である。	技術的知見、表IV-2-2、政府事故調中間報告書, p.143、国会事故調報告書, p.31
10	3	2013/3/12 11:36:00	冷却	RCICが自動停止した理由	2号機、3号機ともに、RCICが停止した原因は明らかになっていないが、事故進展を正確に理解するためには重要な情報である。また、水平展開を図るうえでも検討が望まれると考えられる。なお、3号機ではRCICのラッチから油分を含んだ水滴が落ちており、ラッチが外れていたとの記述あり。	政府事故調中間報告書, p.164
11	1, 2, 3	代替注水開始時	冷却	消防車による代替注水開始直後における注水量の時間変化	注水量は吐出圧力、炉心圧力、代替注水ラインの漏えい量との兼ね合いで決まるため、代替注水開始時に炉心に注水されていた量は明確ではない。また、注水がバイパスラインに分流していた可能性も指摘されている。代替注水量は炉心損傷の進展に影響するために重要である。	IAEA報告書, p.IV-48, p.IV-60, p.IV-73
12	1, 2, 3	—	冷却	海水注入による圧力容器内および格納容器内の塩分蓄積量	代替注水による冷却効果および塩分による腐食など系統への影響を見積もるために必要であると考えられる。ただし、今回は塩分の析出が問題になる前に圧力容器からの液相の漏えいが発生していた可能性あり。	
13	4	—	冷却	原子炉ウェルから燃料プールへの水の流れ込みの時間変化	原子炉ウェルから燃料プールへの水位変化を正確に再現するためには重要な情報である。なお、水位が原子炉ウェル>燃料プールである場合には、ほぼ一体となって水位は変化すると考えられる。	技術的知見, p.67
14	1, 2, 3	—	炉心損傷	燃料の損傷状況、溶融および落下した燃料デブリの圧力容器内および格納容器内の分布状況	解析コードおよび解析機構によって異なる結果となっているが、いずれも損傷した燃料が圧力容器下部に落下し、さらに一部の燃料デブリが格納容器ペデスタル部に落下している可能性があるとの結果が存在し、燃料プール下部、原子炉ウェルと一体化、ほぼ一体化。現時点では、圧力容器下部には制御棒駆動機構や点検用の大型機器が存在し、解析結果の不確定性が大きい。今後知見の拡充のためには燃料取り出しの際に詳細に観察することが重要である。この情報は燃料デブリ取出しの工程を詳細に検討する際にも重要である。	原技協報告書, p.2-72, 添録7-1

6 付録：事故進展に関し今後より詳細な調査と検討を要する事項　　311

番号	対象(号機)	日時	分類	不明点	備考	出典
15	1, 2, 3	—	炉心損傷	詳細な事故進展過程	原子炉水位の変化、燃料損傷開始時間、燃料損傷および移動過程、圧力容器内圧力および温度変化、圧力容器温度変化、格納容器損傷過程、格納容器温度変化などについては不確かさが大きい。[政府事故調最終報告]ではシミュレーションによる再現解析最終報告では、解析結果のばらつきが大きく、事象の再現が十分にできていないところがあるとしている。今後の格納容器内観察、燃料取出しなどを通じて、再現解析の不確かさを低減するための情報を取得し、シビアアクシデントの再現計算の精度を上げることが重要である。	IAEA報告書, p.IV-39 政府事故調最終報告, p.23
16	1	2013/3/12 15：36：00	水素爆発	同日14時頃に行われたベントとの因果関係	格納容器からの水素漏えい量を定量評価することで、ベントとの因果関係を間接的に推定できる可能性がある。また、電源喪失時にSGTSをベントラインから隔離していた流量調整ダンパの効果とも関係する。事故進展過程の理解深化とアクシデントマネジメント対策を考える際に重要な情報である。	技術的知見, p.32, p.33
17	3	2013/3/14 11：01：00	水素爆発	3月13日に複数回行われたベントとの因果関係	格納容器からの水素漏えい量を定量評価することで、ベントとの因果関係を間接的に推定できる可能性がある。また、電源喪失時にSGTSをベントラインから隔離していたグラビティダンパの効果とも関係する。なお、政府事故調最終報告書では、3号機のベント操作は最初の1、2回を除いて成功していないと推定している。	技術的知見, p.32, p.33 政府事故調最終報告書, 添付 p.179
18	1, 2, 3	—	水素爆発	格納容器内および建屋内の水素濃度の時間変化および爆発の進行過程の詳細	シミュレーションによる再現解析は実施されている。今後、廃止措置作業の進捗により得られた知見を生かしつつ、再現解析の精度を向上させることは水素爆発の影響をより詳細に把握するためにも重要である。	技術的知見, p.36
19	4	2013/3/15 9：38：00	火災	原子炉建屋4Fでの火災の原因	同日の朝6時頃に発生したとされる水素爆発との因果関係が考えられるが、原因は明らかにされていない。水素爆発の随伴事象として考えるべきかどうかの材料になる。	IAEA報告書, p.IV-77
20	1, 2, 3	—	閉じ込め	圧力容器および制御棒駆動機構を含む炉心内構造物および圧力バウンダリの損傷状況	高温で溶融した燃料により炉内のドライチューブが破損、あるいは圧力容器下部に落下した燃料により、制御棒駆動機構の貫通部などに損傷が発生した可能性がある。燃料取出しなどの際に詳細に観察を行う必要がある。また、圧力容器損傷時の炉心圧力による飛散状況は溶融燃料が圧力容器底部に残っていた推論による影響を与える。「政府事故調最終報告書」によると、3号機は溶融燃料が水に落下することにより圧力スパイクが発生した結果、減圧に至ったとの推論がなされている。これらの情報は事故の再現解析、燃料デブリ取出しなどにとって重要な情報である。	政府事故調最終報告書, 添付 p.166
21	1, 2, 3	—	閉じ込め	D/W、ペデスタル、S/Cの損傷状況	格納容器のペデスタル床面部分が損傷している可能性があり、ペデスタルの下に燃料が落下している場合、コアコンクリート反応により、格納容器の閉じ込め性能を確認するためにも重要な情報であり、今後の燃料デブリ取出しなどの際に詳細に観察を行う必要がある。	原技報告書, 添録 付7-1

番号	対象(号機)	日時	分類	不 明 点	備 考	出 典
22	1, 2, 3	―	閉じ込め	DCH、シェルアタック、水蒸気爆発などの可能性	格納容器破損モードとして重要とされている格納容器直接加熱（DCH）、シェルアタック、水蒸気爆発などは生じなかったとみられている。これらの事象が発生しなかった理由を検討することは、今後のシビアアクシデント対策を検討するうえで重要である。	技術的知見、p.27
23	1, 2, 3	―	閉じ込め	格納容器からの気相（水素・蒸気含む）の漏えいメカニズムおよび経路、また、漏えい量の時間的変化。	建屋内の線量分布により漏えい経路の特定が試みられており、過温によるフランジのシールの劣化の可能性が示されている。また、漏えい量の時間的変化は、外部へのベントやベントレーションおよび放出量のタイミングと関連する。格納容器のフランジやベントレーション部の詳細な調査が必要と考えられる。これらの情報は放射性物質の推定量の推定精度の観点から重要である。	
24	1, 2, 3	―	閉じ込め	格納容器からの液相の漏えいメカニズムおよび漏洩経路。また、漏えい量の時間的変化。	2号機については、ペデスタルから60cm程度までしか水位がなく、S/Cへの連結部を含む格納容器下部に漏えい部分があると推定されている。D/WとS/Cをつなぐベント配管の破損の有無を確認することも重要である。1、3号機についても格納容器に漏えい部分があることは確実であるが、その位置は明確にできていない。今後、遠隔探査技術などにより、漏えい箇所を特定する必要がある。このような調査により漏えいメカニズムが特定できる可能性もある。また、これらの情報は放射性物質の放出メカニズム、アクシデントマネジメント対策立案の観点から重要である。	
25	1, 2, 3	―	閉じ込め	気相として格納容器から原子炉建屋、さらに環境中に放出された放射性物質の量と時間変化、化学形態	放射性物質の大気中への拡散を評価するために重要な情報である。これまでの解析などにより概略値は評価されているが、不確かさをできるだけ低減すべく、事故の再現解析の精度向上、取組みが必要である。これらの情報は放射性物質の放出量の推定精度の観点から重要である。	東電放出量推定
26	1, 2, 3	―	閉じ込め	液相として格納容器から原子炉建屋、さらに環境中に放出された放射性物質の量と時間変化、化学形態	放射性物質の海洋への拡散を評価するために重要な情報である。これまでの解析などにより評価はされているが、不確かさをできるだけ低減させ、事故の再現解析の精度を向上させる取組みが重要である。放射性物質の放出精度の向上に直結する。	
27	1	3/11 17：50頃	閉じ込め	原子炉建屋二重扉で通常より高い放射線レベルが検出された理由	全電源喪失後、ICが動作しなかった場合、3月11日18時頃に原子炉水位がTAFに到達していたと推定されている。この時点で燃料損傷があったかどうかは、解析結果により異なる結果が得られている。この段階で原子炉建屋外側で放射線レベルが上がるような漏えいもしくは直接線の上昇があるかどうかを確認する必要がある。なお、「政府事故調査報告書」には、それ以外に建屋や周辺で放射線量の上昇などの異常は認められないとの記述がある。	政府事故調中間報告書、p.103
28	1	3/12 早朝	閉じ込め	RPV、格納容器の内圧および温度などのプラントパラメータの変化とモニタリングポスト指示値の変化の関係	格納容器の過温、過圧破損の進行と格納容器からの放射性物質の漏えい量の時間変化を確認することは、シビアアクシデント対策の有効性を高めるために重要であると考えられる。	東電放出量推定 IAEA報告書、p.IV-44

6 付録：事故進展に関し今後より詳細な調査と検討を要する事項　　313

番号	対象（号機）	日時	分類	不明点	備考	出典
29	1, 2, 3	—	閉じ込め	格納容器から放出された希ガスの放出率および拡散方向による線ばく線量	従来の防災指針では実効線量の大半は希ガスによるものと評価されている。原子炉3基から大部分の希ガスが継続的に放出されたと考えられる今回の事故では、放出率を明らかにするとともに、当時の詳細な気象条件と重ね合わせてサイト周辺の放出源線量を評価することは、事故初期の被ばく線量評価の観点から重要である。なお、放出源推定は原子力安全委員会、保安院、東京電力などの評価間で差異が見られ、今後この差異について検討が必要である。	東電放出量推定
30	1, 2, 3	—	閉じ込め	ウェットベント時のS/Cにおける放射性物質除去性能	ベントによる放射性物質を精度よく評価するためには、S/Cによる除去効率（DF）の実力値を精度良く見積もる必要がある。アクシデントマネジメント対策の有効性評価に資する情報となる。	IAEA報告書, p.IV-44
31	1, 2, 3	—	閉じ込め	モニタリング結果で見られる大きな放射線量のピークの原因、特に3月15日10時頃、3月15日23時頃、3月16日11時頃のピークの大きさなどの原因	以下のように一定の合理性を持つ推定可能であるものの、確認をすることは現時点では困難である。
3月15日10時頃：2号機の格納容器減圧との関連が考えられる。
3月15日23時頃：2号機からの放出と推定されている。
3月16日11時頃：3号機からの大量の水蒸気噴出との関連が考えられる。
風向きの変化と放出率の変化を分離するための情報が必要である。この情報は、事故の進展に関する理解の推定精度向上の観点から重要であり、放射性物質放出量の推定、アクシデントマネジメント対策の有効性評価に資する情報である。	技術的知見, 図V-1-1
東電放出量推定 p.9
32	2	—	閉じ込め	ラプチャーディスクの作動状況	ラプチャーディスクが作動していない場合、その理由を解明する必要がある。格納容器がラプチャーディスクの作動圧に到達までに過温破損したのか、またはベント弁が開いていなかったなどの理由かが考えられる。実測データでは、ベント弁が開いていた時間帯において、S/Cの圧力はラプチャーディスクの作動圧には達していない。なお、14日22時10分頃測定されたS/C圧力の実測データはD/W圧力を下回り、以後乖離が大きくなっており、データの信頼性に問題がある。この情報は、アクシデントマネジメント対策の有効性評価に資するものとなる。	技術的知見, p.34
33	2	3/15 6：00頃	閉じ込め	S/Cの圧力指示値が急低下した理由	同時間帯において、D/W圧力は大きな低下をしていない。政府事故調査報告書によると、電気系統のトラブルなどにより、S/Cの圧力がダウンスケールしており、これが0MPa（abs）と誤認識された可能性が指摘されている。なお、同時期に発生したと推定される4号機の原子炉建屋の水素爆発との因果関係は薄いと推定されている。	東電中間報告, p.79
政府事故調最終, p.65
34	2	3/15 0：00-6：00	閉じ込め	D/WとS/Cの圧力が乖離している原因	D/WとS/Cは隔離された構造にはなっておらず、圧力は連動するはずである。
政府事故調最終報告では、アクシデントマネジメント用のS/C圧力測定計によってなされた圧力測定の誤信号であると推定しているが、詳細な理由は不明としている。	IAEA報告書, 図IV-5-5
政府事故調最終報告, 添付 p.111

314　6　事故の分析評価と課題

番号	対象(号機)	日時	分類	不明点	備考	出典
35	2	3/15 7:20→11:25	閉じ込め	D/W圧力の低下原因	D/W圧力の低下としては、フランジシールベベルネットレーションからの漏えいの可能性が考えられるが、現時点では漏えい箇所と漏えいメカニズムは特定されていない。格納容器破損のメカニズムについて詳細に検討する際により詳細に検討する際に、格納容器破損の放射性物質放出量、放射性物質の検討の際に有益な情報となる。	IAEA報告書、図IV-5-5
36	2	2013/3/15 8:25:00	閉じ込め	原子炉建屋5F（ブローアウトパネル開口部）より発生した白い煙（湯気らしきもの）の原因	同じ時間帯に発生したと推測するとD/W減圧と関係するD/Wに関係があるが、明らかになっていない。放射性物質放出量、格納容器の破損メカニズムの検討の際に有益な情報となる。	IAEA報告書、表IV-5-2
37	3	3/16 8:30頃	閉じ込め	原子炉建屋から大量に放出された水蒸気の発生源	大量の水と水蒸気を発生させる熱源が格納容器および燃料プールであるのは、燃料プールおよび格納容器内であるが、いずれかは特定されていない。3号機の使用済燃料プールには漏えいが見られていないことと、保管されている使用済燃料の崩壊熱と保有水量の関係から、3号機の使用済燃料プールでの発生可能性は低いと推定される。3月15日～3月17日にかけて、D/Wの圧力は低下傾向であるが、D/Wの圧力は低下傾向にあり相関があるかどうかは特定されていない、放射性物質放出量、格納容器の破損メカニズムの検討の際に有益な情報となる。	IAEA報告書、表IV-5-3
38	4	3/14 10:30頃	閉じ込め	原子炉建屋内の線量が上昇していた理由	建屋内は外部から遮蔽されており、外部からの放射線で空間線量率が上昇する理由としては、①4号機使用済燃料プールの水位が低くなり、直接線が増加した、②空調が止まった、③3号機のベントラインからの逆流により、放射性物質（と水素）を含んだ気体が4号機の建屋内に放出された、などが考えられるが、理由は明らかになっていない。なお、3月14日4時8分には、4号機のプールの温度が測定されており、4号機建屋の爆発は14日の11時1分に発生している。4号機の線量は14日の4時～10時30分の間に上昇した可能性があるが、4号機の建屋の爆発の傍証として重要である。4号機の水素爆発の検証として重要である。	東電最終報告、別紙2、p.111 政府事故調中間報告書、p.217
39	3	—	閉じ込め	機器ハッチの損傷および生体遮蔽が移動していた理由	3号機においては、格納容器機器ハッチの調査が行われ、冷却水の漏えいが確認されている。この漏えいがどのようにして発生したのか、また、ハッチのエントリトリー一部分にシールドプラグがあるが、これが移動している。この原因についても検討する必要がある。	
40	1, 2	—	使用済燃料プール	1, 2号機の燃料プール内の状況	1, 2号機はまだ内部の観察がなされていない。今後、燃料取出しに向けてプール内の観察を進める必要がある。	技術的知見、別添資料2
41	1, 3, 4	水素爆発時	使用済燃料プール	水素爆発後の燃料プールの水位	特に1, 3号機には水素爆発によるかしきが落下し、水位が低下していた可能性がある。また、3号機については3月17日にヘリで、引き続き燃料取出しに向けて3月19日に放水車で燃料プールに注水を開始したときの正確な水位は不明であるが、3号機の使用済燃料の発熱量は4号機程度である。もとも3号機の水位低下だければ、注水までの時間の余裕があったはずであるが、初期の水位低下から事故進展の再現解析にとって有益な情報である。	技術的知見、別添資料2

6 付録：事故進展に関し今後より詳細な調査と検討を要する事項　　315

番号	対象（号機）	日時	分類	不 明 点	備 考	出 典
42	1, 3, 4	—	使用済み燃料プール	代替注水（地上からの放水を含む）を開始してからの水位変化	3、4号機については、4月中旬までの一ヵ月間、正確な水位は測定されていない。1号機については、5月末に初めて水位が測定されている。これらは事故進展の再現解析にとって有益な情報となる。	技術的知見、別添資料2
43	4	建屋爆発前	使用済み燃料プール	4号機でプールへの注水準備が遅れた理由	建屋内高放射線量のために作業を断念したとの記述あり。アクシデントマネジメント対策の有効性を検討する上で有用な情報となる。	東電最終報告、別紙2, p.111 政府事故調中間報告書, p.216, p.217
44	1	3/13早朝	使用済み燃料プール	3月13日早朝に観察された原子炉建屋からの白煙の原因	3月13日時点では、使用済み燃料プールの水温は40℃以下であったと試算されており、遠くから観察できるほどになるかどうか不明である。放射性物質放出量の推定精度向上のために有益な情報になり得る。	政府事故調中間報告書, p.215 技術的知見、別添資料、図Ⅲ-1
45	1	—	計装	A系およびB系の原子炉圧力指示値の差異の原因	この原因を解明することは、今後、高信頼性の圧力計を開発する際に参考情報となり得る。	IAEA報告書、図Ⅳ-5-1
46	1, 2, 3	—	計装	RPV, D/W, S/C圧力と温度の計測値の信頼性	計測機器が事故後時の過酷な条件にさらされたため、この影響などの程度の測定誤差が生じているものが含まれる。定性的に妥当な傾向を示しているものと思う。定量的に評価することが困難である。例えば、2号機においてD/W圧力とS/C圧力が乖離しているが、物理的に考えにくい。事故進展の再現解析は、限られた実測値を元にして実施されており、計測値の不確かさを見積もることは重要である。また、高信頼性の計測機器を開発する際に参考情報となり得る。	政府事故調中間報告書, p.231
47	1, 2, 3, 4	—	地震動	地震動が設備に与えた影響	安全上重要な機器については、全交流電源喪失に至るまでのプラントデータなどから、安全機能に支障を来すような深刻な影響はなかったと推定されているが、微少漏えいなどの有無については現時点では完全には確認されていない。また、安全重要度が低い機器の状態については、まだ直接確認できていない部分があり、今後の知見拡充のため、確認を進めることが必要である。	技術的知見, p.50 国会事故調報告書, p.30 国会事故調最終報告書, p.27 等
48	1, 2, 3, 4	—	その他	原子炉およびタービン建屋への地下水の流入経路量と地下水位との関係	地下水の流入などにより汚染水の量が1日あたりおおよそ400t程度増加しているとされるが、流入経路や地下水位との関係、また増加量の正確な値を評価する上で重要である。今後の汚染水対策を考える上で重要である。	国会事故調最終報告書, p.27 等

7

原子力安全体制の分析評価と課題

　本章では6章で述べた事故の分析・評価結果に基づき，事故前のわが国の安全を維持・向上させる体制のどこにどのような問題があったのか，そして今後その問題をどのように改善していかなければならないのかを政府，産業界，学界，特に日本原子力学会のそれぞれについて分析する。

　原子力技術は一般の産業技術と規制制度面で基本的に異なる取り扱いがされている。それは，核原料物質，核燃料物質を取り扱う事業が全面的に国の許可制だという点である。万一事故が起きると，一般市民の社会・経済活動に大きな影響を及ぼす危険性があるためである。安全に利用できる能力と経済力を有していると認められた者に限って政府が事業を許可しているのである。したがって，安全を守る一義的な役割を事業者が担っていることは当然としても，その事業者が安全に事業を推進する能力があると認めて事業を許可する政府の役割も大きい。また，政府が判断根拠とする安全技術の研究開発を推進している学界，研究機関の役割も決して小さいとはいえない。

　本章では，今回の事故原因である津波対策や過酷事故対策の問題がそれぞれの体制の中で問題認識されていたのかどうか，また問題が解決されずにいたのはどこに問題があったのか，そして今後それぞれの体制はこの教訓をどのように活かし，安全を守る役割を果たしていくべきなのかを分析する。政府，産業界，学界の安全に関する役割分担を図7.1に示す。

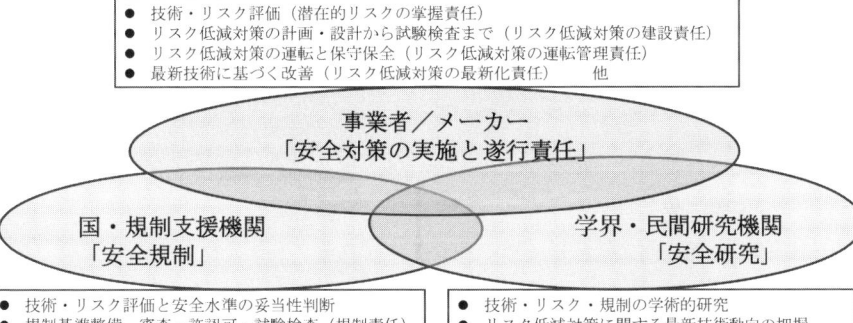

- 技術・リスク評価（潜在的リスクの掌握責任）
- リスク低減対策の計画・設計から試験検査まで（リスク低減対策の建設責任）
- リスク低減対策の運転と保守保全（リスク低減対策の運転管理責任）
- 最新技術に基づく改善（リスク低減対策の最新化責任）　他

事業者／メーカー
「安全対策の実施と遂行責任」

国・規制支援機関
「安全規制」

学界・民間研究機関
「安全研究」

国・規制支援機関：
- 技術・リスク評価と安全水準の妥当性判断
- 規制基準整備，審査・許認可・試験検査（規制責任）
- 賠償や防災の仕組みの整備や基礎的安全研究，廃棄物処理・処分の推進等の周辺環境整備（推進責任）
- 国民及び有識者の意見聴取と国の施策の理解促進　他

学界・民間研究機関：
- 技術・リスク・規制の学術的研究
- リスク低減対策に関する最新技術動向の把握
- 技術・リスク・規制に関する最新国際動向把握
- 安全水準に関する学術的研究
- 国民の意識動向に関する学術的研究　他

図 7.1　安全性向上に関する国，産業界，学界の役割分担

昭和61年（1986年）のチェルノブイリ事故の最大の教訓は，原子力発電所で万一事故が起きた場合の影響は当該国に止まらず，周辺国にも及ぶことを認識したことであった。このため，原子力利用国が共通の安全基準を策定，遵守することとなり，国際原子力機関（IAEA）に国際安全基準が整備された。しかし6章の分析では，わが国がこのIAEAの安全基準を必ずしも十分遵守していなかったことが明らかにされた。国際的な体制のどこに問題があり，今後どのように改善すべきかについても分析する。

本章で特に重点をおいたのは，当学会自身の役割の分析である。これについては，日本原子力学会の役職経験者全員を対象としたアンケート調査を実施したほか，当調査委員会で立案した分析結果に対し，学会員全員を対象とした意見公募を実施し，多くの意見，見解を基に，これまでの問題点と今後の改善策を分析した。

7.1 安全規制体制

事故の教訓を踏まえてわが国の安全規制体制は大幅に改善されたが，ここでは事故前の安全規制体制に事故の背景要因としてどのような問題があったのかを分析する。

事故で表面化した安全規制の問題は大別すると以下の3点に要約される。第一の問題は緊急時に適切なガバナンスが行えなかったという専門性の問題，第二の問題は今回起きたような過酷事故に対する法制度，ハードウェア，マネジメントのすべての面での備えが不十分だったという事故対策の問題，そして第三の問題は，安全規制行政が多くの行政組織に細分化されている一方で，規制行政が推進行政から独立していなかったという組織体制の問題である。

(1) 専門性の問題

安全規制の面で最も重要な教訓は専門性の問題である。避難を余儀なくされた住民はもとより，自分たちは大丈夫なのかと不安を抱えていた多くの国民や世界中の人が，正確な状況把握のため，日本政府から発信される日々の情報を注視したが，残念ながら十分な期待に応えることができなかった。

その根本原因は安全規制組織にもわが国独特の人事ローテーションの仕組みが適用されていたため，規制官が十分な専門知識を有していなかった点にある。事故後の平成24年（2012年）6月に成立した「原子力規制委員会設置法」（以下「設置法」）には，原子力規制委員会の幹部はノーリターンルールを適用して，ローテーションの対象から外すことが明記された。さらには当面の方策として，規制支援機関の独立行政法人原子力安全基盤機構（以下「JNES」）を統合して，専門性の高い人材を活用する方策を検討すべきことも盛り込まれた。しかし，この対策は一時しのぎのものである。中長期的な専門性向上に向けた抜本的対策を講じることが今後の大きな課題である。

(2) 想定外の事故対策の問題

事故の直接的原因は想定以上の津波であったが，想定外の事故対策が不十分だったことが事故の影響を拡大してしまったことは6章の分析で詳しく述べたとおりである。法制度，設備設計，運転管理のすべての面で，想定外の事故対策は不十分であった。事故後，設置法の成立により「核原料

物質，核燃料物質及び原子炉の規制に関する法律」(以下「原子炉等規制法」)が改正され，想定外の事故対策が法的には「重大事故対策」と位置付けられて規制要件化され，すでに法制度上の改善が行われている。また，事故に備えた国の指針・計画なども事故の教訓を踏まえて大幅に改定されている。

国の指針・計画等で今後検討すべき課題は，シビアアクシデントマネジメント（以下「SAM」）の充実・強化とそれに関する国と事業者の役割分担の明確化である。今回の事故ではそれが不十分だったことがいくつかの混乱を招いた。海水注入やベントの判断を巡る指揮権の問題が代表例である。また，避難が始まった段階での避難民の動線と，事業者が緊急対策として調達する資機材の動線は正反対となるが，これまでの防災計画，防災訓練ではそのことが配慮されていなかった。今後，「防災」だけでなく，「SAM支援」に関する指針・計画を早急に整備することが求められる。

原子炉等規制法に重大事故対策が盛り込まれたことを受け，各電力会社はフィルターベントなどの重大事故対策の強化を実施しており，今後原子力規制委員会の安全審査で国による確認が行われる。

重大事故対策で最も重要なことは，設計想定以上の事態に対するSAMであることは，6.3節に詳述した。事故対策は法制度を整備し，ハードウェアによる対策を備えるだけでは不十分なのである。設計想定を超えた事態への備えは何が起きるかを明確に想定できないからである。重大事故発生時には，事態を早急に把握し，準備されたハードウェアを適切に選定して影響緩和策を講じるマネジメント力が求められる。そのためには机上計画だけでなく，演習と訓練を繰り返し実行してスキルの向上に努めることが求められる。

(3) 組織体制の問題

組織体制については「国会事故調」から「規制が事業者の虜になっていた」と指摘された規制の独立性が薄弱だったことが最大の教訓である。それが上述した第一，第二の問題の背景要因だった可能性が高い。設置法ではこのことを改善することが最大の眼目とされ，独立性の強化と行政権限の集約化が行われた。すなわち，これまで内閣府に設置された審議会としての原子力安全委員会と経産省に設置された行政組織としての原子力安全・保安院を一本化して，環境省の中に独立性の高い三条委員会として原子力規制委員会を設置し，これまで文科省，経産省などに分散化されていた三つのS (safety, safeguard, security) の規制機能が，すべて原子力規制委員会に集約されることとなった。

ここで改めて平成19年（2007年）にわが国が受けたIAEAによる総合原子力安全規制評価サービス（IRRS）でIAEAから受けた10件の勧告を列挙する。平成24年（2012年）の法改正により，このうちのNo.1, No.9の指摘が解消され，No.3についても人事権，予算権が与えられたことにより改善の環境は整った。その他の項目についても解消されつつあると思われるが，今後これらの勧告を継続的にフォローするとともに，その改善作業が一段落した段階で，再びIAEAの総合原子力安全規制評価サービス（IRRS）を受けることが望まれる。

> **＜参考＞ 平成19年（2007年）のIRRSにおける10項目の勧告**
>
> 【勧告1】 規制機関としてのNISAの役割と原子安全委員会の役割を，特に安全指針の策定において明確にすべきである。
>
> 【勧告2】 原子力安全・保安院（NISA）は品質マネジメントシステムの属性など，検査要件のあらゆる側面，ならびに設置者の運転要件および実務に関する知識と認識を適切に含めるように，訓練要件およびプログラムを強化すべきである。
>
> 【勧告3】 NISAは5ヵ年戦略計画の各項目に対応して，日本の実効的な原子力安全規制を確保するために必要な職責や職務を果たすための最低職員数を明確に特定する人員計画を作成すべきである。将来の職員や予算要求は，この最低職員数と追加的な作業や職務に必要な補足分に基づくものとなる。この問題については，権限，完全性，公明性，中立性などの各機能を考慮して，JNES/NISA，原子力安全番員会という規制システムの総員が確保されるべきである。
>
> 【勧告4】 NISAは軽微な検査所見や事象をスクリーニングして問題が顕在化する前に早い段階で把握できるようにするため，軽微な検査所見や事象の報告に関する期待事項をより明確に定義すべきである。
>
> 【勧告5】 NISAは検査および行政処分/措置により，設置者が国内外の施設から教訓を得る効率的なプロセスを確実に保有するようにすべきである。
>
> 【勧告6】 NISAは設置者の保安規定が包括的なもので，人的および組織的要因を含めて運転の安全性に係るすべての要素に対処することを保証するため，規制要件の見直しと改定を継続すべきである。
>
> 【勧告7】 NISAは検査官が継続的にいつでもサイトで検査を行う権限を確保すべきである。これにより，検査官は法律で規定された検査回数だけでなく，いつでも人々にインタビューを行い，文書レビューを求めるため自由にサイトに立ち入ることができるようになる。これは建設および運転検査プログラムの両方に適用する。
>
> 【勧告8】 NISAはハードウェアタイプの問題で原子力発電所を停止できる明確な法律があるが，パフォーマンスが悪い場合に停止できる権限の法的根拠も明確にすべきである。
>
> 【勧告9】 NISAは日本の規制機関として安全規則および指針の作成とエンドース（民間から提案された技術基準の法制化）に主たる責任を負うべきである。
>
> 【勧告10】 NISAは理念や原則論よりも実践的な導入に集中して包括的QMSの整備を継続すべきである。第一段階としてQMSは部門年次計画の集積である5ヵ年戦略計画を考慮すべきである。

7.1.1 安全規制の分析

　国の原子力規制体制は福島第一原子力発電所の事故で得られた教訓を反映して，平成24年（2012年）9月19日に原子力規制委員会（以下「規制委」）の発足により，新たな体制がスタートした。今後は規制委が事故の反省に立って規制の改善を図っていくことが期待される。ここでは，事故以

前の規制において，何が不適切あるいは不十分だったのかを分析するとともに，今後の規制改善への期待を述べる。

福島第一事故以前の規制の問題としては，まず規制における「継続的改善（continuous improvement）」の遅れの問題を（1）で取り上げる。なかでも特に自然現象などの外的事象への考慮が不十分だったことや，想定外の事故（シビアアクシデント）についての規制が遅れていたことを（2）および（3）で取り上げる。

今後の規制改善のあり方については，まず，「安全の確保に関し，従来から大事といわれてきた原則的考え方は，事故の後でもやはり大事である」ことが強調されるべきである。「深層防護」については国際的にもその重要性が再認識されており，本報告書でもすでにとりまとめている。ここでは，この他の「原則」のうち特に重要な「科学的・合理的規制」の問題と，「産学官の協力と規制の独立性」の問題を（4）および（5）で取り上げる。

(1) 規制においても「継続的な改善」が重要

福島の事故は地震動に引き続く津波によって引き起こされた。事業者は津波に関する新知見を反映して，まがりなりにも「継続的な改善」を図ってきた。すなわち，新たな知見と提案された評価法に基づいて再評価を行い，設計基準津波高さを徐々に高くし，それに応じて様々な耐津波設計を考えてきた。「設置者に第一義の責任」があることから，こうした活動は当然のことである。結果から見れば，事業者の対応は必ずしも十分なものではなかったが，こうした改善の結果として，福島第一以外の発電所ではシビアアクシデント（SA）の発生を何とか防止できた。

規制側機関においても「継続的な改善」は必須の要件である。規制は最新の知見によってなされねばならないという原則がある。定期安全レビュー（PSR）の枠組みは整備され，既設炉においても，新知見が得られたとき，特に基準・指針が改訂されたときは，それへの対応が必要とされてきた。

しかしながら，津波に係る指針そのものは，耐震指針の末尾にごくごく簡単に記載されていただけで，日本電気協会 JEAC4601「原子力発電所耐震設計技術規程」および JEAG4601「同技術指針」で土木学会の最新の評価方法を参照して対応することで済ませてきた。結果として，原子力の求める安全性のレベルと十分に整合しないものとなっていた。

SA対策についても，1990年代に事業者の自主保安という位置付けで国内のすべての軽水炉にアクシデントマネジメント（AM）が整備された時期には，次はSA対策の規制要件化というのが大方の規制側関係者の共通認識であったが，そうした対応は実施に移されないままであった。

「運転経験の反映」も不十分であった。自国の施設だけでなく，他国の施設で起きた運転経験を規制に反映することの重要性は以前から認識されていた。しかし，インド洋大津波時のインド・マドラス炉の浸水があった事例そのものは，わが国の規制関係者に把握されていたにもかかわらず，「これはインドで起きた事故であってわが国では関係ない」で終わっていた。前述の同時多発航空機テロも，わが国の規制には反映されなかった。もっと謙虚に事例に学ぶことが必要であった。

今後は，まず福島での事故の反省に基づく改善が急務である。そこでは「事故時に実際に何が起きたのか」を把握したうえで，何が悪かったかを同定し，それに対応した改革を図っていくこと

が必要である。規制委では，すでに地震・津波やSAに関する設計基準の見直しがなされており，今後はこの新安全基準に沿って既設炉についてもバックフィットが要求される。

なお，福島の事故があったからといって，思いつく改善策を闇雲に採り入れればいいというものではない。(4)で述べるように，リスク低減の実効性を考えて合理性がある改善を行う必要がある。

こうした問題についても，基本的には国際的に共通な考え方に準拠することが望まれる。IAEAで整備中のバックフィット基準案（DS414）は次の通りである。

> 新世代の原子力発電所については，シビアアクシデントで使用する手段が，現在ではプラントの設計に含まれている。しかし，本安全要件文書にある設計に関する要件をすべて既設の運転中の原子力発電所や建設中の原子力発電所に適用することは，現実的でないことがある。さらに，規制当局がすでに承認した設計を改造することが実行可能でないこともある。そのような設計の安全解析については，たとえばその発電所に対する定期安全レビューの一環として現行の基準に対して比較し，合理的に実行可能な安全強化策によって発電所の安全運転をさらに向上させることができるかどうか判断することが期待されている。

(2) 自然現象などの外的事象に対する設計基準の課題

福島第一事故は自然現象の一つである津波について，結果から見れば設計基準が過小であったことを示している。設計基準ハザード（design basis hazard：DBH）の設定の問題を含め，現行の設計および規制は，特に地震動以外の自然現象などの外的事象への具体的な対策が必ずしも十分に行われてこなかったといえる。

原子力安全委員会（以下「原安委」）の「発電用軽水型原子炉施設に関する安全設計審査指針（以下「設計指針」）」の冒頭には，種々の事象に関しての対処要求が並んでいた。

> 「指針2．自然現象に対する設計上の考慮」では，安全機能を有する構築物，系統および機器（structures, systems and components：SSC）はその安全機能の重要度などを考慮して，「適切と考えられる設計用地震力に十分耐えられる設計であること」，また，「地震以外の想定される自然現象によって原子炉施設の安全性が損なわれない設計であること」，重要度の特に高い安全機能を有するSSCは「予想される自然現象のうち最も苛酷と考えられる条件，又は自然力に事故荷重を適切に組み合わせた場合を考慮した設計であること」が要求されている。そして，その解説には次のように記されている。「自然現象のうち最も苛酷と考えられる条件」とは，対象となる自然現象に対応して，過去の記録の信頼性を考慮の上，少なくともこれを下回らない苛酷なものであって，かつ統計的に妥当とみなされるものをいう。

この「解説」の結果，過去に十分信頼性のある記録が少なく，統計的な妥当性が確認できない自然現象については，短期間の記録だけに基づいて設計基準ハザードが定められてしまう結果をもたらしたのではないかと思われる。

津波については，事業者は平成14年（2002年）2月に策定された土木学会の「原子力発電所における津波評価技術」の手法で想定津波高さを求め，自主的に津波対処設計を強化してきた。土木学会の手法は，1611年～昭和53年（1978年）の歴史津波（記録として残っている津波高さ：既

往津波）に基づくものである。これは上記の「解説」に沿った手法である。この方法で求められる津波高さは，ほぼ1611年～昭和53年（1978年）の歴史津波の最高高さに匹敵するはずであり，そこで得られる結果は，過去400年間の津波の最高高さ程度の津波を想定することと思われる。ある程度の裕度が含まれているとしても，1,000年に1度（10^{-3}/年）程度の津波を想定津波とし，それを超える津波については対策を考えていなかった。これでは，わが国の

- 炉心損傷頻度（CDF）10^{-4}/年
- 格納容器破損頻度（CFF）10^{-5}/年

なる性能目標案を満足することはまるでおぼつかなかった。

　土木学会が歴史津波に基づいて津波高さの評価式を策定したこと自体はごく普通のことである。しかし，これが原子力安全の観点からどういう意味を持つのかについては，議論されなかったのではないかと思われる。分野間のコミュニケーション不足の問題でもあるが，本来はこの認識の相違を指摘するのは，リスクを管理する役割を担っている原子力界の役割であり，それを果たせなかったことを反省するとともに，このようなことが再発しないよう，何らかの手立てが必要と考えられる。

　現在，規制委は個々の外的事象についてもより明示的な基準を整備しつつある。そこでは，①「設計基準ハザードを設定すること」，②「設計基準ハザードに対して適切な防護設計（たとえば津波に対しての防潮堤など）を要求すること」が必要になる。ここで，設計基準ハザードの想定にあたっては，歴史地震，歴史津波などの記録は一定の期間しか存在しないことを思い起こす必要がある。記録のない期間については専門家の考察によって発生頻度を評価して，それに見合うハザードを設計基準とすることなどが必要になると考えられる。

　ただし，このようにして設計基準ハザードを見直したとしても，それを超すハザード（beyond design basis hazard：DBH）が生じる可能性は残る。実際，3月11日の地震・津波以前には，東北地方太平洋沖であのような大きなマグニチュードの地震が発生することや，いくつもの地震源が連動してそこから生じる津波が重なり合って高くなることは，関係者の共通認識にはなっていなかったのである。③「設計の想定を超すような事態が生じ得ることも考えて，それに対する準備」も必要と考える。

　さらに，設計指針では深層防護の第3層である設計基準事故への防護についても問題があった。設計基準事故の想定に関し，設計指針では「長期間にわたる電源喪失は…考慮する必要はない」と断言されているが，福島第一ではきわめて長時間の全交流電源喪失事象（SBO）が起きてしまった。このような指針の不適切さも過去に経験されたデータだけに頼ったことに原因がある。

　ところで，平成19年（2007年）のわが国へのIAEA総合規制レビューサービス（IRRS）では，「原子力安全・保安院（以下「保安院」）は規制当局の責任として，安全審査の判断基準を自らつくるべきである」との勧告を受けていることは既述した通りである。福島第一事故のあとで振り返ると，この勧告は重い意味をもっていた。

　わが国では，基本設計は原則として原安委の安全審査指針で審査されてきており，保安院は「航空機落下評価基準」などごく少数の例外を除き，自ら審査基準を策定することはなかった。このた

め，指針体系を常時見直す体制が必ずしも十分でなかった。

　安全審査のための基準はつねに見直すことが必要であり，そのための責任組織も必要である。原安委にはすでに基準を一元的に見直す責任組織が発足している。今後はこの組織がつねに基準体系全体を見渡して，継続的に改善を図っていくことが期待される。

(3) シビアアクシデント対策の規制要件化

　シビアアクシデント対策の規制要件化が遅れていたことは既述した。わが国では，1990年代に国内すべての軽水炉において包括的なAMの整備が行われた。当時としては世界の趨勢に遅れるものでは決してなかった。そして，次は規制要件化だというのが，そのときの規制側関係者の共通認識であった。しかし，AMが現実の事故状況下で本当に有効に機能するのかは議論の対象にならなかった。今後，シビアアクシデント対策を早急に規制の対象とするとともに，その有効性を確認することが必須である。

　ところで，福島第一事故では多くの「想定外」があった。「想定できることはきちんと想定」して確固たる対策を用意すべきであるから，「設計基準の想定が不十分であれば基準を変える」ことは当然必要であるし，また「設計基準を超えたら何が起きるか」を想定することが必要である。しかし，原子炉建屋で水素爆発が起きたことや，3号機の原子炉で生じた水素が4号機の原子炉建屋に流入してそこで爆発が起きるなど，想定できなかった問題もあった。「想定できないこともあり得るとして柔軟な対策を考える」ことも必要である。

　(1)に述べたように，米国では，同時多発航空機テロ以降，テロによる想定外事象への対策もなされたが，そうした動向はわが国の規制には反映されなかった。わが国でも，たとえば外的事象がテロであれば何が起きるか分からないことなどを考えて，設置者は敷地外からのサポートなど柔軟な対応手段を考えておくべきであるし，それに対応した規制が必要である。

(4) 科学的合理的規制はやはり必要

　福島の事故後は規制強化一色であるが，本来「規制は科学的合理性をもたなければならない」ことは今でも必須のはずであり，そのためには確率論的リスク評価（PRA）の活用が欠かせない。設置者も規制者も限られた資源をリスクの大きな事象の対策に傾斜的に配分するという，いわゆる「グレーデッドアプローチ」は当然に採用されるべきである。また，規制上の「要求事項」は規制当局が定めるが，それを達成する詳細規定は学協会規格を適切にレビューしたうえで用いるという「基準の性能規定化」も変わるはずのない原則であると考えられる。

　しかし，福島の事故の前まで，規制へのリスク情報の活用は「耐震指針の改定」くらいであった。それも「地震リスクの結果が大きかったから耐震要求を強化する」だけであって，リスク情報の十分な反映にはなっていなかった。

　福島の事故では，地震動の影響と津波の影響は大きな違いがあった。地震動は設計の想定をいくらか上回った部分もあったが，おおむね設計基準の範囲内であった。そして，福島第一1～4号機では現物の確認が得られていないものの，福島第一5,6号機，福島第二，女川，東海で，安全上重要なSSC（構造物，系統および機器）に地震動による損傷・故障は生じていない。前述の設計指針の指針2の解説に「対象となる自然現象に対応して，過去の記録の信頼性を考慮のうえ，少な

くともこれを下回らない苛酷なもの」とあるから，設計基準を上回る地震動が生じたこと自体は問題であるが，これまで十分に検討してその都度対処してきた結果として，重大な影響は生じなかった。これに対し，津波の影響は甚大であった。津波については十分な考慮が払われていなかったためである。

これまでの PRA はいわゆる内的事象（正確にはランダム事象）と地震のみしか対象とされていなかった。航空機落下については，衝突確率を計算して防護が必要かどうかを判断するハザード評価のための基準だけが整備されていた。他には，確率論的評価が具体的に指針・基準として整備されたものはない。津波，火災，テロなどへの基準は欠如していたか不十分なものであった。それぞれの外的事象についての個別プラント評価（IPEEE）を実施して弱点を見つけることも行われていなかった。

規制でも安全研究でも同じだが，関係者の関心が，知っていること，特異なことにばかりに集中しがちである。しかし，安全性向上のためには，むしろ気がつかない問題を見つけて取り組むことが重要である。一例をあげれば，多くの人が重要と思いつつ「セキュリティ」の問題への取組みは不十分であった。

リスク情報を活用する規制においては，「安全目標の規制への適用」も遅れていた。安全目標は本来「合理的な規制」をつくるためのものである。しかし，どうすれば PRA の結果と安全目標を規制の改善，特に規制ルールの改善につなげるかということは，前述の耐震指針の強化を除き，ほとんど何もなされなかったといってよい。行われていたのは「安全目標と PRA の絶対値を比較してマルバツをつける」などという，およそ PRA の考え方や実態とかけ離れた作業のみであった。これも規制への科学的合理的手法の導入が遅れていた典型例である。

安全目標の指標についても再検討が必要かも知れない。現行の安全目標の指標は人の健康影響だけを考えて設定されたものである。しかし，環境の汚染は重大な影響をもたらした。安全目標に「環境汚染の防止」を加える必要がある。これに関しては，過去の原子力安全委員会の報告では次のように書かれている。

> 事象の影響としては，事故による個人の直接的あるいは後遺的死亡リスク，集団の直接的あるいは後遺的死者数，事故による経済的損失，等々さまざまなものがある。安全目標はこれらのリスクのうち『個人の死亡リスク』だけを取り上げた。従って，安全目標の対象は，リスクのすべてではないが，最も重要でかつ定量化可能なリスクである。そういう意味で，今回の安全目標は，『始まりの第一歩』である。

安全目標は「始まりの第一歩」のまま放置されていたが，今後は規制委において安全目標についての議論が再開され，リスク情報を活用した規制が促進されることが期待される。

(5) 産学官の協力と規制の独立性

事故前の規制体制の独立性が薄弱だったことは規制委の発足により改善された。しかし，福島第一事故後は，独立性を意識するあまり規制側と産業界の対話の機会が激減してしまっている。しかしながら，産学官が協力することと規制が独立性を保つことは，両立させなければならないことであり，規制が孤立してはいけない。しかも，安全性を確保し自主的に改善するのは事業者の責任で

ある。規制はそれを監視する役割を担っているのであって，実行するのは事業者で，規制が事業者が持っている現場の知識抜きに安全を語るなどということはあってはならないことである。したがって当然，規制は透明性を確保しなければならないが，規制当局と産業界とはきわめて密接に意見交換であるとか情報交換とかができなければいけない。今後はこれらの課題についても，規制委が適切に改善していくことが期待される。

なおここで，かつての保安院の最高諮問委員会であった原子力安全・保安部会が，設置年の平成13 年（2001 年）に最初にまとめた報告書から，保安院がその発足時に規制組織として目指したことを抜粋する。

① 国民からの信頼
② 科学的・合理的規制，効果的・効率的規制
③ 危機管理能力
④ 知識基盤
⑤ 人材基盤

実際には，これらのすべてが目論見どおりに達成されていなかった。特に，保安院が一番最初にあげた「国民からの信頼」は福島第一事故で地に堕ちてしまっている。

規制が目指すもの自体は不変であろう。今後は，規制委があらためて保安院が目指したもの，なかでも国民からの信頼を目指し，それを十分に達成することが期待される。

7.1.2 規制のあり方

本項では今回の事故の教訓を踏まえ，国の安全規制のあり方を論ずる。元々，わが国の原子力技術に対する安全規制は「原子力基本法」に定めた自主・民主・公開の原則の下で，開発当初から特に厳しい規制が適用されている。その代表的な例は民間の自由な利用を禁止していることである。利用を申請した個人，事業者のうち国が技術能力，経済力などを審査し，原子力利用に支障がないと認められた場合のみ利用を許可し，さらに，実際の利用にあたって国が定めた基準などを遵守していることを定期的にチェックする仕組みとしている。

それでは，安全を確保する責任は誰が義務を負っているか。IAEA が定めた 10 項目の安全原則の第 1 には「安全を守る責任は一義的に事業者にある」とされている。しかし上述したとおり，政府は事業者に事業を許可した責任があり，事業者の安全活動をチェックする責務を負っている。事業者の安全活動に不備があったとすれば，それを事前に指摘し是正させていなかった責任がなかったとはいい切れない。だからといって，今後は国が事業者の一挙手一投足をチェックするのがよいと決めつけるのは早計である。国の規制のあり方は各国さまざまであり，細かいルールを決めて事業者の一挙手一投足を見る規制から，原子力安全を脅かすリスクを重視し，リスクという物差しで事業者の活動を監査する規制などさまざまな方法が存在している。

国の安全規制を論ずる際，重要な境界条件として，投入できる資源（資金や人材など）は有限であることをしっかりと認識しておかなければならない。国が果たすべき役割を絞り込み，そのミッションを遂行する最適な仕組みを検討すべきであり，費用対効果を考える必要がある。

規制のあり方を考えるうえで以下の3点が特に重要である。
① 国が果たすべき役割の重要度を分析し，重要度が高い活動に資源を投入すること。
② 事業者の自主的で継続的改善活動の促進。
③ 指導する際の科学的な根拠の提示。判断にはステークホルダーへの説明責任を持つ。

(1) 国が果たすべき役割

　原子力安全を損なうリスクの大きさを物差しとして，国が果たすべき役割を考えることが有効である。国のチェックの仕組みもリスクを考慮することが有効である。同じ投入資源でも，リスク上重要でない活動へ投入している資源を，リスク上重要な活動に振り向ければ事故が起きる可能性をより低くすることができる。その逆のことをすれば非安全側になる。今回の事故の最大の教訓であるシビアアクシデント対策は，海外に遅れること20年でようやく規制要件化の議論を始めようとしていた矢先に事故が起きた。20年も先送りにされていたことが，結果的に事故の要因となった。平成4年（1992年）に出されたシビアアクシデント対策の報告書[1]は20年間店晒しにされていた。安全対策を考えるうえで個々の事象のリスクを評価することは，国が果たすべき役割を考えるだけでなく，講ずべき安全対策を検討するうえでも必須である。安全性を評価する基本的な指標として，リスクの大きさを用いる手法を法制化することが急務である。

　国が定める規制基準の性能規定化も重要である。仕様規定の弊害は事業者の活動がマニュアル化され，国がその遵守を要求することになるが，そのことは中長期的に安全性向上を阻害することになる。本来はリスク上重要なものに活動を集中できるようマニュアルを継続的に改善することが重要なのである。したがって，国の規制基準は性能規定化し，詳細なマニュアルは事業者の裁量で改善できるようにするべきである。リスク上重要でない活動に投入されていた資源を継続的改善の中でリスク上重要な活動に振り向けるよう，改善されなければならない。

　① 事故前の規制の問題点　　リスクを物差しとして規制を行うことは，RIR（risk informed regulation）として長年研究が進められている。RIRは設計，建設，運転，保守など広範な分野を対象に検討され，リスクを物差しとして規制改善する研究が行われている。RIRの活用が最も有効と考えられているのが保守保全の分野である。機器やシステムが何十万点もある複雑な原子力発電所のシステムでも，安全上重要なものはその数％にすぎない。リスクの高い部分の保守頻度を上げ，リスクの低い部分は事後保守に切り替えるなどの改善により，同じ資源を使っても格段に安全性を高めることが可能となる。

　平成21年（2009年）に保守データベースに基づいて保全を行う保全プログラムが規制に導入された。しかし，まだRIRの導入が行われていなかったため，残念なことに保全プログラムにリスクによる保全のメリハリをつけることができず，リスクの高いものも低いものも一律に保守を実施する方式が採用されている。上述した通り，リスクの低いものにも一様に資源を投入することは，リスクの高いものへの資源投入を阻害するという意味でかえって危険である。RIRを活用しない保全プログラムの導入は，かえって施設のリスクを高めているともいえる。RIRを活用しない規制はリスクの高低にかかわらずメリハリなく平板的な資源投入が行われ，リスクの高い部分への重点的な資源投入が後回しになり，結果として事故を防止できないことになる。

② **事故後の規制での改善点と問題点**　事故後の規制でも残念ながらまだRIRが活用されていない。リスクの高いものも低いものも一律に規制基準の遵守を求めている。書類重視の姿勢は事故前よりも厳しくなっているようである。これでは，規制側，事業者側の双方ともリスクの高いものへの資源の重点配分が阻害され，限られた資源を安全性向上に有効に配分しているとはいい難い。RIRを導入して早急に改善すべきである。

(2) **事業者の継続的改善の促進**

今回の事故の重要な教訓の一つは，安全神話が存在しないということを身に沁みて認識させられたことである。事故のリスクはゼロではないのであり，事故に対する備えをしなければならないことは6章で述べた。この教訓を事故対策の強化に反映させるだけでは不十分である。事故のリスクが存在していることを否定できないとしても，関係者は継続的にそのリスクを軽減する努力を続けなければならない。原子力の利用はそのリスク低減努力を継続することによってのみ認められるといっても過言ではなく，国の定めた規制基準を遵守するだけでは不十分である。科学技術は日々進化しており，もし事業者が国の規制基準の遵守のみに踏みとどまり，改善を怠っていたとすれば，安全性は相対的に劣化しているといえる。自主的な改善によって事故のリスクを継続的に軽減し続けることが，事業者の最低限の務めであることを忘れてはならない。

米国では，事業者に自主的な改善を促す仕組みとしてROP[*1]を導入し，改善の指標としてPI/SDP[*2]が30年前に導入されている。事業者の活動を七つの視点から評価し，改善が進められているかどうかを客観的にチェックする仕組みである。このPI/SDPは上述した事故を起こすリスクが物差しとされている。この仕組みが導入されてから，米国では事業者の自主的な改善活動が活性化し，安全性が向上して稼働率が飛躍的に高まったことがよく知られている。米国の現地検査官の活動の仕組みにも注目すべきである。現地検査官は事業者の活動をリスクと改善の二つの視点から監査している。これにはCAP[*3]というデータベースが使われている。事業者は日々の活動における課題をCAPに登録し，それをベースに改善を進めていく。現地検査官はCAPをベースに事業者の改善活動がどれだけリスクの軽減につながっているのかという物差しで評価する。米国ではこのようにして規制が事業者の自主的な改善活動を促している。わが国も大いに参考にすべきである。

① **事故前の規制**　事故前の国の規制機関では上述した米国のROPの仕組みを研究し，RIRと組み合わせて，俯瞰的な活動規制を行うことを検討していた[2)]。これによって事業者の改善を促し，原子力安全を高めることを目指していた。米国に倣ってPI/SDPを試験的に導入して，改善を促す仕組みをつくろうとしたのである。ところが，わが国が導入したものは米国のものとはまったく異なり，リスクの高低とかかわりなくマニュアルを厳守させようとするだけのものとなってしまっていた。

なお，日本版のPI/SDPをリスクベースの指標にしようとする動きもあったが，最終的にはリスクとまったく関係ないものとなった。この日本版PI/SDPは事故後まだ実施されていない。リスク

[*1] reactor oversight program：施設の操業実績の良否を検査頻度などに反映させる規制手法。
[*2] PI：performance indicator；安全実績指標評価，SDP：significance determination process；安全重要度評価
[*3] corrective action process：是正措置プログラム

ベースの指標に改善したうえで実施することが強く望まれる。

　また，保安検査では保安規定通りに活動が進められていることを年4回監査することとなっている。この監査がリスクベースで進められれば有効な仕組みであるが，実際には保安規定の条文通り検査が実施されていることを文書でチェックすることだけが行われてきた。保安規定を改善しようとすると非常にハードルが高い。また，保安規定もリスクの高低と関係なく，リスクの高いものも低いものも同じ重みで監査が進められている。このため，リスクの高いものに資源を傾斜配分することができず，つまり自主的な改善にブレーキをかける規制が行われてきたのが実態である。

　② **事故後の規制**　事業者が自主的に改善活動を進めることが重要だという教訓を活かし，いくつかの事業者は国が規制要件化する前に，自ら安全向上対策を進めている。しかし一方では，いまだに国の規制基準を満足することを目標にし，それ以上の改善を行おうとしない事業者もまだ残っている。既述した事故前の風潮がいまだに尾を引いているといえる。

　事業者が自主的な改善を行うことが安全につながるということを，すべての事業者が共有できるようにすることが重要である。そのためには，たとえば保安規定の改定をリスクベースで行ったり，リスクの低いものの監査頻度を下げるなどの改善を行うことも効果的である。

(3) 指導する際の科学的な根拠の提示

　原子力発電所は非常に複雑なシステムである。部分的な効果だけを見て改善してもシステム全体では改善にならない場合も多い。このため，安全性の改善を行う際は，つねにシステム全体のリスクが低減されることを確認しなければならない。これにはPRA手法を用いるが，その運用を含めたリスク評価方法の確立が重要である。

　リスクの判断はつねに科学的根拠に基づかなければならない。そして，その判断の経緯と根拠はステークホルダーに透明性を持って説明する責任がある。地元自治体，事業者，メーカをはじめ国民全体に対する説明責任である。

　米国では，現場検査官にフリーアクセス権という特権が与えられている。現場で行われるすべての活動がCAPデータベースを通じ，リスクを物差しとして評価される。そのうえで，リスクの軽減が必要と考えられるものについては，事業者や関係者と協議のうえリスク軽減対策を講じることとなる。現場検査官は簡単なリスク評価ツールも用いることのできる技量を有しており，リスクベースの議論を行うこともできる。

　① **事故前の規制**　わが国の規制官，特に現場の検査官は必ずしも十分な専門能力を有していなかった。つねにリスク評価を基準にして判断する米国の検査官と比較して，わが国の検査官はリスクの評価を重視せず，保安規定の条文に合致しているか否かを重視する傾向が強かった。

　科学的な判断や総合的なリスク評価を行うには，幅広い知識と経験が必要である。わが国の規制機関ではその教育があまり重視されていなかったため，外部経験者の活用に依存せざるを得なかった。リスクツールも整備されておらず，リスクに対する知識が十分でなかったため，規制者の専門能力が十分でなかったといえる。

　また，わが国においてはCAPデータベースも施設によっては十分整備されてなく，施設の現状を正しく理解するためのツールも不十分であった。事業者と規制者の意思の疎通も十分でなく，規

制者はリスク評価に必要な情報を十分得ることができなかったことも，専門能力欠如の背景要因の一つである．

② 事故後の規制　規制担当者，特に現場の検査官の専門能力は事故前と変わっていないが，専門能力を強化する教育に注力し始めていることは高く評価できる．今後はリスクベースの考え方を浸透させ，保安規定の重要度を正しく理解し，事業者を正しく指導できるような検査官を早期に育成しなければならない．

安全性を高めるには現場をよく知ることが最も重要である．そのためには，事業者と規制者が安全性の向上という共通の目標に向かって真摯に向き合い，密度高いコミュニケーションを行うことが必須といえる．

事故後の規制者の判断には科学的根拠が明示されないものが散見され，また判断根拠の説明責任を十分果たしていない例も見受けられる．規制機関の最も重要な役割が国民の信頼獲得であることを鑑みると危惧されるところである．発足間もないためと考えられるが，今後はこのような科学的根拠が不明確な判断は払拭し，国民に対する説明責任を十分果たすことが重要である．

(4) まとめ

事故の責任の一端が国の規制にもあったことは上述のとおりである．事業者がトラブルや不正を起こすたびに国民から規制の強化を強いられ，規制をしているという姿勢をアピールしやすい数が多くてリスクの低いものの試験検査の強化を重ねた結果，リスクが高く安全性向上への規制資源の傾斜配分が行えなくなり，結果的にシビアアクシデント対策などへの対応が間に合わなかった．

また，リスクの高低にかかわらず平板的にすべてのものを対象としたアリバイづくり的書類作成に貴重な規制資源を浪費したため，事業者の自主的な改善を促進すべき規制が逆に阻害することとなっていた．もちろん，このことは事業者が自主的な改善を行わなかったことを正当化するものではなく，津波対策のようにリスクの高い安全性向上対策を後回しにせず，積極的に取り組むべきであった．

今後は上述の教訓に基づき，リスク評価をベースとし，継続的改善を阻害せず，科学的根拠に基づく規制を行い，説明責任を果たす規制を実現することが必要である．事業者は国の規制基準を守ることは当然のこととして，それに安住することなく，自主的に継続的改善を進め，リスクの高い課題を優先的に解決するとともに，説明責任を果たすことが求められる．

参考文献 (7.1.2)

1) 原子力安全委員会原子炉安全基準専門部会共通問題懇談会,「シビアアクシデント対策としてのアクシデントマネージメントに関する検討報告書—格納容器対策を中心として—」(平成4年3月5日).
2) 原子力安全基盤機構,「安全実績指標 (PI)，安全重要度評価 (SDP) 手法整備導入検討会 (中間報告の概要)」, 2008.4 (http://www.meti.go.jp/committee/materials/downloadfiles/g80408a09j.pdf)

7.1.3 安全確保のための規制基準の体系

(1) 原子力発電の規制の体系

原子力発電に関する安全規制すなわち安全を確保するための「決まり」は，IAEA（国際原子力

機関）で定めているルールやガイドを世界の最上位に置いている。一方，主にものづくりのための世界の統一基準が世界標準としての ISO（世界標準化機構）規格である。それらの下に，各国で策定されている米国機械学会規格（ASME）や欧州統一規格（EN 規格），わが国の各種の規格類があるという体系である。最近ではそれらの規格類の体系もほぼ統一されてきており，どのような関係で構成されているのかは，図 7.2 のような見方で見ると理解が得やすい。すなわち，最上位に国際機関や国がその分野で定めるさまざまな決まりの大きな「目標」を定めている（レベル 1）。次にその目標を満足するためのいくつかの「機能要求」を定めている（レベル 2）。そして要求される機能の定量的な水準，判断基準を定めている（レベル 3）。この要求性能水準を実現するためのさまざまな方策を詳細規定として定める構成となっている（レベル 4）。これらの下に，企業が定めるさまざまな規定類があり，それにより原子力発電所の機器類が製造され，発電所が建設されるのである。

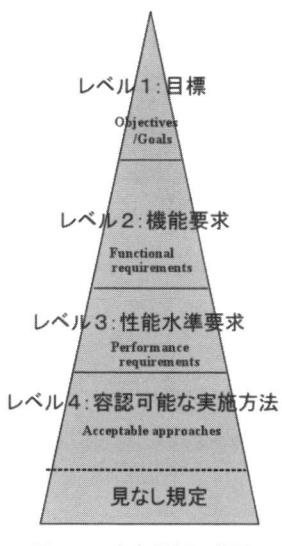

図 7.2 安全規制の体系

(2) 原子力発電所のライフサイクルとその安全規制

原子力発電所のライフサイクルの流れは，立地，設計，建設，運転，廃止措置となる。その流れの中で，安全規制はどのように組み込まれているのであろうか。これまでのわが国の安全規制との関係でどのように安全が確保されているのかを示す。ここでは，事故当時の規制体系を用いる。

・立地段階では立地審査指針や安全設計審査指針により地点選定や環境調査が規制される。
・設計段階では安全審査・設置審査・工事計画認可・燃料体設計許可などの審査や認可が，安全評価審査指針や省令 62 号・187 号・123 号などによりなされる。
・建設段階では耐震設計審査指針，省令 62 号や保安規定などにより，燃料体検査・溶接安全管理検査・使用前検査・保安規定認可がなされる。

以上の過程の原子力に係る安全規制を経て，原子力発電所は運用に供せられる。

・運転段階では定期検査や定期安全レビュー，定期安全管理審査，定期事業者検査，および保安検

査が行われる。最近では高経年化技術評価が組み込まれた。そのための基準類は実用炉則に始まり，省令62号・安全評価審査指針・電気事業法施行規則や消防法・原子力災害対策特別措置法など幅広く設けられている。

・廃止措置段階では，省令77号・原子炉等規制法などにより，廃止措置計画認可・施設定期検査廃止措置終了確認が行われる。

　ここには，これまでの国の規制基準の例を示したが，それに合わせて実際に運用するにあたっての具体的な詳細仕様基準が必要であり，内部文書や外郭団体である規制支援機関の技術資料などでの補足や公正，公平，公開の3原則の下で基準を策定している日本原子力学会標準委員会，日本機械学会発電用設備規格委員会，日本電気協会原子力規格委員会などの学協会規格がカバーしてきた。

　柔軟な機能性化すなわち規制要求としての機能要求を明確にし，実際の仕様要求は民間の学協会規格を用いて，つねに新しい知見や経験を活かしたものとすることが望ましく，その方針が示されていたにもかかわらず，これまでは機能性化といわれる規制体系の整備が進んでいなかったのが現実である。図7.2に示したような体系化を図る途上であり，全体の体系が明確にされず部分的なものとなっていた。それゆえ，この体系の効果を活かすところまでは至っていなかった。

(3) わが国の安全規制体系での課題

　上述の状況下で福島の事象を見てみると，以下の課題が見える。

　これまでは，これらの規制基準を規制機関や事業者が調整，整合をとりながら運用してきていた。最も大きな課題は，体系として複雑になってしまっていることと曖昧な点が多いことである。

　①　規制基準として運用する法律，省令の体系は，本来は安全規制体系のレベル2において最低限求める機能を明示し，レベル3においてその定量的な性能水準要求を定め，それを基にレベル4の容認可能な実施方法である仕様規格を学協会に任せる仕組み（機能性化）であったはずである。しかし実体は，定量的な性能水準を明示できず曖昧なものとなっており，裁量で判断している状況にあった。また，必ずしもこのような体系ばかりではなく，目標を定めてそれに見合う機能要求を民間規定で定める場合もある。

　②　「原子力安全」を確保するための安全要件である原子力安全委員会の指針類は本来，判断基準を明確に示していたはずであるが，原子力安全を求めている法律，省令，告示，…という規程類とは直接には結びついていないものであった。そこに「原子力安全」の確保として何を基準とすべきかの判断の不明確さが存在していたものと推察される。

　全体としてIAEAの国際基準に基づく体系化が進んでおらず，国内においても原子力安全委員会の指針を起点とする「原子力安全」の確保という規制体系が整備されていないという課題があった。

　こういう状況で福島第一事故に遭遇した。

(4) あるべき原子力安全の規制体系

　"規制基準の基本体系のあるべき姿"について述べる。これまで原子力安全委員会指針体系で安全の全体を体系的に見てきた。実態は先に示したとおりであり，体系化は進んでいなかった。しか

し，すべての安全の基本は「原子力安全」確保の目的，考え方の提示からスタートするものであることは共通の認識であろう。この原子力安全に対する基本的考え方は，日本原子力学会の標準委員会資料「原子力安全の基本的考え方について─第1編　原子力安全の目的と基本原則」(AESJ-SC-TR005)にIAEAの安全の考え方を参考に新たに日本版の考え方として策定し明確に示した。この原子力安全の基本原則に引き続く位置付けで，「原子力安全」を守るための法体系が整備されるべきであると考える。従来の「電気事業法」は"電気の供給を確保するための規制"と"一般の安全確保，「原子力安全」以外の安全確保のための規制"が中心であり，「原子力安全」の確保のために「原子炉等規制法」を位置付け，明確に"原子力安全確保のための規制"と"核物質の取扱の規制"を「電気事業法」から分離しなければならない。新たな法体系はそれを実現している。「原子力安全」の確保は上流で規定された「指針」，考え方を引用しそれを判断基準として，省令での機能要求，性能水準要求を定めることで，「原子力安全」の確保が達成される体系とすることが妥当である。

この体系を受けて，安全確保のための具体的な「指針」についても，同様に機能要求，性能水準要求と具体的仕様基準である学協会規格に展開される。このように定義することで，すべての規制基準，学協会規格の体系を「原子力安全」の確保につながる体系として明確に位置付けることができる。

図7.2の安全規制の体系でレベルの関係を見てみる。レベル1,2は安全の領域を定義しているだけであるが，レベル3で不確実さまで考慮した安全の最低限の保証レベルが定義される。この安全確保レベルはコンセンサスで形成され，十分に議論されたもので合意として位置づけられる。このレベルに対して，たとえばシステムとして総合的に十分に満足しているか否か検証されるのが実証試験，確証試験などであり，システムとして性能水準を満足しているか個々に検証できなくとも実証できるのは，このような考えによるものである。さらに，学協会規格は安全確保のために設備保全の基準で規定すれば安全が十分に担保されると判断し，余裕のある基準を設定することが多く，安全限界に対して結果的に余裕が大きくなる。したがって，ものづくりではこの基準をさらに満足するべく製作，製造などでのバラツキを考慮して余裕をもった設計をする。ものづくりでも安全限界から見れば大きな余裕の基準をもっていることになる。

このように「原子力安全」の確保という観点では，適切な体系を構築することが重要であり，これは明確に策定され得るものである。

(5)　責任ある規制の進め方

原子力安全は社会との関係なくしては意味をもたない。原子力安全にこれでよいという到達点はないからであろう。どの水準までの安全が用意されれば受容すると決めるのかを，社会と合意しなければならないと考える。ここに，原子力安全の目的と基本安全原則の意義がある。従来シビアアクシデント規制は事業者の自主努力とされ，深層防護のシビアアクシデントマネジメントと緊急時の対応・措置が欠落していた。福島第一事故の後，この点に関する問題点が強く指摘されている。

この事態を招いた原因はどこにあったか。第一に，安全の責任を果たすために必要な制度，組織，体制，それらの相互関係の理解が未成熟であった，第二に，原子力利用の重大性の認識と利用

に伴うリスクの正しい理解と覚悟に欠けていた，第三に，安全確保において深層防護思想をその根幹とするが，何を防護するのかに関する対象を明確に意識していなかったことがあげられる。

このような教訓に基づき，わが国は世界最高の安全性を有する原子力発電の実現に向けて，官民協力して努力を傾注する必要がある。そのため，原子力発電設備の安全性の高度化を実現する安全基準の存在が強く望まれる。

責任に対して誰がどのような認識をもっていたのだろうか。役割としての責任を含めて「責任」を考えることも必要である。原子力発電はエネルギーセキュリティーの一環，国策として推進してきたのであって，安全確保は事業者の責任だけではない。現場には安全確保の責任はある。事業者は規則を守ることはもちろん，安全確保のための最大限の努力を払わなければならないのはいうまでもない。しかし一方，技術的には国の規制基準に従い，設計し，運用の手順を定め，安全審査を受け，さらに原子力発電所の安全確保のための仕組み，規則に従って施工し，運用してきたのであり，規制側の責任も考える必要がある。

事故に至ったことの責任は単純に一事業者の問題ではない。国をはじめとして，地方自治体，学術界，事業者（電力），メーカなどすべてのステークホルダーにおいて，原子力発電にかかわりをもつ人々が，災害が起きたときの原子力安全をいかに確保するかの責任を自覚することが第一であり，大切なことであると考える。さらに加えて，マスメディアや国民がどのようにかかわってきたのか考えてみることも必要であろう。

その反省に立って，規制と事業者，メーカ，学術界，および一般社会との対話が重要である。その上で，原子力発電への取組み方を定める規制基準やさまざまな規則を見直して，適切に運用する体制や仕組みをつくることが必要である。そこには，実務者である事業者，メーカとの交流，役割の分担が実質的な原子力安全確保にきわめて重要であることを強調する。

加えて，日本原子力学会が策定した「原子力安全の目的と基本原則」のように，わが国の学術の粋を集めた学会を活用することも必須であることを申し添えたい。

7.2 産業界の体制

7.2.1 事業者の役割

IAEA の安全基準「基本安全原則」（Safety Fundamentals Principles：SF-1）に示されている 10 項目の安全原則の第 1 項 "安全責任" には「施設の放射線安全を守る主要な責任は施設に責任のある人と組織にある」（The prime responsibility for safety must rest with the person or organization responsible for facilities and activities that give rise to radiation risks.）と書かれていることを確認するまでもなく，原子力安全に関する事業者の役割は最も重要である。

7.2.2 事業者の原子力事故への対応

(1) 海外の事故

TMI 事故後の昭和 54 年（1979 年）12 月，米国の電力事業者は二度と類似の事故を起こさぬよ

う「最高レベルの安全性と信頼性」を達成することを目指し，米国原子力発電運転協会（INPO）を設立した。その活動によって米国の原子力発電は90年代後半から00年代にかけ飛躍的に品質が向上し，稼働率が大幅に向上した。これによって，停滞していた原子力産業に明るい展望が開かれ，原子力発電への世論の支持も大幅に増加した。産業界の自主的な安全性改善活動が顕著な成果をもたらした好事例である。

チェルノブイリ事故では原子力事故の影響は国境を越えて広がるため，安全に関する知見の共有化は一国の中で止めるのではなく，世界中の電力事業者が共有化することの必要性が強く認識され，平成元年（1989年）5月，世界原子力発電事業者協会（WANO）が設立されて世界35ヵ国から130社以上の電力事業者が参加することとなった。

これらの海外の動きを受け，わが国も産業界が自主的に安全性向上に取り組むことの重要性を認識し，平成17年（2005年）3月15日に原子力産業界110社が会員として参加した原子力技術協会（以下「JANTI」）が設立され，① 技術情報の集約，体系化と効果的な活用，② 牽引・牽制機能の十分な発揮，③ 人材・組織風土づくり支援，④ 会員からの要請に基づく支援，⑤ 関連機関などとの連携の5項目を目標として掲げて，原子力発電所をはじめとする原子力施設の安全性向上に取り組んでいた。JANTIの主な活動は会員各社のピアレビューと技術情報の共有化であった。

(2) 米国における原子力発電運転協会（INPO）の設立

米国では，昭和54年（1979年）3月28日にスリーマイル島（TMI）原子力発電所で過酷事故が起きた。事故を調査した大統領直属委員会（ケメニー委員会）の総括報告書には，「プラント運転員，主要組織の経営者，原子力発電所の安全性当局，いずれにも問題があった。証言では何度も『思い込み』という同じ言葉を聞かされた」と記され，報告書では「産業界はマネジメント，品質保証，運転手順書および運用に関する適切な安全基準を策定・評価する独立の仕組みを持つべきである」と指摘した。これを受けて米国産業界は昭和54年（1979年）に自己規制組織としてINPOを設立した。

INPOは"原子力安全に関する世界標準を設定し，自ら卓越することを追求するとともに，他者にも期待する"ことをビジョンとし，「商用原子力発電プラントの運転において，最高水準の安全性と信頼性を高める」というミッションを掲げて活動を開始した。初期の課題は"信頼を獲得し，優秀，有能なスタッフをそろえ，公式のプログラムとプロセスの下，正しい行動をとり卓越した文化を築くこと"であったが，当初はなかなか所期の課題を達成することは困難であった。現在では，原子力発電所の稼働率を大幅に改善する成果が得られているが，INPOが強力な牽引力を果たすに至るには10年以上の年月を要した。成功の鍵は，INPOが卓越さに重点をおいて電力会社を牽引し，十分な説明責任を果たし，独立性を確保する仕組みを構築してその仕組みを機能させたことにある。また，電力会社トップが率先して取り組んだからだといわれている。

現在，INPOは米国国内に留まらず世界各国の事業者，原子力関係機関に対して大きな影響力をもつ組織となり，INPOの国際プログラムには20ヵ国以上が参加し，世界で稼動する原子力発電所の75％以上に対し影響力を有している。一つの原子力発電所の事故が世界中の原子力発電に影響を与えるという，原子力特有の業界構造の中で強いリーダーシップを発揮し，原子力安全向上活

7.2.3 福島第一事故からの反省と教訓

まず東京電力が公表した報告書を基に，福島第一事故が過酷事故に至った要因の中の組織要因を抽出し，次に，参考文献を参照して産業界の組織的課題を抽出，原子力産業界がこれらの課題にどう取り組んでいるかを分析し，今後の課題を抽出する。

(1) 東京電力自らが分析した福島第一事故に至った事業者としての組織要因の抽出

東京電力は平成24年（2012年）9月に「原子力改革特別タスクフォース」を設置し，「原子力改革監視委員会」の監督の下，技術面での原因分析に加えて事故の背景となった組織的要因を分析し，「福島原子力事故の総括および原子力安全改革プラン」を取りまとめた（平成25年（2013年）3月29日公表）。

以下に，同報告書に記載された過酷事故対策の不備，津波対策の不備，事故対応の準備不足，事故時の広報対応などについて安全意識，技術力，対話力の視点でまとめられた反省を要約する。

① **過酷事故対策の不備要因** 東京電力は通商産業省（当時）のアクシデントマネジメント整備要請に基づいて平成6年（1994年）から平成14年（2002年）にかけて，格納容器ベントシステムや非常用ディーゼル発電機の号機間融通などの対策（以下「AM策」）を整備したが，現状の対策で十分安全性は確保されているという認識および定期安全レビュー（PSR）において炉心損傷リスクを評価した結果，海外と比べて遜色ないとの判断から，新たなAM策を取り入れることよりも，日々の安全確保の活動を積み上げることに注力していた。そこには一部の専門家が内的事象に比べ外的事象の影響が大きいことを予想しつつも，具体的な対策が講じられていなかったという事実があり，なぜそこに踏み込めなかったのかという反省点がある。

一方，海外では外的事象（平成11年（1999年）フランス・ルブレイエ原子力発電所の洪水）やテロ（平成13年（2001年）米国9.11テロ）を踏まえたAM策の充実強化が着実に進められていた。発電所の運転経験に学んで，起因事象がいかなるものであれ，長期間の全電源喪失や最終ヒートシンク喪失という事象に対するAM策がなされていれば，今回の事故を迅速か確に緩和できた可能性があった。なぜ海外の対応事例を取り込めなかったのかが大きな反省点である。

過酷事故の対策検討が海外に比べて遅れた根本原因を分析し，問題点を ① 安全意識，② 技術力，③ 対話力の三つの面から整理すると以下のとおりである。

- 安全意識：継続的に安全性を高めることが重要な経営課題であるとの共通認識がなく，現状の安全対策で十分との過信があった[11]。
- 技術力：外的事象によって過酷事故に至るリスクを無視できないものとの認識が共有化されず，海外情報の活用などを通じて有益な対策を見つけ出す技術力が不足していた。
- 対話力：過酷事故対策そのものを認めることで，現状の安全性を説明することが困難になると考えてしまう対話力不足があった。

② **津波対策の不備要因** 東京電力には大きな自然災害リスクに対し慎重に対処する謙虚さが不足し，法令や規格・基準を満たしていれば十分との考えに陥り，自ら慎重に津波リスクを検討す

る力が不足していた．また一般に，予防原則に沿って安全を担保するため，新知見を取り入れ保守的に設計することに消極的であった．これらを踏まえ，津波対策が不十分であったことに対する根本原因を分析し，問題点を ① 安全意識，② 技術力，③ 対話力の三つの面から整理すると以下の通りである．

・安全意識：自然現象の記録には不確実さが大きいことを認識したうえで，積極的に対策を講じる姿勢が不足し，発生の可能性のいかんにかかわらず深層防護の第3層，第4層の対策を講じなければならないとの認識が不足していた．

・技術力：自ら追加調査し判断する姿勢が不足し，費用対効果が大きく短期間で実施可能な対策を立案する柔軟な技術力に欠けていた．

・対話力：津波対策の必要性について，規制当局や立地地域とコミュニケーションを図る対話力が不足していた．

③　**事故対応の準備不足要因**　過酷事故や複数号機の同時被災に対する備えが不十分だったことに対する根本原因分析の結果，問題点を ① 安全意識，② 技術力，③ 対話力の三つの面から整理すると以下の通りである．

・安全意識：過酷事故は起こらないとの思い込みから訓練計画が不十分で形式的であり，必要な資機材の備えが不足していた．

・技術力：緊急時に必要な作業の抽出は行われていたが，実施要領の準備がなされていなかったため迅速な対応ができなかった．全停電によりプラント状態の情報が得られない状況での対応の準備がなかったため，プラント状態を推定できなかった．緊急時の情報共有の仕組みと訓練が不十分だったため，関係者間で円滑な情報共有ができなかった．外部からの問い合わせや指示の情報整理ができず，現場の指揮命令系統が混乱した．

・対話力：事故の進展状況を迅速的確に関係機関や地元自治体に連絡する対話力が不足していた．

④　**組織内の問題**　東京電力では，事故の根本原因分析から，事故の背後要因として「安全意識」「技術力」「対話力」の不足という視点からの問題抽出を行い，これらの課題を助長した構造的な問題として「負の連鎖」が原子力部門に定着していたと結論付けている．また，事故が原子力部門の負の連鎖の問題のみによって引き起こされたわけではなく，原子力発電という特別なリスクを扱う企業として，経営層全体のリスク管理に甘さがあったとの認識も示している．

(2) 電力事業者全体としての対応

①　**原子力発電のトラブル経験の歴史**　わが国の原子力発電はこれまで昭和45年（1970年）に営業運転を開始した敦賀原子力発電所1号機以来，40年以上にわたり運転経験を積み重ねてきた．平成4年（1992年）に導入された国際原子力事象評価尺度（INES）の高い順に過去の事例をあげると，JCO臨界事故（レベル4, 平成11年（1999年）），旧動燃アスファルト固化施設火災爆発事故（レベル3, 平成9年（1997年）），関電美浜2号機の蒸気発生器伝熱管破断事故（レベル2, 平成3年（1991年））などがある．

これらは，海外で起きた大きな事故，チェルノブイリ原子力発電所事故（レベル7, 昭和61年

(1986年)),ウィンズケール原子炉事故（レベル 5, 昭和 32 年（1957 年)),スリーマイル島原子力発電所事故（レベル 5, 昭和 54 年（1979 年））とは異なり，局所的な影響に限定される事故であった。わが国では原子力発電施設の大きな事故は，美浜 2 号機の蒸気発生器伝熱管破断事故だけで，レベル 1, レベル 0 あるいは INES の対象外とされた原子力発電施設の事故は，信頼性確保の品質上の問題と捉えられ，複数号機の同時被災など設計基準事故（DBA）の定義を見直す契機とはならず，原子力発電事業者は細かなルーティーンを厳守することに埋没していた。

チェルノブイリ事故を契機に，過酷事故や確率論的安全評価の研究は加速された。また，この事故を契機に世界の原子力発電所の運転上の安全性と信頼性を最高レベルに高めるために協同でピアレビューやベンチマーキングを行い，さらに相互支援，情報交換やベストプラクティスを学習することでパフォーマンスの向上を図る前出の WANO が平成元年（1989 年）に発足した。わが国の原子力発電事業者もこれに加盟し，ピアレビュー，運転経験，技術支援と技術交換，専門技術開発の各プログラムに参加して活動を行ってきた。

国との関連において分析すると，以下に示すように国全体としての取組み不足が浮き上がる。

平成 4 年（1992 年）に通産省（当事）が規制的措置ではなく，原子力発電事業者の自主的措置と位置付けて AM 策を整備するよう事業者に要請した。自主的措置とした理由として，① 厳格な安全規制によりわが国の原子力発電所の安全性は確保され，過酷事故発生の可能性は工学的に考えられない程度に小さいこと，② これまでの対策によって事故が発生する可能性は十分低くなっており，AM 策はそのリスクをさらに低減するためのものであること，③ AM 策は原子力発電事業者の技術的知見に依拠する「知識ベース」の措置で，状況に応じて原子力発電事業者がその知見を駆使して臨機にかつ柔軟に行うことが望ましいことをあげている[3]。これは海外の事故を対岸の火事として見ていたということであり，わが国では過酷事故は起きないという「思い込み」が原子力関係者の意識の中に存在していた一つの証である。

このことは，柏崎刈羽原子力発電所の中越沖地震による被災が，自然災害との複合災害のリスクの可能性を示唆し，わが国でも設計基準事故を超えて過酷事故が起きる可能性を示唆していた。安全を最優先する姿勢があれば，中越沖地震の教訓は，発生確率が低くても，ひとたび起きてしまうと大きな事故につながる可能性のある自然災害への備えを強化したはずであるが，中越沖地震の教訓は耐震設計の強化にしか反映されず，津波対策の強化が行われることはなかった。

② **福島第一事故における電力事業者全体の反省と対応**　電力各社は事故発生後直ちに電気事業連合会福島支援本部を設置して，東京電力への支援を効率的に実施する体制を整えた。そして各社とも福島県に応援要員を派遣し，環境モニタリング，除染指導にあたるとともに，放射線測定器やその他の資機材を提供した。他電力会社からの派遣要員だけでも事故後 10 ヵ月間で延べ約 6 万人に達した。

福島第一事故の直接原因は，津波による全電源喪失，最終ヒートシンク喪失，重要な設備の被水にあった。このため，全国の原子力発電所では福島第一事故の後，これらの直接原因を排除するための対策として，"多重性" と "多様性" の強化を実施している。非常用電源のバックアップ対策のための移動電源車の配備，海水ポンプが被水した場合に備えた可搬型ポンプとホースの配備，防

潮堤を越えて施設が被水する場合に備えて，建屋の浸水防止対策の強化などの緊急安全対策である。またさらに非常用発電機の多様化対策として，冷却水を必要としない空冷式非常用発電装置の配備，被水してもすぐに復旧できるための海水ポンプモータの予備品配備，防潮堤のかさ上げ，免震重要棟の設置をはじめとする外部電源対策，所内電気設備対策，冷却・注水設備対策などが行われている。

さらに，原子力産業界では，事故前に JANTI が実施してきた自主的な安全性向上活動が不十分だったとの反省が行われた。それは，大地震，大津波のような発生確率がきわめて小さくても大きな影響を与えうる自然現象などに対して，想定を超えた事態に対処する観点からの取組みが不十分だったこと，諸外国の安全性向上活動を調査，検討したうえで反映する取組みが不足していたこと，これまでの安定した運転実績や不祥事の経験などからルール遵守を徹底する一方でこれに満足せず，さらに安全性を強化する活動を追求できていなかったことなどである。電力事業者の安全性向上活動を支援するために設立した JANTI を十分に活用してこなかったことがあげられ，組織活用の仕組みに課題が浮び上がった。これらの反省に立ち，原子力産業界は米国の INPO を組織設計のモデルとして平成 24 年（2012 年）11 月に JANTI を発展的に解消し，新たに原子力安全推進協会（以下「JANSI」）を設立した。

さらに，万が一事故が発生した場合においても，多様かつ高度な災害対応を可能とするため平成27 年度（2015 年度）中に「原子力緊急事態支援組織」を設置することとした。それに先立って，平成 25 年（2013 年）1 月に日本原子力発電(株)を実施主体とする「原子力緊急事態支援センター」が設置された。発災事業者からの出動要請を受け，高線量下での現場状況の偵察，空間線量率の測定，がれきの撤去などを行い，作業員の被ばくを可能な限り低減するロボットなどの資機材を発災事業者または発災事業者近傍へ輸送し，緊急対応活動を支援することとしたものである。

7.2.4 原子力産業界の今後の課題

(1) 今後の課題

経緯と分析から，電力事業者を含め，原子力産業界が取り組まなければならない課題は以下の通りである。

① 原子力発電所の安全問題はひとたび事故を起こすと当該発電所だけの問題に止まらず，全世界に影響を与えるという教訓を事故の当事者である東京電力のみならず原子力産業界全体の問題として受け止めること。

② この事故の教訓を原子力産業界全体で改めて認識し，安全意識，技術力，対話力という視点から抽出した組織的課題を原子力産業界の共通の課題として取り組むこと。

③ "過去に起きた事故の再発防止対策を実施しているから事故は起こらない"とする思い込みを戒め，常に事故要因を模索し，継続的に安全性を高める姿勢を堅持する安全文化を組織のトップから末端まで浸透させること。

④ 原子力の平和利用においても，稀ではあっても一旦過酷事故が起きてしまえば，社会的経済的にきわめて大きな影響をもたらすという特有のリスクが内在しているという認識をもち続け，原

子力産業界全体が安全性を高める取組みを一過性のものに終わらせることなく継続させること．

(2) 解決への取組み―JANSIの設立と原子力産業界の役割

福島第一事故を受けての東京電力の反省を踏まえ，わが国の原子力産業界は二度と過酷事政を起こさないという強い決意のもと，この自主的安全性向上活動を一段と強化するため，JANSIを設立した．

国内の原子力産業界は横断的ネットワークを確保したうえで，諸外国の関係機関と密接に連携できるものとしなければならない．これにより，① これまで個別に取り組んできた諸外国からの情報や安全性向上対策の収集を一元的に実施すること，② 国内外の最新知見を集約すること，③ タイムリーに電力会社および産業界各社に提言・勧告すること，④ 過酷事故対策を中心とした安全性向上活動を支援すること，により原子力安全の確保を着実に実現することが期待される．この実現はJANSIの責任として，取組みを公表し，社会に結果を問うていかなければならない．

各電力会社の社長はこれまでのJANTIが目的を果たせなかったことを反省し，強いコミットメントを発信した．それは「JANSIの評価や提言・勧告を真摯に受け止め，各社社長の強い決意と覚悟のもとで安全性を高めるための取組みを確実に行う」旨を公表し，電力会社トップが積極的に安全性向上活動に係る姿勢を明確にしたが，これを表面的な一過性のものとしてはならない．

原子力産業界は，原子力発電事業者の意向に左右されない技術的独立性を確保するとともに，各電力事業者トップのコミットメントを活かし，原子力安全の確保のための方策を確実に実行させるように国民に見える形として，実現を約束していかなければならない．

参考文献（7.2）

1) 東京電力福島原子力発電所事故調査委員会，「国会事故調 報告書」(2012年7月5日)．
2) 東京電力福島原子力発電所における事故調査・検証委員会，「政府事故調 最終報告書」(2012年7月23日)．
3) 日本再建イニシアティブ：福島原発事故独立調査委員会，「調査・検証報告書」(2012年2月27日)．
4) 東京電力(株)，「福島原子力事故調査報告書」(2012年6月20日)．
5) INPO, INPO 11-005 Revision 1, "Special Report on the Nuclear Accident at the Fukushima Daiichi Nuclear Power Station" (December 2012).
6) INPO, INPO 11-005 Addendum, "Lessons Learned from the Nuclear Accident at the Fukushima Daiichi Nuclear Power Station" (August 2012).
7) ASME, "Forging a New Nuclear Safety Construct" (June 2012).
8) Carnegie Endowment for International Peace: J. M. Action, M. Hibbs, "Why Fukushima was Preventable" (March 2012).
9) ANS: "FUKUSHIMA DAIICHI: ANS Committee Report" (March 2012 (Revised June 2012)).
10) 技術同好会，「原子力発電所が二度と過酷事故を起こさないために―国，原子力界は何をなすべきか」(2013年4月22日)．
11) 東京電力(株)，「福島原子力事故の総括および原子力安全改革プラン」(2013年3月29日)．
12) 電気事業連合会：八木 誠，「日本の原子力発電をめぐる現状」(2013年9月19日)．
http://www.jaif.or.jp/ja/annual/45th/45-s2_makoto-yagi_j.pdf

7.3 研究開発・安全研究体制

　福島第一原子力発電所の過酷事故の原因として，津波対策および過酷事故対策が不十分であったことがあげられる。津波および過酷事故のどちらもこれまでわが国で研究されてきているが，研究の成果は対策に反映されていたか，反映されていなかったとしたらどのような問題点があるのか，さらにその問題点を克服するにはどうすべきかをここでは考察する。

(1) 研究の成果は対策に反映されていたか

　津波の研究では，津波波源に関しては869年の貞観地震および福島県沖での海溝沿いで発生する津波地震について研究が進展しつつある状況であった[1]。特に貞観地震については文献の記録はわずかであったが，津波堆積物の調査によって浸水域が明らかになりつつあった。また，沿岸での津波波高評価に関しては，二次元浅水方程式を解くことにより津波波源からの津波の伝播を計算して沿岸での津波波高を得る技術がほぼ確立していた[2,3]。東京電力は貞観地震および福島県沖海溝地震を波源とする津波伝播計算を実施し，平成23年（2011年）3月11日の津波波高に相当する計算結果を事前に得ていた。しかしながら，こうした計算結果に基づいて東京電力は具体的に津波対策を自主的に実施するには至らなかった。さらには，規制当局や研究者も東京電力に対して津波対策をとらせるような積極的な働きかけをしなかった。

　過酷事故の研究の歴史は長く，旧日本原子力研究所，旧原子力発電技術機構，および大学などにおいて活発に研究されてきた。たとえば，その成果は文献4)にまとめられている。文献4)の「1. はじめに」においては，米国のWASH-1400（いわゆるラスムッセン報告），TMI-2事故，および旧ソ連のチェルノブイリ事故をあげ，世界的に過酷事故対策が活発に進められていること，およびわが国では原子力安全委員会と通商産業省の主導によりアクシデントマネジメントの整備を各電気事業者に要求することを述べた後，シビアアクシデントや受動機能を取り入れた原子炉に関する熱流動の課題の現状をほぼ網羅することができた，と本報告書を評価している。

　福島第一の過酷事故の進展は，従来の研究を踏まえて事後的には説明することができる。すなわち，電源喪失により給水が失われ，圧力容器内の冷却水が次第に減少することで炉心が露出し溶融した。その後，溶融物は圧力容器底部に落下，さらには圧力容器底部の破損により溶融物は格納容器の床に達し，溶融炉心-コンクリート反応が生じた。一方，早期の放射性物質の大量放出を引き起こす恐れのある大規模な蒸気爆発あるいは格納容器直接加熱は生じなかった。ただし，格納容器から漏えいした水素により発生した原子炉建屋における大規模な水素爆発は従来の研究では見逃されていた。

　過酷事故対策に関しては，津波による直流および交流の全電源喪失は想定されていなかったため，事前に準備していた対策はほとんど有効ではなく，現場における臨機の対処に頼らなければならなかった。たとえば，主蒸気逃がし安全弁（SR弁）の開操作のために自動車のバッテリをはずしてつなぎこむ，消火系につながる送水口からの消防車による代替注水，水源として海水を用いたことなどである。また，世界的には電源を必要としない注水系や除熱系を備えた新型原子炉が開発

され，建設される傾向があるのに対して，そうした現状については文献 4) にまとめられているにもかかわらず，わが国ではこれまでのところ建設される動きはなかった。

確率論的リスク評価は過酷事故対策を考えるうえで有用である。確率論的リスク評価については，内的事象に対する手法が整備され標準化されている一方で，外的事象に対しては地震について標準[5]が発刊されていたが，津波についての標準[6]は東北地方太平洋沖地震の後に発刊されており，その他の外的事象についても手法の整備が遅れていた。しかしながら，わが国においては炉心損傷のリスクは内的事象よりも外的事象の方が高いという認識があり[1]，米国においてはすでに外的事象を含めた確率論的リスク評価に基づいて過酷事故対策がとられているにもかかわらず，わが国では外的事象に対するアクシデントマネジメント策は実行されなかった[7]。

(2) 問題点と課題

津波対策では，貞観地震や福島県沖海溝沿い地震についての知見は得られていたが，具体的な対策には至らなかった。その理由は次のように述べることができよう。① 福島第一原子力発電所に高い津波をもたらすような地震についてはまだ研究途上であった。② 事業者が独自の判断で最新の研究成果に基づいて対策を講じることはしなかった。③ 規制当局は最新の研究成果に基づいて事業者に対して対策を講じるような要求をしなかった。

福島県沖海溝沿い地震については，平成 23 年（2011 年）3 月 11 日時点において過去に記録がないことから，これが起こらないと考える研究者と，津波地震のメカニズムから起こりうると考える研究者がいて，研究者集団としては見解が分かれていた。一方，貞観地震については仙台平野の津波堆積物の調査結果から，おおよそその全貌が明らかになっていたと考えられる。研究者の見解が分かれていてどちらが正しいかは分からない状況であったとしても，原子力発電所の安全の観点からは津波対策に反映すべきであった。一般的な教訓として記せば，研究途上の成果であっても原子力発電所の安全の観点から重要であれば，事業者や規制当局は安全対策に反映させるべきである。

津波の確率論的リスク評価では，平成 23 年（2011 年）3 月 11 日以前に試解析が実施されており，想定津波波高を超える津波に襲われた場合に，きわめて深刻な事態になるとの結果が得られていた。また，この結果は確率論的リスク評価の専門家であれば容易に推定できる。したがって，津波研究の知見が学界で評価の分かれる状況であったとしても，確率論的リスク評価と合わせて考えれば津波対策をとるべきであった。

安全対策は第一に事業者の責任であり，第二にそれを監督する規制当局の責任である。しかしながら，原子力の安全にかかわる研究者であって，津波の最新知見とリスク評価の結果を合わせて知っていれば，津波対策の必要性が認識できるはずである。そうならなかったのは，研究の専門分化の弊害である。また，事業者や研究組織のマネジメント層であれば，その下の分化された専門家を束ねる立場にあるので，津波対策の必要性を認識できるはずである。専門分化の弊害については，それぞれの分野の専門家の積極的な交流，およびマネジメント層の原子力安全を総合的に考える姿勢によって改善できるのではないだろうか。

過酷事故では研究が遅れていたのではなく，研究の成果を実際の過酷事故対策に反映することが遅れていた。これにはまず第一に，わが国では過酷事故は起きないという理由のない慢心が研究者

の間にも存在していたことがあげられる。米国でのスリーマイル島原子力発電所事故および旧ソ連でのチェルノブイリ原子力発電所事故のような過酷事故が，わが国でも起こりうるということが現実感をもって受け入れられなかった。たとえば，電源を用いることなく作動する静的安全系を備えた新型原子炉の開発がヨーロッパ，米国，さらには中国や韓国においても進められているにもかかわらず，わが国は積極的に取り入れようとしなかった。

　第二に研究組織に縦割りの弊害があった。過酷事故の研究を最も担っていた組織は旧日本原子力研究所（現在の日本原子力研究開発機構）であったが，これを所管する官庁は文部科学省であり，一方商用原子炉を所管する官庁は経済産業省であった。そのため，旧日本原子力研究所の研究成果が商用原子炉の安全性向上には生かされにくい構造であった。反応度事故などでは研究成果が生かされている例もあるが，全般的に安全研究と商用原子炉との直接的な関係はあまり密ではなかった。これは組織の縦割りの弊害が現れたものである。

　第三に安全規制の枠組みの中で，安全研究の最新の成果を商用原子炉に取り入れる仕組みが弱かった。安全規制は原子力安全委員会および原子力安全・保安院が監督していて，新たな安全対策はこれらの規制当局によって認められなければ，商用原子炉には取り入れられない構造になっていた。事業者が自主的に最新の研究成果を安全対策に取り込むことは難しかった。基本的には，規制当局が要求する安全基準を満たすことで安全が確保されると考え，それを越える自主的な安全向上の取り組みが弱かった。

　福島第一の過酷事故の際の現場対処では，臨機の対処として実施された消防車注水や海水注入は，過酷事故対策としてはマニュアル化はされておらず訓練もされていなかった。こうした現場における臨機の対処は，事故が発生してから思いついたのではなく，現場の関係者が取りうる過酷事故対策として想像は可能なものであった。しかし，その想像を文書化したり，実際に訓練を行って問題点を検討するということは行われなかった。たとえば，消防車注水では送水口を探し出すのに時間を要したり，消防車の燃料が途中で切れて送水が中断した，そもそも消防車の数が不足していたなどの問題が発生した。また，海水注入では，海面から海水を送水口に送るためには1台の消防車では揚程が不足していて，2台をつなげる必要があった。こうしたことは，具体的な計画を立て，その計画に沿って実際に訓練をしていれば事前に認識できるはずである。

　最新の安全研究の成果が商用原子炉の安全向上に直接結びつくようにするためには，仕組みが必要である。安全が最も重要であるとの認識のもとに，事業者が自主的に安全を向上させるような仕組みをつくらなければならない。学会における技術標準の作成，事業者自身による事故情報の交換，ピアレビューなどが具体的なしくみであろう。過酷事故対策を規制当局による規制要件とすることで過酷事故対策が強化されることは確かであるが，それとともに事業者がつねに自ら最新の研究成果を取り入れて安全向上に取り組むような仕組みを整えることが必要である。

　福島第一の過酷事故をもたらした大きな背後要因は，過酷事故は起こりえないという予断が，地元への説明性，訴訟対策，安全規制の一貫性といった理由で正当化されてきたことである。一方，研究者は過酷事故が起こりうることは研究の前提であって，その前提のもとに過酷事故を研究してきたはずである。福島第一の過酷事故を教訓として原子力発電所の安全性を高めるためには，さま

ざまな外的事象の総合的リスク評価や過酷事故対策の強化と，これに継続的に取り組む仕組みが重要である．そして，これを現実の社会の中で機能させていくためには，安全に対する科学的および合理的な考え方を最優先し，政治的あるいは社会的な理由によってその考え方を曲げることがあってはならない．原子力安全の研究者の責任は重大であり，これを自覚することが必要である．

参考文献（7.3）

1) 東京電力福島原子力発電所における事故調査・検証委員会，「政府事故調　中間報告」（2011年12月26日）．
2) 土木学会津波評価部会，「原子力発電所の津波評価技術」（2002）．
3) 日本電気協会，「原子力発電所耐震設計技術指針」JEAG4601-2008．
4) 日本原子力学会格納容器内熱流動挙動調査研究特別専門委員会，「シビアアクシデントと新型軽水炉の熱流動挙動研究の現状」（1994）．
5) 日本原子力学会，「原子力発電所の地震を起因とした確率論的安全評価実施基準：2007」AESJ-SC-P006：2007．
6) 日本原子力学会，「原子力発電所に対する津波を起因とした確率論的リスク評価に関する実施基準：2011」AESJ-SC-RK004：2011．
7) 東京電力福島原子力発電所における事故調査・検証委員会，「政府事故調　最終報告」（2012年2月27日）．

7.4　国際的な体制

原子力の利用はその当初から国際的な枠組みの中で開始され，条約による義務的な活動から共同研究，情報交換など多国間，二国間でのさまざまな国際協力が活発に行われてきた．わが国も，このような国際的な枠組みに積極的に参加し，原子力に対する高い技術と豊富な経験をもつ国として扱われてきた．このようななか，この国際的な枠組みが今回の事故の防止において機能しなかったのはなぜか，なぜ日本で起きたのか，を考察する．

(1)　国際的な原子力安全に関する枠組み

原子力技術は当初，核爆弾という軍事利用が先行することとなった．しかし，昭和28年（1953年）に米国のアイゼンハワー大統領が行った国連演説によって，この巨大な原子核反応によるエネルギーを平和目的に活用することが可能となった．しかし，同時に核兵器の拡散を防止するため国際原子力機関（IAEA）が設立され，核不拡散条約（NPT）と保障措置（査察）を柱とする体制がつくられた．IAEAは核不拡散と同時に原子力の平和利用を推進する機関として，加盟各国の放射線利用とエネルギー利用を支援する活動を行っている．安全面については，原子力の利用が原子力発電に進むなかスリーマイル島原子力発電所事故やチェルノブイリ原子力発電所事故を経て，原子力安全条約，原子力事故早期通報条約，原子力事故等援助条約など，事故の防止と事故時の国際協力の枠組みもつくられてきた．

特に原子力安全に関する国際的な活動として重要なものは，IAEAにおける原子力安全基準の策定と相互レビューである．原子力安全基準は安全確保に必要な基準を体系的，網羅的に整備するものであり，特に深層防護などその基本となる考え方を含め，国際的な知見を集めて策定・改定の作業が続けられている．相互レビューは各国の専門家を中心としたレビューチームが対象国を訪問し，特定分野の安全対策について，国際安全基準や専門家の知見に基づき，評価し改善点などを見

出す活動である。IAEA においては原子力セキュリティ関係についても，基準の整備やレビュー活動を強化してきており，欧米も含めその活用が図られている。

近年各国，特に新規に原子力発電を開始しようとする国々において，IAEA の安全基準が活用されている。また，これまで欧州や米国などの原子力先進国においては，自国の安全基準を重視し IAEA の基準を軽んずる傾向があったが，最近いずれもがそのような方針を転換しており，国内基準との整合化を図っている。特に欧州においては，IAEA の安全基準と同時並行的に EU 指令の策定・改定作業を行い，ほぼ同時に整合のとれた基準が確定するように努めている。

また，安全を基盤からつくり上げるうえで欠かせないのが安全研究である。各国の知見を持ち寄るとともに，研究施設を共同で利用して研究コストを抑えることができるため，国際協力において安全研究面の協力が積極的に進められてきた。その核となっているのが経済協力開発機構原子力機関（OECD/NEA）であるが，その発足当初から国際共同研究プロジェクトの枠組みをつくり上げ，現在も多くの共同研究を進めている。わが国もホスト国としてプロジェクトのリード役も務めるなど，積極的に参加をしてきている。

なお，規制機関は原子力利用の経験や規模が似た国の規制機関のトップが定期的に集まり，共通の課題について意見交換を行う場をもっている。わが国は米・仏などとともに国際原子力規制者会議（INRA）に参加している。また，新規の原子力発電施設の設置計画を持った国の規制機関が集まって多国間設計評価プログラム（MDEP）をつくり，新型炉の安全審査に関する共通課題を検討している。

放射線安全分野については，原子放射線の影響に関する国連科学委員会（UNSCEAR）が放射線影響に関する新たな知見を科学的に評価しており，その結果が国際放射線防護委員会（ICRP）の検討の基礎資料として使われている。ICRP は個人の資格で参加する専門家によって構成された任意団体であるが，その高い専門性とこれまでの実績によって，国際的に大きな影響力をもっており，実質的に国際的な放射線防護の基準をつくってきているといっても過言ではない。ICRP の勧告は，IAEA をはじめとする関連の国際機関によって審議され，共同で定める放射線防護のための安全基準に反映されており，それが公式な国際基準となっている。

(2) 原子炉の過酷事故と原子力災害への取組

IAEA は 10 年以上にわたる審議を経て，すべての安全基準の上位に位置付けられる「基本安全原則」を平成 18 年（2006 年）に制定（NEA，世界保健機関（WHO），国際労働機関（ILO），国連食糧農業機関（FAO）など 8 国際機関も連名）した。この中にはチェルノブイリ事故の経験を反映した重要な視点が含まれている。安全目的を「人および環境」を防護することとしており，放射能汚染による被害を防ぐとの問題意識が反映されている。また，従来からの放射線防護の原則である ALARA の思想が施設安全についても，原子力施設のライフサイクルにわたり適用されることとなっており，従来から議論されているバックフィットにも関連する基本的考え方が示されている。これは，同じコストで既設炉より安全性を高められる新設炉のような場合には，より高度な安全基準の適用を求めることにつながるものである。

このような考え方に基づき，新型炉に対して過酷事故対応を中心とするより高い安全基準の検討

が欧米で進み，IAEA の安全基準にも反映された。これは，新設炉に対する高い安全性の実現の観点から深層防護の思想を進化させ，「設計拡張状態」の概念の下，過酷事故時に放射性物質の閉じ込め機能を確実なものとするための対策を設計面も含め実効的に適用し，放射性物質の放出を実質的に排除しようとするものであり，平成 23 年（2011 年）9 月の IAEA 総会において，安全要件として制定（SSR-2/1）された。要件には，確率論的方法によってクリフエッジ効果が防止されている保証の提示も含まれている。

　放射線防護においても国際的に重要な検討が進められ，ICRP が平成 19 年（2007 年）に新勧告を，また，その内容も取り込んだ「放射線防護と放射線源の安全性に関する国際基本安全基準」（改定 BSS，GSR Part3（Interim））を平成 23 年（2011 年）に IAEA，FAO，ILO，NEA，全米保健機構（PAHO），WHO などの国際機関が共同で成案を取りまとめた。ここで新たに取り入れられた重要な基準が，事故など予期せぬ状況への対応方法である。現実に直面する状況を計画被ばく状況，緊急被ばく状況，現存被ばく状況に区分したうえで，放射線防護の基本原則に当たる正当化，防護の最適化，線量限度の観点から，それぞれに対応した基準が策定された。

　過酷事故対策に対する設計要件についても，原子力災害時に適用可能な改定 BSS についても，国際的な承認は今回の事故発生後であったが，事故に伴う教訓は盛り込まれていない。それぞれに長期にわたる検討を経た結果として承認されたものであり，欧米諸国においてはすでに安全規制に取り入れている例も見られた。

(3) 進化する世界標準への対応

　わが国は原子力発電について世界第 3 位の設備容量を持ち，放射線防護の基準の元となる広島・長崎の疫学調査情報の提供国として，原子力施設の安全と放射線防護の両面において，国際的に貢献をしてきている。しかし，今回の事故と直接に関連する過酷事故対策に関する国際的審議への係りについては，どうであろうか。

　まず，IAEA の安全基準体系への対応に関しては，欧米が積極的に国内の規制基準との整合化を図ろうとするなど各国の対応が変化している中，わが国は IAEA の基準は国内の基準が未整備，あるいは基準策定リソースが限られる国のためのものであるとの旧来の考え方にとらわれてきた面がある。このため，例外的な取組み（NEA での高経年化の検討など）を除いては，一般に国際基準づくりを主導する提案はもとより国内の基準への取入れについても積極的な取組みは十分に行われず，わが国にとって不利益とならないようにするとのネガティブチェック的な対応が中心となってきた。たとえば「基本安全原則」については，すべての安全基準の上位に位置付けられるものであり，本来，国内の安全規制や安全基準のあり方について，この基本安全原則に基づき検証されるべきであった。「人および環境」を防護するとの安全目的に注目すれば，放射能汚染による被害を防ぐとの問題意識が，わが国の規制に反映された可能性がある。しかし，その性格上具体的な規制内容でないことから対応が遅れ，その取入れの方針が原子力安全委員会によって示されたのは今回の事故の直前であった。

　また国際的には，前述のとおり，同じコストで既設炉より安全性を高められる新設炉のような場合には，より高度な安全基準の適用を求めるべきとの考えから，新設炉に対して安全要件を高めた

基準が検討され，SSR-2/1 として制定された。しかしながら，わが国においては一律規制の立場から新設炉と既設炉の間で規制内容を変えることは規制上排除されてきており，国際的な議論に加わることすら困難な状況が続いてきた。この間，国際的には深層防護の思想を進化させつつ，シビアアクシデント対策に関する審議を続けてきたのである。

放射線防護の基準見直しに関しては，わが国は積極的に ICRP との対話を行ってきていたが，対応が遅れ，緊急時被ばく状況や現存被ばく状況の概念は専門家にも十分に浸透していなかった。このため，福島における避難や帰還の基準に関して，最新の国際的知見が必ずしも適切に活用されなかった。

(4) 国際的なレビュー

安全基準とならび重要な国際スキームである IAEA のレビューサービスについて，わが国は電気事業者による運転管理面のレビュー（運転安全調査団，OSART）を除いては，積極的な受入れは行われなかった。また，他国へのレビュー調査団に対する専門家の派遣も少数にとどまっている。

今回，規制機関に関して多くの課題が明らかとなったが，規制機関に対する総合規制評価サービス（IRRS）については，主要な原子力先進国が受入れを進める中，平成 19 年（2007 年），原力安全・保安院においても IAEA に要請し調査団を受け入れた。このレビュー結果をまとめた報告書において，今回の事故の教訓と重なる事項も何点か指摘されている。まず，保安院の資源エネルギー庁からの独立性については，将来的により明確化を図ることが助言として記されている。適正な人事計画など人材問題は勧告と助言の両方で取り上げられている。シビアアクシデント対策については，保安院が検討を始めていることを踏まえ，その努力を続けるよう助言として記されている。このようなレビュー結果が効果的に活用されなかった結果を踏まえると，第三者的な組織が規制機関の組織改善を進めるなどの仕組みが必要であったと思われる。

より総合的かつ義務的な対応を求められる国際的なレビューとしては，原子力安全条約に基づくものがある。条約締約国に対する安全対策の対応状況に関する審査が 3 年ごとに行われている。今回の事故前には平成 22 年（2010 年）9 月にレビューが行われており，その際，上記の IRRS のレビュー結果への対応も含めて報告が行われている。レビュー会合は非公開であるが，多くの国は自国の報告書を公開しており，その報告書には前回の会合での指摘への対応状況が記載されている。わが国はリスクインフォームド規制の適用拡大など中長期的努力を表明するなどしており，国際的な議論を通して安全対策の水準を徐々に引き上げていく努力を促す意味で，安全条約は有効に機能していると考えられる。一方，規制組織の見直しのように各国ごとに異なる行政制度などと結びついた問題は，取扱いが難しいと思われる。このため，IRRS においても組織の独立性に関する指摘は助言に留まっている。

なお事業者においては，これまで運転管理に対する IAEA の OSART の受け入れに加え，国際的な民間組織である世界原子力発電事業者協会（WANO）による相互レビュー活動を主要構成メンバーとして積極的に進めてきている。結果的に，このようなレビューが今回の事故の防止に結び付かなかったことを踏まえると，制度の改善などが必要と考えられる。

(5) まとめ

　今回の事故を防ぐ契機となりえたと考えられる議論は国際的にさまざまな形でなされ，わが国もそのような場に参加していた。その中から，シビアアクシデント対策やリスクインフォームド規制への対応に見られるように次第と制度の見直しに向けて動き始めていたが，事故は改革の完了まで待ってはくれなかった。国際的な枠組みは安全向上への努力を促すうえでは有効であるが，実現に向けて動くには，各国の強い意思とその枠組みを活用する仕組みが不可欠であることを示している。

　欧米の国々に比べて言語および地理的制約から，わが国の国際社会への貢献には大きな負担を伴うが，今後とも原子力の利用を進めるのであれば，そのような負担を覚悟したうえで，積極的に国際的な活動へ参加し，そこでの議論を国内に反映させる体制づくりが必要である。また今後，新たに原子力利用に乗り出す国が増えることが見込まれる中，それらの国に対して，原子力災害も含めたわが国の経験を積極的に提供し，原子力安全確保に向けた体制づくりに貢献すべきである。この観点で国際的な議論をリードする役割を担う人材の育成が求められる。

　なお，わが国のプラントメーカが今後国際的な事業展開を目指すのであれば，産業界としても国際的な枠組みづくりに参画することが必要である。

7.5　日本原子力学会の役割

　日本原子力学会は原子力の平和利用に関する学術および技術の進歩を図り，会員相互および国内外の関連学術団体などとの連絡協力などを行い，原子力の開発発展に寄与することを目的とした組織である。

　この目的を遂行するために，日本原子力学会は行動指針や倫理規程などを定め，これらに沿ってさまざまな活動を実施してきた。たとえば，行動指針では「原子力技術に関する政策提言に積極的に関与する」ことや「原子力施設の安全性・信頼性の維持・向上のための活動を支援する」ことなどを定めている。また倫理規程においては「安全確保の努力，安全知識・技術の習得，効率優先の戒め，経済性優先への戒め，安全性向上の努力，慎重さの要求，技術成熟の過信への戒め，会員の安心への戒め，新知識の取得，経験からの学習と技術の継承，所属組織の災害防止」などを行うよう学会員に求めている。

　しかしながら，このような行動指針や倫理規程に定められた内容は学会員に十分に深く浸透することなく，形骸化していた可能性がある。また学会運営においては，行動指針や倫理規程に定められた上記の内容を学会員に十分に深く浸透させるための取組みが不十分だった可能性がある。

　このため，日本原子力学会の福島第一事故調査委員会では，福島第一事故に関して学会員の意見も聞いて，これまでの学会運営の問題点を抽出するとともに，これから学会が果たすべき役割をまとめることとした。以下にその結果を記す。

(1)　これまで学会が果たしてきた役割の分析

　まず，過去および現在の学会役員・部会長などを対象に福島第一事故に関するアンケートを実施

した。このアンケートは日本原子力学会自身がこの事故を防ぐ，あるいは事故の影響をより小さくするために行うことができたこと，もしくは行うべきであったことについて検討するために実施したものである。調査対象者は現在あるいは過去に役員，部会長などの役職にあった会員のうち学会がメールアドレスまたは住所を把握している会員で，合計289人である。日本原子力学会よりメールまたは郵送によりアンケートを発信し102人から回答があった。回収率は35.3%だった。調査は記述式で行い，記述文章より趣意を分析し，以下のように取りまとめた。

① 私たちはなぜ，事故を防止できなかったのか
- 「他者に学ぶ」「過去に学ぶ」姿勢が希薄だった。
- 安全研究の縮小がシビアアクシデント対応能力の低下をもたらした可能性がある。
- 深層防護の理解と実装が不十分だった。
- 学会内の協働・連携が不十分だった。
- 全体を俯瞰，統括する「知」が欠如していた。

＊回答例

「原子力安全の全体に関わる論理の体系化を目指した検討や反映が不十分だった」

② なぜ，そうなったのか，私たちのどこに問題があったのか。
- 慢心。技術に対する過信があった。
- 自由で率直な意見交換を妨げる環境があった。
- 学会が果たすべき責務に対する認識を広く共有すべきであった。

＊回答例

「わが国の発電所は安全である，少なくとも切迫したリスクを抱えてはいないとの思い込みがあった」

「安全をめぐる率直な意見交換の時空の欠如があった」

「豊かな想像力を持った会員が抱いた危惧を議論，共有し，評価できる場を構築する。その危惧を社会にぶつけることのできるシステムを構築する」

「個別の研究分野以外に目を向け，総合的に課題を捉えて議論するような場が必要である」

③ これから何をすべきか
- 事故の収束と原因究明，教訓の可能な限りの反映
- 福島の復興へ向けた努力
- 学会の今後の在り方に対する改善策の検討と実施

＊回答例

「根源的な意味での「原子力安全」のあり方についての問いかけを深化する」

「社会に対し学会がどのような責任を持つか，それをどのように実現するかというビジョンを設定する」

「学会の責務や責任などの行動規範を考え，何を目指すかのビジョンを共有し，行動戦略を策定する」

「専門家集団として，原子力の全体系を掌握した専門的技術力をもって，適宜行政や事業者など

関係者に本当の専門家として進言できる仕組みと実力を整える」

「各界から見識，意欲，リーダーシップを備えた豊富な人材を集め，影響力のある強力な組織にし，各界で分担した役割が，原子力利用の健全な推進という軸で総合されるような場を目指す」

(2) これからの学会が果たすべき役割

学会事故調査委員会ではアンケート結果をもとに「原子力学会の今後のあり方への改善策」案をまとめて平成25年（2013年）7月に学会HPに公開し，学会員から意見を募集した。その結果，8人から意見が寄せられた。学会事故調査委員会ではそれらの意見を踏まえて検討し，以下のようにとりまとめた。

① **学会が果たすべき責務の再認識**　日本原子力学会は以下に示す基本的認識に基づき，その責務を定款，行動指針，倫理規定などに示している。学会員は原子力技術に関する科学者，技術者の専門家集団の一員として果たすべき責務を改めて確認する。

原子力技術は合理と実証を旨として営々と築かれてきた知識の体系であり，人類が共有するかけがえのない資産でもあるが，一方，原子力技術は社会のためにある。したがって，原子力学会の活動は，社会からの信頼と負託を前提として初めて社会的認知を得る。このような知的活動を担う日本原子力学会は，学問の自由の下に特定の権威や組織の利害から独立して自らの専門的な判断により真理を探究するという権利を享受するとともに，専門家として社会の負託に応える重大な責務を有する。特に科学活動とその成果が広大で深遠な影響を人類に与える現代において，社会は科学者がつねに倫理的な判断と行動をなすことを求めている。また，政策や世論の形成過程で科学が果たすべき役割に対する社会的要請も存在する。

福島第一原子力発電所事故は，日本原子力学会が真に社会からの信頼と負託に応えてきたかについて反省を迫るとともに，被災地域の復興と日本の再生に向けて学会が総力をあげて取り組むべき課題を提示した。このような認識の下，平成25年（2013年）6月の総会において定款の改定を行ったところであり，学会員としての責任感を広く共有する。

② **学会における自由な議論**　これまでの原子力学会に「自由な議論が行える雰囲気が乏しかった」という指摘を真摯に受け止め，改めて学会員は以下に示す基本的責務を再確認し，自由で率直な意見交換を行える雰囲気の醸成に努める。

a. 日本原子力学会員は，自らが生み出す専門知識や技術の質を担保する責任を有し，さらに自らの専門知識，技術，経験を活かして，人類の健康と福祉，社会の安全と安寧，そして地球環境の持続性に貢献するという責任を有する。

b. 日本原子力学会員は，つねに正直，誠実に判断，行動し，自らの専門知識・能力・スキルの維持向上に努め，科学研究によって生み出される知の正確さや正当性を科学的に示す最善の努力を払う。

c. 日本原子力学会員は，科学の自律性が社会からの信頼と負託の上に成り立つことを自覚し，科学・技術と社会・自然環境の関係を広い視野から理解し，適切に行動する。

d. 日本原子力学会員は，社会が抱く真理の解明やさまざまな課題の達成へ向けた期待に応える責務を有する。研究環境の整備や研究の実施に供される研究資金の使用にあたっては，そうした広

く社会的な期待が存在することを常に自覚する。

　e.　日本原子力学会員は，自らが携わる研究の意義と役割を公開して積極的に説明し，その研究が人間，社会，環境に及ぼし得る影響や起こし得る変化を評価し，その結果を中立性・客観性をもって公表するとともに，社会との建設的な対話を築くように努める。

　f.　日本原子力学会員は，自らの研究の成果が，科学者自身の意図に反して，破壊的行為に悪用される可能性もあることを認識し，研究の実施，成果の公表にあたっては，社会に許容される適切な手段と方法を選択する。

　③　**安全研究の強化**　　わが国の原子力安全研究が長年にわたって縮小され，それに伴って安全性に係る研究者，技術者が大幅に減少してきたことは厳然たる事実である。これが今回の事故の遠因の一つであるとも指摘しうる。

　今後，原子力利用が継続されるためには，安全文化の思想の醸成や実践を図りながら，安全性向上研究を継続的に実施する仕組みを復活させ，安全研究体制が再構築されなければならない。それが，国民の信頼回復の基礎になる。

　日本原子力学会はその原子力安全研究について，ロードマップの策定と継続的改訂等を通じて，先導的役割を果たすべきである。

　④　**学際的取り組みの強化**　　原子力安全に関する他のアカデミアを含めた俯瞰的な討論と協働のための「場」を構築するとともに，主導的な役割を果たす。

　原子力はさまざまな専門分野を含む総合科学技術である。原子力安全を確保するためにはこれらの専門分野との境界に隙間ができないよう総合的な視点が欠かせない。これまでもその機能強化に努めてきたが，今後とも他のアカデミアを含めた領域横断的・総合的な取り組みを継続・強化する。その成果を学会提言として発信する。

　⑤　**安全規制の継続的改善への貢献**　　わが国の安全規制の仕組みが国際標準から乖離していたことも大きな反省点である。平成24年（2012年）6月の原子力規制委員会設置法の成立，平成25年（2013年）7月の新規制基準の制定により大幅な進展があるが，安全規制についても被規制者と同様，継続的な改善が求められる。日本原子力学会はそのような課題にも対応すべく，規制制度の裏付けとなる研究や標準策定活動を強化し，その成果を適宜，社会に発信する。安全規制に関しては技術的側面だけでなく社会的側面の研究も重要である。防災計画をはじめとする緊急時計画や，頻度が低くても影響の大きなリスクに社会がどう向き合うかのリスク研究などは社会的側面の研究の重要課題例としてあげられる。

8 事故の根本原因と提言

　本事故調査委員会は，2章から5章において事故の進展過程など実態の把握を行い，その結果を踏まえ，6章において福島第一事故においてどこに問題があったかの分析評価を行った。また，7章においては事故の背景となった原子力安全体制の分析を行った。

　このような分析評価の目的は，今回の事故の根本原因に迫り，そこから導かれる教訓を最大限に引き出して内外の原子力関係者に必要な提言を行うことにより，将来にわたる原子力災害の防止につなげることである。

　本章において，本事故調査委員会として根本原因に関する見解を提示し，それに基づく提言を行う。なお，8.1節での根本原因分析は，特に組織的な問題に焦点をあてている。8.2節の提言については，根本原因分析の結果に沿ったもののほか，6章および7章の分析評価から導かれるその他の視点からの提言も行う。

8.1　根本原因分析

(1)　直接要因

　福島第一原子力発電所における過酷事故およびこれによる住民に被害をもたらした事実に即した因果関係は，東北地方太平洋沖地震によって発生した地震動および津波によって多くの機器が機能を喪失し，原子炉が損傷するに至り，原子炉内に保持されていた放射性物質が環境に大量に放出されたことである。特に，津波による浸水により電源のほとんどすべてが失われてしまったことが事態を深刻にした。このような事故および住民被害をもたらした直接要因は以下の3点である。

- 不十分であった津波対策
- 不十分であった過酷事故対策
- 不十分であった緊急時対策，事故後対策および種々の緩和・回復策

　津波に関しては東北地方太平洋沖地震の発生前に二つの新しい知見が得られていたにもかかわらず，これらへの対策が実施されなかった。新しい知見とは，第一が貞観三陸沖地震津波についてである。古文献に記述があり，これと対応する津波堆積物が宮城県を中心に発見され，それを再現する津波波源が学術論文として発表されていた。第二が福島県沖海溝沿いの津波地震についてで，文

部科学省の地震調査研究推進本部が発生の可能性を指摘していた。平成 20 年（2008 年）に東京電力はそれぞれの津波に対するシミュレーションを実施し，福島第一原子力発電所において最高で 9.2 m および 15.7 m の波高を計算結果として得ていた。これらは，東京電力がこれまでに津波対策として想定していた波高 5.7 m を大きく上回る値である。しかしながら東京電力は，第一にこうした津波波源が学界の一致した意見ではない，第二に発生確率が対策を必要とする程度に高くはないという判断によって，これらの津波に対する対策を先延ばしにしていた。ただし，確率論的に津波対策を検討するのであれば，むしろ，想定波高を上回る津波に対して炉心損傷確率が急に高くなるといういわゆるクリフエッジを問題とすべきであった。

過酷事故とは設計基準事故を上回る事故であり，設計基準事故が一定の仮定に基づいていることから，これを超える過酷事故の可能性はゼロではない。そこで，過酷事故の発生に対しても炉心損傷や格納容器破損を防ぐような対策がアクシデントマネジメント（AM）策として事前に立てられていた。AM 策は事業者の自主的な取組みとして平成 14 年（2002 年）までにわが国のすべての原子力発電所で整備された。しかしながら，それ以降の AM 策の見直しはほとんど行われなかった。特に，地震や津波などの自然災害に対する過酷事故対策は実施されなかった。米国では平成 13 年（2001 年）に発生した同時多発テロを教訓として原子力発電所のテロ対策が進展し，これは過酷事故対策の一環でもあるが，わが国では同様のテロ対策が取られなかった。テロ対策は自然災害に対しても効果があると考えられる。

放射性物質の環境への大量放出の際には，住民を緊急に避難させる必要がある。このような防災計画は事前に原子力発電所の立地自治体および近隣自治体でつくられていた。その計画は原子力発電所から 10 km 以内の住民を避難させることを想定していたが，実際には 20 km 以内の住民に避難指示が出される事態になった。緊急事態応急対策支援拠点施設（オフサイトセンター）は福島第一原子力発電所から約 5 km の位置にあったが，地震によって通信手段のほとんどが使用不能となり，現地対策本部としての機能を果たせなかった。ヨウ素剤の服用については服用の指示が行きわたらなかった。こうした住民避難に関わる不手際は，事前の緊急時対策が不十分であったことが原因である。

除染の遅れも事前にこうした事態を想定していなかったことが原因である。

東京電力の職員らによる現場対処については，1 号機の非常用復水器（IC）の不作動の認識が遅れたこと，3 号機の高圧注水系を手動停止したもののその後の低圧注水への移行に時間がかかったことなど，いくつかの不手際が認められる。しかしながら，こうした不手際は運転手順書に沿って当然なされるべき操作がなされなかったというレベルのものではなく，これまでに遭遇したことのない過酷な状況において，後の検証から不適切であったと結論されるレベルのものである。1 号機の IC の不作動については，B 系の内側隔離弁が開いていたことが判明しており，早い時期に原子炉建屋に立ち入り手動で外側隔離弁の開操作を行えば，B 系によって原子炉の冷却が可能であったと考えられる。しかし，これは後の調査と分析により明らかとなったものであり，事故当時に当然なされるべき対処であったとまではいえない。3 号機の高圧注水系の手動停止に関しても，運転範囲外の圧力条件で作動が継続していたものであり，いつ故障によって停止してもおかしくない状態

であった。1号機や3号機で成功した格納容器ベントは，AM策では電源が失われることを想定していなかったにもかかわらず，可搬の発電機やコンプレッサを持ち込んで成功させた。消防車を用いた注水もAM策では想定されておらず，炉心損傷を防ぐことはできなかったものの，その後の炉心の安定した崩壊熱除去に至ることができた。格納容器ベントや消防車注水に手間取った原因は，現場対処が不適切だったのではなく，事前の想定および準備がなされていなかったことにある。したがって，現場対処の不手際は事故の直接要因とはいえない。

(2) 背後要因

ここでは事故の直接要因をもたらした背後要因について分析する。特に，組織的な背後要因について，専門家，事業者および規制当局を取り上げる。また，専門家集団である日本原子力学会の事故調査であることから，専門家に関する背後要因ついては筆頭にあげて重点的に検討する。

① **専門家の自らの役割に関する認識の不足**　自ら狭い専門に閉じ籠もることでシステムにおける安全に見落としが生じた。津波は津波に関する専門家によって主に議論されており，それが原子力発電所にどのようなリスクをもたらすかについては検討が不十分だった。原子力安全の専門家の多くはプラントに関する専門知識を有している一方で，自然災害のリスクに理解が足りなかった。

津波対策および過酷事故対策においては，専門家が意見を述べる機会が数多くあった。日本原子力学会の大会の発表資料の中には自然災害のリスクが高いことを指摘しているものがあった。しかし，実際の原子力発電所の安全対策には生かされなかった。

専門家の研究や警鐘が社会で生かされる仕組みが足りなかった。そもそも，個人による警鐘が社会で取り上げられることは少ない。一方，社会にはさまざまな意見が存在し，またそれを許容することが自然科学においても社会においても健全であるから，さまざまな個人の意見のすべてを安全対策に生かすことは困難である。そこで，専門家が集まって技術基準を作成することで，専門家集団において合意された意見を安全対策に反映させる仕組みが考えられている。そして，技術基準には最新の知見が反映されるように，専門家はつねに改訂の努力を続けなければならない。さらには，事業者による安全対策および規制当局による安全規制は，こうした最新の知見に基づいて実施されることが求められる。日本原子力学会においては標準委員会が技術基準の作成および改訂の役割を担っている。自然災害への対策および過酷事故への対策は，日本原子力学会の標準委員会では技術基準の整備が進められていたところであるが，福島第一原子力発電所の事故を防ぐには至らなかった。

さらに，専門家が集まる学協会では，技術基準の作成だけでなく学術的な講演会や調査委員会など，さまざまな学術的な活動を行っている。そして，学術的な活動は中立的であることが社会からは期待されている。したがって，特定の組織の利害のための活動は行ってはならないし，そうした疑いを社会からもたれないような組織運営をしなければならない。こうした点で，学協会は努力が足りず，社会からの専門家に対する信頼が揺らぐことにつながった。

② **事業者の安全意識と安全に関する取組みの不足**　事業者である東京電力は，津波や過酷事故に対する新たな知見により明らかとなったリスクを直視せず，必要な安全対策を先延ばしにした

と思われても仕方がない。事業者の経営判断において事故のリスクを軽視した。

　事業者は規制要求以上の安全対策を自ら進める姿勢に欠けていた。規制当局が要求しない津波対策や過酷事故対策を自主的に改善するということがなかった。従来，原子力の安全規制は他の産業と比較して厳しいものであったが，そのことが逆に規制要求を守っていれば安全性が保たれるという考え方につながったと思われる。

　原子力発電所の過酷事故は社会に大きな被害をもたらすだけでなく，事業者自身の経営にも大きな負担になる。リスク管理も経営の一環であることから，事業者は安全を優先させるための俯瞰的なマネジメント能力に欠けていたといわざるを得ない。

　③　**規制当局の安全に対する意識の不足**　規制当局である原子力安全・保安院は津波想定について東京電力から情報を得ていた。しかしながら，東京電力に対して安全対策を指示しなかった。安全規制に責任をもつ規制当局として意識が不足していたといわざるを得ない。

　過酷事故対策および原子力防災に関わる安全規制は国際的に大きく後れをとっていた。しかしながら，規制当局は安全規制の進化を迅速に行ってこなかった。

　緊急時の対策などに関するマネジメントが確立されていなかった。これが，原子力災害対策本部および原子力災害現地対策本部での事故対応における多くの不手際の背後要因となっている。

　④　**国際的な取組みや共同作業から謙虚に学ぼうとする取組みが不足していた**　過酷事故対策や自然災害への対策を，海外での経験やIAEAなどの国際的な取組みから学ぼうとする姿勢に欠けていた。たとえば，マグニチュード9.1を記録した平成16年（2004年）のスマトラ沖地震では巨大津波が発生しており，インド洋の対岸にある原子力発電所が浸水するという事態に至っている。しかしながら，このような規模の地震と津波がわが国の近海で発生すると想定し，その場合に原子力発電所が浸水する事態になることを予測し，対策を施すということがなかった。

　⑤　**社会や経済に深くかかわる巨大複雑系システムとしての特性を踏まえ，原子力発電プラントの安全を確保するための俯瞰的な視点を有する人材および組織運営基盤が形成されていなかった**

　原子力発電所は巨大複雑系システムである。これは，単に工学的な巨大複雑システムというだけでなく，社会や経済も深く関わっている。たとえば，安全対策は単に安全機器を設置するだけで機能するものではなく，その維持管理や緊急時の操作など，人的なマネジメントも大きく関わっている。ここまで述べてきた背後要因のさらに共通的な要因として，巨大複雑系システムである原子力発電プラントの安全を確保するための俯瞰的な視点を有する人材および組織運営基盤が形成されていなかった，と指摘したい。

8.2　提　言

　8.1節の分析によって，今回の事故は，地震による想定外の津波という自然現象を起因として，直接要因により原子力災害へと拡大したものであり，その背後にはさまざまな組織面を中心にさまざまな問題点が複合的に存在していたことが明らかとなった。

　そのような複合的な問題に対して，どのように取り組んでいくべきかについて，本事故調査委員

会として，直接要因と組織に係る背後要因のそれぞれに対応した提言を示す．根本原因分析の結果に沿ったもののほか，6章および7章の分析評価から導かれるその他の視点からの提言も行う．以下のように，まず，直接要因と背後要因に幅広く影響を与えた原子力安全の基本的な事項に関する提言を記す（8.2.1 項）．次に，直接要因に沿った提言（8.2.2 項），背後要因のうち組織的な要因を三つの組織別に行った提言（8.2.3 項），さらに共通的な事項に係る提言を記す（8.2.4 項）．また，今後の復興への提言として環境修復についての提言を8.2.5項に，最後にまとめを8.2.6項に示す．

【提言の項目】
8.2.1 項　提言 I（原子力安全の基本的な事項）
（1）　原子力安全の目標の明確化と体系化への取組み
（2）　深層防護の理解の深化と適用の強化
8.2.2 項　提言 II（直接要因に関する事項）
（1）　外的事象への対策の強化
（2）　過酷事故対策の強化
（3）　緊急事態への準備と対応体制の強化
（4）　原子力安全評価技術の高度化
8.2.3 項　提言 III（背後要因のうち組織的なものに関する事項）
（1）　専門家集団としての学会・学術界の取組み
（2）　産業界の取組み
（3）　安全規制機関の取組み
8.2.4 項　提言 IV（共通的な事項）
（1）　原子力安全研究基盤の充実強化
（2）　国際的協力体制の強化
（3）　原子力人材の育成
8.2.5 項　提言 V（今後の復興に関する事項）
（1）　今後の環境修復への取組み
8.2.6 項　まとめ

これらの提言が規制機関をはじめとする政府，産業界，学術・研究機関などさまざまな関係者において，今後の具体的な活動に結び付いていくことを期待する．また，当学会自らが取り組むべきものも含まれている．それらへの真剣な取り組みを含め，今後，提言が実現するよう学会として関係機関などへの働きかけを続けていきたい．

また，これらの提言は何よりも原子力関係情報の透明性を重視する立場から，原子力発電に関心をもつあらゆる人々と広く共有されるべきものと考える．原子力に関わるすべての組織と専門家がここで示された提言を自らへの問いかけととらえ，真剣に取り組むことが必要である．これができない組織と専門家は，原子力に携わる資格がないと，自覚しなければならない．

8.2.1 提言 I（原子力安全の基本的な事項）

(1) 原子力安全の目標の明確化と体系化への取組み

① 福島第一事故が「災害」へと拡大したのは，炉心溶融を防ぐことができず，さらにその後，放射性物質の大量放出を阻止するための対策が十分にとられなかったためで，住民の長期避難と周辺環境の汚染という事態に至った。アクシデントマネジメントの不備に加え，そのような事態において講じられるべき緊急時対策も，被害をできるだけ小さくするために十分に機能することができなかった。その理由は，環境への放射性物質の放出という最悪の事態が現実に起こり得るものとしての検討が行われなかったためと考えられる。その結果，過酷事故に対応したマネジメント策や実際的な防災計画づくりが行われておらず，多くの問題を露呈することとなった。

これは，そもそも，原子力安全の基本に置かれるべき安全の達成目標とその重要性が十分に認識されていなかったことによると考える。チェルノブイリ事故による放射能汚染を経験したヨーロッパでは，人とともに環境を守ることも重要な目標と考え，規制機関が共通の安全目標を定め，環境の汚染を防止するための対策の強化を図ってきた。IAEAが安全基準の最上位に位置付けるため策定した基本安全原則（Safety Fundamentals（SF-1））においても，基本的な原子力安全の目的は，人と環境を原子力の施設とその活動に起因する放射線の有害な影響から防護することとしており，環境を守るとの視点が明確に示されている。これにしたがって，下位規定にあたる具体的な安全要件などが再整理されつつある。

また，安全の達成目標はリスクの発生確率として設定することができる。多くの国においては，定量的なリスクのレベルが設定されているが，わが国は関連する検討は行ったものの，規制への取入れを避けてきた。本来，リスクの分析評価は，プラントの脆弱性を見つけ出し，これを改善するために有用な手段であるが，わが国では，外的事象に関する影響度や事象進展に関する分析に十分に利用されていなかった。手法が完全に確立してはいないものの，包括的なリスク評価を実施すれば，福島第一事故のような事象進展シナリオを抽出できていたと考えられる。

以上から，以下のことを提言する。

- 定量性をもった安全目標は，リスクがどの程度であれば社会に受け入れられるかを示すものであり，社会との共有に向けて，対話の努力を継続的に行うべきである。この安全目標とともに，リスク情報を積極的に活用し，規制機関においては，規制活動の透明性，予見性，合理性，整合性の向上を図るとともに，事業者においては，自主的かつ継続的に原子力利用活動に伴うリスクの低減に努めるべきである。

② 原子力施設の設計・運転においては，安全対策のため，あらかじめ事故などの想定を行い，その防止を図っているが，今回の事故においては，その想定に基づく設計基準を超える事象が発生した場合への対応の不備が災害に結びつくこととなった。これまで，原子力の安全は，さまざまな事故の経験を基に，同様な事故を防止するとの観点から有効な対策につながる教訓を導き，高められてきた。

米国原子力規制委員会において，福島第一事故の教訓を検討するため設置されたタスクフォース

は，米国の安全規制の現状を振り返り，改善努力の継続の結果，効果的な対策がとられているものの，全体として，より体系的で一貫性のある規制の枠組みを構築すべきであるとした。原子力の安全対策を，想定が困難な事態にも対応できるものにするための重要なアプローチの一つが，安全の基本的な考え方を体系的に整備することであると考える。それによって，抜けがなくさまざまな事態に対応できる包括的な安全の取組み方針が得られる可能性が高まる。特にアクシデントマネジメントのように固定的な手順がなじまない対策においては，より上位の安全思想の重要性が高まる。IAEA における SF-1 や新たな深層防護の検討は，そのような体系的な取組みの一環である。また，個別の設備や系統に関して，局所の最適化のみでなく，さまざまな事態においても全体システムとして最適に機能させるためには，設計からマネジメントまでをカバーする俯瞰的な安全体系に基づいて考える必要がある。また，原子力の平和利用を進めるには，原子力安全とともに核セキュリティの確保が必須である。しかし，両者には共通する要素があるにもかかわらず，それぞれが独立して行われてきている。このため，今後は，両者が整合的に実施される必要がある。

わが国は，原子力安全を実現する個別の技術について，その高度化に努めてきており，国際的にも高く評価されていた。しかし，安全を体系的にとらえ，安全の考え方を掘り下げる活動には重点が置かれなかった。このため，IAEA が SF-1 を取りまとめた後も，原子力安全の基本原則に相当する上位の安全思想について，わが国では規制制度においてそれを位置付けてこなかった。しかしながら，各設備などに関する安全要件の相互の整合性や抜けを見つけるには，全体を俯瞰するための羅針盤となるものをつくることが重要である。この考え方に基づき，日本原子力学会も平成 24 年（2012 年）11 月に SF-1 をベースとして，原子力安全の基本原則を取りまとめた。このような努力を継続していくことが必要である。

以上から，以下のことを提言する。
- 基本安全原則など安全に関する高次の思想を発展，深化させるための努力を国際社会と協力して行っていくべきである。その際，原子力以外の分野の知見も積極的に取り入れていくべきである。規制組織は，原子力安全の基本安全原則など高次の安全思想を規制上に明確に位置付けるとともに，それに基づき，規制基準などの体系化を図るべきである。
- 安全対策と核セキュリティ対策が整合的に実施されるよう，それぞれを所掌する組織間において，機微情報の取扱いに配慮しつつも可能な情報共有や意見交換を進め，この二つの分野が相乗効果を産み出すように努めるべきである。

(2) 深層防護の理解の深化と適用の強化

福島第一事故は，発生した事象が設計で想定していた事象を超えていたことが致命傷となって，事故の拡大を防止することができなかった。事故前の設計で主蒸気管の破断などの厳しい事故を想定した対策は備えていたが，全電源喪失と冷却源喪失の同時発生という事態は想定していなかった。過酷事故対策としてベント設備は用意されていたが，十分な機能を発揮できなかった。全停電時に格納容器ベント弁の遠隔操作が行えなかったこと，ベント弁の設置位置が格納容器に近接していたため放射線量が高くて十分な操作時間を確保できなかったことなどがその原因である。

設計で想定していた事象を超える事象への備えが十分でなかったのは次のような理由による。わ

が国の原子炉設計は米国から技術導入されたことは周知のとおりであり，安全設計も米国の設計思想が踏襲されている．固有の安全性，品質管理，想定事故に対する安全システムなどに加え，過去に経験した事故，トラブルの再発防止策を徹底的に実施して安全性を高めてきており，それが万全の対策だと考えられてきた．そのことは福島事故を視察した米国NRC委員が平成23年（2011年）7月に公表した報告書「RECOMMENDATIONS FOR ENHANCING REACTOR SAFETY IN THE 21ST CENTURY」においてNRC委員自身の反省として述べられている．

上述の考え方は1980年代までは世界各国共通であったが，昭和61年（1986年）に起きたチェルノブイリ事故が安全設計思想を一変させた．設計想定を超える事象への対策の重要性が認識されたからである．そして，このことを明文化して世界各国で共有すべきとの機運が高まって，平成8年（1996年）にIAEA安全基準（INSAG-10）として「深層防護（defence in depth）」が制定された．それまでは各国がばらばらに定義していた深層防護に初めて世界共通の定義が与えられたのである．しかし，わが国は「チェルノブイリ事故のような事故はわが国が採用している軽水冷却型の原子炉では起きない」との立場から，設計想定を超える事象への対策を盛り込んだIAEAの深層防護の考えを安全規制に取り込むことをせず，事業者の自主的な対応に委ねることとしていた．INSAG-10の制定にはわが国も参加していたのであるから，本来は制定と同時にわが国の安全規制に反映させるべきであったのである．

すでに原子力規制委員会がIAEAの深層防護をわが国の安全規制に適用することを明言し，設計想定を超える事象へのさまざまな対策を新規制基準として制定している．上述の問題が解決方向に改善されることを期待する．この問題の重要性に鑑み，以下のことを提言する．

- 日本原子力学会がSF-1を基に立案した「基本安全原則」を活用し，安全設計の基本的考え方を明文化した規制図書を制定すべきである．
- IAEAの深層防護の考え方やその具体的運用方法などを規制図書として明文化すべきである．

8.2.2 提言II（直接要因に関する事項）

(1) 外的事象への対策の強化

福島第一事故は，外部から発電所を襲う自然現象の一つである津波に対する設計と備えが十分でなかったことが事故の直接要因の一つとなり発生した．津波によって多くの機器が機能を喪失し，特に浸水により電気設備が損傷して電源のほとんどすべてが失われてしまったことが事態を深刻にした．

津波対策は徐々に行われていたが，想定をはるかに上回る津波に襲来された．今回の事故では，想定していた条件を超えた場合に急激に影響が増大するクリフエッジが明確に表れた．すなわち，津波がある高さを超えて施設が浸水すると安全設備の多くが機能と喪失し，厳しい状況となった．なお，今回の事故を踏まえ，新規制基準で，既往最大を上回るレベルの津波を「基準津波」として設定し，この基準津波への対応として防潮堤などの津波防護施設などの設置が義務づけられた．

このように，津波対策を強化することは重要であるが，一方で，これまで地震対策のみに注目する中で津波対策が不備となった経験を踏まえ，地震と津波への対策と同時に，それ以外に今回の事

故と同様，共通要因により一度にさまざまな安全設備の機能喪失を招くおそれのある事象に備える必要がある。

そのためには，今後の地震，津波などさまざまな外的事象に対して，確率論的リスク評価（PRA）を活用してリスクを定量的に評価し，巨大な自然災害などへの耐性を確認することが有効である。外的事象のリスクは，包絡的・定量的な把握が難しい場合もあるが，PRAによる影響評価で，プラントの脆弱性を特定することができ，それにより継続的に改善していくことで，プラントの安全性向上が可能となる。また，外的事象の評価には大きな不確かさを伴うことから，PRAの活用とともに深層防護の考え方による決定論的対応が重要である。また，テロなど人為的なものへの備えも重要となっている。

以上から，以下のことを提言する。
- 外的事象として想定すべきものは，地震，津波，火災（森林火災など），強風（台風，竜巻），洪水，雪崩，火山，氷結，高温，低温，輸送事故・工場事故，航空機落下などである。これらの外的事象に対する包絡的な評価を行い，各プラントの脆弱性を把握し，それによりプラントごとの対応を定めていくことを義務づける必要がある。その際，不確かさへの備えから，PRAによる評価に加え深層防護により対処すべきである。
- 外的事象に対して，クリフエッジの存在を把握し，安全機能などが喪失した場合のプラント挙動の把握とその対応についての検討を行い，見出した脆弱性に対して適切に対処すべきである。
- テロなど人為的な要因に対しては，海外の知見を積極的に活用するため，国際的な検討に加わり，人材の育成をしつつ備えを強化すべきである。

（2） 過酷事故対策の強化

原子力発電所の設置においては，起こり得ると考えられる異常や事故に対応するため，「設計基準事象」という大きな影響が生じる代表的な厳しい事象を考慮して安全評価を行い，それを基に安全設備の設計を行っている。福島第一では，この設計基準事象を大幅に超える事象が発生したため，炉心の重大な損傷（過酷事故：SA）を生じ，格納容器の閉じ込め機能や冷却機能の喪失や原子炉の状態把握ができない状況などが生じた。

SA発生時にこの拡大を防止し，影響を緩和する措置などをアクシデントマネジメント（AM）と呼んでいるが，福島第一でも事業者の自主的取組みとしてAM策の整備が平成14年（2002年）5月までに行われた。しかしそれ以降，AM策の見直しはほとんど行われず，一方，世界では議論を重ね，改善が継続されていたことから考えると，福島第一事故が発生した時点では，わが国は世界標準から大幅に遅れていたといわざるを得ない状況であった。この不十分であった過酷事故対策が，事故から災害へと拡大した直接要因の一つである。

SAは設計で想定していたことを超える事象が発生した事故である。想定外事象に対する備えを考える際に重要な課題は，運転や保守を含めたプラントの総合的リスクを考慮することである。しかしながら，対策（特に設備）を追加することが必ずしもリスクを低減するとは限らないことを考慮する必要がある。また，どのような事象が起きるのかが不明であるから，特定の事故シナリオに依存することなく，どのような事象が起きても対応ができるようにすることが必要である。した

がって，プラントを運用する者は，プラントを熟知する者であること，また演習などを通じてあらゆる資源を使ったマネジメントをできるようにすることが重要である．さらにこのマネジメントに必要なハードウェア・ソフトウェアを備えることが重要であり，ハードウェアありきではない．また，マネジメントは設計基準事象内の深層防護の第3層までだけではなく，設計基準事象を越えた第4層，防災対策の第5層まで，それぞれに対応して検討しなければならない．なお，原子力発電所の事故と自然災害が同時に進行する複合災害が起こり，社会インフラが壊滅している事態の中で，複数プラントが同時にSA状態になる場合を想定して，設備，資機材，手順書，教育訓練，対応要員，組織の強化を図ることも必要である．

以上から以下のことを提言する．

- SAでは想定したシナリオ通りには事象が進展しない可能性があるため，マネジメントとして事態に対応する柔軟な対応能力が必要である．この醸成のため，演習などを通じた継続的な改善活動を行うべきである．

(3) 緊急事態への準備と対応体制の強化

わが国の防災システムは「災害対策基本法」と「原子力災害特別措置法」を頂点とし，防災基本計画で各関係機関の責務と役割が明確化されていた．また，旧原子力安全委員会の防災指針は国，地方公共団体，事業者が防災計画を策定する際，あるいは防護対策を実施するための技術的指針として位置付けられ，その枠組みと関連文書は整備されているかに見えた．しかしながら，緊急時において住民を防護するための対策についての基本的な考え方，明確な運営の手順がどこにも示されておらず，防災訓練ではERRS（事故進展と放出量などのソースタームを予測），SPEEDI（環境中における被ばく線量を予測）いう計算予測システムに過度に依存した意思決定のスキームだけが浸透していた．

福島第一事故の緊急時対応では，初動対応の混乱，関係機関の連携不足，不明確な意思決定スキームなど，JCO事故と同様のさまざまな問題が生じたが，そういったツールの活用や結果の公表ばかりに議論が集中した．本調査委員会では，IAEAの第5層の防災計画は5層からなる深層防護の最後の砦であり，住民を放射線影響から如何に防護するかという緊急時対応の目標達成の視点から，緊急防護措置実施の課題，事業者，地方公共団体，国の責務・役割の明確化を含む緊急時管理と運営の課題を分析し教訓と提言を導いた．

緊急事態への準備と対応の整備では，最悪の事態も視野に入れ，合理的に予想可能な事態に対して確実に放射線のリスクを軽微なものとするため，事業者が施設の対象事象評価で考え得る範囲の緊急事態を検討し，地震のような通常の緊急事態との組合せを含む複合災害を考慮しなければならない．危機管理段階の対応では，あらかじめ決められた手段でまず対処し，その枠を外れた場合に柔軟に対応できるように平時から能力を養っておかねばならない．

そのために，以下のことを提言する．これを基にして現場，地域，国，国際間の各レベルでの関係機関の責務と役割および緊急事態におけるこれらの各機関の間の調整のあり方をもう一度見直す必要がある．そして，それが実効的に機能するように訓練によって絶えず見直しを行っていかなければならない．

- 情報が少なく不確実さが大きい初期の危機管理の段階では，事業者と地方公共団体が連携し，施設の状態に関してあらかじめ決められた判断基準に基づいて，決められた手順で放射性物質の環境放出前に迅速に緊急防護措置を実行していくスキームを確立するべきである。
- 国，地方公共団体，事業者などの関係者は，あらかじめ緊急時におけるオンサイト，オフサイトの役割と責任の分担を協議・決定のうえ明文化すべきである。その際，オンサイトは事業者が，オフサイトは地方公共団体が責任をもって対応し，国はそれらを支援することを原則とすべきと考える。
- 危機管理に関しては，事前にさまざまな手順や緊急措置など詳細にわたる対応方針を演習などを通して検討し，明確にしておくべきである。
- SPEEDIなどによる放射性物質拡散解析情報については，事故初期の避難などには活用できないなどの限界を理解したうえで，その取扱い方法を明確化するべきである。
- 防護措置実施の運営を担う地方公共団体，住民防護の最前線に立つ警察，消防および自衛隊，国の活動は，他の一般災害における防災対策とほぼ同等であることを踏まえ，海外の事例も参考として共通の基盤で統合するべきである。
- 原子力防災に特有の放射能対策に関しては，すべての事故対応にあたる者が放射線防護の原理と被ばく影響に対する知識を十分にもつようにするとともに対処能力を高めるべきである。

(4) 原子力安全評価技術の高度化

　原子力分野は，その潜在的なリスクの大きさならびに想定を超える事象に関する不確かさから，事故事象の進展を解析評価する技術，事故事象の進展とその影響に係る不確かさを分析評価する技術，新しい知見やデータを適切に安全評価に反映させる取組み，それらのどの領域においても，抜けがないように，またより正確に品質を確保する取組みが求められる。リスクに対しては稀有な事象が支配的であるため，想定された事象に関する既存のデータや設計手法を組み合わせるだけでなく，多様なシナリオの進展と影響度を予測するとともに，予測の質を常に高めるよう努力しなければならない。

　地震や津波などの自然現象については，最新の知識を恒常的に収集・分析し，想定すべき自然現象の規模や組合せを適切に実施するための方法論の確立が重要である。自然現象の考慮においては，それに随伴する事象あるいは二次的事象がないかを確認し，自然現象の発生頻度，影響度，対処のための時間的余裕を踏まえることが大切である。

　耐震設計や津波伝播と遡上解析については，昨今のそして近い将来の計算機の進歩を見据えれば，多次元の有限要素解析技法や時刻歴応答解析，大規模計算技術など最先端計算機性能を用いた数値計算技法の高度化が予想されている。そのようなシミュレーション技術を，安全率や安全裕度の算定，データやシナリオの不確かさの影響の分析，リスクの定量評価に活用することにより，将来において安全評価技術の精度と質が大きく向上すると期待される。

　福島第一事故の進展の再現解析は，いくつかの機関で実施されているものの，プラントデータの実測値の信頼性，事故対応時の運転・機器操作に関する情報の不足，その他，解析コードのモデルの限界などにより，プラントの詳細な過渡変化を十分に再現できていない。しかし，そのような技

術的な課題や限界を正しく認識し活用することによって，事故進展の分析や今後の対応について本質的で有効な情報を得ることができる。現象モデルおよびソースターム評価については，それらの事故影響の観点からの重要度を示す現象同定・重要度分析表（PIRT）が，現在の知見やデータを総動員して実施されている。しかし，検証されたモデルが得られておらず，また各種データの不足などから，まだ精度のよい解析コードは完成されていない。事故の進展過程の理解を深めるためシミュレーション技術の高度化は重要であり，実験による検証やデータの蓄積を進め，解析コードの完成度を高めていかなければならない。

以上から，以下のことを提言する。

- 自然現象に対する予測の質を高めるため，自然現象の不確かさやプラントシステムの耐性の不確かさを考慮する確率論的リスク評価の活用に優先的に取り組むべきである。
- 耐震解析や津波伝播と遡上解析については，常に最先端計算機性能を活用した数値計算技法を活用する方向を目指すべきである。一方で，自然現象の複雑さと我々のもつ知見の限界を認識し，シミュレーション技術の検証と適切な運用を心がけるべきである。
- シミュレーションやリスク評価は，その適用にあたっての課題や限界を正しく認識することによって，安全評価に有用に活用することができる。これらを積極的に活用しつつ，さらにその技術に関して，完成度を高める努力，新しい知見を収集する活動，品質を確保する取組みを産官学が協力して進めるべきである。
- 原子力安全評価技術における国際協力は相互に恩恵をもたらすものであり，積極的・継続的に取り組むべきである。

8.2.3 提言 III（背後要因のうち組織的なものに関する事項）

(1) 専門家集団としての学会・学術界の取組み

専門家が事故前に学術的立場から事故の危険性を指摘したことがあったにもかかわらず，それらの知見が事故の未然防止に役立てられていなかった。原子力の学術研究はその性格からして，純粋科学に資するだけでなく，実施設の安全性改善や安全規制の改善に活かされることを目的としていたはずである。どのような研究成果をどのように設計や規制に活かしていくかは産官学の各機関がそれぞれの責任により判断すべきことであるが，原子力の安全研究に最も緊密に関わっている日本原子力学会は重要な指摘が見逃されることがないよう，注意喚起するなど，果たすべき役割は大きい。そのため，学会は安全性改善に係る研究活動を今後とも活性化するとともに，国や産業界と連携してこれらの研究成果が実設計や安全規制に反映されるような安全文化の醸成に努めることが肝要である。

この反省に立ち，広く学術界においても議論がなされているところであるが，特に日本原子力学会においては，その責務を自覚し専門家集団としての活動を見直す必要があるとの観点から，調査委員会として，日本原子力学会に対して以下のことを提言する。この提言が学会において検討され学会および学会員の活動に広く反映されるとともに，学術界でのさらなる議論を進め，その成果を積極的に生かす努力をしなければならない。

- **学会が果たすべき責務の再認識**：社会からの信頼と負託に応える責務を有する。特に，原子力技術が場合によっては深刻な影響を人類に与えることを自覚し，常に倫理的な判断と行動をなすことが求められている。また，平成25年（2013年）6月の日本原子力学会総会において，被災地域の復興と日本の再生に向けた活動が定款に明記されたことから，被災地域の復興と日本の再生に向けた活動も学会の責務であることを再認識しなければならない。
- **学会における自由な議論**：客観的，公平な観点からの自立性をもった活動の重要性を認識し，学会において自由で率直な意見交換を行える雰囲気の醸成に努めなければならない。
- **安全研究の強化**：安全性向上研究を継続的に実施する仕組みを復活させ，安全研究体制が再構築されなければならない。その原子力安全研究について，ロードマップの策定と継続的改訂などを通じて，先導的役割を果たさなければならない。
- **学際的取組みの強化**：原子力安全に関する他のアカデミアを含めた俯瞰的な討論と協働のための「場」を構築するとともに，主導的な役割を果たさなければならない。
- **安全規制の継続的改善への貢献**：学会は規制制度の裏付けとなる研究や標準策定活動を強化し，社会的側面の研究も含めその成果を適宜，社会に発信しなければならない。

(2) 産業界の取組み

　福島第一事故の重要な背後要因として事業者の安全意識と安全に関する認識の不足，技術力の不足と規制機関や地元，社会との対話の不足があげられる。一方，直接要因としてその代表的事例を具体的にあげれば，津波対策としての防潮堤のかさ上げが検討されていたものの検討が遅かったため，事故に間に合わなかったこと，社内で水没の危険性を指摘されていながら非常用発電機がタービン建屋の地下階に設置されたままとなっていたこと，直流電源や配電盤についても同様の指摘があげられている。トップダウンとボトムアップにより品質マネジメントシステムを適切に運用することが必要である。

　IAEA基本安全原則（Safety Fundamentals）（SF-1））に10項目の安全原則が掲げられているが，冒頭の原則1として示されているのが「安全に対する責任」である。「施設の放射線安全を守る主要な責任は施設に責任のある人と組織にある」とある。このことは確認するまでもなく原子力安全に関して事業者は最も重要な役割をもっていることを示している。また，IAEAは安全原則の原則5で「防護の最適化」として「合理的に達成できる最高レベルの安全を実現するよう防護を最適化しなければならない」としている。これは，事業者が「規制要件を満たす」ことに安住するのではなく，合理的に達成可能な範囲で安全性を高める努力を継続すべきことを求めたものである。事業者には「私たちは国の基準を遵守することはもちろんのこと，可能な範囲でそれ以上に安全性を高め続けています」と，原則5の責任を果たそうとする姿勢が望まれる。

　産業界は，ピアレビューと技術情報の共有を進める組織として原子力技術協会（JANTI）を設立，原子力施設の安全性向上に取り組んできたが，福島第一事故を阻止することができなかったことを反省し，同組織を廃し，事故後の平成24年（2012年）11月に，安全対策を強化する牽引役として新たに原子力安全推進協会（JANSI）を設立し安全に関わる体制を刷新した。改革の歩みを踏み出したものと期待するが，本調査委員会があげた今回の事故の背後要因，すなわち組織要因にとして

あげた「電力事業者全体として，安全意識と安全に関する認識の不足があり，是正の役割をもっていた原子力技術協会（JANTI）を活かすことができなかった」ことを反省し，以下の実効的な改革への取組みを提言する．

- 原子力発電所の安全問題はひとたび事故を起こすと当該発電所だけの問題に止まらず，社会ひいては全世界に影響を与えるという教訓は，事故の当事者である東京電力のみならず事業者全体の問題でもあり，産業界で改めて認識し，安全意識，技術力，対話力という視点から抽出した組織的課題を産業界の共通の課題とし深く受け止め，解消に全力で取り組まなければならない．
- 産業界全体で，原子力利用に伴う特有のリスクに対する認識を持ち続け，安全性を高める取組みを一過性のものに終わらせることなく継続させるべきである．
- トップの原子力安全を優先するコミットメントが不可欠である．トップは安全に対する過信を排し，自ら原子力安全に関する意識を高める機会に積極的に参加するとともに，組織に継続的に安全性を高める姿勢を堅持する安全文化を浸透させるべきである．

(3) 安全規制機関の取組み

福島第一事故の背後要因として，国の規制当局が事前に津波想定に関する新しい情報を得ていたにもかかわらず，対策を指示しなかったなど，その安全に対する意識の不足があったことを 8.1 節で指摘した．また，過酷事故対策に関する安全規制は国際的に大きな後れをとり，その検討も行われていたが，迅速な対応はとられなかった．防災対策も実効性のある措置がとられず，緊急時に関係組織を十分統括し，適切な対策を実施するためのマネジメントが確立されていなかった．

そのような問題は組織に起因するものであった．まず，原子力規制組織がわが国の官僚組織特有の人事ローテーションの仕組みに組み込まれていたため，規制官の専門的能力が不足していた．この結果，品質保証制度の運用においても，表面的な審査にとどまる例が見られた．また，原子力発電所の規制行政機関である原子力安全・保安院は経済産業省に所属し，人事，予算のほか，許認可権もなく[*1]，独立性が乏しかった．さらに，安全性向上のための規制制度の改善への取組みが不足していた．

過酷事故対策など国際基準化された深層防護の導入を怠っていたことは前述のとおりである．規制当局が「事故は起きない」ことを前提とした規制体系を取っていたため，海外で導入されてきているリスク情報を活用した規制手法の導入も遅れていた．

事故後，政府が真っ先に取り組んだのは組織面を中心とした規制制度改革であった．平成 24 年（2012 年）6 月に成立した原子力規制委員会設置法により，国の規制組織が抜本的に刷新された．細かく分断されていた政府の安全規制体制が原子力規制委員会に一元化され，利害関係者はもちろんのこと，政治や他省庁からも干渉されない三条委員会の地位が与えられた．これによって，曖昧だった原子力安全の司令塔が明確化され，欧米の先進国並みの体制が構築された．規制官の専門能力を高める改善策として上位管理者を通常の人事ローテーション対象から除外することも盛り込まれた．IAEA の深層防護の考え方が取り入れられ，耐震設計以外の分野へも確率論的リスク評価が

[*1] 事故前の許認可権者は原子力安全・保安院長ではなく，経産大臣であった．

導入され，津波を初めとする外的事象も安全設計の対象に取り込まれることとなるなど，上述した規制の問題は制度的には改善された。これを中長期的に定着させ，規制行為の改善を継続的に進めていくため，以下のことを提言する。

- 福島第一事故によって失われた安全規制に対する信頼回復に努めることが最重要課題である。信頼を築くには，科学的・合理的な判断に基づく規制措置を実績として積み上げていくことである。その際，そのような判断のプロセスと結果について，透明性を持って説明責任を果たす努力が必要であり，被規制者，原子力施設周辺の住民，国民，学術界，国際社会との対話を積極的に推進するべきである。
- 規制機関においても事業者と同様，自らの組織や制度に対する継続的な改善が求められる。このためには，被規制者と緊密なコミュニケーションをとり，被規制者の持つ最新の現場の一次情報に接するとともに，独善を排し規制制度と運用体制の課題を見出す取組みが必要である。また，国際的なレビューサービスを活用するとともに監査制度についても検討すべきである。
- 事故の危険性の高い設備やマネジメント活動などに規制資源を傾斜的に投入する観点から，リスク情報を活用した規制手法の導入は，限られた規制資源のもとで有効に安全性向上に寄与するものであり，積極的に取り組むべきである。また，このような取組みは，規制官においても実質的な安全向上につながるリスクを評価する能力を培うことにつながると考える。
- ハードウェアの機械的性能に偏してきたこれまでの規制を，ソフトウェアすなわち，原子力安全の基本的な考え方やシステム全体の性能・機能とマネジメントを重視する規制体系に転換し，それを可能とする規制人材の育成に努めることが望まれる。
- 原子力安全の継続的な維持・向上を図るためには，事業者の自主的な安全向上努力を促すことが重要である。そのためには，事業者が「規制に従えばよい」との考えに陥ることのないような措置が必要である。このような観点から，リスク情報を活用した安全規制は，事業者の努力を引き出すうえで重要な手法であり，またわが国でも欧米の規制体系のように民間の規格基準を積極的に活用するように努めるべきである。このような措置は安全基準に対する民間の技術力を高めるとともに，規格基準技術者のすそ野を広げることにもつながり，ひいては長期にわたる安全性向上にも寄与するものである。
- 原子力技術は裾野の広い複合的な技術であり，規制に当たっては関係する専門家の知見をバランスよく最大限に活用することが必要である。このため，審査会の運用においては，原子力学会などの学術組織も活用し専門家が偏ることのないよう，その構成に十分配慮すべきである。

8.2.4 提言 IV（共通的な事項）

(1) 原子力安全研究基盤の充実強化

原子力安全を確保するためには，原子力安全の基本的考え方を明確にし，安全目標を設定して，確率論的リスク評価に基づいて安全性向上に効果的に寄与すること，そして深層防護の考え方を正しく適用したプラント設計，アクシデントマネジメント，防災対策などを継続的に進めることが重要となる。原子力に関する安全研究は，これらの安全に対する継続的な取組の基盤となるものである。

また，一般に研究開発の成果は科学技術の発展をもたらすものであると同時に，社会における技術の選択肢を増加させるものである。安全研究は安全向上を達成するための自由度を上げるとともに，新たな科学技術的知見に関する議論に基づいて，潜在的にある問題を指摘し，警鐘を鳴らすことが期待される。

深層防護による安全確保においては，発生の可能性のあるあらゆる事故の誘因事象を考えることが必要である。さらに，リスクに基づいて全体像の把握を行うことによって，機器の設計に対する要求を示すのみならず，設備の維持管理，事故時の的確なマネジメントが進められる必要がある。安全研究では，全体像把握のための確率論的リスク評価手法を適用することにより，誘因事象への取組みが強化されると考えられる。また，セキュリティに関する研究への適用も有効と考えられる。

研究を実施する者は，自らが得意とする分野を深めようとする。一方，安全は多くの分野・領域の隙間から破綻すると考えられる。俯瞰的な視点を維持して，研究計画を立案し，その成果を生かす必要がある。

以上から，以下のことを提言する。

- 原子力に関する安全研究は，安全に対するアプローチを俯瞰するための理解を深め，多様な安全向上のためのソフト，ハードの継続的な高度化を進めるための駆動力となるべきである。
- 安全研究は高度な原子力人材を維持，育成するためにも重要であって，国際的な協力を進めつつ，真摯に取り組むべきである。
- 産学官は社会における多様なレベルでの情報交換や議論を通じて，安全研究を進める義務を有することを認識すべきである。
- 全体像把握のための確率論的リスク評価手法は，津波，火災などの外部事象を誘因とする安全研究へも適用範囲を広げるべきである。なお，この観点からは安全研究と並んでセキュリティに関する深く広い研究についても取り組むべきである。
- 原子力安全の目標を達成するためにあるべき姿を議論し，現在の技術を直視することによって，取り組むべき俯瞰的な技術課題のマップを準備し，これらの課題解決のために短期的視点のみならず中長期的なロードマップを策定すべきである。さらに，その評価の視点とともに広く社会に提示して，社会とのコミュニケーションを通じて継続的に改訂してゆくべきである。

(2) 国際協力体制の強化

原子力の利用は，その当初から国際的な枠組みの中で開始され，条約による義務的な活動から，共同研究，情報交換など多国間，二国間でのさまざまな国際協力が活発に行われてきた。わが国も，このような国際的な枠組みに積極的に参加し，原子力に対する高い技術と豊富な経験をもつ国として扱われてきた。国際的には，過去，巨大津波や洪水による原子力発電所の浸水被害の例が報告されているなど教訓となる事例が存在していた。また，過酷事故に対応する設備やマネジメント面の対策が欧州各国を中心に進められていくなか，規制上の要件に位置付けるとの議論も国際的に行われているなど，今回の事故を防ぐ契機となる議論は国際的にさまざまな形でなされ，わが国もそのような場に参加していた。また，米国はテロ対策としてB5bに基づく電源などの強化策を講じており，その情報を日本にも伝えてきていた。しかし，国際協力を通じてもたらされたこれらの

情報は今回の事故の防止のためには有効に活用されなかった。

　その理由は，それらを自国に導入するための強い意思とその枠組みを活用する仕組みが不足していたからであると考えられる。わが国が，今後とも原子力発電所を電源設備として利用するとの前提で，以下のことを提言する。

- 積極的に国際的な活動へ参加し，そこでの議論を国内に反映させる実効性のある体制づくりを行うべきである。
- 今後，新たに原子力利用に乗り出す国が増えると見込まれる中，それらの国に対して，原子力災害も含めたわが国の経験を積極的に提供し，原子力安全確保に向けた体制づくりに貢献すべきである。この観点で，国際的な議論をリードする役割を担う人材の育成が求められる。
- わが国のプラントメーカーが，今後国際的な事業展開を目指すのであれば，産業界としても世界の原子力安全確保，向上など国際的な枠組みづくりに積極的に参画するべきである。

(3)　原子力人材の育成

　福島第一事故を鑑みれば，「人」が事故の遠因をつくったが，「人」が事故に対応し，「人」が事故を安定化させた。この教訓に鑑みれば，想定シナリオになかった事故が発生した緊急事態でも，思考し，判断し，対応することができる「人」の育成・確保が最重要課題と考える。また，今後40年にわたる廃止措置を最終段階まで行うには，専門性を有する人材を長期にわたり育成することが不可欠である。この認識に立ち，以下のことを提言する。

- 原子力分野の人材の育成にあたっては，「原子力安全」を最優先する価値観の継続的向上を図るべきである。常に過信や慢心を排し，「学ぶ態度」および「問いかける姿勢」を根付かせ，その定着度合いを定期的に確認・評価する必要がある。特に，原子力関係組織のトップが原子力安全に強いコミットメントを示すことが不可欠であり，トップ自らが機会あるごとに原子力安全の意識を高める指導を行わなければならない。また，原子力分野の職務には放射線防護など原子力に特有の安全知識と経験が必須であることを制度的に明確化し，必要な教育・訓練を徹底すべきである。
- 原子力分野の人材に必要な知識や技量が，資格制度の充実などにより明示的になるようにすべきである。具体的には，原子力発電所の緊急時対応を考慮した所長および運転責任者の資格要件の明確化，国家資格である原子炉主任技術者が平常時および事故時に責任を持った対応ができるような役割の明確化，規制人材の専門性，国際性および判断力の向上，などがあげられる。さらに，こうした能力やキャリアを獲得した人材が評価されるような組織運営を行って，組織員のインセンティブを高めることも重要である。
- 高い技術力，マネジメント力が求められる原子力分野の人材を継続的に確保するため，大学における原子力教育の充実を図ることが重要である。同時に，大学での教育，研究人材の育成にも注力すべきである。最新の研究成果を取り入れて原子力安全を世界最高水準に維持するためには，研究のレベルを最先端に保つことが必須であり，国，規制機関，産業界のそれぞれが安全研究へ積極的に関与することが望まれる。
- 人材の継続的な育成の観点から，若い世代の原子力への関心を高めることが求められる。その

ため，放射線教育を充実させることは急務である。原子力関係者は，小中高校教員への原子力・放射線についての研修に協力するとともに，原子力への興味を高めるための情報発信をしていかなければならない。

8.2.5 提言Ⅴ（今後の復興に関する事項）

(1) 今後の環境修復への取組み

事故後のこれまでの国等の対応の経緯も踏まえて放射線モニタリング，法体系とガイドライン，除染対象区域の設定，除染技術と除染，ならびに除染廃棄物の保管・貯蔵について，以下のことを提言する。

- **放射線モニタリング**：今後の緊急時モニタリングのあり方については，初期段階から一元的にデータを収集，保存するためのシステムを確立しておく必要があり，緊急時に対応できるような体制整備を図るべきである。

    さらに，今後は小児も含め住民の長期の線量評価も必要であり，個人線量モニタリングの新しい手法を開発し，継続的評価管理を進める仕組みを構築すべきである。

- **法規制とガイドライン**：仮置き場などの施設の設置が遅れていること，除染効果が顕著でないケースもあることから，除染実施方法の指針であるガイドラインを，最新の知見を取り入れることにより充実するとともに，除染に柔軟に現実的に対応できるようにするべきである。汚染土壌，がれき，草木などの発生は，発電所サイト内，サイト外でも同じであることから，より効果的な対応として，特措法と従来から存在する炉規制法などとの関係を整理するとともに，これら法律の上位の考え方をまとめるべきである。

- **除染対象区域の設定**：国は一律に追加被ばく線量が 1 mSv/年以上となる区域を除染対象とした。1mSv/年を長期目標として位置付けつつ ICPR の最適化の原則を踏まえ，除染の効果と要する時間や費用，個人年間実効残存線量などを考慮して，現実的な除染目標や除染区域を設定するべきである。除染にあたっては被ばく管理に「平均的個人」を用いるのではなく，各個人の被ばく線量測定結果に基づいて見直すべきである。

- **除染と除染技術**：市町村が行う除染では地域の状況に合わせて柔軟に除染ができるよう，現場に近いところで意思決定が速やかにできるようにすべきである。除染の実施にあたっては，地域住民の協力，参加が得られるように関係者は最大限の努力を払うべきである。除染技術の選定にあたっては，場所や対象物の特徴に応じて個別に判断することが必要である。各関係機関で実施している成果を体系的に整理し，有機的に連携させ，その成果を効果的に除染の指針や手引きに反映させる仕組みを政府，自治体が一体となって構築するワンストップサービスの早期実現を図るべきである。

- **除染廃棄物の保管・貯蔵**：仮置き場の設置が除染の進展に直ちに影響することから，関係者は住民との対話，また場所の選定にあたっては住民の参加を，積極的に行うことが必要である。汚染廃棄物は仮置き場から中間貯蔵施設で，さらには最終処分場にて管理することとなる。この流れにおいて移動する物量の最小化は，速やかな移動に大きく貢献する。このため，汚染廃棄物の

減容処理，再利用は不可欠となる。速やかにそれらの措置がとれるよう関係者は必要な措置を講じるべきである。

　以上，環境修復の速やかな進展のため幾つかの提言を記したが，環境修復を進めるためには，周辺住民の理解と協力，参加は不可欠である。日本原子力学会は，継続してフォーラムなどの開催，共催，地域との対話集会などを積極的に行うとともに，既設の除染情報プラザへは従来通り積極的に取り組んでいかなければならない。

　このため，各機関などで個別に実施している除染，廃棄物保管貯蔵，減容化などの技術開発について最新の情報を収集して，必要に応じてその評価などを行うことも活動としており，これまでも水田の除染，水稲への放射性セシウムの移行試験を独自に実施してきたが，これらの活動を継続していかなければならない。

　当学会は中立的な学術機関であることから住民の思いを十分咀嚼して，行政などとの接点となり，必要に応じて国や関係団体に必要な措置を要請していく役割を持つ。このため，地元への分かりやすい情報発信などの支援を通して地元との対話を進め，国などへの提言を積極的に行っていきたい。

8.2.6　まとめ

　以上，根本原因分析の結果を軸に幅広い提言を行った。原子力安全を確保するためには，原子力安全の基本的考え方を明確にし，確率論的リスク評価を活用し，安全目標を設定すること，そして深層防護の考え方を正しく理解し，プラント設計，アクシデントマネジメント，防災などに適用することなど，取り組むべき課題は広範囲にわたる。ここで，それらの基盤となる原子力安全研究の継続的展開の重要性をあらためて強調したい。研究活動は人類の知の領域を広げ，課題に対する本源的な理解を深めるとともに，最適な解決策の導出につながるものである。日本原子力学会は，真摯に研究に取り組むとともに人材育成を図り，原子力に係る課題の解決に向けて貢献していく。

9 現在進行している事故後の対応

　現在進行している事故後の対応は，オンサイトの廃炉作業，オフサイトの環境修復，ならびに住民と従事者の健康管理の三つに大別される．オフサイトの環境修復については6.7節に詳述したので，本章ではオンサイトの廃炉作業および住民と従事者の健康管理の今後の課題について述べる．

　廃炉作業では使用済燃料等の取出し，プラント内の調査，がれき類の撤去，止水措置，および燃料デブリのサンプリングや取出しなどの作業を長期にわたり実施していくことになる．この間，現在の冷温停止状態を維持していくことが最も重要な設備対応の一つである．しかし忘れてならないことは，福島第一原子力発電所（以下「福島第一」）に対しては，平成23年（2011年）3月11日に発出された「原子力緊急事態宣言」が現在も解除されていないことである．現在行われている廃炉作業は，この緊急事態の中で行われていることを関係者は肝に銘じて細心の注意を払う必要がある．また，福島第一は平成24年（2012年）11月7日に原子力規制委員会から特定原子力施設の指定を受け，通常運転状態と異なる特別な安全管理の下で廃炉を進めることを原子力規制委員会から指示されていることも十分認識しなければならない．なお，福島第一は特定原子力施設指定の事由がなくなった段階で指定が解除され，次の廃止措置段階に入っていくことになる．

9.1 汚染水の浄化処理

(1) 現状の汚染水浄化処理設備

　福島第一原子力発電所の1～3号機は原子炉内の燃料体（大半が損傷し元の燃料体の形骸を保っていないものと推察される）を所定の温度以下に冷却することを目的に継続的に冷却水が注入されている．注入された冷却水は原子炉圧力容器，格納容器，さらには原子炉建屋へと漏えいし，最終的にはタービン建屋地階まで広範にわたる領域に滞留している．留り水（以降，汚染水と称する）は放射性核分裂生成物などにより汚染しているため，放置するとタービン建屋地階からオーバーフローして建屋外に漏えいし，一部が海洋にまで放出される可能性が想定されるため，汚染水をタービン建屋内で食い止めオーバーフローを抑制している．図9.1に示すように，原子炉圧力容器からタービン建屋地階までの広範な範囲を冷却水の貯留容器と考え，貯留容器全体での冷却水の総量を増やさないように，汚染水を連続的あるいは適宜汲み出し，放射性核分裂生成物などの不純物を除

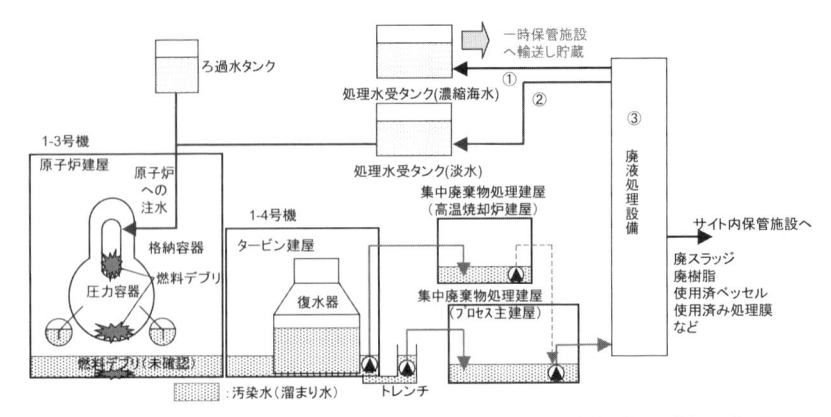

図 9.1 福島第一原子力発電所における冷却水の循環汚染水（溜り水）の処理

去した後，再び原子炉に注水するという大きな冷却水循環系での冷却が行われている[1]。可能な限り早い時期に格納容器からの漏えい箇所を特定し，封水して，汚染水を原子炉圧力容器から格納容器までの小さな循環系で冷却することが必要である。

廃液処理設備では，放射性物質，主として，放射性セシウム，塩分を除去してから再び原子炉に注入する。全体の概要を図 9.2 に示す[1]。

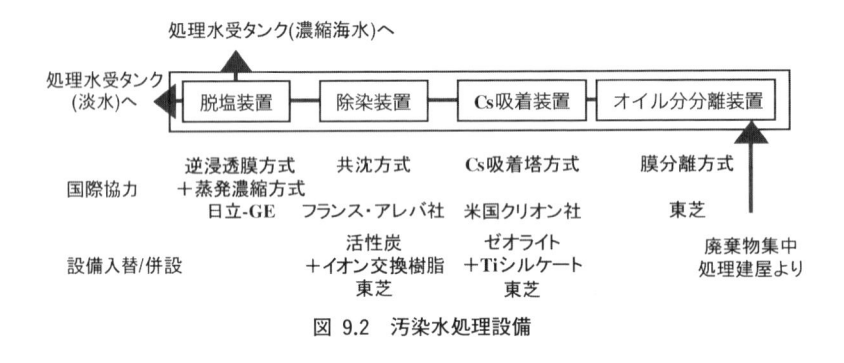

図 9.2 汚染水処理設備

当初は，国際協力でオイル分分離装置と脱塩装置は国内の 2 メーカ製，Cs 吸着装置は米国クリオン社，共沈法による除染装置はフランス・アレバ社でスタートしたが，その後，外国製の装置は順次国内製のものに切り替えられて現在に至っている。

原子炉には燃料の冷却のため，1〜3 号機合わせて約 20 t/h の注水が連続的に行われている。タービン建屋などには地下水の流入が見られ，溜り水は地下水流入量分（ほぼ原子炉注入量に同じ）だけ増加する。1〜4 号機の循環汚染水の総量およびその累積処理量を図 9.3 に示す。循環汚染水総量は 10 万 t に達し，累積処理量は平成 24 年（2012 年）末で約 50 万 t に達している。ほぼ累積処理水量に相当する余剰水は，サイト内の保管施設（貯水タンク）に蓄えられている。

(2) 汚染水の浄化の実態

汚染水中の塩化物イオン濃度（$[Cl^-]$）の経時変化を図 9.4 (a) に示す。注入された海水中の $[Cl^-]$（3.5%）に比べて十分低下しているものの，現状はほぼ一定の値に落ち着いている[2〜4]。汚染水に

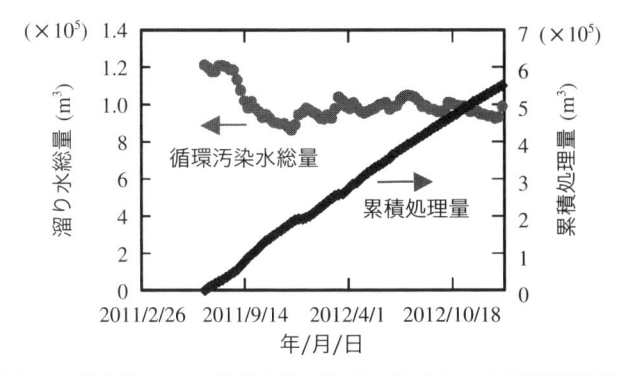

図 9.3 福島第一 1〜4 号機の溜水総インベントリおよび累積処理量

混入する地下水の塩分濃度が高いため，また原子炉内での溶出のため，逆浸透膜による脱塩装置による塩分除去効果が十分に高いにもかかわらず汚染水中の［Cl^-］の低下が阻害されている。

汚染水中のセシウム-134（^{134}Cs）放射能の経時変化を図 9.4 (b) に示す。［Cl^-］の場合と同じく，廃液処理設備の Cs 除去塔での除去の結果，当初は ^{134}Cs 濃度（［^{134}Cs］）が低下したが，事故後 1 年半でほぼ一定値に落ち着いている。原子炉あるいは格納容器内での溶出が主要発生源で，現在も ^{134}Cs の溶出が続いているものと推察される。同様に，^{137}Cs 放射能の経時変化を図 9.4 (c) に示す。経時変化は［Cl^-］，［^{134}Cs］とほぼ同様である。

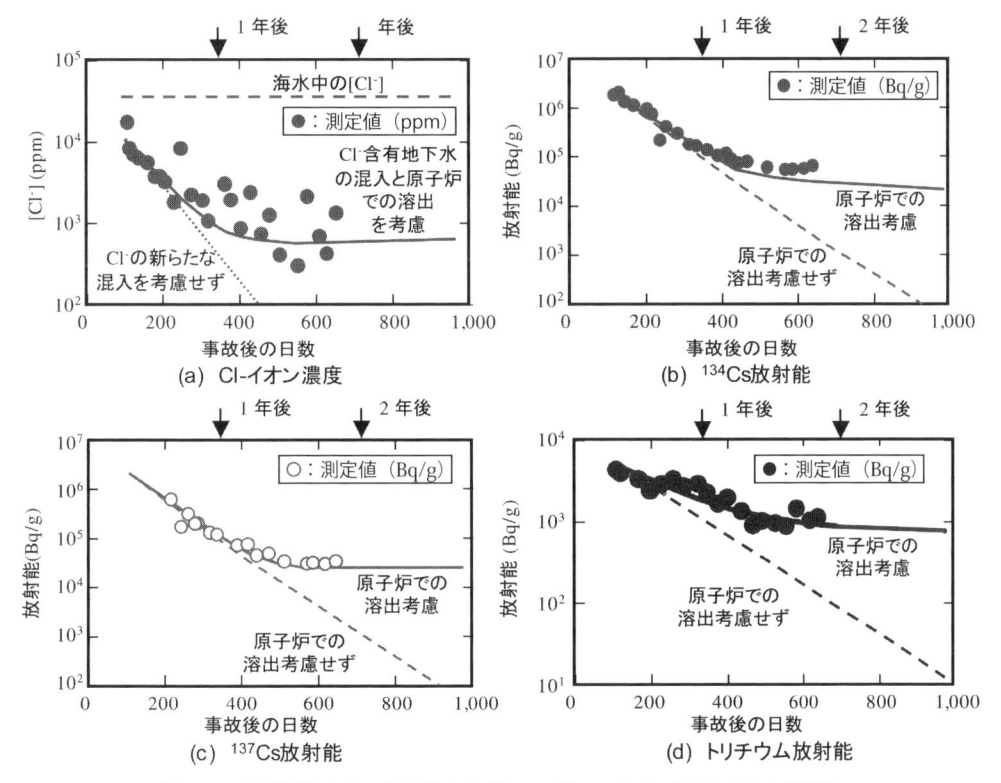

図 9.4 循環汚染水中の塩素濃度と ^{134}Cs，^{137}Cs，およびトリチウム放射能

トリチウムは水素の同位体で，現状の廃液処理設備では除去されないが，図9.4 (d) に示すように，汚染水に混入する地下水による希釈効果により少しではあるが濃度低下傾向が見られた。しかし，これも事故後約1年半でほぼ一定値となった。塩化物イオン，Cs 放射能の場合と同じく，原子炉内での溶出と地下水による希釈のバランスにより一定値になるものと推察される。

上記のように，原子炉内での溶出が続いている状況では，現在のような循環型の浄化では汚染水の放射能濃度の下げ止まりは本質的現象で，浄化処理装置の性能を改善しても汚染水の放射能濃度を下げることはできない。しかし，系外放出のためのワンスルー型の処理を採用する場合には，浄化処理装置の性能の向上が本質的な課題となる。

(3) 多核種除去設備

平成25年（2013年）に入り，図9.5に示す多くの放射性核種が除去可能な多核種除去設備 ALPS が試運転を開始し，汚染水の放射性核種の効果的な除去によるサイト内の余剰汚染水の放射性核種の一層の低減が期待されている[5]。

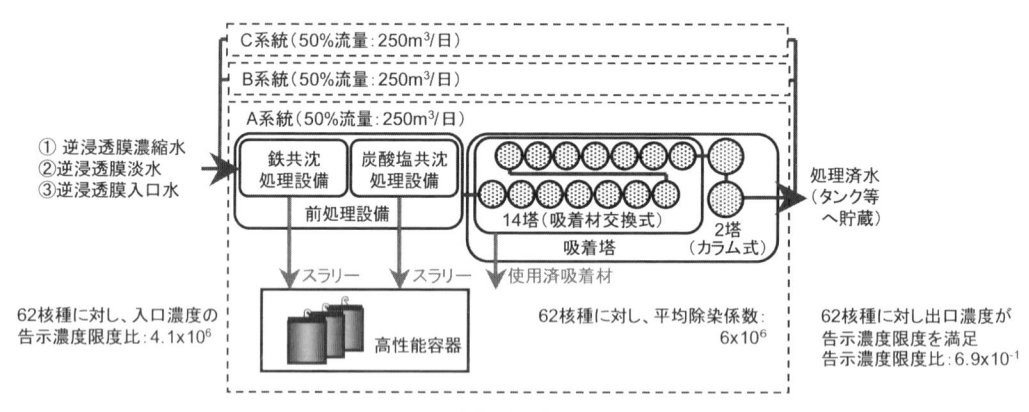

図 9.5 多核種除去設備 ALPS

多核種除去設備 ALPS は現在の循環型の汚染水処理設備に置き換えるのではなく，ワンスルー型の処理装置として用いて，その高い除染性能を最大限に活用することが重要である。平均除染係数 6×10^6（出口濃度が $1/(6 \times 10^6)$ となる）で，現状の処理装置入口濃度に対して，処理水の放射能濃度を告知濃度限界以下に低減可能である。また，多核種除去設備を有効に活用するためには，格納容器の封水を急ぎ冷却水循環系を小さくすることが必須である。原子炉内での放射性核種の溶出は避けられないが，サイト内に蓄積された汚染水の増量を阻止し，これを適宜浄化して，環境への汚染水の漏えい抑制を図ることが肝要である。

(4) トリチウムの発生源と汚染水中の放射能の実態

BWR の場合トリチウムは主としてウランの核分裂のうち三体核分裂（核分裂生成物が3体生成される）によって生じる。三体核分裂の確率は $0.9 \sim 1.2 \times 10^{-4}$/核分裂で，原子炉内の燃料の燃焼度から算出されるウランの全核分裂数から求められる[6]。1～3号機の原子炉の燃料の平均燃焼度から算出したトリチウムインベントリ（全発生）を，プラント内の全汚染水中のトリチウム放射能

とあわせて図 9.6 に示す。溜り水と保管されている貯水中のトリチウム総量は原子炉内での全発生量の約 1/3 であり，まだ 10 年近く現状と同程度のトリチウム溶出が続く可能性がある。

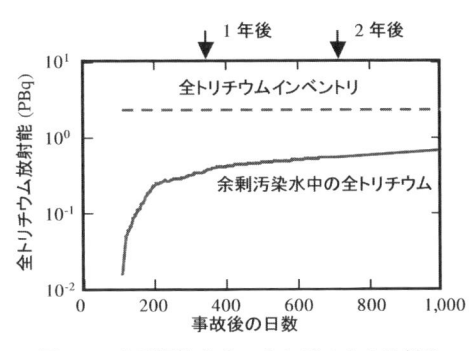

図 9.6　余剰汚染水中の全トリチウム放射能

(5)　トリチウムの取扱いと今後の対応

多核種除去設備の稼働によりトリチウムを除く放射性核種については告示濃度限度以下にまでの除去が可能との見通しが得られているが，トリチウムの除去のためには，多核種除去設備は有効ではなく，別途同位体分離装置の設置が必要である。トリチウムは表 9.1 に示すように，中性子あるいは陽子と窒素あるいは酸素との核反応で生成される地球上に天然に存在する放射性核種で，環境中のバックグラウンドレベルも高々 0.01 Bq/g である。半減期が 12.3 年であるが，水素の同位体で生体に取り込まれても代謝により容易に体外に排出され，生物学的半減期は 12 日と短い。

表 9.1　トリチウムの特性

半減期	12.3 年
生物学的半減期	12 日
	生態系での蓄積効果小
代表的な生成反応	$^{16}N(n, {}^{3}T)^{12}C$
地球上での生成量	1 EBq/年（10^{18} Bq/年）
環境中のバックグラウンド	0.01 Bq/g

(6)　トリチウム水の浄化処理

トリチウムは水素の同位体であるため，共沈法やイオン交換法では除去できず，同位体分離法による除去が必要となる。多核種除去設備 ALPS による他の核種の除去に成功すれば，汚染水中で最終的に問題になるのは，同位体分離によらなければ除去の困難なトリチウムである。

大量，低濃度のトリチウム水の処理は技術的にはいくつかの方法が可能であり，また実施例がある。希釈放出を別にすれば，すべてが同位体分離工程を中心とするプロセスになる。詳細な記述は避けるが，表 9.2 に示す同位体交換法が技術的には適用可能である[7]。いずれも他の核種，化学種，塩類を除去した後でトリチウム含有純水で処理する必要がある。電気分解を除けば個々のプロセスで大きなエネルギー消費を伴うものではないが，大量の水を搬送し，加熱することに伴うエネルギー消費は大きい。

表 9.2 代表的なトリチウム水処理プロセス

方法	原理	長所	短所	汚染水処理（特記事項）	その他
水蒸留法	蒸気圧（沸点）の同位体差利用（軽水 H_2O の沸点が低い）	耐不純物性良好 耐トリチウム性 簡単操作 高い安全性 大流量処理	蒸気圧差微小で分離係数小 必要塔高が高	低効率 大規模設備	再処理指向の基礎試験（名大） CANDU炉納入実績（スルザー社：約30基）
水電解法	電解速度の同位体差利用（軽水 H_2O の電解電位低 低電位で H_2O が集まる）	単段での分離係数高	水電解のエネルギー消費量がきわめて大 大量処理に不向き	不純物（金属イオンなど）の影響	ふげん劣化重水精製装置納入実績
気相化学交換-深冷水素蒸留法	水蒸気/水素同位体交換化学平衡の差（触媒要）利用（^3T は液体側に移行しやすい）		^3T 回収に深冷水素蒸留利用 極低温技術，冷凍装置要	水素の使用量大 不純物存在下の触媒被毒	重水からの ^3T 除去実績（フランス，カナダ）
水-硫化水素二重温度交換法（GS法）＋水蒸留法	平衡定数の温度変化利用，（前段濃縮に利用し，後段の水蒸留法と組合せ）	触媒不要 エネルギー消費小 重水製造プラントの実績多	H_2S の取扱い H_2S による材料腐食 H_2S による公害問題	大量 H_2S の取扱い	重水（素）製造実績（米国，カナダ）
アンモニア-水素法＋水蒸留法	重い水素同位体が NH_3 に移りやすい特性利用（前段濃縮利用，後段の水蒸留法と組合）	重水製造プラントの実績が多い	NH_3 製造設備に付設可能触媒要 NH_3 分解装置要で設備・運転費高	大量 NH_3 の取扱い	重水製造実績（インド，アルゼンチン）
水-水素法＋水電解法	重い水素同位体が水に移りやすい特性を利用（水電解法と組合せ）	分離性能高	大量の疎水性触媒要 大量処理に不向き 水電解エネルギー消費量が大 大量処理に不向き	不純物存在下の触媒被毒 電解槽の不純物影響	ITER水処理に適用 ふげん劣化重水精製装置納入実績

　これらのうち，比較的低濃度のトリチウムの大量処理プロセスに近い実用例としては，規則充填法を用いた水蒸留（スルザー社），およびダーリントントリチウム除去施設（カナダ）の気相化学交換を主体とするプロセスがある．また，国際熱核融合実験炉 ITER ではトリチウム水処理設備として，液相化学交換-電解法の組合せを採用し，3.7×10^{11} Bq/kg のトリチウム水を 20 kg/h 処理可能である．これらはいずれも同位体分離プロセスに特有の問題として，処理水中のトリチウム濃度を下げることは可能であるがその除染効率は高くなく，濃度を 1/10 に下げようとする場合でもカスケード中を多段に循環処理する必要が生じて，膨大な処理量が必要となり，さらにトリチウム濃度を下げようとすれば，設備およびエネルギー消費が非現実的なスケールになる．

　いずれのトリチウム水処理プロセスでも，福島第一で想定されるトリチウム水（$1 \sim 5 \times 10^6$ Bq/kg）と比べると，数桁高いトリチウム濃度を対象としており，本系に適用することは困難である．また，処理能力も〜100万 t を数年で処理することを想定すれば，100倍ないしそれ以上のスケールアップが必要となる．

(7) 汚染水浄化処理に関する課題と提案

　汚染水の発生抑制のためには，格納容器からの漏水箇所を早く突き止め，漏えい箇所の封水を急

いで，タービン建屋を含めた大きな循環系を格納容器に限定した小さな循環に切り替えることが必要である．漏えい箇所の封水は燃料デブリの取出し作業開始にとっても必須であるが，汚染水量の最小化にとってもきわめて重要である．ただし，小さな循環系に切り替えると冷却水中のトリチウム濃度の増大を招く可能性がある．図 9.7 にトリチウム濃度の予測値を示す[6]．小さな循環系になり，燃料デブリからのトリチウムの放出速度が変わらなければ，循環系統のトリチウム濃度は増大し，現状の約 50 倍程度に達する可能性がある．しかし，新型転換炉（ATR）ふげんやカナダ型重水炉（CANDU 炉）の重水系のトリチウム濃度は 100 MBq/g のオーダであることが報告されており，10,000 Bq/g オーダのトリチウム雰囲気では，燃料デブリの取出し作業において大きな被ばく要因とはならないものと考える[8]．トリチウム除去のための同位体分離装置を設置して，この濃度をさらに低減するか，循環水を一部取り出してトリチウム濃度の低減を図るか，燃料デブリを早く取り除いて発生源からの濃度低減を図るか，いずれかの判断は今後の作業の進捗に依存するものと考える．

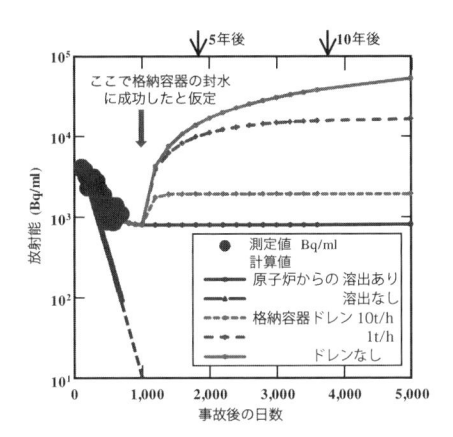

図 9.7 循環汚染水中のトリチウム放射能の予測
（格納容器水封後のトリチウム放射能）

多核種除去設備 ALPS の稼働により，トリチウムを除く放射性核種については告示濃度限度以下にまで放射能除去が可能との見通しが得られているが，トリチウムの除去のためには，前述の同位体交換法の採用が必要となり工学的には採用は難しい．このような状況下で考えうる汚染中のトリチウム対応として検討した結果を表 9.3 にまとめる．

大量かつ高濃度のトリチウムについて再処理工場で実績のある処理方法があるが，それは基本的には希釈，海中放出である．トリチウム水は前述のように同位体分離を行って濃縮することはできるが，さらに高濃度かつ大量のトリチウム水が結果として生成する．これを長期間地上で保管する場合，かえって漏えいなどによる環境の汚染リスクとなる恐れがある．一方，トリチウム水は環境中，特に生活圏に近いところでの濃度を自然バックグラウンドに近くできるのであれば，放出によって環境リスクを十分低く管理することができる．

フランスのラアーグ再処理工場でも放出実績は 14 PBq/年で，福島第一の汚染水に含まれるトリ

表 9.3 トリチウム対応策

対応策	概要	課題	技術的確実性	環境リスク
1. サイト内貯蔵	放出せずに保管	漏えい，地下水汚染のポテンシャル大	高	大
2. トリチウム除去と濃縮	トリチウム濃縮装置の適用	工学的には困難		
2.1 除去水の放出	原理的には放出基準濃度以下までの低減可能。現実は困難。	[現実的な除染係数 10] 希釈との併用が必要	低	小
2.2 高濃縮減容保管	大半のトリチウムを濃縮・減容。残りを希釈放出。	高濃縮トリチウム水保管による環境リスク	低	大
3. 希釈放出	トリチウム以外の核種は除去			
3.1 海洋放出	トリチウムは海水中に希釈放出	継続的なモニタリング	高	小
3.2 気化放出	蒸発させ気中放出（TMI 方式）	雨水に含まれて放出点近傍で検出される可能性	高	中

チウム量相当を約1ヵ月で放出している。いずれも沖合の海中への投入により大量の水によって同位体希釈され，すみやかに環境バックグラウンド濃度近くにまで下がる。福島第一でも、環境リスクを最小とする観点で処理方法を地元や社会の了解のもとに選択すべきであり，海中放出は合理的なオプションとなる。その場合でも，放出法は生活圏に近いところでの濃度を十分小さくするための合理的方法を検討しなければならない。福島第一では復水器冷却ポンプ（2.8×10^5 t/h）を用いれば，放出直前濃度を環境濃度限度以下にして放出することが技術的には可能である。

一方，放射性核種の放出には総量規制も地元協定として存在する。福島第一では運転時の放出量の総量規制が 22 TBq/年であり，この値は濃度限度よりも厳しく放出を制約する可能性がある。この数値は現在の事故炉を擁する施設の実態に合わないため，合理的な値に変更する必要がある。一方，放出濃度は放流点後の周辺環境で，自然界のバックグラウンドに近い低濃度となるように放出可能である。

しかし，現在の計測技術をもってすれば環境中で十分検出可能なレベルであり，社会受容性や風評被害の防止を考えると，「海中放出においては，環境バックグラウンドレベルに近い低レベルで放出した場合，生物などによる濃縮はなく，しかも速やかな希釈効果が期待できる」ということなど，事前に十分な影響説明を行うことが必須となる。

米国 TMI で行われた蒸発放出では，空気中に飽和水蒸気圧で汚染水を蒸発させた。ラドンなどの他の自然放射線よりも低い濃度で放出が可能であるが，雨水などにより周辺環境に沈着した場合には環境で検出される。この結果，環境基準は十分に守っていても，農作物などへの風評被害が問題になりうる。さらに，河川沿いに立地し冷却塔方式の復水器を有する TMI と異なり，福島第一では別途蒸発装置を設けることが必要になる。

以上より，福島第一に蓄積しているトリチウム汚染水については，多核種除去設備 ALPS によりトリチウム以外の放射性核種を取り除いた後に，自然界のバックグラウンドレベルに近い濃度となるように希釈して海中へ放出することが，他の同位体分離などによる浄化処理を採用することに比べて，サイトに溜め込むことによる偶発的な漏水などによる想定外の放射線被ばくや環境汚染のリスクを低減できる方法であるといえる。

(8) まとめ

本節では，汚染水の発生・処理の実績と主としてトリチウムに係る問題点と対処方法を記した。すべての放射性廃水をプラントサイト内に抱え込むという対応は一つの解ではあるが，貯留槽の長期健全性，漏えいによる地下水の汚染のポテンシャルなどを考えるとき，適切な制御，監視のもと大海で希釈するという選択が最も現実的な解であると考える。

参考文献（9.1）

1) 東電ホームページ・プレスリリース,「福島第一原子力発電所における高濃度の放射性物質を含むたまり水の貯蔵及び処理の状況について（第1報-第99報）」.
2) 浅野 隆，可児祐子，武士紀昭，玉田 慎，日本原子力学会20012年秋の大会予稿集，C48 (2012).
3) Y. Kani, M. Kamoshida, D. Watanabe, T. Asano, S. Tamata, Waste Management 2013.
4) S. Uchida, ICPWS 16, IAPWS, 2013.
5) 東京電力,「多核種除去設備について」http://www.meti.go.jp/earthquake/nuclear/pdf/120328_02i.pdf
6) M. J. Fluss, N. D. Dubey, R. L. Malewicki, *Phys. Rev.C*, **6**, 2252 (1972).
7) 穂積正浩，浅原政治，住友重機械技報，**30**(90), 11-12, Dec. (1982).
8) 日本原子力学会 編,『原子炉水化学ハンドブック』，コロナ社 (2000).

9.2 燃料の取扱い

福島第一原子力発電所の1～3号機では，炉心内の燃料の多くは溶融したものと考えられており，溶融燃料は，原子炉圧力容器さらには格納容器の内部に再配置したものと考えられている。4号機は炉心内に燃料は装荷されておらず，すべての燃料は使用済燃料プール内に存在するが，使用済燃料プール内の新燃料の検査の結果，燃料の多くは健全性が保たれているものと推定されている。しかし，1～3号機の各々の使用済燃料プール内の燃料については健全性は確認されていない。事故プラントの使用済燃料プール内の燃料と原子炉格納容器内の溶融燃料（燃料デブリ）は，放射性物質の最大の源であるため，これらをできるだけ早期に除去して適切な管理下に置く必要がある。使用済燃料プール内の燃料と原子炉格納容器内の燃料デブリに関する事故後の対応状況と今後の計画については，平成25年（2013年）6月27日の第5回東京電力福島第一原子力発電所廃炉対策推進会議における「東京電力(株)福島第一原子力発電所1～4号機の廃止措置等に向けた中長期ロードマップ」[1]（以下，ロードマップ）に示されている。

本節では，使用済燃料プールからの燃料集合体の取出しと保管，および燃料デブリの取出しと保管について，実施計画および関連する研究開発計画を調査し，特に技術的・学術的な面からの課題をあげ提案をまとめた。

9.2.1 使用済燃料プールからの燃料集合体の取出しと保管

(1) 実施計画[1]

ロードマップ[1]によれば，1～4号機の使用済燃料プールに保管されていた燃料は発電所内にある共用プールに移送し，安定的に貯蔵する予定である。共用プールに燃料を貯蔵するエリアを確保

するため，事故前から貯蔵されていた健全な燃料を新たに設置する乾式キャスク仮保管設備に搬出する。1～4号機の使用済燃料集合体をすべて共用プールに受け入れるため，乾式キャスク仮保管設備の増設と乾式キャスクの確実な調達が必要となっている。

4号機の原子炉建屋のオペレーティングフロア上部のがれき撤去は平成24年（2012年）12月に完了しており，現在（平成25年（2013年）6月時点），燃料取出し用カバー内部に燃料取出し作業のための燃料取扱い設備の設置工事を進めているところである。使用済燃料プールからの燃料取出し開始目標を平成25年（2013年）11月，完了目標を平成26年（2014年）末頃としている。

1～3号機の使用済燃料プールからの使用済燃料の取出しは，号機によって原子炉建屋上部の破損状況や汚染状況が異なるため，原子炉建屋の耐震性，除染，燃料取扱い設備の施工可能性などの観点から号機ごとに判断して，各々に適切なプランを選択する計画となっている。選択するプランによって異なるが，使用済燃料の取出し開始は，1号機では平成29年度（2017年度），2号機では早い場合は平成29年度（2017年度），遅い場合は平成36年度（2024年度），3号機では平成27年度（2015年度）を目標としている。

(2) 研究開発計画[1]

ロードマップ[1]の別冊に示されている研究開発計画では，共用プールにおける長期保管や乾式保管に関する技術の確立と，これらの再処理を行う場合の技術的課題の調査のため，次の研究開発計画が示されている。

a. 使用済燃料プールから取り出した燃料集合体他の長期健全性評価（平成23年度（2011年度）～平成29年度（2017年度））

非破壊検査や強度試験などによる共用プール移送前後の使用済燃料の状態把握，腐食試験や強度試験などによる長期健全性評価手法の確立，照射燃料ペレットからの核分裂生成物（FP）などの溶出挙動試験による破損燃料からのFPなど溶出評価，長期健全性に係る基礎試験，他

b. 使用済燃料プールから取り出した損傷燃料などの処理方法の検討（平成25年度（2013年度）～平成29年度（2017年度））

国内外における損傷燃料などに関する事例調査，損傷燃料などの化学処理工程などへの影響の検討，損傷燃料などのハンドリングなどに係る検討，損傷燃料などの分別指標の整備，他

(3) 提　案

使用済燃料集合体の共用プール移送後の長期健全性の確認が重要とし，海水注入やがれきの降下などの影響を調べる計画となっている。また，損傷燃料に対しては，FPの浸出など保管中の長期健全性を考慮する計画となっており，おおむね妥当と考えられる。

ただし，照射済燃料ペレットからのFPなどの溶出については，海外で研究例がある（たとえば参考文献2））ので，これらを調査することにより研究の効率化を図るべきである。

また，損傷燃料の化学処理方法の検討を行う計画となっている。これは将来の課題として重要ではあるが，現時点では研究資源の重点化の観点から時期尚早である。廃炉対策が完了するまでの間は，損傷燃料を含む使用済燃料集合体を安定的に保管・監視するための技術開発を優先するべきである。

9.2.2 燃料デブリの取出しと保管

(1) 実施計画[1]

　号機によって原子炉建屋上部の破損状況や汚染状況が異なると考えられるため，使用済燃料プールからの使用済燃料の取出しと同様に，1～3号機の炉内あるいは格納容器内からの燃料デブリの取出しに必要な装置の設置方法は，原子炉建屋の耐震性，除染，燃料取扱い設備の施工可能性などの観点から号機ごとに判断して，各々に適切なプランを選択する計画を検討しているところである。選択するプランによって異なるが，燃料デブリの取出し開始の目標時期は，1号機では平成32年度（2020年度）～平成34年度（2022年度），2号機では平成32年度（2020年度）～平成36年度（2024年度），3号機では平成33年度（2021年度）～平成35年度（2023年度）としている。

　燃料デブリの位置・性状，原子炉格納容器・圧力容器の損傷箇所の詳細状況は不明であるが，TMI-2の例と同様に，燃料デブリを冠水させた状態で取り出す方法が，作業被ばく低減の観点から最も確実な方法であるとしている。そのために，原子炉建屋内の線量低減，原子炉格納容器の水張りに向けた調査・補修，原子炉格納容器内の内部調査，原子炉圧力容器の内部調査，燃料デブリ取出し技術の整備，燃料デブリの収納・移送・保管，原子炉圧力容器・格納容器の健全性評価，燃料デブリの臨界管理，事故進展解析技術の高度化による炉内状況の把握，燃料デブリの性状把握，処理・処分準備，燃料デブリの計量管理などを進める計画である。なお，過酷な事故の影響を受けた原子炉格納容器の上部まで冠水させるための技術は，多段階で難しい課題を抱えているため，冠水することなく燃料デブリを取り出す代替工法についても併せて検討を進めることとしている。

(2) 研究開発計画[1]

　燃料デブリの取出し開始時期は，号機別の状況の違いや現場作業工程などによって号機別に複数想定しているが，燃料デブリ取出しに向けて必要となる研究開発は，各号機に共通したプロジェクトとして効率的に進める計画である。研究開発計画[1]では，燃料デブリの取出しまでには技術的に多くの課題があり，後年度の計画においては，その実施内容が大きく変わり得るため，目標工程を設定し，今後の現場状況，研究開発成果，安全要求事項などの状況を踏まえながら段階的に工程を進めていくこととしている。研究開発プロジェクトの全体計画は，おおむね次のとおりである。

　a．原子炉建屋内の遠隔除染技術の開発（平成23年度（2011年度）～平成26年度（2014年度））

　汚染状況調査，遠隔装置の検討・製作，除染技術整理と除染概念検討，模擬汚染による除染試験，遠隔装置と組み合わせた除染技術実証，遠隔による実機遮蔽設置実証など

　b．総合的線量低減計画の策定（平成24年度（2012年度）～平成25年度（2013年度））

　格納容器内部調査などの作業場所，爆発損傷階，階段室など共通アクセス通路など作業エリアの特定と状況把握，除染・遮蔽・フラッシングなどを組み合わせた被ばく低減計画の策定

　c．原子炉格納容器水張りに向けた調査・補修（止水）技術の開発（平成23年度（2011年度）～平成29年度（2017年度））

　格納容器の水張りに向けた漏水箇所調査工法の検討と装置の製作・現場実証，補修（止水）工法の検討と装置の製作・実機適用性評価，水張り以外の代替工法の検討など

d. 原子炉格納容器内部調査技術の開発（平成23年度（2011年度）～平成28年度（2016年度））

格納容器内の状況把握，燃料デブリ取出し工法検討に向けた調査工法と装置の開発，炉内状況推測結果に基づく既存技術の整理，格納容器内部からの放射性物質飛散防止方法の検討など

e. 原子炉圧力容器内部調査技術の開発（平成25年度（2013年度）～平成31年度（2019年度））

調査計画の検討，調査対象部位までのアクセス技術の開発，実燃料デブリのサンプリング技術の開発など

f. 燃料デブリ・炉内構造物取出し技術の開発（平成26年度（2014年度）～平成32年度（2020年度））

既存技術のカタログ化・整理，取出し工法の検討，取出し装置の開発と実施適用性評価，実物大試験設備を用いたモックアップ試験による工法の検証など

g. 炉内燃料デブリ収納・移送・保管技術開発（平成25年度（2013年度）～平成31年度（2019年度））

破損燃料の輸送・貯蔵技術の実績調査，燃料デブリの保管システムの検討，収納容器の評価技術の開発（臨界，遮蔽，除熱，密封，構造など），収納方法の検討，収納容器製作，収納容器の移送・保管技術の開発など

h. 原子炉圧力容器／格納容器の健全性評価技術の開発（平成23年度（2011年度）～平成28年度（2016年度））

高温の海水に曝され，腐食が懸念される原子炉圧力容器と格納容器各部の構造健全性評価に向けて，構造材料腐食試験，腐食抑制策確証試験，構造物余寿命・寿命延長評価，腐食抑制システム開発と実機適用性評価など

事故後の高温による強度低下が懸念されるペデスタルの健全性について，鉄筋コンクリート劣化試験および高温デブリ落下影響評価

i. 燃料デブリの臨界管理技術の開発（平成24年度（2012年度）～平成31年度（2019年度））

燃料デブリ取出し作業などに伴いデブリ形状や水量が変化しても未臨界を維持するため，臨界シナリオの検討，臨界となった場合の被ばく影響緩和策検討，廃液処理および冷却設備の未臨界管理技術開発，再臨界検知技術の開発，中性子吸収材の開発などによる臨界防止技術の開発，臨界計算誤差評価や解析コード整備などの臨界管理技術関連基盤研究など

j. 事故進展解析技術の高度化による炉内状況の把握（平成23年度（2011年度）～平成32年度（2020年度））

損傷炉心の直接観察は困難であるため，廃止措置作業から得られる情報とともに，事故時プラント挙動の分析，シビアアクシデント解析コードの高度化，模擬試験などの成果を用いて，炉内状況の推定・把握に対する取組みを継続

k. 模擬デブリを用いた特性の把握，実デブリの性状分析，デブリ処置技術の開発（平成23年度（2011年度）～平成32年度（2020年度））

燃料デブリの特性に応じた取出し治具や収納容器などの準備のため，模擬デブリの作製と特性評価，実燃料デブリの性状分析

燃料デブリ取出し後の長期保管や処理処分の見通しを得るため，燃料デブリ処置（保管・処理・処分）シナリオの検討，既存技術による燃料デブリ処置の可能性検討など

l． 燃料デブリに係る計量管理方策の構築（平成23年度（2011年度）～平成32年度（2020年度））

TMI-2とチェルノブイリの計量管理手法に関する調査，核物質計量管理技術の現状調査，上記e, j, kの結果を利用した核燃料物質の分布状況の評価，燃料デブリに係る計量管理手法の構築

(3) 提　案

建屋内の放射線量が高いためアクセスが困難であり，実デブリのサンプリングまでには数年を要すると考えられるため，その間に解析や模擬試験を実施して，燃料デブリの分布や性状に関する情報を準備しておくとの現計画はおおむね妥当と考えられる。しかし，以下の点について今後検討する必要がある。

燃料デブリの取出しのために，原子炉圧力容器もしくは格納容器に水を満たす計画となっている。そのため，燃料デブリの取出しのための機器の汚染量評価，放射線遮蔽，燃料デブリの収納容器の設計などに向けて，原子炉建屋プールの破損燃料からのFPなどの溶出の評価と同様に，燃料デブリから水に浸出するFPの量を評価する必要がある。

燃料デブリの機械的特性や化学的特性は，燃料デブリの取出しだけでなく，臨界管理，計量管理，収納，保管などにおいて基本的な情報となる。そのため，これまで国内外で実施された関連研究の成果について網羅的に調査し，効率的に研究を進めることが望まれる。ただし，既往研究の成果を参照する際には，今回の事故の特徴を踏まえて，さまざまな可能性を考慮する必要がある。たとえば，TMI-2号機（PWR）の事故後調査の結果などから，燃料デブリは主としてジルカロイ被覆管が水蒸気によって酸化してできるジルコニウム酸化物と燃料の二酸化ウランとが溶融してできるセラミック相と，ステンレス鋼などの炉内構造物やジルカロイなどを主成分とする金属相からなること，炉内の位置によってセラミック相と金属相の割合が異なること，セラミック相は冷却速度によって結晶の大きさが異なることなどが知られている。しかし，BWRの場合はPWRより炉内のジルカロイの量が多いため，セラミック相の酸化状態や金属相のジルコニウム濃度など，燃料デブリの状況がTMI-2号機とは異なる可能性がある。今回の事故では溶融した燃料の一部が原子炉圧力容器を抜けて，ペデスタルのコンクリートと反応した可能性が指摘されているが，コンクリート成分の溶解によって溶融燃料（燃料デブリ）の組成が変化し，性状や特性が大きく変化することも考慮する必要がある。溶融燃料内の酸化状態（ジルコニウム金属あるいはウラン金属の濃度）によって，溶融燃料とコンクリートとの反応が影響を受けることにも注意を要する。また，事故の収束のために大量の海水が炉内に注入されたが，海水にはさまざまな成分が含まれており，これらが高温で破損燃料と接触する条件では，さまざまな化学反応が発生した可能性がある。表9.4はこのような今回の事故の特徴が，燃料デブリの特性・性状に及ぼす影響をまとめたものである[3]。

実際の燃料デブリの化学形態（組成や相構造など）については，さまざまな条件を仮定した熱力学的な平衡計算により，ある程度の予測を行うことが可能である。また，適切な模擬実験によって，燃料デブリの生成条件と化学形態との関係を明らかにしておくことができる。こうして蓄積さ

表 9.4　福島第一事故の特徴が燃料デブリの特性・性状に及ぼす影響

項　目		TMI-2（PWR）	福島第一（BWR）	溶融燃料の特性・性状への予想される影響
燃料・構造材	燃料構造	スペーサグリッド	チャンネルボックス	炉内にジルカロイ量が多く，溶融燃料中のZr濃度が高い。
	制御棒	Ag-In-Cd/SS被覆	B_4C/SS被覆	ホウ素とFeとの共晶反応が貴金属FPの挙動に影響？ B_4Cと水蒸気との反応によるCO_2やH_2ガス発生の影響は？
	燃料	UO_2	Gdを含有，一部にMOX	MOXやGdは燃料デブリの性状などには大きく影響しない？
	燃焼度	運転開始後3ヵ月	新燃料～高燃焼度	溶融燃料中のFP量が多く，水の放射線分解に要配慮。
炉構造内	炉容器下部構造	炉心支持板，計装案内管など	炉心支持板，制御棒案内管/駆動軸など	炉容器下部構造の鋼材の量が多く，下部ヘッドの溶融燃料のFe濃度が高い。貴金属FPを多く取り込んでいる？
事象進展	溶融継続時間	1～2時間	数時間	炉内の溶融領域の割合が大きい？ 揮発性FPの放出が大？ 燃料デブリの一部が緻密化？ 溶融燃料の一部は圧力容器の下に落下，コンクリートと反応。
	圧力	>50気圧	大気圧～数気圧	圧力は冶金学的な反応には大きくは影響しない？
	海水注入	なし	炉心溶融後	海水成分の挙動は不明だが，冷却時や保管時のFPの浸出挙動や保管容器の腐食などに影響？ 溶融燃料の性状への影響は？
取出しまでの期間		事故発生から取出し完了までに10年	取出し着手までに10年程度を想定	冷却期間が長期化すると燃料デブリの性状に変化？ FPの浸出に影響？

れる燃料デブリの化学形態に関するデータは，実燃料デブリの分析結果から今回の事故における現象の進展を解明していく際の有力な手掛かりとなる。今回の事故の現象進展の解明は，シビアアクシデントの現象理解に大いに役立ち，さらには世界の軽水炉の合理的安全対策の基礎となることに留意すべきである。そのため，実燃料デブリの分析と分析結果の解析については，TMI-2の事故後調査と同様に，国内外の関係機関と連携して綿密に行うべきである。

現在，研究計画を立案中となっている炉内燃料デブリ収納・移送・保管技術の開発においては，取出しの条件（冷却水への添加物，取出し方法など）や燃料デブリの特性を考慮した収納容器の設計が重要となる。特に水の放射線分解による水素発生への対処，海水成分などによる構造材腐食の抑制，臨界に対する余裕，放射線遮蔽などを考慮する必要がある。炉内燃料デブリ収納・移送・保管技術の開発では，TMI-2の燃料デブリの取出しと保管に使用されたキャニスタの設計が参考になると考えられるが，福島第一の特徴（高燃焼度，海水成分混入の可能性，MCCIの可能性など）も考慮して慎重に進める必要がある。

参考文献（9.2.1, 9.2.2）

1) 東京電力福島第一原子力発電所廃炉対策推進会議（第5回）資料，「東京電力(株)福島第一原子力発電所1～4号機の廃止措置等に向けた中長期ロードマップ」(2013年6月27日).
2) Y.B. Katayama, *et al.*, "Status Report on LWR Spent Fuel IAEA Leach Tests," PNL-3173, Pacific Northwest Laboratory (1980).
3) 「溶融事故における核燃料関連の課題検討ワーキンググループ最終報告」日本原子力学会　2013年秋の大会　八戸工業大学.

9.2.3 燃料インベントリと再臨界の可能性

(1) 序　論

　福島第一原子力発電所の事故後，チェルノブイリ原子力発電所事故との規模の比較の観点から原子炉の中に内蔵されている放射能やサイトから放出された放射能がいくらであったかということと，破損した（溶融した）燃料が再び臨界になるのではないかということに注目が集まった。

　本項では，インベントリ（核種存在量）計算と再臨界問題についての検討をまとめ，今後の検討課題について述べる。

(2) インベントリ計算

　事故時に施設から放出される放射性核種とその放射能量をソースタームといい，これはシビアアクシデントの環境影響評価のための重要な因子である。ソースタームの決定は事故解析に基づいて放射性物質が放出される状況を考慮して行われるが，燃焼計算で得られる炉心インベントリがその評価の基礎となる。通常の燃料設計や炉心解析では，中性子増倍率に影響のある中性子反応断面積が大きく半減期の長い主要なアクチノイド核種と核分裂生成物（FP）の生成消滅が，燃焼計算によって扱われる。それに対して事故時のインベントリ計算では，中性子増倍率評価上の重要度は小さくても，半減期が短く線量評価に必要とされる同位体の量が重要である。そのような目的においては，炉心解析で必要とされる燃焼中の中性子スペクトルの変化を取り入れた詳細な燃焼計算ではなく，簡便な一点炉燃焼計算コードが使用されている。事故直後に，事故評価の基礎データを与えるために日本原子力研究開発機構において実施されたインベントリ計算では，わが国で最も広く利用される一点炉燃焼計算コード ORIGEN2[1] の最新バージョン ORIGEN2.2 に，わが国が開発した断面積ライブラリを組み合わせた ORIGEN2.2UPJ[1] が使用された。ORIGEN2 は簡便な入力にその特徴があり，炉心に装荷されているウラン量とその組成，運転履歴があれば計算が可能であり，迅速なインベントリ計算には十分な機能をもつ。

　事故後に行われたインベントリ計算実施時の問題点として，燃料の初期組成と原子炉の運転履歴の詳細データが容易に入手できない点が指摘されており，それらのデータが計算結果に与える影響が検討されている[3]。また，ORIEGN2 では燃焼度に依存して変化する実効断面積は内蔵される 20 反応以下に制限されている。この点について，西原ら[4] が ORIGEN2 と核計算コード SRAC[5] を組み合わせた統合化燃焼計算コード SWAT[6] を用いて燃焼度依存性を考慮した核分裂生成物の生成量を計算した結果，ORIGEN2 によって計算される核分裂生成物の生成量と SWAT による生成量との差は，インベントリ計算の目的を考えると十分に小さいことが確認された。

　さらに奥村ら[7] は，SRAC の改良版であるモジュラー型核計算コードシステム MOSRA を使用して，炉内の三次元インベントリ分布計算を試みている。この結果，核分裂で生成された後の中性子吸収反応で生成される核種については，中性子スペクトルの変化を考慮しない単純な平均燃焼度を使用した解析と，中性子スペクトル変化を考慮する詳細解析との差が大きくなる傾向があることを指摘している。この奥村らの解析は一般的に考えられる炉内の燃料装荷パターンを仮定して行ったものであるが，詳細な解析を行う場合に考慮すべき点を示唆している。

これらのことは，ORIGEN2をベースとした現在のインベントリ計算は十分な精度をもっているものの，今後行われるシビアアクシデント対策におけるソフト面の対応の一つとして，事故発生時に必要となるデータ一式に容易にアクセスできるように準備しておくこと，あるいは平時から定期的にその時点のインベントリを評価しておくことの重要性を示している。

(3) 再臨界

再臨界とは，臨界状態であった原子炉などが，いったん停止するなどして核分裂が止まっている状態である未臨界状態になった後に，何らかの原因により再び臨界になることである。福島第一事故収束の作業においては，炉心の冷却に必要な淡水が枯渇し代替案として海水注入を検討した際に，再臨界の可能性についての議論となり対応に混乱を招いたこと，ホウ酸を注入するなどの再臨界防止策が実施されているにもかかわらず，すでに再臨界が起こっていたのではないか，あるいはこれから再臨界となり大量の放射性物質が放出されるのではないかなど，再臨界を懸念する声が事故直後から存在している。現実の問題として再臨界が起こりうるのか，技術的判断として再臨界がどの程度起こりやすいのか，どのような状況で再臨界が起きるのか，仮に再臨界となった場合にどのような影響が生じ得るのか，事故の進展や放射性物質の放出にどの程度の影響が生じ得るのか，などの検討をしておくことも必要と考えられている[3]。

(4) 再臨界となる可能性の検討

シビアアクシデント時の各段階において再臨界となる可能性を検討すると，以下のようになる。

① 炉　心

a．炉心溶融の過程：炉心溶融時には，基本的に減速材である水が存在していないために，低濃縮ウラン体系では臨界に達することはないといえる。

b．冠水過程：冷却材喪失事故時に，制御棒は溶融して抜け落ちるが燃料は溶融に至らず自立したままになっている状態で再冠水が始まると，臨界に至る可能性がある。また，溶融した炉心が圧力容器から格納容器内に溶け落ち，その溶融炉心を冷却するために冷却水を注入する際に細分化した溶融燃料が臨界に至る可能性もある。これらのシナリオが成立する可能性は一定の条件下において検討され，その可能性は非常に低いとされている[8]。

c．冷却過程：TMI-2事故の結果生じた燃料デブリの大きさは，大きなかたまりから顆粒状のものまでさまざまであり，その性状も多孔質からクラスト状のものまでさまざまであった。溶融した燃料が大きな塊として底部に存在し，内部に水が浸入できないような場合には，臨界になることはないと考えられる。一方，溶融した燃料が微小な粉（粒）となって冷却水中に分布するような場合や，溶融した燃料の大きな塊の内部に水が浸入し得る場合を想定すると，再臨界となる可能性が生じる。たとえば，ウラン濃縮度4wt%の未燃焼燃料の場合，ウラン濃度が約$0.4\,\mathrm{g\text{-}U/cm^3}$（$400\,\mathrm{g\text{-}U/L}$）以上の高濃度になると臨界となり得る。このような高濃度でウランの粉末が均質に水中に分散することは，現実問題としては想定し難いといえるが，小さな粒子状になった燃料が冷却水の循環によって移動し，配管などの特定部位に集中するような状態では再臨界に注意する必要がある。また，TMI-2事故後の調査で見られたように，溶融した燃料が原子炉圧力容器底部等で軽石のような多孔質の状態でかなり大きな塊になる場合に，その塊に内部まで十分に水が浸入する場合や，

燃料が比較的大きい粒子状となっている場合に燃料間に水が浸透するなどして核的な条件が整えば，臨界となる可能性が生じると考えられる。

② **使用済燃料プール**　使用済燃料プール内の燃料は，一部が水素爆発に伴うがれきなどにより機械的に損傷している可能性はあるが，多くは健全であると推定されている。冷却不足により燃料が大きく損傷して，プール下部に堆積した場合の臨界性については，炉心溶融の場合と類似の状況であるが，制御棒が入っていない分，さらに厳しい条件と考えられる。一方，燃料が健全のまま燃料貯蔵ラックが変形した場合には，炉心と異なり制御棒がないことから臨界になる可能性が高い。また，使用済燃料の未臨界性がラックによる中性子吸収によらず燃料集合体間の距離をとることで担保されている場合に，沸騰を伴う水位低下によって中性子増倍率が上昇する可能性が指摘されている[9]ことにも注意をすべきである。

(5) 再臨界の影響

一般に，臨界超過事象（臨界事故事象）の最大規模は超過反応度と体系の体積の大きさに依存する。軽水炉のような低濃縮ウラン体系では，体系を大きくしないと臨界にはならないことが多いが，その分超過反応度がそれほど大きくならず，結果として事故の規模はある程度の範囲で収まるものと考えられる。ただし，減速条件によっては，体系の温度上昇により正の反応度が添加される場合もあり，その場合には大量の水が蒸発して体系寸法がある程度小さくなるまで臨界が続くため，事故規模は大きくなるものと思われる。福島第一では，これまでの冷却作業において再臨界の発生は確認されておらず，今後の作業においても燃料の配置や形状を変化させるようなことがなければ，臨界になることは考えにくい。

再臨界が発生した場合の検知方法として，1～3号機には格納容器ガス管理システムが設置されており，これにより格納容器内のガス中の短半減期のキセノンをモニタし，自発核分裂レベルの濃度でも検出が可能となっている。また，臨界停止のためのホウ酸水注入も準備されている。したがって，万が一再臨界となった場合には，それを検知しホウ酸水を注入することは容易に実施できるが，冷却水が炉外も含めて循環していることを考えると，ホウ酸濃度の維持管理で継続的に未臨界状態を維持するには相当の努力を要する。

(6) おわりに

インベントリ計算自体は簡便な一点炉燃焼計算コードで実施できる。事故時のインベントリ計算では最初に保守的な結果が求められるとしても，最終的にはできるだけ正確な値を要求されることとなる。各プラントの基本的な炉心パラメータや運転履歴，使用済燃料プールに貯蔵してある燃料の体数やそれぞれの照射履歴などは，いつでも使えるように整理および管理されることが，緊急時対応の一つとして求められるだろう。また，インベントリ計算に使用されるORIGEN2の計算は短時間で終了することから，今後強化される原子力防災用システムの構成要素の一つとして，たとえば毎日国内の全原子炉に対してインベントリ計算を実施するシステムが検討されるべきであろう。

さらに，福島第一原子力発電所において収束までの過程における再臨界の可能性について，検討してみた。再臨界の可能性はゼロではないことから，それを防ぐ対策（ホウ酸水の注入など）を準備しておくことが必要であり，万が一再臨界となる可能性を考えておくこと（早期の検知と未臨界

措置）は，今後の廃止措置作業を進めるためにも，また防災上も必要である。

参考文献（9.2.3）

1) A. G. Croff, ORNL-5621 (1980).
2) http://www.oecd-nea.org/tools/abstract/detail/nea-1642.
3) 日本原子力学会，「炉物理夏期セミナーテキスト」(2011).
4) 西原健司，岩元大樹，須山賢也，JAEA-Data/Code 2012-018 (2012).
5) 奥村啓介，土橋敬一郎，金子邦男，JAERI-Data/Code 96-015 (1996).
6) 須山賢也，清住武秀，望月弘樹，JAERI-Data/Code 2000-027 (2000).
7) 奥村啓介，2012 年度核データ研究会，京都大学原子炉実験所（2012 年 11 月 15 日～16 日）.
8) 日本原子力学会，「シビアアクシデント熱流動現象評価」(2001).
9) 原子力安全基盤機構，安全研究年報（平成 23 年度）(p.404)，JNES-RE-2012-0001-Rev-2 (2012).

9.3 廃止措置と放射性廃棄物の処理・処分

(1) はじめに

　福島第一原子力発電所（1～4 号機）では事故に伴い，放射性核種で汚染された廃棄物や伐採木，がれきおよびその対応に伴う二次廃棄物が多量に発生した。さらに，今後の廃止措置やその準備作業に伴ってさらに多種多様な廃棄物も発生する。これらの廃棄物の処理・処分は，その性状や核種濃度などに応じた対応を基本とし，サイトの現状を踏まえたリスクの低減化と廃棄物の減容・安定化を考慮する必要がある。また，事故炉のバックエンド対策に限らず，廃止措置・放射性廃棄物の処理・処分は，個々の段階の最適化が必ずしも全体の最適化とはならない。すなわち，廃止措置に向けたプロジェクト全体のマネジメントをどう行うか，また最終状態（エンドステート）をどのように想定するかをステークホルダーが共有し，技術的な課題のみならず社会的受容性に柔軟に対応することが肝要となる。

　本節では，廃止措置上の留意点に主眼を置き，通常プラントと事故プラントとの相違点についてまとめるとともに，関連する課題についての提案をまとめる。なお，福島第一については原子力災害対策本部が「東京電力福島第一原子力発電所 1～4 号機の廃止措置に向けた中長期ロードマップ」[1]を作成し，3 期で約 40 年に及ぶ計画および必要となる研究開発を詳述している。また日本原子力学会では，福島第一の放射性廃棄物処理・処分について特別専門委員会を設置し，「研究開発課題の抽出と解決に向けた考え方」[2]を報告書にとりまとめている。本節ではこれらとの重複を避け，現状を考慮した本調査委員会における提案を記載する。

(2) 廃止措置

　廃止措置は燃料デブリ取出し後の平成 34 年（2022 年）頃から開始される予定である。ここでは通常の発電所との違いを比較し，実施していくうえでの留意点について記載する。

　① 建屋除染　　福島第一の場合は，通常の発電所と異なり，プラント機器・系統を撤去する前に，放射線量率を低減するために一定の放射線レベル以下まで建屋を除染する必要がある。除染するうえでのポイントとして，① 二次廃棄物発生，② 除染方法の選定，③ 処分区分の観点があげ

られる。また，処分区分の観点からは以下が必要になる。

　a.　サイト内の廃棄物をα濃度および$\beta\gamma$濃度との関係にプロットし，トレンチ，ピット，余裕深度および地層処分に分類して（クリアランス以下も考慮していく必要がある），性能評価により処分形態を再評価する。

　b.　そのうえで，安定的に保管する上での処理形態を検討する。

　② **汚染の形態**　　福島第一の建屋内除染方法に影響する汚染の状況としては，汚染源と汚染を受けた対象との関係で概略次の4タイプに区分される。① 揮発性核種による表面汚染，② 揮発性核種による浸透汚染，③ 汚染水（滞留水，循環水）による表面汚染，④ 汚染水（滞留水，循環水）による浸透汚染。

　福島第一は事故収束作業において放射線量率の低減を目的として行う建屋内除染が当面の対象となる。放射線防護の最適化の観点から，除染に伴う作業員などの被ばく線量が除染による低減線量を上回らないことの確認が必要である。

　③ **除染方法（適用技術）**　　除染方法を選定する場合，除染によって被ばく低減の効果がでるように上記の汚染状況と汚染レベルを把握して，被ばくに寄与している汚染ごとに具体的方法を選定する必要がある。また，除染作業に伴う二次廃棄物の発生量，その処理やそれらの保管などについても負担とならない方法を選定する必要がある。狭隘な場所などにより除染作業が困難である場合必ずしも除染にこだわることなく，解体撤去，遮蔽などの方法により被ばくを低減することもできる。事故炉の現場の環境条件は厳しいことが想定されるため，化学薬品などを用いた複雑な除染方法はできるだけ避けるとともに，揮発性核種の再浮遊が生じにくいできるだけ簡便な除染方法を選定すべきと考える。具体的な建屋除染方法の例を以下に列挙する。

　　水洗浄／高圧ジェット洗浄／ショットブラスト／ドライアイスブラスト／シェービング／ジェル除染（ストリッパブルコーティング）等々

　なお，高圧水洗浄などの水を使う場合は，汚染を拡大する可能性があることに留意する。

　このようにそれぞれの汚染に応じた方法の選定，複数の組合せ，水処理の一元化，作業の順序等も考慮したうえ，除染に伴う被ばく線量とその後の作業線量とのバランスも考えて最適となる計画を策定する。また，計画策定にあたっては過去の事例を十分に反映することが重要である。除染作業で発生した二次廃棄物については，できるだけ減容したうえで汚染源別（廃液系あるいは気体系）に分別して，発生施設名，汚染状況，汚染レベルなど，後処理等に有益となる情報とともに構内保管する。

　④ **廃止措置上の留意点（通常プラントと事故プラントの相違点）**　　福島第一の廃止措置は燃料デブリ回収の後になるため，廃止措置作業は中長期ロードマップにおいても第3期の半ばあたりとなっている。汚染された施設の廃止措置と廃棄物をどのように安定化して，エンドステートをどのようにするかについては，複数のシナリオが考えられる。どのシナリオを選択するかについては，科学技術的な観点だけでなく社会的な観点でも検討が必要であり，事実認識のうえで現実的なシナリオを選択するべきである。事実に基づき廃止措置や廃棄物シナリオを提示していくことが重要である。

通常のプラントと福島第一のような炉心損傷事故を起こしたプラントとの廃止措置を行う観点での相違点を表9.5に示す。

表 9.5 廃止措置の観点からの通常プラントと事故プラントとの相違点

	通常プラントの廃止措置	事故プラントの廃止措置
燃料	運転中と同様に取出し、搬出して処理が可能	燃料デブリの形で回収して、当面保管（扱いについて検討要）
施設	建屋を遮蔽として活用することができる	建屋、設備の破損がある
状況把握	汚染状況を事前に調査して廃止措置計画を立案可能	汚染状況の事前把握は困難。進捗に応じて確認していく
環境	環境汚染はない	土壌、草木、海浜砂などの環境汚染あり
放射性核種	主な核種は原子炉周りの構造材のコバルト-60	左記に加え、気中では揮発性核種（セシウム-134/137、ストロンチウム-90）、汚染水中に重金属FP核種および燃料構成核種がある可能性あり
浸透汚染	構築物への浸透はほとんどない	破損施設や地下部への浸透を考慮する必要あり
物量	放射性廃棄物となる物量はユニット当たり1～2万t	放射性廃棄物となる物量はユニット当たり数十～数百万t（想定）
処分制度	現行法令で処分制度は整備済み	処分制度の整備が必要
汚染水	既存施設で処理	FP核種や塩分を含む多量の汚染水がある

さらに、次のような点にも違いがある。

a. 塩分、ホウ素、油分、有機物の付着や混入の可能性があり、処理・処分プロセスへの化学的影響などの考慮が必要となる。

b. 解体の対象構造物が破損しているなどの状態となっている。また、解体作業環境が厳しいため、広範にわたり遠隔などの解体工法が必要となる。

c. 解体部位を限定することや解体工法を工夫することにより、放射性廃棄物量を低減していくことも重要である。

廃止措置を実施するために必要なものは、① 廃棄物処理処分場、② 費用、③ 実施組織、④ 技術である。特に福島第一の場合、廃棄物発生を抑制する技術の適用を考慮すべきである。

施設自体の廃止措置を行うためには、発生する廃棄物量以上の保管施設が一時的にも必要となる。福島第一の場合廃棄物量が膨大であり、サイト内でいたずらに廃棄物を移動させることなく最適化を図り、施設の廃止措置計画を策定する際には、すでに発生している廃棄物と併せて廃棄物全体の処理・処分の見通しと、そのシナリオを選定することが肝要である。以下に、廃止措置を行うにあたってのポイントを整理する。

a. 廃止措置計画を立案するための基本情報は施設の状況と汚染分布である。福島第一の原子炉周りについては、どちらの情報も現時点では確認できない状況である。そのため、定性的にある前提条件で想定したうえで計画を策定しつつ、作業の進捗に伴い適宜計画を見直していく。

b. 放射性物質の汚染については、汚染源と汚染を受けた対象との関係を把握し、汚染核種の種類、対象物の種類、汚染浸透の有無を確認する。また、放射性物質の汚染以外の性状として有害物質の含有を確認することも重要である。

c. 解体工法上の留意点として、特に揮発性核種に汚染されているものについては機械的切断工

法の適用が望ましい。また，必要に応じて遠隔装置の使用も視野に入れて，対象物の特性に合致した適切な工法を選択すべきである。

　d．事故施設の解体廃棄物は処理・処分に係る制度がないため，発生場所や線量率などを考慮して大まかに分別しておく。

　e．作業被ばく低減目的の除染はその費用対効果を考えて対応していく必要がある。一方，放射性廃棄物量を低減するための除染については，合理的に行えるかどうか計画段階で十分に検討する。

⑤ **事故炉の廃止措置に関する法整備**　　事故施設の廃止措置に関わる法制度として，平成24年（2012年）6月27日に「原子炉等規制法」が改正された。同改正法により福島第一は特定原子力施設に指定された。規制委員会が定める措置について実施計画を定めて，これを遵守する義務が課せられた。特定原子力施設に指定されると，廃止措置規制も含めた一般の規制法の規定が免除され，実施計画に基づく措置を中心に実施していくこととなった。その具体的な内容は規制委員会の裁量で決められることとなる。事故施設であっても，廃止措置段階のリスクは段階的に低減していくこととなる。

　今後福島第一に係る保安のための規則が施行されることになるが，その内容は一般の施設の規制と大差ない内容となっている。福島第一の安定化と廃止措置を迅速かつ安全に進めるための規制はどうあるべきかという観点から，進捗状況を考慮し適切に見直していく必要がある。

(3) 放射性廃棄物の処理・処分

　福島第一の事故廃棄物には，建屋のみならず伐採木，がれき，汚染水処理による二次廃棄物が存在し，放射性廃棄物の性状自体が不明なのが現状である。また，これらの廃棄物の長期的な保管にも考慮する必要がある。ここでは，廃止措置や処理・処分に向けた対応において重要となるこれら廃棄物の特徴をまとめ，放射性廃棄物の性状分析の重要性および放射性廃棄物の長期保管などについての提案を行う。

① **廃棄物の特徴と処理・処分上の留意点**　　伐採木やがれき類はヨウ素，セシウムなどの揮発性核種の他，超ウラン元素（TRU）や核分裂生成物（FP）などの燃料起源の核種が含まれている可能性があることや，塩分や有機物にも留意する必要がある。

　a．伐採木など：今後の廃棄体化処理・処分に向けて，付着した放射性核種の分析と定量化が必要となる。伐採木や汚染土壌については，大容量であることや有機物の影響（錯体形成による放射性核種の移行促進，微生物の活性化，ガス発生など）に配慮した処分場概念を検討し，その安全評価手法の開発が重要となる。

　b．がれき類：がれき類はコンクリート片と金属類に大別される。今後保管していくがれき類についても，有害物の除去とともに付着した放射性核種の分析と定量化を行うことが急務であり，その体制づくりが必要である。また，がれきについては通常の廃止措置と比較して高濃度の汚染物量が多くなることに留意する必要がある。

　c．汚染水処理二次廃棄物：汚染水二次廃棄物は含まれる放射性核種濃度に基づいて処理していくことになる。このため，廃棄体化処理の前に放射性核種分析と定量化を行う必要がある。

既発生の二次廃棄物は実廃棄物からのサンプリング分析が困難であるが，今後の滞留水処理設備は，除去した核種について，その代表部位を定めてサンプリングできるようにすることを提案する。その際，サンプリング試料の代表性に留意する。また，特にゼオライトの分析については溶解時に気中に移行する核種に留意する。

　廃棄体製作にあたり，二次廃棄物中の塩分濃度とホウ酸量を分析する必要がある。廃棄体処理をどう行うかについては，二次廃棄物の発生経緯を分析し，放射性核種以外の有害物などの定量化も行うことを提案する。

　福島第一の廃棄物に共通した課題として，廃棄物中の塩分やその他不純物（油分，フェロシアン化物，有機物，ホウ素）を考慮した廃棄体容器の選定，バリア構成の検討，処分時の核種移行挙動特性などの評価について，システム全体を考えて対応していくことを提案する。その際には，これまでの処分形態を基本としつつも，新たな形態の検討も必要となる。

　② **放射性廃棄物の性状分析の重要性および放射性廃棄物の長期保管についての提案**　放射性廃棄物は，そこに含まれる核種（インベントリ），それらの濃度のみならず，化学的な性状を考慮した処分システムの性能評価を必要とする。したがって，処理・処分を行うにあたり廃棄物中の放射性核種分析とその濃度を特定することが重要である。特に福島第一の場合，通常の原子力発電所の解体時のインベントリ評価と異なり，水素爆発事故による系統を構成する設備機器の破損，溶融燃料にさらされた冷却水による汚染（燃料要素，FP，腐食生成物が混在）を考慮する必要がある。福島第一は発電所廃棄物ではあるが，従来のようなスケーリングファクター法や平均濃度法などがそのまま適用できる訳ではない。むしろ，再処理廃棄物に近い性状を有する廃棄物と想定して対処する必要がある。また，放射能濃度や核種組成も多種多様である可能性もあり，分析後の統計的な解析評価が可能か否かを早急に見極めることが重要である。中長期ロードマップによれば，平成26年（2014年）頃までに廃棄物の性状把握，物量評価など，平成29年（2017年）頃までに廃棄物の性状に応じた既存の処分概念への適応性の確認，平成33年（2021年）頃には廃棄物の処理・処分における安全性の見通しを確認することにしている。

　以上の現状を鑑み，次の提案を行う。

　a．現状の分析対象廃棄物は限定されており，計画を全うするためには，優先順序を考慮しつつ広範にわたり分析する必要がある。また，それぞれの廃棄物に対して，統計的手法，理論計算手法の適用の可否を見極めるためにも試料分析を急ぐべきである。加えて，分析データの品質を向上させるため，学会標準など分析の標準化についても並行して進めることが肝要である。

　b．分析設備を早急に整備すべきである。分析設備は現在サイトの近くに設置することが検討されているが，現行の計画の試料数（平成28年（2016年）末までに50個/年，平成32年（2020年）までに200個/年）で十分なのかを早急に見極め，場合によっては分析設備を増強する。

　c．発生した放射性廃棄物は，少なくとも20～25年間のさまざまな形態の長期保管が必要となる。種々の廃棄物に共通的な長期貯蔵の課題としては，インベントリ評価や分別（放射能濃度やリサイクルの可能性），ガス発生対策（水の放射性分解，金属腐食，有機物分解などに伴う）などがあげられる。現在，周囲への汚染拡大の影響の恐れのある一部のがれきなどは容器に収納され一時

保管されているが，今後長期の貯蔵に適した容器の機能や材料の選定が課題となる．特に塩分やホウ素を含有している廃棄物容器については，腐食を評価し耐食性を考慮した容器（可能であれば輸送兼用）に保管する．

(4) まとめ

福島第一の廃止措置と放射性廃棄物処理・処分は長期的かつ広範な業務であり，社会的受容性を重視し，適切なマネジメントによるプロセス全体の最適化と進捗状況に応じた柔軟な対応を行うべきである．特に留意すべき事項を以下に記す．

　a．放射性廃棄物処理・処分と廃止措置については，技術的視点のみならず，社会的な視点からもさまざまなオプションが考えられる．廃止措置の最終状態をどのようにするかについては，国際的な専門家の意見も踏まえて，利害関係者間の情報共有が必要となる．

　b．事故炉の安定化と廃止措置を迅速かつ安全に進めていくための規制制度は，リスクの低減という観点から見直していくことも重要である．

　c．放射性廃棄物の処分においては，これら廃棄物の放射性毒性，化学形態および固化体の物理的かつ化学的特性を考慮した処分システムのバリア性能の評価が必要であり，従来の処分形態のみならず新たな形態も視野に入れるべきである．

　d．放射性廃棄物の処理・処分においては，インベントリや濃度，化学的性状の分析が重要であり，廃止措置を加速させるためには，その体制の一層の増強が必要となる．

　e．サイト内における放射性廃棄物の長期的な保管については，その容器の維持管理および運搬についても配慮する．

参考文献（9.3）

1) 原子力災害対策本部政府・東京電力中長期対策会議，「東京電力(株)福島第一発電所1〜4号機の廃止措置等に向けた中長期ロードマップ」（2012年7月30日）．
2) 日本原子力学会「福島第一発電所事故により発生する放射性廃棄物処理・処分」特別専門委員会，「福島第一原子力発電所により発生する放射性廃棄物の処理処分〜研究開発課題の抽出と解決に向けた考え方〜」（2013年3月）．

9.4 長期安定保管

廃止措置に向けた作業工程において，汚染水や二次廃棄物の処理，処分，保管および燃料集合体や燃料デブリの取出しと長期保管は重要である．本節では，これらの工程を安全に実施するうえで必要となる主要な設備の維持管理について，主にそれらの設備を構成する材料の健全性の評価と維持に関する観点から，事故後の対応状況と課題および提案を述べる．

なお，本節で述べるように，事故炉の構造物は事故時およびその後の一連の現象や大きな衝撃などにより劣化を受けている．そのため，長期の廃止措置の間に発生する地震などによる構造健全性の維持は重要な課題である．特に，事故により厳しい環境にさらされた構造材料や周辺主要設備，ならびに破損や漏えいによる社会的影響の大きい放射性物質を貯蔵保管する設備については，耐震

評価を含め適切な健全性評価を継続的に行う必要がある。

9.4.1 分析と対応策

(1) 各種設備のおかれている状況

6.4.4項で述べたように，事故に至った原子炉および周辺設備はこれまで想定されていない環境に曝されている。特に，海水との接触，核分裂生成物との接触，放射線照射という環境では一般的に構成材料の腐食が進行しやすいことに留意する必要がある。原子炉建屋やトレンチなどを構成するコンクリートなどについても同様の条件下にあり，劣化がより進行しやすいと考えられる。事故発生以降に設置された種々の放射性物質除去設備や汚染水タンクなどの設備についても同様である。事故炉の廃炉作業を適切に進めるためには，炉，建屋，種々の装置や機器，配管などの適切な維持管理が必要であり，特に放射性物質を外部に漏らさないという原則に立てば，溶液との接触による腐食に対する十分な備えが求められる。さまざまな部位において，海水や核分裂生成物等が混在した放射線照射環境における腐食（全面腐食，すきま腐食，孔食）が進行していると考えられるが，このような複雑な環境での腐食現象は未着手の課題であり，腐食の程度の予測は困難である。しかしながら，腐食の問題は事故後の耐震安全を議論するうえで大変重要であり，6.4.4項に記述したように，日本原子力研究開発機構など複数の機関において研究事業が提案，実施されている。

以下本項では，主に事故後の処理のために設置された機器の劣化と対応について，また 9.4.2 項では最重要な設備である原子炉圧力容器（RPV）および格納容器（PCV）の維持管理に係る事故後の対応について調査を行った結果を述べる。

(2) 水の管理に係る設備の課題

事故前の福島第一原子力発電所では，原子炉建屋周辺にサブドレンと呼ばれる井戸が複数設置されており，約 850 m^3/日の揚水を行うことにより原子炉建屋の底部への地下水の流入を抑制し，また建屋の浮力を防止していた。しかし，震災後の津波の影響によりサブドレンは機能しなくなり，建屋に約 400 m^3/日の地下水が流入している。流入経路は建屋の外壁貫通部などであると考えられている。一方で現在は，9.1節に詳しく述べられているように，建屋から取水された放射性物質を含む汚染水からセシウムや塩分を除去し，浄化水を炉に戻して循環させることで冷却を図っている。この水には前述の地下水が含まれる。そして，建屋へ流入した地下水と同等量を回収することで，建屋内水位が地下水位よりも低くなるようにしている。これは，建屋内水位が地下水位まで上昇することによって炉内の放射性物質が外部に漏れ出すリスクを低減させるためである。回収された水は中低レベル汚染水タンクに保管され，その後多核種除去設備に移送され，放射性物質が除去される。なお，多核種除去設備では化学反応（共沈反応）を利用して元素を除去しており，核分裂生成物のうちトリチウムは除去されない。このような状況に際して，東京電力は中長期ロードマップの基本的対策として以下の三点をあげている。すなわち，① 汚染源を「取り除く」，② 汚染源に水を「近づけない」，③ 汚染水を「漏らさない」として，建屋やトレンチに滞留，残留する高濃度汚染水を浄化し，陸側に遮水壁を設置し，汚染水のタンク監視を強化することとしている[1]。

しかし，東京電力と国の努力にもかかわらず，これまでに福島第一原子力発電所では複数のトラ

ブルが発生している。これらのデータは逐次東京電力 HP にて報告されており，データベースとしては「ニューシア」[2]にまとめられている。これらのトラブルの多くはヒューマンエラーやシステムエラーに起因しているが，材料や材料劣化に起因したものもある。主なトラブルとしては，① 塩分除去装置 逆浸透膜式（RO）濃縮水貯槽からの漏水（平成25年（2013年）8月），② 中低レベル汚染水タンクからの漏水（平成25年（2013年）8月），③ 多核種除去設備タンクからの微小漏えい（平成25年（2013年）6月）をあげることができる。このうち，①は平成25年（2013年）9月現在で原因調査中であるが，RO 濃縮水貯槽には比較的高濃度の塩水環境に起因した腐食が懸念される。②についてはタンク底面の構造不良あるいは施工不良が原因である可能性が示唆されているが，詳細は調査中である。③についてはタンクの溶接線に沿った孔食ないしすきま腐食に起因した局部腐食孔形成が観察されており，核分裂生成物が混在した塩濃度が高い環境においては，SUS316L の溶接線近傍に格段の注意が必要であることが示唆される。ここにあげた事例以外にも，④ 地下貯蔵槽からの汚染水漏れ（平成25年（2013年）4月）があり，これは遮水シートの溶着部の施工不良と考えられている。

(3) プロアクティブな活動の必要性

日々のさまざまな除染作業や汚染水浄化作業，廃炉対策作業に追われている中で，上記のようなトラブルを予見することは相応の困難を伴うものと考えられる。しかし，放射性物質漏えいがもたらす社会的影響が非常に大きいことから，東京電力が中長期ロードマップの中で宣言した「汚染水を漏らさない」ことへのしっかりとした対応が求められる。

特に上述のように，汚染水の漏えいは配管やタンクの腐食，特に局部腐食による孔の形成，ならびに施工不良が原因としてあげられることから，今後も各所で発生が予想される。

一方で，材料に起因したトラブルについては，予見が困難であったかどうか検討が必要である。その一例として，塩分除去設備や多核種除去設備の海水環境における腐食の問題を取り上げる。

今回の事故では海水を意図的に注入したが，炉内に海水が流入した事象としては，日本では中部電力浜岡原子力発電所 5 号機において震災後に経験しており[3]，本報告書では 6.4.4 項に記述がある。なお，当該事象は原子炉停止作業中に配管の破損により海水が流入したもので，重大な事態には至っていないことを誤解なきよう改めて付記する。当該機では海水流入事象が発生した後の塩分除去作業が比較的速やかに実施された。その作業の途中で塩分除去設備に接続した復水回収ポンプ再循環配管（炭素鋼）の溶接部から腐食による漏えいが発生している。このメカニズムは以下のようなものと推定されている。海水成分を含む水が通水されたことにより配管内が腐食環境となり全面腐食が発生した。さらに，復水回収ポンプの連続運転によって海水成分と溶存酸素が継続的に供給されたことによって腐食が進展した。一般的に，溶接部の腐食速度は母材よりも高いことから溶接部の選択的腐食が進み，塩分除去作業開始後 3, 4 ヵ月後に漏水に至った。この事例が顕在化したときには，すでに福島でも塩分除去設備や多核種除去設備などが稼働中または試運転中であったが，浜岡の例と同程度の運転期間後に同じ事象が発生している。この事例に限らず，化学プラントでは同様の事象を多数経験している[4]。

東京電力ならびに国の活動においてこれらの知見の水平展開が不十分であることは否めない。国

をあげて，非原子力分野も含めたさまざまな知見を収集し，問題が顕在化する前に事前に対策を講じるような活動を可能とする枠組みをつくるべきである。そして，現場作業にあたる東京電力に対しては，これらの知見をデータベース化して活用するとともに，非破壊検査を駆使して腐食進行の予測を行い，放射性物質のタンクや配管外への漏れ検知をハードおよびソフトの両面から向上させ，中長期ロードマップに示した（3）汚染水を「漏らさない」活動を着実に進めることが求められる。

9.4.2 原子炉圧力容器と格納容器

福島第一1～3号機の内部では，事故時に溶融した燃料および被覆管などの炉心構成材料が，原子炉圧力容器（RPV）下部ヘッドから格納容器（PCV）内の RPV ペデスタルのコンクリート上へ落下・固化したと推定される（図9.8）[1]。これらの原子炉の廃止措置では，RPV および PCV 内からの燃料デブリ取出し終了までの長期間，RPV，PCV に新たな損傷が生じることを防止し，安定的に維持保管することが重要である。しかし，6.4.4 項で記述されたように，海水が注入された1～3号機の RPV，PCV の容器鋼材（RPV：低合金鋼，PCV：炭素鋼）は，今後も長期にわたり海水成分を含む水環境および放射線に曝されると想定すべきである。RPV，PCV およびその支持構造物の損傷の可能性として，容器などの材料に腐食が発生・進行し，RPV，PCV の構造強度および耐震性が低下することが懸念される。このため，これらの構造材料の腐食の発生・進行を予測す

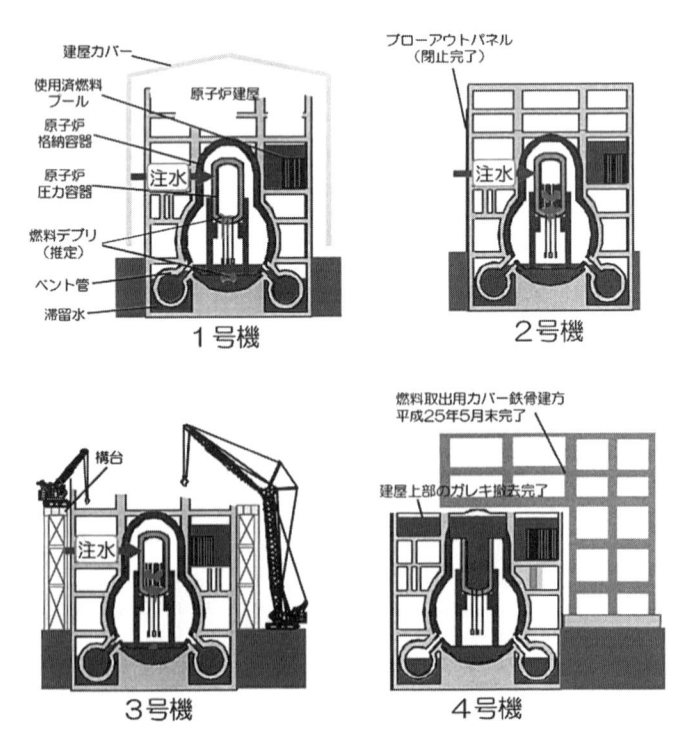

図 9.8　各号機ごとの施設の状況（平成25年6月）
［東京電力福島第一原子力発電所廃炉対策推進会議，「東京電力(株)福島第一原子力発電所1～4号機の廃止措置等に向けた中長期ロードマップ」（平成25年6月27日）］

るとともに腐食抑制策を講じることは，RPV，PCV の長期的な維持管理のために重要である。

燃料デブリ取出し作業の工程としては，PCV の漏えい箇所を調査・補修し，止水後に RPV，PCVが冠水される予定である（図 9.9)[5]。この燃料デブリ取出し作業のための冠水による原子炉総重量の増加および重心の変化が，RPV，PCV の耐震性へ影響を与えることは明らかである。また，現状においても事故時に溶融燃料と接触した RPV 下部ヘッドの損傷が構造強度を低下させている可能性があり，それらの評価を含めて各号機の耐震性を評価する必要がある。

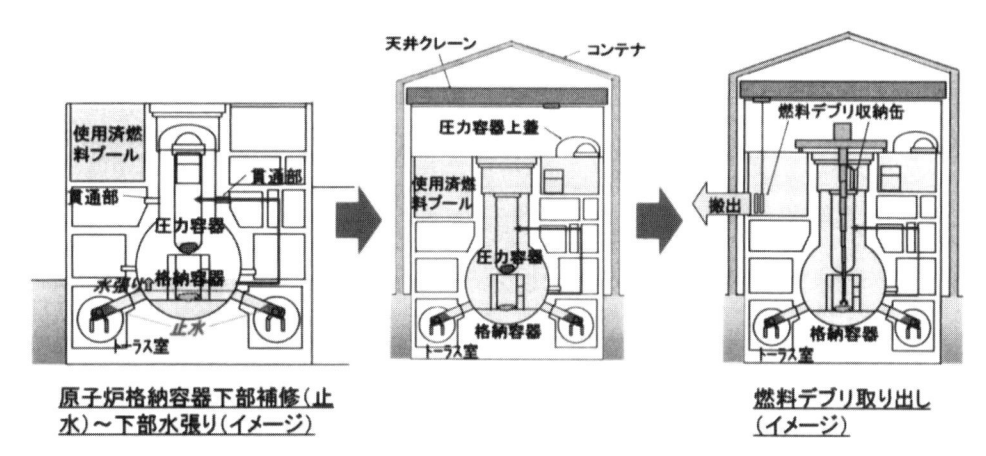

図 9.9 燃料デブリ取出しまでの作業ステップ
［東京電力福島第一原子力発電所廃炉対策推進会議，「東京電力(株)福島第一原子力発電所 1～4 号機の廃止措置等に向けた中長期ロードマップ」(平成 25 年 6 月 27 日)］

耐震性評価のためには，RPV の支持スカートおよびそれを RPV ペデスタルへ固定する取付ボルト，RPV ペデスタルの鉄筋コンクリート，地震時の横揺れを防止する RPV/PCV スタビライザ，および PCV の容器壁などの構造強度へ与える事故時の高温および腐食による減肉などの影響を検討する必要がある（図 9.10)[6,7]。特に海水成分を含む水および放射線に曝されている設備材料の腐食損傷の予測が必要であり，同時にその環境でも有効な腐食抑制策の適用を急ぐ必要がある。腐食抑制策としては，すでに福島第一において使用済燃料プールの冷却水循環系へのヒドラジン注入による溶存酸素濃度低減が平成 23 年（2011 年) 5 月から実施されているが，PCV についても原子炉注水系へのヒドラジン注入が平成 25 年（2013 年) 8 月から開始された[8]。また，PCV では水素爆発の防止のために容器内の窒素封入および注入水への窒素バブリングが実施されているが，これらにより炉内水中の溶存酸素濃度も低減されるため腐食抑制の効果が期待できる。

現在，福島第一 1～4 号機の廃止措置などに向けた研究開発計画[9]に基づき，各種設備の健全性評価，内部調査，補修などに係る研究開発プロジェクトが実施されている。PCV，RPV の維持管理に係るプロジェクトとしては，圧力容器/格納容器の健全性評価技術の開発，格納容器漏えい箇所特定技術の開発，格納容器補修技術の開発，格納容器内部調査技術の開発に係る各プロジェクトが活動している。これらのうち，RPV/PCV 健全性評価に係るプロジェクトでは，両容器および支持部材等の腐食劣化進行の評価・予測に必要な腐食データを希釈人工海水中腐食試験により取得す

※ CS: 炭素鋼，LAS: 低合金鋼，
SS: ステンレス他，RC: 鉄筋コンクリート

(a) 原子炉構造図 labels:
- RPV (LAS/SS)
- RPV/PCVスタビライザ (CS)
- D/Wシェル (CS)
- PCVベネベローズ (CS/SS)
- ベント管 (CS)
- RPV支持スカート/取付ボルト (CS)
- ベント管ベローズ (SS)
- RPVペデスタル (RC)
- S/Cシェル (CS)
- コラムサポート (CS)
- 耐震サポート (CS)

(b) 健全性評価対象部位（赤線部） labels:
- RPV
- PCV
- RPVペデスタル
- サプレッションチャンバ

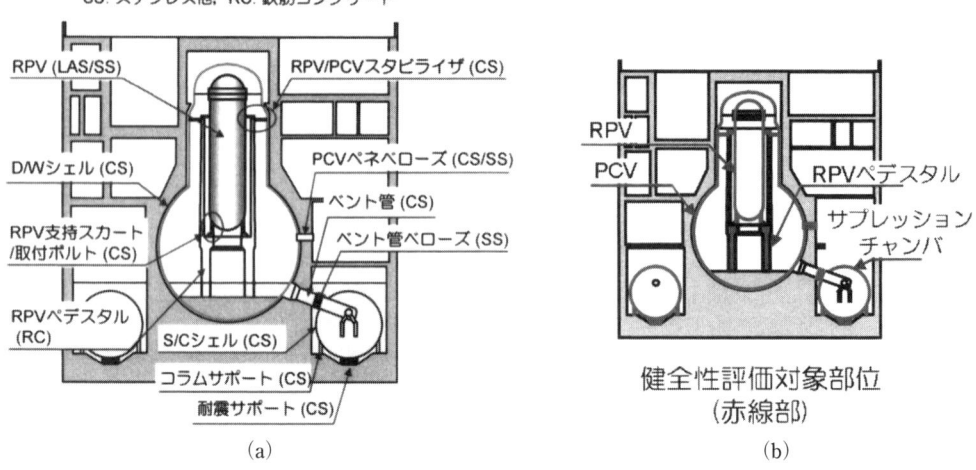

図 9.10 原子炉の構造と材質 (a) および健全性評価対象部位 (b)（口絵 24 参照）

(a): [深谷祐一，腐食防食学会，第 60 回材料と環境討論会 A-101（平成 25 年 9 月）]
(b): [東京電力福島第一原子力発電所廃炉対策推進会議，「研究開発プロジェクトの H24 実績評価及び H25 見直しの方向性」（平成 25 年 4 月 12 日）]

表 9.6 RPV, PCV に係る研究開発プロジェクトの概要

研究開発プロジェクト （実施予定期間）	実施計画の目的と概要
格納容器漏えい箇所特定技術の開発 （平成 23 年（2011 年）～平成 26 年度（2014 年度））	・燃料デブリの取出しを水中で実施するためには，PCV の漏えい箇所を補修し，格納容器内を水で満たすことが必要であり，これに先立ち PCV 漏えい箇所を特定するための調査を実施する。 ・漏えい箇所は高線量下，かつ水中や狭隘部にも存在すると考えられるため，遠隔操作により当該部にアクセスするための技術や漏えいを検知するための技術を開発する。
格納容器補修技術の開発 （平成 23 年（2011 年）～平成 29 年度（2017 年度））	・特定された漏えい箇所を補修し，原子炉建屋とタービン建屋間の漏えいを止水するとともに，PCV 水張りに向けてバウンダリを構築する。 ・漏えい箇所は高線量下かつ水中や狭隘部にも存在すると考えられるため，遠隔操作で当該部にアクセスして補修を実施する技術・工法を開発する。
格納容器内部調査技術の開発 （平成 23 年（2011 年）～平成 28 年度（2016 年度））	・燃料デブリの存在状況は現状不明であり，その取出しに向けて PCV 内の燃料デブリの位置，状況をあらかじめ調査するとともに，圧力容器を支持するペデスタルなどの状況も確認しておく必要がある。 ・PCV 内の調査技術の開発では，環境（狭隘，高線量など）を想定して適用可能な技術を調査したうえで点検調査装置を設計・製作する。併せて調査作業における放射性物質の飛散防止対策を検討する。
圧力容器内部調査技術の開発 （平成 25 年（2013 年）～平成 31 年度（2019 年度））	・燃料デブリの取出しに向けて，RPV 内の状況（燃料デブリ，炉内の損傷・汚染機器の状況）について把握する必要がある。 ・燃料デブリなど RPV 内部の調査のため，想定環境（高線量，高温，高湿度など）で適用可能な技術を調査する。PCV 内の調査結果をもとに圧力容器内の調査のための装置を設計・製作する。
圧力容器／格納容器の健全性評価技術の開発 （平成 23 年（2011 年）～平成 28 年度（2016 年度））	・海水が注入された RPV，PCV は，今後も長期にわたり希釈海水環境に曝されることが想定される。燃料デブリ取出しまでの期間，機器の健全性を確保し，安定的な冷却を継続する必要がある。RPV を支える鉄筋コンクリート構造物（RPV ペデスタル）についても，高温履歴や海水浸漬の影響を確認する必要がある。 ・RPV および PCV の腐食劣化進行の適切な評価・予測に必要な腐食データを取得する。また，RPV ペデスタルの鉄筋腐食やコンクリート劣化に関するデータを取得し，構造健全性評価を行う。また，腐食・劣化抑制策を適用し，その効果を確認する。

9.4 長期安定保管

表 9.7 RPV, PCV の長期安定保管の課題と対応

対象設備と課題	必要な対応	対応する研究開発プロジェクト
圧力容器（RPV）の損傷防止	・圧力容器の内部調査	圧力容器内部調査技術の開発
	・過酷事故の容器鋼への影響評価 ・圧力容器の腐食評価・対策 ・耐震性・余寿命の評価	圧力容器／格納容器の健全性評価技術の開発
RPV ペデスタルの損傷防止	・コンクリートの強度劣化評価 ・鉄筋の腐食評価・対策	圧力容器／格納容器の健全性評価技術の開発
格納容器（PCV）の損傷防止	・格納容器の内部・漏えい箇所調査	格納容器内部調査技術の開発 格納容器漏えい箇所特定技術の開発
	・格納容器補修・止水工法の開発	格納容器補修技術の開発
	・格納容器の腐食評価・対策 ・耐震性・容器余寿命の評価	圧力容器／格納容器の健全性評価技術の開発
注水冷却系配管の損傷防止	・配管の腐食抑制策	圧力容器／格納容器の健全性評価技術の開発
主要設備の長期的な維持管理に係る基礎的検討	・事故直後の高温・海水注入が鋼材に与えた影響評価 ・FP，燃料デブリからの放射線が腐食に与える影響評価 ・長期間の材料劣化予測法の検討（加速試験法など） ・長期管理中の損傷モニタリング技術の開発	圧力容器／格納容器の健全性評価技術の開発

るとともに，コンクリート構造物の鉄筋腐食やコンクリート劣化に関するデータも取得し，RPV，PCV の構造健全性評価に用いている[10]（一部は電力共同研究として実施）。また，腐食抑制策の適用可能性については，ガンマ線照射下腐食試験による放射線の影響評価を含めて検討が行われている[11]。これらについて，表 9.6 に各研究開発プロジェクトの実施計画の概要を，表 9.7 に RPV，PCV の長期安定保管に係る課題と対応する研究開発プロジェクトの関係を示す。

表 9.6 のように，主要設備（PCV，RPV および原子炉建屋）の長期的な維持管理に係る主要な課題については，福島第一原子力発電所 1～4 号機の廃止措置等に向けた中長期ロードマップに係る研究開発プロジェクトによりおおむね必要な対応がとられつつある。ただし，プロジェクトの遂行においては，以下の点についてさらなる対応の改善が望まれる。

・原子炉内部の詳細な調査の結果は，迅速かつ詳細に公開することにより，各プロジェクトの活動と計画に随時反映させ，新たな課題の予見および問題の早期発見に役立てるべき。

・耐震性評価では，圧力容器の重心が炉心溶融により変化していること，特に下部ヘッド部は損傷ないし溶融炉心との相互作用により耐震安全の保証がないとすべき。また，TMI-2 事故においても経験のない RPV ペデスタルへの溶融炉心の落下がコンクリート構造物とその耐震性へ与える影響については劣化損傷の可能性を多様な観点から検討するべき。

・腐食損傷については，RPV，PCV の他にも燃料集合体の長期保管，廃棄物保管に共通する課題が多くあるため，横断的な検討が必要かつ効果的である。それを可能にする方法を早急に検討し，各プロジェクトの関係・連携を一層強化し，効率的な対応に努めるべき。

・現状の対応は主にプラントメーカ，原子力機構，東京電力において実施されているが，広い分野の専門家による多面的な検討を可能とするため，大学，学協会との関係および長期間にわたる対

応を可能とするための人材育成を一層強化すべき。

参考文献（9.4）

1) 東京電力福島第一原子力発電所廃炉対策推進会議，「東京電力(株)福島第一原子力発電所 1～4 号機の廃止措置等に向けた中長期ロードマップ」（平成 25 年 6 月 27 日）．
2) 原子力施設情報公開ライブラリー「ニューシア」：http://www.nucia.jp/index.html
3) 原子力規制委員会ホームページ：http://www.nsr.go.jp/archive/nisa/oshirase/2012/09/240914-2.html
4) 例として，田村昌三 編，『化学物質・プラント事故事例ハンドブック』，丸善（2006）．
5) 東京電力福島第一原子力発電所廃炉対策推進会議，「東京電力(株)福島第一原子力発電所 1～4 号機の廃止措置等に向けた中長期ロードマップ」（ポイント）（平成 25 年 6 月 27 日）．
6) 深谷祐一，第 60 回材料と環境討論会 A-101（平成 25 年 9 月）．
7) 東京電力福島第一原子力発電所廃炉対策推進会議，「研究開発プロジェクトの H24 実績評価及び H25 見直しの方向性」（平成 25 年 4 月 12 日）．
8) 東京電力(株)，「福島第一原子力発電所の状況」（平成 25 年 8 月 29 日）．
9) 政府・東京電力中長期対策会議，「東京電力(株)福島第一原子力発電所 1～4 号機の廃止措置等に向けた研究開発計画について」（平成 24 年 7 月 30 日）．
10) 田中徳彦，山岡鉄史，岩波 勝ら，第 60 回材料と環境討論会 A-102（平成 25 年 9 月）．
11) 日本原子力研究開発機構，「東京電力(株)福島第一原子力発電所の廃止措置技術に係る原子力機構の取組み」（2012 年版），平成 24 年 11 月および同（2013 年版）（平成 25 年 11 月）．

9.5　住民と作業者の長期的健康管理

5.3.3 項（2）に，事故直後の対応状況，住民および作業者の被ばく，健康管理などの現状を，6.7.2 項では，主にこれまでの疫学調査結果および ICRP，UNSCEAR などの国際的にコンセンサスが得られている線量と放射線による人体影響に対する考え方，現段階の住民および作業者の線量推計・初期被ばく線量再構築に伴う課題について述べた。

これまでに国や自治体などにおいては，国民（住民）が安全・安心に暮らせるよう除染や食品に対する基準策定，防災関連指針の見直し，環境，食品，個人モニタリングの充実・強化を図るとともに，住民および作業者の線量評価および健康管理，これらのデータベース構築などの対策を講じてきた。

日本原子力学会としても，原子力安全調査専門委員会や福島プロジェクトを通して，住民および作業者の線量評価，被ばく管理，健康管理などが確実に実施されるよう提案を行うとともに，自治体との協力のもと住民との対話集会などにおいて除染や健康影響に関する住民の理解支援に努めた。

健康管理などについては今後も長期的に継続していく必要があり，現状に則した対策が講じられなければならず，復興段階に応じた新たな課題の解決に取り組む必要がある。

個人の被ばく線量評価については，複合的な激甚災害によって，本来あるべき初期段階での人の放射線モニタリングデータが乏しく，事故によって住民や作業者が受けた線量の完全な解明はまだ途上にある。これまでに実施されている限定的な個人モニタリングの結果と限られた環境放射線モニタリングの結果に基づく線量の推定にはまだ相当の不確実性が伴う。放出源である原子炉での事故進展の状況とそれに伴う放出放射性物質の過渡的な変化など，事故に伴う環境への影響の本質に

迫る研究のさらなる進展も待たれるところである。これらの研究は，実効的な防災対策のあり方を検討するうえでも重要な役割を果たすと考えられる。

住民の線量評価・健康管理に関しては，近々，本格的な避難住民の帰還が開始されることから，特に避難場所から帰還した住民の線量評価・健康管理のあり方について，先行して実施されている地域を参考に十分に検討しておく必要があろう。

作業者に関しては，防災関係者などの線量評価・管理のあり方がまだ十分に議論されていない。これらの作業者についても，発電所などの作業と同様に線量評価・健康診断がなされ，これらの結果が一元的にデータベースとして管理されるべきである。また，今後も長期にわたり除染や廃炉作業に多くの作業者が携わる。これらの作業は高線量かつ種類の異なるさまざまな放射線にさらされる。また，被ばくの形態（内部被ばく・外部被ばく・不均等被ばくなど）も複雑になる可能性がある。緊急時作業に携わった作業者もこれらの作業に携わることになる場合には，特に線量をできるだけ低く抑えるよう被ばく低減策がとられるようにすべきである。また，被ばく線量や健康の管理についても徹底されるべきである。

住民，作業者ともに，すべての関係者の線量や健康管理調査のデータが継続して一元的に管理され，それらの情報が関係者へ適切に提供されるよう，そして，将来の健康管理が現状に則した適切なものとなるよう，そのあり方などを国などへ提案していくこと，さらに，人材育成も含め，低線量・低線量率放射線の健康への影響を明らかにするための生物学的な実験や疫学調査研究，線量評価に関する調査・研究などを進展させていくことが，事故を経験した日本原子力学会関係者の責務でもある。

10 おわりに

　日本原子力学会は，本調査委員会を通じて広範で多様な専門性の視点から，総体をあげた検討を行った。事故の経緯などについては，今後の事故炉の廃炉の過程で明らかになる点も残されているが，主要な事実関係は明らかとなったものと考えている。本調査委員会では，事故の直接的，間接的要因の分析を踏まえて，背後にあった根本的原因を明らかにしてきたが，その克服には，事業者と規制組織のみならず，学会の構成員においてそれぞれの役割に応じた継続的な努力を必要とするものである。専門家は現実を見据え，技術とその進展に対して謙虚な姿勢を失うことなく，責務を果たさなければならない。

　今後，本報告書での分析結果と提言を踏まえて，安全向上のための取り組みを進める中，具体的な原子力施設の安全性の検証が進められ，共通目標である原子力安全の継続的向上が図られることを期待する。

　原子力を利用することによるさまざまな負の側面が，福島第一原子力発電所の事故において顕在化することとなった。原子力施設において原子力災害が引き起こされるという事態に直面し，わが国では，引き続き原子力利用を進めるべきか選択を迫られている。本報告書で明らかにしてきた事故の教訓を着実に具体的対策へ反映しつつ，事故炉の廃炉，周辺環境の回復と被災地域の復興という重要な課題にも取り組んでいかなくてはならない。

　一方で，原子力が将来にわたりもたらすことが期待されるプラスの側面を具体化することも，日本原子力学会としての責務である。原子力発電プラントの安全確保のために，社会や経済に深くかかわる巨大複雑系システムとしての特性を踏まえた総合的取組みを進める必要がある。俯瞰的な視点を有する人材の育成や異なる領域を横断する研究の基盤を充実させ，その成果を広く発信するとともに，多様な対話を図ってゆくことが重要である。これらによって，原子力が人類の健康と福祉，社会の安全と安寧，地球環境の持続性に寄与し，福島第一原子力発電所事故で失われた国民の原子力に対する信頼を回復させ，国際社会に貢献できることを強く望むものである。

付録 1　日本原子力学会「東京電力福島第一原子力発電所事故に関する調査委員会」委員リスト　（部会等推薦枠別）

委員長
田中　　知　　東京大学大学院工学系研究科原子力国際専攻

理事会
木村　晃彦　　京都大学エネルギー理工学研究所
田中　隆則　　（一財）エネルギー総合工学研究所
奈良林　直　　北海道大学大学院工学研究院エネルギー環境システム部門
山本　一彦　　（独）科学技術振興機構原子力業務室

委員長指名委員
越塚　誠一　　東京大学大学院工学系研究科システム創成学専攻
平野　雅司　　（独）原子力安全基盤機構

「原子力安全調査専門委員会」技術分析分科会
岡本　孝司　　東京大学大学院工学系研究科原子力専攻
山本　章夫　　名古屋大学大学院工学研究科マテリアル理工学専攻

「原子力安全調査専門委員会」放射線影響分科会　兼　保健物理・環境科学部会
横山　須美　　藤田保健衛生大学医療科学部放射線学科

「原子力安全調査専門委員会」クリーンアップ分科会　兼　再処理・リサイクル部会
井上　　正　　（一財）電力中央研究所原子力技術研究所
梅田　　幹　　（独）日本原子力研究開発機構原子力科学研究所

広報情報委員会
小川　順子　　東京都市大学工学部原子力安全工学科

倫理委員会
大場　恭子　　東京工業大学グローバル原子力安全・セキュリティ・エージェント教育院

標準委員会
宮野　　廣　　法政大学大学院デザイン工学研究科
山口　　彰　　大阪大学大学院工学研究科環境・エネルギー工学専攻
河井忠比古　　（一社）原子力安全推進協会安全性向上部

炉物理部会
中島　　健　　京都大学原子炉実験所

核融合工学部会
小西　哲之　　京都大学エネルギー理工学研究所

核燃料部会
山中　伸介　　大阪大学大学院工学研究科環境・エネルギー工学専攻

バックエンド部会
林道　寛　　　（独）日本原子力研究開発機構バックエンド推進部門
新堀　雄一　　東北大学大学院工学研究科量子エネルギー工学専攻

熱流動部会
片岡　勲　　　大阪大学大学院工学研究科機械工学専攻

放射線工学部会
高橋　浩之　　東京大学大学院工学系研究科原子力国際専攻

ヒューマン・マシン・システム研究部会
五福　明夫　　岡山大学大学院自然科学研究科
佐相　邦英　　（一財）電力中央研究所原子力技術研究所

加速器・ビーム科学部会
上坂　充　　　東京大学大学院工学系研究科原子力専攻

社会環境部会
佐田　務　　　（独）日本原子力研究開発機構広報部
諸葛　宗男　　東京大学公共政策大学院

保健物理・環境科学部会
百瀬　琢麿　　（独）日本原子力研究開発機構核燃料サイクル工学研究所
飯本　武志　　東京大学環境安全本部

核データ部会
千葉　敏　　　東京工業大学原子炉工学研究所
須山　賢也　　（独）日本原子力研究開発機構原子力基礎工学研究部門

材料部会
阿部　弘亨　　東北大学金属材料研究所

原子力発電部会
真子　徳広　　電気事業連合会原子力部

計算科学技術部会
中島　憲宏　　（独）日本原子力研究開発機構システム計算科学センター

水化学部会
内田　俊介　　（独）日本原子力研究開発機構原子炉基礎工学研究部門
塚田　隆　　　（独）日本原子力研究開発機構原子力科学研究所

原子力安全部会
関村　直人　　東京大学大学院工学系研究科原子力国際専攻
本間　俊充　　（独）日本原子力研究開発機構安全研究センター
新田　隆司　　日本原子力発電（株）

新型炉部会
山野　秀将　　（独）日本原子力研究開発機構次世代原子力システム研究開発部門

核不拡散等連絡会
藤巻　和範　　元日本原燃（株）再処理事業部

久野　祐輔　　（独）日本原子力研究開発機構核物質管理科学技術推進部
　　　　　　　東京大学大学院工学系研究科原子力国際専攻

オブザーバ（随時参加）
日本原子力学会会長
堀池　寛　　大阪大学大学院工学研究科環境・エネルギー工学専攻
日本原子力学会副会長
池本　一郎　　（一財）電力中央研究所
藤田　玲子　　（株）東芝電力システム社
上塚　寛　　（独）日本原子力研究開発機構
理事・事務局長
澤田　隆　　（一社）日本原子力学会

事務局
「学会事故調」担当
荒井　滋喜　　（一社）日本原子力学会

　以上の委員リストは平成25年（2013年）10月1日時点のものである。それ以前に退任した委員名（所属は委員在任時）を以下に示す。

青木　裕　　　電気事業連合会原子力部
更田　豊志　　（独）日本原子力研究開発機構原子力基礎工学研究部門
松岡恒太郎　　電気事業連合会原子力部

付録 2　調査委員会の活動実績

月日	主な活動内容
平成 24 年（2012 年）	
6 月 22 日	**日本原子力学会総会および理事会** 調査委員会の設立決定
8 月 13 日	第 1 回コアグループ打合せ 調査委員会の活動方針討議
8 月 21 日	**第 1 回調査委員会** 調査委員会の設置目的，運営方針討議ほか
8 月 22 日	第 2 回コアグループ打合せ 第 2 回調査委員会の準備，調査委員会の運営について
8 月 30 日	第 3 回コアグループ打合せ 第 2 回調査委員会の準備，検討課題の討議
9 月 4 日	**第 2 回調査委員会** 政府事故調より説明を受け質疑応答
9 月 14 日	第 4 回コアグループ打合せ 関係機関への情報請求について討議
9 月 20 日	**第 3 回調査委員会** 原子力安全部会セミナーの内容紹介，検討項目の討議ほか
9 月 28 日	第 5 回コアグループ打合せ 重要課題の討議について
10 月 22 日	第 6 回コアグループ打合せ 「緊急事態への準備と対応」について討議
10 月 24 日	**第 4 回調査委員会** 重要課題の討議について，各部会の検討状況報告ほか
11 月 5 日	第 7 回コアグループ打合せ 中間報告について，各部会の検討内容紹介・討議
11 月 12 日	第 8 回コアグループ打合せ 第 5 回調査委員会の議事内容，深層防護の討議
11 月 19 日	**第 5 回調査委員会** 東京電力より事故の概要等の説明を受け質疑応答ほか
12 月 4 日	第 9 回コアグループ打合せ 中間報告執筆分担，部会の検討状況報告，学会内アンケートの討議
12 月 12 日	第 10 回コアグループ打合せ 事故の社会的側面の分析，アンケートの討議

12月17日	第11回コアグループ打合せ ソースターム，安全基本原則討議	
12月21日	**第6回調査委員会** 原子力安全部会の中間報告の紹介と質疑，アンケート調査内容討議ほか	

平成25年（2013年）

1月13日	第12回コアグループ打合せ 報告書の2〜6章項目の討議
1月17日	第13回コアグループ打合せ アンケート内容の詰め，基本安全原則討議
1月25日	**第7回調査委員会** 中間報告について，現地視察結果報告，原子力安全の討議ほか
2月10日	第14回コアグループ打合せ 6章各項目ほかの討議
2月16日	第15回コアグループ打合せ 報告書目次の調整
2月18日	**第8回調査委員会** 中間報告の各項目間調整ほか
3月2日	第16回コアグループ打合せ 学会春の年会での発表内容（中間報告）討議
3月6日	第17回コアグループ打合せ 緊急事態への準備と対応，除染・環境修復の討議
3月10日	第18回コアグループ打合せ 学会春の年会での発表内容（中間報告）討議
3月18日	第19回コアグループ打合せ 学会春の年会での発表内容（中間報告）討議
3月19日	**第9回調査委員会** 中間報告の討議
3月27日	**学会春の年会企画セッション** 中間報告
4月10日	第20回コアグループ打合せ 最終報告書に向けた方針討議
4月20日	第21回コアグループ打合せ 最終報告書2〜4章ほかの討議
4月24日	**第10回調査委員会** 最終報告書作成方針，項目討議
5月15日	第22回コアグループ打合せ 原子力人材問題討議ほか
5月19日	第23回コアグループ打合せ ヒューマンファクタほかの項目の討議

5月29日	**第11回調査委員会**	
	最終報告書の項目の討議，アンケート結果を踏まえた対応	
6月9日	第24回コアグループ打合せ	
	解析シミュレーション，非常用復水器ほかの討議	
6月15日	第25回コアグループ打合せ	
	最終報告書5章，核セキュリティほかの討議	
6月19日	**第12回調査委員会**	
	最終報告書各項目の討議ほか	
6月25日	第26回コアグループ打合せ	
	国際動向，研究テーマの討議	
7月3日	第27回コアグループ打合せ	
	原子力人材問題の討議	
7月6日	第28回コアグループ打合せ	
	アクシデントマネジメント，ソースターム，規制体制，核セキュリティほか討議	
7月11日	**第13回調査委員会**	
	最終報告書各項目の討議ほか	
7月18日	第29回コアグループ打合せ	
	廃止措置，汚染水（トリチウム）の浄化処理，シミュレーションに基づく事故進展評価の討議ほか	
7月21日	第30回コアグループ打合せ	
	最終報告書（ドラフト）説明会資料の討議	
7月27日	第31回コアグループ打合せ	
	IC，情報発信，RPV/PCV長期安定保管，最終報告書（ドラフト）説明会資料の討議	
7月29日	第32回コアグループ打合せ	
	SPEEDIの討議	
7月31日	**第14回調査委員会**	
	最終報告書各項目，最終報告書（ドラフト）説明会資料の討議ほか	
8月7日	第33回コアグループ打合せ	
	学会の今後のあり方，最終報告書（ドラフト）説明会資料の討議ほか	
8月17日	第34回コアグループ打合せ	
	最終報告書（ドラフト）説明会資料の討議ほか	
8月21日	**第15回調査委員会**	
	最終報告書（ドラフト）説明会資料の討議ほか	
9月2日	**最終報告書（ドラフト）説明会**	
9月4日	**学会秋の大会企画セッション**	
	最終報告書（ドラフト）説明	
9月26日	第35回コアグループ打合せ	
	外的事象への対応，学会の体制の討議，海外レビューの予定	
10月2日	第36回コアグループ打合せ	
	燃料デブリ，プラント設計，冷却系の多様化，計装システムの討議	

10月7日	**第16回調査委員会** 　最終報告書各項目の討議，出版予定
10月20日	第37回コアグループ打合せ 　原子力安全体制，根本原因分析，住民等の健康管理の討議ほか
10月29日	第38回コアグループ打合せ 　放射性物質の放出，原子炉主任技術者の討議ほか
11月5日	**第17回調査委員会** 　最終報告書各項目の討議，海外レビュー結果
11月24日	第39回コアグループ打合せ 　提言の討議ほか
12月15日	第40回コアグループ打合せ 　最終報告書最終調整ほか

付録 3　英語略語表

英語略語	英語名称	日本語名称
ABWR	advanced boiling water reactor	改良型沸騰水型原子炉
ADS	automatic depressurization system	自動減圧系
AEC	Atomic Energy Commission	原子力委員会（米国）
AM	accident management	アクシデントマネジメント
AMG	accident management guideline	アクシデントマネジメントガイドライン
AOP	Abnormal Operating Procedures	事故時運転操作手順書（事象ベース）
AO弁	air operated valve	空気作動弁
APD	alarm pocket dosimeter	警報付きポケット線量計
APRM	average power range monitor	平均出力領域モニタ
APWR	advanced pressurized water reactor	改良型加圧水型原子炉
ARI	alternative rods injection	代替制御棒挿入
ASME	American Society of Mechanical Engineers	米国機械学会
ATWS	anticipated transients without scram	スクラム不能過渡事象
BAF	bottom of active fuel	有効燃料底部
BWR	boiling water reactor	沸騰水型原子炉
CAMS	containment atmospheric monitoring system	格納容器雰囲気モニタ系
C/B	control building	コントロール建屋
CCS	containment cooling spray system	格納容器冷却系
CDF	core damage frequency	炉心損傷頻度
CFF	containment failure frequency	格納容器機能喪失頻度
CR	control rod	制御棒
CRD	control rod drive mechanism	制御棒駆動機構
CRM	crew resource management	人的資源管理
CST	condensate storage tank	復水貯蔵タンク
CS系	core spray system	炉心スプレイ系
DBA	design basis accident	設計基準事故
D/D FP	diesel-driven fire pump	ディーゼル駆動消火ポンプ
D/G	diesel generator	非常用ディーゼル発電機
DGSW系	diesel generator sea water system	ディーゼル補機冷却海水系
DOE	United States Department of Energy	米国エネルギー省
DSピット	dryer separator pit	蒸気乾燥器・気水分離器貯蔵プール
D/W	dry well	ドライウェル
ECCS	emergency core cooling system	非常用炉心冷却系
EDG	emergency diesel generator	非常用ディーゼル発電機（D/Gと同じ）

英語略語	英語名称	日本語名称
EOC	Emergency Operation Center	文部科学省非常災害対策センター
EOP	Emergency Operating Procedures	事故時運転操作手順書（兆候ベース）
EPZ	emergency planning zone	防災対策を重点的に充実すべき地域の範囲
ERC	Emergency Response Center	経済産業省緊急時対応センター
ERSS	Emergency Response Support System	緊急時対策支援システム
FAO	Food and Agriculture Organization of the United Nations	国際連合食糧農業機関
FCS	flammability control system	可燃性ガス濃度制御系
FW	feed water	給水系
FP	fission product	核分裂生成物
FPC 系	fuel pool cooling system	燃料プール冷却浄化系
FP 系	fire protection system	消火系
HF	human factor	ヒューマンファクター
HPCI 系	high pressure coolant injection system	高圧注水系
HPCSDG	high pressure core spray system diesel generator	高圧炉心スプレイ系ディーゼル発電機
HPCS 系	high pressure core spray system	高圧炉心スプレイ系
HVAC	heating and ventilating air conditioning and cooling system	換気空調系
IAEA	International Atomic Energy Agency	国際原子力機関
IA 系	instrument air system	計装用圧縮空気系
IC	isolation condenser	非常用復水器
ICRP	International Commission on Radiological Protection	国際放射線防護委員会
INES	The International Nuclear and Radiological Event Scale	国際原子力・放射線事象評価尺度
INPO	Institute of Nuclear Power Operations	原子力発電運転協会（米国）
IPE	individual plant examination	個別プラントごとの解析
IPEEE	individual plant examination for external events	外的事象を対象とした個別プラントごとの解析
IRRT	International Regulatory Review Team	国際規制レビューチーム
JAEA	Japan Atomic Energy Agency	(独)日本原子力研究開発機構
JAEA/NEAT	JAEA/Nuclear Emergency Assistance & Training Center	JAEA 原子力緊急時支援・研修センター
JAMSTEC	Japan Agency for Marine-Earth Science and Technology	(独)海洋研究開発機構
JANSI	Japan Nuclear Safety Institute	(一社)原子力安全推進協会
JAXA	Japan Aerospace Exploration Agency	(独)宇宙航空研究開発機構
JNES	Japan Nuclear Energy Safety Organization	(独)原子力安全基盤機構
LOCA	loss of coolant accident	原子炉冷却材喪失事故
LPCI 系	low pressure coolant injection system	低圧注水系

英語略語	英語名称	日本語名称
LPCS系	low pressure core spray system	低圧炉心スプレイ系
LUHS	loss of ultimate heat sink	最終ヒートシンク喪失
M	magnitude	マグニチュード
MAAPコード	Modular Accident Analysis Program	過酷事故解析コード（MAAP）
M/C	metal-clad switch gear	金属閉鎖配電盤
MCC	motor control center	モータコントロールセンター
MCCI	molten core concrete interaction	溶融炉心－コンクリート反応
M/D FP	motor-driven fire pump	電動消火ポンプ
MO弁	motor operated valve	電動（駆動）弁
MS	main steam	主蒸気系
MSIV	main steam isolation valve	主蒸気隔離弁
MUWC系	make-up water system (condensate)	復水補給水系
NEA	Nuclear Energy Agency	経済協力開発機構（OECD）の原子力機関
NEI	Nuclear Energy Institute	原子力エネルギー協会（米国）
NRC	Nuclear Regulatory Commission	原子力規制委員会（米国）
NUPEC	Nuclear Power Engineering Corporation	(財)原子力発電技術機構
NUREG	Nuclear Regulatory Commission Report	NRCが発行している原子力関係の規制文書の総称
OECD NEA	OECD Nuclear Energy Agency	経済協力開発機構原子力機関
O.P.	Onahama Peil	小名浜港工事基準面
O.P.	Onagawa Peil	女川原子力発電所工事用基準面
PAZ	precautionary action zone	予防的措置範囲
P/C	power center	パワーセンター
PCV	primary containment vessel	格納容器
PLR	primary loop re-circulation system	原子炉再循環系
P/P	physical protection	核物質防護
PRA	probabilistic risk assessment	確率論的リスク評価
PSA	probabilistic safety assessment	確率論的安全評価
PSR	periodic safety review	定期安全レビュー
PWR	pressurized water reactor	加圧水型原子炉
R/B	reactor building	原子炉建屋
RCIC系	reactor core isolation cooling system	原子炉隔離時冷却系
RHRC系	residual heat removal cooling water system	残留熱除去冷却水系
RHRS系	residual heat removal sea water system	残留熱除去海水系
RHR系	residual heat removal system	残留熱除去系
RPS	reactor protection system	原子炉保護系
RPT	recirculation pump trip	再循環ポンプトリップ
RPV	reactor pressure vessel	原子炉圧力容器
RW/B	radioactive waste disposal building	放射性廃棄物処理建屋
SA	severe accident	シビアアクシデント（過酷事故）

英語略語	英語名称	日本語名称
SAM	severe accident management	シビアアクシデントマネジメント
SAMPSONコード	Severe Accident Analysis Code with Mechanistic Parallelized Simulations Oriented towards Nuclear Field	機構論的モデルによる過酷事故解析コード（SAMPSON）
SARRY	simplified active water retrieve and recovery system	放射性物質処理装置
S/B	service building	サービス建屋
SBO	station black out	全交流電源喪失事象
S/C	suppression chamber	圧力抑制室（サプレッションチェンバ）
SFP	spent fuel pool	使用済燃料プール
SGTS	standby gas treatment system	非常用ガス処理系
SHC系	shutdown cooling system	原子炉停止時冷却系
SLC系	standby liquid control system	ホウ酸水注入系
SOP	Severe Accident Operating Procedures	事故時運転操作手順書（シビアアクシデント）
S/P	suppression pool	サプレッションプール（S/Cと同じ）
SPDS	safety parameter display system	緊急時対応情報表示システム
SPEEDI	System for Prediction of Environmental Emergency Dose Information	緊急時迅速放射能影響予測ネットワークシステム
SR弁	safety relief valve	主蒸気逃がし安全弁
TAF	top of active fuel	有効燃料頂部
T/B	turbine building	タービン建屋
TMI	Three Mile Island nuclear plant	スリーマイル島原子力発電所
T.P.	Tokyo Peil	東京湾平均海面
UNSCEAR	United Nations Scientific Committee on the Effects of Atomic Radiation	原子放射線の影響に関する国連科学委員会
WANO	World Association of Nuclear Operators	世界原子力発電事業者協会
WASSC	Waste Safety Standard Committee	廃棄物安全基準委員会
WBC	whole body counter	ホールボディカウンタ
WHO	World Health Organization	世界保健機関
WSPEEDI	Worldwide Version of System for Prediction of Environmental Emergency Dose Information	世界版SPEEDI
W/W	wet well	圧力抑制プール（S/C, S/Pと同じ）

索　引

・一つの項目に複数のページがある場合，太字のページは見出しであることを示す。
・英語略語などの欧文は本索引の最後にまとめた。

◆ あ行

アクシデントマネジメント　19, 38, 52, 119, **128**, 131, **136**, 145, **148**, 151, 167, 168, 174, 176, 177, **179**, 180, 259, 324, 335, 354
圧縮（放射性物質の減容）　219
圧力抑制室　17, 24, 25, 26, 83
荒かき　216
アリバイづくり　330
安心・安全フォーラム　226
安　全
　——基準　297
　——規制　320
　——規制行政　318
　——規制体系　332, 333
　——規制体制　318, **327**, 331
　——に関する課題　318
　——基本原則　334
　——原則　134
　——設計　143
　——設計審査指針　135
　——文化　118
　——目標　123, **124**, 325
　——余裕　167, 177
安全性向上策　301
安定ヨウ素剤　252, 253

意思決定スキル　278
異常事象解説チーム　86
溢　水　234
一点炉燃焼計算コード　387
移動電源車　88
飲食物摂取制限　253, 255, 256
インターロック　16
インベントリ
　——計算　387
　——評価　111

運転経験の反映　321
運転直　296
運用上の介入レベル　252, 255, 257, 258

影響管理（緊急事態管理）　249, 252
エリートパニック　305
エンドステート　390
屋内退避　56, 248, 249, 250, 252, 253, 258, 259
汚染状況重点調査地域　76, 206, 210, 211
汚染水タンク　396
汚染水浄化処理　373
　——の実態　375
汚染水の漏えい　169
汚染地域　74
女川原子力発電所　**14**, 40
　——の地震応答　186
　——の設備被害状況　50
　——の津波想定　51
小名浜コールセンター　87
オフサイトセンター　54, 59, 86, 260, 354
思い込み　335

◆ か行

海域モニタリング　68, 200
海水混入　**162**, 319
海水注入　277, 388
　——継続判断　287
海水中放射能濃度　80
海水熱交換器建屋　36
解析シミュレーション　227
外的事象　49, 121, 122, **184**, 322, 325, 341
　——と設計基準　322
　——の評価　198

　——への対応　**184**, 196
介入レベル　248
回復力　146
外部電源　15, 16, 21, 25, 33
外部被ばく積算実効線量　58
外部被ばく線量推計作業　73
海洋伝播　233
海洋への放出評価　114
海洋への放出量　80
科学的合理的規制　324
核計装配管　18
核原料物質,核燃料物質及び
　原子炉の規制に関する
　法律　318
核種存在量　387
核セキュリティ　**129**, 262
　——に係る対応態勢　268
確定的影響　203
核テロ　263
格納容器　168, 169, 398
　——からの漏えい　169
　——隔離弁　11
　——研究開発プロジェクト　400
　——の健全性　189
　——の健全性評価　400
　——の除熱設備　175
　——の長期安定保管　398, 401
　——の放射能閉じ込め
　　機能　168
　——破損頻度　323
　——雰囲気モニタ　24
　——ベント　17, 28, 38, 80, 276, 354
　——冷却系　7
核不拡散の担保　272
核物質管理　271
核物質防護　262
確率論的リスク評価　119, 135, 179, 324, 341
　レベル1——　123

レベル 2 ――	123		184, 282	――管理	402
レベル 3 ――	123	脅威の評価	258	――管理調査	205
過酷事故	343, 354	居住制限区域	59	――増進促進	204
――解析	234	巨大複雑系システム	356	原災法	248, 259
――対応	290	緊急作業時の被ばく		――該当事象	37
――対策	353	線量限度	69, 202	――10条該当事象	38, 40, 55
――対策の不備要因	336	緊急時活動	54	――15条該当事象	40, 55
シビアアクシデントも見よ		――レベルの設定	259	原子力安全	116, 126, 344
柏崎刈羽原子力発電所	39	緊急時初期被ばく医療	71	――委員会	135
仮設ケーブル	39, 40	緊急時迅速放射能影響予測		――基準	344
仮設照明	276	ネットワークシステム	237	――条約	347
学界の役割	317	緊急時即応部隊	302	――推進協会	340
学会事故調	1	緊急時対応計画	54	――体制	317
過渡変化	237	緊急事態		――調査専門委員会	1, 2
可燃性ガス濃度制御系	38	――応急対策支援拠点施設	354	――の規制体系	333
可搬型ポンプ	338	――管理	258	――の基本原則	117
可搬型モニタリングポスト	56	――区分	259	――白書	133, 134
可搬式設備	138	緊急時対策	353	――保安院	284, 320
カリウム施肥	226	――支援システム	238,	――保安部会	326
仮置場	220, 221		249, 250	国際的な――	344
簡易除染	72	緊急時避難準備区域	58	原子力改革	
環境汚染		緊急時被ばく	249, 257	――監視委員会	335
――の防止	325	――医療の知識	71	――特別タスクフォース	335
放射性物質による――	74	緊急時モニタリング	199,	原子力学会 →日本原子力学会	
環境修復	224		201, 228	原子力技術協会	335
――センター	225	――体制	231	原子力規制委員会	319
――モデル事業	213	緊急防護措置	56, 71, 249	――設置法	318
環境・線量評価	230	――の解除	258	米国――	131, 293, 301
環境放射線	199			原子力基本法	326
――モニタリング	64	空間線量率	58	原子力緊急事態支援センター	
環境放出量評価	113	クライシスコミュニケーション			339
環境モニタリング	229		305	原子力緊急事態支援組織	339
乾燥（放射性物質の減容）	219	クライシスマネジメント	305	原子力災害	345
		クリフエッジ	197, 354	――現地対策本部長	59
起因事象	131	クリープ損傷	101, 104	――対策特別措置法	54,
帰還困難区域	59	クリーンアップ分科会	75, 225		76, 206
危機管理	249, 252, 257, 260	グレーデッドアプローチ	127	――対策本部長	59
――体制	304			原子力産業界	
機器の重要度	232	警戒区域	59, 206	――の今後の課題	339
基準地震動	187	計画的避難	258	――の体制	334
基準値（食品，飲料水）	62	――区域	58, 206, 257	――の役割	317
基準津波	234	経済協力開発機構		原子力人材	274, 289, 293
規　制		原子力機関	345	セキュリティ分野の――	
――基準の体系	331	計算科学技術からの分析	227	育成	270
――人材	294	計算シミュレーション	229	原子力発電運転協会（米国）	
――当局	356	継続的の改善	48, 49, 118, 328		284, 299, 335
――の独立性	325	警備体制（福島第一）	264	原子力発電訓練センター	
――要件化	324	警報付線量計	64		282, 283
基本安全基準	257	決定論的シミュレーション	233	原子力発電所	
基本安全原則	247, 345	決定論的手法	176	――の津波評価基準	48
給気ルーバ	37	ケメニー委員会	335	――のトラブル経験	337
急性摂取シナリオ	72	健　康		――のライフサイクル	331
教育訓練	180, 181, 183,	――影響	325	原子炉	

索　引

──圧力容器　398
──圧力容器の長期
　　安定保管　398, 401
──圧力容器研究開発
　　プロジェクト　400
──圧力容器の健全性評価
　　　　　　　400
──格納容器（格納容器を見よ）
──隔離時冷却系　10, 16,
　　21, 25, 102, 103, 105
──主任技術者　296
──水位計　11, **170**
──水位計の課題　173
──水位計の誤表示　172
──建屋　288
──停止時冷却系　7
──等規制法　282, 319
──の過酷事故　345
──の健全性　189
──モードスイッチ　43
現存被ばく　249, 257
限定合理性（事故対応）　286
県民健康管理調査　58, 72, 258
──検討委員会　73
減　容　218

コアコンクリート反応　19
高圧水洗浄　217
高圧注水系　7, 16, 25, 105, 354
高圧電源車　39
高圧電源盤　41
高圧炉心スプレイ系　9
　　──補機冷却水系ポンプ　42
広域モニタリング　200
高温焼却法（放射性物質の
　　減容）　219
航空機モニタリング　67
高経年化　165
公衆と環境の防護　132
甲状腺
　　──がん　73
　　──検査　70, 73
　　──線量　58
　　──等価線量　72
　　小児──がん　72
　　幼児の──等価線量　202
高信頼性組織　286
高線量地域形成　230
構造健全性評価　160, 165, 231
　　地震動と──　187
国際安全基準　318
国際基準　298
国際原子力機関　131,

　　　　　　298, 344, 356
──調査団報告書　300
──の安全基準体系　346
国際原子力事象評価尺度　337
──諮問委員会　84
──尺度　82
──担当官　81
──評価　78, 81
──ユーザーズマニュアル　81
──レベル7　83
国際動向　298
国際放射線防護委員会　203, 345
──2007年勧告　69, 249, 258
国連科学委員会　203
個人線量モニタリング　202
個人年間実効残存線量　210
国会事故調報告所　141, 186
コーデックス
──委員会　256
──食品規格　61
個別プラント評価　325
コミュニケーション　304
──スキル　277
　政府と東電の──不全　84
　政府と自治体，避難者の──
　　不全　85
固有安全（軽水炉）　126
コリウム　101

◆　さ　行

災害対策基本法　54, 248, 259
再冠水　388
最終状態（廃止措置）　390
最終処分　223
最終熱逃し場喪失　178
最大加速度　231
災対法　→災害対策基本法
材料学的課題　161
再臨界　388, 389
作業者
　　──の被ばく管理　68
　　──の被ばく状況　69
　　──被ばく線量　202
サブドレイン　396
サプレッションチェンバ
　　→圧力抑制室
サーベイランス　130
産学官の協力（安全規制）　325
暫定規制値　61, 254, 255, 256
残余のリスク　145, 197
残留熱除去系　7, 33, 38, 47, 178

事業者の虜　319, 325
事故緩和対策　87
事故時
　　──運転操作手順書　280,
　　　　　281, 283
　　──対応の全体統括　53
　　──の核物質管理　270
　　──の材料挙動　161
事故進展挙動　97
自己制御性　127
事故想定　182
事故対応能力　286
事故対策　318
事故の影響緩和　54
地　震
　　──安全ロードマップ　233
　　──応答　231
　　──による被害と対策　184
システム安全　147
システム設計　144
施設外誘因事象　135
自然災害　→外的事象
実質的に回避（炉心溶融
　　事故）　298
指定緊急時作業時　70
指定廃棄物　221
自動減圧系　7, 105
シビアアクシデント　12, 119,
　　121, **124**, **131**, **177**, 180,
　　242, 302, 341
　　──マネジメント　**128**,
　　　　　179, 319
　　──解析コード　17
　　──対策　12, **324**, 327
　　──対策の規制要件化　324
　　過酷事故も見よ
シミュレーションによる
　　放出評価　110
シミュレータ訓練　282
重大事故対策　319
柔軟な対応策　136
住　民
　　──の健康調査・管理　72
　　──の避難　59
　　──の被ばく調査　68
　　──の被ばくへの対応　71
　　──の被ばく線量　58, 202
重油貯蔵タンク　41
重要度レベル　243
主蒸気隔離弁　16, 21, 25
主蒸気逃し安全弁　→逃し安全弁
出荷制限　62
貞観地震　341, 342, 353

状況認識スキル	278	
使用済燃料プール	29, 381, 389	
──からの使用済燃料の取出し	382	
小児甲状腺がん	203	
情報管理	267	
情報共有	284, 285	
消防車	17, 19, 28, 88, 355	
情　報		
──伝達	284	
──伝達の遅れ	59	
──の二段階の流れ	307	
──発信	304	
常用 M/C 系	42	
所外電源喪失	98	
初期被ばく線量	72	
食　品		
──健康影響評価	256	
──のモニタリング	200	
食料自給率	62	
除　染	75	
──関係ガイドライン	76, 206, 207	
──技術	77, 213	
──技術カタログ	225	
──技術実証試験	213, 214	
──計画	212	
──工程表	76	
──試験	75	
──実施計画	212	
──情報プラザ	225, 227	
──対策	206	
──対象面積	75	
──特別地域	76, 206, 210, 211	
──の推進に向けた地域対話フォーラム	227	
──廃棄物の最終処分	223	
──廃棄物の発生から最終処分	221	
──廃棄物の保管体制	220	
──廃棄物の輸送	222	
──方法	391	
──モデル事業	76	
除熱系	173	
処分システムのバリア性能	395	
ジルコニウム-水反応	20	
代かき	216, 226	
──試験	75	
新型炉	298	
新基準値（被ばく線量）	63	
新規制基準	167, 176, 182	
浸水挙動	234	
新設プラント	180	
深層防護	49, 124, 127, 131, 146, 148, 168, 176, 247, 259	
──基準	116, 133, 139, 140	
──に関する教訓	141	
──による安全確保	137	
──の概念の深化	138	
──を実現する備え	140	
主要な機能と──	150	
福島第一事故と──	134	
人的事象	122	
新福島変電所	36	
信頼性確認	268	
水位計	17, 22	
水素爆発	20, 25, 28, 30, 57, 66, 276	
随伴事象	121	
水密化工事	46	
水密扉	178	
スクラビング効果	84	
スクリーニング（被ばく）		
──基準	71	
──検査	71	
──レベル	69	
──レベルの変更	71	
スケーリングファクター法	394	
ストレステスト	284, 301	
スポット除染	75	
スマトラ沖地震	356	
スリーマイル島原子力発電所事故	335	
制御棒駆動水圧系	43	
性能規制化	324	
性能目標	125, 323	
政府事故調報告書	192	
政府の役割	317	
ゼオライトの散布	226	
世界基準	346	
世界原子力発電事業者協会	335	
責務（基本安全原則）	118	
セキュリティ	325	
──文化	267	
セシウム	203	
設計基準	168, 177, 180, 198	
──事故	132, 323, 354	
──事象	128, 143, 176, 178	
──指針	322	
──設備	143	
──ハザード	136, 322, 323	
──を超える事故	132, 150	
──を超える事態への対応	197	
摂取制限	61	
設備設計	147	
全交流電源喪失	11, 16, 25, 33, 98, 135, 276, 282, 322, 323	
洗　浄		
──除染	217	
──による放射性物質の減容	219	
全電源喪失	98, 235	
線　量		
──計測	64	
──推計	72	
──評価	402	
──評価ソフトウェア	183	
──率マップ	67	
総合原子力安全規制評価サービス	319, 347	
──勧告	320	
総合的リスク	179, 181	
──評価	176	
総合モニタリング計画	200	
相互レビュー（原子力安全基準）	344	
想定外事象	324	
想定津波	48	
想定を超える事象	136	
ソースターム	242, 251, 387	
──評価	244	
備え（深層防護）	140	

◆　た行

第 3 世代プラス炉	298
第 4 世代炉	298
大気拡散シミュレーション	72
耐　震	
──安全性評価	232
──クラス	281
──計算	231
──指針	324
──性評価	399
──設計	13
代替注水	276, 280, 290
耐津波設計	13
多核種除去設備	376
多重障壁	127
単一故障基準	127
淡水注入	276
チェルノブイリ原子力発電所事故	

──汚染地域	74	電源融通	47	ノーリターンルール	
──後の欧州における		天地返し	217	（原子力規制委員会）	318
食品基準	63	問いかける姿勢（人材育成）	292		
──による小児		同位体交換法	377	◆ は行	
甲状腺がん	203	東海第二発電所	14, 45		
遅延障壁（核セキュリティ）	130	──津波想定	51	廃液処理設備	374
地下設置式仮置場	221	──の地震応答	185	排気塔放射線モニタ	65
知識レベル（事象進展解析）	244	──の設備被害状況	50	廃棄物関係ガイドライン	
地上機器ハッチ	37	東電事故調最終報告書	192		206, 207
地上設置式仮置場	221	特措法 →原子力災害対策		背後要因（事故の）	355
チーム110	86	特別措置法		廃止措置	390
チームワークスキル	278	特定原子力施設	373	破砕（放射性物質減容）	219
中央制御室	288	特定廃棄物	207, 221	ハザード	122
中間貯蔵施設	220, 222	特定避難勧奨地点	58	破損燃料	381
中間領域モニタ	100	独立した効果を与えること		バックフィット	322
中性子源領域モニタ	100	（深層防護）	168, 178	バッテリ	87
潮位計	45	土壌汚染	75	ハードウェア要因	287
──設置箱	42, 43	ドライウェル	17, 24, 26, 28,	ハードンドコア	302
超過確率	234		57, 83, 168	浜岡原子力発電所5号機	
長期間の事故対応	184	ドライチューブ	18	復水器細管損傷	163
長期的防護措置	59, 248,	トリチウム		反転耕	217
	257, 258	──対応策	380		
直接要因	353	──の発生源	376	引き波対策	44
直流電源喪失	235	──水の浄化	377	非常用ガス処理系	21, 29, 30
				非常用ディーゼル発電機	15, 16,
追加的早期防護措置	58	◆ な行			21, 25, 33
津　波	233, 275, 322			非常用電源設備	9
──地震	341, 353	内的事象	121, 122, 325, 341	非常用復水器	10, 16, 98, 99, 108,
──数値計算	233	内部脅威	267		153, 172, 276, 290, 354
──対策	336, 353	──対策	130	福島第一1号機の──作動	
──による被害	193	内部被ばく			279
──の大きさの予測	193	──線量測定	72	非常用炉心冷却系	7
──の伝播モデル	234	──預託実効線量	58	避　難	56, 248, 249, 250, 252,
──の予測評価と結果	194				253, 259
──評価技術	44	逃し安全弁	17, 21, 25, 26, 33,	──区域の拡大	58
低圧注水系	8		99, 100, 103	──指示解除準備区域	59
低圧炉心スプレイ系	9	二次廃棄物	391	──指示区域	209
低温焼却法（放射性物質の		日本原子力学会		──指示の伝達	59
減容）	219	──が果たすべき役割	350	──者の数	60
定期安全レビュー	299, 321	──JCO事故調査委員会	2	被ばく	68
提　言	356	──による情報発信	85	──医療分科会	71
定性的安全目標（リスク抑制）		──による環境修復への		──管理	402
	125	対応	225	──線量	63, 64
ディーゼル駆動消火系ポンプ		──福島第一原子力発電所		──線量評価	205
	17, 26	事故調査委員会	1, 348	ヒューマンファクター	275
低線量・低線量率放射線の		年間追加被ばく線量	75	表面汚染密度	73
影響	204	燃料デブリ	381, 388		
定量的安全目標（リスク抑制）		──の取出し	399	ファイトレメディエーション	
	125	──の取出しと保管	383		217
手順書 →事故時運転操作手順書		燃料ペレットの溶融	85	フィルター付きベント	169, 170
デブリーフィング	277			フィルターベント	176, 319
テロ行為	129			フェイルセーフ	151
テロ対策	354			複合災害	182

複合事象　196
福島環境再生事務所　76, 212, 225
福島県除染技術実証事業　77
福島第一原子力発電所
　——1号機水素爆発　275
　——1号機原子炉　16
　——1号機格納容器内の
　　温度変化　191
　——1号機のIC作動　279
　——1号機の解析　98
　——1号機の事故進展　90
　——1号機の水素爆発までの
　　状態把握　276
　——2号機原子炉　21
　——2号機の解析　102
　——2号機の事故進展　94
　——2号機の水素爆発までの
　　状態把握　276
　——3号機原子炉　25
　——3号機の解析　105
　——3号機の事故進展　94
　——3号機の代替注水　280
　——4号機の事象進展　95
　——5, 6号機原子炉　32
　——進展に関しより詳細な
　　調査を要する事項　308
　——の警備体制　264
　——の設備　7
福島第一原子力発電所事故　91, 149
　——後の対応　373
　——正門付近の空間線量率　65
　——調査委員会　1, 348
　——において発電所外で
　　なされた事故対応　53
　——における核物質管理・
　　保障措置　271
　——における原子炉主任
　　技術者　297
　——における事故の概要　15
　——における人材問題　291
　——における設計の課題　144
　——における電力事業者
　　の対応　338
　——の教訓と対応　170
　——の国際的な評価　299
　——の根本原因　353
　——のシビアアクシデント
　　対策　11
　——の地震応答　185
　——の地震と津波による被害　15

　——の事象進展解析　243
　——の総括および原子力
　　安全改革プラン　335
　——の耐震設計, 耐津波設計　12
　——背後要因　355
福島第二原子力発電所　13, 35
　——の地震応答　185
　——の設備被害状況　50
　——の津波想定　51
福島特別プロジェクト　86
福島ベンチマーク解析
　プロジェクト　237
復水補給水系　33
複数基立地　181
複数プラント　181, 182, 183, 184
腐食　396
　——抑制策　399
プラント設計　143
　——でのシステム安全　146
プラントパラメータ　189
フリーアクセス権　329
ブローアウトパネル　57
プロアクティブな活動　397
分級（放射性物質の減容）　219
ベント　23, 57, 169, 319

保安検査　329
防護設計　323
防護戦略　253, 256, 257
防護マスク　69
防災　179
　——基本計画　248, 249
　——業務計画　259
　——計画　354
　——指針　54, 248, 249, 252, 255, 257
　——対策　54
　——対策重点地域　55
放射性廃棄物
　——の処理・処分　393
　——の長期保管　394
放射性物質
　——の管理　127
　——の放出　56
　——の放出低減　110, 115
　——の放出後の環境挙動　110
　——の放出量　78
　——の放出量評価　115
放射性プルーム　57, 228
放射線
　——影響　202, 203
　——影響分科会　62

　——計測　64
　——審議会　69
　——の影響低減　204
　——バリアと管理　82
　——防護　203
　——防護措置　209
　——モニタリング　67, 199
放射能閉じ込め機能　168
放出量
　——逆推定　230
　——推定　229
防潮堤　44
保障措置（核物質管理）　270
ホットスポット　74

◆　ま行〜わ行

学ぶ態度（人材育成）　292
マネジメント能力　181

水環境汚染　76
水の管理　396
三つのS　319
民間事故調査報告書　192

メッシュ調査実施計画　68
免震重要棟　288
面的除染　75
モニタリング調整会議　200
モニタリングセンター　225
モニタリングポスト　56

有限要素解析技法　233
有効燃料頂部　16, 22, 24, 27, 170
誘導介入レベル　256

ヨウ素　203
　——地表蓄積量　230
溶融燃料　381
溶融法（放射性物質の減容）　219
預託実効線量　71, 72
予防的緊急防護措置　249
予防的措置範囲　56

ライフサイクル　331
ラプチャディスク　20, 23, 28

離散的モニタリング値　231
リスク
　——インフォームド規制　324
　——情報の活用　119
　——ツール　329
　——評価　119

——マネジメント 305
——リテラシー 286
リター層（腐食土壌層） 217
立地時の隔離 127
立地審査指針 258
臨界事故事象 389
臨界超過事象 389

ルブレイエ原子力発電所の洪水 336

冷温停止 33
冷却水注入系 **173, 175**
歴史津波 322
レジリエンス 146
——エンジニアリング 286
連続摂取シナリオ 72

炉心スプレイ系 7
炉心損傷 18, 24, 27,
——頻度 323

炉心溶融 59, 108
炉内核計装管 99
炉内状況把握・解析 237
ロバスト性 151

ワークロードマネジメント
スキル 278

欧文索引

10CFR50.54（hh） 129	HRO 286	OIL →運用上の介入レベル
ADS 7, 105	IAEA →国際原子力機関	ORIGEN2 387
ALARA 71, 118	IC →非常用復水器	PAZ 56
ALPS 376	ICRP →国際放射線防護委員会	PCV →格納容器
AM →アクシデントマネジメント	independent effectiveness 134, 168, 178	PI/SDP 328
ANS 300, 301	INES →国際原子力事象評価尺度	PIRT 243
APD 64		PRA →確率論的リスク評価
ASME 301	INFCIRC-255rev.5 269	provisions 140
ASN 302	INPO →原子力発電運転協会（米国）	RCIC →原子炉隔離時冷却系
B.5.b 157, 262		RHR →残留熱除去系
BSS 257	INSAG →深層防護基準	RIP 327
BTC →BWR運転訓練センター	IPEEEプログラム 120	ROP 328
BWR運転訓練センター 282, 283	IPEプログラム 120	RPV →原子炉圧力容器
	IRM 100	S/C →圧力抑制室
CAMS 24, 25	IRRS →総合原子力安全規制評価サービス	Safety Report Series No.46 131, 138
CAP 328		SAM 319
CRD 43	JANSI 340	SAMPSON 97, 236
CRM 274, 277	JANTI 335	SBO →全交流電源喪失
——訓練 283	JCO事故 54	SF-1 116, 247, 248, 334
D/G →非常用ディーゼル発電機	JEAG4802-2002 282	SFP 29
D/W →ドライウェル	JNES 294	SGTS →非常用ガス処理系
D/D FP 17, 26	Jヴィレッジ 87	Shift Technical Advisor 296
EAL 259	LUHS 178	SoK 244
EDF 302	MAAP 17, 21, 25, 236	SPEEDI 55, 227, 237, 249, 251
EPR 298	MCCI 19	
EPRI 300	MELCOR 236, 251	SRM 100
EPZ 55	MIT 301	SRS 131
ERSS →緊急時対策支援システム	MSIV →主蒸気隔離弁	SRV →逃し安全弁
	MUWC 33	SSR-2/1 346
FARN 302	NEI 303	TAF →有効燃料頂部
FLEX 303	NISA 320	UNSCEAR 203, 205
FOF訓練 267	NRC →原子力規制委員会（米国）	WANO 335
FoM 243		WENRA 298
FP 78, 79	NTC →原子力発電訓練センター	WSPEEDI-II 237
GIF 299		
HPCI →高圧注水系	OECD/NEA 345	

福島第一原子力発電所事故
その全貌と明日に向けた提言
―学会事故調 最終報告書―

平成 26 年 3 月 11 日　発　行

著作者　　一般社団法人　日本原子力学会
　　　　　東京電力福島第一原子力発電所事故
　　　　　に関する調査委員会

発行者　　池　田　和　博

発行所　　丸善出版株式会社
　　　　　〒101-0051 東京都千代田区神田神保町二丁目17番
　　　　　編集：電話(03)3512-3263／FAX(03)3512-3272
　　　　　営業：電話(03)3512-3256／FAX(03)3512-3270
　　　　　http://pub.maruzen.co.jp/

Ⓒ Atomic Energy Society of Japan, 2014

組版印刷・中央印刷株式会社／製本・株式会社 松岳社

ISBN 978-4-621-08743-5　C 0050　　　　　Printed in Japan

本書の無断複写は著作権法上での例外を除き禁じられています．